LES CÉRAMIQUES INDUSTRIELLES

AF179508

Tout le catalogue sur
www.dunod.com

DUNOD
ÉDITEUR DE SAVOIRS

Gilbert Fantozzi
Jean-Claude Nièpce
Guillaume Bonnefont

LES CÉRAMIQUES INDUSTRIELLES

Propriétés, mise en forme et applications

Préface de Jean-François Baumard

DUNOD

Photo de couverture : © Boostec/Mersen/Astrium

Le pictogramme qui figure ci-contre mérite une explication. Son objet est d'alerter le lecteur sur la menace que représente pour l'avenir de l'écrit, particulièrement dans le domaine de l'édition technique et universitaire, le développement massif du photocopillage.
Le Code de la propriété intellectuelle du 1er juillet 1992 interdit en effet expressément la photocopie à usage collectif sans autorisation des ayants droit. Or, cette pratique s'est généralisée dans les établissements d'enseignement supérieur, provoquant une baisse brutale des achats de livres et de revues, au point que la possibilité même pour les auteurs de créer des œuvres nouvelles et de les faire éditer correctement est aujourd'hui menacée.
Nous rappelons donc que toute reproduction, partielle ou totale, de la présente publication est interdite sans autorisation de l'auteur, de son éditeur ou du Centre français d'exploitation du droit de copie (CFC, 20, rue des Grands-Augustins, 75006 Paris).

DANGER
LE PHOTOCOPILLAGE TUE LE LIVRE

© Dunod, Paris, 2013
ISBN 978-2-10-057739-2

Le Code de la propriété intellectuelle n'autorisant, aux termes de l'article L. 122-5, 2° et 3° a), d'une part, que les « copies ou reproductions strictement réservées à l'usage privé du copiste et non destinées à une utilisation collective » et, d'autre part, que les analyses et les courtes citations dans un but d'exemple et d'illustration, « toute représentation ou reproduction intégrale ou partielle faite sans le consentement de l'auteur ou de ses ayants droit ou ayants cause est illicite » (art. L. 122-4).
Cette représentation ou reproduction, par quelque procédé que ce soit, constituerait donc une contrefaçon sanctionnée par les articles L. 335-2 et suivants du Code de la propriété intellectuelle.

Liste des contributeurs

ALARY Jean-André, CARRD, IMERYS, Villach
ALLARD Bénédicte, Carbone Savoie, Vénissieux
AYRAL André, IEM, Université de Montpellier 2, Montpellier
BASSAT Jean-Marc, ICMCB, CNRS, Pessac
BEAUGER Alain, Ingénieur céramiste
BEAUVY Michel, CEA, Cadarache
BERTRAND Ghislaine, CIRIMAT-ENSIACET, Toulouse
BIGNON Aurélien, Medical Group, Vaulx en Velin
BILLIERES Dominique, Saint-Gobain Coating Solutions, Avignon
BLANC Jean-Jacques, Société Française de Céramique, Paris
BLUMENFELD Philippe, Arcelor Mittal, Fos-sur-Mer
BONNEFONT Guillaume, MATEIS, INSA Lyon, Lyon
BONNET Jean-Pierre, ENSCI, Limoges
BOUGOIN Michel, BOOSTEC, Bazet
BOURGEON Michel, Herakles, Le Haillan
BOUSSUGE Michel, Mines Paris Tech, Paris
BRUZEK Christian-Éric, Nexans, Clichy
CAMBIER Francis, BCRC, Mons
CARREROT Hervé, SKF, Valenciennes
CASABONNE Jean Michel, Lafarge, Cessieu
CHAIX Jean-Marc, SIMAP, INP, Grenoble
CHEVALIER Jérôme, MATEIS, INSA Lyon, Lyon
CHOPINET Marie-Hélène, Saint-Gobain, Aubervilliers
COUQUE Hervé, NEXTER Munitions, Bourges
COURTOIS Christian, LMCPA, Université de Valenciennes et du Hainaut Cambrésis, Maubeuge
DHALER Didier, CTI, Salindres
DENAPE Jean, ENIT, Tarbes
ELISSALDE Cathy, ICMCB, CNRS, Pessac
EUZEN Patrick, AXENS, Paris

© Dunod - Toute reproduction non autorisée est un délit.

FANTOZZI Gilbert, MATEIS, INSA Lyon, Lyon
GANNE Jean-Pierre, THALES TRT, Palaiseau
GAUFFINET Sandrine, ICB, Université de Bourgogne, Dijon
GIRARD Arnaud, THALES Microelectronics, Etrelles
GONON Maurice, UMONS, Mons
GUIZARD Christian, Saint-Gobain CREE, Cavaillon
HAMPSHIRE Stuart, University of Limerick, Limerick
JOULIN Jean-Pierre, New Energy Consulting Services, Montpellier
JULBE Anne, IEM, CNRS, Montpellier
FERRATO Marc, BOOSTEC, Bazet
FONTAINE Marie-Laure, SINTEF, Oslo
LEBOURGEOIS Richard, THALES TRT, Palaiseau
LERICHE Anne, LMCPA, Université de Valenciennes et du Hainaut Cambrésis, Maubeuge
LOPEZ Joseph, AXENS, Paris
MAGLIONE Mario, ICMCB, CNRS, Pessac
MAQUET Michel, Saint-Gobain Recherche, Aubervilliers
MARINEL Sylvain, CRISMAT, Caen
MARRONY Mathieu, EIFER, Karlsruhe
MARTIN Jean-Frédéric, ARVENI SAS, Crémieu
MOUGIN Julie, CEA, Grenoble
NIÈPCE Jean-Claude, ICB, Université de Bourgogne, Dijon
PAILLER René, LCTS, Université de Bordeaux, Pessac
PATÉ Michel, THALES TRT, Palaiseau
PETITPAS Eric, NEXTER Systems, Satory
PIJOLAT Christophe, Ecole des Mines, Saint Etienne
PIRES-FRANCO Philippe, Saint-Gobain Recherche, Aubervilliers
POIRIER Catherine, Centre technique des matériaux naturels de construction, Limoges
POIRIER Jacques, CEMHTI, POLYTECH, Orléans
POURCEL Fabrice, Lafarge, Saint-Just-Chaleyssin
POTIER Alexandre, Mersen, Verneuil sur Seine
THOREL Alain, Mines Paris Tech, Paris
TULLIANI Jean-Marc, DISMIC, POLITECNICO, Turin
VIRICELLE Jean-Paul, Mines, Saint-Étienne

Préface

Mener à bien la rédaction et la publication d'un ouvrage collectif digne de ce nom constitue l'une des tâches les plus difficiles qui soient dans le domaine de l'édition scientifique et technique. Si les éditeurs se doivent de réunir les « bons » spécialistes autour d'un objectif commun qui consiste à couvrir l'ensemble du domaine qu'ils ont choisi d'aborder, ils doivent aussi avoir le souci d'accompagner la démarche des auteurs pour conférer à l'ouvrage le caractère d'homogénéité qui contribue en réalité pour une part majeure à la plus-value de l'ensemble des contributions.

De ce point de vue, le succès est incontestable. Tout en limitant le volume de cet ouvrage à des proportions raisonnables, les auteurs ont su, chacun dans leur domaine spécifique, décrire l'état de l'art de manière pertinente et convaincante, et le lecteur pourra passer facilement d'un chapitre à l'autre et se familiariser avec les nombreuses facettes de la céramique qui se définit tout autant par ses caractéristiques « procédé » ou « métier » que par ses spécificités « produit ».

Il convient aussi de saluer l'initiative qui consiste non seulement à proposer un ouvrage – en langue française – destiné bien entendu à la communauté scientifique et technique correspondante mais aussi à le concevoir pour qu'il soit accessible à un large public et, en particulier, pour qu'il puisse servir de support pédagogique pour de nombreuses formations dispensées çà et là dans l'enseignement supérieur. Ces initiatives sont devenues trop rares aujourd'hui. C'est donc pour terminer une véritable satisfaction que de constater que son élaboration, menée sous les auspices du Groupe Français de la Céramique, a permis de mobiliser les acteurs, qu'il s'agisse des chercheurs, des ingénieurs ou des industriels, autour de cette ambition commune.

Jean-François Baumard
Professeur émérite
ENSCI Limoges

© Dunod - Toute reproduction non autorisée est un délit.

Table des matières

© Dunod - Toute reproduction non autorisée est un délit.

© Dunod - Toute reproduction non autorisée est un délit.

1 Introduction générale aux céramiques

Gilbert Fantozzi et Jean-Claude Nièpce

Dans ce chapitre est tout d'abord précisée la notion de céramique retenue pour cet ouvrage consacré aux différents développements industriels que connaissent les céramiques, puis sont brièvement décrits l'élaboration, les différents domaines d'application, les principales fonctions assurées, ainsi que quelques données économiques pertinentes.

1.1 Définition, propriétés générales

1.1.1 Définition des céramiques parmi les matériaux

Il existe trois grandes classes de matériaux :

- les métaux et leurs alliages ;
- les polymères organiques ;
- les céramiques.

À ces trois classes, il convient d'en ajouter une quatrième :

- les matériaux composites, qui sont des « mélanges hétérogènes » de matériaux des trois classes précédentes.

Quant aux **céramiques**, auxquelles est consacré cet ouvrage, nous précisons tout d'abord ce qu'il convient d'entendre derrière le terme de céramiques. Céramique vient du grec « keramikos » qui signifie terre cuite ou terre à potier. Depuis des millénaires, les potiers ont choisi des matières premières argileuses qui ont la propriété de donner avec l'eau une pâte plastique qui se modèle aisément et qui devient dure, solide et inaltérable après cuisson. C'est la définition que donne le Larousse 3 volumes (édition de 1970) : « *Art de fabriquer les poteries, fondé sur la propriété des argiles de donner avec l'eau une pâte plastique, facile à façonner, devenant dure, solide et inaltérable après cuisson* ».

© Dunod - Toute reproduction non autorisée est un délit.

D'après cette définition, la notion de céramique est associée à une technologie très ancienne qui est apparue au néolithique : les Égyptiens, les Assyriens et les Perses ont réalisé des poteries ; les Chinois ont découvert la porcelaine ; les Coréens et les Japonais les grès ; les Grecs, les Étrusques et les Romains ont développé la céramique architecturale. Puis, lors de la renaissance, la céramique s'est développée d'abord en Italie et ensuite dans le reste de l'Europe (production de faïences en particulier). L'émaillage remonte à 4 000 ans avant J.-C. mais les objets en verre n'apparurent que vers 1 500 avant J.-C. et la technique du soufflage du verre creux apparut au début de notre ère. C'est au cours du XIXe siècle que l'industrie céramique s'est beaucoup mécanisée et a accompli des progrès technologiques importants.

Ainsi le terme « céramique », après avoir signifié les poteries, s'est étendu à toute une gamme de produits, les **céramiques traditionnelles** (objets du chapitre 2), tels la porcelaine, la poterie, les appareils sanitaires, les briques, les tuiles et tous les produits constitués essentiellement de silicates. Les céramiques silicatées sont élaborées essentiellement à partir d'alumino-silicates naturels plus ou moins complexes que sont les argiles et qui présentent cette particularité, après mélange avec de l'eau, de devenir une pâte plastique permettant une mise en forme facile d'objets.

Puis, progressivement, ont été inclus des matériaux non silicatés comme les oxydes, les carbures, les nitrures, les borures... appelés **céramiques techniques.** Ainsi le terme « céramique » ne se limitait plus au cas particulier des produits à base de silicates (essentiellement l'argile).

1.1.2 Définition mieux adaptée des céramiques

L'analyse précédente montre à l'évidence que la définition du Larousse, pour le terme céramique, n'est pas satisfaisante et qu'il est nécessaire, aujourd'hui, de mieux définir ce terme. De nombreuses définitions en ont été proposées et ont été revues récemment [Fantozzi *et al.*].

D'une manière générale, nous considèrerons qu'un matériau céramique est un **solide inorganique non métallique**. C'est la définition de la céramique au sens large du terme. Ainsi, les céramiques ne sont pas définies par rapport à une technologie (dont l'étape majeure serait le frittage) mais par référence à une nature chimique. Les matériaux inorganiques non métalliques obtenus par fusion, comme les verres et les réfractaires électrofondus, et les liants hydrauliques, (ciments, bétons, plâtre) obtenus par prise à partir d'un milieu aqueux, font donc partie de la classe des matériaux céramiques. D'après cette définition, le graphite (objet du chapitre 6) et le diamant ainsi que la glace font également partie des céramiques.

On peut donc définir la céramique comme étant le domaine scientifique, technique et industriel qui s'occupe de la fabrication et des propriétés des solides inorganiques non métalliques.

1.1.3 Propriétés générales des céramiques

Les principales propriétés physiques, thermiques et chimiques des céramiques sont dominées par la nature des liaisons interatomiques et leur structure cristalline. Les liaisons interatomiques des céramiques sont essentiellement des liaisons fortes, iono-covalentes. Dans certains matériaux (silicates, graphite), il existe cependant des liaisons faibles de type van der Waals.

Toutefois, une autre caractéristique, leur microstructure, joue également un rôle très important sur les propriétés des céramiques, en particulier les propriétés mécaniques.

Les liaisons ioniques et covalentes impliquent tous les électrons de valence des atomes en présence. Il n'y a donc pas d'électrons libres et les céramiques sont, en général, de mauvais conducteurs de la chaleur et de l'électricité. Elles sont fréquemment utilisées comme diélectriques et isolants thermiques.

Quand la bande d'énergie interdite (entre la bande de valence et la bande de conduction) est faible (de l'ordre de 1 eV), les céramiques peuvent être semi-conductrices (ex : SiC...) ; toutefois, des dopages peuvent grandement modifier cette bande d'énergie et être à l'origine de nouvelles propriétés électriques.

Certains matériaux céramiques, de par leur structure cristalline, présentent des propriétés ferroélectriques ($BaTiO_3$), piezoélectriques (quartz, PZT), ferrimagnétiques (ferrites).

Les liaisons ioniques et covalentes étant des liaisons fortes et stables, les températures de fusion des céramiques sont donc généralement très élevées. C'est pour cette raison que certaines sont utilisées comme matériaux réfractaires ou comme conteneurs à hautes températures. Du fait également de la stabilité des liaisons chimiques, les céramiques possèdent une grande inertie chimique et sont donc peu sujettes à la dégradation par corrosion.

En ce qui concerne les propriétés mécaniques, les céramiques sont caractérisées par l'absence de plasticité (elles ont un comportement fragile), une dureté et une rigidité élevées, une faible résistance à la traction et une bonne résistance à la compression.

1.2 Élaboration des céramiques

L'élaboration est spécifique à chacune des familles de matériaux céramiques, celles-ci se distinguant précisément par leur mode d'élaboration [Fantozzi *et al.*]. Celle-ci se fait soit par frittage soit par fusion, à relativement haute température, ou soit par prise, à la température ambiante, pour les liants minéraux.

- Quand l'un des composants reste à l'état solide lors de la cuisson, le procédé est appelé **frittage** : il a lieu avec ou sans formation de phases vitreuses selon qu'il y

© Dunod - Toute reproduction non autorisée est un délit.

a fusion ou non d'un ou plusieurs composants. C'est ce qui se produit au cours de l'élaboration des céramiques traditionnelles et des céramiques techniques.

- En revanche, quand il y a fusion de tous les composants, le procédé est appelé **fusion** ; c'est le cas des verres, des vitrocéramiques et des réfractaires électrofondus.
- En ce qui concerne les liants hydrauliques, les matériaux n'acquièrent pas leur cohésion par cuisson mais grâce à des réactions d'hydratation des composés présents qui conduisent à l'établissement de liaisons de forte intensité entre les particules constituant le liant ; on parle de **prise du liant**. Le durcissement des liants hydrauliques n'est donc dû qu'à l'effet de l'eau qui, par formation de composés hydratés stables et cristallisés, va « cimenter » les particules entre elles.

En se rappelant que les matériaux céramiques ont en commun d'être inorganiques et non-métalliques, il est intéressant de remarquer, comme l'avait montré P. Boch, que les trois modes d'élaboration mettent en œuvre quasiment les mêmes opérations mais intervenant dans un ordre différent (tableau 1.1).

Tableau 1.1 – Ordre des étapes selon lesquelles sont élaborées les céramiques

Famille de céramiques	1re étape	2e étape	3e étape
Céramiques traditionnelles ou techniques	Poudre	Mise en forme	Traitement thermique
Verres	Poudre	Traitement thermique	Mise en forme
Liants minéraux	Traitement thermique	Poudre	Mise en forme

1.2.1 Élaboration des céramiques par frittage

La céramique traditionnelle est une industrie dont les savoirs faire sont très anciens, comme nous l'avons indiqué au début de notre introduction, alors que la céramique technique qui remplace d'autres matériaux grâce à de meilleures performances, se retrouve dans des savoirs faire industriels très récents, très variés et en perpétuelle évolution. Toutefois et bien que les deux types d'industrie soient très différents, ils ont en commun le fait de mettre en œuvre le même schéma de fabrication :

$$\text{Poudres} \rightarrow \text{prétraitement} \rightarrow \text{mise en forme} \rightarrow \text{séchage} \rightarrow \text{traitement thermique (frittage)} \rightarrow \text{produit fini}$$

Ce schéma est le même pour les carreaux de salles de bain que pour les supraconducteurs ou les piézoélectriques les plus innovants.

Tout commence par la poudre qui se doit d'être sélectionnée suivant des critères précis et de subir des prétraitements facilitant sa mise en forme, avec adjonction d'adjuvants, souvent organiques. Différents processus de mise en forme peuvent être utilisés pour obtenir des pièces : pressage uniaxial ou isostatique, coulage, extrusion, moulage par injection, usinage à cru… Après compactage, les poudres doivent subir un déliantage (élimination des adjuvants qui peuvent, tout simplement, être l'eau, dans le cas des poteries par exemple).

Puis ensuite, il faut procéder à une « cuisson », terme populaire qui correspond au frittage. C'est au cours de cette opération que l'on réalise le passage de la pièce crue, constituée de grains disjoints, à la pièce massive densifiée, constituée de grains plus ou moins bien soudés, avec une porosité résiduelle plus ou moins importante. Les pièces doivent ensuite, en général, être usinées (usinage) et contrôlées.

Des chapitres entiers de l'ouvrage *Science et technologies* céramiques sont consacrés à chacune des phases de l'élaboration ; nous renvoyons le lecteur à cet ouvrage [Fantozzi *et al.*]. Attardons nous simplement à l'étape de « cuisson », le frittage.

Le frittage est un traitement thermique qui permet de passer d'un système de particules individuelles vers un état solide de compacité plus ou moins aboutie. La conversion de la poudre en un solide dense a lieu par changement de la forme des grains de poudre, par le remplacement des interfaces solide-gaz par des interfaces solide-solide et par la disparition de la porosité.

D'une manière générale, au cours du frittage, deux phénomènes sont en compétition : la densification et la croissance des grains. On peut ainsi avoir :

- consolidation sans densification (cas de la réalisation de filtres céramiques décrits au chapitre 7) ;
- densification seule (recherchée pour l'obtention des microstructures très fines) ;
- densification associée à de la croissance (situation la plus fréquente).

Si aucune phase liquide n'apparaît, le frittage est dit « en phase solide » avec deux cas : le frittage non réactif (un constituant chimique au départ ; une pièce composée du même constituant à la fin) ; le frittage réactif (la densification est accompagnée d'une ou de plusieurs réactions chimiques entre les constituants).

Si une phase liquide apparaît, le frittage est dit « en phase liquide » : la phase liquide (minoritaire pour conserver la tenue mécanique de la pièce) peut provenir de la simple fusion d'un deuxième constituant présent (adjuvant de frittage ou impureté) ou d'une réaction eutectique entre différents constituants.

Selon qu'une contrainte mécanique externe est appliquée ou non, on distingue le frittage naturel et le frittage sous charge. La contrainte peut être appliquée de manière uniaxiale, machines HP (*Hot Pressing*) ou de manière isostatique, machines

© Dunod - Toute reproduction non autorisée est un délit.

HIP (*Hot Isostatic Pressing*). Enfin, des machines récentes permettent d'associer l'application d'une contrainte uniaxiale et le passage de pulses de courant au travers de l'échantillon ou, du moins si celui-ci n'est pas conducteur, dans la matrice contenant l'échantillon ; ce sont les machines dites SPS (*Spark Plasma Sintering*) qui autorisent, entre autres, des frittages très rapides permettant de conserver des microstructures très fines.

La densification lors du frittage peut être étudiée par dilatométrie, ce qui permet de suivre l'évolution de la densité de la céramique. Des mesures de densité et de porosité permettent d'évaluer le taux de porosité ouverte ou fermée obtenue lors du frittage.

Les paramètres importants qui contrôlent le processus du frittage sont :

- la température et la vitesse de chauffage ;
- le temps ;
- la taille des particules de poudre ;
- la composition des poudres ;
- éventuellement, la pression appliquée.

1.2.2 Élaboration des céramiques *via* une fusion

Les réfractaires électro-fondus

Pour les fours de fusion du verre, on a besoin de réfractaires denses qui ont une bonne résistance à la corrosion. Ces réfractaires sont obtenus par électrofusion. Les réfractaires électro-fondus sont en général constitués de mélanges de phases vitreuses et, ou, cristallines, elles-mêmes constituées de cristaux enchevêtrés de haute réfractarité et compacts.

Le chapitre 4 du présent ouvrage est consacré aux réfractaires électro-fondus.

Les verres

Le verre est produit en chauffant les matières premières à une température au-dessus de laquelle il y a fusion. Les principaux procédés de mise en forme des verres sont les suivants : pressage, laminage, flottation, soufflage et étirage.

Le chapitre 12 du présent ouvrage est consacré aux verres.

1.2.3 Élaboration *via* une « prise » : liants hydrauliques

Les ciments, les bétons et les plâtres sont utilisés comme des matériaux de construction à une échelle gigantesque. Contrairement aux matériaux précédemment cités, ces matériaux n'acquièrent pas leur résistance mécanique par traitement thermique mais par des réactions chimiques qui permettent d'établir entre les particules constitutives des liaisons de forte intensité.

Le ciment est un liant hydraulique : il fait prise et durcit lorsqu'on le mélange à l'eau. Le durcissement est dû au seul effet de l'eau, par la formation de composés stables entre l'eau et les produits de base. Les constituants du ciment sont des composés anhydres, instables en présence d'eau. Ces composés sont essentiellement des silicates de calcium cristallisés. Mélangés à l'eau (2/3 ciment, 1/3 eau), ils forment des composés hydratés, stables et cristallisés. Les réactions d'hydratation sont des réactions exothermiques et complexes. Le ciment pur ayant subi la prise, sans fissuration, a une résistance mécanique plus importante que le béton ou le mortier. Cependant de telles résistances ne sont pas nécessaires et par conséquent une partie du ciment est remplacée par du sable ou (et) des graviers et ainsi le coût est réduit.

Le plâtre, quant à lui, est constitué d'une poudre de cristaux de sulfate de calcium hémihydraté obtenu, par traitement thermique, à partir de gypse qui est le sulfate de calcium dihydraté. Lors de la prise du plâtre, il y a réhydratation de l'hémihydrate en dihydrate mais sous forme d'aiguilles enchevêtrées qui vont conférer au plâtre sa tenue mécanique. Le plâtre a une faible résistance et de faibles propriétés d'adhésion mais il est commode à manipuler et permet l'obtention de surface lissée en raison de la finesse et de la forme des grains.

Le chapitre 13 du présent ouvrage est consacré aux liants minéraux.

1.2.4 Revêtements céramiques

On est amené, pour diverses raisons, à réaliser des revêtements céramiques sur un substrat (métallique, céramique, polymère) en utilisant différentes techniques de dépôt. Ces revêtements permettent d'obtenir des propriétés de surface différentes de celles du support. On peut réaliser des couches minces (quelques couches atomiques) par dépôt sous vide ou des couches épaisses (quelques mm) par projection plasma. Les revêtements céramiques sont également utilisés pour les céramiques traditionnelles pour améliorer l'aspect de surface ou pour réaliser des décors.

Le paragraphe 3.5 du présent ouvrage est consacré aux revêtements céramiques.

1.3 Applications des céramiques

1.3.1 Les principaux domaines d'application des céramiques

Les céramiques peuvent remplir de nombreuses fonctions qui déterminent leurs applications et, donc, les développements industriels. Les principales applications des céramiques techniques sont rappelées dans la figure 1.1.

© Dunod - Toute reproduction non autorisée est un délit.

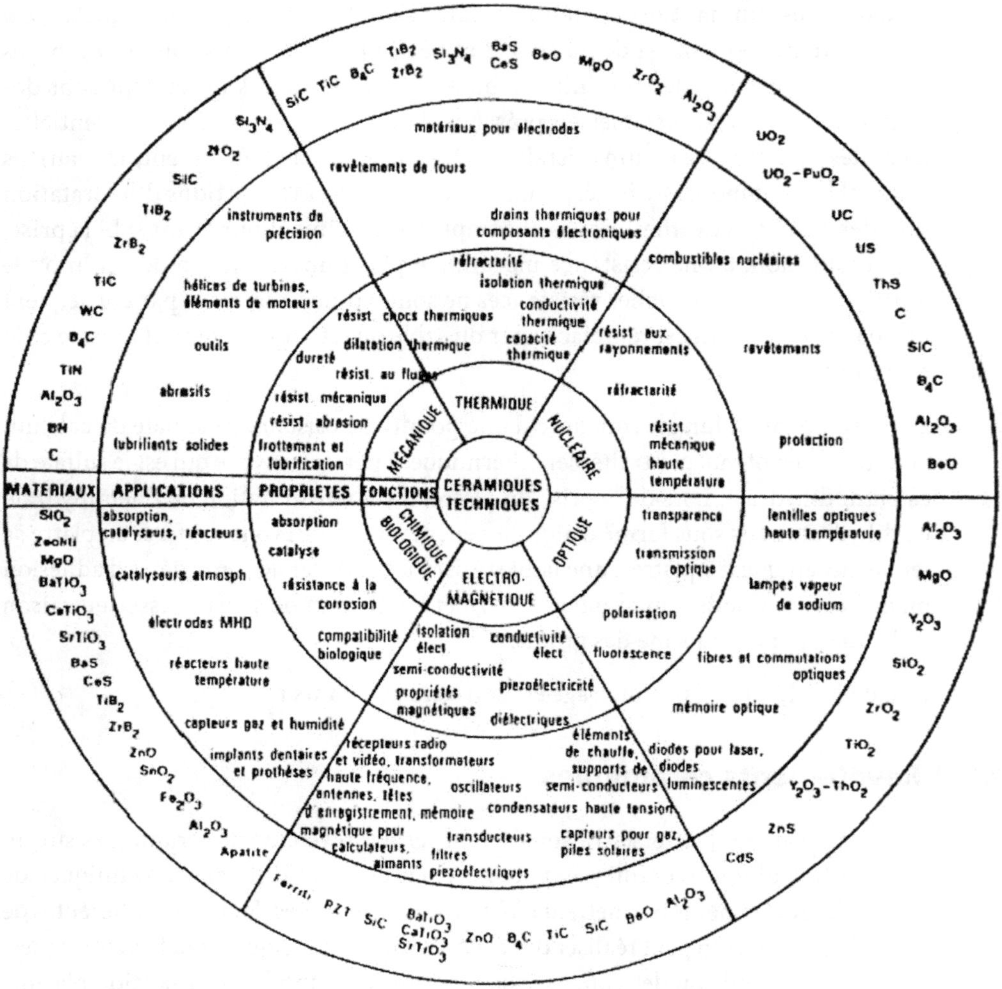

Figure 1.1 – Grande variété des applications des céramiques techniques et des matériaux qui les constituent

[Source : Palmonari C. et Timellini G., *La Ceramica*, vol. 1, 1986]

1.3.2 Les principales fonctions assurées par des céramiques

Nous ne faisons que citer les principales fonctions assurées par des céramiques et indiquer la partie de l'ouvrage qui en traite :

- fonctions électriques et magnétiques (chapitre 9) ;
- fonctions optiques (chapitre 11) ;
- fonctions chimiques et électrochimiques (chapitre 10) ;

- fonctions thermiques (chapitres 3 et 9) ;
- fonctions thermomécaniques (chapitres 3, 4, 5 et 6) ;
- fonctions nucléaires (chapitre 14) ;
- fonctions militaires (chapitre 3) ;
- fonctions biomédicales (chapitre 8).

1.4 Quelques données économiques sur le marché des céramiques

Le marché total des céramiques en Europe (Union européenne) est de l'ordre de 30 milliards d'euros/an. Les secteurs les plus importants (figure 1.2) sont l'industrie des carreaux de revêtement et de dallage (39 %), les tuiles et briques (24 %), les réfractaires (12 %), les céramiques techniques (10 %), les sanitaires (8 %), la vaisselle et l'ornementation (6 %). La plus grande partie de la production a lieu en Allemagne, Grande-Bretagne, Espagne et Italie.

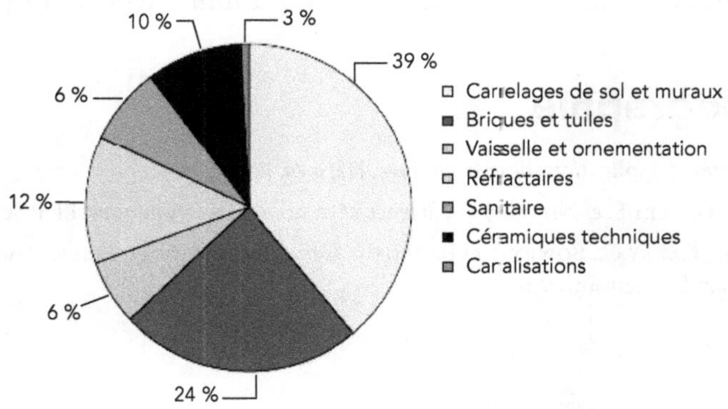

Figure 1.2 – Répartition en chiffre d'affaires des céramiques en Europe par secteur

[Source : rapport ECORYS « FWC Sector Competitiveness Studies – Competitiveness of the Ceramics Sector » 2008]

Le secteur céramiques emploie environ 200 000 personnes en Europe : 60 % des emplois correspondent aux carreaux, tuiles et briques, 15 % à la vaisselle et l'ornementation, 14 % aux sanitaires, 13 % aux réfractaires et seulement 5 % pour les céramiques techniques.

20 à 25 % de la production européenne est exportée (surtout vers les USA, la Russie, la Suisse). L'Europe importe de l'ordre de 8 % les produits réfractaires ou les carreaux et jusqu'à 60 % pour la vaisselle et l'ornementation.

L'industrie européenne a à faire face, notamment pour les céramiques traditionnelles, à la concurrence des pays produisant à bas coût, notamment la Chine et la Turquie (la Chine réalise plus de 50 % de la production mondiale des carreaux).

Un autre domaine important de l'activité céramique est celui du verre. Il correspond à une production en Europe en 2007 de 37 millions de tonnes (soit environ un chiffre d'affaires de 40 milliards d'euros/an) qui se divise de la manière suivante : conteneurs 58 %, verre plat 27 %, vaisselle 4 %, isolation 6 %, fibres 2 %.

L'industrie du verre emploie environ 200 000 personnes. 10 % de la production est exportée tandis que 10 % de la consommation est importée (plus de 50 % venant de Chine). De nouveau, la concurrence de la Chine se fait sentir.

Le dernier domaine concerné est celui des ciments, des granulats et du béton. La production mondiale de ciment est de 3,3 milliards de tonnes en 2010. La Chine est de loin le plus gros producteur avec 1,8 milliards de tonnes (56 % de la production mondiale), l'Union Européenne produisant 8 % de la production mondiale (200 millions de tonnes, chiffre d'affaires de l'ordre de 30 milliards d'euros, 200 000 personnes concernées, la France produisant 20 millions de tonnes). On peut également noter que l'Europe produit 1 milliard de m^2 de plaques de plâtre.

1.5 Bibliographie

Boch P., *Propriétés et applications des céramiques*, Hermès, Paris, 2001.

Fantozzi G., Le Gallet S. et Niepce J-C., *Science et technologies céramiques*, EDP Sciences, Paris, 2011.

Haussonne J. M., Carry C., Bowen P. et Barton J., *Céramiques et verres*, Presses Polytechniques et Universitaires Romandes, Lausanne, 2005.

2 Les céramiques traditionnelles

Coordonnateur : Jean-Pierre Bonnet
Co-auteurs : Jean-Jacques Blanc et Catherine Poirier

Dans ce chapitre, nous détaillerons l'élaboration et les différentes applications des céramiques traditionnelles (carreaux, appareils sanitaires, articles de table, produits en terre cuite).

2.1 Introduction

À la fin du paléolithique, l'homme avait déjà su tirer avantage de la plasticité naturelle des terres argileuses crues et de leur durcissement au contact d'une source intense de chaleur pour préparer des objets en céramique (céramiques de Dolni Vestonice datées de 26 000 ans avant notre ère). Toutefois, c'est la sédentarisation du début du néolithique (7 000-6 000 avant notre ère) qui a conduit à la généralisation de l'utilisation des objets en céramique. Depuis, ils constituent, sous forme d'objets rituels ou décoratifs, de récipients, de carreaux, puis de tuiles et de briques, des marqueurs du développement des différentes sociétés humaines. 8 000 ans d'une lente évolution portant aussi bien sur l'esthétique des pièces que sur des aspects plus techniques (composition du mélange initial, mode de mise en forme, performances des fours utilisés pour la cuisson…) ont conduit aux produits modernes utilisés dans le bâtiment, comme vaisselle ou comme objets de décoration et qualifiés de céramiques traditionnelles.

Les céramiques traditionnelles modernes parfois appelées conventionnelles ou silicatées, se distinguent des autres céramiques par le fait qu'elles sont obtenues à partir d'une ou plusieurs matières premières minérales naturelles dont l'un des constituants au moins est une argile riche en phyllosilicates.

Elles sont utilisées en tant que produits pour le bâtiment (sanitaires, carreaux de sol et de mur, briques, tuiles…) et articles domestiques (vaisselle, objets décoratifs, poterie) ; c'est-à-dire dans des domaines où la remarquable tenue en température des céramiques ne constitue pas un atout déterminant par rapport aux matériaux concurrents tels les pierres (naturelles ou reconstituées), les métaux, les liants minéraux ou les polymères. Le choix d'une solution céramique, souvent plus onéreuse, se fait essentiellement par référence à la durabilité (inertie chimique face aux agents corrosifs, stabilité face au rayonnement lumineux, faible sensibilité aux variations climatiques...) et à des critères (esthétiques, historiques, psychologiques...) qui relèvent autant de l'héritage culturel de l'acheteur que de l'originalité du concepteur.

Soumis à la concurrence des autres matériaux, à l'augmentation du coût de l'énergie et à l'évolution des contraintes environnementales (taxe sur le CO_2, traitements des effluents...), ce secteur industriel est en pleine évolution et les progrès concernent autant les technologies de fabrication (mélanges de matières premières, procédés de mise en forme, séchage, cuisson...) que les produits eux-mêmes. Il représente encore en 2010 plus de 62 % du chiffre d'affaires de l'industrie céramique mondiale.

2.2 Élaboration des céramiques traditionnelles

2.2.1 Principes de fabrication

Même si l'histoire des céramiques issues des argiles se caractérise par des progrès continus en termes de procédés, de produits et de matériaux, parfois brusquement accélérés par de véritables sauts technologiques, l'organigramme décrivant leur protocole de fabrication n'a pas réellement changé depuis plus de 2 000 ans. La première étape consiste à réaliser un mélange d'eau et de matières minérales de rhéologie adaptée au procédé de mise en forme. Une ébauche de la pièce est obtenue par coulage, moulage, calandrage, extrusion, injection, pressage... Si nécessaire, l'essentiel de l'eau contenue dans la pièce mise en forme est éliminé au cours d'un traitement de séchage. La pièce est ensuite cuite dans des conditions de température et d'atmosphère dépendant des matières premières utilisées et des caractéristiques recherchées pour le produit. Enfin, la céramique (appelée alors tesson) peut être recouverte d'une couche vitrifiée étanche, appelée émail, qui peut supporter ou parfois recouvrir un décor. Il est de plus en plus fréquent de réaliser la cuisson de la céramique et de l'émail (émaillage) au cours du même traitement thermique (on parle alors de mono-cuisson).

2.2.2 Les constituants du mélange minéral

La fabrication des céramiques traditionnelles fait appel à des matières premières naturelles généralement constituées de plusieurs minéraux susceptibles d'avoir une influence aussi bien sur le comportement du mélange pendant la mise en forme, le séchage et la cuisson que sur les caractéristiques des produits finis. Ainsi, sont vendus sous le nom de kaolin des produits riches en kaolinite (entre 75 % et 97 %

en masse) pouvant contenir, à des taux très variables, du quartz, de l'illite, de la muscovite, du microcline, de l'anatase et bien d'autres minéraux.

Plutôt que d'imposer aux fournisseurs des spécifications sévères et de se doter d'outils onéreux de contrôle des compositions chimique et minéralogique, les producteurs de céramiques traditionnelles ont pris l'habitude de développer des solutions internes (additifs, adaptation de la composition du mélange, etc.) permettant de compenser les effets de la fluctuation de composition d'une matière première. Pour le fabricant de céramique, le mélange de matières premières est donc une association complexe de minéraux dont les compositions chimique et minéralogique (souvent mal connues) et la morphologie (distribution granulométrique, forme, agglomération, etc.) permettent d'obtenir des comportements en production compatibles avec l'outil industriel disponible et les caractéristiques souhaitées pour le produit fini.

Les matières plastiques

La matière première de base des céramiques traditionnelles est l'argile. Ce terme est utilisé pour désigner un ensemble constitué de grains de taille inférieure à 2 μm, riche en phyllosilicates (aluminosilicates hydratés de structure lamellaire) et susceptible de former une suspension colloïdale dans l'eau. Parmi les phyllosilicates présents dans les argiles, on peut distinguer les silicates d'alumine, tels la kaolinite et l'halloysite, des produits contenant dans leur réseau cristallin des alcalins ou des alcalino-terreux, tels les micas (muscovite et illite) et les smectites. Mélangée à une certaine quantité d'eau, la poudre d'argile forme une pâte plastique, malléable et cohésive, semblable à celle utilisée par le potier sur son tour. Cette plasticité est due à la forme en plaquette des grains de phyllosilicates et à leur forte affinité pour l'eau liquide. Les céramistes ont l'habitude de classer les argiles en fonction de leur plasticité (aptitude à la mise en forme) et de leur comportement à la cuisson.

- Les argiles rouges sont surtout utilisées pour la fabrication des produits de terre cuite. Leur forte teneur en fer (plusieurs % massiques en équivalent Fe_2O_3) est à l'origine de la couleur brun rouge des tessons après cuisson.
- Les argiles plastiques grésantes se distinguent par la forte plasticité des pâtes qu'elles forment avec l'eau et l'apparition d'un abondant flux visqueux (phénomène de grésage) durant la cuisson.
- Les argiles réfractaires sont constituées très majoritairement de kaolinite.
- Les produits appelés ball clay sont des argiles plastiques présentant un caractère réfractaire marqué.

Les dégraissants

Bien que facile à mettre en forme, une pâte constituée uniquement d'argile serait trop déformable pour permettre la manipulation sans dommage de la préforme. De plus, le séchage et la cuisson d'une telle préforme s'accompagnerait d'une importante contraction (retrait) qui rendrait difficile la maîtrise de la forme et des dimensions de la pièce finale.

Pour limiter ces effets indésirables, des produits non plastiques et à même de former un squelette rigide interconnecté doivent être présents dans le mélange minéral initial. Ces constituants, appelés dégraissants, se présentent sous la forme de grains relativement gros (> 10 μm). Les dégraissants les plus communément employés sont le sable, le calcaire, les feldspaths, des chamottes et des rebuts de céramique broyés.

Les fondants

Le frittage des mélanges minéraux riches en silicates, tels ceux utilisés pour fabriquer les céramiques traditionnelles, fait intervenir l'écoulement d'un flux visqueux riche en silice. Pour que celui-ci ait une influence significative sur l'évolution de la microstructure (consolidation et densification), il faut qu'il puisse représenter une fraction volumique importante et que sa viscosité soit inférieure à environ 10^7 Pa.s. Afin d'abaisser la température de frittage, il est d'usage d'introduire dans les mélanges initiaux des minéraux, appelés fondants, qui sont à la fois formateurs de flux et pourvoyeurs d'éléments fluidifiants (alcalins, alcalino-terreux ou certains éléments de transition). Ces fondants peuvent être des phyllosilicates riches en alcalins (micas ou smectites) ou des minéraux non plastiques comme les feldspaths ou la craie. Ces derniers se comportent alors comme des dégraissants pendant la mise en forme et comme des fondants pendant le frittage.

2.2.3 Mise en forme

La mise en forme des céramiques traditionnelles peut se faire à partir d'une suspension (voie humide), d'une pâte plastique (voie semi-humide) ou de granulés (voie sèche). Ce sont essentiellement des critères de taille et de forme des pièces et de coût de production qui président au choix entre ces trois voies.

À partir d'une suspension

Les suspensions aqueuses de matières premières minérales utilisées pour la préparation des céramiques sont appelées barbotines. Elles contiennent généralement une fraction significative de gros grains (> 40 μm). Elles sont notamment utilisées dans les procédés de coulage en moules poreux et de coulage sous pression, pour la mise en forme d'objets de forme complexe (pièces décoratives ou de vaisselle) et/ou de grande taille (sanitaire).

Dans tous les cas, une consolidation, appelée prise, doit se produire avant le démoulage et la manipulation de la pièce. Elle intervient le plus souvent après extraction d'une partie de l'eau de la barbotine et formation contre les parois du moule d'une couche de matière humide, appelée gâteau ou cake. La mise en forme est toujours suivie d'une étape de séchage.

Dans le cas du coulage en moule, l'eau est transférée dans la porosité du moule. Si les pores du moule sont significativement plus petits que ceux du gâteau, le transfert se produit sans contrainte extérieure sous l'effet de la succion capillaire. L'utilisation d'un dégraissant constitué de gros grains (> 40 µm), qui stabilisent des pores de grande taille au sein du gâteau, peut donc s'avérer très favorable. Dans la pratique, la taille des pores est centrée sur 1 µm pour les moules en plâtre et sur 15 µm pour les moules en résine (nécessité d'appliquer une pression dans ce dernier cas).

À partir d'une pâte plastique

Les pâtes plastiques se comportent comme des fluides non newtoniens présentant une contrainte seuil élevée. Elles sont utilisées pour la mise en forme par injection, par pressage ou par extrusion (pièces de géométrie simple et/ou de symétrie axiale). Leur teneur en eau dépend de la nature de l'argile contenue dans le mélange minéral et des conditions de mise en forme. Elle varie entre 18 % (pâte dure pour extrusion) et 30 % (pâte molle pour injection) de la masse de matière sèche. Dans tous les cas, les produits doivent être séchés avant cuisson.

À partir de granulés

La mise en forme de pièces de géométrie simple peut être réalisée par pressage. Pour obtenir un remplissage homogène de la matrice de pressage, il est d'usage d'utiliser les matières premières sous forme de granulés sphéroïdisés (généralement entre 300 et 600 µm de diamètre) présentant une grande aptitude à l'écoulement. Obtenus par granulation mécanique ou par atomisation/séchage, ces granulés ne contiennent que l'eau (ou le liant) nécessaire à leur cohésion (quelques % en masse). Il est donc plus aisé de sécher la pièce. Cette voie est très utilisée pour la mise en forme des carreaux de sol ou de mur.

2.2.4 La cuisson

Le frittage

Les céramiques traditionnelles sont généralement obtenues à partir d'un mélange de minéraux silicatés (phyllosilicates, dégraissant et fondant). Au cours de la cuisson, des flux riches en silice apparaissent. Leur viscosité est très dépendante de la composition et de la température. Elle peut varier, comme celle des verres silicatés, entre 10^{13} et 10^{1} Pa.s environ (figure 2.1).

Lorsque la viscosité du flux est faible (< 10^{1} Pa.s), celui-ci se comporte comme un liquide. Sa distribution au sein de l'empilement granulaire est rapide. Sa quantité doit alors rester faible (quelques % en volume) pour éviter la déformation de la pièce sous son propre poids. Dans ce cas, le seul écoulement du liquide ne permet pas d'obtenir une densification importante, l'intervention d'un phénomène de dissolution/précipitation est nécessaire. La situation est complètement différente lorsque la viscosité du flux reste comprise entre 10^3 et 10^7 Pa.s environ. Le risque de déformation étant alors limité, le flux peut être présent en grande quantité et la cinétique du frittage est régie par la lente répartition de la phase visqueuse au sein de l'empilement granulaire. On parle alors d'un frittage par flux visqueux.

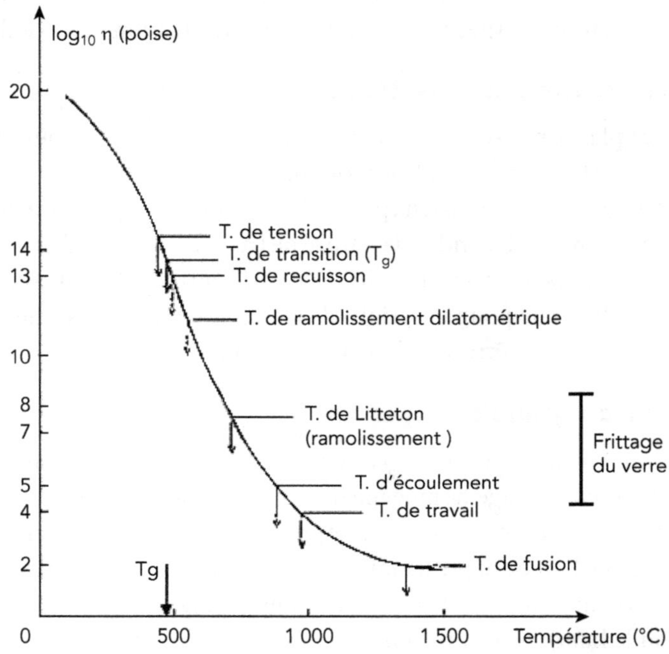

Figure 2.1 – Variation de la viscosité d'un verre silico-sodo-calcique en fonction de la température

La vitesse d'écoulement d'un flux étant inversement proportionnelle à sa viscosité, celle-ci est un paramètre déterminant du frittage par flux visqueux. La densification peut donc être facilitée par une augmentation de température et/ou par la présence dans le flux d'ions alcalins (Na^+, K^+), alcalino-terreux (Mg^{2+}, Ca^{2+}) ou d'éléments de transition de faible degré d'oxydation (Mn^{2+}, Fe^{2+}) qui agissent comme des fluidifiants.

La quantité de pores qui peut être éliminée sans dissolution/précipitation ne pouvant pas excéder la quantité de flux, une forte densification suppose la présence temporaire d'un flux abondant (35 à 40 % en volume pour obtenir une porosité fermée).

Simultanément au frittage, des cristallisations sont susceptibles d'intervenir pendant la cuisson. Elles peuvent s'accompagner de la consommation d'une partie du flux.

La nature des cristaux obtenus dépend de la composition du mélange initial et du cycle thermique appliqué. Les phases les plus fréquemment formées sont la mullite et la cristobalite, en l'absence d'alcalino-terreux, et la wollastonite (CaO,SiO_2), la géhlénite ($2CaO,SiO_2,Al_2O_3$) et/ou l'anorthite ($CaO,2SiO_2,Al_2O_3$), en présence de calcium. Le flux présent en fin de frittage forme une phase vitreuse au cours du refroidissement.

Les paramètres de cuisson

Les caractéristiques des céramiques traditionnelles sont très dépendantes des conditions de cuisson. La température maximale atteinte (qui agit à la fois sur la viscosité du flux et sur la nature des phases cristallisées formées) est un paramètre déterminant. Cette température, dite de cuisson, dépend du mélange initial utilisé et des propriétés recherchées. Ainsi, les poteries poreuses obtenues à partir d'argiles très fondantes peuvent être cuites à 850 °C environ, alors qu'il faut dépasser 1 450 °C pour obtenir certaines porcelaines alumineuses.

La vitesse de montée en température est aussi un paramètre important du cycle de cuisson. À l'image de ce qui est observé pour un kaolin (figure 2.2), l'accélération de la vitesse de chauffe peut permettre de limiter la dissolution des grains de quartz dans le flux et la formation des phases cristallisées. Le flux est alors moins concentré en silice et donc plus fluide. Cette aptitude permet d'abaisser significativement la température de cuisson des carreaux de grès et de faïence obtenus par le procédé dit de frittage rapide, qui utilise des vitesses de chauffe à haute température pouvant atteindre plusieurs dizaines de °C/min.

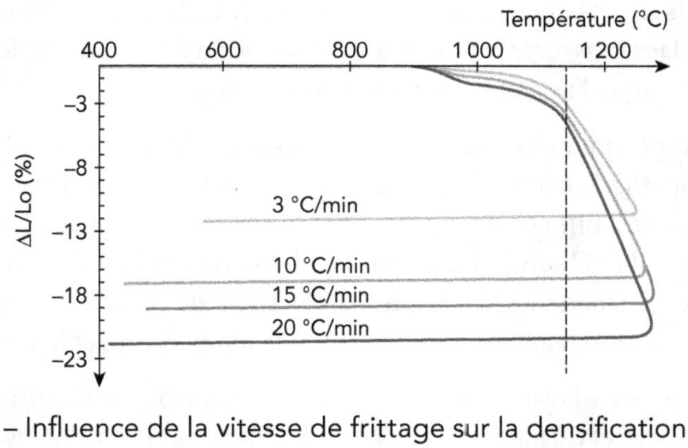

Figure 2.2 – Influence de la vitesse de frittage sur la densification d'un kaolin

Les cuissons sont généralement effectuées en atmosphère oxydante (excès d'air). Toutefois il peut s'avérer nécessaire de travailler en conditions réductrices, par exemple pour atténuer la coloration due aux ions fer (entre jaune et brun en présence de Fe^{3+} et entre vert pâle et gris en présence de Fe^{2-}).

2.2.5 L'émaillage

Les différents types de revêtements

De nombreux produits sont recouverts d'une pellicule vitreuse d'émail dont l'épaisseur est le plus souvent comprise entre 150 et 500 μm. Elle a généralement pour objet de masquer la porosité du tesson, de rendre la surface lisse et brillante, d'améliorer la résistance chimique et l'esthétique de la pièce et éventuellement de supporter un décor.

Cet émail peut reposer sur une sous-couche poreuse, appelée engobe, dont le rôle est de masquer la couleur du tesson et/ou de faciliter l'adhérence de l'émail. Un émail destiné à la protection des céramiques poreuses est appelé glaçure. La couverte désigne l'émail qui recouvre les tessons pratiquement exempts de porosité ouverte. La coloration de l'émail est généralement obtenue à l'aide d'oxydes métalliques.

Selon le cas, l'opération d'émaillage est réalisée sur un support cru, sur une pièce partiellement frittée suite à une cuisson dite de dégourdi (température maximale de cuisson inférieure à celle d'émaillage) ou sur un biscuit (tesson préalablement traité à une température supérieure à celle d'émaillage).

Les émaux

La couche d'émail, transparente ou opaque, blanche ou colorée, est obtenue à partir d'un mélange de composition plus ou moins riche en silice. Ce mélange doit former un liquide nappant pendant le traitement thermique d'émaillage et un verre au refroidissement. De nombreux oxydes sont présents dans la composition d'un émail, ils contribuent à ajuster la température de fusion et la viscosité aux conditions d'émaillage, à assurer le mouillage et l'adhésion de l'émail sur le tesson et à conférer à la céramique l'aspect et la couleur recherchés.

Les matières premières minérales utilisées pour obtenir un émail sont principalement les feldspaths, le kaolin, le quartz et la craie ou la dolomie. Des frittes sont de plus en plus utilisées. Elles sont préparées par fusion d'un mélange de matières premières à environ 1 500 °C suivie d'une trempe à l'air ou dans l'eau et d'un broyage. Ces frittes vitreuses permettent de masquer la réactivité de certains constituants vis-à-vis de l'eau ou de l'atmosphère et de diminuer la température et le temps d'émaillage.

Pour que l'émail reste fortement lié au tesson, il faut que sa diffusion dans le support soit effective et que leurs coefficients de dilatation thermique soient peu différents. Lorsque le coefficient de dilatation du tesson est le plus faible, l'émail est mis en tension pendant le refroidissement qui suit l'émaillage et des fissures peuvent apparaître en son sein (faïençage ou tressaillage, figure 2.3 à gauche). En revanche, l'émail est mis en compression quand la contraction du tesson au refroidissement est la plus forte. Sa résistance mécanique s'en trouve renforcée tant que la différence de coefficient de dilatation est suffisamment faible pour ne pas entraîner de décollement (écaillage, figure 2.3 à droite). Une couche d'engobe, placée entre le tesson et l'émail, peut contribuer à réduire le faïençage ou l'écaillage.

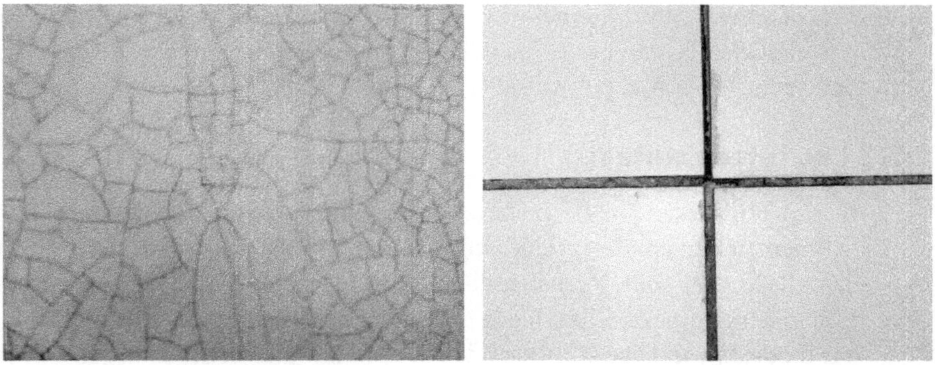

Figure 2.3 – Exemples de tressaillage (à gauche) et d'écaillage (à droite) de carreaux émaillés

L'émail obtenu par fusion complète des différents constituants peut être brillant, lisse et translucide. Il peut être rendu opaque grâce à la présence d'inclusions (cristallisées, vitreuses ou gazeuses) d'indice de réfraction différent de celui de la matrice vitreuse. Quand la fusion n'est pas complète ou quand la viscosité du liquide à la température d'émaillage reste élevée, la surface de l'émail peut être légèrement rugueuse. Il présente alors un aspect mat et une opacité liée à la diffusion de la lumière sur les aspérités. Cet effet peut être exacerbé en incluant dans le mélange initial des grains de corindon ou de zircon trop gros (~ 40 μm) pour être totalement dissous pendant l'émaillage. La surface rugueuse obtenue est alors très résistante à l'usure (cas des émaux de faible épaisseur 200 à 250 μm présent sur les carreaux de sol).

Les décors

Sauf exception (décors sous émail des pièces résistant au lave-vaisselle fabriquées dans les pays nordiques), les décors sont déposés sur l'émail. Ils sont peints, sérigraphiés ou déposés sous forme de décalcomanie. Les pigments utilisés sont le plus souvent constitués de grains de colorants minéraux inclus dans une phase vitreuse. De très nombreux oxydes métalliques sont utilisés pour réaliser les colorations très variées des décors. Les plus communément employés sont les oxydes d'antimoine, de chrome, de cobalt, de cuivre, de fer, de manganèse, de nickel, de praséodyme, de sélénium, de titane et de vanadium. La nature et l'intensité des couleurs obtenues dépendent, non seulement des oxydes utilisés, mais aussi de la température et de l'atmosphère de cuisson. Les décors aux colorations les plus vives sont généralement fixés à basse température en atmosphère oxydante.

2.3 Les différents types de matériaux

2.3.1 La classification

Une céramique traditionnelle est qualifiée de terre cuite, de faïence, de grès, de porcelaine ou de vitreous sur la base de critères prenant principalement en compte l'aspect de la pièce, la porosité et la couleur du tesson.

2.3.2 Les terres cuites

Bien qu'utilisées en poterie, les terres cuites sont principalement des produits pour le bâtiment, tels que tuiles, briques, conduits de fumées, tuyaux de drainage, carreaux de dallage… Ils sont décrits en détail au paragraphe 2.7. L'appellation terre cuite trouve son origine dans le fait que ces produits ont été fabriqués pendant des siècles par modelage, séchage et cuisson de terres communes riches en argile. Les compositions utilisées dans les installations modernes sont plus complexes. Elles mêlent argiles (souvent kaolino-illitiques) et additifs, tels que dégraissants, colorants et adjuvants organiques (liants, ajouts porogènes, etc.), afin d'assurer une bonne maîtrise du comportement en fabrication et des caractéristiques finales. La mise en forme se fait le plus souvent à partir d'une pâte plastique. Le séchage des préformes est réalisé en chambre ventilée ou en séchoir tunnel. La température maximale de cuisson est généralement comprise entre 900 à 1 150 °C.

La coloration des tessons peut varier du blanc jaunâtre au brun. Les produits en terre cuite sont appréciés pour leur esthétique, leur stabilité dans le temps, leur résistance en compression, leur faible conductivité thermique et leurs propriétés hygrothermiques et acoustiques.

Les phases cristallisées qui se forment pendant leur cuisson appartiennent le plus souvent au système ternaire Al_2O_3-SiO_2-CaO. Il s'agit essentiellement de wollastonite (CaO,SiO_2), géhlénite ($2CaO,SiO_2,Al_2O_3$) et anorthite ($CaO,2SiO_2,Al_2O_3$). Cette dernière phase, qui se forme à haute température au détriment des deux autres, est recherchée lorsqu'une forte résistance mécanique est nécessaire (cas des tuiles).

2.3.3 Les faïences

On qualifie de faïence un ensemble de produits céramiques constitués d'un tesson poreux recouvert d'une couche continue de glaçure décorée. Les faïences sont connues pour la vivacité de leur décor. L'émail permet de masquer la couleur du tesson et de fermer sa forte porosité ouverte (5 % à 20 %).

Les faïences sont préparées à partir d'argiles généralement modifiées par des ajouts de quartz, de craie, de feldspath ou de verre pilé. Les techniques les plus couramment utilisées pour les mettre en forme sont le coulage de barbotine, le calibrage de pâte et le pressage de poudre granulée. Après séchage, le produit cru est soumis à un traitement thermique, appelé biscuitage, réalisé à une température comprise entre 950 et 1 200 °C. Le biscuit poreux obtenu est ensuite émaillé au cours d'une cuisson d'émail réalisée à une température inférieure (50 à 150 °C plus faible) ou parfois égale à celle de biscuitage. Quand un décor est peint ou déposé (sérigraphie, décalcomanie...) sur cette glaçure, un troisième traitement thermique à plus basse température peut être nécessaire pour le fixer.

- Les *majoliques* et les poteries vernissées sont des faïences obtenues à partir d'une terre argileuse commune relativement fusible. Le tesson poreux de ces produits, très proches des terres cuites, a une coloration parfois marquée. Les faïences historiques appartiennent le plus souvent à cette famille de produit. Les poteries vernissées sont utilisées de nos jours en construction (briques et tuiles émaillées), pour des usages domestiques et comme vaisselle (cruches, pots, etc.).
- Les *faïences stannifères* sont obtenues à partir d'une pâte argilo-calcaire. La glaçure de ces produits, principalement utilisés pour réaliser des objets de décoration, est opacifiée par du dioxyde d'étain.
- Les *faïences fines* sont caractérisées par un tesson blanc ou très faiblement coloré, par une microstructure fine et régulière, par une résistance mécanique élevée et par l'éclat et la solidité de leur glaçure. Elles sont très présentes dans les domaines de la vaisselle où leur forte résistance aux chocs et la qualité de leur émail sont appréciées.
- Les *faïences feldspathiques* sont obtenues par traitement d'un mélange contenant une quantité significative de feldspath (3 à 14 %). La cuisson d'émail, réalisée à température élevée confère à la glaçure une grande résistance à la rayure. Il s'agit de produits bien adaptés aux domaines de la vaisselle et des carreaux.

2.3.4 Les grès

Les grès présentent un tesson fortement vitrifié, opaque et coloré. Ils peuvent être pratiquement imperméables. Ils sont obtenus à partir d'argiles plastiques grésantes (capables de développer à relativement basse température une quantité importante de flux). Ils peuvent être recouverts d'un émail ou d'un vernis. Les grès sont connus pour leurs excellentes performances mécaniques et leur résistance à l'érosion et aux agents chimiques.

- Les *grès naturels* sont des produits obtenus à partir d'un mélange naturel d'argiles grésantes, éventuellement modifié par le seul ajout d'argile kaolinitique.
- Les *grès fins* se différencient des précédents par le fait que le fondant n'est pas contenu dans l'argile, mais apporté sous forme de feldspath. Principalement utilisés comme vaisselle, les grès fins constituent aussi des carreaux de revêtement de mur ou de sol, des dalles antiacides ou des tuyaux d'assainissement.

- Les *grès cérames* sont caractérisés par une porosité ouverte extrêmement faible (< 0,5 %) et une porosité fermée importante (7 à 13 %). Principalement destinés à être utilisés comme carreaux de sol, ils présentent de remarquables propriétés mécaniques et une excellente résistance au gel et aux agents corrosifs.
- Les *grès chamottés* sont obtenus par cuisson d'une pâte constituée d'argile grésante, d'une faible proportion de fondant et d'une quantité importante de chamotte. Les tessons sont généralement recouverts d'un engobe opaque dont le rôle est de masquer la coloration et les imperfections de surface et de faciliter l'accrochage de l'émail. Les grès chamottés sont très utilisés pour la préparation de produits sanitaires de grande taille.

2.3.5 Les porcelaines

Les tessons de porcelaine sont blancs et translucides sous faible épaisseur. Ils sont dépourvus de porosité ouverte (< 0,5 %), mais peuvent présenter quelques gros pores fermés (alvéoles). Ils sont cuits à une température très supérieure à celle de grésage, c'est-à-dire dans des conditions où le flux visqueux est susceptible de dissoudre l'ensemble des grains de dégraissant qu'il entoure.

- Les *porcelaines dures,* obtenues à partir de mélanges constitués presque exclusivement de kaolin, de quartz et de feldspaths sont surtout utilisées dans le domaine de la vaisselle (porcelaine de Limoges) et comme céramiques techniques (isolateurs).
- Les *porcelaines tendres* diffèrent des précédentes par leur plus faible teneur en mullite et leur plus grande translucidité. Elles sont obtenues par cuisson autour de 1 250-1 300 °C de mélanges un peu plus fondants. Les porcelaines de Chine et la porcelaine pour implants dentaires appartiennent à cette catégorie.
- Les *porcelaines alumineuses* sont obtenues à partir d'une pâte enrichie en alumine calcinée ou en corindon. La teneur moyenne en alumine, exprimée en masse équivalente de Al_2O_3, peut dépasser 90 % dans le cas des porcelaines extra-alumineuses. Les produits sont généralement frittés et émaillés en mono-cuisson à une température qui varie de 1 280 à 1 600 °C selon la teneur en alumine. Les porcelaines alumineuses sont des céramiques techniques utilisées pour leurs caractéristiques électriques (isolateurs, sectionneurs, bougies d'allumage, diélectriques hautes tension) ou pour leur dureté (outils de coupe, guides fils ou boulets pour broyeurs).
- Les *bone china*, parfois qualifiés de porcelaines phosphatiques, constituent une classe originale de matériau. Leur nom vient de la cendre d'os présente en grande quantité dans le mélange initial (composition typique : 37 à 50 % en masse de cendres d'os, 22 à 32 % d'orthose, 22 à 41 % de kaolin et 0 à 4 % de quartz). À la température maximale de cuisson (entre 1 250 et 1 280 °C), le matériau est

une pâte constituée de phosphate tricalcique ($Ca_3(PO_4)_2$) et d'un flux de viscosité relativement faible. Le refroidissement s'accompagne de la cristallisation d'anorthite.

2.3.6 Les vitreous

Le terme vitreous désigne des matériaux denses (porosité ouverte < 0,5 %) et fortement vitrifiés situés à la transition entre les faïences feldspathiques, les grès fins et les porcelaines. Ils sont surtout utilisés pour fabriquer des articles sanitaires et de la vaisselle très robuste (cuvette de lavabo, vaisselle pour les collectivités). Ils sont obtenus à partir de pâtes qui diffèrent de celles utilisées pour préparer les faïences feldspathiques essentiellement par une plus forte teneur en feldspath.

2.4 Les carreaux céramiques

2.4.1 Une classification par l'usage

À la classification traditionnelle par nature de matériau (grès ou faïence) s'est progressivement substituée depuis 1980, sous l'influence des principaux producteurs européens, celle se référant à l'usage. On distingue donc maintenant les carreaux de sol (pavimento) et les carreaux de mur (rivestimento).

Cette évolution se justifie par le développement de carreaux de grès émaillés présentant des coloris et des décors très variés, qui a conduit la clientèle à souhaiter poser au mur ces produits traditionnellement utilisés pour le sol. La pose murale de ces carreaux (denses) de masse volumique élevée est devenue réalisable dans l'habitat neuf grâce aux performances des nouveaux mortiers-colles et adhésifs et à la qualité des supports. À l'inverse, des carreaux poreux sont utilisés comme revêtement de sol, pour des raisons purement esthétiques dans des parties de l'habitat domestique peu sollicitées (salle de bains privative) ou par référence à la tradition comme dans le cas des carreaux de terre cuite à profil rustique (résidences secondaires, musées, rénovation de l'ancien, etc.).

C'est ainsi que la normalisation des carreaux céramiques (internationale ISO), qui réglemente la prescription, l'usage et, le cas échéant, les litiges ultérieurs, ne reprend pas les notions de grès vitrifié ou de faïence (habituelles en France), mais s'appuie entre autre sur les deux critères suivants :

- le procédé de façonnage (extrusion (A) ou pressage (B)) ;
- la porosité (absorption d'eau à l'ébullition (E)).

La norme NF EN 14411, présentée dans le tableau 2.1, définit les différentes classes de carreaux sur cette base.

Tableau 2.1 – Classification des carreaux selon la norme NF EN 14411

	Groupe I $E \leq 3$ %		Groupe II $3 < E \leq 10$ %		Groupe III $E > 10$ %
	Ia $E \leq 0.5$ %	Ib 0.5 % $< E \leq 3$ %	IIa 3 % $< E \leq 6$ %	IIb 6 % $< E \leq 10$ %	III $E > 10$ %
A (Extrusion)	AIa	AIb	AIIa	AIIb	AIII
B (Pressage)	BIa	BIb	BIIa	BIIb	BIII

2.4.2 Une classification par la nature de la surface

Une autre classification consiste à faire une distinction entre carreaux non émaillés (UGL) et émaillés (GL). Les premiers appartiennent aux groupes AIa ou BIa de la norme NF. Pour être insensibles aux taches en l'absence d'émail, ces carreaux doivent présenter une microstructure très vitrifiée. Assimilables aux grès cérames, ils sont obtenus par cuisson à $T \geq 1\,200$ °C d'un mélange riche en fondant (40 à 60 % en masse de feldspath ou de pegmatite). On trouve ces produits sur des sols techniques (supermarchés, halls). Les carreaux émaillés offrent eux l'avantage d'être recouverts d'un émail coloré et opacifié et de décors recherchés. Ils sont adaptés aux sols moins sollicités de l'habitat domestique (groupes AIb, BIb, AII et BII de la norme NF EN 14441) et aux revêtements muraux (groupes AII, BII, AIII et BIII). L'émail imperméabilise la surface et permet de conserver une structure sous jacente moins vitrifiée et donc moins déformable pendant la cuisson.

2.4.3 Les carreaux de sol

Les carreaux de sol sont obtenus à partir de mélanges argileux dont le taux de fondant alcalin est passé de 25 à 60 % en masse au fur et à mesure que les cycles de cuisson ont raccourci (20 h en 1975, 30 min en 2010). Il s'agit de production dont la conformité aux normes est particulièrement contrôlée (90 % de l'ensemble des tests qualitatifs sont réalisés sur ces carreaux).

De nos jours, les carreaux de sol sont essentiellement mis en forme par pressage (30 à 50 MPa) de granulés contenant 4 à 6 % en masse d'eau résiduelle. Ces granulés (figure 2.4) sont obtenus par atomisation-séchage d'une barbotine du mélange des matières premières broyée pendant 20 h. Les carreaux crus, souvent de grand format (60 × 60 cm), sont introduits en monocouche dans un four à rouleaux où ils subissent un cycle rapide de cuisson. Récemment, sont apparues des « feuilles » (*slim*) de grès de 2 m^2 de surface et de 6 mm d'épaisseur dont l'intérêt réside dans la variété des formats qui peuvent être obtenus après découpage au jet d'eau du produit cuit. Dans tous les cas, l'émaillage éventuel est réalisé selon l'un des multiples procédés permettant d'obtenir le décor souhaité (l'émaillerie est aujourd'hui le centre stratégique d'une usine de carreaux émaillés).

Figure 2.4 – Exemple de granulés utilisés pour la préparation de carreaux céramiques

Les carreaux étirés sont peu produits en France en raison, d'une part, des difficultés rencontrées pour fabriquer des grands formats par extrusion et, d'autre part, des variations dimensionnelles et de la microporosité de surface (sensible à l'encrassement) induites par l'évacuation de l'eau de façonnage (25 % en masse d'eau).

2.4.4 Les carreaux de mur

Quelques productions de carreaux de faïence à pâte blanche se maintiennent en France grâce à la réussite de grands formats, souvent oblongs et richement décorés (stries, reliefs de verre, cristaux, métaux oxydés, etc.). Le contrôle qualitatif se concentre sur la qualité de la liaison tesson/émail (risque de tressaillage) et sur le gonflement à l'humidité.

La présence dans le mélange initial de calcaire très blanc (abondant en France), parfois associé au talc, permet le développement pendant la cuisson de pseudo-wollastonite (CaO,SiO_2) ou d'anorthite ($CaO,Al_2O_3,2SiO_2$), phases cristallisées qui contribuent à améliorer significativement les propriétés mécaniques de ces produits poreux. Leur température de cuisson inférieure à 1 100 °C permet d'obtenir en mono-cuisson des coloris saturés et une grande brillance, caractéristiques difficilement accessibles dans le cas des carreaux de grès cuits à 1 200 °C.

2.4.5 Caractéristiques et propriétés d'usage

La norme harmonisée NF EN ISO 10545 décline seize vérifications axées sur :

- la reproductibilité des dimensions ;
- l'aspect et la couleur ;

- la résistance mécanique (globale et en surface) ;
- la résistance à l'usure et au gel ;
- la porosité (le taux de porosité détermine le classement) ;
- la résistance aux agressions chimiques ;
- la sensibilité aux taches.

Tableau 2.2 – Contrôles réalisés sur les carreaux céramiques et référence de la norme correspondante

Référentiel	Référence du texte normatif	Intitulé de la norme
ISO	10545-2	Caractérisation dimensionnelle
	10545-3	Absorption d'eau
	10545-4	Résistance à la flexion
	10545-5	Résistance aux chocs (coeff. de restitution)
	10545-6 & 7	Abrasion profonde ou de surface
	10545-8	Dilatation thermique linéique
	10545-9	Résistance aux chocs thermiques
	10545-10	Dilatation à l'humidité (eau bouillante)
	10545-11	Résistance au tressaillage
	10545-12	Résistance au gel
	10545-13 & 14	Résistance chimique et aux taches
	10545-15	Emissions Pb/Cd
	10545-16	Faibles différences de couleur
NF-UPEC Cahier CSTB 3659	Annexe 3	Conservation du décor
	Annexe 10	Essai d'usure Mazaud pour carreaux BIa décorés
	Annexe 5	Roulage lourd (pose collée ou scellée)
	Annexe 6 & 7	Chocs à la bille
	Annexe 8	Résistance aux taches, acides et bases
DIN	51097 & 51130	Glissance zones mouillées (PN) ou huile (PC)
NF	XP P05-010	Glissance PN ou PC
NF EN	13036-4	Glissance au pendule SRT

La France dispose, notamment pour les carreaux les plus techniques, d'un référentiel qualitatif plus sévère (NF-UPEC du CSTB) qui prend en compte d'autres caractéristiques, telles que pérennité du décor, choc à la bille et comportement au roulage lourd.

Il faut aussi mentionner les normes relatives à la résistance à la glissance sur plan incliné (normes NF et DIN assez équivalentes), dont l'intérêt réside dans leur adéquation à la réalité qu'elles sont supposées contrôler. En effet, l'essai est réalisé avec deux opérateurs qui marchent réellement sur un sol de pente croissante, soit pieds nus sur des carreaux mouillés par un ruissellement continu (PN pour sol de piscine), soit pieds chaussés sur des carreaux initialement recouverts d'un film d'huile (PC pour cuisines collectives).

La liste des contrôles réalisés par le Centre technique industriel de la céramique (SFC) et les références des normes correspondantes sont présentées dans le tableau 2.2.

2.4.6 Production, marchés et perspectives

Juste avant l'automne 2009, la production annuelle de carrelage en France était de 32 millions de m^2, soit environ le quart de la consommation nationale.

Les procédés modernes utilisés pour produire les carreaux céramiques, qui font tous appel à une étape d'atomisation séchage, sont très consommateurs d'énergie. En effet, le coût de l'énergie dépensée pendant le séchage lors de l'atomisation (très proche de celle dissipée pendant le cycle de cuisson à 1 200 °C) peut représenter 20 % du prix de revient d'un carreau céramique. La production française est donc affectée par l'augmentation du coût du gaz et par la mise en place de la taxe sur le CO_2.

2.5 Les appareils sanitaires

Les céramiques constitutives des appareils sanitaires sont souvent des objets volumineux et lourds (15 à 150 kg) dont la présence dans l'habitat se justifie par leur durabilité en milieu sanitaire, leur inertie chimique et leur grande résistance mécanique.

Ils se déclinent en formes très variées et toujours complexes (lavabos, colonnes, cuvettes, réservoirs, bidets, receveurs dans la salle de bains, éviers, bacs dans la cuisine...) qui justifient qu'ils soient tous mis en forme par coulage.

De simples appareils techniques à l'origine, ils sont devenus des éléments de décoration (design, couleur). Ce sont donc les formes et les couleurs qui distinguent essentiellement les produits actuels de ceux du passé. Simultanément, la technologie utilisée pour réaliser ces pièces a fortement évolué avec l'introduction du coulage sous pression, de l'émaillage robotisé et de la cuisson accélérée. Il a ainsi été possible de passer d'une fabrication séquentielle, lente et nécessitant une grande surface de bâtiment, à de véritables lignes de production en flux tendu.

2.5.1 Les familles de produits

Les produits en grès pour les articles lourds

Les pièces les plus volumineuses (receveurs, éviers, bacs) sont fabriquées en grès chamotté (appelé aussi grès sanitaire). Il s'agit de produits dont la cuisson à 1 200 °C assure une résistance à la compression et aux charges statiques très élevée tout en réduisant à 5 % le retrait total, limitant ainsi la déformation pyroplastique. Ce sont essentiellement les formes et les couleurs qui distinguent les produits actuels de ceux du passé.

Le grès sanitaire résulte d'un chamottage à 50 % d'un mélange riche en argiles plastiques grésantes de type illitique. En lieu et place des mélanges dits « grès fin » (grains de chamotte < 150 μm) et « gros grès » (grains de chamotte < 1 mm), utilisés jadis pour réaliser, respectivement, les petites pièces et les éviers et receveurs, les fabricants français utilisent depuis 1995 de la chamotte de granulométrie < 400 μm pour toutes les pièces.

Le vitreous pour les pièces en eau permanente

Afin de palier une éventuelle perte d'étanchéité due au tressaillage de la couche d'émail, les fabricants réalisent les pièces en contact quasi permanent avec l'eau (cuvettes et réservoirs) à partir de compositions permettant d'obtenir des céramiques fortement vitrifiées et étanches (absorption < 0,5 % et densité apparente voisine de 2,4). Ce vitreous, parfois abusivement appelé « porcelaine sanitaire », est obtenu à partir d'un mélange constitué d'une phase plastique grésante blanche (50 % en masse) à base d'illite et de kaolin et de fondants (feldspaths < 80 μm) associés à un formateur de verre (quartz < 80 μm).

2.5.2 Une technologie unique

En France, la production des produits sanitaires se caractérise aujourd'hui par :

- une préparation des barbotines (pour la céramique et pour les émaux) propre à chaque site à partir de matières premières faisant l'objet de spécifications précises (finesse, composition, pureté garantie par les fournisseurs) ;
- le recours de plus en plus fréquent au coulage sous pression (CSP) qui réduit la durée du façonnage à quelques minutes et permet de diminuer la surface de bâtiment occupée par les moules pendant la prise et le séchage ;
- une mono-cuisson continue en four tunnel selon un cycle de 11 à 20 h avec une température maximale de l'ordre de 1 200 °C. Les faibles contraintes intervenant pendant cette cuisson lente autorisent un retraitement des pièces présentant des défauts en four intermittent à une température de 20 °C inférieure au maximum atteint pendant la cuisson initiale.

- une part de plus en plus grande du grès (> 70 %) qui s'adapte mieux aux formes et aux lignes des produits haut de gamme du marché français et qui est moins propice aux délocalisations.

En France, toutes les lignes de production utilisent des barbotines de masse volumique 1 800 g/l. Ces suspensions sont obtenues par simple mélange des dégraissants (feldspaths + silice) dans un « jus » d'argiles de masse volumique 1 650 g/l préalablement turbo-délité. Elles sont ensuite tamisées et homogénéisées dans une cuve tampon, qui reçoit aussi les suspensions récupérées au cours du vidage des moules après la prise du gâteau. Le flux de ces revidés peut être significatif dans le cas de formes opulentes.

À l'issue du façonnage (prise après coulage en moule en plâtre ou CSP), les pièces sont séchées (lentement) jusqu'à 1 % en masse d'eau résiduelle avant pulvérisation de la barbotine d'émaillage. Dans le cas des grès, un engobe peut être utilisé pour corriger d'éventuels défauts liés à la teinte et/ou à des reliefs.

2.5.3 Un émail performant

La gestion de l'émaillage (composition et viscosité des bains, colorimétrie, résistance chimique après cuisson) est un point clé de la production des produits céramiques sanitaires.

La rhéologie

À l'instar des peintures acryliques, les suspensions d'émaillage pour les produits sanitaires contiennent des adjuvants rhéo-fluidifiants. Ils sont indispensables à la pulvérisation robotisée qui nécessite une barbotine présentant une viscosité suffisamment faible sous cisaillement pour obtenir un fort débit à la buse (1,5 à 3 l/min) et une viscosité de la couche déposée (viscosité sans contrainte) suffisamment forte pour éviter les coulures. Ces adjuvants régulent aussi le nappage du film dont la qualité en cru vert (avant séchage) est d'autant plus critique que le cycle de cuisson est raccourci. La suspension contient aussi des additifs permettant d'assurer la stabilité du bain (protection contre les bactéries, levures et champignons) et la cohésion du film déposé après séchage (cohésif organique).

La formulation

L'eutectique Na_2O – CaO est la base de composition des émaux utilisés sur vitreous et sur grès. Il est obtenu à partir d'un mélange d'albite (feldspath sodique) et de calcaire très blanc. On lui associe 8 à 12 % en masse de zircon broyé à 5 µm (opacifiant) et, si nécessaire, des colorants pigmentaires.

Contrôle après cuisson

Après cuisson, le produit émaillé fait en interne l'objet d'un certain nombre de contrôles plus ou moins spécifiques selon le domaine d'application. Ainsi la stabilité des nuances des pièces utilisées dans une même salle de bain est caractérisée par spectro-colorimétrie (système L*a*b). De même, les appareils sanitaires sont soumis à des contrôles normalisés de la résistance chimique des surfaces (acides et bases) eu égard au fait qu'ils sont en contact fréquent avec des agents de nettoyage (détergents) parfois corrosifs. L'étanchéité du film vitreux et la glissance (bacs à douche, équipements pour handicapés) sont également surveillées.

2.5.4 Caractéristiques et propriétés d'usage

D'une façon générale, les appareils sanitaires labélisés NF doivent satisfaire aux critères définis dans les normes listées dans le tableau 2.3.

Tableau 2.3 – Contrôles réalisés sur les appareils sanitaires et référence de la norme correspondante

Référentiel	Référence du texte normatif	Intitulé
NF D	12203	Conformité des réservoirs de chasse équipés
	14501	Résistance à l'abrasion des surfaces émaillées
	14504	Mesure de la résistance aux charges statiques
	14506	Résistance des surfaces émaillées aux acides à température ambiante
	14507	Résistance des surfaces émaillées aux alcalins à chaud
	14508	Résistance des surfaces émaillées aux agents chimiques domestiques et aux taches
	14512	Étanchéité
	14512	Poids d'eau absorbée
NF EN	997	Fonctionnement des cuvettes WC de moins de 7 litres
	13310	Résistance aux produits chimiques et aux agents tachants
AS 19761992	AS 1976-1992 Annexe B	Résistance au tressaillage (norme australienne)
	AS 1976-1992 Annexe C	Résistance aux agents chimiques (norme australienne)

2.5.5 Production, marchés et perspectives

Traditionnellement utilisatrice d'une nombreuse main-d'œuvre, l'industrie française du sanitaire céramique a été fortement affectée par la concurrence des pays émergents. En 30 ans, elle est passée de 20 sites dont la production était à 75 % du vitreous à 6 sites essentiellement axés sur des produits de haut de gamme (pièces en grès de formes originales souvent créées par un designer) (60 000 tonnes environ en 2010).

La formation de quelques groupes internationaux a eu pour conséquence de spécialiser chaque pays dans un type de production spécifique en fonction du marché et des opportunités locales. Il est toutefois intéressant de relever l'existence du cluster sanitaire de Viterbo (nord de Rome) où 37 PME produisent, sur 42 sites de production et avec 2 100 employés, 4 100 000 pièces sanitaires par an.

2.6 Les articles de table

En France, le secteur de la vaisselle est dynamique et très varié. Les articles de table en céramique se caractérisent par la diversité des matériaux (terre culinaire, faïence, grès, vitreous et porcelaine), des formes (tasses, bols, mugs, soucoupes, assiettes multi-taille, raviers, théières...) et des fonctions (produits pour la présentation, services de table ou articles pour la cuisson).

Pour réaliser cet ensemble de produits, les industriels ont recours à un panel de technologies impliquant :

- différents procédés de mise en forme, tel le façonnage par extrusion, le pressage de pâte plastique ou de granulés, le calandrage, le coulage atmosphérique ou sous pression ;
- des températures maximales de cuisson comprises entre 1 000 et 1 400 °C ;
- des modes de cuisson variés (dégourdi à 960 °C, mono ou bi-cuisson, re-cuissons diverses pour les décors).

2.6.1 Une classification par la fonction et la nature du matériau

Les produits culinaires

Les articles destinés à contenir les aliments pendant leur cuisson doivent non seulement présenter les caractéristiques spécifiques qui permettent de les classer parmi les produits de qualité alimentaire, mais aussi résister aux chocs thermiques et, dans le cas de la restauration collective, aux chocs mécaniques. Ce sont donc des produits conçus pour présenter un faible coefficient de dilatation thermique et une parfaite innocuité chimique.

L'utilisation de plus en plus fréquente du four micro-onde pour chauffer les aliments a entraîné une évolution de la nature même de ces articles. Ainsi, les poteries culinaires à texture poreuse sont de plus en plus remplacées par des grès dont la faible porosité permet d'éviter les échauffements parasites associés à l'absorption d'eau au cœur de la céramique.

Le développement des habitudes dites « du four à la table », qui consistent à utiliser le même plat pour la cuisson et la présentation sur la table, conduit les fabricants à faire de plus en plus appel au design et à la couleur.

Les produits en faïence

Qu'elle soit calco-magnésienne (cuisson à 1 080 °C) ou plus rarement feldspathique (cuisson à 1 180 °C), la faïence (voir paragraphe 2.3.3) a longtemps constitué le matériau dans lequel était fabriquée la grande majorité des articles de table courants. Le succès de ces faïences était dû à leur coût modéré (lié à leur température de cuisson relativement faible) et à la variété et à la vivacité de leurs décors. Fortement concurrencée par le verre, la production d'articles en faïence se concentre aujourd'hui sur des niches ou sur des produits de haut de gamme (répliques de décors anciens, faïences stannifères, services régionaux...).

Ces fabrications restent confrontées à un certain nombre de difficultés techniques, telles la pérennité de l'accord tesson et émail (tressaillage), la nécessité d'émailler le pied des articles pour éviter l'absorption de liquide et l'agressivité alcaline du lavage au lave-vaisselle.

Les produits en grès

C'est la nécessité d'améliorer la résistance mécanique des produits qui a conduit à utiliser le grès (voir paragraphe 2.3.4) pour la réalisation d'articles culinaires. Les produits en grès sont appréciés, non seulement pour leur bonne résistance à l'impact, mais aussi pour leur faible porosité (absorption d'eau < 3 % selon le classement douanier) qui permet de minimiser le rôle de l'émail (voir de le supprimer).

Les vitreous

L'utilisation de matières premières sélectionnées pour leur faible taux en oxydes colorants (fer, titane, manganèse...), la réduction de la granulométrie après broyage des dégraissants et une épuration plus poussée des barbotines permettent d'obtenir par cuisson à environ 1 250 °C des vitreous (voir paragraphe 2.3.6) très peu colorés (généralement blanc rosé), non poreux et très résistants. La majorité de la production mondiale d'articles pour l'hôtellerie et la restauration collective est aujourd'hui constituée de vitreous culinaires.

La porcelaine

Stade le plus abouti des céramiques fines, la porcelaine (voir paragraphe 2.3.5) allie la plus grande blancheur (nuance bleutée), la meilleure résistance mécanique (liée à la présence en abondance de mullite) et l'inaltérabilité d'un matériau cuit à haute température. Après une première cuisson à l'air jusqu'à une température légèrement inférieure à 1 000 °C, le matériau (encore poreux) subit un deuxième traitement thermique au cours duquel la pièce est portée à environ 1 400 °C (porcelaines dures) dans une atmosphère réductrice entre 1 050 et 1 400 °C.

L'éclat final est lié à la présence d'un émail transparent (couverte) et très résistant à l'abrasion. Cet émail, déposé sur le tesson poreux entre les deux cuissons, se développe au cours du cycle à 1 400 °C. Exempte d'opacifiant ou d'autres pigments colorés, cette couverte est particulièrement résistante au marquage par les couteaux ou les couverts métalliques (*metal-marking* de l'usage intensif). Tous les décors, à l'exception de certaines couleurs de grand feu (bleu de cobalt, brun de fer ou vert de cuivre), sont fixés par un traitement post-cuisson réalisé entre 900 et 1 200 °C.

Le terme porcelaine est protégé en France par un décret (N° 78-141) qui exige simultanément blancheur naturelle (ou éventuellement coloration volontaire et maîtrisée), translucidité et présence de mullite (considérée comme la signature d'une température de cuisson élevée). Il est à noter que le bone china (voir paragraphe 2.3.5) d'origine anglo-saxonne, considéré à l'étranger comme une porcelaine phosphatique, ne répond pas stricto sensu à la définition de ce décret.

2.6.2 Le classement douanier

Les droits de douane à l'import en France sont calculés sur la base d'une classification (tableau 2.4) axée sur la texture (finesse), la porosité (en liaison avec la résistance mécanique) et la clarté de la teinte (blancheur).

2.6.3 Caractéristiques et propriétés d'usage

En matière de contrôle qualité les articles de table relèvent de normes harmonisées NF EN. Hormis quelques contrôles réglementaires (décret porcelaine ou innocuité pour la nourriture humaine ou animale), les tests technologiques constituant la base de ces normes ont été définis au niveau européen entre 1990 et 2000 avec une forte participation des industriels français représentés par la Société Française de Céramique (SFC).

Le tableau 2.5 donne les références d'une dizaine d'essais qui simulent les différentes sollicitations auxquelles sont soumis ces articles en conditions d'usage particulier ou collectif à la table, au four et en post-service (lave-vaisselle).

Tableau 2.4 – Classification douanière utilisée pour les articles de la table en céramique

Type	Terre cuite	Poterie fine	Faïence	Autres prod.	Grès	Porcelaine
Position	6912.00.10	6912.00.50		6912.00.90	6912.00.30	D78-141
Couleur	colorée		blanche ou claire	–	–	blanc ou coloration pigmentaire
Texture	hétérogène	homogène : grains < 150 µm		–	compacte, vitrifiée	homogène, fine
Porosité	absorption A ≥ 5 %			5 > A ≥ 3 %	A< 3 %	A< 0,5 % ; Da ≥ 2,2
Translucidité	non					oui : 3 et 4 mm
Composition	diverses					mullite, quartz, verre feldspath
Échantillon	3 fragments de 30 cm² ; 1 face émaillée maxi					3 frag. désémaillés
Taxes	**5 %**	**9 %**	**9 %**	**7 %**	**5,5 %**	**12 %**

Tableau 2.5 – Références d'essais normalisés pour les articles de table

Référentiel	Référence du texte normatif	Intitulé
Douanes françaises	Chapitre 69	Identification du matériau
DGCCRF	D 78-141	Identification d'une porcelaine
	NF EN 1388-1	Libération de plomb ou de cadmium
NF EN	13258	Résistance au tressaillage
	1183	Résistance aux chocs thermiques
	12980	Résistance aux chocs mécaniques
	12875-1 à 5	Résistance au lave-vaisselle
	13834-A	Résistance des pièces culinaires
	1217	Absorption d'eau (méthode A, B ou C)
	1184	Translucidité
	15284	Aptitude au chauffage micro-onde
SFC	CF 25	Résistance à la flamme
	CF 23-1	Marquage des couteaux

2.6.4 Production, marchés et perspectives

En incluant la poterie, 27 000 tonnes d'articles (poids moyen : 800 g) ont été produites en France en 2010. L'industrie française est reconnue pour ses productions de haut de gamme (porcelaine de Limoges...), souvent liées à l'art (haute couture, gastronomie), et sur le marché de la vaisselle d'hôtel et de restauration (Digoin, Pillivuyt, Revol...).

Dégagé de certaines contraintes (externalisation de la réalisation des pâtes et émaux), utilisant des lignes de production très automatisées (robotique, coulage sous pression, gestion de flux), attentif à l'évolution des tendances et recourant à des designers reconnus, le secteur français des arts de la table en céramique est vecteur de création constante (formes, décors et nouvelles fonctionnalités : articles tous feux). À ce titre, il tient une place très visible dans les salons de création (Maison & Objet, EquipHôtel).

2.7 Les produits de terre cuite

2.7.1 Les différentes familles de produits

Les tuiles

Les tuiles en terre cuite seraient apparues entre 4 000 et 3 500 avant J.-C. en Mésopotamie et en Chine sous la forme de tuiles canal. Cette forme se serait inspirée des toitures faites en bambous fendus utilisées à l'époque. Leur existence est attestée en Grèce vers 3 000 avant J.-C, en Italie 1 000 ans plus tard et en France environ 1 000 ans avant notre ère.

Par la suite, la tuile en terre cuite a évolué lentement en s'adaptant aux conditions climatiques (apparition de la tuile plate en Bourgogne vers le XIe siècle) et aux exigences de l'industrialisation (invention de la tuile mécanique en Alsace en 1841 par les frères Gilardoni). Les tuiles modernes (figure 2.5) sont le résultat de cette lente évolution.

Les tuiles plates, essentiellement utilisées dans l'est et le centre de la France, permettent une mise en œuvre sur des toits très pentus et présentent un fort recouvrement (seul 1/3 de la surface de la tuile est visible). Compte tenu de ce chevauchement, le nombre de tuiles au m^2 de toiture est important (entre 25 et 80).

Les tuiles canal sont utilisées dans les régions du sud de la France pour des toitures à faible pente. Leur forme tronconique permet de les poser en alternant faces concaves et convexes afin de former des rigoles de ruissellement. Du fait de ce recouvrement, il faut entre 20 et 40 tuiles par m^2 de toiture.

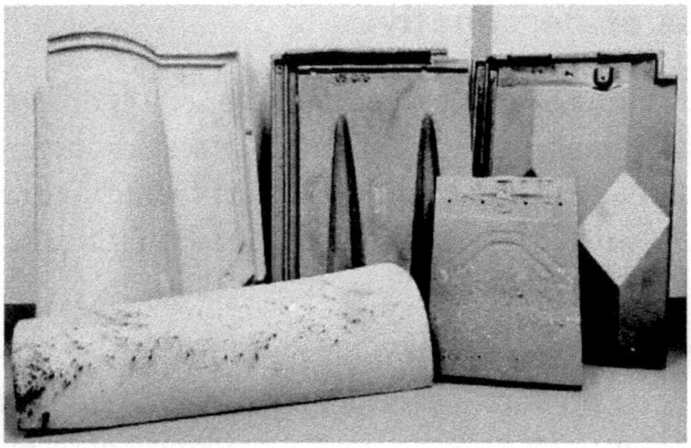

Figure 2.5 – Les principaux types de tuiles en terre cuite

Les tuiles à emboîtement possèdent une surface visible appelée pureau et deux zones d'emboîtement (une transversale et une longitudinale) non apparentes munies de canaux d'écoulement intérieurs. L'emboîtement évite de fixer individuellement chaque tuile et permet leur utilisation sur une très large gamme de pente. La faible largeur des zones d'emboîtement permet de minimiser le recouvrement et donc d'alléger les toitures en diminuant le nombre de tuiles par m^2 couvert (entre 7 et 25). Il est d'usage de distinguer les tuiles à emboîtement petit et grand moule pour lesquelles le nombre de tuiles au m^2 est, respectivement, supérieur et inférieur à 15. Ces tuiles peuvent être faiblement galbées, comme les tuiles dites à pureau plat dont la zone apparente est plane, ou fortement arrondie comme les tuiles romanes dont la zone apparente est similaire à la surface d'une tuile canal.

Les tuiles modernes présentent des coloris très variés dépendant, d'une part, de la nature du mélange argileux utilisé pour les fabriquer et, d'autre part, de l'ajout, le plus souvent en surface, d'oxydes colorés sous forme d'engobe ou de poudrage.

Chaque type de tuile est associé à de nombreux accessoires de toiture (tuile faîtière, tuile rive, tuile à douille, tuile chatière, etc.).

Les briques

Les plus anciennes briques connues ont été retrouvées à Jéricho en Palestine. À l'état cru, sous forme de parallélépipède moulé à la main, leur usage comme matériau de construction est avéré 10 000 ans avant notre ère.

Les briques de terre cuite seraient apparues environ 3 000 ans avant J.-C. Il s'agissait alors de produits rares dont l'usage était réservé aux temples et aux palais. Il a fallu attendre le IIe siècle avant notre ère pour voir les romains en généraliser l'utilisation grâce à la mise en place de structures de production massive.

C'est lors de la révolution industrielle du XIXe siècle que les procédés de fabrication des briques de terre cuite ont connu leur plus grand bouleversement avec l'introduction de la mécanisation du broyage et de la mise en forme et l'apparition du premier four continu (four Hoffman).

Selon leur usage, on distingue les briques de structure et les briques apparentes (figure 2.6).

Figure 2.6 – Exemples de briques de structure (à gauche) et de briques apparentes (à droite)

Les briques de structure

- **Les briques de mur :** elles sont utilisées pour la réalisation de murs porteurs (épaisseur supérieure à 15 cm). Il s'agit aujourd'hui essentiellement de briques dites « de 20 » et de briques « monomur ».

  Les *briques « de 20 »* sont ainsi nommées par référence à leur épaisseur qui est de 20 cm. Leur largeur et leur hauteur varient, respectivement, entre 50 et 56 cm et entre 20 et 30 cm. Traditionnellement, les perforations de ces briques sont horizontales (parallèles au support de pose). Suite à l'amélioration des procédés d'extrusion, il a été possible de diminuer l'épaisseur des parois internes et d'en augmenter le nombre. Cette évolution a rendu possible le développement de briques de 20 à perforations verticales, possédant des surfaces perforées sur lesquelles il est possible de maintenir un mortier.

  Les briques « monomur » sont conçues pour ne pas nécessiter d'isolation complémentaire. Dans leur cas, on parle d'isolation répartie. D'épaisseur standard, entre 30 et 37,5 cm, ces briques se caractérisent par de très nombreuses perforations verticales séparées par des parois d'épaisseur inférieure à 5 mm et distribuées de façon à optimiser leur aptitude à l'isolation thermique. Leur longueur et leur hauteur varient entre 20 et 30 cm. Ces briques ont leurs deux faces de pose rectifiées afin d'obtenir un parallélisme suffisant pour permettre une pose dite à joints minces (application d'une couche de mortier colle d'épaisseur inférieure à 1 mm). Ce mode d'assemblage, qui minimise les ponts thermiques, contribue à améliorer le caractère isolant du mur.

- **Les briques de cloison :** elles sont utilisées pour réaliser les murs de séparation intérieure et non porteurs. Leur faible épaisseur (de 3,5 à 15 cm) permet de fabriquer des briques de grandes dimensions (entre 40 et 60 cm de longueur et entre 20 et 50 cm de hauteur) aisément manipulables. Ces grands formats contribuent à diminuer le temps d'installation des cloisons. On distingue les briques plâtrières, recouvertes après pose d'un enduit en plâtre, et les briques sèches, utilisées sans enduit pour des pièces humides comme les salles de bains.
- **Les éléments pour plancher :** les entrevous sont des briques alvéolaires munies d'épaulements permettant leur appui sur des poutrelles généralement en béton armé. L'ensemble est ensuite solidarisé par une dalle en béton afin de former le plancher.
- **Les conduits de fumée ou boisseaux :** ce sont des éléments en terre cuite dont l'empilement forme un conduit. La hauteur de ces pièces est comprise entre 25 à 50 cm et leur épaisseur de parois varie de 3 à plus de 5 cm.

Les briques apparentes

- **Les briques de parement :** elles sont utilisées aussi bien en extérieur qu'en intérieur pour réaliser des murs éventuellement porteurs. Elles sont visibles en façade de certaines habitations, notamment dans le nord de la France. Ces briques étant apparentes, une attention particulière est portée à leur esthétique, notamment à leur coloris et à la texture de leur surface. Elles existent sous différents formats :
  - *les briques pleines* se présentent sous la forme de parallélépipèdes, généralement de $6 \times 10{,}5 \times 22$ cm^3, pesant entre 1,8 et 2,5 kg ;
  - *les briques avec renfoncement* se différencient des précédentes par l'existence d'un évidement sur la face supérieure de la brique. Cet évidement, qui facilite le démoulage après mise en forme par pressage, sert de poche à mortier lors de la mise en œuvre ;
  - *les briques perforées* sont de mêmes tailles que les briques pleines. Elles s'en différentient par la présence de perforations verticales. Ces perforations permettent d'alléger la brique, d'en faciliter le séchage et la cuisson et d'en améliorer les propriétés thermiques ;

  - ▷ *les blocs perforés* se caractérisent par une face apparente de dimensions similaires à celles des autres briques, une section de pose de 20 x 20 cm^2 et des perforations verticales. Dans ce cas, un seul élément suffit pour obtenir l'épaisseur du mur.

- **Les plaquettes :** ce sont des éléments de faible épaisseur (environ 2,5 cm) dont la surface apparente est similaire à celle des briques de parement. Collées sur un support, elles se substituent esthétiquement à des briques pleines. Leur surface de pose est rainurée ou peignée pour en faciliter le collage.
- **Les briques de pavage** : en terre cuite, elles sont principalement utilisées en extérieur pour des zones de circulation piétonne ou automobile. Il s'agit de pavés denses (3 à 6 % de porosité) de forme carrée ou rectangulaire (avec ou sans chanfrein) et de 3 à 4 cm d'épaisseur.

Les autres produits en terre cuite

Il existe de nombreux autres matériaux de construction en terre cuite correspondant à des marchés de moindre volume :

- *les produits de bardage* sont des plaques en terre cuite, de faible épaisseur et généralement de grandes dimensions, utilisées pour isoler thermiquement des bâtiments par l'extérieur ;
- *les carreaux de sol en terre cuite* sont utilisés principalement en intérieur. Ils se caractérisent par une surface inférieure à 231 cm^2, des formes variées (carrée, en forme de trèfle ou hexagonale pour les tommettes), une épaisseur comprise entre 3,5 et 35 mm et une porosité généralement proche de 10 % ;
- *les briques à hauteur d'étage* sont des produits utilisés pour la réalisation de bâtiments et dont une des dimensions est équivalente à la hauteur d'un étage.

On peut aussi mentionner les drains pour la réalisation d'écoulement, les accessoires de construction (linteaux, plafonds suspendus, appuis de fenêtre...) et les éléments de décoration (tuileaux, claustras...).

2.7.2 Les chiffres de la terre cuite

Les fabricants de produits en terre cuite sont regroupés depuis 1936 au sein d'une organisation professionnelle, la Fédération française des tuiles et briques (FFTB). Il existe aussi un centre technique industriel, le Centre technique de matériaux naturels de construction (CTMNC), dont la mission est d'aider au développement de la filière en menant des actions concertées avec les industriels dans divers domaines, tels que matières premières, procédés, mise en œuvre, environnement, qualité des produits, réglementation et normalisation, formation...

Selon la FFTB, en 2010 la filière regroupait 96 sociétés, 149 usines de production et employait 5 300 personnes. Le chiffre d'affaires généré en 2010 était de 878 millions d'euros hors taxes pour une production totale de 4 723 kilotonnes de produits dont 53 % de tuiles, 42 % de briques de structure, 4,4 % de briques apparentes et 0,6 % d'autres produits (voir tableau 2.6).

La France est l'un des principaux pays producteur de terre cuite. Même si l'essentiel de la production est consommée sur le marché national, la part des exportations n'est pas négligeable. En effet, 11 % environ de la production (9 % de tuiles et 2 % de briques) sont exportés principalement vers les pays européens, les États Unis, le Moyen-Orient et l'Asie du Sud-Est.

Tableau 2.6 – Chiffres caractéristiques de la production industrielle française en terre cuite
[Source : l'*industrie de la terre cuite en chiffres – statistiques 2010, Fédération Française des Tuiles et Briques]*

Année	2005	2006	2007	2008	2009	2010
Chiffre d'affaires HT (en M €)	991	1 075	1 113	1 043	888	878
Productions (en kilotonnes/an)						
Tuiles et accessoires	3 150	3 258	3 246	3 006	2 354	2 504
Briques de structure	2 319	2 513	2 647	2 331	1 758	1 980
Briques de parement et pavage	378	351	382	276	214	209
Autres produits	41	39	35	25	27	30
Total	5 888	6 161	6 310	5 638	4 353	4 723

Les produits en terre cuite sont surtout utilisés pour la construction de maisons individuelles. Les tuiles représentent 80 % du marché des petits éléments de couverture et 52 % du marché global des éléments de toitures. Les briques, dont la part de marché ne cesse de croître, constituaient en 2010 entre 35 et 40 % des éléments de structures utilisés dans la construction des maisons individuelles (20 % en 2000). Cette part passe à plus de 65 % lorsqu'il s'agit des maisons individuelles satisfaisant les conditions du label BBC (Bâtiment à Basse Consommation d'énergie).

2.7.3 Les propriétés demandées aux produits en terre cuite

La normalisation

Comme la majorité des matériaux de construction, les produits en terre cuite sont soumis à des réglementations. Ainsi les caractéristiques intrinsèques auxquelles doit répondre un produit pour assurer sa fonction au sein d'un ouvrage sont spécifiées dans la norme européenne harmonisée. Sa mise en circulation sur le marché intracommunautaire n'est possible que si le fabricant certifie par un marquage CE la conformité du produit aux exigences définies dans l'annexe ZA de cette norme. De même, il existe de nombreuses obligations réglementaires, telles celles relatives aux comportements thermique (RT 2012), sismique et acoustique. Les fabricants peuvent aussi choisir (démarche volontaire) de qualifier leurs produits par référence à des normes spécifiques plus sévères (marque NF).

Chaque famille de produits fait l'objet d'un document technique unifié (DTU) ou, à défaut, d'un avis technique. Ce document précise les spécifications de mise en œuvre et les limites d'utilisation en considérant, d'une part, la fonction du produit et, d'autre part, un certain nombre de paramètres tels la situation géographique de l'ouvrage ou les contraintes thermiques.

Les propriétés communes aux produits en terre cuite

La coloration

Par tradition, les terres cuites sont classées parmi les produits rouges. En réalité, leur couleur varie selon la composition du mélange argileux initial et les conditions de cuisson (température et caractère oxydant ou réducteur de l'atmosphère). L'influence de la température de cuisson sur la couleur est différente selon que le mélange argileux utilisé est « ferrugineux » (riche en fer et pauvre en minéraux calciques) ou « calcaire » (riche en minéraux calciques). Dans le cas le plus fréquent d'une atmosphère oxydante, l'élévation de la température de cuisson conduit au passage de l'orange au rouge puis au brun pour un mélange « ferrugineux » et du rose au jaune (voire au vert pour des températures proches de celle de « fusion ») pour un mélange « calcaire ».

Des ajouts d'oxydes dans la masse du mélange ou sur la surface de la pièce mise en forme (engobe ou poudrage) peuvent également être utilisés pour modifier la coloration des produits. Les oxydes de fer, de manganèse et de titane sont utilisés pour accentuer les colorations rouge, brune et crème, respectivement.

La porosité

Les produits en terre cuite présentent une très faible porosité fermée et une importante porosité ouverte. L'interconnexion des pores ouverts de grande et petite taille constitue un réseau complexe de capillaires qui confère au matériau une grande aptitude à l'absorption d'eau par succion capillaire. En revanche, ces produits ont une faible capacité d'adsorption vis-à-vis de la vapeur d'eau.

La porosité globale (de l'ordre de 20 % pour les tuiles et les briques apparentes et de 40 % pour les briques de structure) et la taille des pores ont de l'influence sur certaines propriétés d'usage, telles que l'imperméabilité, l'adhérence des mortiers, la tenue au gel et la conductivité thermique.

Les propriétés mécaniques

Parmi toutes les céramiques traditionnelles, ce sont les produits en terre cuite qui présentent la plus faible résistance mécanique. Ceci s'explique par leur porosité élevée et leur forte teneur en grains de quartz (générateurs de décohésions au refroidissement lors de la transition du quartz β en quartz α). Il s'agit de matériaux fragiles dont la résistance en compression, favorisée par la présence de minéraux calciques dans le mélange initial, peut atteindre 80 MPa. Une augmentation de la température de cuisson et une réduction de la taille des grains initiaux (quartz notamment) permettent d'améliorer leur résistance en flexion.

Les principales exigences spécifiques aux tuiles

L'imperméabilité

La fonction principale d'une toiture étant la protection du bâtiment contre les intempéries, les tuiles doivent être imperméables à l'eau.

La taille et la connectivité des pores sont telles que l'eau liquide absorbée se trouve stabilisée par une dépression capillaire (loi de Laplace) suffisante pour s'opposer à l'écoulement (loi de Jurin). Toutefois, le vent (application d'une pression extérieure) ou la chaleur (diminution de la viscosité de l'eau) sont à même de favoriser un écoulement d'eau à travers un tesson saturé. Il est à noter que cette saturation est rarement atteinte sur une toiture bien ventilée.

Les dimensions

Pour qu'une toiture soit étanche, il faut que le recouvrement et l'emboîtement des tuiles soient efficaces. Il est donc important que les dimensions de ces tuiles ne fluctuent pas au-delà d'une certaine valeur qui dépend du type et du format.

La résistance au gel

Les tuiles sont directement exposées aux intempéries, notamment aux cycles de gel/dégel en hiver. Au cours de ces cycles, l'eau liquide absorbée se transforme en glace. Ce changement de phase s'accompagne d'une forte expansion de volume (9 %) susceptible de générer des contraintes à l'intérieur du matériau.

La résistance au gel d'une tuile dépend donc de son taux de saturation en eau et de la taille de ses pores (taille critique théorique estimée à 2 µm). Le nombre de cycles de gel/dégel auxquels est soumis le matériau sans séchage est aussi un facteur à prendre en compte dans la mesure où il contribue à la rupture par endommagement.

La résistance en flexion

Une tuile doit aussi présenter une résistance en flexion suffisante pour supporter le poids des couvreurs lors de la mise en place ou de l'entretien des toitures.

Les principales exigences spécifiques aux briques

La normalisation distingue les briques selon que leur masse volumique apparente est inférieure (briques LD) ou supérieure (briques HD) à 1 000 kg/m^3. Les premières (LD) sont des produits protégés par un enduit ou non exposés. Il s'agit pour l'essentiel de briques de structure à forte perforation et à tesson allégé. Les secondes (HD) sont des briques apparentes (exposées), non exposées ou protégées. En fonction de leur utilisation, elles doivent répondre à des critères communs avec des spécifications parfois différentes ou à des critères spécifiques.

La résistance à la compression

Une brique, surtout si elle est incluse dans une structure porteuse, peut être soumise à une compression significative (environ 1 MPa par étage). Les propriétés mécaniques des produits de terre cuite permettent d'atteindre ce niveau de performance sans difficultés. Il existe aujourd'hui des briques de structure avec des perforations verticales et un tesson de faible densité dont la contrainte à la rupture en compression excède 50 MPa.

L'absorption d'eau

L'absorption d'eau par la brique accélère la prise des mortiers et enduits lors de la mise en place. Elle est donc nécessaire au développement d'une interface terre cuite/mortier présentant une bonne résistance au cisaillement et à l'arrachement. Toutefois, une absorption trop importante (briques très sèches) peut entraîner une prise trop rapide et une faible adhérence.

La dilatation à l'humidité

Le changement d'état (liquide, glace, vapeur) de l'eau absorbée dans les capillaires en fonction des conditions climatiques peut engendrer des contraintes à l'intérieur du matériau suffisantes pour provoquer des variations dimensionnelles. Les briques mises en place étant naturellement contraintes, ces variations dimensionnelles doivent rester suffisamment faibles pour éviter l'apparition de fissures dans le mur (au niveau des joints ou de la brique).

La résistance au gel

La résistance au gel des briques LD, très poreuses mais non exposées ou protégées par un enduit, n'a pas besoin d'être élevée. En revanche, celle des briques apparentes HD est une caractéristique critique.

La conductivité thermique

L'évolution de la réglementation concernant les propriétés thermiques des bâtiments, conduit à fabriquer des briques de plus en plus isolantes. Pour ce faire, les fabricants augmentent la porosité du tesson, accroissent le volume des alvéoles et modifient la géométrie des alvéoles (diminution du transfert par convection et amélioration de la résistance mécanique).

Les dimensions

En tant qu'éléments constitutifs d'un assemblage, les briques doivent respecter des tolérances dimensionnelles afin de permettre des dispositions de pose particulières (joints croisés) et de limiter le nombre de coupes.

Les spécificités des boisseaux

Du fait de leur fonction, les boisseaux font l'objet d'un certain nombre de spécifications particulières concernant notamment :

- leur résistance aux chocs thermiques. Ils doivent présenter une faible dilatation thermique et une bonne résistance mécanique afin d'éviter la formation de fissures lors de brusques changements de température ;
- leur imperméabilité au gaz. Ils doivent être étanches aux fumées ;
- leur résistance aux attaques par les acides issus des fumées ;
- leur résistance à l'abrasion. Ils doivent résister à l'érosion liée au ramonage.

2.7.4 L'innovation dans la terre cuite

La filière terre cuite a connu jusqu'à la crise de 2008 une remarquable croissance due, en partie au moins, à la mise en place d'une politique très dynamique d'amélioration et d'innovation portant principalement sur les performances techniques, l'esthétique et la mise en œuvre des produits. Certaines de ces innovations ont eu des conséquences significatives sur les procédés de fabrication.

Dans la continuité de cette démarche, les principales thématiques actuellement développées concernent l'amélioration des performances thermiques et acoustiques des briques (allégement et augmentation du volume apparent des produits, porosage du tesson, nouvelles géométries de perforations, intégration d'isolant...), l'allégement des tuiles sans détérioration des propriétés et la fonctionnalisation des surfaces (tuiles autonettoyantes, rafraîchissantes, photovoltaïques...). De plus, l'augmentation prévisible du coût de l'énergie et la mise en place des nouvelles réglementations environnementales ont motivé un regain d'intérêt pour les thématiques de recherches et d'innovations sur les procédés de fabrication (économies d'énergie, réduction des émissions de CO_2, économies d'eau...).

2.8 Bibliographie

BERNACHE-ASSOLANT D. et BONNET J- P., *Frittage : aspects physico-chimiques, Partie 2 : frittage en phase liquide,* Technique de l'Ingénieur, AF 6621.

BONNET J-P., *Les céramiques traditionnelles, Sciences et Technologies Céramiques,* EDP Science, Paris, 2009, pp. 573-604.

BOUQUILLON A., *Histoire des céramiques, Matériaux et processus céramiques,* Hermes Science, Paris, 2001, pp. 47-71.

HABER R. A., WILFINGGER K. R. et MCCAULEY R. A., *Stains and Coloring agents, Ceramic Monographs, Handbook of Ceramics,* Verlag Schmid GmbH, Freiburg, 1985.

KORNMANN M., *Matériaux de construction en terre cuite,* Editions Septima, Paris, 2005.

RADO P., *Bone china, Ceramic Monographs, Handbook of Ceramics,* Verlag Schmid GmbH, Freiburg, 1981.

RAUTUREAU M., CAILLÈRE S., HENIN S., *Les argiles,* Édition Septima, Paris, 2004.

3 Les céramiques thermostructurales

Coordonnateurs : Anne Leriche et Jean Denape
Co-auteurs : Ghislaine Bertrand, Jean-André Alary, Dominique Billieres, Michel Boussuge, Michel Bougoin, Francis Cambier, Hervé Carrerot, Jean-Marc Chaix, Hervé Couque, Marc Ferrato, Stuart Hampshire, Jean-Claude Nièpce, Éric Petitpas et Jean-Marc Tulliani

Ce chapitre définit tout d'abord le très vaste domaine des céramiques thermostructurales, puis rappelle brièvement les bases des théories de la rupture et de la fissuration ; il présente ensuite les différentes céramiques thermostructurales, leurs domaines d'application puis le cas des revêtements fonctionnels.

3.1 Introduction

Par le terme *céramique thermostructurale*, on entend un matériau céramique utilisé comme matériau de structure, c'est-à-dire dont la fonction principale consiste à supporter des contraintes. Cette famille comprend les oxydes (alumine, zircone, silicates, titanates...), les carbures (carbure de silicium, de titane, de tungstène...), les borures (borure de titane...) et les nitrures (nitrure de silicium, de bore...). Dans ce chapitre, nous présentons succinctement les généralités du comportement thermomécanique de ces céramiques. Nous décrivons ensuite plus en détail les techniques de fabrication et les propriétés des principales céramiques thermostructurales pour terminer avec des exemples d'applications industrielles dans divers domaines exigeant des propriétés exacerbées de résistance à l'usure, aux chocs, aux contraintes mécaniques, à la corrosion, d'isolation thermique... Le dernier paragraphe est consacré au cas particulier des revêtements céramiques.

Par rapport aux autres matériaux de structure, l'intérêt des céramiques réside essentiellement dans le fait qu'elles sont capables de supporter des contraintes dans des environnements corrosifs ou oxydants, et/ou à des températures particulièrement élevées. Elles sont ainsi souvent utilisées pour protéger d'autres matériaux de ces milieux agressifs. Malheureusement, les liaisons atomiques fortes, covalentes ou iono-covalentes, qui confèrent ces propriétés particulières aux céramiques sont aussi à l'origine de leur défaut majeur : la fragilité. Dès lors que la contrainte dépasse la résistance à la rupture, fût-ce dans un volume très petit et pendant un temps très court, le matériau, incapable de se déformer plastiquement, se rompt brutalement. C'est la différence entre une casserole et une assiette qu'on laisse tomber sur le carrelage : l'une peut encore servir après, l'autre pas ! Dans les bureaux d'études, cette fragilité ne va pas faciliter les choses. D'abord en interdisant la quasi-totalité des méthodes d'assemblage exploitant la plasticité : rivetage, boulonnage… Si l'on rajoute que la plupart des céramiques ne sont généralement pas soudables (Des essais récents, à l'aide de la technologie SPS, font cependant état de belles réussites d'assemblages métal-céramique (zircone-inox 316L ou alumine-aluminium) ou céramique-céramique (alumine-nitrure de titane) sans apport de matière) et que les colles et autres brasures ont une tenue limitée à chaud, on imagine la difficulté de réaliser des assemblages à haute température. Cette fragilité pénalise également l'usage car toute surcontrainte, même appliquée pendant un temps très court dans un volume très limité (exemple typique d'un choc) pourra avoir des conséquences très destructrices.

Dans les paragraphes qui suivent, nous allons nous intéresser succinctement aux particularités des propriétés mécaniques des céramiques, et aux outils théoriques utilisés pour les prendre en compte.

3.1.1 Interactions entre défauts et contraintes : la mécanique de la rupture

Comme tout matériau, une céramique contient des défauts sous la forme de pores, de microfissures, d'inclusions… Lorsque des contraintes de traction sont appliquées au matériau, ces défauts jouent localement un rôle d'amplificateurs de contrainte : au voisinage de ces défauts, la contrainte est plus élevée que la contrainte macroscopique appliquée au milieu. Ce phénomène, illustré par la figure 3.1 est appelé concentration de contraintes.

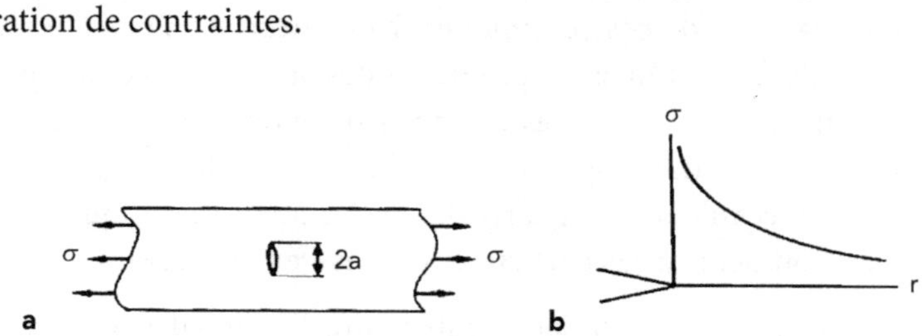

Figure 3.1 – Interaction contrainte-défauts : a) défaut dans un milieu continu contraint, b) évolution de la contrainte à la pointe du défaut

Dans les matériaux plastiques, si la contrainte locale dépasse la limite d'élasticité du matériau, les conséquences sont limitées : la plasticité autorise l'écoulement du matériau et la concentration de contrainte va se retrouver répartie et atténuée dans un volume plastifié autour du défaut. On dit que le matériau est capable d'accommoder les surcontraintes locales. Il en va tout autrement pour les matériaux fragiles car, localement, si la contrainte à la rupture du matériau est atteinte, celui-ci n'aura d'autre possibilité que de se rompre, entraînant généralement une fissuration macroscopique brutale, voire une ruine de l'ensemble.

La mécanique de la rupture, théorie qui décrit les interactions entre contraintes et défauts, a été initiée par Griffith au début du vingtième siècle. Pour chacun des modes possibles de sollicitation d'une fissure I, II ou III (figure 3.2), la mécanique de la rupture définit un paramètre de chargement, K_I, K_{II} ou K_{III}, qui prend en compte la présence de défauts.

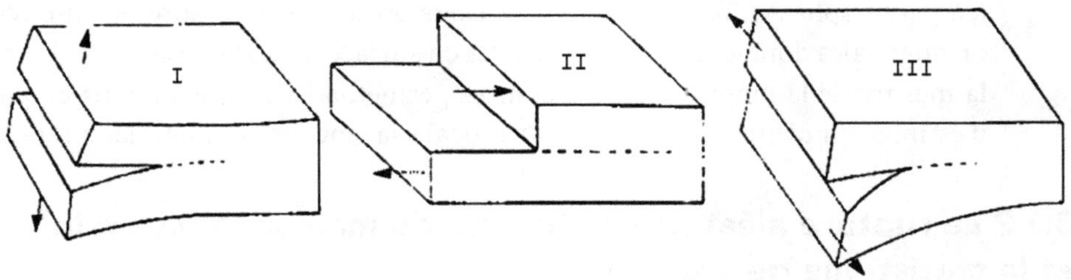

Figure 3.2 – Différents modes de sollicitation d'une fissure

Par exemple, pour un défaut lenticulaire pointu de rayon a sollicité par une traction σ perpendiculaire à son plan (mode I, cas de la figure 3.2), on aura la relation :

$$K_I = \sigma\,(\pi\,a)^{0,5} \qquad (3.1)$$

La rupture intervient dès lors que ce paramètre de chargement, dit facteur d'intensité de contraintes, atteint une valeur critique K_{IC}, appelée ténacité : cette dernière, caractéristique intrinsèque du matériau, traduit l'aptitude de celui-ci à résister à la propagation rapide de fissure. La valeur de la ténacité des céramiques, généralement inférieure à 10 MPa.m^{0,5}, exprime quantitativement la fragilité de ces matériaux. Au moment de la rupture, on a ainsi :

$$K_{IC} = \sigma_R\,(\pi\,a_C)^{0,5} \qquad (3.2)$$

où σ_R est la résistance à la rupture du matériau et a_C le rayon du défaut le plus critique, à partir duquel va s'amorcer la rupture.

Un moyen fréquemment employé pour évaluer la ténacité des matériaux céramiques est la réalisation d'empreintes d'indentation, appelée populairement essai de dureté.

Pour une charge donnée, la taille de l'empreinte créée sur la surface du matériau caractérise la dureté du matériau (en général élevée pour les céramiques) : plus l'empreinte est petite, plus le matériau est dur. Les deux types de pénétrateurs les plus fréquemment utilisés pour les céramiques sont de type Vickers (pyramide à base carrée) et Knoop (pyramide à base de losange allongé), les deux duretés respectives étant désignées par *HV* et *HK* (*H* pour *hardness* qui signifie dureté en anglais). Les essais de dureté Rockwell pratiqués sur les céramiques utilisent quant à eux des pénétrateurs constitués d'un cône en diamant (*HRC*).

En raison de la faible ductilité des céramiques, l'application d'une charge suffisamment élevée provoque, en plus de l'empreinte, une fissuration du matériau localisée sous l'indenteur. Cette ou ces fissures se forment par effet de coin sous la pression exercée par le pénétrateur, en mode I. Ce phénomène est parfois utilisé pour créer des préfissures dans des matériaux dont on veut étudier la rupture et mesurer la ténacité, en s'affranchissant du caractère aléatoire des défauts naturels (*cf.* paragraphe 3.1.2). L'indentation Vickers produit deux fissures semi-circulaires orthogonales dont les traces sont visibles en surface. Associée à celle de l'empreinte, la mesure de la longueur de ces fissures permet, à l'aide d'équations empiriques, d'estimer simplement, par une mesure locale, la ténacité des matériaux céramiques.

3.1.2 La rupture aléatoire, la théorie du maillon le plus faible et la statistique de Weibull

La rupture s'amorçant à partir des défauts naturels, ces derniers n'étant bien sûr pas reproductibles, la résistance à la rupture en traction des matériaux fragiles va présenter un caractère aléatoire. Cette rupture est décrite par la théorie du maillon le plus faible. Le matériau est assimilé à une chaîne dont la rupture est provoquée par celle du plus faible des maillons qui la constituent.

La statistique de Weibull est l'outil le plus utilisé pour décrire cet aspect erratique de la rupture des matériaux fragiles. À une contrainte de traction σ appliquée au matériau, elle associe une probabilité de rupture P_R. En traction simple uniaxiale, elle s'exprime par :

$$\begin{cases} P_R = 1 - \exp\left[-\dfrac{V}{V_U}\left(\dfrac{\sigma - \sigma_s}{\sigma_u}\right)^m\right] & , \sigma \geq \sigma_s \\ P_R = 0 & , \sigma < \sigma_s \end{cases} \tag{3.3}$$

Trois scalaires définissent cette statistique à trois degrés de liberté : σ_S, m et σ_u. Destinée à homogénéiser les unités, la valeur de V_U peut être choisie arbitrairement mais doit être précisée. V représente le volume soumis à la contrainte σ. Parmi les trois paramètres de Weibull, σ_S représente une contrainte seuil en dessous de laquelle la probabilité de rupture est nulle : dans le cas des céramiques, sa valeur est le plus souvent fixée à zéro. Le module de Weibull, m, caractérise la dispersion : plus sa valeur est élevée, plus la dispersion est faible. Le paramètre σ_u n'a, quant à lui, pas de signification physique directe.

Dans la plupart des codes de calcul par éléments finis commerciaux, la statistique de Weibull est disponible sous forme de post-processeurs permettant le calcul d'une probabilité de rupture à partir d'un champ de contraintes quelconque.

3.1.3 La fissuration sous-critique

La fissuration sous-critique est un mode lent de propagation de fissure opérant pour des facteurs d'intensité de contraintes inférieurs à la ténacité du matériau. Comme la fatigue dans les métaux, elle est susceptible de provoquer des ruptures différées aléatoires et imprévisibles, et est très redoutée par les concepteurs de systèmes céramiques. À basse température, la fissuration sous-critique est le plus souvent causée par des phénomènes de corrosion sous-contrainte qui agissent à l'extrémité d'une fissure. Elle affecte particulièrement les verres (un exemple connu est celui des fissures se propageant dans un pare-brise à partir d'un impact de gravillon), mais aussi plus généralement les céramiques oxydes et celles contenant une phase intergranulaire vitreuse.

On la caractérise généralement par un diagramme donnant la vitesse de fissuration en fonction du facteur d'intensité de contraintes K_I. La relation entre ces variables s'exprime le plus souvent sous la forme d'une loi puissance :

$$V = V_o \left(\frac{K_I}{K_{IC}} \right)^N \tag{3.4}$$

combinée avec la statistique de Weibull, cette loi permet de construire les diagrammes dits SPT (pour *strength-probability-time*, contrainte-probabilité-temps en anglais) qui associent une probabilité de rupture prématurée à un niveau de contrainte et à une durée de vie espérée donnés.

La fissuration sous-critique peut également opérer à haute température mais les mécanismes qui la provoquent sont alors différents. C'est le mouvement des grains les uns par rapport aux autres, autorisé par le changement d'état de la phase intergranulaire induit par la température (d'élastique fragile à viscoplastique, c'est-à-dire d'un état solide vers un état fluide de forte viscosité) qui en est à l'origine. Activé par des contraintes de traction ou de cisaillement, les glissements et les tensions aux joints de grains finissent par provoquer la création de cavités puis, par coalescence, une propagation intergranulaire de fissure (figure 3.3).

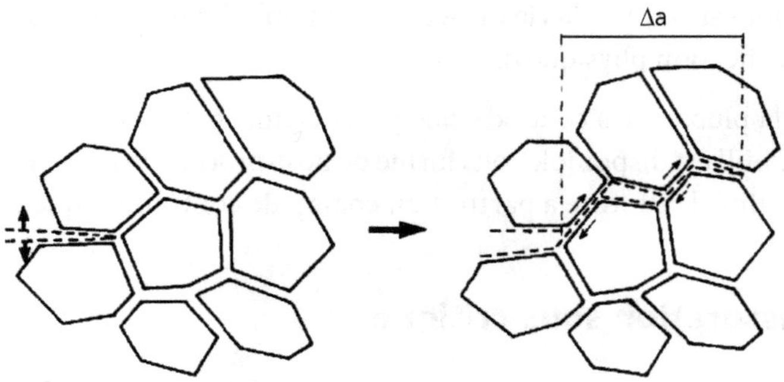

Figure 3.3 – Propagation intergranulaire d'une fissure à haute température

La caractérisation de ce type de fissuration est beaucoup plus complexe que celle de la fissuration en régime élastique car, même pour un chargement extérieur invariant dans le temps, la viscoplasticité peut provoquer des redistributions de contraintes, en particulier dans l'environnement direct de la pointe de fissure.

3.1.4 Chocs et gradients thermiques

C'est souvent pour leur résistance aux hautes températures que les céramiques structurales sont utilisées. À ce titre, elles peuvent être exposées à des gradients thermiques (lorsqu'elles jouent par exemple un rôle de protection thermique d'éléments métalliques) ou à des variations plus ou moins brutales de température. Les écarts de déformation par dilatation thermique de volumes contigus qui ne sont pas à la même température sont alors à l'origine de la création de contraintes dans le matériau. Ces contraintes sont appelées contraintes d'origine thermique ou, plus brièvement, contraintes thermiques. Il est important de noter que ces contraintes sont générées par une déformation imposée au matériau. Si ce dernier est capable d'accommoder cette déformation (par exemple, par un écoulement viscoplastique en fluage) on observera une relaxation de ces contraintes avec le temps.

Les contraintes thermiques sont d'autant plus fortes que le coefficient de dilatation thermique et le module d'élasticité de la céramique sont élevés, et que la conductivité thermique est faible. Un dépassement, même très localisé et pendant un temps très court, de la résistance à la rupture du matériau provoquera sa fissuration.

Cette fissuration peut être de type fragile (c'est-à-dire brutale et macroscopique) ou, plus rarement pour les céramiques structurales, se présenter sous forme de microfissures (c'est-à-dire sous forme d'un endommagement diffus et stable). Deux théories très populaires ont été développées pour décrire ces cas de figure respectifs : l'analyse thermoélastique de Kingery qui s'applique plutôt aux céramiques homogènes, denses, élastiques et fragiles et l'analyse énergétique d'Hasselman qui concerne plutôt les produits hétérogènes et endommageables comme les réfractaires. Nous ne rappellerons ici que l'analyse thermoélastique de Kingery qui suppose qu'une fissure apparaît dès lors que l'on dépasse localement la résistance à la rupture du matériau. On définit la sévérité du choc thermique en fonction de la valeur du nombre de Biot β :

$$\beta = \frac{a h}{\lambda} \tag{3.5}$$

où *a* est une dimension « moyenne » du corps (demi-épaisseur pour une plaque, rayon pour un cylindre, rapport volume/surface pour corps massif), *h* est le coefficient d'échange thermique en surface et λ la conductivité thermique. Si β est supérieur à 2, on parle de choc thermique *dur* ; s'il est inférieur on parle alors de choc *mou*. À ces deux cas de figure, dont la définition est pour le moins subjective, correspond la définition de deux paramètres de résistance au choc thermique.

Pour un choc thermique *dur*, on considère un écart *R* de température maximal admissible (exprimé en kelvins) :

$$R = \frac{\sigma_R}{E\alpha f(\nu)} \tag{3.6}$$

où σ_R est la résistance à la rupture du matériau, *E* son module d'élasticité, α son coefficient de dilatation linéaire et $f(\nu)$ une fonction du coefficient de Poisson dépendant du nombre de dimensions du corps (1 pour un barreau, $1/(1-\nu)$ pour une plaque mince et $1/(1-2\nu)$ pour un corps massif).

Pour un choc thermique *mou*, c'est un flux maximal admissible qui est défini (exprimé en watts par mètre) :

$$R' = \lambda R = \frac{\lambda \sigma_R}{E\alpha f(\nu)} \tag{3.7}$$

3.2 Les céramiques à base d'oxydes

Les céramiques oxydes se caractérisent par une température de fusion très élevée, une grande stabilité chimique même à haute température, une résistance à l'oxydation évidente, une dureté élevée… L'ensemble de ces propriétés sont liées au caractère fortement ionique de leur liaison.

Parmi les oxydes les plus utilisés pour des applications thermomécaniques, citons l'oxyde d'aluminium appelé communément alumine, l'oxyde de zirconium (la zircone) et la cordiérite ($2MgO\ 2Al_2O_3\ 5SiO_2$). Leurs principales propriétés sont rassemblées dans le tableau 3.1.

Tableau 3.1 – Principales propriétés des céramiques à base d'oxydes

Propriétés	Al_2O_3	Cordiérite	ZrO_2 Mg-PSZ	ZrO_2 Y-TZP
Température de fusion (°C)	2 040	1 450	2 700	2 700
Masse volumique (kg · m^{-3} x 10^3)	3,98	2,5	5,6	6,1
Conductivité thermique (W · m^{-1} · K^{-1})	36	3,0-5,0	1,9	2.9
Résistivité électrique (μΩ cm)	> 10^{12}	10^{12}	> 10^7	> 10^7
Coefficient de dilatation linéaire (10^{-6} K^{-1}) 20-100 °C	9,8	2,0-3,7	9,8	10,5
Résistance à la flexion (MPa)	400	80-150	600	1 000
Dureté (GPa)	20	9	12	14
Module d'élasticité (GPa)	360	120	200	205
Ténacité (MPa√m)	3,5-5,0	1-2	5	7-12
Résistance aux chocs thermiques R (K)	150	300	300	250

3.2.1 Méthodes d'élaboration des céramiques à base d'oxydes[1]

Les poudres d'oxydes sont généralement pressées uniaxialement ou isostatiquement ou coulées en moule de plâtre, puis densifiées par frittage naturel à des températures de l'ordre de 1 400 à 1 650 °C, selon la nature de la poudre et parfois en présence d'additifs de frittage, de dopants ou d'inhibiteurs de croissance des grains lorsqu'une microstructure à fins grains est souhaitée. L'obtention d'objets plats de faible épaisseur (de 150 à 800 μm) pour des substrats électroniques par exemple se fait par coulage en bande en milieu organique ou aqueux. L'utilisation de ces différentes méthodes de mise en forme nécessite toujours une désagglomération et une mise en suspension des poudres à l'aide de dispersants ioniques et/ou stériques, spécifiques du milieu liquide utilisé et éventuellement de la composition chimique surfacique des poudres.

1. Pour plus de détails sur les méthodes d'élaboration, le lecteur se reportera à l'ouvrage *Science et Technologies Céramiques*, EDP Sciences, Paris, 2011.

Pour des suspensions aqueuses, le pH doit être ajusté par des acides (HCl, CH_3COOH) ou des bases (NH_4OH) de façon à s'éloigner du point de charge nulle correspondant à des espèces M-OH en surface, en ionisant la surface de la poudre (Métal-OH_2^+ ou Métal-O^-) et induisant ainsi un potentiel de surface soit positif soit négatif, supérieur à 30 mV comme l'illustre la figure 3.4. Les particules chargées en surface se repoussent et une suspension stable est obtenue. À l'ajustement du pH permettant rarement la création d'un potentiel de surface suffisant, des dispersants doivent être ajoutés comme des polyanions chargés en milieu basique (par exemple le polyacrylate d'ammonium), lesquels s'adsorbent à la surface des particules, repoussent les particules voisines et augmentent la charge de surface négative de la particule ou des polyimides en milieu acide qui augmentent dans ce cas la charge positive des particules.

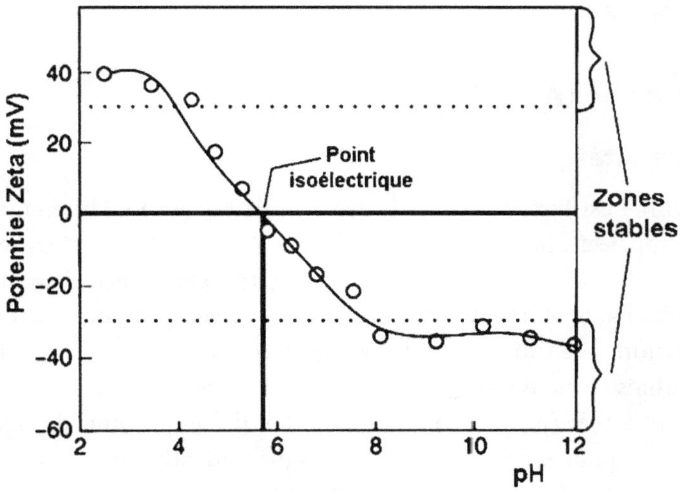

Figure 3.4 – Évolution du potentiel Zeta d'une poudre d'oxyde en fonction du pH

Les suspensions stables obtenues sont ensuite, après ajout de liants (polyéthylène glycol, alcool polyvinylique, dérivés cellulosiques…), soit séchées et granulées à l'aide d'un sécheur-granulateur (*spray-dryer* en anglais) pour la mise en forme par pressage, soit coulées directement dans des moules poreux.

Des objets de forme à deux dimensions peuvent également être façonnés à partir d'extrusion de pâtes plastiques obtenues en ajoutant des quantités plus importantes de polymères (> 20 % en volume) jouant le rôle de liants et de plastifiants.

Enfin, des petits objets de forme complexe peuvent être obtenus par la technique bien connue pour les polymères de moulage par injection. Comme pour l'extrusion, une grande quantité de liants et plastifiants doit être ajoutée dans la pâte céramique.

Après mise en forme, les pièces sont séchées puis densifiées par traitement thermique dans des fours tunnel ou à cloche. Le traitement thermique comprend un premier cycle de déliantage aux alentours de 150 à 600 °C en fonction des espèces organiques à éliminer ; ce prétraitement thermique peut durer plusieurs dizaines d'heures dans le cas des pièces extrudées ou injectées contenant des matières organiques en grande quantité. Le frittage des pièces s'effectue généralement à des températures de l'ordre de 2/3 de la température de fusion. Lorsque les poudres présentent un taux d'impuretés important ou lorsque des espèces fusibles ont été ajoutées volontairement (par exemple le talc ou la wollastonite pour l'alumine), une phase liquide peut se former durant le frittage permettant de diminuer la température de frittage, mais induisant également la formation de phases intergranulaires amorphes ou cristallisées lors du refroidissement, influençant par là les propriétés du produit fini.

3.2.2 L'alumine (Al_2O_3)

Généralités

L'alumine est l'oxyde le plus utilisé. Il cristallise sous différentes formes cristallines appelées alumines de transition (γ, δ, η , κ, θ, ρ, χ), lorsque l'on chauffe les hydroxydes ($Al(OH)_3$) généralement extraits du minerai de bauxite avant de former la forme haute température, recherchée pour les applications céramiques. En effet, les alumines de transition sont caractérisées par une microporosité et une taille de cristallites souvent inférieure à 0,1 µm. Il en résulte une surface spécifique extrêmement élevée (jusqu'à 400 m^2/g), qui fait de ces produits des matériaux de choix comme supports de catalyseurs ou comme adsorbants, mais des poisons dans la fabrication de l'alumine α, lui conférant une surface spécifique apparente élevée (problèmes de défloculation) et posant problème lors du frittage (présence d'agglomérats et densification hétérogène).

La principale propriété de l'alumine densifiée est sa résistance à l'usure très élevée en raison de sa grande dureté ce qui explique son usage comme abrasifs (voir paragraphe 3.4.1). L'Al_2O_3 α forme une solution solide complète avec Cr_2O_3, des matériaux en alumine-oxyde de chrome sont couramment utilisés pour des applications spécifiques en usure (guide-fils, etc.).

L'alumine se caractérise également par une très bonne résistance à la corrosion chimique dans des milieux acides, basiques et de sels fondus. Alors qu'elle présente une très bonne résistance à haute température de par sa température de fusion élevée (2 040 °C), elle supporte très mal les chocs thermiques (R = 150 K) de par son coefficient de dilatation assez élevé (9,8 10^6 K^{-1}).

Élaboration

Après mise en forme par une des techniques décrites précédemment, les poudres d'alumine α sont densifiées par frittage naturel à des températures de l'ordre de 1 400 à 1 650 °C selon la réactivité de la poudre et parfois en présence de quelques centaines de ppm de MgO, agissant comme inhibiteur de croissance des grains lorsque qu'une microstructure à grains fins est souhaitée.

La figure 3.5 représente la microstructure d'une céramique dense en alumine présentant une croissance normale des grains ainsi qu'un exemple de croissance exagérée d'un grain, phénomène pouvant être évité par l'ajout de MgO, lequel se localise préférentiellement aux joints de grains.

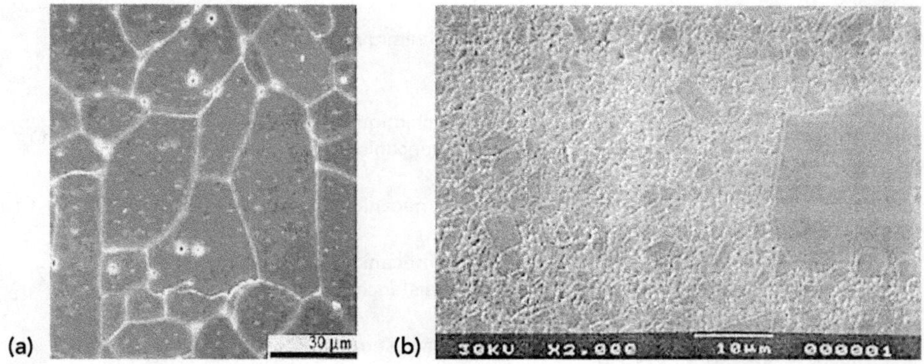

Figure 3.5 – Microstructures d'alumine avec une croissance normale des grains (a) et montrant le phénomène de croissance exagérée d'un grain (b)

Applications

L'alumine (Al_2O_3) est la poudre céramique la plus utilisée, soit pour la production de matériaux nouveaux, soit pour des utilisations plus classiques, dans la fabrication des réfractaires par exemple. Les céramiques techniques en alumine les plus courantes sont les substrats pour l'électronique, les éléments de prothèses, les outils de coupe de métaux, les céramiques translucides, les pièces résistant à l'usure, etc.

Le tableau 3.2 résume quelques-unes des applications et donne quelques indications quant aux compositions utilisées. Enfin, la figure 3.6 présente quelques pièces en alumine produites industriellement.

Tableau 3.2 Principales applications des céramiques en alumine et fabricants associés

Composant	Propriétés	Composition
Isolateur haute tension (NGK)	Isolation électrique	> 85 % - 99,7 %
Substrat électronique (Kyocera, CoorsTek) (a)	Isolation électrique, conductivité thermique	96 %, 99,7 %
Lampe à vapeur de sodium (Zibo Xinfumeng Chemicals)	Translucidité	> 99,99 %
Outil de coupe (Sandvik)	Dureté, résistance mécanique, ténacité	+ ZrO_2, + TiC, TiN
Pompe pour aliments ou pour produits pharmaceutiques (Neoceram, CoorsTek) (b)	Résistance chimique, résistance mécanique	99,7 %
Implant médical (Ceramtec)	Résistance chimique, pureté, résistance mécanique et à l'usure	99,7 % - 99,99 %
Guide-fil pour le textile (Hofmann Ceramic)	Résistance mécanique et à l'usure	85-99,7 % + Cr_2O_3
Guides de tréfilerie (Hofmann Ceramic)	Résistance mécanique et à l'usure, ténacité, résistance chimique	99,7 % + ZrO_2
Media de broyage (Bitossi, Ceramag, CoorsTek)	Résistance à l'usure	85-92 %
Buses d'injection : peinture, agriculture (SPT) (c)	Résistance à l'usure, couleur	96 % + Cr_2O_3, TiO_2, MnO_2, Fe_2O_3
Plaques miroir pour mitigeurs (Morgan Matroc)	Résistance à l'usure, état de surface	97 %

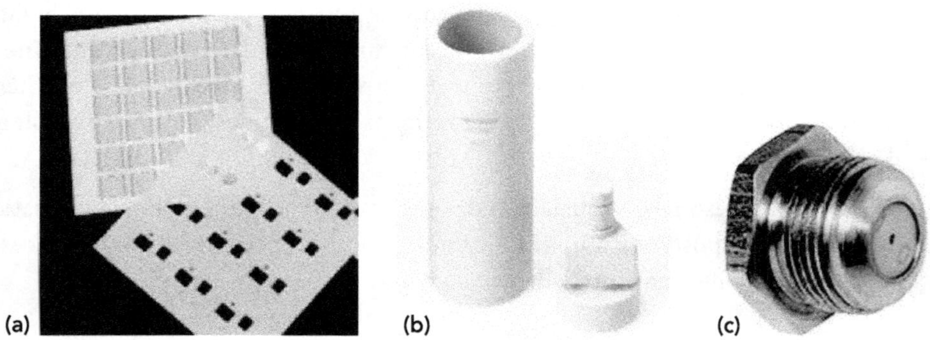

Figure 3.6 – Exemples de pièces en alumine
[Source : (a) et (c) CoorsTek, F ; (b) Neoceram, B]

3.2.3 La cordiérite

La cordiérite peut être synthétisée par dévitrification d'un verre SiO_2-Al_2O_3-MgO en présence d'un agent de germination (TiO_2) ou par frittage d'un mélange d'oxydes ou de composés dont l'ensemble correspond à la composition de la cordiérite stœchiométrique (par exemple, alumine, kaolinite, talc). La cordiérite et les autres composés à base d'aluminosilicates de magnésium présentent un faible coefficient de dilatation thermique ce qui leur confère une résistance particulière aux variations brusques de température. Les principales applications seront dès lors les supports de cuisson réfractaires et les substrats en structure de nid-d'abeilles destinés aux supports catalytiques des véhicules automoteurs.

3.2.4 La zircone

Généralités

À pression ordinaire, la zircone existe sous trois formes allotropiques : monoclinique, stable jusqu'à environ 1 170 °C, quadratique, de cette température à 2 370 °C et cubique jusqu'à la température de fusion, soit 2 700 °C. La transition quadratique ↔ monoclinique de type martensitique (cisaillement du réseau cristallin sans diffusion) survient au refroidissement des céramiques en zircone au terme de leur frittage (lequel a lieu habituellement aux environs de 1 500 °C). Cette transition s'accompagne d'une augmentation de volume de 4 % ce qui induit inexorablement une fissuration des pièces. Il a été démontré que la température de cette transformation dépendait de la taille des grains de zircone et de la présence d'oxydes (MgO, CeO_2 ou Y_2O_3) stabilisants des phases haute température. La découverte de ces stabilisants dans les années 1980 a permis de fabriquer des pièces utilisées aujourd'hui dans de nombreuses applications structurelles à basse température. En effet, la taille des particules de zircone et le taux de cation stabilisant présent dans la solution solide de la zircone sont responsables de deux mécanismes de renforcement des propriétés mécaniques. Le premier mécanisme est le renforcement par microfissuration : si dans une matrice cubique stable se trouve une certaine quantité de grains quadratiques, ceux-ci passeront lors du refroidissement en dessous de la température de transformation à la forme monoclinique avec augmentation de volume et création de microfissures. Ce réseau de microfissures entourant chaque particule de zircone monoclinique provoquera une dissipation d'énergie lorsqu'une fissure plus importante se propagera dans le matériau. Le second mécanisme est la transformation de phase sous contrainte : lors du refroidissement de la céramique en zircone, si la taille des particules est inférieure à la taille critique de transformation quadratique-monoclinique, la transformation de phase et donc la microfissuration n'ont pas lieu mais peuvent être induites postérieurement lors de l'approche d'un front de fissure provoquant une relaxation du champ de contraintes entourant les particules. La transformation de phase s'accompagnant d'une dilatation de volume induit une mise en compression de la zone en front de fissure qui nécessitera un accroissement de l'énergie nécessaire afin de propager la fissure. Ces mécanismes de renforcement sont responsables des valeurs élevées de résistance à la fissuration (K_{IC} pouvant atteindre 20 MPa$\sqrt{m}$ pour des Ce-TZP) inhabituelles pour des céramiques. Ces performances diminuent malheureusement lorsque l'on se rapproche de la température de transformation de phase, ce qui limite le domaine d'applications de ces céramiques. En outre, les stabilisants, qui sont en général des oxydes comme MgO, CaO ou Y_2O_3 induisent une conductivité ionique qui est mise à profit dans les applications électroniques de la zircone (sondes à oxygène, éléments chauffants, etc.). En effet, l'introduction de cations de valence plus faible tels Mg^{2+}, Ca^{2+}, Y^{3+} ou Ce^{3+} en place des cations Zr^{4+} dans la structure de la zircone entraîne la formation de lacunes d'oxygène, porteurs de charges positives.

Élaboration

Après mise en forme par une des techniques décrites précédemment, les poudres de zircone dopées sont densifiées par frittage naturel à l'état solide à des températures de l'ordre de 1 350 à 1 500 °C selon la réactivité de la poudre. La mise en suspension des poudres s'effectue généralement en milieu aqueux à pH légèrement basique en présence de dispersants ioniques et/ou stériques. Les conditions de frittage doivent être contrôlées de façon à éviter la croissance des grains entraînant une diminution de la teneur en grains quadratiques responsables des valeurs de ténacité élevées dans le matériau fritté.

Applications

Les matériaux les plus commercialisés sont les zircones partiellement stabilisées au MgO (Mg-PSZ) qui contiennent 6 à 8,5 % en mole de MgO. Elles présentent une structure biphasée constituée d'une solution solide cubique (ZrO_2-MgO) en phase principale dans laquelle est dispersée une phase secondaire à faible teneur en stabilisant ayant une symétrie monoclinique. Ces zircones sont utilisées pour des applications sujettes à des chocs thermiques. Les zircones totalement stabilisées sous forme quadratique (Y-TZP) contiennent par exemple 3 % molaire d'Y_2O_3 (ou une teneur d'environ 10 % en CeO_2). Elles sont constituées uniquement de grains quadratiques transformables en cas de relaxation du champ de contraintes entourant les grains. Ces nuances sont utilisées pour des applications mécaniques à basse température sujettes à des contraintes élevées en fatigue statique, en fatigue cyclique ou en présence de forces de frottement importantes car la zircone présente un coefficient de frottement très faible (pièces de pompe illustrées à la figure 3.7).

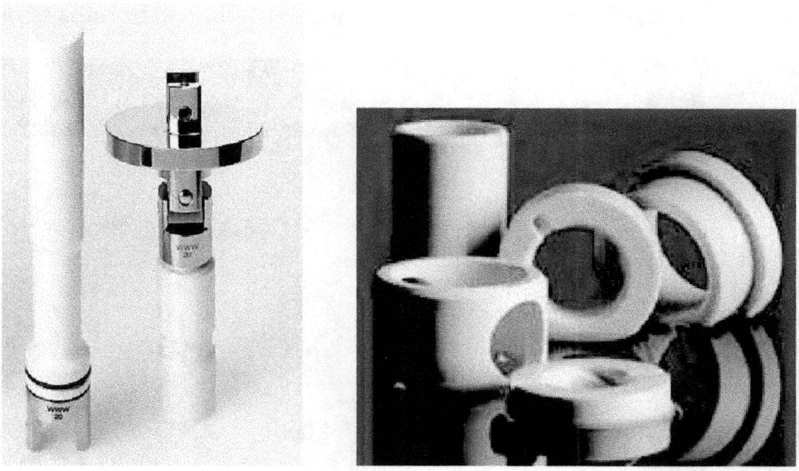

Figure 3.7 – Exemples de pièces de frottement en zircone
[Sources : à gauche, Neoceram, B ; à droite CoorsTek, F]

3.3 Les céramiques non-oxydes

Les céramiques non-oxydes se caractérisent par des températures de fusion ou de décomposition élevées, une bonne stabilité chimique même à haute température, une assez bonne résistance à l'oxydation, des duretés et des résistances mécaniques très élevées... Toutes ces propriétés sont liées au caractère fortement covalent de leurs liaisons interatomiques. Dès lors, on retrouvera ces céramiques en tant qu'abrasifs et outils de coupe grâce à leur dureté exceptionnelle et leur bonne ténacité ainsi que comme éléments de structure à moyenne et haute température en milieu corrosif en raison de leur bonne tenue mécanique.

Parmi les non-oxydes les plus utilisés pour des applications thermomécaniques, figurent les carbures de silicium, de titane, de bore et de tungstène, le diamant, le borure de titane et les nitrures de silicium, de bore et de titane. Leurs principales propriétés sont rassemblées au tableau 3.3.

Le nitrure de bore (BN) se présente sous deux formes allotropiques : cubique ou hexagonale, exactement comme le carbone (C) sous ses formes diamant ou graphite. Les propriétés reprises dans ce tableau concernent la forme cubique de ces deux matériaux. Par la suite, nous ne décrirons en détail que le carbure de silicium (SiC) et le nitrure de silicium (Si_3N_4) car ils présentent la plus grande diversité dans leur mode de fabrication et dans les propriétés mécaniques.

Tableau 3.3 – Principales propriétés des céramiques carbures, borures et nitrures

Propriétés	SiC	TiC	B_4C	WC	C diamant	TiB_2	Si_3N_4	BN cubique	TiN
Température de décomposition (°C)	2 700	3 100	2 450	2 870	3 547	2 980	1 900	2 600	2 950
Masse volumique ($kg \cdot m^{-3} \times 10^3$)	3,2	4,9	2,51	15,6	3,52	4,52	3,2	3,48	5,4
Conductivité thermique ($W \cdot m^{-1} \cdot K^{-1}$)	100	21	35	100	2 000	23	20	20-170	19
Résistivité électrique ($\mu\Omega \cdot cm$)	10^3	50	$10\text{-}10^3$	15	isolant	10^{13}	10^{13}	$> 10^8$	20
Coefficient de dilatation linéaire (10^{-6} K^{-1}) 20-100 °C	4,3	7,4	4,6	5,2	1	25	3	3,1	9,35
Résistance à la flexion (MPa)	500	580	400		925	400	1 000		
Dureté (GPa)	25-30	30	35	25	70-150	22	20	25-40	21
Module d'élasticité (GPa)	400	350	450	550	900	550	300	700	251
Ténacité ($MPa \cdot m^{1/2}$)	4,5	faible	3	20	8-9	6	5	6	4
Résistance aux chocs thermiques R (K)	380		faible	élevée			700		

3.3.1 Le carbure de silicium

Généralités

Le carbure de silicium (SiC) est l'une des céramiques techniques les plus employées avec l'alumine (Al_2O_3), la zircone yttriée (Y-ZrO_2), et le nitrure de silicium (Si_3N_4).

La production du carbure de silicium à l'échelle industrielle a commencé en 1893 quand E.G. Acheson a mis au point le procédé qui porte aujourd'hui son nom. Acheson voulait produire une substance abrasive en faisant réagir de l'argile avec du coke à haute température dans un four à arc électrique à électrodes en graphite.

Pensant avoir obtenu un corps composé de carbone et de corindon, il lui donne le nom de carborundum. On comprendra un peu plus tard que ce n'est pas l'alumine qui a réagi avec le carbone, mais la silice.

$$SiO_2\ (s) + 3\ C\ (s) \rightarrow SiC\ (s) + 2\ CO\ (g) \tag{3.8}$$

Cette réaction est endothermique ($\Delta G = -500$ kJ · mol^{-1}), elle s'effectue à une température de l'ordre de 2 200 °C. Cette réaction globale implique cependant des étapes intermédiaires plus complexes faisant intervenir des phases liquides (SiO_2) et gazeuses (SiO). Le produit obtenu se présente sous forme d'agrégats de gros cristaux de SiC qui sont ensuite concassés et broyés pour servir d'abrasif.

Le carbure de silicium existe sous deux structures cristallines (polymorphisme) : la variété α-SiC, la plus commune, est hexagonale, alors que la variété β-SiC est cubique, similaire au diamant (figure 3.8a). De très nombreux polytypes (différents arrangements d'empilements parallèles ou antiparallèles de plans de tétraèdres SiC_4 ou Si_4C) ont été observés par diffraction X. Par ailleurs, le diagramme de phase de SiC (figure 3.8c) montre un seul composé défini (le carbure de silicium). Aucune solution solide n'existe avec les deux constituants Si et C.

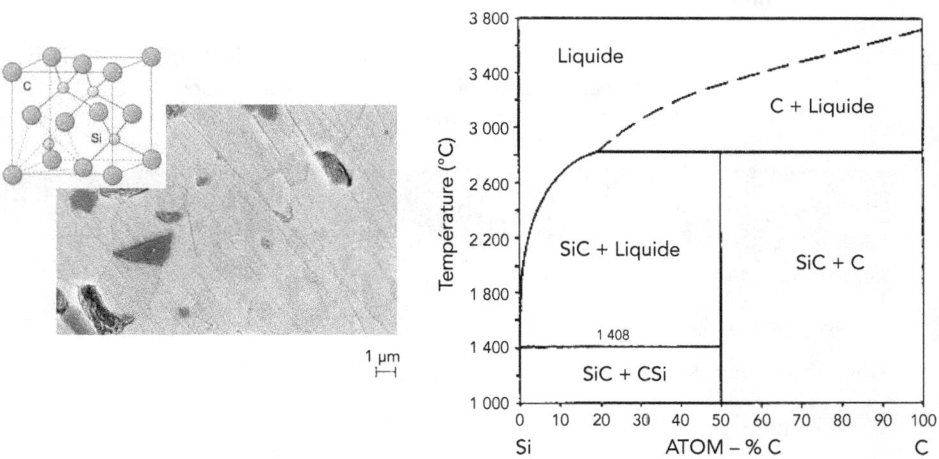

Figure 3.8 – Structure cristalline du 3C β-SiC (en haut à gauche), microstructure typique d'un S-SiC (MEB) avec présence de carbone pyrolithique (noir) et de B_4C (gris) (à gauche) ; et diagramme de phase silicium-carbone (à droite)

Élaboration

Les procédés d'élaboration à partir de poudre (le frittage naturel, le frittage-réaction ou sous charge) permettent d'obtenir des pièces en carbure de silicium dense, polycristallin de type α. Parmi ces techniques de densification, le frittage naturel est le plus utilisé. L'élaboration du carbure de silicium nécessite l'introduction de faibles quantités d'ajouts de frittage. Les deux ajouts de frittage les plus utilisés restent le bore, sous forme élémentaire ou bien carburé, ainsi que l'aluminium et ses composés. Après l'étape de préparation et de mise en forme, la pièce est portée à une température comprise entre 2 000 et 2 100 °C dans une atmosphère inerte. La densité du matériau obtenu peut atteindre une valeur comprise entre 96 % et 99 % de la densité théorique. Il est à noter qu'en présence de bore, il n'y a pas de phase vitreuse aux joints de grains ; il se forme alors un composé défini, le carbure de bore B_4C.

Propriétés du carbure de silicium fritté naturel (S-SiC)

Le carbure de silicium fritté naturel est un matériau léger. Sa densité est pratiquement trois fois inférieure à celle de l'Inconel® auquel il est souvent comparé pour les applications thermomécaniques (tableau 3.4). Sa conductivité thermique est proche de celle de l'aluminium métallique (figure 3.9). Elle diminue avec la température mais reste à un bon niveau. Ainsi, à 1 400 °C, la conductivité du S-SiC est comparable à celle de l'acier à l'ambiante (voir réacteurs SiC, paragraphe 3.4.4). Son coefficient de dilatation est faible, comparable à celui du silicium, il est trois fois plus faible que celui de l'alumine, ce qui place le S-SiC comme un matériau de choix en termes de stabilité dimensionnelle.

Tableau 3.4 – Principales propriétés du carbure de silicium S-SiC comparées à des alliages métalliques utilisés pour des applications thermomécaniques

Propriétés	Titane Ti6Al4V	Inconel X750	Inox 304	S-SiC Boostec
Température de fusion/de décomposition (°C)	1 660	1 400	1 420	> 2 000
Masse volumique ($g \cdot cm^{-3}$)	4,51	8,3	7,93	3,15
Conductivité thermique ($W \cdot m^{-1} \cdot K^{-1}$)	16	15	15	170
Résistivité électrique ($\mu\Omega \cdot cm$)	48	100	73	10^7
Coefficient de dilatation linéaire ($10^{-6}\ K^{-1}$) 20-100 °C	9	14	16	3
Résistance à la traction (MPa)	500	634	240	240
Module d'élasticité (GPa)	110	214	200	420

Sa résistance à la rupture est du niveau de celle d'un inox soit environ 50 % plus faible que celle du titane. Par contre, son caractère fragile impose de le protéger vis-à-vis des chocs mécaniques. Cependant, le S-SiC présente l'avantage de conserver sa résistance à la rupture ($\sigma_{flexion} \approx 400$ MPa) jusqu'à environ 1 400 °C, alors que l'utilisation de l'inconel est difficilement envisageable au-delà de 800 °C. De plus, la dureté du S-SiC, cinq fois supérieure à celle de l'inconel, lui confère un excellent comportement à l'abrasion.

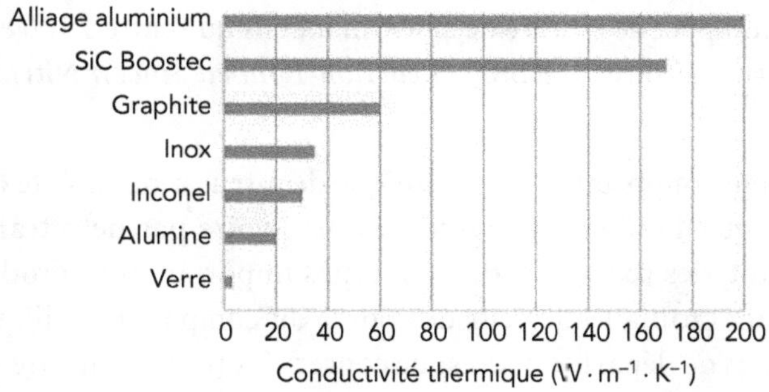

Figure 3.9 – Comparaison de la conductivité thermique du S-SiC avec d'autres matériaux métalliques et céramiques

Enfin, le S-SiC est le matériau anticorrosion par excellence de la chimie industrielle, résistant très bien aux acides et aux bases, sous forte concentration et sous l'effet conjugué ou non de la température. Il est largement utilisé dans ce domaine depuis plus d'une vingtaine d'années.

Cet ensemble de propriétés en fait évidemment un excellent candidat pour les applications thermomécaniques en général.

3.3.2 Le nitrure de silicium

Généralités

Le terme générique *nitrure de silicium* est utilisé pour décrire une famille de matériaux basés sur la formule chimique Si_3N_4 mais élaborés par diverses techniques. Selon la méthode mise en œuvre, le nom différera.

Le nitrure de silicium Si_3N_4 existe sous deux formes cristallines hexagonales α et β, cette dernière étant la forme stable à haute température. Les poudres de nitrure de silicium sont produites industriellement selon quatre voies de synthèse : la nitruration directe du silicium en présence de fer comme catalyseur, la carbonitruration de la silice, la réaction en phase vapeur entre le chlorure de silicium et l'ammoniac et la formation de diimides à partir de ces mêmes précurseurs suivie de leur décomposition thermique. Les caractéristiques des poudres obtenues telles que leur pureté, la nature des impuretés, leur morphologie et la forme cristallographique sont fortement liées au procédé de synthèse.

Élaboration du nitrure de silicium obtenu par frittage réactif (RBSN)

Les premiers nitrures de silicium ont été développés dans les années cinquante et ont trouvé des applications en tant que tubes de thermocouples, creusets pour métaux fondus ou busettes. Le matériau fabriqué à l'époque était obtenu en nitrurant un compact de poudre de silicium métallique entre 1 100 et 1 400 °C. Plus tard, est apparu l'acronyme RBSN (*Reaction-Bonded Silicon Nitride)* pour désigner ce procédé.

Un avantage important de la technique de nitruration directe d'un compact métallique est qu'elle n'implique que très peu, voire pas de retrait durant le frittage. Cependant, des réorganisations internes importantes se produisent car le nitrure de silicium croît à l'intérieur des pores du compact métallique originel, mais les dimensions de départ sont presque conservées (retrait linéaire < 0,1 %) durant cette phase de réaction chimique. En conséquence, il est possible d'usiner des pièces de forme complexe avant la nitruration, ou, pour renforcer le matériau, après un traitement thermique à plus basse température. Souvent, une telle étape de préfrittage s'effectue sous argon vers 1 100 °C, ce qui permet, via des phénomènes de diffusion en surface, un début de formation de cous entre les particules de Si, augmentant la résistance mécanique du compact. Après nitruration complète, des tolérances dimensionnelles sévères peuvent être maintenues et les besoins d'usinage sont fortement réduits.

La nitruration réactive est donc tout à fait adaptée à une production de masse. Par contre, un obstacle majeur à l'utilisation du RBSN en applications structurelles est sa résistance mécanique limitée (~ 200-250 MPa), conséquence de la présence de 15 à 25 % de pores micrométriques. Afin de diminuer cette porosité, il est possible d'ajouter à la poudre de silicium initiale les additifs de frittage utilisés pour la densification des poudres de nitrure de silicium (voir paragraphe suivant). Le matériau obtenu appelé SRBSN (*Sintered Reaction-Bonded Silicon Nitride)* présente un taux de densification équivalent au matériau SSN mais avec un retrait moins important ce qui le rend intéressant pour la fabrication de pièces proches de la forme finale.

Élaboration des nitrures de silicium et SiAlON denses

En raison du caractère covalent de la liaison Si-N, la mobilité des espèces est limitée et elle est en tout cas insuffisante pour permettre un frittage à des températures inférieures à celle où le nitrure de silicium se décompose (~ 1 850 °C). Dès lors, diverses approches ont été développées afin de susciter l'apparition d'une phase liquide autorisant la diffusion d'ions et donc le frittage, en présence ou pas d'une surpression appliquée pour accélérer le processus. La magnésie MgO a été le premier additif utilisé commercialement pour les matériaux dénommés HPSN (*Hot-Pressed Silicon*

Nitride) en raison de la formation d'une phase liquide à la température du pressage uniaxial à chaud. On a observé que la phase prédominante dans les matières premières (α) se transformait en phase β durant le pressage à chaud et que cette transformation était à l'origine de l'obtention de propriétés mécaniques élevées. Par la suite, l'oxyde d'yttrium (yttrine) a également été utilisé comme additif de densification en pressage à chaud ; cependant, son emploi induit la formation de phases secondaires localisées aux joints de grains du Si_3N_4 et certaines de ces phases peuvent avoir un effet délétère sur les propriétés mécaniques à haute température.

Le nitrure de silicium fritté (SSN pour *Sintered Silicon Nitride*) est usuellement densifié entre 1 750 et 1 900 °C à pression atmosphérique d'azote (0,1 MPa). On utilise préférentiellement un « lit de poudre » : il s'agit d'un mélange de poudres de Si_3N_4 et d'additifs de frittage de composition identique à celle de l'échantillon et de poudre de nitrure de bore inerte, au sein duquel le composant à densifier est inséré. Une telle méthode permet de minimiser la volatilisation du Si_3N_4 en créant dans le voisinage immédiat du compact de nitrure de silicium une atmosphère gazeuse proche de l'équilibre et d'éviter la diffusion des additifs de frittage à la surface de la pièce.

Une alternative consiste à augmenter fortement la pression d'azote (10 MPa), on parle alors de nitrure de silicium fritté sous pression (GPSSN pour *Gas Pressure Sintered Silicon Nitride*).

Des densités de l'ordre de 99 % de la densité théorique sont couramment atteintes après frittage, avec des modules de rupture en flexion pouvant atteindre 1 000 MPa. L'utilisation d'un mélange d'oxydes en tant qu'additifs de frittage, par exemple de l'alumine et de l'oxyde d'yttrium ou de diverses terres rares, permet d'obtenir des microstructures spécifiques en modifiant la chimie du joint de grain, ce qui influence grandement à la fois la taille et le rapport d'aspect des grains de nitrure de silicium β. Le développement particulier de la microstructure résulte du fait que les additifs (alumine et yttrine par exemple) se combinent avec la couche de silice présente à la surface du nitrure pour former une phase liquide à la température de frittage. Celui-ci s'opère ainsi par un mécanisme de dissolution des grains de Si_3N_4 α, puis par diffusion et précipitation de Si_3N_4 β (phase cristalline stable à haute température) dont les grains croissent dans le volume sous forme de prismes allongés à base hexagonale. Leur interpénétration est à l'origine de l'augmentation de ténacité constatée. Au refroidissement, le liquide se localise aux joints de grains, souvent sous forme vitreuse, selon l'équation :

$$\alpha - Si_3N_4 + SiO_2 + M_xO_y\ (+\ Al_2O_3) \rightarrow \beta - Si_3N_4 + \text{M-Si-(Al-)O-N phase} \quad (3.9)$$

La micrographie de la figure 3.10 est typique d'un nitrure de silicium fritté avec 6 % massique d'yttrine et 2 % massique d'alumine. Les grains de Si_3N_4 β sont visibles sous forme de bâtons allongés à base hexagonale, entourés d'une phase vitreuse intergranulaire oxy-nitrurée. Le type et la quantité d'additifs de frittage déterminent la nature et le volume de la phase intergranulaire résultante. L'étude de la structure des joints de grains des nitrures de silicium et la compréhension des réactions se produisant en leur sein durant le traitement thermique sont donc primordiales pour obtenir une optimisation des propriétés des matériaux densifiés. On utilise pour qualifier une telle démarche le terme d'ingénierie des joints de grains (*grain boundary engineering*). La phase vitreuse se localise sous forme de films minces entre la plupart des grains de Si_3N_4. L'épaisseur des films intergranulaires (entre 0,5 et 1,5 nm) est très dépendante de la composition chimique de la phase vitreuse mais pas de sa quantité.

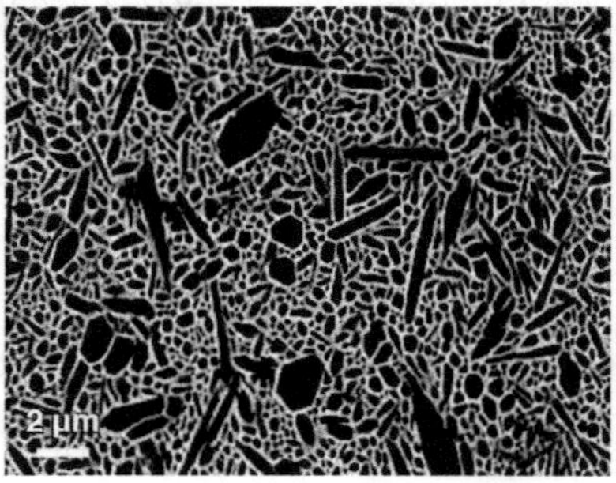

Figure 3.10 – Micrographie électronique à balayage d'un nitrure de silicium densifié avec 6 % d'yttrine et 2 % d'alumine (massiques)

[Source : Hampshire S., « Silicon Nitride Ceramics », *Materials Science Forum*, vol. 606, 2009, pp. 27-41]

La température de transition vitreuse, la viscosité, le module élastique et la microdureté des verres de type oxynitrure augmentent lorsque l'on incorpore de l'azote. On peut utilement comparer ces améliorations à celles des propriétés mécaniques des nitrures de silicium obtenues par la modification de la composition chimique des joints de grains des nitrures de silicium. L'influence de diverses terres rares (RE pour *rare earths*), en l'occurrence : Lu, Sc, Yb, Sm, La, sur l'anisotropie de croissance des grains et sur les propriétés mécaniques résultantes des céramiques en nitrure de silicium a également été investiguée. Pour de tels additifs, un verre de type RE-Si-Mg-O-N se forme et l'on constate que l'anisotropie des grains augmente avec l'augmentation du rayon ionique de la terre rare. Lorsque l'on compare des matériaux de taille et de morphologie des grains identiques, la ténacité augmente avec la taille de l'ion RE^{3+}, reflétant par là une augmentation de la résistance du joint de grain lors de la fracture intergranulaire. La viscosité des phases vitreuses intergranulaires diminue quand la température augmente, ce qui peut conduire à des glissements aux joints de grains, voire à de la cavitation lorsque la céramique est soumise à une contrainte à haute température. Il découle naturellement de tout ceci que la composition des phases oxynitrurées formées déterminera la plupart des propriétés à haute température telles que le fluage, le module de rupture ou encore la résistance à l'oxydation.

Un progrès remarquable dans l'amélioration des propriétés, lié à la diminution du volume de phases intergranulaires, provient de la découverte des « SiAlON ». Les SiAlON constituent une famille de solutions solides basées sur les structures cristallines (α et β) du nitrure de silicium. Le SiAlON β' de formule $Si_{6-z}Al_zO_zN_{8-z}$ (avec des valeurs de *z* comprises entre 0 et 4,2) est formé par la substitution partielle de l'azote de la structure du nitrure Si_3N_4 β par l'oxygène, concomitante à une substitution du silicium par l'aluminium, ce qui permet ainsi de conserver l'électroneutralité. Les SiAlON α' de formule $M_xSi_{12-(m+n)}Al_{(m+n)}O_n\ N_{(16-n)}$ sont basés sur la structure cristalline du nitrure de silicium α, dont le motif chimique est $Si_{12}N_{16}$, Dans ces SiAlON α', le remplacement partiel des Si^{4+} par Al^{3+} est compensé, afin de maintenir l'électroneutralité des charges, par l'addition de divers ions (M= Li^+, Ca^{2+}, Y^{3+}, Ln^{3+}...) dans les sites interstitiels (*x*) de la structure cristalline.

Tableau 3.5 – Propriétés des différents nitrures de silicium

Propriétés	RBSN[1]	SRBSN[2]	SSN[2]	HPSN[2]	β- SiAlON[3]	β- SiAlON (HT)[5]	α-β-SiAlON[4]
Température max d'utilisation (°C)	1 500	1 300	1 250-1 350	1 400	1 100-1 250	1 450	1 450
Masse volumique ($g \cdot cm^{-3}$)	2,30-2,70	3,15-3,20	3,25-3,35	3,20-3,30	3,20-3,25	3,25	3,20-3,25
Résistance à la flexion (MPa)	180-320	600-800	650-1 000	600-700	850-950	825	700-800
Ténacité ($MPa \cdot m^{1/2}$)	2,0-2,5	5,0-7,0	6,0-10,0	4,5-7,5	7,0-8,0	4,5-5,0	6,0-7,0
Module d'élasticité (GPa)	180-200	310	310-320	310	290	290	305
Dureté (GPa)	9-11	15	15-18	16-18	15	16	20

1. Propriétés dépendant du pourcentage de porosité ; 2. Propriétés dépendant des additifs de frittage et de la microstructure ; 3. Microstructure présentant des grains β-SiAlON + phase amorphe intergranulaire ; 4. Microstructure présentant un mélange de grains α et β-SiAlON + phase amorphe intergranulaire ; 4. Traité à 1 350 °C – Micro-structure présentant de grains β-SiAlON + phase cristalline YAG.

Par opposition au nitrure de silicium, pour lequel seule la phase β est stable après frittage, les deux phases SiAlON α' et β' peuvent coexister selon les types d'additifs utilisés (par exemple, des combinaisons de CaO et de deux oxydes de terres rares), en conséquence, le nombre de paramètres sur lesquels on peut jouer pour modifier et contrôler la microstructure est beaucoup plus élevé. Par un traitement thermique subséquent, il est possible de favoriser la cristallisation préférentielle du SiAlON α' lorsqu'une dureté élevée est recherchée ou, en jouant sur la chimie des additifs, il est également possible d'obtenir une majorité de SiAlON β' et, dès lors, augmenter la ténacité.

De telles céramiques sont d'ores et déjà disponibles industriellement en tant qu'outils de coupe et en tant que matériaux réfractaires ; diverses applications en usure sont également en développement. Le tableau 3.5 présente les propriétés des différents matériaux en nitrure de silicium et SiAlON.

3.4 Domaines d'application

3.4.1 L'usure

Les abrasifs

Les abrasifs et les objets qui les incorporent, meules, disques à tronçonner, toiles et papiers, sont indissociables de notre vie quotidienne. En effet, peu de produits manufacturés échappent, dans leur processus d'élaboration, à une opération mettant en œuvre un produit abrasif sous quelque forme que ce soit. Ainsi leur poids dans l'économie est énorme : il représenterait actuellement pour l'Europe et l'Amérique du Nord un chiffre d'affaires de l'ordre de 8 000 M€ dont environ 1 000 M€ pour les grains abrasifs eux-mêmes. Le marché des abrasifs (produits et grains) est un marché globalement en croissance, faible certes, mais régulière de l'ordre de 1 à 1,5 % en moyenne annuelle. Un autre critère tout aussi pertinent pour expliquer l'importance économique de ce secteur d'activité est celui des brevets. Durant la dernière décennie, pas moins de 4 000 brevets sur les grains abrasifs eux-mêmes ont été déposés, et plus de 10 000 brevets si l'on intègre les produits abrasifs en général.

Outre les abrasifs naturels tels que pierre ponce, quartz, émeri, grenats, olivine, zircon et diamant, il est coutume de distinguer trois types de grains abrasifs obtenus par synthèse (abrasifs électrofondus, abrasifs frittés et super-abrasifs) dont la production concerne essentiellement quatre segments de marché :

- les abrasifs supportés (*bonded abrasives*) se retrouvent dans les meules ou toutes autres pièces de formes multiples à liant résinoïde (résines phénoliques) ou céramiques (frittes), les disques à tronçonner… Dans ce cas, le grain abrasif est le renfort particulaire d'un produit que l'on peut considérer comme un très bon exemple de composite à matrice céramique ou polymère ;

- les abrasifs appliqués (*coated abrasives*) sont constitués par des toiles et papiers sur lesquels les grains abrasifs sont appliqués selon un procédé électrostatique ;
- les super-abrasifs regroupent les diamants naturels ou synthétiques ainsi que le carbure de bore (B_4C) et le nitrure de bore cubique (CBN), seuls composés de synthèse ayant une dureté proche de celle du diamant naturel ($HK = 80$ kN mm^{-2}) ;
- les abrasifs perdus (*loose abrasives*) sont constitués par les suspensions pour le polissage et autres opérations de finition ou encore par des poudres projetées sous pression dans les procédés de sablage ou découpe. Ce segment concerne beaucoup d'abrasifs naturels.

Tous ces abrasifs sont caractérisés par une dureté élevée. Toutefois, un point très important illustre toute la difficulté qui entoure le développement de cette classe particulière de céramiques ; il est communément admis par la profession que la performance d'un outil abrasif, quel qu'il soit, ne dépend au mieux qu'à 50 % des caractéristiques du grain abrasif lui-même, au grand dam de l'ingénieur R&D qui penserait avoir résolu le problème en faisant toujours plus dur et/ou plus tenace. Le contact entre grain abrasif et matériau usiné, d'une part, et la liaison entre grain abrasif et support abrasif, d'autre part, sont des facteurs de premier ordre pour expliquer les performances d'un abrasif. Ainsi donc, s'il est une science à associer à celle des abrasifs, c'est la tribologie.

Les abrasifs électrofondus

Ces abrasifs sont obtenus par fusion, dans un four à arc, d'oxydes réfractaires tels que l'alumine (corindon blanc), la bauxite (corindon brun), la zircone (ZrO_2) ou encore la silice (SiO_2) qui, par carboréduction, va conduire au carbure de silicium (SiC). Les compositions et les principales caractéristiques de ces abrasifs sont rassemblées dans le tableau 3.6. Ce procédé d'électrofusion produit un lingot qui est ensuite broyé selon des normes granulométriques bien précises édictées entre autres par la FEPA (Fédération européenne des producteurs d'abrasifs). Du fait d'un mode de solidification que l'on peut qualifier de lent au vu des principes de la cristallisation industrielle (un lingot d'une dizaine de tonnes de corindon mettra environ une semaine pour refroidir), les différents corindons obtenus présentent des grains plutôt monocristallins. Un savant dosage entre les différents additifs de l'alumine, comme l'illustrent les faibles différences de composition chimique entre corindon blanc, brun, rose et rubis, oriente le mode de rupture du grain, propriété déterminante pour décider de la meilleure application possible pour l'abrasif considéré. Le mode de rupture du grain abrasif est évalué par un *facteur de friabilité* (*B* pour *Brittleness*) défini comme $B = HV \cdot E/K_{Ic}$ faisant intervenir la dureté Vickers HV et le module d'élasticité E, et montrant bien que la ténacité K_{Ic} est une grandeur prépondérante pour diminuer la friabilité du grain.

Comme il est délicat de mesurer correctement ces caractéristiques physiques à partir de grains de forme et de taille variées, il est coutume d'utiliser des tests propres aux abrasifs. Le test le plus répandu dans la profession consiste à attribuer un *indice de friabilité,* défini comme le pourcentage de grains passant à travers un tamis de 250 µm à la suite d'un passage au broyeur à boulets dans des conditions bien spécifiées (10 g de grains de granulométrie F36 (tamis de 350 à 710 µm), 5 minutes en présence de 6 billes d'acier de 20 mm de diamètre). Plus cet indice est faible et plus le grain abrasif est réputé tenace.

La production du corindon/zircone électrofondu (composition eutectique à 42 % de zircone) fait appel à un procédé de solidification rapide contrairement à celui appliqué à la production des autres abrasifs électrofondus. En solidifiant en quelques minutes, la microstructure de la zircone obtenue est très fine. De plus, grâce à des stabilisants tels que l'oxyde d'yttrium ou de titane, cette zircone est composée majoritairement de phase quadratique, ce qui lui confère une ténacité très élevée la destinant à des applications sévères.

Tableau 3.6 – Compositions (% en poids) et propriétés typiques des principales familles d'abrasifs électrofondus
[Source : Gamme Alodur®, Treibacher Schleifmittel, Groupe Imerys]

Composition (en %) et propriétés	Corindons					Corindon/Zircone			SiC
	Blanc	Brun régulier	Brun semi-friable	Rose	Rubis	Zircone mullite	25 % ZrO_2	42 % ZrO_2	Noir
Al_2O_3	99,78	96,20	97,88	99,5	97,80	46,10	75,00	54,50	0,15
Fe_2O_3	0,04	0,15	0,08	0,05	0,04	0,30	0,30	0,20	0,20
Na_2O	0,18			0,18	0,20	0,20			
CaO+MgO		0,30	0,14			0,10	0,20		
SiO_2		0,50	0,30		0,02	18,70	0,46		1,00
TiO_2		2,85	1,60			0,10	0,50	2,50	
Cr_2O_3				0,25	2,00				
ZrO_2						34,30	23,5	41,50	
SiC									98,25
Dureté *HK* (kN/mm^2)	20,5	18,5	18,8	19,7	20			16	25
Friabilité (%)	11,4	8,3	9,5	11,1	10,8	14	3,2	4,3	12
masse vol. (g/cm^3)	3,96	3,97	3,97	3,96	3,96	3,66	4,20	4,6	3,15

La qualité de l'abrasif corindon/zircone est estimée par un facteur *T*, défini comme le rapport de la somme des phases cubique et quadratique (phases hautes températures) sur la somme de l'ensemble des trois phases cubique, quadratique et monoclinique présentes dans la zircone (établi à partir de diffractogrammes des rayons X). Ce facteur *T*, exprimé sous forme de pourcentage, est associé à la faculté qu'a le grain, lorsqu'il travaille, de maintenir ses faces coupantes (*self sharpening*) et donc d'atteindre des performances tant en enlèvement de matière qu'en durée d'utilisation bien supérieures à celles des abrasifs électrofondus classiques. Le facteur *T* d'un bon corindon/zircone à 42 % est supérieur à 90 %, ce qui lui confère une certaine friabilité même si ce terme, pour un produit très tenace, n'est pas des plus appropriés. Avec le corindon/zircone à 25 %, c'est l'opposé qui est visé. Cela se traduit par une ténacité plus élevée, une friabilité moindre telle qu'indiquée dans le tableau 3.6, ce qui destine cet abrasif à des opérations où l'enlèvement de matière est prépondérant sur le pouvoir de coupe.

Nous conclurons ce bref tour d'horizon des abrasifs électrofondus, en donnant dans le tableau 3.7, une estimation du marché qu'ils représentent au niveau mondial.

Tableau 3.7 – Estimation du marché des abrasifs électrofondus en kilotonnes [Source : Treibacher Schleifmittel, Groupe Imerys]

Zone géographique	Corindon brun	Corindon blanc	Corindon Zircone		SiC
			25 % ZrO_2	42 % ZrO_2	
Europe	200	220			50
Amériques (du Nord et du Sud)	130	90			50
Chine	740	40			150
Reste de l'Asie et du monde	30	50			100
Total (kilotonnes)	1 100	400	20	16	350

Les abrasifs frittés

Il en est des abrasifs comme des céramiques : leurs performances croissent avec la finesse de leur microstructure, si bien que pour suivre l'amélioration permanente des produits manufacturés (aciers et matériaux composites de plus en plus durs et résistants), il est nécessaire de développer des abrasifs plus performants pour les usiner, les découper, les polir…

Pour pallier la limite en termes de réduction de taille de cristallites que procure la solidification rapide d'une composition d'oxyde réfractaire électro-fondu, les procédés céramiques conventionnels dans un premier temps (extrusion/frittage), puis plus sophistiqués par la suite, avec les procédés Sol-Gel, ont donné lieu à la génération des abrasifs frittés. La taille des cristallites obtenue par ces procédés est en général de 10 à plus de 100 fois inférieure à celle d'un abrasif électro-fondu (figures 3.11 et 3.12). Ce faisant, les propriétés mécaniques du grain abrasif s'en trouvent augmentées, en particulier sa résistance à la rupture. Enfin, plus important pour cette application, la rupture, lorsqu'elle se produit, se fait en laissant des arêtes vives, ce qui lui permet de conserver toute son efficacité et procure une longévité très supérieure.

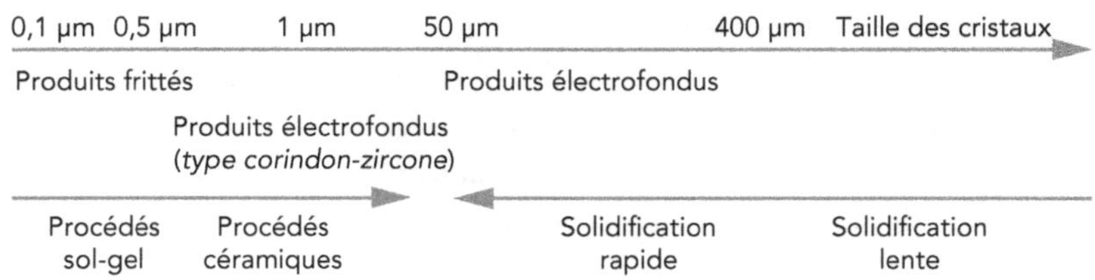

Figure 3.11 – Positionnement de la limite entre les procédés d'électrofusion et céramique selon la taille des cristallites

Figure 3.12 – Exemples de microstructure de grains abrasifs haute performance : (a) corindon à 42 % de zircone électro-fondu, (b) Al_2O_3 fritté conventionnel et (c) Al_2O_3 Sol-Gel

Nous avons évoqué précédemment que la profession délaisse les méthodes classiques de mesure de dureté et de ténacité et préfère des tests qui rendent compte de la fragmentation des grains abrasifs. Ces tests sont d'autant plus pertinents que la microstructure des abrasifs frittés rend beaucoup plus aléatoires des mesures par indentation. Chez Treibacher Schleifmittel, outre le test de friabilité, largement utilisé dans la profession, une mesure directe de la résistance à l'écrasement du grain a été choisie en utilisant une mini-presse automatisée (*Single Particle Dia Test-SI*), développée à l'origine par la société allemande Vollstaedt-Diamant GmbH, pour le contrôle qualité des diamants. Cette presse mesure la force nécessaire pour casser un nombre représentatif de grains (de 300 à 400) préalablement sélectionnés dans une tranche granulométrique (figure 3.13).

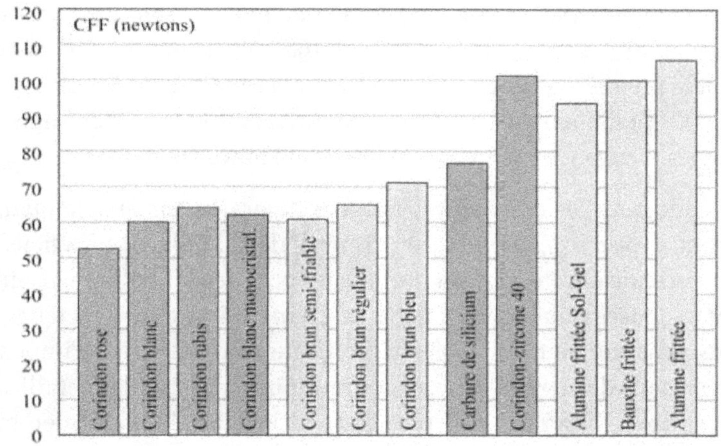

Figure 3.13 – Résistance à l'écrasement (*CCF* : *Compressive Fracture Force*) des principaux abrasifs du marché hors super-abrasifs (grille 500-600 µm). Les produits à microstructures fines ont un meilleur comportement

[Source : test interne Treibacher Schleifmittel]

Le marché des abrasifs frittés est bien entendu plus restreint mais il se chiffre encore en milliers de tonnes. Nous l'estimons aux alentours des 25 kt au niveau mondial, dont environ 8 000 tonnes pour les abrasifs Sol-Gel.

Les super-abrasifs

Un vendeur de super-abrasifs voyage léger ! Ici, l'on vend au carat (0,2 g) et non au kilogramme ou encore moins à la tonne. La valeur marchande d'un kilogramme de nitrure de bore cubique (CBN) est en moyenne équivalente à celle de 3 tonnes de corindon blanc de même granulométrie ! Il va s'en dire que cette dernière famille d'abrasifs qui, en volume, représente tout au plus environ 200 tonnes par an, représente en valeur les 2/3 du marché des grains abrasifs, soit aux alentours de 650 M€.

Diamant synthétique et CBN sont les deux représentants majoritaires de cette famille très élitiste. En termes de brevets déposés, ils représentent à eux seuls respectivement 70 % et 15 % d'un peu plus de 60 % des brevets déposés lors de la dernière décennie pour l'ensemble des grains abrasifs. L'utilisation des diamants naturels a progressivement disparu dans ce domaine, au profit de procédés de synthèse où la forme ainsi que la chimie de surface peuvent être parfaitement contrôlées. Ces éléments sont des atouts primordiaux pour travailler dans des conditions extrêmes comme l'usinage d'aciers très durs (dureté supérieure à 55 HRc), à grande vitesse (supérieure à 80 m/s) ou encore la découpe de céramiques et de réfractaires.

Les super-abrasifs sont obtenus sous pression et température élevées, conditions qui sont celles de la synthèse hydrothermale. Le premier brevet relatif à la synthèse du diamant synthétique à une température de 1 500 °C sous une pression de 5 000 bars est le fait de la société *General Electric* (GE) en 1954. Cette même société fut également la première à déposer un brevet sur la synthèse du nitrure de bore cubique en 1957. GE, maintenant *Diamond Innovative*, est le leader du marché, suivi par les sociétés *Element Six* (Groupe De Beers) et Showa Denko.

Plus que pour les deux autres familles de grains abrasifs, la qualité de la liaison du grain avec son support est primordiale si l'on veut bénéficier pleinement de leur extrême dureté. Comme pour la plupart des grains abrasifs manufacturés, ils sont proposés pour chaque taille de grains suivant trois facteurs de forme différents mais, surtout, ils reçoivent des traitements de surface impossibles à réaliser à la surface d'un grain abrasif conventionnel, tel que la métallisation chimique, susceptible d'augmenter de plus de 50 % la densité du grain et, bien plus important, d'en changer radicalement la liaison dans la meule et par conséquent sa longévité à l'utilisation.

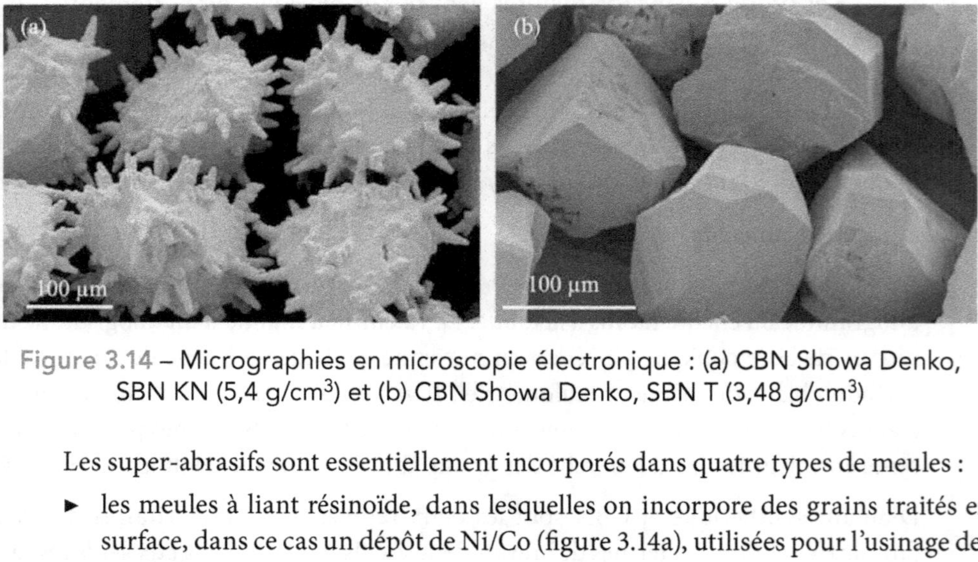

Figure 3.14 – Micrographies en microscopie électronique : (a) CBN Showa Denko, SBN KN (5,4 g/cm^3) et (b) CBN Showa Denko, SBN T (3,48 g/cm^3)

Les super-abrasifs sont essentiellement incorporés dans quatre types de meules :

- les meules à liant résinoïde, dans lesquelles on incorpore des grains traités en surface, dans ce cas un dépôt de Ni/Co (figure 3.14a), utilisées pour l'usinage des outils de coupe ;
- les meules à liant céramique, dans lesquelles on incorpore des grains plutôt aiguillés ou semi-massifs, utilisées pour l'usinage de pièces de précision dans l'industrie automobile (boîtes de vitesses, pistons, roulements) ;
- les meules à liant métallique, dans lesquelles on incorpore des grains plutôt massifs (figure 3.14b), utilisées pour la découpe d'aciers durs ;
- les meules à liant métallique en monocouche, dans lesquelles le grain, quelle que soit sa forme, est disposé sur une monocouche à la périphérie de la meule, et destinées aux opérations de finition dans l'industrie automobile.

Notons enfin, pour illustrer la performance hors norme que procure un outil abrasif incorporant un super-abrasif, qu'il est courant pour ce type de meules d'atteindre des ratios poids de matière enlevée/poids de meule perdue de l'ordre de 1 000.

Les outils de coupe

Les propriétés demandées à un matériau pour outils de coupe

Les matériaux pour outils de coupe sont utilisés dans les opérations de forage, usinage, découpe... Comme les abrasifs, leur rôle est d'enlever de la matière mais on leur demande de le faire d'une manière locale et précise : le matériau de coupe lui-même ne constitue souvent qu'une partie de l'outil qui doit garder son intégrité et sa forme – notamment les arêtes – aussi longtemps que possible.

Ils constituent une famille vaste de matériaux qui vont des métaux aux céramiques, en passant par des microcomposites céramique-métal connus sous le nom de cermets.

Les matériaux pour outils de coupe doivent bien sûr, être durs pour arracher la matière et ne pas s'user (résister à l'abrasion). Ils doivent aussi être tenaces, pour ne pas se rompre sous l'effet des chocs et des fortes sollicitations. En pratique, les exigences pour le matériau de coupe sont diverses. De façon générale, il doit être :

- plus dur que le matériau à couper ;
- stable à haute température ;
- résistant à l'usure ;
- résistant aux chocs thermiques ;
- chimiquement inerte vis-à-vis du matériau à couper et des éventuels auxiliaires du procédé (lubrifiants, liquides de refroidissement, atmosphère...).

La première approche s'appuie en général sur trois propriétés :

- **la dureté**, mesurée en pratique par des paramètres de dureté et de module d'élasticité, sans perdre de vue que ces propriétés doivent être considérées à la température de service, le matériau pouvant être soumis à un fort échauffement pendant le travail ;
- **la ténacité**, mesurée par différents paramètres, comme la valeur critique K_{IC} du facteur d'intensité de contraintes dans un essai de propagation de fissures en mode I, la contrainte à la rupture en flexion, ou la résilience (essai de rupture par choc) ;
- **la résistance à l'usure**. Cette propriété n'est pas tout à fait une propriété intrinsèque, car elle dépend, comme toutes les propriétés tribologiques entre autres, du matériau qui fait face à l'outil.

On distingue différents modes d'usure :

- **par abrasion :** c'est le mode par lequel l'outil lui-même arrache de la matière au matériau à travailler. Par construction, il y est peu sensible, mais le phénomène existe ;
- **par adhésion :** c'est par un phénomène de collage que la matière peut être arrachée à l'outil. Ce phénomène met l'accent sur les interactions chimiques entre l'outil et le matériau à travailler, et la nécessaire inertie chimique à rechercher. De forts échauffements locaux favorisent le phénomène ;
- **par corrosion :** même s'il y a une attaque chimique de l'outil par le milieu (air, produits de dégradation de lubrifiants, etc.), l'oxydation de l'outil ne constitue pas en soi un mécanisme d'usure ; par contre, l'élimination des produits de corrosion par le frottement peut conduire à une usure importante.

Intrinsèquement, certaines de ces propriétés de base sont antagonistes : quand la dureté augmente, la ténacité diminue, et il faudra en général trouver un compromis. La figure 3.15 est un schéma classique ténacité/dureté illustrant qualitativement cette contradiction, qui indique aussi comment se placent les différents matériaux pour outils de coupe sur lesquels nous reviendrons plus loin. Il faut garder en tête que les propriétés doivent être obtenues en service, c'est-à-dire à des températures « élevées », cette notion dépendant des matériaux à travailler et des conditions d'opération.

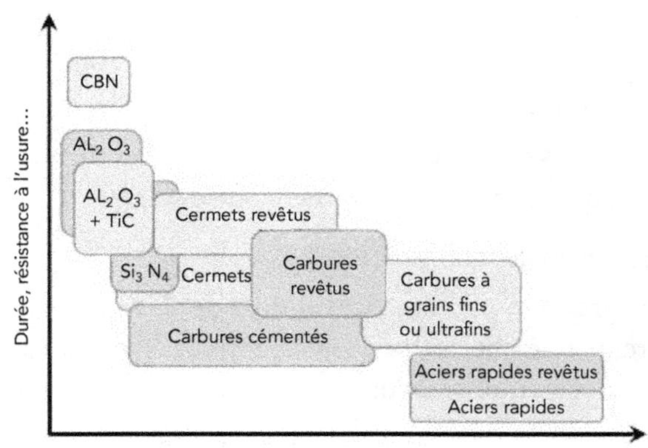

Figure 3.15 – Diagramme classique ténacité-dureté pour les matériaux des outils de coupe

La sélection d'un matériau pour outil de coupe résulte d'une optimisation économique. Le coût initial de l'outil n'est qu'un des éléments de l'optimisation ; il faut notamment prendre en compte la durée de vie et la productivité de l'outil, c'est-à-dire sa capacité par exemple à permettre un usinage à grande vitesse. Tous les matériaux de coupe ont une durée de vie limitée : l'usure, si elle peut être réduite et dans une certaine mesure contrôlée, ne peut pas être éliminée. Un outil de coupe ne peut par ailleurs pas être utilisé jusqu'à l'usure complète ou la rupture, car la qualité du résultat et le rendement dépendent de son état.

Pour sélectionner un matériau de coupe, il faut donc *a priori* prendre en compte un certain nombre d'informations à la fois sur le matériau à travailler et le procédé, notamment :

- l'état initial et l'état final de la pièce à travailler, en termes de forme et de quantité de matière à enlever ;
- les propriétés physiques du matériau à travailler : dureté, module d'élasticité, pouvoir abrasif... ;
- la nature chimique du matériau à travailler et ses interactions possibles ;
- les caractéristiques de l'opération de coupe : type de copeaux générés, vitesse de rotation, lubrification... ;
- la nature, la puissance, la vitesse de travail de la machine-outil utilisée.

Les grandes familles : du métal au diamant

On sépare parfois les matériaux de coupe en deux familles, selon la stabilité de leurs propriétés en fonction de la température.

Les matériaux « instables » sont constitués essentiellement d'alliages métalliques. Leur instabilité relative est liée à leur tenue limitée aux hautes températures, en termes de stabilité structurale, leur dureté étant assurée par des dispersions fines de carbures obtenues par des traitements thermiques, et de stabilité chimique (oxydation). Les premiers alliages de cette famille ont été historiquement les aciers au carbone, très bon marché, utilisés aujourd'hui surtout dans des outillages manuels. Les plus importants, en termes d'utilisation industrielle, sont les aciers rapides (*High Speed Steels*, HSS) dont le nom rappelle qu'ils ont permis un accroissement sensible des vitesses de perçage et d'usinage. Il en existe un grand nombre de nuances, adaptées aux matériaux à couper et aux conditions choisies. Les principaux éléments d'addition sont le tungstène, le chrome, le vanadium (carbures) et le cobalt. On notera qu'un certain nombre de ces aciers rapides, parmi les plus performants, sont élaborés par métallurgie des poudres, avec une opération de frittage semblable à celle utilisée pour l'élaboration des céramiques. Basés sur des métaux, les matériaux de cette famille possèdent une bonne ténacité et une dureté limitée. Ils sont considérés comme peu ou modérément coûteux.

La stabilité thermique et chimique des matériaux « stables » est due au fait qu'ils sont basés sur des céramiques. Les cermets dits carbures cémentés constituent la principale famille de ces matériaux en termes d'applications, et nous leur consacrerons une partie spécifique. Les céramiques frittées, basées sur des oxydes, nitrures et carbures, sont naturellement dures, et extrêmement stables thermiquement et chimiquement. En revanche leur ténacité est très limitée. Les plus courantes sont basées sur l'alumine, éventuellement associée à la zircone (ZrO_2), le carbure de silicium (SiC) et le nitrure de silicium (Si_3N_4). On peut globalement les classer par ordre de ténacité croissante (et de dureté décroissante) : alumine et alumine-zircone (céramiques blanches), alumine-carbure (TiC ou WC) ou nitrure (TiN) (céramiques mixtes noires), alumine renforcée de fibres SiC, nitrure de silicium et oxynitrures (sialons Si-Al-O-N). Le principal avantage des outils céramiques est leur capacité à supporter des températures beaucoup plus élevées (jusque 2 200 °C) que les outils carbures (environ 870 °C) ; l'abaissement de dureté de la pièce à découper à ces températures permet une coupe plus profonde et plus nette. Leur principal défaut réside dans leur fragilité et leur mauvaise tenue aux chocs thermiques qui explique pourquoi leur utilisation est principalement réservée à des applications permettant un travail en continu ou de longue durée. Comme pour les cermets, la fabrication de ces outils par la technique de métallurgie des poudres permet l'obtention de pièces présentant la forme finale requise sans opérations d'usinage coûteuses.

Le diamant et le nitrure de bore cubique (CBN), matériau le plus dur après le diamant sont utilisés sous forme de composites à liant métallique ou céramique (pour CBN), à très forte fraction de phase dure : diamant poly-cristallin (PCD) ou CBN. Ces matériaux très coûteux, qualifiés de super-durs, conservent leur dureté à haute température (1 000 °C) mais sont limités par la réactivité éventuelle du liant avec le matériau coupé et, pour le diamant, par sa décomposition à partir de 600 °C dans l'air et au-delà de 1 000 °C en atmosphère réductrice.

Quelques repères sur les propriétés de ces matériaux sont donnés dans le tableau 3.8.

Tableau 3.8 – Valeurs indicatives à température ambiante des propriétés de quelques matériaux pour la coupe (les propriétés sont sensibles à la composition et la microstructure)

	Module d'élasticité (GPa)	Dureté Vickers (HV30)	Dureté Rockwell (HRC)	Résistance à la rupture en flexion (MPa)	Ténacité K_{IC} (MPa$\sqrt{m}$)	Conductivité thermique (W m^{-1} K^{-1})
Aciers rapides	200-250	800-1 100	65-70	3 000-4 000	17-35	20
Cermets	550-650	1 500-1900	< 90	1 000-1 600	31	40-80
Céramiques	350-400	1 800-2 400	< 93	400-1 000	25	15-30
BN cubique (CBN)	650-700	2 500-4 000	> 95	570	6	80-120
Diamant (PCD)	900-950	5 000-8 000		900-950	8-9	500-600

Cermets (carbures cémentés)

Ces composites céramique-métal sont constitués de grains de carbure (principalement de carbure de tungstène WC) dans une matrice essentiellement constituée de cobalt. La dénomination carbures cémentés provient d'une traduction incorrecte de l'anglais *cemented carbides* ; ce sont en fait des carbures cimentés par le liant cobalt. On trouve aussi parfois pour ces produits les dénominations métaux durs (*hard metals*), carbures à liant métallique ou carbures métalliques. La microstructure typique de ces matériaux (figure 3.16) fait apparaître des grains facettés de carbure de tungstène dont la taille peut être micronique ou submicronique. Les propriétés de ces matériaux, notamment leur dureté et leur ténacité, peuvent être ajustées par la fraction volumique de liant et la taille des grains. Une fraction plus élevée de carbure correspond naturellement à des matériaux plus durs et moins tenaces. L'utilisation de grains ultrafins permet, à dureté équivalente, d'obtenir une ténacité plus élevée ; elle permet aussi la fabrication de micro-outils.

Cette famille de cermets comprend une grande variété de nuances et de déclinaisons, non seulement en fonction du taux de liant et de la granulométrie, mais par l'addition ou la substitution d'autres carbures, notamment de titane, niobium ou de tantale. On peut citer aussi des cermets basés sur des particules de carbonitrure de titane Ti(C,N), une seconde phase solide de (Ti,Nb,W)(C,N) et un liant cobalt riche en W, améliorant la résistance à l'usure et réduisant la tendance au collage, au détriment de la résistance aux chocs thermiques.

Extra gros	> 5 µm
Gros	3,5-5 µm
Moyen gros	2,1-3,4 µm
Moyen	1,4-2 µm
Fin	1-1,3 µm
Extra fin	0,5-0,9 µm
Ultra fin	< 0,5 µm

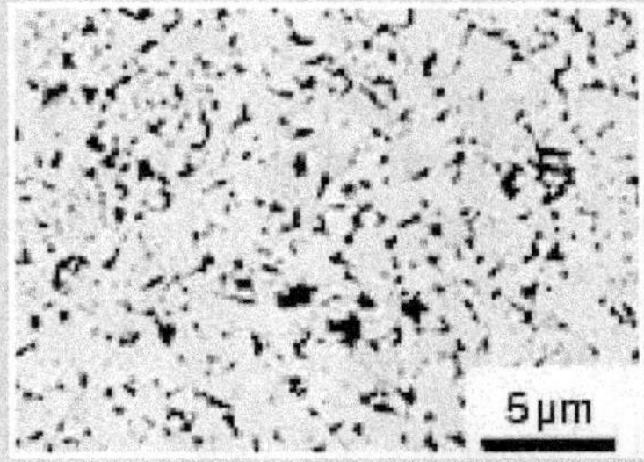

Figure 3.16 – Classification des tailles de grains des carbures cémentés et microstructure typique de cermets WC-Co

[Sources : tableau Sandvik Hard Materials ; micrographie J-M. Missiaen, laboratoire SIMAP]

Les cermets comme les carbures cémentés sont élaborés par frittage avec phase liquide. Nous illustrerons ici la technique dans le cas de cermets WC-Co. L'opération commence par le mélange des poudres de Co et WC, généralement réalisé en milieu liquide dans un mélangeur broyeur de type attriteur pour assurer une dispersion optimale et un mélange intime des constituants. La mise en forme se fait dans la majorité des cas par compression mais des techniques d'extrusion sont également possibles, le mélange comportant alors une plus grande quantité de liant organique. Le frittage avec phase liquide est réalisé à une température à laquelle une phase liquide riche en cobalt est en équilibre avec le carbure solide WC, typiquement au-dessus de 1 300 °C. La densification, du matériau, qui commence en phase solide avant la fusion, est très rapide et conduit à des matériaux sans porosité.

Quelques repères économiques

Les outils à base de carbure et les cermets à base de TiC représentent typiquement la moitié du volume des ventes de matériaux pour la coupe, les aciers rapides de l'ordre de 40 à 45 %, les céramiques entre 5 et 10 %, et les matériaux super durs un marché plus réduit, typiquement 1 à 2 %.

La production mondiale de carbure cémenté qui était de 10 tonnes en 1930 et 10 000 tonnes en 1960, atteint aujourd'hui 70 000 tonnes dont plus de la moitié pour les applications de coupe. C'est un marché qui a atteint sa maturité : bien que tronquée par la crise économique mondiale, sa croissance au cours des dix dernières années a été de l'ordre de 1 à 2 % par an. Il est essentiellement soutenu par la demande de la Chine pour la fabrication de pièces. Ce marché, en termes de matières premières, peut être évalué à 350 M€/an. La fabrication des outils en carbure est la principale utilisation du tungstène (72 % en Europe, 66 % aux USA et au Japon, 50 % en Chine, 55 % en Russie). La production minière annuelle de tungstène, actuellement 60 000 tonnes, est essentiellement chinoise (85 %). La Chine, possédant la plupart des réserves minières, a pratiqué dans les années 1980 une politique de dumping qui a conduit à la fermeture d'un grand nombre de mines dans le monde. On notera que l'utilisation mondiale de tungstène est de plus de 80 000 tonnes/an, ce qui témoigne d'une pratique significative de recyclage de cette matière première.

En 2011, le marché des outils de coupe céramiques a dépassé 700 M€ et constituait 8,5 % du marché global des outils de coupe pour métaux. La croissance relative attendue est plus importante que pour les outils en carbure, en acier rapide (HSS) et en cermets, mais plus faible que pour les nitrures de bore cubique (CBN) et le diamant. Pour 2016, il pourrait dépasser 1 milliard d'euros.

3.4.2 La résistance aux chocs

Les principaux développements industriels concernent aussi bien le côté « protection », avec les améliorations de performances des blindages, que le côté « projectile », avec les améliorations du pouvoir de pénétration de ces derniers.

Longtemps, ce sont des métaux qui ont assuré ces fonctions ; depuis une trentaine d'années, des céramiques trouvent dans ce domaine des perspectives d'applications nouvelles.

Utilisation des céramiques en application blindage

La protection des véhicules, des fantassins ou des hélicoptères repose sur l'utilisation de structures de blindage constituées de matériaux spécifiques. La nature des matériaux employés ainsi que l'architecture matériau nécessaire à assurer la protection dépend de la nature et de la vitesse des projectiles.

Les projectiles mous à base de plomb nécessitent la recherche d'une architecture matériau permettant d'absorber l'énergie cinétique du projectile : les matériaux composites à base de fibres de kevlar ou de polyéthylène répondent à ces exigences. Ces projectiles concernent les forces de police, les véhicules VIP ou en partie les combattants des forces armées. Les véhicules blindés, les hélicoptères et la majorité des fantassins doivent être protégés contre des *projectiles durs* constitués de noyau en acier très dur (dureté de l'ordre de 8 GPa) ou en carbure de tungstène extrêmement dur (dureté de l'ordre de 14 GPa).

Jusque dans les années 1970, les protections balistiques contre les projectiles durs étaient constituées de matériaux homogènes, généralement de l'acier à très haute dureté (5 à 6 GPa). Dans les années 1980, des blindages composites ont été développés, constitués d'un matériau très dur en face avant (*strike face*) couplé à un matériau ductile absorbant en face arrière (*back face*). Au cours de la guerre du Viêtnam, des plaques de céramiques sont utilisées en face avant, collées sur des supports métalliques acier ou alliage d'aluminium. La combinaison d'un matériau extra dur en face avant, couplé à un matériau absorbant en face arrière, confère une efficacité balistique très supérieure à celle d'un acier à haute dureté. Le rôle du matériau extra dur en face va être d'éroder, voire de casser le noyau du projectile et d'étaler la surface d'impact sur la couche support absorbante de façon à augmenter le volume de matériau absorbant participant à l'arrêt du projectile. Depuis, les blindages composites se sont perfectionnés, autant par la nature des céramiques employées, toujours plus dures, que par la nature du matériau support absorbant en face arrière (utilisation de matériaux composites à base de fibres).

Les céramiques les plus utilisées pour l'application blindage sont celles présentant une très haute dureté combinée à une faible densité : il s'agit de l'alumine Al_2O_3, du carbure de silicium SiC (voir figure 3.17) et du carbure de bore B_4C. Ces trois céramiques présentent des densités comprises entre 2,5 et 4 g/cm^3 et des duretés élevées comprises entre 13 et 35 GPa. D'autres céramiques ont été testées, présentant des duretés élevées telles que TiB_2, Si_3N_4, AlN…

L'efficacité balistique des céramiques est appréciée par le rapport entre la masse surfacique d'acier de blindage nécessaire pour arrêter le projectile à la masse surfacique de céramique.

$$E_{m\text{-céramique}} = \frac{masse_{\text{acier-blindage}}}{masse_{\text{céramique}}} \quad (3.10)$$

Ainsi, une efficacité balistique de 2 signifie qu'il faut deux fois moins de masse de céramique que d'acier pour arrêter un projectile. Les deux figures 3.17 et 3.18 donnent les propriétés balistiques des principales céramiques vis-à-vis de deux types de projectiles.

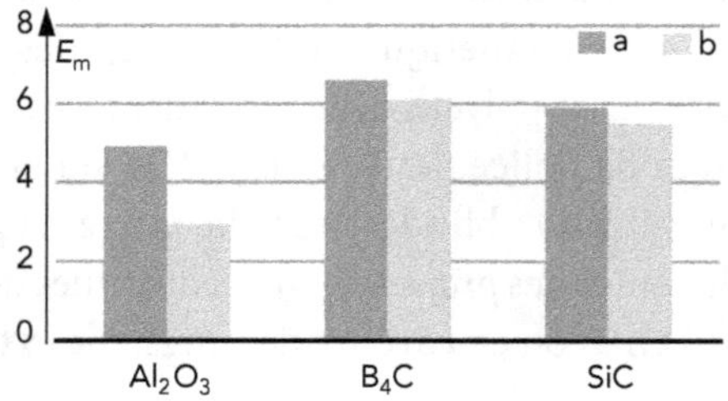

Figure 3.17 – Efficacité balistique de céramiques : a) vis-à-vis d'un projectile 7,62 à noyau acier dur ; et b) vis-à-vis d'un projectile 7,62 à noyau carbure de tungstène

Les céramiques donnent des efficacités balistiques comprises entre 3 et 6. Leur efficacité dépend du projectile. Les meilleures efficacités sont obtenues lorsque la dureté de la céramique est supérieure à celle du projectile provoquant ainsi sa fragmentation à l'impact (figure 3.18a). Lorsque la dureté du projectile est supérieure ou voisine de celle de la céramique, il la perfore ; l'épaisseur de céramique nécessaire pour arrêter le projectile est alors supérieure et l'efficacité balistique de la céramique est inférieure (figure 3.18b).

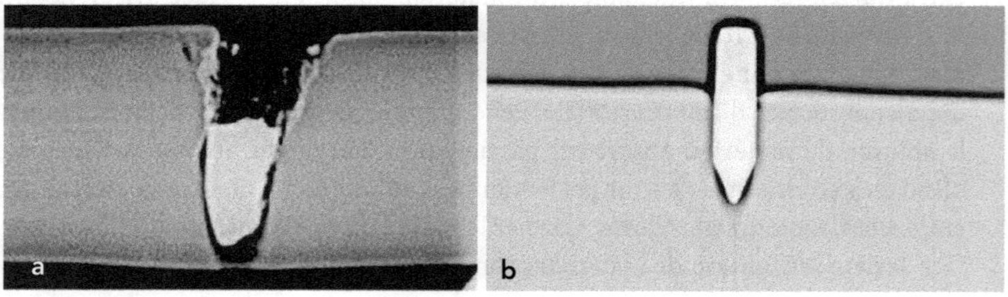

Figure 3.18 – Comportement d'un projectile à l'impact : a) sur une céramique très dure : le projectile se fragmente à l'impact et b) sur une céramique moins dure : le projectile perfore la céramique sans se casser

Ces performances doivent être relativisées du fait de la fragilité des céramiques. Celles-ci ne peuvent être utilisées seules, un matériau ductile support (backing face) doit leur être associé pour absorber l'énergie cinétique résiduelle du projectile et de la céramique fracturée. Cette couche support peut être un alliage métallique acier ou aluminium ou bien un composite à fibre (aramide, verre ou polyéthylène). L'ensemble céramique/couche support constitue un blindage composite dont les performances globales sont 2 à 3 fois plus élevées que celles des blindages monolithiques.

Les céramiques pour blindage sont employées sous la forme de plaques, de carreaux ou bien de nodules noyés dans une matrice organique, ces ensembles sont généralement collés sur la couche support en alliage métallique ou en matériau composite.

Les céramiques sont élaborées par des procédés de frittage classiques : frittage naturel, frittage sous pression uniaxiale ou encore frittage isostatique. Toutefois, l'intérêt que peuvent présenter des microstructures fines amène aujourd'hui à s'intéresser à la technologie de frittage flash de type *Spark Plasma Sintering* (SPS) et aussi à la possibilité de réaliser directement des assemblages matériau dur/matériau ductile sous la forme de MGF (Matériau à Gradient de Fonction).

Utilisation des céramiques pour applications perforantes

Les perforants employés pour percer les blindages des aéronefs et des véhicules faiblement protégés sont constitués de matériaux métalliques pour deux raisons. La première raison provient du fait que ces matériaux doivent présenter des résistances mécaniques comparables voire supérieures aux blindages pour pouvoir, selon l'épaisseur, percer ou éroder le blindage. La deuxième raison est associée à la nécessité d'avoir des matériaux capables de se déformer plastiquement afin de conserver l'intégrité du perforant lors de la phase d'impact avec le blindage.

L'utilisation de matériaux métalliques de résistance mécanique comparable ou supérieure au matériau du blindage permet de minimiser la dégradation du perforant lors de l'interaction avec le blindage. Cela conduit à une perforation du blindage avec un perforant préservant une vitesse résiduelle non nulle. Selon l'énergie cinétique résiduelle du perforant, l'objectif final de neutraliser l'aéronef ou le véhicule blindé peut être atteint.

Les matériaux métalliques tout d'abord considérés pour perforants ont été les aciers à haute résistance mécanique, puis les aciers à outil reconnus pour leurs hautes résistance mécanique et dureté. Depuis les années 1950, grâce à leur très haute résistance mécanique et à leur dureté élevée, une autre classe de matériaux est employée avec les céramiques métalliques à base de carbure de tungstène (figure 3.19). Ces matériaux sont composés d'une phase céramique noyée dans une phase métallique d'où leur appellation de cermet (céramique-métal).

En plus de leur haute dureté, ces matériaux présentent des densités nettement supérieures aux aciers, 14,7 à 14,9 g/cm^3 contre 7,8 g/cm^3 pour les aciers. Cette augmentation de densité génère lors de l'impact avec la cible une énergie cinétique par unité de surface plus importante. L'accroissement de ce taux d'énergie permet d'augmenter la capacité du perforant à déformer et à percer les blindages métalliques conventionnels, voire d'éroder les blindages de très haute dureté en aciers ou céramiques.

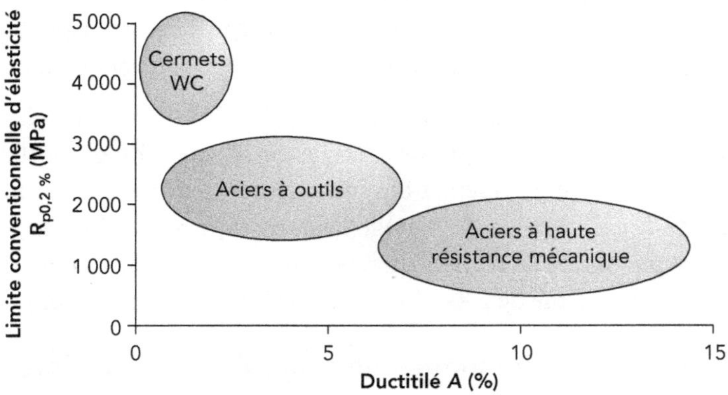

Figure 3.19 – Limite conventionnelle d'élasticité $R_{p0,2\,\%}$ fonction de la ductilité A en traction des matériaux métalliques employés comme perforants

Les carbures de tungstène sont employés comme perforants sous forme de noyaux intégrés à des munitions de petit calibre type 7,92 mm, et à des munitions de moyen calibre, types 12,7, 20, 25 et 30 mm. À cause de leur faible ductilité, les perforants en carbure de tungstène présentent des rapports longueur sur diamètre de l'ordre de 5. Pour la neutralisation de véhicules fortement protégés comme les tanks, des matériaux non céramiques beaucoup plus ductiles sont employés, comme les alliages de tungstène et d'uranium. Les résistances mécaniques inférieures de ces matériaux par rapport aux carbures de tungstène sont compensées par des densités plus élevées pouvant atteindre 18 g/cm^3.

Tableau 3.9 – Caractéristiques de carbures de tungstène employés comme perforant

Composition	Résistance à la rupture en compression (MPa)	Dureté Vickers	Ductilité en traction A (%)
96,0 % WC-3,0Ni-0,8Fe-0,2Co	4 420	1 690	0,6
94,3 % WC-5,7 %Co	3 820	1 470	0,8
91,5 % WC-8,5 %Co	4 530	1 730	1,1

Pour établir l'efficacité des perforants à base de carbure de tungstène, la contrainte à l'interface perforant/blindage doit être évaluée. Cette contrainte est estimée à l'aide des modèles unidimensionnels proposés par Alekseevski et Tate. Ces modèles basés sur la modification de l'équation de Bernoulli à travers la conservation de l'énergie permettent d'exprimer la contrainte à l'interface σ :

$$\sigma = \tfrac{1}{2}\,\rho_p(v_{ap} - v_i)^2 + E_p = \tfrac{1}{2}\,\rho_b v_i^2 + R_b \qquad (3.11)$$

où v_i est la vitesse de pénétration, v_{ap} est la vitesse arrière du perforant, ρ_p et ρ_b sont les densités du perforant et du blindage, et E_p et R_b sont proportionnels à la limite quasi statique d'élasticité du perforant et du blindage, respectivement.

À travers des comparaisons avec des données expérimentales, Tate a estimé E_p être égale à 1,7 σ_{ep}. Cette contrainte σ_{ep} peut être considérée comme une limite d'élasticité représentative du matériau à l'avant du perforant ayant subi des ondes de choc très importantes. Walker et Anderson ont exprimé R_b par rapport à la limite quasi statique d'élasticité de la cible σ_{eb} :

$$R_b = 7/3\ \ln(\alpha)\sigma_{eb} \qquad (3.12)$$

avec α décrivant l'étendue de la zone plastique dans le blindage. Selon la vitesse d'impact, la valeur de α varie de 4,94 à 11,2 impliquant un rapport R_b/σ_{eb} variant de 3,7 à 5,6. Pour des valeurs de R_b plus faibles que E_p, le perforant se comporte comme un pénétrateur rigide si la vitesse de pénétration est inférieure à v_c :

$$v_c = \{2\,(E_p - R_b)/\rho_b\}^{1/2} \qquad (3.13)$$

Grâce à leur résistance mécanique très élevée, les perforants en carbure de tungstène se comportent comme des pénétrateurs rigides pour la majorité des blindages métalliques. Un exemple est montré dans la figure 3.20, révélant une pénétration rigide d'une plaque de blindage d'épaisseur 40 mm à 890 m/s.

Figure 3.20 – Pénétration rigide d'un perforant de diamètre 12,7 mm en carbure de tungstène dans une plaque d'épaisseur 40 mm en acier de blindage à une vitesse d'impact de 890 m/s

[Source : Tate A., « Long rod penetration models – Part I. Extensions to the hydrodynamic theory of penetration », *Int. J. Mech. Sci.*, vol. 28, 1986, pp. 599-612]

La figure 3.21 montre la microstructure d'un carbure de tungstène allié à 5,7 % de cobalt utilisé dans les perforants de calibre 20 mm. Cette micrographie révèle des carbures WC de forme polyédrique noyés dans une matrice cobalt. Les carbures de tungstène de type WC possèdent des liaisons chimiques de nature covalente, les classant dans les matériaux céramiques. Ces céramiques techniques possèdent une structure cristalline de type hexagonal compact.

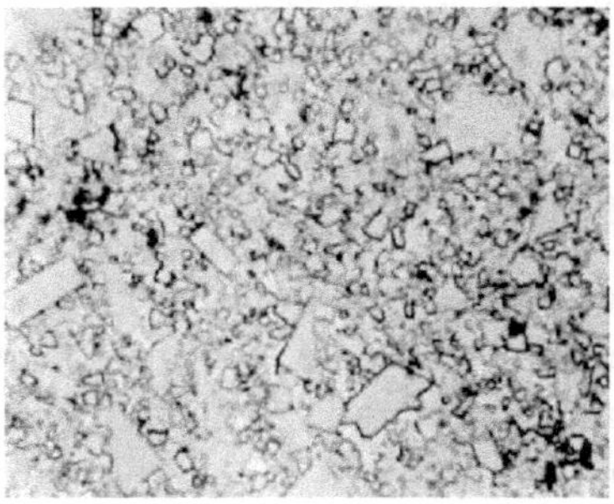

Figure 3.21 – Micrographie d'un carbure de tungstène 94,3 % WC-5,7 % Co de densité 14,4 g/cm^3

Comme la majorité des céramiques, les carbures de tungstène sans liant présentent une résistance élastique en compression modérée et des faibles ductilités inférieures à 0,05 %. Afin d'acquérir de la ductilité, ces carbures sont noyés dans une matrice métallique composée habituellement de cobalt (tableau 3.9). Cette matrice métallique de structure cubique faces centrées est très ductile et permet d'obtenir des cermets de ductilité de l'ordre voire supérieure à 1 %. Ces matériaux sont élaborés avec les technologies conventionnelles de la métallurgie des poudres à partir de poudres en carbure de tungstène et de poudres de chaque élément composant la matrice. Le frittage est réalisé à des températures permettant d'atteindre la phase liquide de la matrice.

Pour des raisons de toxicité, les nouvelles générations de carbures de tungstène pour perforant sont développées avec des matrices sans cobalt composées de nickel et de chrome. Avec l'objectif d'une meilleure efficacité de ces matériaux pour perforants en terme de densité, de résistance mécanique et de ductilité, des recherches sont actuellement menées sur les carbures de tungstène ultrafins et nanostructurés à l'aide de la technologie émergente de frittage flash de type *Spark Plasma Sintering* (SPS).

3.4.3 L'isolation thermique

Généralités

L'isolation thermique est utilisée pour réduire l'énergie dépensée dans les processus industriels et le chauffage des bâtiments mais elle permet également de protéger les matériaux, les équipements et les personnes des températures excessives. Son importance économique est donc considérable. Les isolants thermiques sont obtenus à partir de matériaux peu conducteurs de la chaleur (polymères et céramiques) et présentant une structure de pores fermés, du fait que l'air immobile présente une conductivité thermique extrêmement faible ($\lambda = 0{,}025\ W \cdot m^{-1} \cdot K^{-1}$). Lorsque la température d'utilisation est inférieure à 150 °C et que l'application visée ne requiert pas un matériau possédant des propriétés mécaniques particulières, les polymères expansés constituent un bon choix. Au contraire, quand les températures d'utilisation sont plus élevées, la laine de verre, les fibres minérales et les mousses céramiques sont des choix obligés.

Dans ce chapitre, nous présentons trois types de matériaux céramiques qui répondent, de par leur structure, aux exigences d'isolation thermique : les isolants fibreux, les mousses céramiques et les aérogels de silice.

Fibres et mousses céramiques

Les fibres céramiques réfractaires (FCR) appartiennent à la famille des « fibres minérales artificielles » et sont, selon la directive européenne n° 97/69/CE du 5 décembre 1997, des fibres (de silicate) vitreuses artificielles dont la teneur en oxydes alcalins et alcalino-terreux ($Na_2O + K_2O + CaO + BaO$) est inférieure à 18 % en poids. Les fibres céramiques réfractaires sont élaborées par fusion entre 1 540° et 2 090 °C d'un mélange d'alumine et de silice ou de kaolinite. La masse fondue est ensuite, de manière classique, transformée en fibres, par centrifugation ou soufflage d'air. Les fibres FCR présentent un aspect blanc et cotonneux et ont un diamètre compris entre 1 et 3 microns, tandis que leur longueur peut atteindre plusieurs centimètres. Leur masse volumique est comprise entre 2,6 et 2,7 g/cm^3. Les FCR contiennent généralement entre 47 et 54 % de silice et entre 35 et 51 % d'alumine. D'autres oxydes (comme par exemple la zircone, de 0 à 17 %) peuvent être incorporés, en fonction des propriétés physiques visées.

Ces fibres sont commercialisées depuis les années cinquante aux États-Unis, puis en Europe au début des années soixante, et conçues pour des applications comprises entre 800 et 1 450 °C, notamment pour l'isolation et la protection thermique de fours industriels, de hauts-fourneaux, de moules de fonderie, d'appareils de chauffage industriels ou domestiques, de tuyauteries, dans la protection incendie... Les principaux producteurs européens sont Unifrax et Thermal Ceramics et la production annuelle française était de 7 000 tonnes en 2004. En expérimentation animale, les FCR ont toutefois montré un pouvoir cancérogène ; les études épidémiologiques sont toujours en cours chez l'homme.

L'isolation thermique est aussi couramment employée dans le secteur de l'électroménager de moyen et haut de gamme, notamment pour les fours de cuisine disposant de la fonction « d'auto-nettoyage », à cause des températures élevées atteintes lors du processus de pyrolyse (autour de 500 °C, au centre du four), lesquelles ne sont plus compatibles avec les températures d'utilisation des fibres de verre (qui ont tendance à fritter, se déformer et ne plus assurer une protection optimale). Dans ce cas, les laines à base de fibres alcalino-silicatées (*alkaline earth silicate wool*, laines AES, dont le pourcentage de Na_2O + K_2O + CaO + BaO est supérieur à 18 %) sont largement recommandées. Ces fibres appartiennent aussi à la famille des « fibres minérales artificielles » et présentent un coefficient de dilatation thermique faible, ainsi qu'une conductivité thermique de 5 à 20 % inférieure par rapport aux fibres de verre. En outre, leur biopersistance est limitée, c'est-à-dire que leur solubilité est plus élevée que celle des FCR dans les milieux biologiques, d'où une absence de législation spécifique qui pourrait en limiter l'utilisation. Les laines AES présentent un diamètre moyen des fibres situé entre 2 et 4 microns et une masse volumique égale à 2,5 g/cm^3. La densité des isolants FCR et des laines AES varie de 60 à 300 kg/m^3. Ainsi, en France, près de 70 % des FCR ont été remplacées par des fibres produites à partir de silicates alcalinoterreux. Les FCR et les laines AES sont également utilisées dans les chauffe-eau domestiques ainsi que dans les systèmes destinés à chauffer l'eau des piscines et des spas.

Une alternative aux fibres céramiques réfractaires est constituée également par les mousses céramiques. En outre, ces dernières résistent mieux aux radiations que les isolants traditionnels dans le secteur de l'industrie nucléaire. Les mousses céramiques ont une densité comprise entre 10 et 40 % de la densité théorique du matériau considéré (l'alumine, en général) et des tailles de pores variant de 100 μm à 1 mm. Elles sont obtenues selon un procédé de fabrication proche du *gel casting* : une mousse est obtenue en agitant une suspension céramique et est ensuite gélifiée grâce à la présence de monomères dissous dans la barbotine. Les cellules de la mousse peuvent être isolées ou interconnectées, en fonction de la densité de celle-ci. La diffusion de l'air est toutefois limitée.

Aérogels de silice

Environ 30 % de la consommation mondiale d'énergie est destinée au secteur tertiaire et résidentiel. En renforçant les propriétés isolantes de la structure d'un bâtiment, en utilisant des sources d'énergie alternatives et un éclairage économique, le secteur européen de la construction vise la construction de bâtiments à consommation zéro. L'utilisation de la lumière du jour dans l'architecture moderne fait appel à de nombreux concepts, l'isolation thermique transparente étant l'un des principaux. Des panneaux alvéolaires remplis d'aérogel de silice, représentent une innovation majeure dans ce domaine : ils permettent de réaliser des façades et des toits semi-transparents, très légers, mais très isolants et résistants aux impacts (figure 3. 22). Les nanogels sont des aérogels de silice dont les pores possèdent des dimensions nanométriques (20-150 nm), lesquels leur confèrent des propriétés isolantes exceptionnelles. Dans ces matériaux, l'ajout d'oxyde de titane ou de noir de carbone permet de réduire aussi le transfert de chaleur par irradiation.

Les premiers aérogels ont été synthétisés par Steven Kistler en 1931 par condensation en milieu acide d'une solution de silicate de sodium et séchage supercritique en présence d'éthanol. La technique du séchage supercritique permet à l'aérogel de garder la forme du gel qui l'a généré et de limiter le retrait à moins de 15 % du volume initial : dans ces conditions, il n'y a plus de distinction entre la phase liquide et la phase vapeur et donc l'interface liquide-vapeur est éliminée. Par conséquent, la pression capillaire qui génère des contraintes de traction et des fissures, disparaît également. La porosité d'un aérogel de silice varie entre 80 et 99,8 % et sa densité est comprise entre 0,003 et 0,5 g/cm^3. À titre de comparaison, la densité de l'air est égale à 0,0012 g/cm^3. Lors de la mission spatiale Mars Pathfinder en 1996, l'aérogel de silice a servi d'isolant thermique pour protéger l'électronique du robot Mars Rover qui a parcouru la surface de la planète Mars.

Figure 3.22 – Exemple de toit isolant semi-transparent
[Source : http://www.kalwall.com/Gallery/saylor.jpg]

Des panneaux sous vide sont également disponibles (*Vacuum Insulation Panels*, VIP) qui présentent des performances isolantes améliorées et un gain de volume important par rapport aux isolants plus classiques. Dans le cas des panneaux sous vide, l'aérogel est enfermé dans une enveloppe d'aluminium, ce qui rend les panneaux difficiles à manipuler sur un chantier si l'on veut éviter de les endommager (perforation accidentelle possible). Ces matériaux sont dans une phase de développement et pourraient ouvrir la voie à des applications intéressantes en architecture et dans la restauration des édifices historiques.

3.4.4 Les applications thermostructurales

Le SiC

Aujourd'hui, plus de 900 000 tonnes de carbure de silicium sont produites, principalement pour la sidérurgie (ajout de silicium et carbone), pour l'industrie des réfractaires, des abrasifs et la découpe des wafers pour l'électronique. Seule une petite proportion, de l'ordre de quelques milliers de tonnes, est finalement dédiée aux céramiques techniques. Dans ce domaine d'activité, plusieurs familles de carbure de silicium sont commercialisées (tableau 3.10) pour un chiffre d'affaires estimé à plusieurs centaines de millions d'euros.

Tableau 3.10 – Carbures de silicium, principaux marchés et fabricants associés

<table>
<tr><th>Données économiques</th><th>Différents types de carbures de silicium, principaux marchés et fabricants associés</th><th>Propriétés</th></tr>
<tr><td>Taille du marché
Prix</td><td>1. SiC réfractaire incluant des liants céramiques (oxydes, nitrures)
• Pièces réfractaires de protection pour les hautes températures (métallurgie, industrie céramique)
• Vesuvius
2. SiC recristallisé (ReSiC)
• Industrie des semi-conducteurs (supports de wafers), industrie céramique (supports de cuisson)
• Saint Gobain, Crystar, Schunk
3. SiC Infiltré ou lié par réaction (SiSiC ou RBSiC)
• Bagues d'étanchéité, brûleurs, optiques
• Saint Gobain, Toshiba, Xinetics, M-Cubed (ECM)...
4. SiC fritté en phase liquide (LPS SiC)
• Bagues d'étanchéité
• Saint Gobain, Coors Tek
5. SiC fritté naturel (S-SiC)
• Bagues d'étanchéité, paliers, protections balistiques, optiques, échangeurs de chaleur, réacteurs pour la chimie
• Boostec, Coors Tek, Saint Gobain, ESK, Morgan
6. SiC pressé à chaud (HPSiC)
• Blindage, composants pour les procédés du silicium
• Cercom, Ceradyne
7. SiC déposé en phase vapeur (CVDSiC)
• Optiques, industrie du silicium
• Trex, Mersen</td><td>Température d'utilisation
Propriétés mécaniques
Propriétés thermiques
Résistance à la corrosion
Étanchéité aux gaz</td></tr>
</table>

Parmi ces carbures, le SiC fritté naturel (S-SiC, *Sintering Silicon Carbide*), de variété α, est le meilleur candidat aux applications thermomécaniques pour deux raisons :

- ses propriétés mécaniques restent quasiment constantes jusqu'à environ 1 400 °C ;

- son procédé d'élaboration est capable de produire des pièces complexes, de taille industrielle à des coûts raisonnables, typiquement entre 300 et 1 000 €/kg en fonction des opérations de finition des surfaces.

Depuis les années 1980, de nombreux programmes ont essayé d'exploiter ce potentiel en intégrant des composants SiC dans des systèmes à haute température (turbine, chambre de combustion, échangeur de chaleur, collecteur solaire, réacteur pour la thermochimie). Ces applications n'ont pas encore la maturité nécessaire pour être commercialisées et ce sont paradoxalement d'autres applications, à plus basse température (T < 200 °C) voire cryogéniques, qui lui ont donné une vie industrielle respectable depuis deux décennies (figure 3.23). En particulier, on peut citer sans être exhaustif, l'utilisation de sa capacité à bien résister aux agressions chimiques, à l'abrasion et à l'usure (bagues et paliers, échangeurs, réacteur, tubes), sa stabilité dimensionnelle et sa rigidité (instruments pour le spatial, pour la métrologie) et ses propriétés balistiques (blindage).

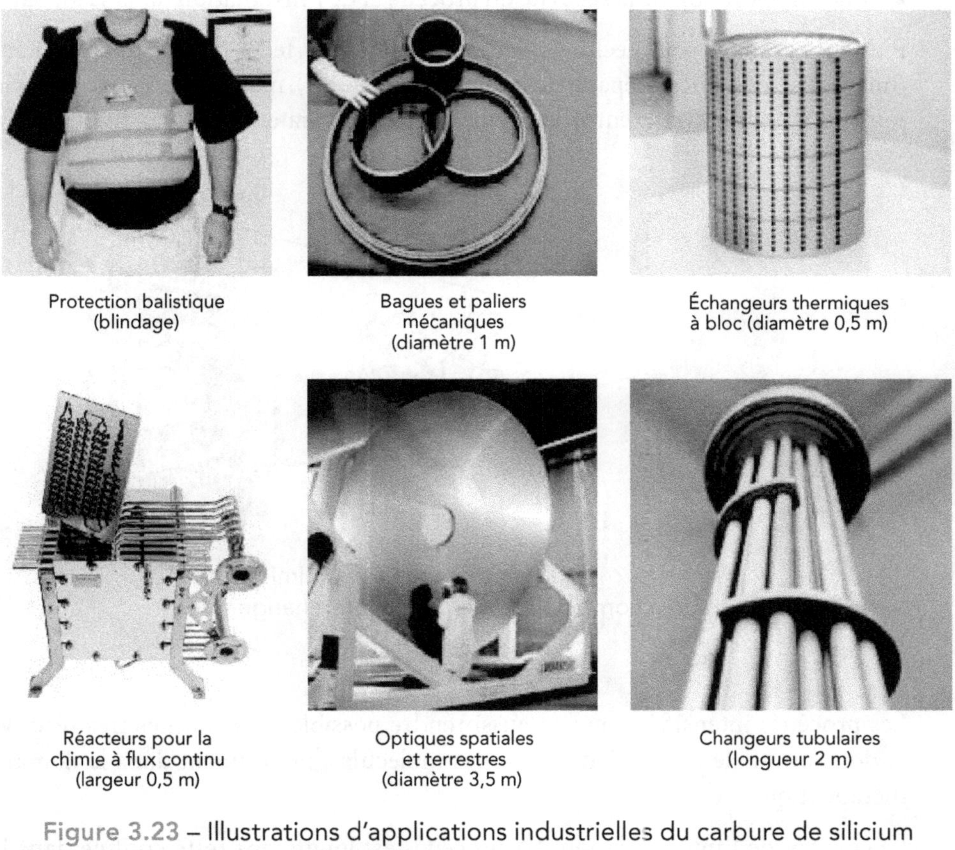

Protection balistique (blindage)

Bagues et paliers mécaniques (diamètre 1 m)

Échangeurs thermiques à bloc (diamètre 0,5 m)

Réacteurs pour la chimie à flux continu (largeur 0,5 m)

Optiques spatiales et terrestres (diamètre 3,5 m)

Changeurs tubulaires (longueur 2 m)

Figure 3.23 – Illustrations d'applications industrielles du carbure de silicium fritté naturel (S-SiC)

Application du SiC en chimie : réacteurs chimiques

L'intensification des procédés promet un renouveau d'une chimie industrielle résolument « plus verte » en s'inscrivant dans le cadre, fortement soutenu par les pouvoirs publics, des technologies clés essentielles au développement durable.

Les enjeux de cette intensification des procédés chimiques sont multiples :

- une amélioration de la profitabilité grâce à une meilleure maîtrise à la fois des procédés, par contrôle plus strict des paramètres opératoires, et de la qualité des produits par analyse en ligne (par opposition à la production batch par lots) ;
- un respect accru de l'environnement, grâce à une réduction des volumes réactionnels et donc de la taille et du coût des équipements de production, conduisant à une réduction des dépenses énergétiques globales et du volume des effluents ;
- une amélioration de la sécurité du procédé et de l'installation dans sa globalité.

Plusieurs grandes voies technologiques ont vu le jour telles que les microsystèmes (micro-réacteur, micro-séparateur, micro-échangeur...), mais aussi des **équipements multifonctionnels** (réacteur-échangeur, réacteur-séparateur).

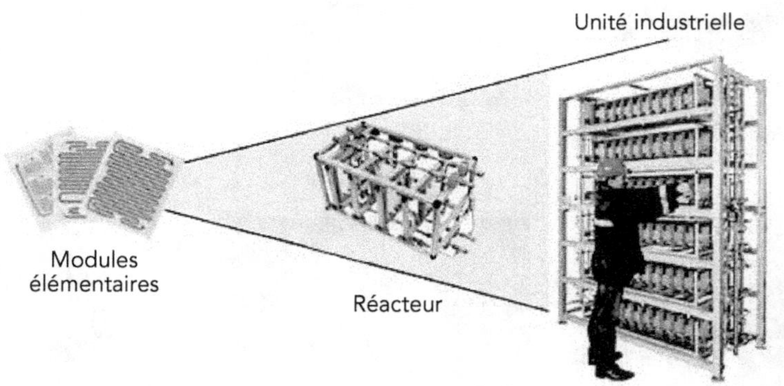

Figure 3.24 – Principe d'une usine chimique basée sur la combinaison de cartes interchangeables

[Source : Corning]

Les procédés intensifiés peuvent aussi rendre possibles des chimies très réactives et donc ouvrir le champ à de nouvelles molécules, notamment dans le domaine thérapeutique.

Le concept de l'intensification des procédés est longtemps resté confiné dans les laboratoires. La corrosion très importante des synthèses mises en jeu, la forte exothermicité des réactions ont confronté les concepteurs à de fortes problématiques matériaux. Différentes voies ont été envisagées à base d'inox (Alfa Laval, Chart), d'inconel (Bayer Technologies), de verre (Corning, figure 3.24) et de carbure de silicium (Boostec, Ceradyne, figure 3.25). Le carbure de silicium apparaît comme le matériau idéal pour ce type d'application pour deux types de raisons :

- des raisons liées aux propriétés du matériau : le S-SiC résiste bien aux agressions chimiques et à l'abrasion, il a d'excellentes propriétés mécaniques et conduit bien la chaleur ;
- des raisons liées au procédé d'élaboration du S-SiC qui permet maintenant de proposer des grandes pièces complexes, assemblées ou non par brasage, et donc, compatibles avec les attentes des industriels de la chimie.

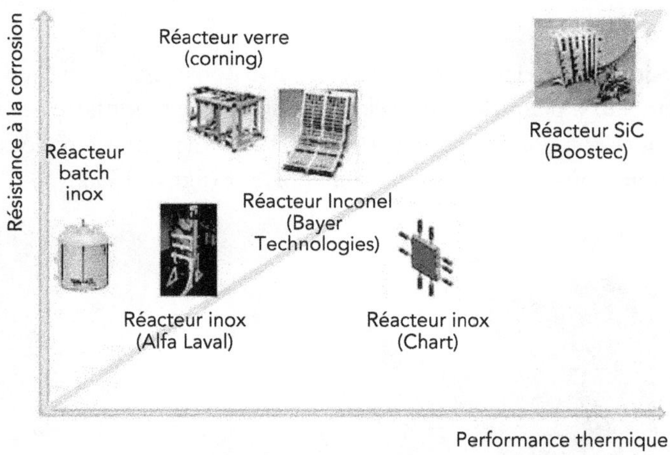

Figure 3.25 – Comparaison des différentes technologies disponibles en 2011

La très bonne conductivité thermique du S-SiC permet d'envisager des modules dont le volume en réactif peut atteindre plusieurs litres sans sacrifier la performance de l'équipement. Cette évolution très récente (2011) permet de proposer des unités capables de traiter en continu des débits de plusieurs dizaines de milliers de tonnes par an.

Des regroupements d'industriels se mettent actuellement en place. Ainsi, Boostec, une société du groupe Mersen, s'est rapprochée du groupe Corning afin de commercialiser des réacteurs industriels en carbure de silicium (figure 3.26). Le marché est naissant avec quelques unités vendues en 2011. Les perspectives sont importantes puisque la majorité des synthèses chimiques passeront en toute vraisemblance du mode batch à un mode continu au cours de la décennie à venir.

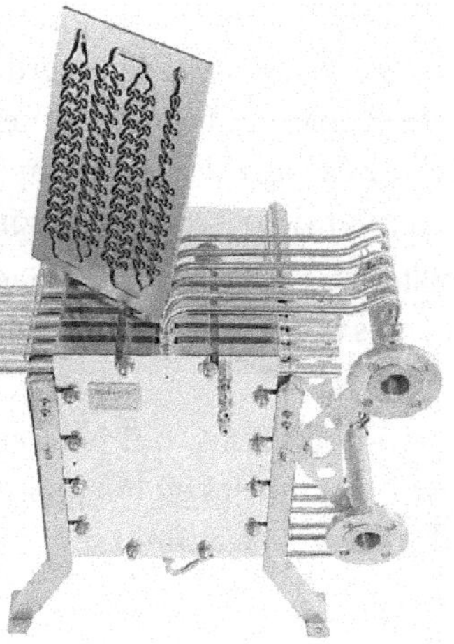

Figure 3.26 – Réacteur en SiC type G4 : débit des réactifs supérieurs à 300 kg/h

[Source : Boostec/Corning]

La version industrielle commercialisée par Boostec/Corning repose sur le concept d'échangeur à plaques conçu selon une structure modulaire par blocs, dans lequel les plaques réactionnelles, en carbure de silicium, sont intercalées entre des plaques métalliques où circulent le fluide caloporteur (figure 3.27).

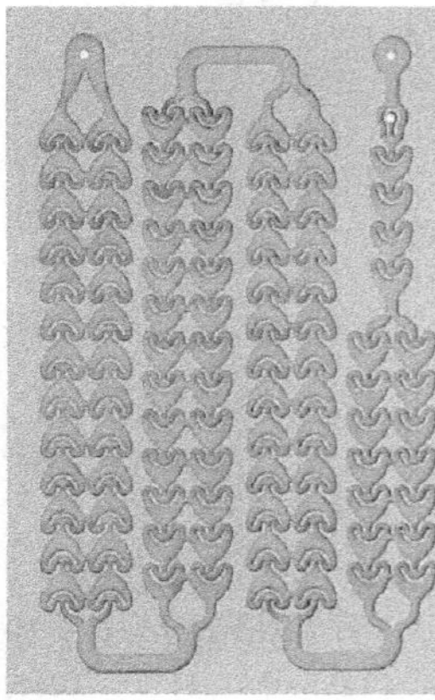

Figure 3.27 – Principe de fonctionnement du G4. À gauche : schéma de principe de circulation des fluides (en rouge : circulation des réactifs, en bleu : circulation du fluide caloporteur) et à droite : module élémentaire en S-SiC avec son canal réactionnel

[Source : Corning/Boostec]

Le procédé mis en œuvre consiste en l'usinage en cru de plaques pressées (figure 3.28). La clé du procédé réside dans l'assemblage des plaques en vue d'en faire des modules étanches aux fluides (liquides et gazeux). Plusieurs techniques existent comme la thermocompression à chaud ou le brasage.

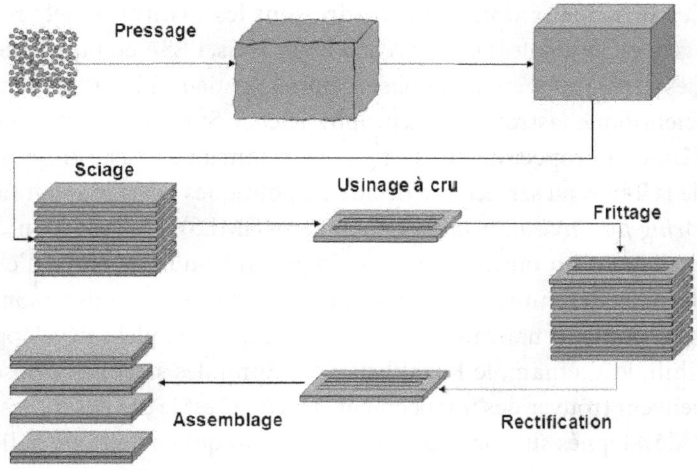

Figure 3.28 – Cycle de fabrication des plaques en S-SiC pour échangeur à plaques

Application du SiC aux optiques spatiales

L'optique spatiale sert trois types d'applications :

- l'astronomie ou l'astrophysique (Hubble, Herschel) : contrairement aux grands télescopes basés au sol, les observatoires spatiaux offrent l'avantage de s'affranchir totalement des problèmes d'absorption et de turbulences dus à l'atmosphère terrestre ; ils peuvent également éviter le rayonnement solaire. Ces télescopes sont le plus souvent placés en orbite autour du point de Lagrange L2, mais ils peuvent aussi être embarqués sur une sonde qui va s'approcher de l'objet à observer (comète, planète...) ;
- l'observation de la Terre (Helios, Spot) : les satellites placés en orbite basse héliosynchrone (500 à 1 000 km d'altitude) assurent une couverture quotidienne de la terre entière ; ils permettent d'obtenir de très hautes résolutions (jusqu'à quelques dizaines de centimètres seulement). Les militaires les utilisent comme satellites espions. Ce sont également d'excellents outils de gestion des catastrophes naturelles (incendies, inondations, tremblements de terre), de la végétation, des océans ou de l'atmosphère terrestre. Quant aux satellites géostationnaires (35 786 km d'altitude), ils couvrent une large zone en permanence, mais avec une résolution moindre ; la météorologie constitue leur principale application ;
- les communications optiques par laser entre satellites : elles permettent de relayer un grand débit de données d'un satellite vers un autre ou vers une station au sol, avec des terminaux de faible masse, de faible puissance et d'assurer des communications sécurisées, sans interférences. Ces technologies émergentes sont appelées à se développer.

Les principaux donneurs d'ordre sont les institutionnels représentés par leurs agences nationales : la NASA aux États-Unis, l'ESA en Europe, le CNES en France... Ces dernières mettent les observatoires spatiaux à la disposition de la communauté scientifique (astronomes, astrophysiciens). Sur une initiative conjointe avec l'ESA, l'Union Européenne a mis en place récemment un vaste programme de surveillance de la Terre, au service des décideurs politiques ; c'est le programme « *Global Monitoring for Environment and Security* » (GMES). L'observation de la Terre constitue également un outil de prestige important pour les chefs d'états. Au cours de la dernière décennie, un certain nombre d'états émergents se sont engagés dans cette voie, donnant naissance à un marché export en plein développement (l'Algérie, le Chili, le Viêtnam, le Kazakhstan...). Enfin, les satellites d'observation de la Terre peuvent trouver des financements privés. C'est le cas des futurs satellites SPOT 6 et 7, développés sur fonds propres d'Astrium qui en commercialisera les images avec sa division Geo-Information.

Les télescopes spatiaux sont en quelque sorte de très grands appareils photo numériques. Leur objectif est constitué d'une succession de miroirs courbes plutôt que de lentilles que l'on ne saurait pas fabriquer dans les grandes dimensions généralement requises. Ce sont des optiques catadioptriques. Ces miroirs sont supportés par une structure qui doit être très stable vis-à-vis des contraintes thermiques et mécaniques. À l'instar des observatoires basés au sol, les télescopes spatiaux répondent à diverses combinaisons optiques : Cassegrain (Herschel), Ritchey-Chrétien (Hubble), Korsch (Pleiades), TMA (Three Mirrors Anastygmat, très compact ; Sentinel 2-GMES). Les optiques concentrent les photons vers un imageur (matrice de CCDs, CMOS ou bolomètres) ou un instrument optique, par exemple un spectrographe. Les longueurs d'ondes observées avec les optiques spatiales vont de l'ultra-violet à l'infrarouge lointain. La température de fonctionnement des instruments est comprise entre 300 K et quelques kelvins seulement pour certaines détections dans l'infrarouge.

La limite de résolution ou pouvoir séparateur est proportionnelle au rapport λ/D où λ est la longueur d'onde et D le diamètre de l'objectif. De même, le nombre de photons collectés est proportionnel au carré du diamètre de l'objectif. Les ingénieurs développent donc des miroirs spatiaux de grand diamètre, légers et aussi compacts que possible.

Les concepteurs d'optiques spatiales recherchent un matériau qui offre à la fois une grande stabilité thermique, caractérisée par le ratio conductivité thermique/coefficient de dilatation, et une rigidité spécifique (module d'Young/masse volumique) aussi élevée que possible. Ces deux figures de mérite permettent d'assurer une bonne stabilité vis-à-vis des contraintes thermiques et mécaniques, tout en minimisant la masse. À température ambiante, les figures de mérite du carbure de silicium fritté (Boostec SiC) sont respectivement de $180\ \text{W} \cdot \text{m}^{-1} \cdot \text{K}^{-1}/2{,}2 \cdot 10^{-6}\ \text{K}^{-1}$

et de 420 GPa / 3,15 g · cm^{-3} (figure 3.29). Cette céramique présente un ensemble de propriétés physiques particulièrement attractives pour les optiques spatiales : elle est monophasée et très homogène, sa microstructure et par conséquent ses propriétés physiques sont parfaitement isotropes, elle est exempte de fatigue mécanique, elle ne dégaze pas, elle est insensible aux radiations, elle n'absorbe pas l'humidité et n'en libère pas, elle est parfaitement reproductible, notamment son coefficient de dilatation (aucun gradient mesuré, avec une précision de 10^{-9} K^{-1}), ses propriétés physiques sont maintenues, voire améliorées aux températures cryogéniques. Enfin, le concept de télescope « tout SiC » proposé par Astrium permet de s'affranchir de toute régulation thermique.

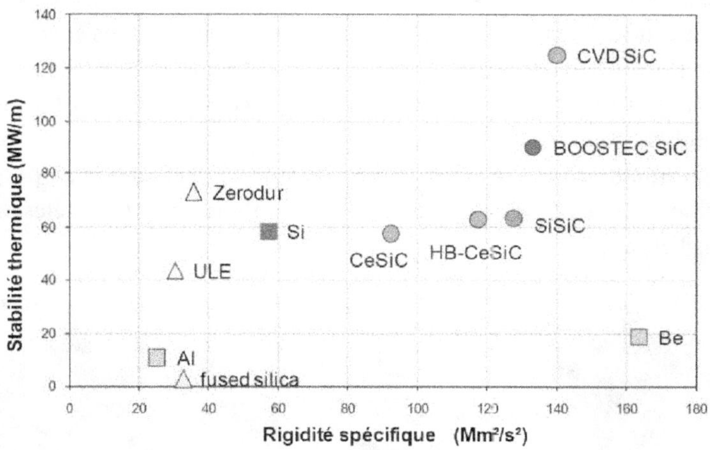

Figure 3.29 – Figures de mérite de divers matériaux utilisables pour les optiques spatiales

Diverses nuances de SiC sont proposées aux concepteurs d'optiques spatiales : le graphite converti en SiC (Entegris-Poco aux États-Unis), le SiC CVC™ (*Chemical Vapor Composite*, Trex aux Etats-Unis), le SiC infiltré SiSiC (Toshiba au Japon, L3-SSG et Northrop Grumman-Xinetics aux États-Unis), le SiC infiltré avec fibres courtes de carbone C/SiC (ECM en Allemagne), et le SiC fritté (Mersen-Boostec en France et Coors Tek aux États-Unis, sous licence Boostec).

Cette application du SiC aux télescopes spatiaux s'est essentiellement développée en Europe avec les projets menés conjointement par Astrium et Boostec, notamment pour l'ESA qui ont conduit en 2011, à la mise en service dans l'espace de six télescopes « tout en SiC Boostec ». De grandes pièces monolithiques en SiC aux formes complexes (jusqu'à 1,25 m de diamètre) sont fabriquées par pressage isostatique de grandes ébauches qui sont ensuite usinées en cru puis frittées (frittage naturel) et rectifiées. La face optique des miroirs est généralement recouverte de quelques centaines de micromètres de SiC CVD (*Chemical Vapor Deposition*) qui masque les fines porosités résiduelles du SiC fritté. Ce revêtement de SiC est ensuite poli puis revêtu d'une couche mince réfléchissante (Al, Ag...). L'assemblage par brasage de plusieurs pièces en SiC fritté permet d'obtenir de très grandes pièces, jusqu'à 3,5 m de diamètre. Les techniques de boulonnage et de collage ont également été développées afin d'intégrer des éléments en SiC sur du SiC ou sur du métal (titane, invar).

Le miroir primaire du télescope Herschel est une parabole de 3,5 m de diamètre. Il a été obtenu par brasage de 12 segments de 30°. Ici, le SiC fritté a été directement poli avec une erreur de front d'onde inférieure à 6 µm rms, puis revêtu d'une couche mince réfléchissante en aluminium protégé par de la silice. Le miroir secondaire et la structure hexapode qui le soutient sont également en SiC (figure 3.30). Cette céramique est apparue incontournable pour atteindre les spécifications de masse et de stabilité thermomécanique. La masse totale du télescope est de 315 kg alors que les matériaux conventionnels auraient conduit à un instrument de 1 500 kg. Herschel observe l'univers dans l'infrarouge lointain, entre 60 et 670 µm ; il est passivement refroidi à 80 K. Avec une surface collectrice de photons de plus du double de celle de Hubble, Herschel est de loin le plus grand télescope opérationnel dans l'espace.

Figure 3.30 – Le télescope Herschel, tout en SiC (à gauche)
et détail de la face arrière du miroir primaire du télescope Herschel (à droite)
[Source : à gauche : Photo ESA, à droite : Photo Boostec]

Si_3N_4 et SiAlON

Les nitrures de silicium sont produits essentiellement pour des applications céramiques très similaires à celles du SiC en raison de propriétés physiques et chimiques très proches. Le nitrure de silicium se démarque par un coefficient de dilatation thermique un peu plus bas (3.3 10^{-6} au lieu de 4.3 10^{-6} K^{-1}) et une conductivité thermique dix fois plus faible (10-16 au lieu de 120-160 $Wm^{-1}K^{-1}$). En conséquence, il sera préféré au carbure de silicium pour toutes les applications requérant une isolation thermique et électrique. Les pièces en nitrure de silicium actuellement commercialisées sont présentées au tableau 3.11.

Tableau 3.11 – Nitrures de silicium, principaux marchés et fabricants associés

Données économiques	Différents types de nitrures de silicium, principaux marchés et fabricants associés	Propriétés
Taille du marché Prix	1. Si_3N_4 obtenu par frittage réactif (RBSN) • Tuyères, bagues, rouleaux, creusets, buses • Ceradyne, Morgan Matroc,TENMAT 2. Si_3N_4 obtenu par frittage réactif en présence d'additifs de frittage (SRBSN) et Si_3N_4 fritté (SSN) ou fritté sous pression d'azote (GPSSN) • Rouleaux d'arbre à cames, isolants de bougies de moteur à réaction et diesel, protections balistiques pour véhicules, rouleaux pour coulée continue, pièces d'usure en papeterie, roulements, vannes, buses de soudure, équipements de transfert de métaux non ferreux en fusion, bougies de préchauffage pour moteurs diesel, gaines de protection de thermocouple • Ceradyne, H.C.Starck, Morgan Matroc, TENMAT, Kyocera , NGK 3. Si_3N_4 HPSN • Roulements à billes, outils de coupe, pièces pour automobile : injecteurs, systèmes de freins • H.C.Starck, Morgan Matroc, Hoover Precision products... 4. Si_3N_4 HIPSN • Composants de roulement pour l'aéronautique : rouleaux et billes • Toshiba et Coors Tek (matière non usinée ou billes usinées), SKF (usinage des rouleaux et billes) 5. SiAlON • Gaines de protection de thermocouple, buses d'injection, tubes doseur ou thermoplongeur, rotor/arbre de turbocompresseur, matrices d'extrusion, outils de coupe et embouts de soudure, roulements..., outils de coupe de superalliages réfractaires • ALUPRO International, Hitachi Metals America, Sandvik, Coors Tek	Température d'utilisation Propriétés mécaniques Propriétés thermiques Résistance à la corrosion Étanchéité aux gaz

La principale application est celle des composants de roulements. Le principal avantage du nitrure de silicium par rapport au carbure pour la fabrication de ces pièces réside dans le fait que contrairement aux composants en SiC, les billes ou rouleaux en Si_3N_4 n'explosent que très rarement. Le concept le plus utilisé aujourd'hui, est le roulement hybride avec les billes en céramique et les chemins de roulement métalliques ; ce type d'assemblage présente une durée de vie allongée de 3 à 10 fois (des roulements entièrement en céramique peuvent avoir une durée de vie encore plus grande) et un fonctionnement sous des conditions minimales de lubrification. D'autres avantages concernent la résistance à la corrosion, une rigidité élevée (le module d'élasticité est 50 % plus élevé que celui des aciers) et la possibilité d'utilisation à de hautes températures (jusqu'à 540 °C avec des aciers spéciaux et jusqu'à 1 100 °C avec un roulement entièrement en céramique). Pour permettre la stérilisation complète par étuvage et une haute vitesse sans lubrification, les turbines de dentiste sont elles aussi dotées de ce type de roulements. Aujourd'hui, le rapport de prix entre des éléments céramique et acier « de qualité aéronautique » est passé en dessous de 10 (3 à 10 selon la complexité de la pièce).

Il existe de nombreux autres domaines tels que les pompes turbo-moléculaires (ultra-vide interdisant une lubrification classique), les procédés chimiques (environnement gazeux corrosif) et l'automobile (turbines et axes de turbocompresseurs, bougies de préchauffage…). À titre d'exemples, le Japon produit 10 000 pièces par mois de turbines de turbocompresseurs en nitrure de silicium ; Toyota et Mazda ont fabriqué aussi des chambres de pré-combustion pour diesel. Kyocera est leader du marché des bougies de préchauffage pour moteurs Diesel.

Un autre secteur concerné par les pièces en nitrure de silicium est celui de l'aéronautique et de l'aérospatial avec évidemment les roulements tels que cités ci-dessus, les principaux avantages du nitrure de silicium étant dans ce cas particulier, sa faible densité, sa stabilité thermique et sa grande dureté. Le nitrure de silicium est aussi utilisé dans les pompes pour carburants et les moteurs à turbine, dont le rendement peut être amélioré en travaillant à une température plus élevée. Cette céramique, pouvant être utilisée à l'air jusqu'à 1 200 °C et possédant une résistance mécanique supérieure à celle du SiC, constitue donc un matériau de choix pour réaliser les aubes de stator et de rotor et les rotors monoblocs, les anneaux et chambres de combustion étant quant à eux réalisés en carbure de silicium. De tels stators céramiques ont accumulé plus de 4 000 heures de fonctionnement, démontrant un taux de défaillance divisé par dix par rapport au métal.

En raison du caractère critique de l'application en aéronautique, les pièces sont toutes caractérisées par des méthodes de contrôle non destructif par résonance ultrasonore et les pièces sont généralement produites par pressage isostatique à chaud (HIPSN) de façon à diminuer la taille du défaut critique responsable de la rupture fragile, en éliminant toute porosité résiduelle et défaut de surface.

Figure 3.31 – Roulements à billes ou à rouleaux en nitrure de silicium (à gauche) ; éléments de turbines automobiles (à droite)

[Sources : à gauche : SKF, Valenciennes, F ; à droite : NGK, J]

3.5 Revêtements fonctionnels

3.5.1 Introduction

Un traitement de surface est une opération qui a pour conséquence de modifier l'aspect ou la fonction de la surface des matériaux afin de l'adapter à des conditions d'utilisation données. Pour conférer à la surface des propriétés qu'elle n'a pas intrinsèquement, il faut un changement de nature de cette surface au cours duquel la préparation permet de la mettre en condition pour y déposer un revêtement. Les traitements de surface représentent une trentaine de techniques qui peuvent être classées en quatre grandes familles :

- les revêtements qui peuvent être subdivisés en deux sous-classes : les voies humides (dépôts électrolytiques, chimiques, par immersion en bain, peintures) et les voies sèches (placage, rechargement, projection thermique, dépôt physique en phase vapeur, dit PVD et dépôt chimique en phase vapeur, dit CVD) ;
- les traitements de conversion : l'oxydation anodique, la sulfuration et la phosphatation ;
- les traitements thermochimiques de diffusion : la diffusion des métaux (aluminisation, chromisation, implantation ionique) et la diffusion des métalloïdes (cémentation, nitruration, carbonitruration, boruration) ;
- les transformations structurales : la fusion et trempe superficielle (induction, chalumeau, laser, bombardement électronique) et les traitements mécaniques (durcissement par choc).

Les contraintes principales, d'ordre structural, voire les aspects économiques, président habituellement au choix du matériau constituant les composants ou objets.

Cependant, très fréquemment, au-delà des aspects structuraux, le cahier des charges est trop complexe voire antinomique pour être satisfait par un matériau unique. La fonctionnalisation des surfaces par les techniques de traitement permet alors de répondre à ces cahiers des charges complexes en remplissant des fonctions spécifiques de la surface (aspect, réflectivité, dureté superficielle, résistance à l'usure, isolation électrique ou thermique, modification du coefficient de frottement, de l'énergie de surface, etc.). Dans de nombreux cas, les traitements de surface ont aussi une fonction de protection (anticorrosion, anti-usure...) qui augmente la durée de vie de l'objet ou du composant.

Les traitements de surface sont alors devenus incontournables car ils sont un atout considérable permettant d'augmenter la durabilité des objets en réalisant des produits qui conservent dans le temps leurs propriétés fonctionnelles mécaniques, électriques, optiques ou thermiques. Cependant, il ne faut pas oublier que le développement des traitements de surface est conditionné par :

- les contraintes environnementales et les législations en découlant tant au niveau des effluents aqueux ou gazeux que des déchets ou encore du bruit ;
- l'amélioration des performances liée à la qualité, à la normalisation ainsi qu'à l'automatisation et l'élimination des opérations annexes ;
- les évolutions technologiques avec les développements de nouveaux matériaux, les nanostructures ;
- les techniques nouvelles liées au vide ou à l'utilisation des hautes énergies.

Ainsi, la réponse à un problème de traitement de surface repose sur la définition des contraintes fonctionnelles puis sur la mise en place d'un cahier des charges intégrant les limitations technico-économiques et visant à choisir le couple procédé/matériau. La suite sera tout particulièrement consacrée aux revêtements céramiques par voie humide ou sèche dont les applications sont nombreuses : tribologie, isolation thermique, tenue à la corrosion, électronique, optique, optoélectronique, biomédical...

En France, selon une étude réalisée par le SESI (Service des Études et des Statistiques Industrielles), les entreprises du traitement et du revêtement des métaux ont une activité de sous-traitance et réalisaient, en 2003, un chiffre d'affaires de 2 milliards d'euros. L'activité de traitement de surface est exercée par des entreprises de petite taille (82 % emploient moins de 20 salariés). Seules 44 entreprises ont un effectif supérieur à 100 personnes et quelques opérateurs émergent comme Bodycote, Hit, Hydromécanique et Frottement... Selon l'UITS (Union des Industries de Traitement de Surface), ce secteur emploie environ 30 000 personnes (en ne comptant que les ateliers non intégrés). Les fonctions recherchées par ces traitements et revêtements de surface sont pour 40 % l'anticorrosion et 30 % les fonctions tribologiques.

3.5.2 Méthodes d'élaboration et performances

Les principaux procédés de dépôt de matériaux céramiques par voie humide (sol-gel et dépôt électrophorétique) ainsi que ceux par voie sèche (dépôts chimique et physique en phase vapeur et projection thermique) se différencient par les principes physiques mis en jeu pour synthétiser le revêtement. Ces différences permettent de réaliser des revêtements de quelques centaines de nanomètres à plusieurs millimètres qui répondent à des demandes émanant de tous les secteurs industriels, depuis la microélectronique jusqu'à l'aéronautique en passant par la chimie, l'énergie ou le transport. Pour plus de détails, on se reportera à l'ouvrage : *Science et Technologies Céramiques*, EDP Science, Paris, 2009, pp 529-563.

Procédés par voie humide

Les procédés par voie humide sont constitués, d'une part, des techniques sol-gel de trempage-retrait (« *dip coating* ») ou d'enduction centrifuge (« *spin coating* ») et, d'autre part, des techniques électrophorétiques ou électrolytiques (EPD ou ELD).

Revêtements par les techniques sol-gel

Les procédés sol-gel, connus depuis fort longtemps (milieu du XIXe siècle) offrent de nombreux atouts pour produire des matériaux de grande homogénéité et pureté à compositions variées. Cette technique qui est issue de la chimie des solutions est désormais utilisée pour synthétiser des films minces et est appelée CSD « *Chemical Solution Deposition* ». Elle utilise une solution contenant des précurseurs réactifs tels que les alcoxydes (alcoolates, acétates…) ou les sels métalliques (chlorures, nitrates…). Le procédé de synthèse sol-gel hydrolytique, le plus répandu, se décompose en deux étapes qui sont successivement l'hydrolyse et la condensation. L'hydrolyse conduit à la formation de fonctions réactives qui peuvent ensuite polymériser et entraînent la formation d'espèces condensées qui conduisent à des sols. Le sol ou suspension colloïdale est donc constitué d'une phase solide de granulométrie comprise entre 1 et 100 nm dispersée de façon homogène dans un liquide (eau ou solvant organique). La stabilité de la dispersion est généralement assurée par les charges de surface des particules et est régie par les éléments présents dans le milieu réactionnel. La transition entre l'état liquide et l'état solide du matériau céramique passe par un état de gel. Lors de la transformation sol-gel, un maillage tridimensionnel des particules dans la solution se produit ce qui conduit à la phase solide de gel. Le gel est ainsi constitué d'un réseau d'oxyde gonflé par le solvant avec des liaisons chimiques assurant la cohésion mécanique de l'ensemble et lui conférant un caractère rigide non déformable. La réaction entraînant la gélification ne s'arrête pas au gel. Elle se poursuit au cours d'une phase dite de vieillissement au cours de laquelle le « rétrécissement » du matériau avec expulsion du solvant est observé. Ce gel sera converti en verre ou en céramique cristalline selon la séquence de séchage et de traitement thermique choisie. A partir d'une même solution et en fonction du mode de séchage du gel, le matériau prend finalement des formes très différentes : matériaux massifs (monolithes de verres ou céramiques), poudres, fibres ou membranes et, bien sûr, films minces.

Les couches minces sont déposées par trempage-retrait (« *dip coating* ») ou par enduction centrifuge dite à la tournette (« *spin coating* ») à température ambiante et pression ordinaire

La porosité résiduelle des couches minces sol-gel dépend des vitesses relatives d'évaporation (qui densifient le film) et de condensation (qui le rigidifient). Ces vitesses peuvent être modulées notamment en ajustant le pH du milieu réactionnel et en contrôlant la saturation en vapeur de solvant. Des séquences successives de dépôt et de traitement thermique peuvent permettre d'atteindre des épaisseurs de plusieurs microns à plusieurs dizaines de microns d'épaisseur comme le montre la figure 3.32.

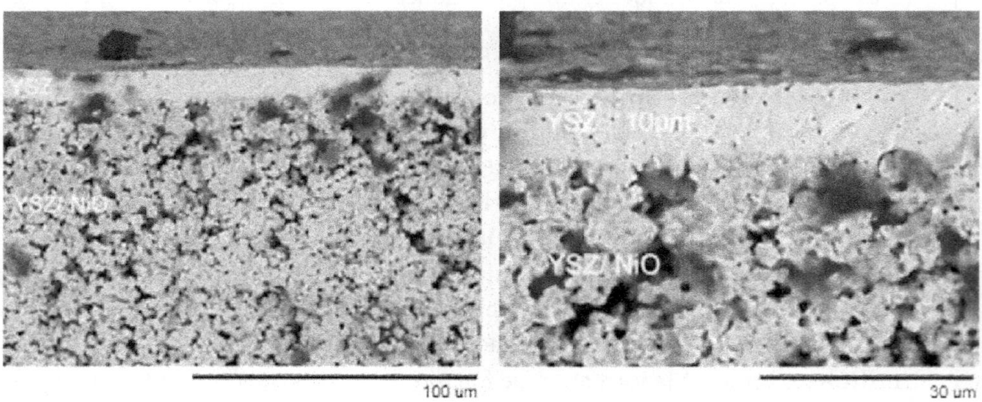

Figure 3.32 – Coupes transversales d'un dépôt de YSZ sur une anode obtenue par enduction centrifuge avec une vitesse de rotation de 6 000 tours/min pendant 15 s

[Source : Viazzi C., Rouessac V., Lenormand P., Julbe A., Ansart F. et C. Guizard, *Journal of Power Sources*, vol. 196, 2011, pp. 2987-2993]

Deux obstacles limitent le développement industriel des procédés sol-gel : le prix des précurseurs alcoxydes et les contraintes liées à la manipulation des solvants organiques.

Revêtements par les techniques électrophorétiques

La technique de dépôt par électrophorèse (« *Electrophoretic Deposition* », en abrégé EPD) s'appuie sur un phénomène observé au début du XIXe siècle. Cette technique exploite la migration de particules chargées sous l'effet d'un champ électrique pour revêtir une électrode. La constitution d'un dépôt sur l'électrode est assurée par un phénomène de coagulation des particules.

La technique de dépôt électrolytique dite ELD permet la synthèse de films minces céramiques à partir de particules colloïdales produites dans des réactions d'électrode intervenant dans des solutions de sels métalliques. Les ions métalliques qui sont stables dans la solution à de faibles pH, sont hydrolysés par réaction à la cathode ; ils forment ces particules colloïdales qui vont s'agglomérer par un processus de coagulation pour former le dépôt céramique.

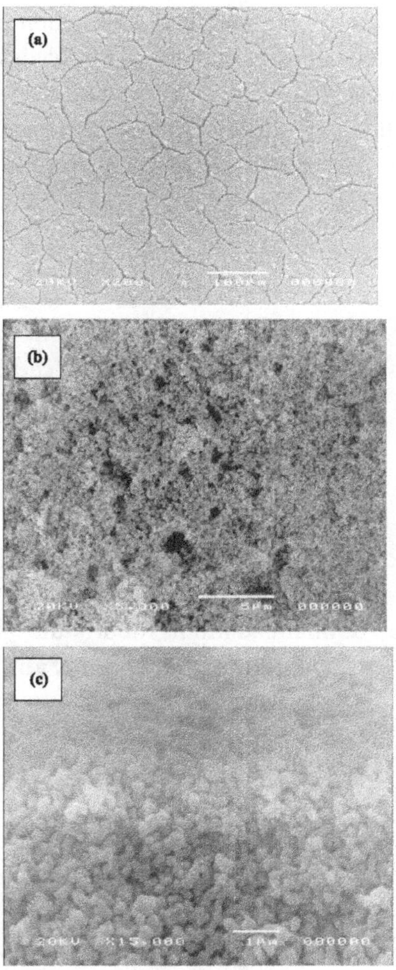

Figure 3.33 – Observation MEB d'un revêtement de TiO_2 déposé par EPD à 10 V pendant 2 min sur substrat en acier : (a) surface brute avant frittage à faible grandissement ; (b) surface avant frittage à fort grandissement ; (c) coupe après frittage à 800 °C pendant 2 h

[Source : Kaya C., Kaya F., Su B., Thomas B. et Boccaccini A. R., « Structural and functional thick ceramic coatings by electrophoretic deposition », *Surface & Coatings Technology*, vol. 191, 2005, pp. 303-310]

Ces deux techniques présentent des similitudes dans les processus réactionnels mais diffèrent donc par la nature des éléments précurseurs. Elles présentent une grande flexibilité dans la mesure où elles permettent de produire des couches d'épaisseur comprise entre 1 et 1 000 µm à partir de nombreux matériaux (céramiques, métaux, polymères) mais également des couches à gradients, des couches composites, le tout sur des géométries complexes. Outre cette flexibilité, elles possèdent de nombreux atouts du point de vue industriel, comme des investissements initiaux modestes et une capacité à produire des revêtements avec une vitesse beaucoup plus importante que les procédés de voie humide classiques. Par contre, elles se trouvent confrontées à une problématique environnementale : le recours, le plus souvent, à des solvants organiques pour éviter la décomposition de l'eau aux électrodes lors de l'application du champ électrique.

La microstructure des revêtements élaborés par la technique d'électrophorèse se rapproche d'un empilement particulaire globalement similaire aux procédés d'élaboration céramique par voie humide classique (figure 3.33). La densité du cru obtenu par cette technique se situe entre 50 et 60 % ; elle dépend bien évidemment de la taille des particules initiales et de la vitesse à laquelle on souhaite accumuler ces particules.

Procédés par voie sèche

Les procédés de dépôt par voie sèche se déclinent en deux catégories : d'une part, les dépôts en phase vapeur chimiques ou physiques incluant la pulvérisation cathodique et l'évaporation et, d'autre part, la projection thermique.

Dépôts chimiques en phase vapeur

Le procédé de dépôt chimique en phase vapeur (*Chemical Vapour Deposition* ou CVD) consiste à mettre en contact un composé volatil précurseur du matériau à déposer avec la surface à recouvrir, en présence ou non d'autres gaz. On provoque alors une ou plusieurs réactions chimiques, donnant au moins un produit solide au niveau du substrat. Les autres produits de réaction doivent être gazeux afin d'être éliminés hors du réacteur.

La réaction conduisant au dépôt peut provenir de :

- la décomposition d'un précurseur (MX_2) directement adsorbé à la surface qui donne lieu à la formation du solide M et du gaz X_2. Le gaz réactif peut être un hydrure, un halogénure, un métal carbonyle, un composé organométallique ou un complexe métallique. Le précurseur MX_2 doit se présenter sous sa forme gazeuse soit naturellement dans les conditions du procédé, soit par évaporation ou sublimation ;
- la réduction d'un halogénure métallique ou d'un complexe métallique qui fournit une couche métallique de grande pureté. Cette réaction peut aussi être une réaction de dismutation d'un halogénure gazeux ;

- la réaction acido-basique entre le gaz précurseur, un halogénure métallique et le gaz réactif, de la vapeur d'eau, de l'ammoniac ou un autre halogénure.

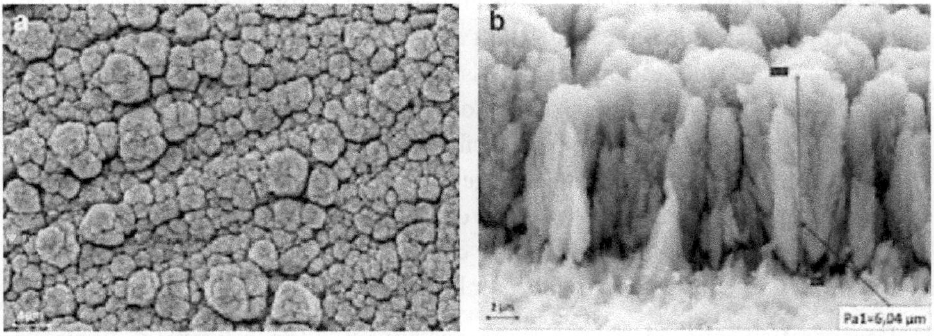

Figure 3.34 – Images MEB d'un dépôt brut d'oxyde de cobalt synthétisé par PECVD : (a) surface ; (b) coupe transversale

[Source : Guyon C., Barkallah A., Rousseau F., Giffard K., Morvan D. et Tatoulian M., « Deposition of cobalt oxide thin films by plasma-enhanced chemical vapour deposition (PECVD) for catalytic applications », *Surface & Coatings Technology*, vol. 206, 2011, pp. 1673-1679]

La formation du revêtement (figure 3.34) résulte donc de la réaction chimique entre plusieurs gaz. Celle-ci ne peut se faire que dans des conditions thermodynamiques permettant la réaction : l'énergie nécessaire à la réaction est apportée sous forme thermique en chauffant soit l'intégralité de l'enceinte (four à paroi chaude), soit seulement le porte-substrat (four à paroi froide), sous forme d'un plasma (PECVD, *Plasma Enhanced Chemical Vapor Deposition*) ou sous forme d'un faisceau de photons émis par une lampe ou un laser (procédés photo-CVD).

L'étude thermodynamique du système permet de connaître a priori la nature de la phase solide susceptible de se former dans les conditions opératoires choisies (température, pression et composition du mélange gazeux). L'approche thermodynamique permet alors de déterminer les valeurs que doivent prendre ces paramètres expérimentaux pour que la synthèse d'une phase solide déterminée soit privilégiée. Toutefois, elle ne préjuge en rien de la cinétique de réaction ni de l'hydrodynamique qui s'établissent au sein du réacteur expérimental. La cinétique de réaction et l'écoulement gazeux vont bien évidemment avoir une incidence notable sur le rendement, l'uniformité de l'épaisseur et les propriétés du dépôt.

Dépôts physiques en phase vapeur

Les dépôts physiques en phase vapeur (*Physical Vapor Deposition* ou PVD) consistent à utiliser des vapeurs du matériau à déposer pour réaliser un dépôt sur un substrat quelconque. Le transport des vapeurs de la cible/creuset au substrat nécessite un vide assez poussé qui permet d'éviter la formation de poudre liée à une condensation en phase homogène. Deux principes physiques distincts permettent de générer ces vapeurs de précurseurs : l'évaporation ou la pulvérisation.

Le procédé de pulvérisation consiste en l'éjection d'atomes et/ou d'ions d'un matériau cible polarisé lorsque celui-ci est soumis à un bombardement d'ions positifs. L'efficacité de ce mécanisme de pulvérisation peut être renforcée par la juxtaposition d'un champ magnétique (on parle alors de procédé de pulvérisation magnétron) créé par un aimant placé derrière la cible, lequel champ magnétique va avoir pour effet de piéger les ions de bombardement au voisinage de la cible, augmentant ainsi leur concentration et donc le nombre de collisions sur la cible. Les particules éjectées dans toutes les directions vont se condenser sur les surfaces placées en regard, notamment le substrat, pour y former le dépôt.

L'évaporation sous vide est une technique qui procède par chauffage du matériau à évaporer puis condensation de la vapeur sur le substrat. Le chauffage peut être réalisé par effet joule (limité aux matériaux s'évaporant à relativement basse température) ou par bombardement électronique émis soit par un canon thermo-ionique (filament en tungstène chauffé) soit par un canon à plasma (cathode froide ou cathode creuse chaude). L'avantage de ce mode de chauffage est de pouvoir communiquer directement la chaleur aux matériaux entraînant moins de pertes d'où la possibilité d'évaporer des matériaux à haut point de fusion tels que Ta, W, Mo ou ZrO_2 et d'atteindre des vitesses de dépôt relativement grandes (1 µm/min).

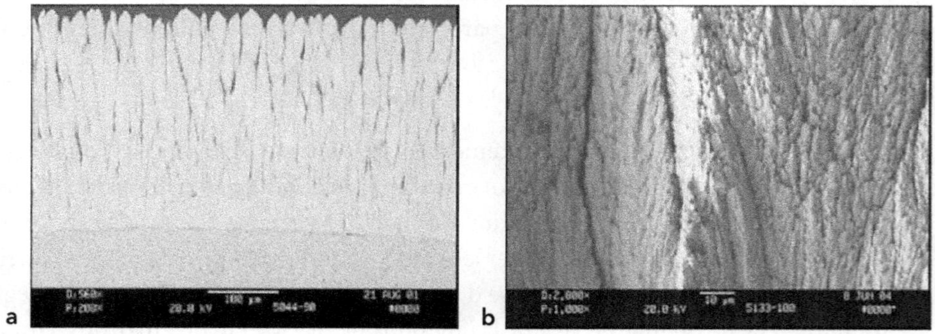

Figure 3.35 – Barrière thermique en 7YSZ élaborée par EBPVD :
(a) vue générale en coupe transversale polie ;
(b) fracture présentant la structure colonnaire

[Source : Feuerstein A., Knapp J., Taylor T., Ashary A., Bolcavage A., Hitchman N., « Technical and economical aspects of current thermal barrier coating systems for gas turbine engines by thermal spray and EBPVD : a review », *Journal of Thermal Spray Technology*, vol. 17, 2008, pp. 199-213]

Le phénomène de condensation de la couche réalisée par pulvérisation cathodique ou évaporation suit un processus général en trois étapes décrit par Thornton. Dans un premier temps, les atomes incidents transfèrent leur énergie cinétique au réseau cristallin et deviennent des atomes adsorbés (ad atomes). Puis, ces atomes diffusent à la surface, échangeant leur énergie avec le réseau cristallin et d'autres espèces adsorbées jusqu'à ce qu'ils soient désorbés par évaporation ou pulvérisation ou piégés dans des sites de faible énergie. Enfin, les atomes incorporés réajustent alors leur position dans le réseau cristallin par des processus de diffusion en volume. Les germes du dépôt ainsi formés croissent par ajout d'un atome ou d'un autre germe permettant au système de minimiser son énergie libre. Les germes croissent préférentiellement au niveau des défauts présents à la surface du substrat (terrasse, contremarche, lacune...). La morphologie colonnaire du revêtement est, comme illustré sur la figure 3.35, souvent favorisée.

Dépôts par projection thermique

Le principe de cette technique consiste à projeter, à grande vitesse, un matériau partiellement ou totalement fondu par une source d'énergie thermique sur le substrat à revêtir. Il s'y refroidit, se solidifie rapidement et s'accroche par adhérence mécanique aux aspérités préalablement créées. Ce procédé peut être divisé en 2 catégories suivant la source d'énergie employée :

- la projection thermique à flamme qui utilise l'énergie calorifique provenant de la combustion de gaz. Les matériaux, pour pouvoir être projetés à la flamme, ne doivent pas se sublimer et ils doivent avoir des températures de fusion inférieures à 2 800 °C ;
- la projection thermique à arc électrique. Dans cette catégorie, la projection par plasma d'arc soufflé est particulièrement adaptée à la réalisation de revêtements céramiques. Ce procédé consiste à faire éclater un arc électrique entre une cathode centrale en tungstène thorié et une tuyère anode qui lui est concentrique. Les gaz (principalement Ar, N_2, He, purs ou utilisés en mélange avec H_2) sont injectés autour de la cathode de façon à forcer l'arc à s'accrocher dans la tuyère anode qui est refroidie énergiquement. Après avoir traversé l'arc électrique, les gaz sont ionisés (et dissociés pour les gaz diatomiques) pour constituer un plasma, c'est-à-dire un mélange d'atomes stables, d'ions et d'électrons caractérisé par une importante température (> 10 000 K). En sortie de tuyère, sa vitesse est de l'ordre de 600 m/s. Les plasmas de projection sont aussi caractérisés par d'importants gradients de température (6 000 K/mm) et de vitesse (200 m/s/mm), tant axiaux que radiaux, dus au confinement de l'arc ; cela peut provoquer la fusion incomplète d'une partie des particules notamment celles se trouvant en périphérie du jet.

La projection plasma permet de déposer une très large palette de matériaux et convient pour la réalisation de dépôts relativement épais (par opposition aux techniques PVD et CVD plutôt à classer dans les techniques de dépôt de couches minces). Sa mise en œuvre relativement bien maîtrisée est propice à son automatisation et son emploi en milieu industriel. Le procédé permet d'atteindre des vitesses de dépôt élevées (quelques kg/h jusqu'à 10 kg/h environ) et les propriétés des couches obtenues (excellente adhérence, contrôle de la porosité...) rendent cette technique intéressante dans de nombreux cas d'applications industrielles. En contrepartie, elle nécessite pour son optimisation une grande connaissance des réglages des nombreux paramètres de projection ; cependant, l'avènement de nouveaux outils de diagnostic (essentiellement caractérisation du jet de particules en vol) a donné aux spécialistes plus de moyens favorisant cette optimisation et permet aussi de consolider la reproductibilité de ce procédé en usage industriel.

Les évènements thermiques déterminant les caractéristiques microstructurales des couches élaborées par projection plasma sont :

- le chauffage, dans le jet plasma, du matériau à projeter au-delà de son point de fusion et son maintien en température jusqu'à ce qu'il atteigne le substrat. Dans le cas des céramiques, au cours de cette étape, il peut y avoir réaction avec le gaz environnant et modification de la composition par évaporation. Le temps de vol est typiquement de quelques millisecondes ;
- la solidification en quelques dizaines de µs des gouttes écrasées ; d'une part, cette durée dépend du type de substrat, et, d'autre part, la vitesse élevée de refroidissement lors de la solidification (10^4 à 10^6 °C/s pour les oxydes) peut conduire à la formation de phases métastables ;
- le refroidissement du revêtement jusqu'à la température du substrat puis jusqu'à la température ambiante.

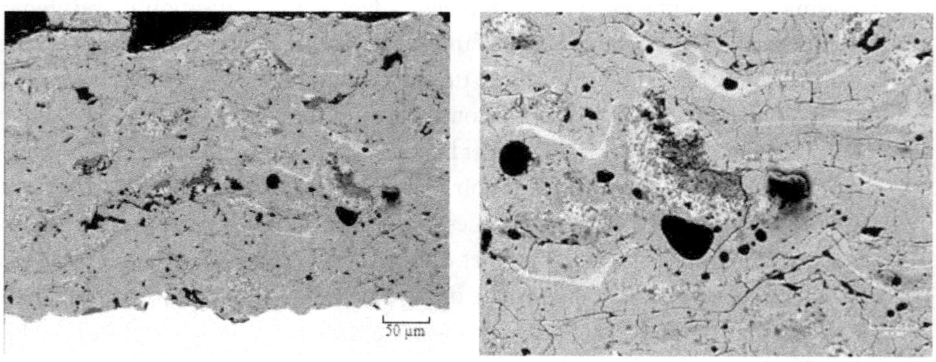

Figure 3.36 – Revêtements d'alumine-dioxyde de titane (44 % en masse) réalisés par projection plasma de poudres agglomérées séchées

[Source : Coste S., Bertrand G., Coddet C., Gaffet E., Hahn H., Sieger H., Meunier C. et Vives S., « Atmospheric plasma spraying of high-energy ball-milled Al2O3-TiO2 powders », *International Thermal Spray Conference and Exposition*, Seattle, USA, 15-18 May 2006]

De par sa nature, la technique de projection plasma conduit à une structure de couche qualifiée de lamellaire (figure 3.36). En effet, les dépôts sont formés à partir de l'empilement de particules lenticulaires résultant de l'impact des grains de poudre totalement ou partiellement fondus sur le substrat.

3.5.3 Applications et aspects économiques

Omniprésentes, les activités de traitement de surface concernent presque tous les objets manufacturés (des verres de lunettes au moteur de l'avion Rafale en passant par les ustensiles de cuisine ou les prothèses de hanche).

L'étude publiée par le Ministère de l'économie, des finances et de l'industrie sur les « Technologies clés 2015 » positionne « les dépôts de couche mince » comme l'une des filières prometteuses, créatrice de valeurs et d'emplois. Cette technologie est considérée comme mature et disposant d'un fort potentiel d'acteurs en France. Les nombreux procédés de revêtement de surface, décrits précédemment quand des céramiques sont mises en œuvre, permettent d'adresser des marchés d'applications très variés dont les principaux sont : la mécanique, l'automobile, le spatial et l'aéronautique, le bâtiment, l'électronique, l'optique, la santé et l'énergie. Pour illustrer le dynamisme du marché des couches minces, celui de la CVD est estimé à l'horizon 2013 à 12 milliards de dollars.

Des exemples d'applications industrielles de revêtements fonctionnels céramiques sont décrits ci-après afin de présenter rapidement les fonctions principales assurées par les revêtements.

Résistance à la corrosion

Tous les procédés de traitement et revêtement de surface ont tenté d'apporter des réponses aux problématiques complexes et variées de corrosion.

Par voie humide, des films sol-gel pour la protection contre la corrosion ont été développés en ajoutant dans le film de xérogel un inhibiteur ou un promoteur d'adhérence pour peinture, le xérogel étant lui-même une excellente barrière physique contre les agents agresseurs. Cette solution est actuellement industriellement proposée pour traiter des surfaces contre la corrosion notamment avant application d'une peinture. Par exemple la société Socomore, implantée à Vannes, commercialise un sol-gel à base de zircone développé d'après une technologie brevetée par Boeing. Après application, le revêtement hybride ainsi formé, fortement adhérent sur les métaux tels que l'aluminium, le titane et les aciers inoxydables, favorise l'adhérence des systèmes de peinture. Ces revêtements sont notamment appliqués dans l'industrie aéronautique et sont une alternative intéressante aux traitements de conversion à base de chromates.

Tandis que par voie sèche, notamment par projection plasma, des revêtements à base d'oxyde de chrome, de titane ou d'alumine sont utilisés seuls ou combinés pour répondre aux problématiques de corrosion industrielle des industries chimique, papetière ou du textile. Par exemple, dans l'impression offset, des rouleaux encreurs sont fonctionnalisés par des revêtements à base de chromine par des entreprises comme Terolab Surfaces dans le but de minimiser la consommation d'encre et d'augmenter la durée de vie des rouleaux soumis à une corrosion par les solutions d'encrage.

Fonctions tribologiques

L'industrie mécanique a particulièrement bénéficié des avancées réalisées dans le domaine des procédés de dépôt CVD et PVD de couches minces. Le nitrure de titane, le nitrure de chrome, les nitrures mixtes d'aluminium et de titane ou de chrome ou encore le carbonitrure de titane ou le nitrure de titane et de silicium commercialisés notamment par les sociétés Ionbond et HEF permettent de répondre aux problèmes :

- d'usure sur les arêtes des poinçons et les matrices de découpe ou dans les moules de composants plastiques et composites pour l'automobile ;
- de maintien du glissement sur tôles en sertissage ;
- de grippage rencontré lors de l'emboutissage d'acier inoxydable ferritique ou la compression de poudres ;
- de collage et d'érosion dans les moules de fonderie ou les filières d'extrusion d'alliages d'aluminium ou dans les moules de verrerie ;
- de grippage avec les outillages pour la compression de poudres ;
- d'usure, d'oxydation et d'abrasion sur les outils d'usinage et particulièrement en fraisage UGV ou perçage de matériaux de grande dureté.

D'autres secteurs industriels comme le médical, l'automobile, l'aéronautique, l'agriculture ou le sport font appel à des revêtements tribologiques céramiques en particulier pour le remplacement de dépôts électrolytiques de chrome dur.

Les procédés sol-gel ne sont pas en reste et des couches de surface résistantes pour protéger les boucliers latéraux de voiture, à la fois contre les projectiles (graviers) mais aussi contre la lumière rasante ont été développées. Les fabricants de verres ophtalmiques utilisent couramment ce procédé pour protéger les verres en polycarbonate contre les rayures. Le revêtement est constitué de particules de silice de 10 à 20 nanomètres dispersées dans une matrice organo-silicée élaborée par le procédé sol-gel.

Fonctions optiques ou électroniques

Les principales applications des revêtements sol-gel concernent la modification des propriétés optiques : coloration (bouteilles), antireflets (verres automobiles), absorption des UV, pouvoir réfléchissant (lampes halogènes), contraste des écrans cathodiques. L'électronique offre aussi un débouché important pour les films sol-gel. Des films diélectriques ($BaTiO_3$) ou des mémoires ferromagnétiques de 200 nm d'épaisseur sont directement réalisés sur le silicium. De jeunes entreprises comme Polyrise SAS, créée en 2006 près de Bordeaux, dont l'activité est orientée vers les produits à forte valeur ajoutée, proposent des « vernis sol-gel » pour les EPI, le sport, les éclairages, les composants laser, les afficheurs LCD, le photovoltaïque et de nouveaux revêtements sont en développement pour agrandir la palette des caractéristiques fonctionnelles proposées.

Les applications des procédés CVD se sont initialement développées dans l'industrie des semi-conducteurs. On trouve par exemple les couches de nitrure de silicium (Si_3N_4) ou de nitrure de bore (BN) qui constituent d'excellentes barrières contre la diffusion de l'humidité et des ions alcalins. Elles sont donc utilisées pour la protection des dispositifs électroniques (circuits intégrés, cellules solaires...). Les couches de silice (SiO_2) sont utilisées pour l'isolation des lignes d'interconnexion dans les circuits intégrés tandis que les couches de dioxyde de titane (TiO_2) sont appliquées comme diélectriques pour les capacités intégrées dans des dispositifs électroniques, comme couches optiques ou encore comme anodes photoélectrochimiques pour la conversion de l'énergie solaire.

Citons également les couches DLC (*Diamond-like Carbon*) qui possèdent des propriétés telles qu'une conductibilité thermique élevée, une grande transparence et une dureté élevée. Ce matériau présente un très grand intérêt en couche mince car il pourrait avoir de nombreuses applications dans les secteurs de la mécanique mais également comme semi-conducteur pour des applications à haute température.

Les applications d'empilements de couches minces à fonction optique sur le verre plat pour les vitrages (fonctions antireflets, couche optique sélective barrière aux infrarouges, etc.) mettant en jeu des couches de SiO_2, Si_3N_4, TiO_2 notamment, constituent également un gros débouché, certains industriels recourant à la technologie de pulvérisation magnétron (Saint-Gobain Glass, notamment), d'autres recourant à la technologie voie humide (Pilkington, notamment).

Fonctions biologiques

De nombreuses fonctions sont assurées par les revêtements de surface parmi lesquelles les fonctions biologiques. Les sociétés MedicalCoating, 2PS, Medicoat et d'autres encore se sont spécialisées dans les revêtements biocompatibles d'hydroxyapatite élaborés par projection thermique sur tous les types de prothèses articulaires et implants chirurgicaux. Les dépôts projetés peuvent être appliqués sur des substrats (acier inoxydable, alliage de titane ou de cobalt-chrome, composites ou plastiques) sans trop les chauffer et donc sans dénaturer leur microstructure et leurs propriétés, notamment mécaniques. L'hydroxyapatite, grâce à ses propriétés biologiques, permet de faciliter l'ostéointégration de la prothèse.

Fonctions thermiques

Les pièces chaudes des turbines, dont le rendement thermodynamique dépend de la température des gaz produits, sont soumises à de sévères contraintes thermomécaniques auxquelles s'ajoutent des contraintes extrinsèques liées à l'environnement de fonctionnement. Pour permettre aux pièces métalliques d'assurer durablement leurs fonctions mécaniques, celles-ci sont protégées par un système multicouche dit barrière thermique (figure 3.38). En effet, la couche externe, exposée aux gaz chauds, a pour fonction principale l'isolation thermique et est faite de zircone partiellement stabilisée par 7-8 % en poids (4-4,5 % en mole) d'yttrine. Ces revêtements sont réalisés industriellement par projection plasma pour les pièces statiques comme la chambre de combustion et par EBPVD pour les pièces mobiles comme les aubes. Dans le premier cas, la porosité varie entre 8 et 15 % et les dépôts possèdent une conductivité thermique d'environ 1 $W \cdot m^{-1} \cdot K^{-1}$, soit environ 40 % de la conductivité thermique de la zircone dense. Dans le second cas, la porosité atteint 20% et la conductivité 1,8 $W.m^{-1} \cdot K^{-1}$. La porosité permet aux barrières thermiques de subir de grandes déformations sans se fissurer. Ce matériau a également été choisi pour son coefficient de dilatation relativement élevé pour une céramique ($10 \cdot 10^{-6}\ K^{-1}$) qui est proche de celui du substrat ($14 \cdot 10^{-6}\ K^{-1}$). Les revêtements obtenus par EBPVD sont moins isolants thermiquement mais plus stables mécaniquement cependant leur production est plus lente et donc plus coûteuse.

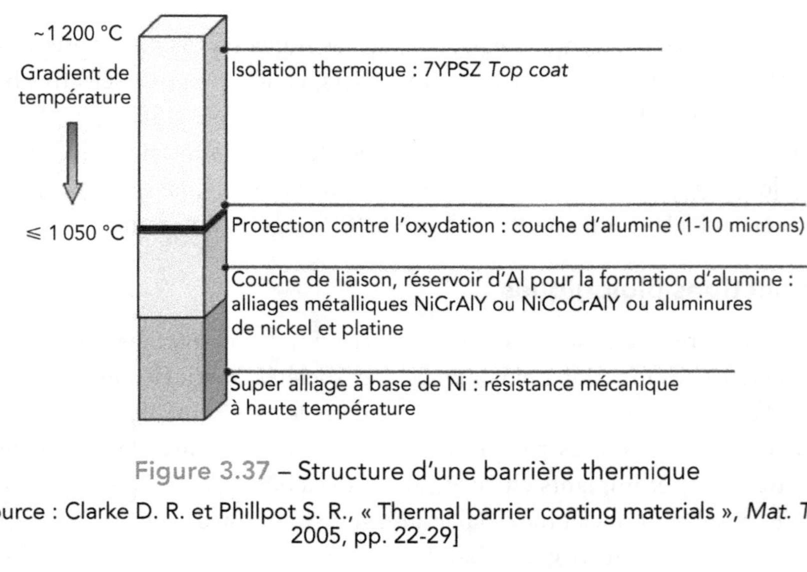

Figure 3.37 – Structure d'une barrière thermique

[Source : Clarke D. R. et Phillpot S. R., « Thermal barrier coating materials », *Mat. Today*, 2005, pp. 22-29]

3.6 Conclusion

Depuis ces dix dernières années, les céramiques structurales et thermostructurales, malgré un coût de production généralement plus élevé que celui des autres matériaux, sont largement utilisées dans des domaines très divers où leurs caractéristiques permettent de réaliser, soit des économies d'énergie et une réduction de la pollution, soit une diminution des coûts de maintenance. De par leurs propriétés de résistance à l'usure et de tenue en température exceptionnelles, les pièces en céramique massives ou sous forme de revêtements présentent une durée de vie nettement plus élevée que les pièces en matériaux concurrents. Les marchés les plus en expansion concernent les outils de coupe, les roulements à billes, les filtres pour divers usages, les media de broyage, les membranes, les prothèses médicales, les protections balistiques et les composants automobiles et aéronautiques. Le marché des céramiques structurales comprenant les applications médicales, mécaniques, environnementales et thermiques a été estimé à 2,6 milliards d'euros pour les 27 pays de l'Union Européenne et à 1,4 milliard aux États-Unis d'Amérique. Actuellement, l'Allemagne consomme 35 % du marché européen et les USA importent de façon importante alors que l'Europe, spécialement l'Allemagne, produit plus qu'elle ne consomme. Des études économiques prévoient qu'en 2016 le marché en Europe atteindra plus de 3,1 milliards d'euros et le marché aux USA dépassera les 2 milliards ce qui correspond à une croissance annuelle de 3,1 et 2,7 %. Les secteurs qui sont sujets aux taux de croissance les plus élevés, sont les biocéramiques (spécialement pour le dentaire), les roulements, les membranes et diverses pièces d'usure (États-Unis et Europe) et les filtres à particules pour moteurs diesel spécifiquement en Europe.

3.7 Bibliographie

Boch P., *Propriétés et applications des céramiques*, Hermès Science, 2001.

Chermant J-L., *Les céramiques thermomécaniques*, Presses du CNRS, 1989.

Fantozzi G., Le Gallet S. et Niepce J-C, *Science et technologies céramiques*, EDP Sciences, Paris, 2011.

Hampshire S., « Silicon Nitride Ceramics », *Materials Science Forum*, 606, 2009, pp. 27-41.

Pastor H., « Matériaux pour la coupe, le forage et la tribologie », *Propriétés et applications des céramiques*, Hermès Science, Paris, 2000.

Pawlowski L., *The science and engineering of thermal spray coatings*, Wiley-VCH, 2008.

Pawlowski L., *Dépôts physiques*, Presses Polytechniques et Universitaires Romandes, 2003.

Riley F.L., « Structural Ceramics : Fundamental & Case Studies », Cambridge University Press, 2009.

4 Les céramiques réfractaires

Coordonnateur : Jacques Poirier
Co-auteurs : Philippe Blumenfeld, Michel Maquet et Philippe Pires-Franco

Les réfractaires constituent un groupe important de céramiques. Ils sont utilisés dans tous les revêtements intérieurs des fours industriels. Leur spécificité est de résister aux températures très élevées sans fondre, sans se décomposer et sans réagir.

Ce chapitre détaillera notamment les différentes céramiques réfractaires, les paramètres influençant leur usure et des exemples industriels.

4.1 Introduction

4.1.1 Une véritable course technologique aux hautes températures

L'histoire des réfractaires est intimement liée à la conquête des hautes températures. Le terme « réfractaire » provient du latin « *Refractarius* » et signifie indocile. Les matières premières, les techniques d'élaboration, les compositions ont évolué au cours du temps pour répondre à des exigences de températures de plus en plus élevées. Les performances des matériaux réfractaires doivent initialement beaucoup aux fondeurs, aux spécialistes des arts céramiques, en particulier les faïenciers et fabricants de porcelaine puis aux industries du bâtiment (briques de construction, terre cuite, sanitaire...). L'avènement de l'ère industrielle, et plus particulièrement les procédés d'élaboration de l'acier, repousse les limites d'usage des réfractaires au-delà des 1 500 °C. De nos jours, la communauté des physico-chimistes des hautes températures s'accorde pour réserver le terme « réfractaires » pour les températures supérieures à 1 800 °C, voire 2 000 °C.

4.1.2 Les domaines d'application et poids économique des réfractaires

Les technologies impliquant les hautes températures conduisent à utiliser des enceintes ou des réacteurs limités par des parois ou des barrières thermiques en réfractaires.

Ces matériaux sont donc présents au cœur chaud de la majorité des processus de transformation de la matière, de production d'énergie ou de confinement de la chaleur impliquant des températures allant de 600 °C à plus de 2 000 °C (figure 4.1).

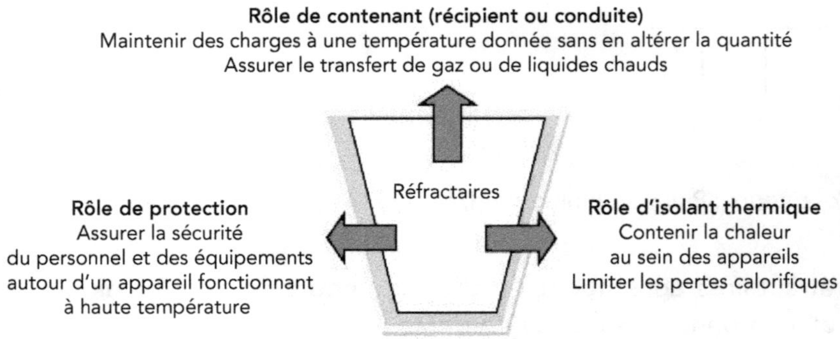

Figure 4.1 – Rôle des céramiques réfractaires

Ces céramiques, produites en grande quantité, sont indispensables à d'importants secteurs économiques clé (figure 4.2). À ce titre, ce sont des matériaux stratégiques, même si leur contribution économique reste modeste.

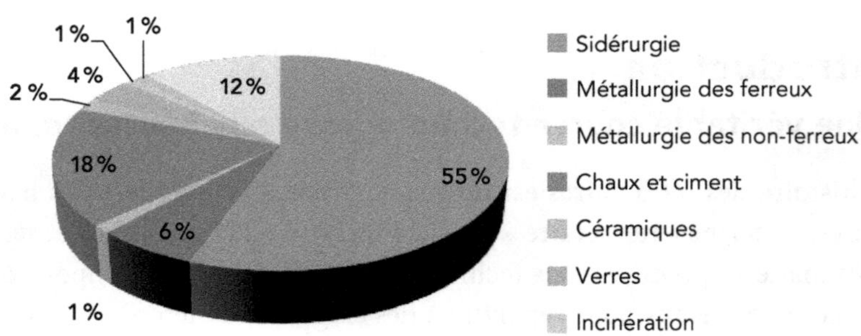

Figure 4.2 – Marché des réfractaires – Union européenne – 2009
Production : 5 millions de tonnes – 24 000 employés
Chiffre d'affaires : 3,75 millions d'euros – Exportation : 35 à 45 % de la production

[Source PRE : Fédération européenne des fabricants de produits réfractaires]

Sans être exhaustif, on trouve par consommation décroissante :

- les secteurs d'élaboration des matériaux tels que la sidérurgie, la métallurgie des non-ferreux, la cimenterie, l'industrie du verre, de la céramique et des matières premières qui visent en permanence une amélioration de leurs procédés d'élaboration et de leurs rendements énergétiques ;

- l'énergie. Qu'il s'agisse de la pétrochimie, de la production d'électricité à partir des énergies fossiles ou des applications énergétiques émergentes. Dans ce dernier domaine, on citera notamment la gazéification du charbon, la production de biocarburants, de chaleur et d'électricité à partir de la biomasse, les piles à combustible SOFC (*Solid Oxide Fuel Cell*), les futures générations de réacteurs nucléaires et le réacteur de fusion nucléaire expérimental ITER (*International Thermonuclear Experimental Reactor*), qui nécessitent de nouveaux matériaux céramiques ;
- l'environnement, et plus particulièrement les fours de traitement et de valorisation des déchets : incinération des déchets ménagers et industriels, vitrification de l'amiante, des résidus d'épuration des fumées d'incinération des ordures ménagères (REFIOM) et des résidus d'épuration des fumées d'incinération des déchets industriels (REFIDI)... Ces fours transforment des déchets, confinant durablement les composants toxiques ;
- les secteurs traditionnels de la thermique et de la chimie : chaudières, fours, évaporateurs, réacteurs de gazéification, installations de purification... ;
- l'aéronautique, l'aérospatiale et l'armement où les barrières thermiques en céramiques sont utilisées pour résister aux produits agressifs générés par les moteurs de propulsion, mais également pour réaliser les revêtements extérieurs des engins spatiaux, qui doivent résister à l'échauffement lors de la rentrée dans l'atmosphère. Ces céramiques à hautes performances sont fabriquées en quantités limitées, avec des exigences de tenue et de fiabilité élevées et des procédés de fabrication sophistiqués et couteux. Le bouclier de tuiles réfractaires de la navette spatiale en est l'une des réalisations les plus médiatisées. Ces industries de pointe ont favorisé l'émergence de matériaux et de structures combinant haute réfractarité, dureté et légèreté.

Quelques exemples d'application sont présentés à la figure 4.3.

4.2 Notions de base : définition et classification

La définition conventionnelle des céramiques réfractaires adoptée internationalement fait référence à la résistance pyroscopique des matériaux. Cette définition est celle des normes ISO/R836 ou AFNOR NF B 40-001. En bref, on y lit que :

- les réfractaires ne sont pas des métaux ni des alliages métalliques ;
- ils doivent résister à 1 500 °C minimum sans ramollir et sans s'affaisser sous leur propre poids selon la norme du test de résistance pyroscopique.

D'un point de vue minéralogique, ce sont des matériaux polycristallins, souvent polyphasés, majoritairement à base de mélange d'oxydes à haute température de fusion. Leur structure est assez similaire à celle des roches naturelles. Jusqu'à leur température limite d'utilisation, les réfractaires gardent leur cohésion sans changement notable de dimension. Au-delà, ils vont subir une fusion progressive. La variété des matériaux réfractaires est telle que leur classification peut être abordée de différentes manières :

Incinérateur
850-1 000 °C

Four de cimenterie
800-1 450 °C

Convertisseur sidérurgique
1 600-1 700 °C

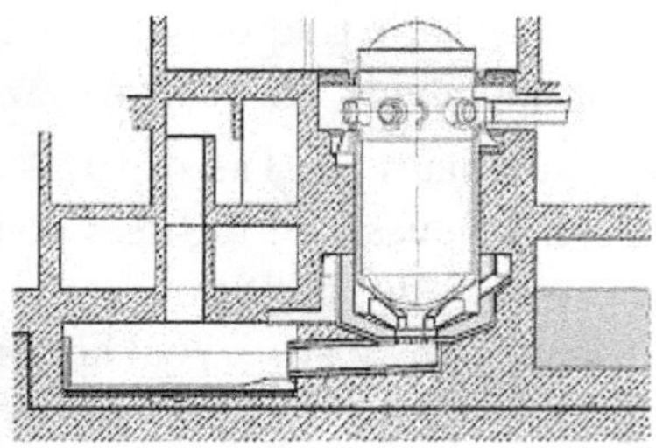

Réacteur nucléaire
Fusion du cœur : 2 000-2 500 °C

Figure 4.3 – Exemples d'application des réfractaires

Par la nature chimique et minéralogique du constituant principal

Il existe essentiellement trois grandes familles de réfractaires :

- les réfractaires du système SiO_2-Al_2O_3, qualifiés de réfractaires acides (figure 4.4). Ils sont produits par assemblage de matières premières de silice, d'argile, d'andalousite, de mullite et d'alumine ;
- les réfractaires qualifiés de basiques à base de matières premières de magnésie, dolomie, chromite. Les diagrammes d'équilibre MgO-Cr_2O_3 et MgO-CaO permettent de visualiser la composition de ces réfractaires, dont la température de début de fusion est beaucoup plus élevée que celle des réfractaires de la famille SiO_2-Al_2O_3 (figure 4.4) ;
- les réfractaires spéciaux non classifiés sous les qualificatifs de réfractaires acides ou basiques. Il s'agit de réfractaires à base de carbone, graphite, carbures, nitrures, spinelles, zircone ZrO_2, zircon ZrO_2-SiO_2 sans oublier les matériaux ultra réfractaires tel que l'oxyde de thorium pour des utilisations spéciales.

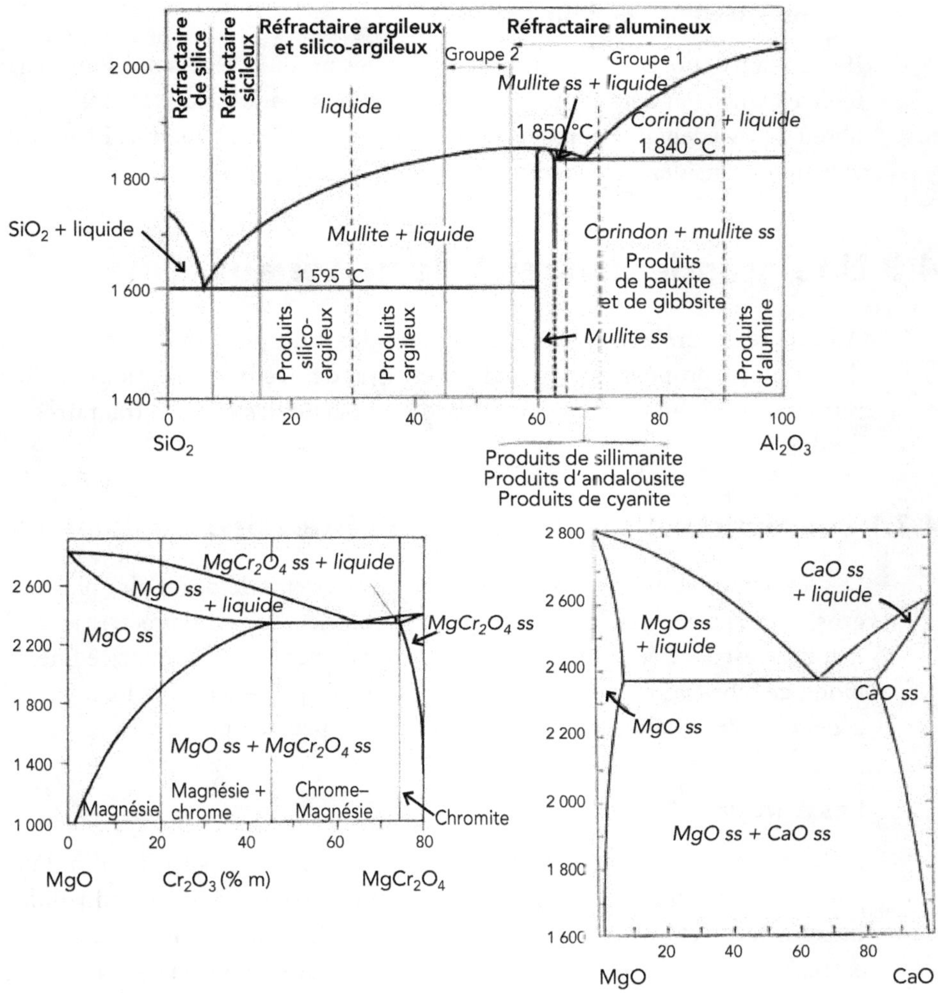

Figure 4.4 – Diagramme de phase présentant les familles de réfractaires SiO_2-Al_2O_3, MgO-Cr_2O_3 et CaO-MgO

Par la forme

Il existe :

- les produits façonnés prêts à l'emploi : il s'agit de briques ou de pièces de forme, de dimensions et de format divers ;
- les produits non façonnés (dits aussi monolithiques) qui nécessitent au contraire une mise en forme par coulage, projection ou damage ;
- les produits semi-rigides, en général des nappes, des plaques, des panneaux à base de fibres qui peuvent être « déformés » au cours de leur mise en œuvre.

Par leur densité et leur porosité

Il s'agit là d'opposer les produits denses et des produits légers qui sont thermiquement isolants. Par définition, les produits légers isolants (façonnés, non façonnés ou fibreux) possèdent une porosité totale supérieure à 45 % en volume. En deçà de cette valeur, on considère que le réfractaire est un produit dense.

4.3 Une grande diversité de matériaux

Afin de répondre aux besoins spécifiques des multiples applications, la diversité des produits proposés sur le marché est grande. Deux conceptions existent : les réfractaires obtenus par agglomération de particules et les réfractaires électrofondus.

4.3.1 Conception et constituants des réfractaires agglomérés

Les réfractaires agglomérés comportent un squelette de particules plus ou moins grossières appelées agrégats, liées par une matrice de granulométrie fine. L'agglomération est assurée par un liant (ou liaison) contenu dans la matrice fine. Par leur mode de fabrication, les réfractaires agglomérés possèdent une forte porosité (en général 10-25 % volumique) qui fixe une bonne part des propriétés.

Les agrégats

Les agrégats sont en général constitués par l'assemblage polycristallin d'un ou de plusieurs minéraux. Ce sont principalement des oxydes, qui déterminent le niveau de réfractarité et les propriétés majeures du produit fini. Ces minéraux constituent entre 70 et 100 % du produit, en occupent bien souvent toute la répartition granulométrique et toujours la partie la plus grossière. En fonction de leur origine et de leur mode de production, on distingue :

- les matières premières naturelles : elles sont toujours impures et doivent être le plus souvent traitées ;
- les matières premières synthétiques : elles sont élaborées par cuisson ou fusion d'une matière première naturelle ayant subi une simple pré-cuisson ou plusieurs étapes préalables de cuisson ou fusion. Elles ont une plus haute pureté.

Le tableau 4.1 présente les principales matières premières utilisées pour la fabrication des produits réfractaires. On pourra constater que la terminologie est assez complexe et associe des noms de roches et de minéraux, parfois complétés par le traitement subi.

Tableau 4.1 – Principales matières premières utilisées pour la fabrication des produits réfractaires (% m)

Groupe	Matières premières	Chimie de classement					Type
Système Silice-Alumine		Al_2O_3	SiO_2				
Alumine	Alumine tabulaire (frittée)	99					Synthétique
	Alumine calcinée	99					Synthétique
	Alumine électrofondue blanche	99					Synthétique
	Alumine électrofondue brune	94-96					Synthétique
	Bauxite réfractaire	82-89					Naturel
	Mullite frittée et électrofondue	72-78					Synthétique
	Cyanite	55-59					Naturel
	Andalousite	52-59					Naturel
Silice-Alumine	Chamottes d'argile	35-60					Naturel
	Argiles réfractaires	30-45					Naturel
	Bentonites-Pyrophyllites	20-35					Naturel
	Perlite-Vermiculite	9-12	40-75				Naturel
Silice	Quartzites		99				Naturel
	Silice vitreuse		99				Synthétique
	Silice volatilisée		90-95				Synthétique
Systèmes basiques		MgO	CaO	SiO_2	Cr_2O_3	Al_2O_3	
Magnésie	Magnésie électrofondue	93-99					Synthétique
	Magnésie frittée terrestre	70-97	2-20	inf 20			Synthétique
Forstérite	Olivine	39-44		41-50			Naturel
Dolomie	Dolomie frittée	38	59				Synthétique
Spinelle	Spinelle électrofondue	28-31				67-72	Synthétique
	Spinelle frittée	10-28				67-90	Synthétique
Chrome	Chromite	16-20			32-45	15-28	Naturel
	Co-clinker magnésie/chromite	55-60			15-20		Synthétique
	Oxyde de chrome vert				99		Synthétique
Autres		C	SiC	ZrO_2	CaO	Al_2O_3	
Carbone	Graphite	77-98					Naturel
	Noir de fumée	99					Synthétique
Carbure	Carbure de silicium		87-99				Synthétique
Zirconium	Sable de zircon			64-67			Naturel
	Zircone dense			80-95			Synthétique
	Zircone/Mullite électrofondue			35-37		46-52	Synthétique

Le liant

Il enrobe les agrégats et assure la cohésion de l'ensemble des constituants. Cette cohésion doit être effective depuis la fin de la fabrication à froid jusqu'aux températures d'utilisation et ensuite pendant toute la durée de vie du matériau. Une partie des matières ajoutées comme liant n'a pas toujours un caractère réfractaire. En général, celles-ci sont additionnées en faible quantité et appartiennent toujours à la fraction fine de la granulométrie des produits finis.

Il existe quatre systèmes de liaison :

- *la liaison céramique* : c'est une liaison qui se forme par cuisson à haute température (>1 200 °C). Elle résulte du frittage ou céramisation de la partie fine des matériaux ;
- *la liaison hydraulique* : c'est la liaison typique des bétons réfractaires et se met en œuvre à froid. Elle est assurée par l'hydratation d'un ciment réfractaire alumineux ajouté dans le produit. Ce ciment est constitué d'un mélange d'aluminates de chaux qui s'hydratent en présence d'eau à basse température, en provoquant le durcissement du matériau. Il s'agit donc d'un mode de liaison à froid. La teneur en ciment peut aller de 30 % m (béton à haute teneur en ciment) à moins de 2 % m (ultra-basse teneur en ciment) ;
- *les liaisons chimiques minérales* : elles sont diverses. On citera par exemple : les phosphates d'alumine, les silicates de soude, les gels de silice, d'alumine… Elles agissent à froid par formation de gels, puis à moyenne température par réaction chimique avec les fines du produit. Les teneurs ajoutées sont en général basses (inférieures à 5 % m) imposées par le caractère peu réfractaire de ces liants qui contiennent souvent des alcalins ;
- *les liaisons organiques* : il s'agit de liaison « basse ou moyenne température ». On citera principalement les liants carbonés : brais de houille, goudrons et résines thermodurcissables. La cohésion se fait par polymérisation des résines ou par polycondensation et réticulation dans le cas des brais et des goudrons.

Les procédés de fabrication

Ils vont d'un simple mélange de poudres à partir de granulats classés à des procédés élaborés pouvant inclure des cuissons réactives sous atmosphère contrôlée. Les matières premières sélectionnées et pesées sont introduites, avec un ordre déterminé, dans un mélangeur pour obtenir une répartition homogène. La répartition granulaire des matières premières est déterminée à l'aide de modèles d'empilement (modèles de Furnas, Hughan, Andreasen, Fuller-Bollomey) afin d'atteindre une compacité maximale. La mise en forme est réalisée selon plusieurs techniques :

- pressage unidirectionnel à l'aide de presses hydrauliques ou à friction ;
- pressage isostatique pour certaines pièces de grandes dimensions et/ou des pièces creuses (tube de protection de jet, busette immergée, utilisés en métallurgie) ;

- moulage par extrusion ou coulage en barbotine (techniques peu utilisées).

Après façonnage, les traitements thermiques sont destinés à donner aux matériaux leurs caractéristiques en l'état de livraison, les rendant aptes à l'utilisation. Il s'agit de :

- cuissons oxydantes (liaisons céramiques). Des fours tunnels de grande capacité, chauffés au gaz et utilisés pour les fabrications de grande série peuvent atteindre des températures de l'ordre de 1 600/1 650 °C en zone de cuisson. D'autre part, des fours intermittents permettent de répondre aux besoins de diversification et de petites séries. Selon les applications, ils peuvent atteindre des températures supérieures à 1 700 °C ;
- cuissons sous atmosphère contrôlée (liaisons carbures et nitrures). Différentes techniques existent telles que :
  - la cuisson en caisson, à une température supérieure à 1 450 °C, les réfractaires sont noyés dans une poudre de coke. Ce traitement concerne les produits carbonés contenant du silicium, développant du carbure de silicium par la réaction :

$$Si + C \rightarrow SiC,$$

  - la cuisson sous azote permettant de développer une liaison de Si_3N_4, SiAlON ou AlN par nitruration in situ de Si et/ou Al ;
- traitements de consolidation. Certains réfractaires argileux et à haute teneur en alumine sont livrés à l'état dit « cru ». Ils sont en fait traités thermiquement pour les sécher et faire réagir les liants chimiques afin de consolider leurs propriétés mécaniques. Cette opération se fait en séchoir tunnel ou intermittent (température entre 120 et 150 °C) et/ou en four de traitement thermique basse température (tunnel ou intermittent) à environ 300 à 400 °C ;
- polymérisation. Les réfractaires à liaison carbone (brai ou résine) sont traités thermiquement pour développer la liaison et éliminer les volatiles. Ce traitement se fait :
  - à basse température (120/150 °C) pour la polymérisation des résines et le séchage des réfractaires. Elle est effectuée en étuve permettant ainsi d'extraire et de traiter les composés volatils, notamment les phénols,
  - à plus haute température 350/400 °C pour la polycondensation des brais et l'élimination des volatiles.

Pour optimiser les matériaux, des traitements complémentaires peuvent être appliqués tels que :

- une post-imprégnation aux goudrons ayant une teneur en carbone résiduelle après traitement thermique la plus élevée possible ;
- un usinage pour obtenir des cotes précises ;
- un émaillage pour éviter l'oxydation de certaines pièces carbonées.

4.3.2 Exemples de réfractaires agglomérés

Ces quelques exemples ont pour but de présenter la diversité des assemblages agrégats/liaison, l'hétérogénéité à différentes échelles et le lien avec les propriétés d'emploi.

Réfractaires de silice

Faits de « quartz » et d'un liant calcique, puis cuits à une température assurant la transformation polymorphique en tridymite et cristobalite, les réfractaires de silice se sont montrés très efficaces pour les applications en superstructure de fours de cokerie, de cowpers ou de fours élaborant du verre sodo-calcique, et ceci grâce à des propriétés bien particulières :

- pas de changement de minéralogie dans l'interface de réaction ;
- bonne résistance à l'attaque des alcalins (indispensable pour les applications de verrerie) ;
- bonne résistance mécanique à chaud ;
- stabilité dimensionnelle à chaud, la dilatation d'un produit de silice de bonne qualité est pratiquement nulle au-dessus de 600 °C.

Les briques de silice utilisées en verrerie contiennent plus de 95 % de SiO_2. Les propriétés de cet oxyde doivent donc être regardées de près, en particulier, il faut savoir qu'il se présente sous plusieurs variétés allotropiques stables à des températures différentes. Ces transformations allotropiques s'accompagnent d'une importante variation de volume. La figure 4.5 indique les domaines de stabilité des différentes formes et leur influence sur la dilatation ; celles-ci peuvent néanmoins apparaître en dehors de ces zones sous des formes métastables. Lors de la cuisson de la silice le fournisseur cherche à obtenir les proportions de cristobalite et de tridymite qui donneront à la brique finie sa stabilité dimensionnelle à chaud.

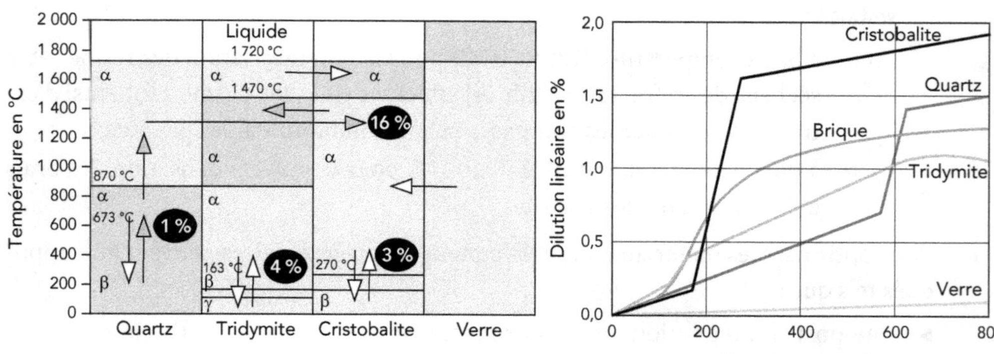

Figure 4.5 – Les différents états de la silice – SiO_2 – et leur influence sur la dilatation ; courbes de dilatation des polymorphes de la silice et d'une brique de silice cristalline

Réfractaires de la famille silice – alumine

On trouvera dans le tableau 4.2 les caractéristiques principales de quelques réfractaires agglomérés de la famille SiO_2-Al_2O_3, présentant une teneur croissante en Al_2O_3. Ils diffèrent par :

- la matière première des agrégats : argile calcinée (ou « chamotte »), andalousite, bauxite naturelle calcinée, mullite frittée ou électrofondue et alumine électrofondue ;
- la minéralogie des agrégats : mullite et cristobalite, mullite, corindon et mullite, corindon seul ;
- le type de liaison : frittage par cuisson avec ou sans liant d'argile, liaison organique à base de résine ;
- les propriétés classiquement mesurées dans les réfractaires.

Tableau 4.2 – Caractéristiques de quelques matériaux réfractaires SiO_2-Al_2O_3

Type de produit	Argileux	Sillimanite	Mullite	Bauxite	Alumine
DIN EN 12475-1	FC40	HA55	HA65	HA75	HA85
Liaison	Céramique	Céramique	Céramique	Céramique	Carbone
Traitement	Cuisson	Cuisson	Cuisson	Cuisson	Polymérisation
Matières premières	Chamotte d'argile	Andalousite	Mullite frittée	Bauxite	Alumine électro-fondue
Agrégats et additifs	Argile	Sillimanite	Mullite electrofondue	Argile	Graphite, Silicium
					Résine
Analyse chimique (% m)					
Al_2O_3	42	55-65	72-75	79,5	85
SiO_2	54	33-43	24-26	14	0,9
Fe_2O_3	1,5	<1.5	<1	1,6	0,7
TiO_2	1,4	<1	–	2,9	0,8
Si	–	–	–	–	2
C	–	–	–	–	9
Autres	1,1	<0,8	<0,5	2	1,6
Phases minéralogiques	Mullite	Mullite	Mullite	Corindon	Corindon
	Cristoballite	Cristobalite		Mullite	Graphite
	Corindon	Phase vitreuse		Phase vitreuse	Silicium
	Phase vitreuse				

Type de produit	Argileux	Sillimanite	Mullite	Bauxite	Alumine
DIN EN 12475-1	FC40	HA55	HA65	HA75	HA85
Propriétés physiques et thermiques					
Masse volumique apparente (Kg/m^3)	2 250	2 500-2 600	2 550-2 600	2 750	3 090
Porosité ouverte (%)	16,5	15-16	16	20	10,5
Résistance à la compression (MPa)	65	70-80	80-100	90	59
Affaissement sous charge (°C) (sous 0,2 MPa déterminée à T 0,5 %)	1 450	1 590	1 650-1 700	1 460	–
Variation permanente de dimension à 1 450 °C/5 h (%)	+0,1	–	–	+3	0
Dilatation thermique à 1 000 °C (%)	0,65	0,55	0,6	0,71	0,7
Conductivité thermique à 1 000 °C (W/m . K)	1,4	1,75	1,75	2,2	4
Chaleur spécifique moyenne entre 20-1 000 °C (KJ/Kg . K)	1,06	–	–	1,1	1,11

Un point de très grande importance concerne la formulation de la matrice fine, qui est illustrée à travers la figure 4.6 par la microstructure d'un produit de bauxite calcinée. C'est surtout là que réside le savoir-faire du fabricant. La matrice à haute teneur en alumine, avec une granulométrie inférieure à 100 μm, est composée de plusieurs matières premières :

- 15 % de fines d'argile réfractaire de granulométrie inférieure à 60 μm ;
- 5 % de bauxite de Guyane dont la composition minéralogique est la gibbsite, de granulométrie inférieure à 90 μm ;
- 15 % d'alumine ultra-fine, calcinée et rebroyée de très haute pureté (% Al_2O_3 > 99,3 % m) et de granulométrie moyenne 6 μm.

L'ajout de cette poudre d'alumine ultra-fine en remplacement de la bauxite fine permet d'abaisser sensiblement la porosité du réfractaire, avec un effet bénéfique sur la résistance à l'imprégnation et à la corrosion au contact des charges élaborées dans les fours.

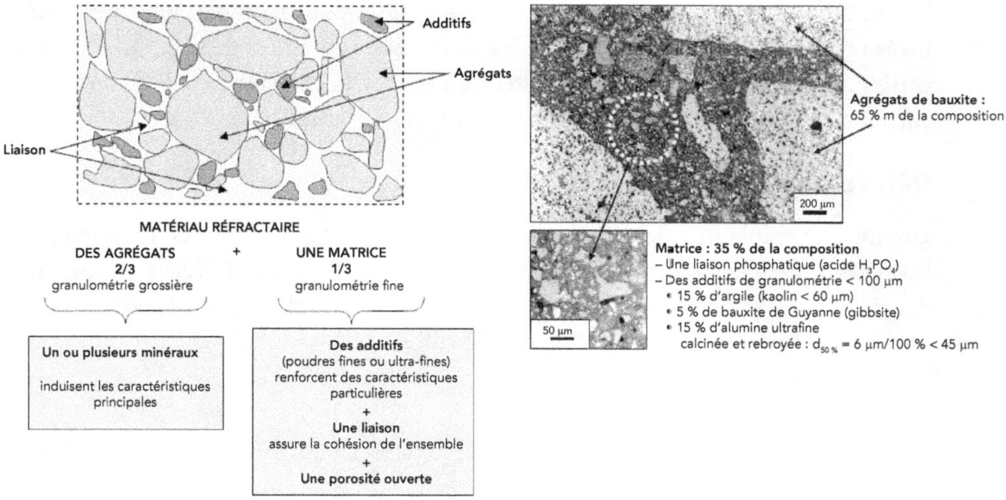

Figure 4.6 – Conception et microstructure d'un réfractaire à haute teneur en alumine

Réfractaires à haute teneur en alumine

Leur composition varie de 94 à 99 % d'alumine selon les fournisseurs. Ils sont réalisés à partir de grains d'alumine tabulaire, de grains d'alumine électrofondue (corindon) ou un mélange des deux. Le corindon électrofondu est produit à partir d'alumine calcinée amenée à une température supérieure à son point de fusion avec un four à arc électrique. L'alumine tabulaire est synthétisée à partir d'alumine calcinée recristallisée ou frittée pour conduire à des amas de cristaux de corindon de taille variant de 50 à 500 μm.

Réfractaires de zircon

Les réfractaires de zircon sont constitués de grains naturels de zircon ($ZrSiO_4$). Comme nous l'avons vu au tableau 4.1, sa composition théorique est de 67,2 % ZrO_2 et 32,8 % SiO_2. En plus de sa neutralité chimique, c'est un matériau très réfractaire. À une température de 1 676 °C, le zircon se décompose en ZrO_2 et SiO_2, cette température peut chuter de plus d'une centaine de degrés en cas de présence d'impuretés. Il faut être très attentif à l'ajout de liants argileux qui tend à diminuer fortement sa tenue mécanique à chaud.

Réfractaire d'alumine-graphite

Ce type de produit est utilisé pour la réalisation de pièces de coulée continue en aciérie. Sa forte teneur en carbone lui confère une excellente tenue aux chocs thermiques. Ce matériau contient plusieurs ajouts, notamment de l'alumine micronisée (< 10 µm), des fondants (borax $Na_2B_4O_7$) et des poudres de silicium (< 75 µm) utilisés pour réduire la perméabilité, augmenter la résistance à l'oxydation du carbone et augmenter les propriétés mécaniques à chaud.

Réfractaire de carbone

Un autre exemple de microstructure, concernant les réfractaires de carbone pour les creusets de hauts fourneaux, est présenté à la figure 4.7. Le matériau est constitué d'agrégats de graphite et d'anthracite électrocalciné, d'une liaison résine et de poudres fines d'alumine, de silicium et de silice.

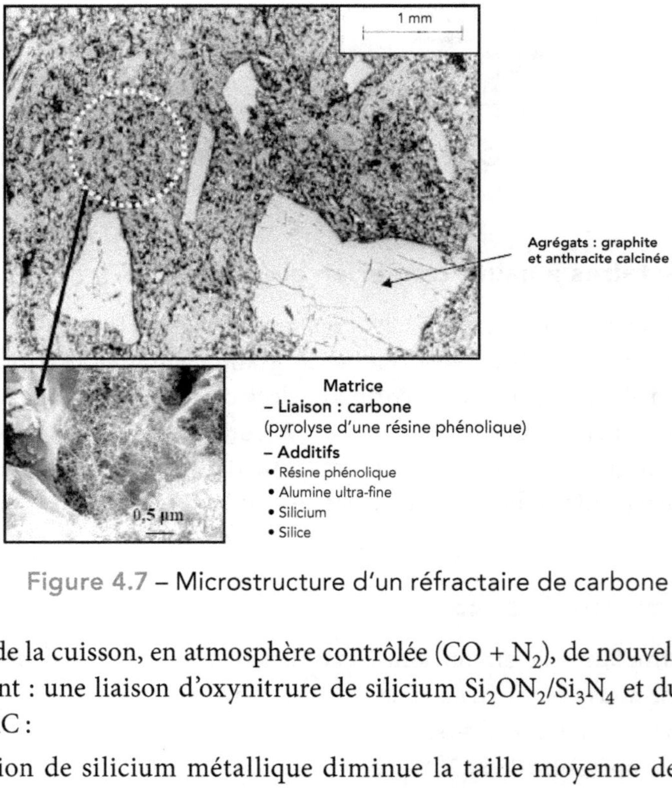

Figure 4.7 – Microstructure d'un réfractaire de carbone

Au cours de la cuisson, en atmosphère contrôlée ($CO + N_2$), de nouvelles phases se développent : une liaison d'oxynitrure de silicium Si_2ON_2/Si_3N_4 et du carbure de silicium SiC :

- l'addition de silicium métallique diminue la taille moyenne des pores par formation *in situ* d'aiguilles très fines (*whiskers*) au cours de la cuisson. Ceux-ci se développent dans les pores permettant ainsi de diminuer leur diamètre (diamètre moyen : $d_{50\,\%} \sim 0{,}1$ µm à comparer à un matériau classique : $d_{50\,\%} \sim 20$ µm) ;
- l'amélioration de la résistance aux vapeurs alcalines est obtenue par addition de silice ;
- l'augmentation de la résistance à l'érosion est obtenue par l'addition d'alumine.

4.3.3 Conception et constituants des réfractaires électro-fondus

Ce sont les réfractaires par excellence de l'industrie verrière. Les premiers matériaux électro-fondus de mullite ont été mis au point par G. Fulcher de Corning Glass Work en 1923. La fabrication par cristallisation d'oxydes fondus donne un enchevêtrement très compact de cristaux avec une porosité inférieure à 5 %, voire 3 %. En comparaison avec les réfractaires agglomérés, ils sont très résistants à la corrosion mais sensibles aux chocs thermiques, tout comme les céramiques techniques. Ceci explique que leur utilisation est limitée principalement aux fours de fusion du verre, qui fonctionnent en continu.

Les procédés de fabrication

La technique d'électro-fusion consiste à fondre, en four électrique à arc (à des températures comprises entre 1 900 et 2 400 °C), des matières premières de grande pureté puis à couler les oxydes liquides dans des moules placés dans des caissons remplis de matériaux isolants où ils se solidifient. Ces moules sont constitués :

- soit de sable siliceux ou de zircone électro fondue, agglomérés par des liants organiques ou inorganiques pour l'élaboration des électro-fondus AZS ;
- soit de carbone pour les autres fabrications.

La recuisson (refroidissement lent et contrôlé qui dure plusieurs jours ou semaines) limite les contraintes internes dans les blocs coulés de grandes dimensions (typiquement de 2 m de haut et plus) et favorise une cristallisation homogène.

Les pièces présentent, après défournement, des formes complexes. Ces pièces nécessitent un usinage soigné afin de limiter, en utilisation, l'infiltration du verre dans les joints. Afin de vérifier la qualité de ces joints et de s'assurer des dimensions des pièces réfractaires assemblées, certains verriers réalisent des pré-montages des blocs électro-fondus qui seront disposés en parois, en sole, en superstructure ou en voûte.

Le procédé d'élaboration est très pointu, notamment pendant la phase de solidification :

- un refroidissement trop rapide ou des gradients de température peuvent générer des tensions et provoquer des ruptures des pièces coulées ;
- le passage du liquide au solide se produit avec un retrait considérable et une forte tendance à former des cavités de retrait (retassures). Pour la réalisation de pièces de grande qualité, la retassure est généralement éliminée, et pour cela, les électro-fondus sont élaborés avec une tête de coulée qui constitue une « réserve de liquide » de grand volume.

Dans d'autres cas, le bloc entier est utilisé, mais la retassure est disposée de manière à éviter tout contact possible avec le verre. Il existe plusieurs procédures de coulée visant à diminuer l'amplitude, à éliminer ou à localiser la retassure à l'endroit désiré.

Les blocs coulés peuvent présenter une inhomogénéité dans la composition chimique et dans la dimension des cristaux en fonction de la localisation. Plusieurs phénomènes peuvent expliquer les disparités de composition et de microstructure. Citons par exemple :

- les différences de densité, qui favorisent la sédimentation des éléments les plus lourds (zircone) ;
- les mouvements de gaz ;
- une cristallisation rapide de la zircone qui conduit à une évolution de la composition du liquide dont la température de fusion devient plus faible.

4.3.4 Les grandes familles de réfractaires électro-fondus

Les principaux réfractaires mis en œuvre par cette technologie sont : les réfractaires à base d'alumine, d'alumine-zircone-silice (AZS), de zircone ou de chrome (principalement alumine-chrome).

Alumine α, β électro-fondue

Composé, en parties équivalentes, de corindon α (Al_2O_3), et d'alumine β ($Na_2O.11Al_2O_3$), la proportion de phase vitreuse de ce réfractaire est très faible. Sa composition est de 95 % m Al_2O_3 et 4 % m Na_2O, ce réfractaire a une bonne résistance à la corrosion à basse température et présente une faible propension au bullage.

Alumine β électro-fondue

Composé en totalité de cristaux d'alumine β, ce produit ne contient pas de phase vitreuse, sa composition est approximativement de 92 % m Al_2O_3 et 7 % m Na_2O. Ce type de réfractaire a une excellente résistance à la corrosion par les vapeurs alcalines. Il est utilisé dans les superstructures des fours de production de verre haut de gamme.

Électro-fondus du système alumine – zircone – silice (AZS)

La commercialisation des réfractaires AZS débute au cours de la Seconde Guerre mondiale. Les produits AZS sont constitués de cristaux de baddeleyite (γZrO_2) et de corindon (Al_2O_3) associés à une phase vitreuse indispensable pour limiter les tensions internes générées par le polymorphisme de ZrO_2. Dans le cas des verres sodo-calciques (qui représentent 90 % de la production), l'association d'un mélange d'oxyde de zirconium et d'alumine confère au produit une excellente résistance à la corrosion par les verres fondus.

Électro-fondus à haute et très haute teneurs en zircone (HTZ et THTZ)

Ce n'est que dans les années 1980 que les électro-fondus à très haute teneur en zircone (THTZ) ont été développés au Japon. Le caractère monophasé de la microstructure de ces réfractaires conduit à une composition homogène au sein des blocs électro-fondus.

Électro-fondus $Al_2O_3 - Cr_2O_3$

L'agressivité du verre « d'isolation » étant très supérieure à celle du verre sodo-calcique, des réfractaires d'alumine-chrome s'écartant de la formule AZS ont été développés. Ils ont une structure très compacte constituée de cristaux de spinelles et de solutions solides $Al_2O_3 - Cr_2O_3$. Ces produits réfractaires sont actuellement supplantés par des matériaux frittés constitués de grains électro-fondus $Al_2O_3 - Cr_2O_3$ associés à ZrO_2.

Les caractéristiques principales de quelques réfractaires électro-fondus sont présentées dans le tableau 4.3.

Tableau 4.3 – Caractéristiques principales de réfractaires électro-fondus

Propriétés	Al_2O_3 β	AZS 32-36 % ZrO_2	AZS 39-41 %ZrO_2	$Al_2O_3 - Cr_2O_3$
Composition (% m)				
SiO_2	0,1-0,2	11-17	10-13	1-3
Al_2O_3	93-94,5	48-53	45-48	56-60
Fe_2O_3	<0,02	<0,15	<0,15	5-7
Cr_2O_3	–	–	–	26-28
ZrO_2	–	32-36	39-41	-
MgO	0-0,1	-	-	5-7
Na_2O	5,0-6,5	1,1-2,0	1,0-1,3	–
Phase (% m)				
Mullite	–	–	–	–
Alumine α	-	46-50	42-45	–
Alumine β	99-100	–	–	–
Baddeleyite	–	31-36	39-44	–
Spinelles	–	–	–	50-55
Al_2O_3-Cr_2O_3	–	–	–	60-70
Verres	0-1	17-21	15-17	0-3
Masse volumique apparente (kg/m^3)	2 900-3 100	3 400-3 550	3 600-3 700	–
Porosité apparente (%)	3-5	0-1	0-1	3-6
Résistance à la compression à froid (MPa)	20-70	200-500	200-500	<150
Conductivité thermique à 1 000 °C (W/m . K)	3,1-3,7	3,7-4,3	3,7-4,3	3-3,5
Dilatation thermique entre 25 et 1 000 °C (10^{-6}/K)	6,5-7,5	6-8,5	6-9	7-9

4.4 Paramètres influençant l'usure des réfractaires et propriétés d'usage

Un matériau réfractaire ne résistera pas seulement aux hautes températures, mais également à d'autres agressions :

- la corrosion chimique par les oxydes liquides, les sels fondus, les métaux en fusion, les gaz. Les oxydes liquides et les sels fondus sont particulièrement agressifs. Il s'agit par exemple des verres élaborés en four de verrerie ou des laitiers sidérurgiques qui surnagent en surface des bains de fonte et d'aciers fondus ou la cryolithe utilisée dans les cuves d'électrolyse de l'aluminium ;
- les dégradations thermomécaniques, en particulier les ruptures, l'érosion et le fluage. D'une importance particulière, les chocs thermiques provoquent des ruptures en relation avec les gradients thermiques qu'ils génèrent.

En pratique, dans les installations industrielles, ces deux modes de dégradation sont souvent associés. Par exemple, l'imprégnation d'oxydes liquides dans la porosité d'un réfractaire conduit à une corrosion chimique qui transforme profondément la nature et l'agencement des phases et s'accompagne d'une modification des propriétés thermomécaniques du matériau. Les utilisateurs constatent alors que, sous l'effet de fluctuations thermiques, la couche imprégnée est fréquemment éliminée par rupture qualifiée « d'écaillage structurel » qui limite la durée de vie du revêtement.

La corrosion et les dégradations thermomécaniques peuvent être accélérées ou retardées en fonction de nombreux paramètres concernant le matériau, la maçonnerie et les conditions d'utilisation.

Apprécier l'aptitude à l'emploi d'un produit réfractaire dans un contexte industriel défini est une démarche technique difficile, qui conduit souvent à des compromis entre la résistance à la corrosion et la résistance mécanique ; d'où la nécessité d'une optimisation *via* le développement d'une grande diversité de produits. Il faut connaître les caractéristiques du matériau et en évaluer l'effet sur le comportement en service. La connaissance des propriétés du matériau commence par ses matières premières : en effet un réfractaire garde, par la nature même de son procédé de fabrication, la mémoire de ses matières premières. Dans la mesure où le comportement du réfractaire est principalement gouverné par des phénomènes de corrosion, la composition chimique, la porosité ouverte (volume et répartition en taille des pores) et la microstructure sont des paramètres essentiels. Il s'agit également de prendre en compte l'agencement des différents constituants :

- la répartition des phases minéralogiques, la nature et la distribution des impuretés ;
- la répartition de la granulométrie, la taille des cristaux dans les agrégats frittés ;

- la répartition des défauts internes, des microfissures, de la porosité ;
- des variations locales de composition chimique.

Ces caractéristiques sont à compléter par des propriétés thermiques et thermomécaniques qui permettent d'évaluer la résistance des matériaux aux sollicitations du même nom. On citera :

- le coefficient de dilatation, la conductivité thermique et la chaleur spécifique ;
- le module d'élasticité, le comportement thermomécanique en compression, traction, flexion ;
- le fluage, et d'une manière plus générale, les lois de comportement mécanique qui intègrent les phénomènes de viscoplasticité et d'endommagement.

4.4.1 La corrosion des réfractaires

La corrosion des réfractaires à haute température résulte de toute une panoplie de réactions au contact des gaz, des verres et laitiers ou des métaux liquides. Ces réactions peuvent mettre en jeu des phases solides, liquides et gazeuses.

- **Au contact des gaz** : en atmosphère réductrice, les réfractaires peuvent produire des composants gazeux par réactions de réduction, de dissociation et volatilisation. Ceci occasionne des usures lentes de plusieurs années dans des revêtements. Mis au contact de l'air, des réfractaires contenant du carbone peuvent par contre se décarburer à grande vitesse.
- **Au contact des métaux liquides** : là aussi, les réactions principales font intervenir la réduction et la dissociation des oxydes du réfractaire, dont les éléments produits sont ensuite dissous dans les métaux. On peut prendre l'exemple de la réduction de SiO_2 par un alliage fer-aluminium liquide et la dissolution finale de Si dans le métal.
- **Au contact des oxydes liquides (verres, laitiers)** : la corrosion est généralement due à des réactions de dissolution de l'oxyde principal réfractaire dans le bain d'oxydes liquides. Ceci peut s'accompagner de la précipitation de nouvelles phases solides à l'interface de corrosion. On peut également citer la corrosion par les sels fondus, qui est similaire. La corrosion par les agents de corrosion liquide peut être très élevée et limite, dans certaines applications, la durée de vie à quelques dizaines ou centaines d'heures d'utilisation.

Nous allons donc présenter ces mécanismes de corrosion-dissolution plus en détail.

Réactions de dissolution de surface et sous-saturation des bains d'oxydes liquides

La dissolution des composants du réfractaire n'est possible que si le bain d'oxydes liquides n'est pas saturé dans ces composants. Cette sous-saturation va dépendre de la composition des oxydes corrosifs et de la température. À partir de la lecture des diagrammes de phases, il est possible d'avoir une première idée du niveau de sous-saturation d'un laitier vis à vis d'un réfractaire [Zhang S. et Lee W.E., 2000]. Prenons l'exemple d'un réfractaire d'alumine corrodé à 1 650 °C par un laitier CaO-Al_2O_3, représenté par le diagramme binaire CaO-Al_2O_3 (figure 4.8).

Le laitier a une teneur en Al_2O_3 inférieure au réfractaire. Il va dissoudre l'alumine du réfractaire jusqu'à s'enrichir suffisamment et précipiter successivement du di-aluminate de chaux (CaO,2Al_2O_3, soit CA2 selon la notation des cimentiers) puis de l'hexa-aluminate de chaux (CaO,6Al_2O_3, soit CA6) au contact du réfractaire. La formation de couches minérales constituées de CA2 puis de CA6 observées entre le laitier et le réfractaire s'explique par un mécanisme de dissolution/précipitation (figure 4.8). Ces couches limitent fortement l'attaque de l'alumine. En fonction de l'évolution locale de la composition du liquide, on a une dissolution des phases solides avec lesquelles le liquide n'est plus en équilibre et précipitation de nouvelles phases vis à vis desquelles il devient saturé.

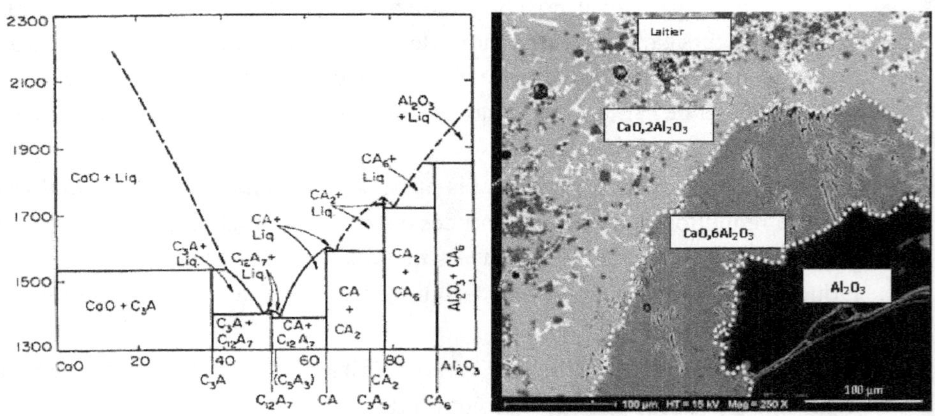

Figure 4.8 – Diagramme binaire CaO-Al_2O_3 et observation (SEM) de la corrosion d'une céramique d'alumine par un laitier CaO-Al_2O_3

Pour définir la nature d'un laitier, on a recours à l'indice de basicité qui s'exprime par le rapport pondéral des oxydes basiques aux oxydes acides :

$$I = \%CaO + \%MgO + \%MnO + \%FeO / \%SiO_2 + \%Al_2O_3 + \%Fe_2O_3 + \%P_2O_5$$

Un laitier est basique lorsque I > 2 et acide lorsque I < 2.

En pratique, cette approche permet de choisir les réfractaires en fonction de la nature des laitiers présents dans les appareils. En effet, un réfractaire dit « acide », c'est-à-dire constitué d'oxydes acides (voir paragraphe 4.2) réagit peu avec un laitier lui-même acide tandis qu'il est attaqué avec un laitier à caractère basique. Et inversement, un réfractaire dit « basique » est moins réactif avec un laitier basique.

Imprégnation du réfractaire par les liquides corrosifs

À l'exception des électro fondus, les réfractaires présentent une porosité ouverte qui autorise leur imprégnation par les liquides. Des phénomènes multiples de dynamique des fluides et de réactivité chimique interviennent lors de l'imprégnation, entrent pour certains en compétition et influencent la cinétique de corrosion :

- la dissolution superficielle de la céramique, dont la vitesse est limitée par la diffusion des composants solubles de la céramique vers le bain en mouvement. Une couche limite de diffusion se crée, à travers laquelle s'établit un gradient de concentration chimique des composants dissous ;
- l'avancement du liquide par capillarité dans les pores du réfractaire ;
- l'évolution de la composition, de la viscosité et des paramètres de mouillage du liquide qui réagit avec la céramique.

La microstructure d'un réfractaire à haute teneur en alumine, imprégné par les laitiers liquides $CaO - Al_2O_3$, illustre ces phénomènes (figure 4.9).

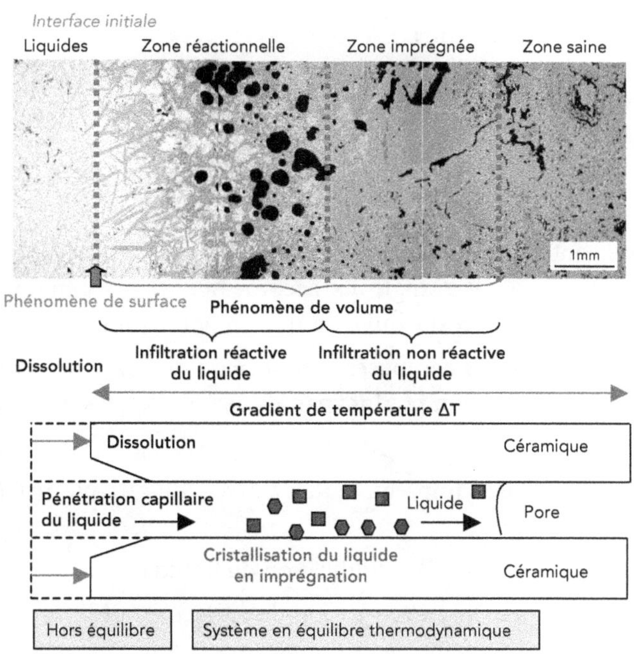

Figure 4.9 – Microstructure d'un réfractaire d'andalousite corrodé par les oxydes liquides chaux-alumine

[Source : Poirier J., Lefort P. et Valette S., *Éditions Techniques de l'Ingénieur*, Paris, COR 401, 2011, pp. 1-21]

Plusieurs zones successives sont observables :

- une zone de laitier constituée uniquement d'oxydes liquides ;

- une zone de précipitation formée de couches minérales : dialuminate de chaux $CaO\text{-}2Al_2O_3$ / hexa-aluminate de chaux $CaO\text{-}6Al_2O_3$ / corindon. Cette succession de couches minérales s'explique par l'existence de gradients de composition dans la phase liquide ;
- une zone d'imprégnation, dans laquelle la microstructure du matériau est légèrement modifiée par la pénétration des oxydes liquides dans les joints de grains et dans la porosité ouverte du réfractaire. L'existence d'un gradient thermique à travers le revêtement réfractaire va conduire à la cristallisation de nouveaux solides entre les isothermes de liquidus et de solidus.

Paramètres de contrôle de la cinétique d'imprégnation

À l'aide d'un modèle simple, qui ne prend pas en compte la tortuosité des pores et leur connexion, on peut calculer la vitesse d'avancement V d'un liquide dans un réseau formé de capillaires cylindriques indépendants, de longueur l et de rayon r :

$$V = r\,\gamma \cos\theta \,/\, 4\,\eta\, l$$

Cette expression, établie par Washburn, met en évidence le rôle important des grandeurs hydrodynamiques et capillaires suivantes :

- la tension superficielle du liquide γ (J/m^2) ;
- l'angle de raccordement sur la céramique θ (°) ;
- la viscosité du liquide η (Pa.s).

Les études théoriques et expérimentales de l'imprégnation montrent qu'il y a deux situations très différentes :

- celle des réfractaires ne contenant que des oxydes pour lesquels les propriétés de mouillage (tension superficielle γ et angle de raccordement θ) ont peu d'influence. C'est le couple : viscosité-porosité qui a un rôle prépondérant ;
- celle des réfractaires contenants des composés carbonés ou des nitrures dans lesquels la non-mouillabilité de ces composants par les oxydes liquides ralentit ou empêche l'imprégnation.

En pratique, les solutions pour réduire l'imprégnation réactive d'un réfractaire par un liquide sont de plusieurs natures :

- modifier la thermique afin de favoriser la solidification du liquide ;
- passer d'une corrosion de volume en une corrosion de surface en utilisant des ajouts antimouillants dans le réfractaire (par exemple, des composés carbonés ou nitrurés) ou en limitant sa perméabilité ;
- diminuer la taille des pores et la porosité ouverte ;

- augmenter la viscosité du liquide d'imprégnation. La progression du liquide sera suffisamment ralentie si les solides qui précipitent permettent de piéger les ions « basiques » éventuellement présents dans le liquide (Fe^{2+}, Ca^{2+}) et de colmater la porosité grâce à une forme cristalline adaptée.

4.4.2 Les dégradations thermomécaniques

Les sollicitations thermomécaniques, imposées par les conditions d'utilisation, sont de deux types :

- celles dues aux efforts mécaniques : impact de charges solides, poids propre des outils, mouvement des charges liquides, mouvement de l'outil provoquant de nouvelles répartitions de charge ;
- celles dues aux conditions thermiques au cours du cycle de fonctionnement de l'outil : ce sont les conditions aux limites thermiques imposées aux revêtements réfractaires aux interfaces avec la matière chaude et avec l'air ambiant. Elles sont quantifiées par des températures, des vitesses de chauffage et de refroidissement (chocs thermiques plus ou moins violents), et des flux de chaleur entrants ou sortants.

Le comportement des réfractaires soumis à ces sollicitations, se caractérise par :

- **l'endommagement** : il a lieu à l'échelle de la microstructure du matériau, au niveau des agrégats et de la liaison et se traduit par une perte de rigidité et par une fragilisation. Les conséquences seront une grande sensibilité du matériau à des sollicitations de type érosion ou choc mécanique. Ce type de dégradation n'est pas observable à l'œil nu.
- **l'écaillage** : il s'agit d'une dégradation en surface des réfractaires qui affecte des épaisseurs de quelques millimètres à quelques centimètres. L'écaillage se traduit par une perte de matière consécutive à la propagation d'une fissure parallèle à la surface chaude du réfractaire. Le volume de matière perdue est important relativement à la taille de la microstructure, mais reste faible en regard du volume du revêtement réfractaire. L'écaillage est le plus souvent observé lors de l'établissement des régimes thermiques avec de fortes variations de température en face chaude du réfractaire.
- **la rupture** : elle résulte de la propagation d'une macro fissure en profondeur dans le réfractaire. En pratique, la rupture se traduit par des pertes de matière d'épaisseur de plusieurs centimètres à une dizaine de centimètres.

Suivant le comportement mécanique des réfractaires et de la conception des maçonneries, les conditions d'utilisation vont produire des dégradations qui affectent le réfractaire à différentes échelles : à l'échelle du matériau, de la pièce ou de la brique et au niveau du revêtement [Schmitt N., 2008].

4.5 Exemples industriels

4.5.1 La sidérurgie

Panorama des réfractaires utilisés en sidérurgie

La sidérurgie représente à elle seule plus de la moitié de l'utilisation totale des réfractaires (figure 4.2). Les nombreux outils sidérurgiques nécessaires à l'élaboration de la fonte et de l'acier tels que les haut-fourneaux, les convertisseurs, les fours électriques, les poches à acier, les outils de métallurgie secondaire, les fours de réchauffage... sont constitués majoritairement de revêtements réfractaires dont la tenue mécanique est assurée par des structures métalliques qui les entourent. La variété des matériaux est très importante : il est courant de répertorier plusieurs centaines de matériaux réfractaires le long de la chaîne de production de l'acier. À l'échelle d'un outil sidérurgique, le garnissage est lui-même un revêtement composite complexe.

Le choix du matériau doit être adapté à l'environnement agressif dans lequel il est placé. Ainsi, les réfractaires de magnésie graphite utilisés dans un convertisseur possèdent des caractéristiques physico-chimiques et mécaniques différentes des réfractaires d'alumine présents dans un four de recuit continu des tôles laminées à froid.

La durée de vie des maçonneries et des pièces réfractaires est extrêmement variable : de plusieurs dizaines d'années pour une cokerie (transformation du charbon en coke métallurgique) à quelques heures pour les busettes de coulée continue (tableau 4.4).

La consommation spécifique des réfractaires a considérablement diminué en quelques dizaines d'années (figure 4.10).

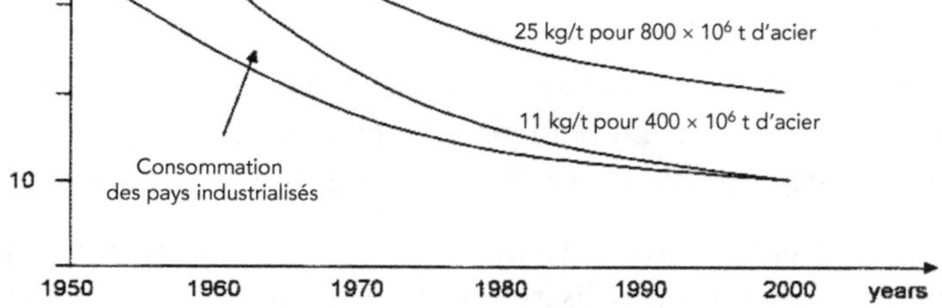

Figure 4.10 – Consommation mondiale des réfractaires (en kg/tonne d'acier produite)

Tableau 4.4 – Durée de campagne, températures d'utilisation et inventaire des réfractaires utilisés en sidérurgie

Outils sidérurgiques	Durée de campagne	Durée de l'opération	Températures limites min. / max.	Principaux réfractaires utilisés
Four à coke	Jusqu'à 30 ans	~ 20 heures	500 à 1 200 °C	Silice
Cowper	15 à 30 ans	Plusieurs par jour	1 200 /1 350 °C	Silice, mullite
Haut fourneau	10 à 20 ans Fonctionnement continu	5 à 12 coulées de fonte par jour	200 °C à > 2 000 °C de haut en bas du haut fourneau	Carbone (creuset) Alumine, SiC (tuyères, étalages) Haute teneur en alumine (cuve)
Poche tonneau	1 à 2 ans 600 à 2 000 charges	2 à 4 transports de fonte par jour	900 /1 000 °C (vide) 1 200/1 450 °C (pleine)	Alumine-graphite-carbure de silicium (AGS) Hautes teneurs en alumine
Convertisseur à l'oxygène	Quelques mois 1 500 à 5 000 coulées	25/35 conversions/ jour	1 000 à 1 750 °C	Magnésie-graphite à liant carboné
Poche à acier	La semaine 15 à 250 coulées	2/3 heures à 7/8 heures	800/1 000 °C à 1 650 °C	Magnésie-graphite Dolomie Haute teneur en alumine Alumine-spinelle Alumine-magnésie-carbone
Réacteur sous vide (RH/OB)	Le mois 300 à 600 coulées	Environ 1 heure	1 000 à 1 600 °C	Magnésie-chrome
Répartiteur	La journée 1 à 15-25 coulées	–	200/300 °C à 1 550 °C	Magnésie-forstérite
Pièces de coulée continue	Quelques heures 1 à 15 coulées	Quelques heures	20 °C/800 °C à 1 550 °C	Alumine-graphite Zircone-graphite

Cette évolution spectaculaire s'explique par plusieurs facteurs : une profonde mutation des outils sidérurgiques associée à une augmentation des capacités de production, la modélisation de la conduite des procédés, une constante amélioration des matériaux réfractaires, des techniques de mise en œuvre et de la conception des garnissages.

On ne peut fournir ici une vision exhaustive des multiples dégradations observées dans les pièces et les garnissages réfractaires. À titre d'illustration, l'exemple de la poche à acier sera présenté ci-dessous.

Exemple de la poche à acier

La poche à acier est l'outil principal des nombreux traitements de métallurgie secondaire de l'acier : réchauffages de l'acier, traitement sous vide, brassage par injection de gaz par bouchons poreux ou par lance, calmage de l'acier oxydé par introduction de métal réducteur (Al,Si), pour ne citer que les plus marquants pour le réfractaire. Ces traitements métallurgiques s'enchaînent. En conséquence, les conditions en poche sont très évolutives : coulée en poche, période avant et après calmage de l'acier et vont solliciter de manière variée les différentes zones de la poche : zones au contact des laitiers, de l'acier, de l'impact du jet au remplissage, qui seront maçonnées avec des réfractaires différents.

Les garnissages réfractaires

Comme le montre la poche à acier présentée à la figure 4.11, les garnissages réfractaires de poche sont multicouches et multizones. On distingue :

- une couche d'usure au contact avec l'acier liquide ;
- une couche dite de durée ou de sécurité, qui doit garantir l'étanchéité de la poche en cas de déficience de la couche d'usure ;
- une couche d'isolation au contact avec la carcasse en acier.

Les matériaux associés à des géométries et à des modes de mis en œuvre variées permettent d'adapter dans chaque zone le revêtement aux sollicitations locales. En particulier, la couche d'usure est constituée de différentes zones revêtues de réfractaires différents :

- le cordon à laitier en partie haute ayant une forte résistance à la corrosion par les laitiers ;
- la paroi au contact du métal ;
- le fond, qui doit résister au jet de remplissage (zone d'impact) et contenir différentes pièces particulières (trou de coulée, bouchons poreux).

Pour les parois et la zone du cordon laitier, plusieurs formats de briques sont classiquement utilisés. Le montage peut se faire en spirale continue ou en rangs fermés. Le premier qui se pratique avec les briques de format dénommé « semi-universel : SU » est mis en œuvre rapidement ; la dilatation des briques peut être partiellement absorbée par un certain déplacement des briques le long de la spirale. Le deuxième nécessite de tailler des briques à la fermeture de chaque rang horizontal. Il n'y a de choix vraiment optimal. Les montages en rangs fermés sont les plus bloqués, mais aussi les plus stables, ce qui peut limiter les chutes et arrachements de panneaux des revêtements usés.

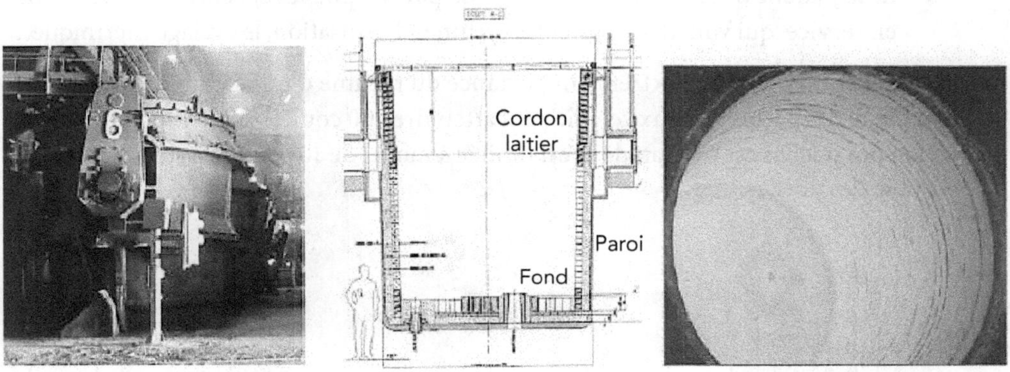

Figure 4.11 – Tôlerie, plan de maçonnage et revêtement intérieur réfractaire d'une poche à acier

Les réfractaires couramment utilisés dans les poches à acier

Il est difficile de définir une poche-type. Les réfractaires sont sélectionnés en relation avec les traitements métallurgiques mais aussi avec la tradition :

- la couche d'isolation est réalisée en produit semi-rigide (nappes, panneaux), en masse projetée, en béton ou en briques isolantes ;
- la couche de sécurité utilise des bétons ou des briques à haute teneur en alumine ;
- le fond et la zone d'impact utilisent une grande variété de matériaux : fond en bauxite, en magnésie tempérée, en alumine-magnésie-carbone avec éventuellement une zone d'impact en béton d'alumine-spinelle préfabriqué ou en briques de magnésie tempérée ;
- pour la paroi, il y a concurrence entre les briques basiques (dolomie tempérée, magnésie carbone parfois) et les briques alumineuses (bauxite, alumine-magnésie-carbone) ;
- pour le cordon laitier, il y a prédominance des briques de magnésie-carbone, mais les briques de dolomie tempérée sont souvent utilisées en aciérie électrique.

L'importance des conditions d'utilisation

La tenue du réfractaire résulte d'une trilogie de facteurs : le choix et la qualité des matériaux, le choix et la qualité du maçonnage et du préchauffage, la nature des conditions en service.

Les conditions de service ont un effet considérable et résultent :

- des procédés d'élaboration et des outils de l'aciérie, qui vont déterminer la température (située généralement entre 1 550 et 1 700 °C), le brassage du bain et la composition évolutive des laitiers ;
- de la marche de l'aciérie, de la gestion du parc de poches et l'entretien des poches en service, qui vont déterminer les rythmes d'utilisation, le cyclage thermique...

La figure 4.12 illustre l'extrême importance du rythme d'utilisation des poches sur la tenue des parois de bauxite. Elle peut atteindre 200 coulées d'acier lorsque la rotation des poches est très rapide et est limitée à moins de 10 coulées pour une rotation faible des poches.

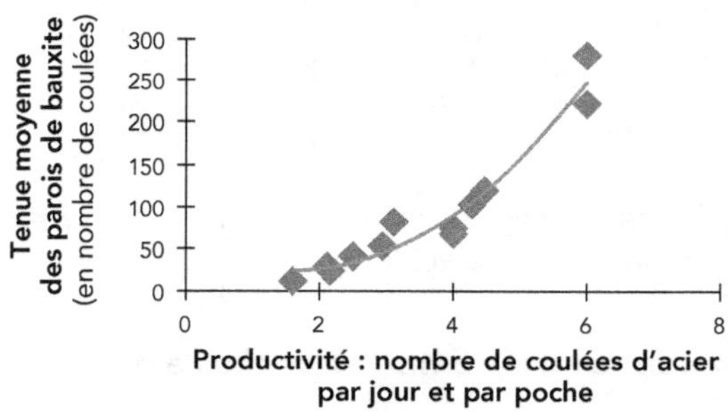

Figure 4.12 – Relation entre la tenue des parois de bauxite et la rotation des poches

Les dégradations fréquemment observées dans les poches à acier

Les réfractaires vont se dégrader plus ou moins rapidement :

- par usure : corrosion (surtout par les laitiers), rupture et écaillage ;
- par ouverture des joints au refroidissement, pouvant nuire à la stabilité du revêtement (chute de panneaux, arrachement à l'entretien) ;
- par ouverture des joints de la poche remplie d'acier, pouvant nuire à l'étanchéité du revêtement (infiltration d'acier, percées...).

La corrosion des réfractaires dans la zone du cordon laitier

La dégradation des cordons de poche en magnésie-carbone est une cause d'arrêt très fréquente des poches. Cette zone est en contact avec les laitiers ; la vitesse de corrosion chimique contrôle la durée de vie du cordon. Elle est cependant associée et accélérée par l'ouverture des joints et la rupture des briques.

La corrosion de la magnésie-carbone par les laitiers fait intervenir à la fois :

- la **dissolution de la magnésie** qui est le constituant principal. Lors de sa dissolution, la magnésie est transférée au laitier par diffusion à travers une couche-limite à l'interface laitier/réfractaire, dont l'épaisseur va influencer la vitesse de la dissolution. Ce mécanisme sera dominant avec les laitiers très avides de magnésie, tels que les laitiers riches en chaux et silice des coulées d'acier calmées au silicium ;
- l'**érosion du réfractaire infiltré superficiellement par du laitier,** avec entraînement d'agrégats solides de magnésie dans le laitier. Cela intervient lorsqu'il y a réaction entre le laitier et les constituants de la matrice avec l'oxydation du graphite par les laitiers riches en oxydes de fer (laitiers oxydés de début de traitement des coulées décarburées en poche) et dissolution du spinelle par les laitiers riches en chaux et en alumine après calmage de l'acier à l'aluminium.

L'écaillage des réfractaires à haute teneur en alumine en parois de poche

Les mécanismes à l'origine de l'écaillage des réfractaires à haute teneur en alumine (bauxites) en parois de poche font intervenir l'imprégnation par les laitiers suivie d'une transformation chimique du matériau (figure 4.13).

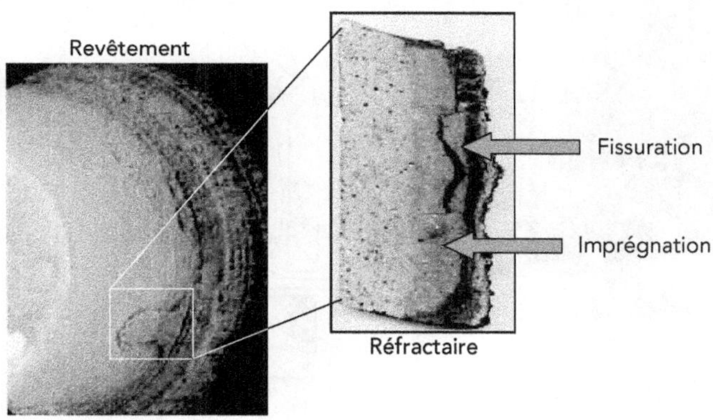

Figure 4.13 – Imprégnation avec « écaillage » d'un réfractaire de bauxite utilisé dans une poche à acier

[Source : Blond E., Schmitt N., Hild F., Blumenfeld P. et Poirier J., « Effect of slag impregnation on thermal degradations in refractories », *J. Am. Ceram. Soc.*, vol. 90, 2007, pp. 154-162]

Les leviers pour limiter le phénomène concernent :

- les rythmes d'utilisation des poches, qui vont agir sur le gradient thermique et sur les durées de réaction-gonflement à chaque coulée ;
- le matériau : sa composition, sa structure, qui vont agir directement sur la résistance à l'imprégnation par le laitier.

4.5.2 La verrerie

Un peu d'histoire

Dans l'industrie verrière, il est possible de distinguer deux étapes importantes du procédé de fabrication du verre : l'élaboration et le formage, dans lesquelles les réfractaires sont mis à contribution du fait de leur remarquable durabilité.

L'élaboration est une étape haute température elle-même divisée en quatre étapes : le frittage, la fusion, l'affinage et la braise. Ces stades de la fabrication sont importants : ils ont contribué à façonner les fours actuels qui finalement n'ont pas tellement évolué depuis la découverte du four Siemens de l'inventeur du même nom, F. Siemens, en 1856 (figure 4.14). Il s'agira ensuite de diverses améliorations qui ont conduit à de meilleurs rendements, une plus longue durée de vie des fours, et des verres de meilleures qualités.

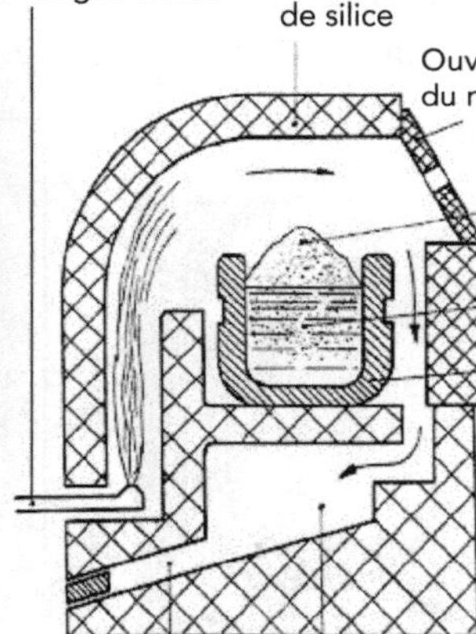

Figure 4.14 – Image et schéma de principe d'un four à pot

L'invention de Siemens est de diviser physiquement la chronologie de ces étapes grâce à des creusets spéciaux dans lesquels l'ajout de cloisons internes permettra d'obtenir trois compartiments communicants par de petites ouvertures. Le mélange est d'abord versé dans le premier compartiment : frittage-fusion, le verre produit est affiné dans le second pour enfin être « cueilli » dans le dernier compartiment. La production du verre devient alors continue. Au fur et à mesure que le verre est cueilli en sortie, une quantité équivalente de verre est introduite. La production continue permet de réduire les oscillations de températures vues par le pot et les réfractaires du four. Plus tard, Siemens substitua les creusets moulés à trois compartiments par un four construit en maçonnerie de briques constitué de trois cuves communiquant entre elles. La conception d'un four à bassin continue moderne est plus complexe. On peut distinguer cinq zones : enfournement, fusion, affinage, braise, conditionnement. Le tableau 4.5 donne quelques données techniques de fours à bassin.

Tableau 4.5 – Données techniques de fours à bassin

	Type de four				
	Brûleurs transversaux	Boucle	Unit Melter	Electrique	Oxygène
Surface du four (m^2)	250-520	25-150	6-130	3-117	25-150
Durée de campagne (années)	>15	>10	>6	>5	10
Tirée journalière (t/j)	400-900	300	110-270	10-315	300
Type de verre	Verre plat flotté Verre plat coulé/étiré Bouteille/pots	Verre plat flotté Verre plat coulé/étiré Bouteille/pots	Flaconnage Fibre isolation Fibre textile	Fibre isolation	Bouteille/pots Flaconnage Fibre textile

Exemple du four à verre sodo-calcique

L'industrie du verre ne représente que 10 % de la consommation mondiale de réfractaires. Il existe de nombreuses compositions de verre mais la matrice silico-sodo-calcique utilisée en bouteillerie et verre plat domine largement et représente environ 90 % du verre produit. Pour l'élaboration de ce type de verre, une technologie domine largement, celle du four à bassin à régénérateur (figure 4.15).

Pour ces raisons, nous illustrerons l'application des réfractaires en verrerie par la description du four à régénérateur pour la fusion du verre silico-sodo-calcique. Ces fours sont constitués de nombreuses couches de réfractaires supportées par une structure métallique. La verrerie est le domaine privilégié de l'utilisation des réfractaires « acides » même s'il est possible d'utiliser des matériaux basiques dans les régénérateurs. Un four verrier est également caractérisé par un besoin d'homogénéité dans la durée de vie de ses différentes parties. Aujourd'hui, une campagne de fusion vise 10-12 ans pour une bouteillerie et 15-20 ans pour un four de verre plat (procédé flotté). La zone de fusion d'une bouteillerie est de l'ordre de 50 à 150 m^2, en verre plat on parle plutôt de 300 à 800, voire 1 000 m^2, pour une profondeur de fusion de 1,5 m environ. La part des réfractaires dans le coût d'un four float peut dépasser 10 millions d'euros.

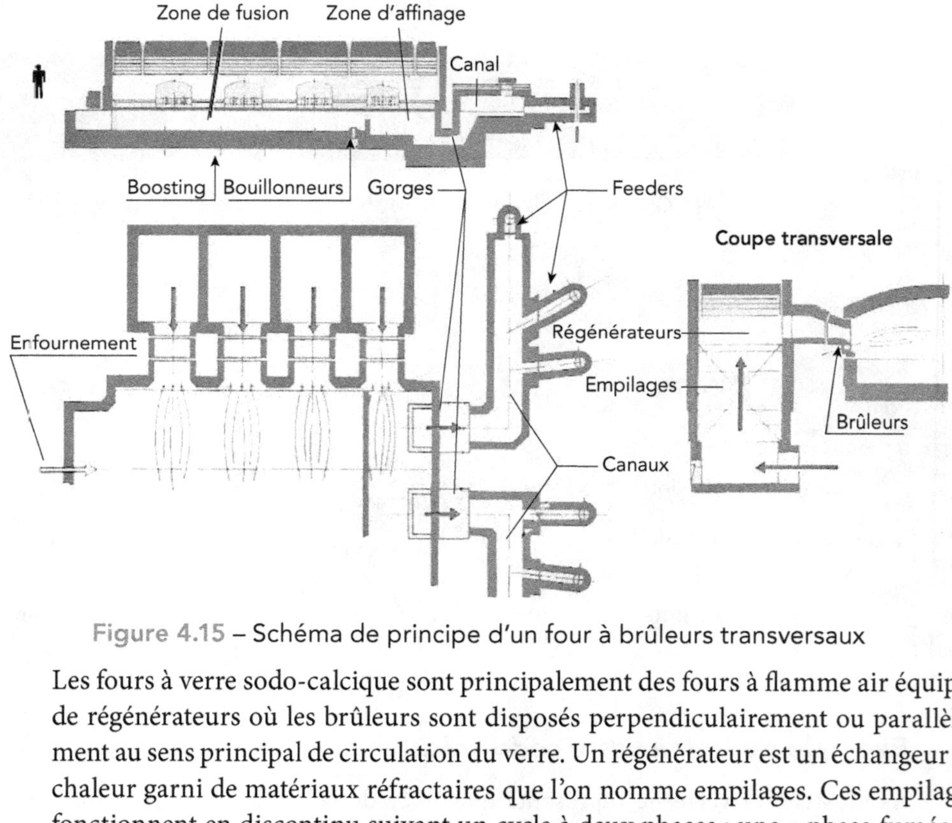

Figure 4.15 – Schéma de principe d'un four à brûleurs transversaux

Les fours à verre sodo-calcique sont principalement des fours à flamme air équipés de régénérateurs où les brûleurs sont disposés perpendiculairement ou parallèlement au sens principal de circulation du verre. Un régénérateur est un échangeur de chaleur garni de matériaux réfractaires que l'on nomme empilages. Ces empilages fonctionnent en discontinu suivant un cycle à deux phases : une « phase fumées » durant laquelle les matériaux accumulent de la chaleur et une « phase air » pendant laquelle ils restituent la chaleur emmagasinée. La durée de chaque phase est de 20 minutes. La permutation s'appelle une inversion. Ainsi, les régénérateurs vont toujours par deux. Ils permettent de préchauffer l'air de combustion à des températures supérieures à 1 000 °C et pouvant atteindre 1 400 °C ce qui améliore les rendements énergétiques. Sur certains fours à régénérateurs, des électrodes d'appoint permettent d'introduire de l'énergie directement dans la masse du verre par effet Joule, il s'agit du « *boosting* » électrique.

Garnissage réfractaire

Le tableau 4.6 donne les applications principales des réfractaires dans un four sodo-calcique. Il y a une distinction entre l'infrastructure et la superstructure du four.

Tableau 4.6 – Applications principales des réfractaires dans un four sodo-calcique

Zone du four	Position	Principaux réfractaires utilisés
Fusion/affinage	Voûte	Silice cristalline
	Pied droits	AZS (enfournement), Silice
	Isolation pied droits	Isolant argileux
	Cuves	AZS
	Sole	AZS
	Sous-couche de sole	Béton AZS, PAQB, Isolant Argileux
Canal	Superstructure	Silice, Alumine EF β
	Cuve	AZS, Alumine EF αβ
Feeder	Blocs de couverture	Sillimanite
	Bloc d'auge	Alumineux fritté
Régénérateurs	Voûte	Silice, Sillimanite
	Murs supérieurs	Silice, Sillimanite
	Murs inférieurs	Produit argileux
	Empilages supérieurs	Alumine β, Magnésie, Spinelle
	Empilages inférieures	AZS, Magnésie-zircon, Spinelle
	Voûtains	Mullite, Sillimanite, Produit argileux

L'infrastructure correspond aux réfractaires de la cuve, celle-ci contient le verre en cours de fabrication, la température y varie de 1 250 à 1 450 °C dans la zone de fusion, elle est approximativement de 1 200 °C à la sortie du four. La superstructure correspond aux réfractaires qui ne sont pas en contact du verre et qui permettent d'isoler l'enceinte du four de l'atmosphère : les murs, la voûte. La température dans le « laboratoire », volume compris entre la surface du verre et la voûte, varie de 1 200 à 1 600 °C. Les parois du four sont constituées de plusieurs couches de réfractaires. La première couche située à l'intérieur du four et nommée intrados devra résister à la corrosion par les fumées, les envols ou le verre selon qu'il s'agit de l'infrastructure ou la superstructure, les réfractaires des couches suivantes ont une résistance moindre mais sont plus isolants. Les cuves sont composées d'une sole et de parois ; la profondeur de la première cuve varie entre 1,5 et 2 m. C'est dans la première cuve qu'ont lieu les étapes d'enfournement, de fusion et d'affinage. La surface de cette zone peut varier de quelques dizaines de m^2 à quelques centaines de m^2 pour des fours à verre plat. C'est là que les conditions sont les plus sévères pour les réfractaires : températures élevées, envols en provenance du verre et du mélange vitrifiable inséré dans le four.

Dans le cas des verres sodo-calciques, la sole et les parois des cuves sont constituées de réfractaires électro-fondus résistant très bien à la corrosion du contact verre de par leur composition minéralogique et leur forte compacité. Dans la zone de fusion/affinage c'est très souvent de l'AZS électro-fondu qui est utilisé, la teneur en zircone varie de 32 à 41 %, la résistance à la corrosion augmente avec la teneur en ZrO_2. Les murs de superstructure dit « pieds droits », sont également montés en AZS à proximité des zones d'enfournement où les dépôts d'envols sont importants. Les réfractaires au chrome présentent une remarquable résistance à la corrosion en contact du verre mais sont peu utilisés dans les fours sodo-calciques à cause des risques de coloration. Ils sont particulièrement utilisés pour la production de verres très corrosifs tels que la laine de verre ou les fibres textiles.

Les voûtes des fours sodo-calcique sont principalement réalisées en silice cristalline. Le verrier choisira plus volontiers une silice transformée, pratiquement exempte de quartz résiduel (moins de 1 %). Elle contiendra de préférence plus de tridymite que de cristobalite pour limiter sa dilatation et réduire les contraintes lors de l'attrempage. La silice est ainsi essentiellement utilisée en superstructure. Ses atouts restent son prix particulièrement bas et ses bonnes propriétés à chaud.

La silice vitreuse peut être mise en contact-verre dans les parties terminales des fours (tweels, agitateurs…). Cette silice est réalisée à partir de grains de quartz électrofondus, ce qui en fait un produit plus onéreux. Si, en service, une réparation à chaud doit être effectuée, on utilisera les qualités de la silice vitreuse : leur très bas coefficient de dilatation évite tout problème de chocs thermiques. Sa structure cristalline étant très réduite, ce produit présente une faible résistance au fluage, il faut donc éviter de le mettre sous charge. Une bonne étanchéité de la voûte permet d'éviter la condensation des vapeurs alcalines dans les zones plus froides.

À haute température, la silice et les réfractaires silico-alumineux, y compris les AZS électrofondus, réagissent vivement entre eux. Il est indispensable d'insérer une couche de matériau inerte à l'interface entre les deux produits, le plus usité étant le zircon ($ZrSiO_4$) dit de superstructure.

On distingue les réfractaires de zircon dense (1 % de porosité apparente) de superstructure (15-22 % de porosité apparente). Le zircon dense obtenu par le procédé de pressage isostatique est utilisé en contact verre, en cuve des fours à verre borosilicaté. Le zircon standard sera plutôt utilisé en superstructure.

Les produits argileux à 36 % d'alumine sont principalement utilisés dans les conduits de fumés situés à la sortie des régénérateurs ou pour l'isolation des cuves ou pied droits. Les produits argileux à 40-42 % d'alumine sont surtout utilisés dans les régénérateurs en partie inférieure des murs de régénérateurs et parfois dans les empilages à basse température. Le PAQB, Produit Argileux Qualité Bassin, réalisé à partir de matières premières très pures, anciennement utilisé en contact verre est aujourd'hui utilisé dans les sous-couches de soles des cuves. Il a une teneur en alumine élevée et un taux d'impureté faible. Le produit dit de « *blocking* » correspond aux blocs de cuve des bains d'étain dans les fours du verre plat. Il s'agit de produit argileux dont la microstructure particulière ralentit la formation d'écailles de néphéline ($Na_2O.Al_2O_3.2SiO_2$) à l'origine de défauts dans le verre. Ce produit est aujourd'hui progressivement remplacé par les réfractaires à base de grains d'aluminates de calcium (CA ; CA2 ; CA6) pour les zones les plus chaudes du bain d'étain puisque la chimie du réfractaire ne permet plus la formation de néphéline.

Les réfractaires de sillimanite présentent une réfractarité élevée et une bonne résistance aux chocs thermiques et aux attaques alcalines, ils sont donc utilisés en superstructure de feeder et parfois en voûte ou bas d'empilages de régénérateurs. Dans les pays où l'andalousite n'est pas disponible ou son importation trop coûteuse, certains fournisseurs proposent des mélanges à la chimie similaire réalisés à partir de grains argileux (argile, chamotte argileuse) et de grains synthétique à haute teneur en alumine (mullite synthétique, mullite électro-fondue, alumine électro-fondue). Malheureusement les propriétés finales du produit ne sont pas aussi intéressantes que celle obtenues à partir du grain naturel d'andalousite. L'utilisation de ce type de produit est déconseillée.

La mullite est utilisée dans les fours sodo-calciques, pour quelques applications très spécifiques comme les bas d'empilages de certains types de régénérateurs. En fait ce produit est surtout utilisé dans les voûtes de fours à oxygène ou pour la production de verre riche en bore (verre de fibres, laine de verre) car ils sont très résistants aux vapeurs corrosives émises.

Les réfractaires alumineux électro-fondus ne bullent pas au contact du verre et présentent une très bonne résistance à la corrosion. Ils sont utilisés en cuve et en sole de canal des fours à verre plat ou en amont des canaux des fours de conditionnement. Les réfractaires alumineux frittés sont principalement utilisés dans les auges de feeder en aval des fours conditionnement. Ils sont constitués de matières premières alumineuses pures (alumine électro-fondue, alumine tabulaire). Certaines usines de verre creux utilisent également des réfractaires de zircon-mullite en auge de feeder mais ce réfractaire peut être à l'origine de défauts.

Le régénérateur – le poumon du four – a également été l'objet de l'attention de nombreux réfractoristes rivalisant d'inventivité en ce qui concerne le format des pièces et dans une moindre mesure des compositions chimiques. On peut distinguer trois étapes dans l'évolution des matériaux utilisés pour les empilages : les débuts avec les briques de silice ou d'argileux, puis l'apparition des produits basiques en 1960 – pour résister aux alcalins – finalement supplantés par les matériaux électro-fondus cruciformes – introduits dans les années 1970 – auxquels les réfractaires frittés tentent de résister avec l'apparition des poteries. La durée de vie de cette partie essentielle d'un four moderne est passée de 2 ans (silice), à 4-5 ans avec les basiques, aujourd'hui des campagnes de 10 ans et plus sont possibles en utilisant des cruciformes électro-fondus (introduction en 1977) et des poteries basiques.

La corrosion des réfractaires de cuve dans la la zone de fusion du verre

La figure 4.16 présente les microstructures de trois réfractaires monophasés en contact avec du verre chaud (haute teneur zircone, zircon dense, chrome-alumine). Le couple réfractaire/verre le plus répandu dans l'industrie du verre est formé par l'association du verre sodo-calcique avec les réfractaires AZS. La corrosion du réfractaire par le verre fait intervenir différents paramètres :

- **la diffusion :** la corrosion est directement liée à la solubilité des constituants du réfractaire dans le verre. Le verre s'enrichit rapidement au contact du réfractaire, la corrosion est ensuite freinée au fur et à mesure que le verre proche de la paroi tend vers la saturation ;
- **le courant de tirée :** dans les conditions réelles, il existe dans les fours à coulée continue un courant horizontal, la tirée du four, qui empêche l'obtention d'un équilibre. En pratique le courant de verre n'interagit qu'avec une fraction très réduite de la couche limite de diffusion, car la vitesse, élevée au centre du four, est très faible au contact des parois ;
- **la convection thermique :** la convection thermique impose au verre un mouvement vertical souvent plus important que la tirée. Dans les fours à flammes, la corrosion est en moyenne plus élevée dans la partie supérieure du four. Dans les fours électriques, l'énergie est apportée dans la masse du verre, le maximum de corrosion se situe à mi-hauteur du bloc ;
- **la convection par densité :** dans le cas du verre sodo-calcique, la densité de la couche limite est supérieure à celle du verre sain du fait de la dissolution de

l'alumine des réfractaires AZS. Le flux de densité est donc dirigé verticalement de haut en bas. La corrosion des blocs de cuve décroît du haut vers le bas ;

- **la convection aux interfaces :** Brückner a fortement contribué à éclaircir les phénomènes agissant lors de la corrosion par l'effet de la convection aux interfaces dans les fours à flammes. Ce moteur de convection accélère l'échange de matière, et ainsi la corrosion.

Accompagnant l'évolution de la chimie des réfractaires, le perfectionnement des outils et techniques de production a permis de produire des blocs toujours plus grands limitant ainsi la corrosion au niveau des joints. D'autre part, de gros efforts ont été entrepris pour améliorer l'homogénéité des pièces et la constance des productions au sein d'une industrie finalement assez peu mécanisée. Ces efforts accompagnent les progrès réalisés par les verriers pour tirer le maximum de leurs installation de fusion et de la maîtrise de la chimie du verre, tant est si bien que l'on assiste à une explosion du tonnage de verre (sodo-calcique) produit par m^2 de surface de fusion : 2 000 t/m^2 en 1960, 5 000 t/m^2 en 1980 et 10 000 t/m^2 en 2000. Cette croissance s'est faite par l'augmentation de la tirée spécifique et par l'accroissement de la durée des campagnes de fusion, résultat des efforts conjugués des verriers et des réfractoristes.

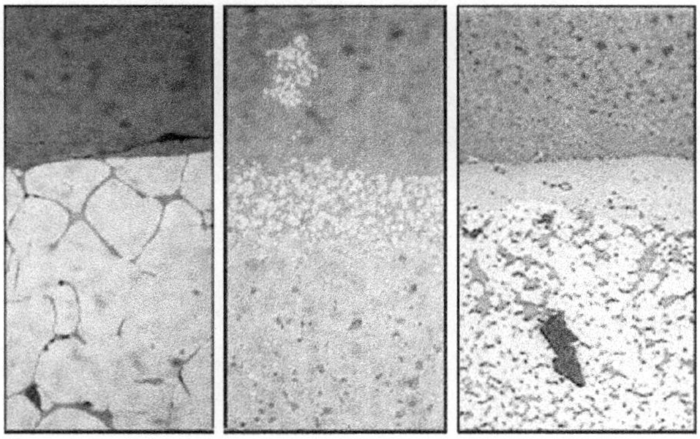

Figure 4.16 – Comportement de trois réfractaires monophasés en contact avec du verre chaud (haute teneur zircone, zircon dense, chrome-alumine

4.6 Conclusion

Les réfractaires constituent une famille très étendue de céramiques. À ces matériaux, nous pouvons associer un certain nombre de mots clés caractérisant en quelque sorte leur complexité : hétérogénéité, diversité des assemblages agrégats/liaison/additifs, réseau capillaire, corrosion par des processus physico-chimiques hors équilibre, non-linéarité du comportement thermomécanique, effet d'échelle.

Apprécier l'aptitude d'un produit réfractaire dans un contexte industriel nécessite une approche scientifique er technique pluridisciplinaire faisant appel à des connaissances de base en génie des matériaux et des procédés, en thermique, en thermomécanique et en physico-chimie des hautes températures. L'amélioration de la longévité des réfractaires passe par les axes de progrès suivants :

- des critères de choix des matériaux basés sur une meilleure connaissance des sollicitations ;
- des propriétés d'emploi en constante amélioration ;
- le développement de nouveaux matériaux ;
- la maîtrise des contraintes thermomécaniques dans les revêtements ;
- une mise en œuvre soignée des réfractaires.

4.7 Bibliographie

ALIPRANDI G., *Matériaux Réfractaires et Céramiques Techniques*, éditions Septima, Paris, 1979.

CARNIGLIA S. C. et BARNA G. L., *Handbook of Industrial Refractories Technology : Principles, types, properties and applications*, Noyes Publications, 1992.

FRICK P., *Le verre*, 1901.

JOUENNE C. A., *Traité de Céramiques et Matériaux Minéraux*, Septima, Paris, 2001.

LAPOUJADE P., LE MAT Y., DEVIDTS P., *Traité pratique sur l'utilisation des produits réfractaires*, éditions H. Vial, 1986.

Refractories Handbook, The Technical Association of Refractories, Tarj Japon, 1998.

SCHACHT Ch. A., *Refractory linings : Thermomechanical design and applications. Mechanical engineering*, Dekker M. Inc., New York, 1995.

5 Les matériaux composites à matrice céramique et fibre longue

Coordonnateur : René Pailler
Co-auteur : Michel Bourgeon

Ce chapitre traitera des méthodes d'élaboration et des différentes applications actuelles ou potentielles des matériaux composites à matrice céramique.

5.1 Introduction

L'association de matériaux aux propriétés complémentaires est une constance dans les matériaux développés par la nature. En effet, depuis la simple tige de roseau (fibrilles de cellulose au sein d'une matrice d'hémicellulose) au tendon dont les structures imbriquées sont beaucoup plus complexes, la nature a su mettre en œuvre des architectures associant des renforts à une matrice enrobant ces derniers.

L'homme a su quant à lui développer des matériaux composites dès l'Antiquité, comme des murs en torchis (constitués d'herbes ou de pailles enrobées dans une terre argileuse afin d'obtenir de meilleures résistances aux contraintes mécaniques et aux intempéries).

Mais ce n'est que depuis un demi-siècle que l'homme a imaginé des matériaux présentant des caractéristiques mécaniques spécifiques élevées en associant des fibres de verre ou de carbone avec des matrices polymériques (module spécifique triple de celui de l'acier et contrainte spécifique à rupture dix fois celle de l'acier). Si les premiers composites avaient plutôt un rôle structural, ils n'étaient pas conçus pour être portés en température dans des milieux très agressifs.

Certaines céramiques présentent une bonne inertie chimique, une faible masse volumique et sont généralement réfractaires. En revanche, elles sont particulièrement sensibles aux défauts et montrent un comportement élastique fragile qui limite leur utilisation. Afin de remédier à cet inconvénient majeur, ont été imaginés puis fabriqués les matériaux composites à matrice céramique dont la résistance au choc est sans commune mesure avec celle des céramiques. Ces matériaux sont le résultat de l'association d'une fibre céramique et d'une matrice céramique. C'est ainsi que les matériaux composites C_f/C_m (C pour carbone, $_f$ pour fibre et $_m$ pour matrice) ont été introduits en remplacement des cols de tuyère en tungstène, permettant une diminution considérable de leur masse (d_w = 19,3 et $d_{C/C}$ 1,9) tout en conservant une bonne résistance à l'ablation. Ces composites C/C obtenus par densification de préformes multidirectionnelles (2D, 3D, voire 4D) par des procédés voie liquide (multi-imprégnation/pyrolyse de précurseurs de carbone liquides) ou voie gazeuse (infiltration chimique en phase gazeuse de méthane) ont trouvé de nombreuses applications : pièces chaudes de tuyère (cols et divergents déployables), soles de fours ou puits de chaleur pour le freinage aéronautique.

Devant la faible résistance à l'oxydation des C/C, a été imaginé dans les années 1974-1978 le remplacement d'une partie de la matrice de carbone des composites C/C par du carbure de silicium afin de limiter leur oxydation. Le remplacement d'une partie plus importante de cette matrice par du carbure de silicium a conduit au concept de matériau composite à matrice céramique, dit CMC. L'objectif d'accroissement de leur tenue en température sous air a amené les concepteurs à remplacer les fibres de carbone par des fibres base SiC (nouvellement commercialisées à l'époque par la société Nippon Carbon sous le nom de Nicalon) plus résistante à l'oxydation que celles de carbone. Le remplacement totale de la matrice de carbone par du SiC a conduit, dans un premier temps, à des matériaux fragiles. Cette fragilité a pu être levée en introduisant entre fibre et matrice une phase lamellaire de pyrocarbone, l'interphase dont le rôle est de dévier les fissures générées dans la matrice céramique lors de la mise en charge du composite. Des recherches fondamentales associées à des travaux de recherche-développement ont conduit à des matériaux de plus en plus performants. Ceux-ci ont profité à la fois du concept d'interface forte, de l'amélioration des fibres mais aussi du remplacement progressif des matrices monolithiques par des matrices séquencées autocicatrisantes.

5.2 Stratégie et historique des composites thermostructuraux chez Snecma Propulsion Solide

5.2.1 Stratégie

Les composites C/C, découverts fortuitement aux USA dans les années 1950, ont été développés premièrement aux États-Unis puis en France à partir de 1971 chez la SEP (Société Européenne de Propulsion, devenue successivement Snecma Propulsion

Solide et Herakles) qui acheta une licence aux USA sur la densification des C/C en 1974.

C'est à partir de cette époque que des recherches poussées furent développées dans le but de concevoir des matériaux composites à matrice céramique tenaces alliant légèreté et tenue en température sous des sollicitations mécaniques et dans des environnements agressifs. Ces études avaient initialement pour but de concevoir et de réaliser des pièces en relation avec les activités spatiales et militaires liées à des durées d'utilisation relativement courtes, puis plus récemment avec l'aéronautique civile avec pour corolaire des durées d'utilisation beaucoup plus longues.

Deux fils directeurs orientaient et continuent à orienter ces études : le gain de masse et la performance.

Le gain de masse :

- dans le domaine spatial : ceci se traduit par un accroissement de la masse utile embarquée grâce au remplacement des métaux et alliages lourds employés dans les lanceurs (tungstène, inconel) par des CMC dont la densité est de l'ordre de 2 à 3 ;
- dans le domaine aéronautique : ceci se traduit par une diminution de la consommation de carburant et un impact sur l'environnement (limitation des rejets de CO_2 et des NOx, diminution des nuisances sonores...), grâce au remplacement des métaux tels l'inconel et le titane par des CMC de type SiC/SiC adaptés et les aciers des disques de frein par des C/C.

La performance :

- dans le domaine spatial : ceci se traduit par une meilleure stabilité de la géométrie des cols de tuyère avec pour conséquence une meilleure précision dans la mise en orbite par exemple ;
- dans le domaine aéronautique : ceci se traduit par un accroissement de la performance des moteurs d'avions (avec pour conséquence une diminution des nuisances environnementales), en agissant sur la température de fonctionnement (T_f). Cette action, commencée depuis de nombreuses années, a permis en travaillant sur des inconels d'augmenter progressivement la température de fonctionnement en revêtant ces métaux de barrières thermiques (T_f = 1 000 °C) puis en combinant l'emploi de ces barrières avec un refroidissement des pièces (T_f = 1 100 °C) (le remplacement des aubes en inconel refroidies par des aubes monocristallines en inconel permettant de gagner encore en température étant réservé, du fait de leurs coûts prohibitifs, aux avions militaires). Le remplacement visé aujourd'hui est le passage aux CMC avec un gain espéré de plusieurs centaines de degrés et des gains en rendement de l'ordre de 20 %.

Les freins en C/C permettent outre le gain de masse déjà mentionné, un gain en durée de vie mais aussi en stabilité et en énergie stockée lors des freinages de détresse incomparable (fusion pour les aciers contre matériau peu endommagé dans l'autre cas).

5.2.2 Petit historique

La figure 5.1 présente, dans le cadre des travaux développés chez SPS, l'utilisation des composites dans différents secteurs et leur date d'apparition. Les premiers C/C furent réalisés pour la propulsion stratégique à partir des années 1970 et ont été introduits dernièrement dans le missile balistique M51. Ils sont employés dans les cols de tuyère des boosters du lanceur Ariane V, dans les divergents des lanceurs (Delta IV, VINCI, VEGA), dans le démonstrateur du futur véhicule spatial européen IXV (*Intermediate eXperimental Vehicle*) et dans les disques de frein d'avion à partir des années 1984-1985. Cette dernière application fut un succès et la plupart des avions civils et militaires de moyenne et de grande capacité emploient aujourd'hui ce type de matériau. Cette production de masse (plusieurs centaines de tonnes par an) permit d'améliorer les procédés et de faire baisser les coûts. Elle donna naissance à des produits de niche industrielle tels que (i) des soles de four permettant de traiter thermiquement des pièces métalliques ou des dispositifs permettant de les cémenter, (ii) des rouleaux d'imprimerie ou de laminoir devant combiner légèreté et résistance à l'abrasion, (iii) des dispositifs de vannage à très haute température, (iv) des bols de tirage de silicium monocristallin…, mais ils s'imposèrent aussi en tant que disques de frein pour la compétition automobile de haut niveau.

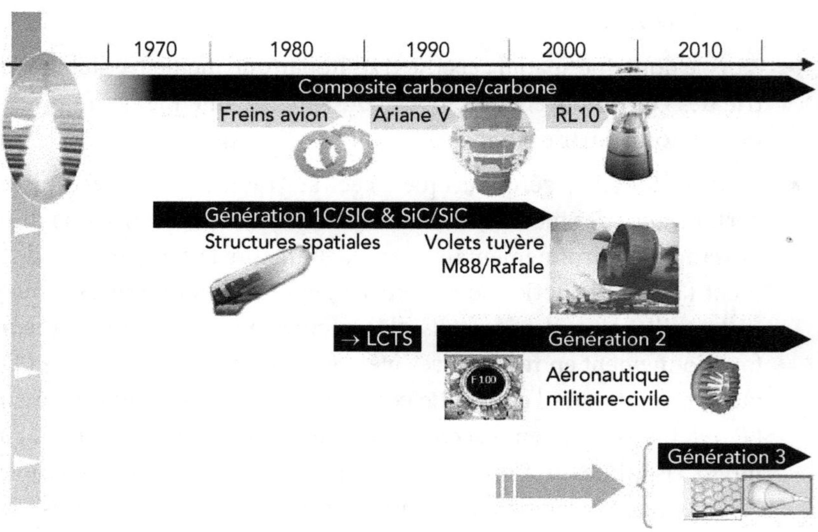

Figure 5.1 – Historique des CMC chez Snecma-Propulsion-Solide

Le passage à l'utilisation de ces composites dans des milieux oxydants à haute température a conduit, dans les années 1970-1980, aux matériaux C/SiC et SiC/SiC. Ils furent développés dans un premier temps pour répondre aux besoins de protection thermique des engins spatiaux lors des rentrées atmosphériques (quelques heures pour des entrées cumulées), tel le projet Hermès, et en second lieu pour des applications aéronautiques militaires dont les durées d'utilisation devaient dépasser quelques milliers d'heures.

La première génération de CMC, CERASEP SERIE A300, développée par SPS fut élaborée en se servant de la fibre Nicalon CG (Céramique Grade) de chez Nippon Carbon comme renfort sous la forme de tissus 2D, d'une matrice en SiC et d'un traitement de finition obtenus par CVI. Même si ces matériaux présentaient de bonnes caractéristiques mécaniques, ils demeuraient sensibles à l'oxydation et présentaient des durées de vie courtes lorsqu'ils étaient sollicités au-delà de leur limite élastique.

En parallèle, SPS développa les SEPCARBINOX composés d'une préforme de carbone multicouche, d'une matrice de SiC ainsi que d'un traitement de surface approprié. Le A262 de cette série permis de répondre à la demande de pièces travaillant dans des atmosphères oxydantes et à des températures inférieures à 700 °C comme les volets externes du moteur M88 du Rafale qui sont produits de nos jours en série.

Pour accroître la durée de vie des CMC dans le domaine de température 400-1 400 °C, SPS associa des fibres de carbure de silicium Nicalon, Hi-Nicalon ou Hi-Nicalon S au sein de préformes multicouches (en vue de limiter la sensibilité au délaminage) à une matrice autocicatrisante conduisant respectivement aux matériaux CERASEP A400, A410 ou A 430. Le remplacement des fibres de chez Nippon Carbon par des fibres de carbone permit de baisser considérablement le coût de fabrication et donna naissance au SEPCARBINOX A500.

Le A410 et le A500 montrèrent leur supériorité en stabilité mécanique et en durée de vie par rapport aux matériaux américains en tant que matériau de remplacement des volets chauds des tuyères de l'avion américain F100.

Un nouveau pari a été fait sur l'utilisation des CMC dans les moteurs d'avion civil, c'est ce qu'illustre la figure 5.2. Pratiquement tous les moteurs des futurs avions civils de Airbus et de Boeing (respectivement A320 Néo et B737 MAX) comporteront des pièces chaudes élaborées par GE (*General Electric*) ou SPS (*Snecma Propulsion Solide*). La plupart des pièces représentées sur ce schéma ont été réalisées et testées dans des conditions proches de celles qu'elles subiront en service et ont répondu au moins en partie aux caractéristiques attendues.

Le matériau A40C et ses diverses versions ont permis d'accroître les durées de vie en service et de diminuer les coûts de production. Ces nouveaux matériaux devront lever certaines incertitudes concernant la possibilité de les utiliser pendant des durées dépassant plusieurs dizaines de milliers d'heures.

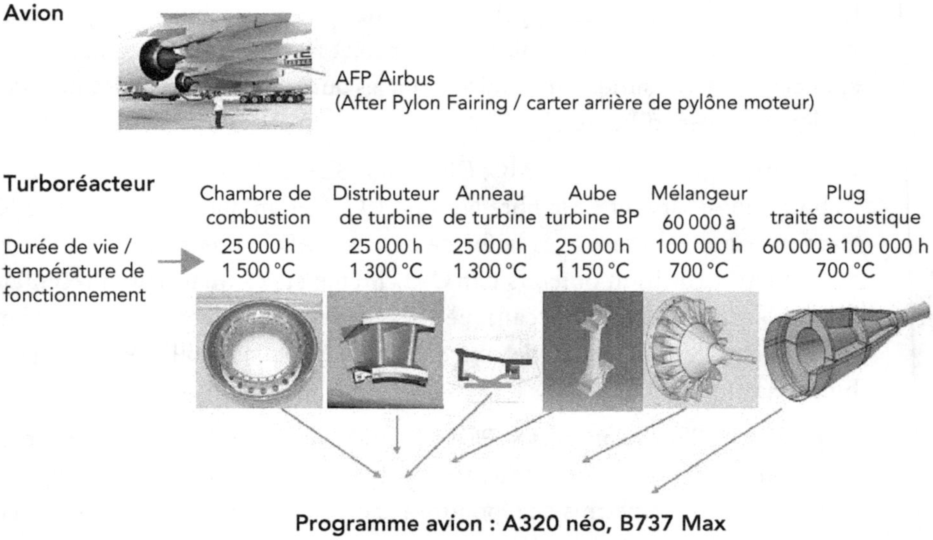

Figure 5.2 – Pièces en CMC devant être implantées dans les nouveaux moteurs Snecma/GE (aéronautique civile)

5.3 Méthodes d'élaboration

Les matériaux composites à matrice céramique sont de manière générale obtenus en deux étapes : la première correspond à la réalisation d'une préforme fibreuse en vue d'obtenir une ébauche aux dimensions se rapprochant au plus près de celles du matériau final. Cette ébauche intègre les renforts avec des directions privilégiées établies en fonction des chargements calculés de la pièce finale et est en général consolidée par une voie liquide, solide ou gazeuse. Cette consolidation a pour but de figer cette pièce dans la configuration souhaitée avant sa densification finale qui pourra être suivie, selon l'utilisation envisagée, du dépôt d'un revêtement protecteur externe pouvant jouer le rôle de barrière thermique et/ou de barrière environnementale.

5.3.1 Renfort et préforme

Le choix des fibres constituant la préforme est dicté par diverses considérations telles que la tenue en température, le module de Young, leurs coefficients de dilatation, leur résistance à l'oxydation et au fluage mais aussi leur coût. Trois types de fibres céramiques sont généralement utilisés pour réaliser des préformes fibreuses en vue de l'élaboration de matériaux composites à matrice céramique.

- **Les fibres de carbone** constituent une famille très large tant d'un point de vue des précurseurs leur ayant donné naissance (Polyacrylonitrile (PAN), brais, cellulose reconstituée...) que de leurs propriétés, puisqu'elles peuvent – selon les précurseurs employés et les traitements thermiques appliqués – présenter des modules faibles de l'ordre de quelques dizaines de GPa ou des modules très élevés de plusieurs centaines de GPa, voire 1 TPa (tableau 5.1).

Tableau 5.1 – Caractéristiques de quelques fibres céramiques
[Source : Krenkel W.]

Producteur / Fibre	Composition Massique	Diamètre (µm)	Densité	Contrainte à rupture (MPa)*	Module de Young (GPa)	Prix (k€/kg)
Toray Industries Torayca T300	90 %C, 9 %N, 1 %H	7	1,76	3 530	230	0,053
Toray Industries Torayca M60J	99 %C	5	1,94	3 920	588	1,5
Nippon Graphite Fiber Co XN05	–	10	1,65	1 250	50	–
Nippon Carbon Nicalon NL 202	56 %Si, 13 %O, 29 %C	15	2,55	3 000	200	1,0
Nippon Carbon Hi-Nicalon	63 %Si, 0,8 %O, 37 %C	14	2,74	2 800	270	3,2
Ube Industrie Tyranno SA3	49 %Si, 51 %C	8	3,1	2 700	387	6,5
3M Nextel 650	89 %Al_2O_3, 10 % ZrO_2, 1 % Y_2O_3	11,2	3,9	2 300	370	–
3M Nextel 720	85 % Al_2O_3, 15 % SiO_2	12,5	3,4	2 100	260	0,8

*longueur de jauge : 25 mm

- **Les fibres à base de carbure de silicium** se déclinent selon trois générations :
  - celles de première génération sont obtenues par le filage à l'état fondu d'un polycarbosilane, sa stabilisation par une oxydation ménagée afin de conserver la forme circulaire et une étape finale de pyrolyse/céramisation,

 - ▹ celles de seconde génération se distinguent des premières par un faible taux d'oxygène,
 - ▹ celles de troisième génération par une composition proche de celle du carbure de silicium pur.

 Globalement leur module de Young et leur stabilité thermique croissent avec leur teneur décroissante en oxygène (tableau 5.1).

- **Les fibres oxydes à haute teneur en alumine** sont obtenues à partir d'un précurseur constitué le plus souvent d'une solution aqueuse, d'un sel basique d'aluminium associé à des particules d'alumine sub-microniques et/ou à un polymère organique de masse moléculaire élevée permettant d'ajuster la viscosité du mélange à une valeur (~ 100 Pa.s à 30 °C) compatible avec une opération de fibrage. La fibre crue obtenue est traitée en température sous air pour donner une fibre en corindon ou en un mélange de phases dépendant de la nature et de la quantité des ajouts (SiO_2, B_2O_3, ZrO_2, Y_2O_3) (tableau 5.1).

Les fibres longues, avant d'être utilisées au sein d'un composite, sont assemblées le plus souvent sous forme de fils comportant de quelques centaines à plusieurs milliers de filaments unitaires revêtus de manière individuelle d'une matrice organique fugitive, ou ensimage (agent de liaison assurant la cohésion des filaments entre eux et évitant la formation de charges électrostatiques), voire même d'un guipage (enroulement hélicoïdal d'un fil servant de protection autour du fil de renfort) afin d'assurer à la fois leur protection contre l'abrasion (les céramiques et tout particulièrement les fibres céramiques sont très sensibles à l'abrasion qui crée des défauts de surface entrainant la chute de leur contrainte à rupture) et leur manipulation (tissage, bobinage, drapage...).

Les fils ainsi obtenus peuvent être assemblés sous forme de (figure 5.3) :

- semi-produits (feutres, nappes unidirectionnelles, rubans, tresses, tissus 2D : satin, taffetas, sergé, toile...) ;
- préformes 3D ;
- préformes 4D.

Toile | Satin de 5 | Sergé 2 × 2 | leno | Guipex | Tissus multi-couches | Préforme 3D

Figure 5.3 – Différents types de semi-produits et de préformes

Afin d'obtenir des matériaux composites, les semi-produits peuvent être empilés et maintenus par des outils donnant la forme et la taille de la préforme finale.

La fraction volumique de fibres et la porosité initiale peuvent alors être contrôlées par la compression plus ou moins importante de l'empilement.

L'emploi de résines organiques ou organométalliques, associées aux fils, aux nappes ou aux tissus, permet d'obtenir, après une première pyrolyse, une préforme mécaniquement manipulable et usinable et de retirer les outils. Une autre manière de consolider la préforme est de l'infiltrer par une technique CVI lors d'une première étape de densification au sein d'outils spécifiques.

Les techniques d'enroulement filamentaire propres aux composites organiques ont été reprises en travaillant avec des fils mais aussi avec des rubans afin d'obtenir des préformes fibreuses donnant des pièces variées souvent de révolution (tubes, réservoirs, cylindres, cônes, etc.).

Le cisaillement inter-strate, très faible dans les composites obtenus par empilement de strates ou de tissus puis densification, a été accru par l'emploi d'une méthode d'aiguilletage qui consiste à lier entre elles les couches de fibres (rubans, nappes, tissus) en transférant dans la 3e direction (direction perpendiculaire aux strates) des fibres d'une couche supérieure dans les couches inférieures, ceci grâce à une aiguille munie d'un petit harpon (figure 5.4). L'étape d'aiguilletage est répétée à chaque couche ce qui entraîne une excellente homogénéité de la préforme. Cette technique a été développée sur des nappes ou des tissus de fibres de polyacrylonitrile préoxydées, puis transférée sur des tissus de fibres de carbone. Cette technique fournit une préforme manipulable sans utilisation de liant organique ou de consolidation CVI.

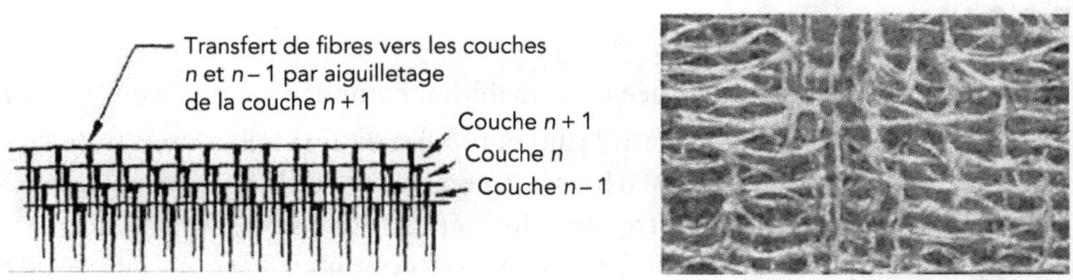

Figure 5.4 – Schéma de principe du procédé d'aiguilletage et préforme obtenue vue en coupe montrant l'intrication des fils dans la troisième direction

[Source : Snecma-Propulsion-Solide]

Une autre façon d'obtenir des préformes manipulables est de réaliser des textures 3D par des métiers à tisser tridimensionnels ou des machines à tricoter (figures 5.5 et 5.6a), voire 4D obtenues par le positionnement dans un gabarit de baguettes de fibres de carbone extrudées, selon les 4 diagonales principales d'un cube (figure 5.6b).

Figure 5.5 – Métier à tisser tridimensionnel et machine de tricotage montrant la réalisation de préformes en fibre de carbone [1,3]

a b

Figure 5.6 – Préformes a) 3D de chez EADS et b) 4D de chez SPS

5.3.2 L'interphase

L'interphase est constituée d'un matériau compliant le plus souvent lamellaire de faible épaisseur (0,05 à 1-2 µm) et présentant une faible contrainte de cisaillement inter-strates. Elle est déposée généralement sur la fibre avant la densification matricielle, mais peut être aussi formée in-situ par décomposition de la fibre par exemple. La fonction principale de cette interphase est de bloquer ou de dévier les fissures matricielles, évitant ainsi aux fibres de se rompre par un effet d'entaille. Les figures 5.7a et 5.7b montrent la déviation d'une fissure matricielle d'un mode I perpendiculaire à la fibre à un mode II parallèle à la surface de cette dernière.

D'autres fonctions lui sont assignées comme le transfert de charge entre fibre et matrice, la protection des fibres du milieu extérieur ou de la matrice lors de sa formation ou lors de son utilisation. Elle peut aussi absorber les contraintes d'origine thermique provenant des coefficients de dilatation différents des fibres et de la matrice et ainsi limiter l'endommagement matriciel après élaboration.

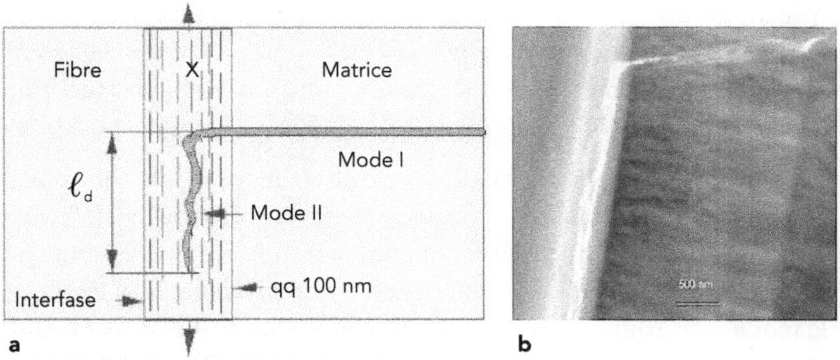

Figure 5.7 – Interphase lamellaire : a) Représentation schématique et b) Composite SiC/SiC à interphase pyrocarbone

[Source : Naslain R., « The design of the fibre-matrix interfacial zone in ceramic matrix composites », *Composites Part A : Applied Science and Manufacturing*, vol. 29, 1998, pp. 1145-1155]

Son action mécanique est schématisée à la figure 5.8, sans interphase la rupture de la matrice entraîne immédiatement la rupture des fibres et le CMC présente un comportement fragile, alors qu'en présence d'une interphase le comportement est dit élastique-endommageable, la matrice se fissure progressivement jusqu'à ce que seules les fibres supportent la charge totale et rompent. Cependant, une force de la liaison fibre/interphase trop forte conduit à un comportement fragile alors qu'une liaison trop faible conduit à une courbe à plateau (la contrainte ne croît pratiquement plus alors que la déformation augmente).

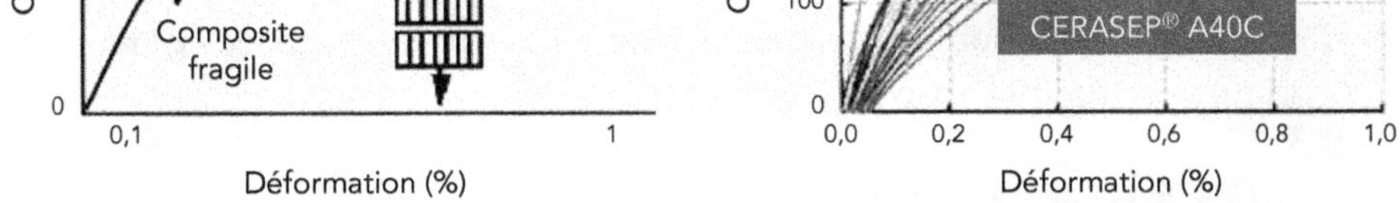

Figure 5.8 – Comportements mécaniques en traction de CMC

Quoique plusieurs types d'interphase aient été imaginés : interphase homogène lamellaire ou non à liaison fibre/interphase faible ou forte, interphase lamellaire artificielle et poreuse. Celles qui conduisent à des CMC présentant un comportement mécanique optimal sont celles à structure cristalline lamellaire naturelle, comme le pyrocarbone ou le nitrure de bore hexagonal, ou celles lamellaires élaborées artificiellement, comme les interphases multicouches nanostructurées ou microstructurées ($(PyC\text{-}SiC)_n$ ou $(BN\text{-}SiC)_n$).

De manière générale, les meilleurs résultats mécaniques sont obtenus pour des composites comportant une interphase présentant des couches faiblement liées entre elles associée à des liaisons fibre/interphase fortes. La figure 5.8 montre que les matériaux Cerasep A400 et A40C ont des comportements semblables, hormis le fait que le module de Young du second est plus faible du fait d'une part non négligeable de céramique issue de la pyrolyse d'un précurseur organo-silicié.

Les interphases poreuses, quant à elles, permettent d'observer un comportement mécanique non fragile mais conduisent à des matériaux le plus souvent peu résistants à la fatigue.

L'interphase dans des composites à matrice oxyde poreuse ou dans des C/C peut ne pas être nécessaire comme cela sera développé au niveau de l'élaboration de certains composites.

5.3.3 Méthodes d'élaboration de la matrice

Le rôle de la matrice est d'enrober les fibres afin de les protéger de l'agression du milieu extérieur, tant mécanique que chimique, de transférer les charges appliquées au composite vers le renfort et de maintenir le renfort selon les axes privilégiés de chargement.

Les modes d'élaboration utilisés dépendent étroitement des propriétés du renfort (caractéristiques mécaniques, stabilité chimique, tenue en température...) mais aussi de la matrice qui va lui être associée. Certains procédés comme la CVI permettent de limiter (i) les contraintes d'origines mécaniques exercées sur le renfort et (ii) la réactivité avec le renfort du fait de la température de mise en œuvre relativement basse. Par contre, d'autres procédés comme la compression à chaud classique ou le Frittage Flash (connu sous le nom de SPS pour Spark Plasma Sintering) nécessitent à la fois des pressions ou des températures élevées, sources de dégradations mécaniques ou thermochimiques du renfort.

La voie gazeuse ou CVI

Le dépôt chimique en phase vapeur (DCPV) ou CVD (*Chemical Vapour Deposition*) est un processus physico-chimique complexe au cours duquel une phase solide se forme au contact d'un substrat par réaction chimique à partir d'une ou de plusieurs espèces gazeuses. La réaction chimique peut être une simple décomposition (obtention de pyrocarbone par cracking de méthane), une réduction (celle du BCl_3 par de l'hydrogène), une hydrolyse ou bien une oxydation (formation d'alumine à partir de $AlCl_3$-CO_2-H_2). Ces réactions sont le plus souvent activées par la température.

L'infiltration chimique en phase vapeur (ICPV) ou CVI (*Chemical Vapour Infiltration*) dérive directement de la CVD. Elle permet de densifier un substrat poreux (constitué dans le cas des composites fibreux d'un arrangement dans l'espace de fibres ou de fils céramiques (préforme)) à l'aide d'un solide qui se forme par réaction chimique à partir d'un précurseur gazeux. Elle se déroule en deux étapes :

- *la réalisation de la préforme* : cette dernière est réalisée comme décrite précédemment, elle peut être employée telle quelle si son maintien est suffisant ou entre outillages lors des premiers temps de l'infiltration. Elle peut être aussi consolidée au préalable par imprégnation d'une résine suivie d'une pyrolyse afin de réaliser des pontages entre fils et de lui conférer une tenue mécanique suffisante lors des manipulations et de sa densification finale par CVI.
- *la densification de la préforme fibreuse par CVI* : l'objectif de la CVI appliquée aux composites est de remplir de la manière la plus complète et homogène possible la porosité de la préforme, c'est-à-dire les pores intra-fils mais aussi les pores inter-fils en limitant au maximum les gradients de dépôt entre le cœur et la surface des échantillons. Afin de réaliser cela, il convient donc, par un choix judicieux des conditions expérimentales, de favoriser le dépôt au cœur de la préforme aux dépens de celui de surface et de retarder ainsi la fermeture prématurée des pores de surface qui alimentent en espèces gazeuses l'intérieur de la préforme.

ICVI ou CVI isotherme-isobare (Isothermal Chemical Vapour Infiltration)

Cette technique permet d'introduire une ou plusieurs préformes au sein d'un même réacteur à parois chaudes alimentés avec un mélange gazeux réactionnel nécessaire au dépôt de la matrice céramique.

L'optimisation de l'infiltration, pour une préforme et pour un système chimique donnés, c'est-à-dire la limitation des gradients de dépôt, passe par la maîtrise des paramètres de dépôt : température, pression (incluant les pressions partielles des différents réactifs) et, dans une moindre mesure, débit total. De manière générale, plus les valeurs de ces paramètres sont élevées, plus le dépôt est confiné à la surface de l'échantillon. Inversement des températures et des pressions plus faibles favorisent une infiltration à cœur des préformes. La densification se traduit, lorsqu'elle est bien menée, par une diminution de la taille des pores, pour conduire selon le type de préforme à un CMC présentant une porosité finale de l'ordre de 15 % et un léger gradient de densité entre le cœur et la peau du composite (la densité maximale étant en surface).

Le débit total, s'il est suffisant (c'est-à-dire si l'appauvrissement de la phase gazeuse n'est pas important) va, dans certains cas, se traduire par un temps de résidence des gaz au sein du four plus ou moins long ayant pour conséquence une maturation de la phase gazeuse plus ou moins avancée, particulièrement dans le cas du dépôt de pyrocarbone, et conduire à des infiltrations et des dépôts différents.

Au niveau industriel, la durée d'infiltration doit être limitée pour abaisser les coûts de production, ceci est réalisé en optimisant les conditions de dépôt et en les faisant varier entre le début et la fin de la densification, mais aussi en arrêtant la densification et en procédant à l'écroutage des pièces afin de rouvrir l'accès des pores aux espèces réactives avant une nouvelle étape d'infiltration.

Les principaux avantages de l'ICVI sont :

- la possibilité de mettre une très grande quantité de pièces de taille et/ou de forme variée au sein d'un même réacteur ;
- une technique de mise en œuvre relativement simple ;
- un endommagement du renfort limité du fait de la température limitée de dépôt ;
- la possibilité de modifier les gaz au sein du réacteur et ainsi de faire varier la composition chimique du dépôt au cours du temps. Dans un même réacteur, il est possible d'enchaîner le dépôt d'une interphase (pyrocarbone ou nitrure de bore hexagonal), d'une matrice massive ou séquencée (SiC ou matrice autocicatrisante) et d'un revêtement de surface protecteur contre l'oxydation ou l'abrasion.

Principe de fonctionnement de l'ICVI

Dans un four à parois chaudes, le procédé ICVI peut être décrit par une succession de différentes étapes comme présentées à la figure 5.9 :

1. transport par convection forcée des gaz réactifs de l'entrée du réacteur vers la zone chaude de dépôt ;
2. réactions homogènes de ces gaz conduisant à la formation d'espèces intermédiaires ;
3. transport par diffusion des espèces intermédiaires à travers la couche limite comme en CVD mais aussi à travers le réseau poreux jusqu'au cœur de la préforme (le moteur de la diffusion de ces espèces étant le gradient de composition entre la surface et le cœur du matériau). Cette étape devient prépondérante car elle va gérer les flux gazeux et conduire à des gradients plus ou moins importants de dépôt.
4. L'étape précédente est couplée à l'étape des réactions chimiques hétérogènes.

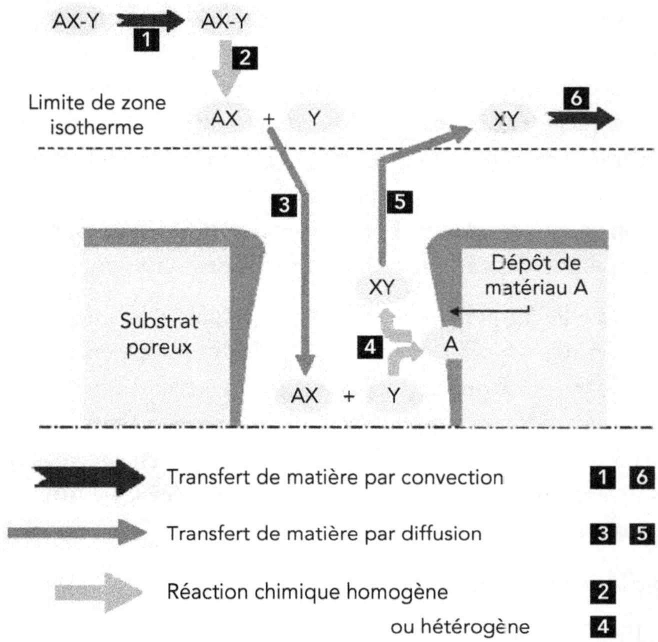

Figure 5.9 – Schéma de principe des étapes conduisant à la densification d'une préforme

[Source : Langlais F., « Chemical Vapor Infiltration Processing of Ceramic Matrix Composites », vol. 4, chapter 20, Kelly A. and Zweben, UK Elsevier Science Ltd., Carl. Oxford, 2000]

5. L'étape de diffusion des espèces ayant réagi au sein de la préforme vers la surface de la pièce devient aussi une étape cruciale car les produits des réactions hétérogènes s'opposent à la diffusion des espèces sources. En effet, les produits de réaction peuvent constituer des inhibiteurs aux réactions hétérogènes (dans le cas de CVI forcée, les phénomènes de convection l'emportent sur ceux de diffusion).
6. Cette étape correspond à l'évacuation des gaz vers le système pièges/pompe.

D'autres techniques spécifiques ont été inventées en vue souvent de limiter la durée d'infiltration et les gradients de densité dans les composites mais aussi d'accroître le rendement des réactions.

CVI forcée (FCVI – Forced Chemical Vapor Infiltration)

La technique de FCVI favorise le transport par convection forcée alors qu'en ICVI le transport des espèces réactives se fait essentiellement par diffusion. Le transport des précurseurs gazeux est réalisé en imposant un gradient de pression à travers la préforme à densifier. Le précurseur est injecté à une pression P_1 sur une face de la préforme et les gaz résiduels sont évacués par pompage à une pression P_2 ($P_1 > P_2$) sur l'autre face de la préforme. Dans ce cas, les vitesses de densification sont fortement accrues (la durée de densification passant de plusieurs centaines d'heures pour la CVI à quelques dizaines d'heures pour la FCVI). Une variante de cette FCVI consiste à combiner gradient de pression avec gradient de température : une température modérée est appliquée sur la face d'entrée des gaz, afin de compenser la forte concentration en espèces réactives, et une température élevée est maintenue sur la face où a lieu l'extraction des gaz, pour compenser l'appauvrissement de la phase gazeuse.

La technique de FCVI permet de diminuer les durées d'infiltration par rapport à l'ICVI (environ 10-24 h pour une matrice de SiC et seulement quelques heures pour une matrice de pyrocarbone à partir de propylène) avec un taux de conversion élevé. Par contre, le procédé n'est applicable qu'à une seule pièce à la fois, celle-ci devant être de forme simple (disques, tubes...). Il nécessite en outre l'emploi d'outils en graphite souvent onéreux mais nécessaires pour créer les gradients de pression et de température au sein de la préforme.

CVI à gradient thermique

Afin de pallier le manque de flexibilité de la FCVI (une pièce par manipulation et l'utilisation d'outils de maintien complexes), l'utilisation de gradients thermiques seuls sous faibles pressions de précurseurs a été employée.

Des disques en fibres de carbone sont empilés sur un mandrin en graphite dans une chambre d'infiltration à paroi froide. Le chauffage par induction crée un gradient thermique, entre le centre de la préforme et l'extérieur de celle-ci, qui conduit à une densification rapide des disques par le craquage du propane en quelques dizaines d'heures. Cette vitesse élevée de densification (10 fois plus rapide que la CVI) est liée principalement à l'obtention de températures élevées au centre de la préforme (1 200 °C) mais aussi à la nature du gaz précurseur plus réactif que le méthane. Cette technique permet d'obtenir une très bonne homogénéité en densité et de contrôler la microstructure.

La caléfaction

Dénommée aussi *film boiling*, la caléfaction est un procédé d'infiltration chimique en phase vapeur à gradient thermique qui met en œuvre un précurseur sous forme liquide dans lequel une préforme immergée est portée en température par induction soit directement, soit par l'intermédiaire d'un suscepteur. Afin de limiter l'évaporation on associe une tour de condensation qui permet de recycler le précurseur. Cette technique permet d'accroître les vitesses de densification et de déposer des matrices variées (pyrocarbone, BN, Si_3N_4, SiC, SiO_2...). Le précurseur doit être liquide à la température de mise en œuvre et se vaporiser sans se décomposer. La préforme est chauffée à une température supérieure à celle du craquage du précurseur. À son contact, le précurseur se volatilise et alimente en précurseur gazeux le front de réaction, limitant ainsi le long chemin de diffusion nécessaire au transport des gaz réactionnels de l'ICVI et assurant ainsi un très fort transfert de matière. La préforme fibreuse est positionnée autour d'un cylindre de graphite chauffé par induction et l'ensemble est immergé dans un hydrocarbure porté à ébullition. Un système de refroidissement condense les vapeurs du précurseur alors que les molécules de faible poids moléculaire sont éliminées au sommet du réacteur. Durant l'infiltration, le front de densification se déplace à travers la préforme, du suscepteur vers l'extérieur de la préforme, et impose des gradients de température de l'ordre de 400 °C/mm.

Cette technique d'élaboration est surtout, comme toutes les CVI à gradient, limitée à l'élaboration de pièces unitaires et de forme simple ; en outre, elle met en œuvre une puissance importante qui peut être en partie compensée par des durées d'infiltration courtes.

Les voies liquides

Trois voies liquides peuvent être distinguées, celle mettant en œuvre un *précurseur de céramique*, celle mettant en œuvre un métal ou un métalloïde sous forme d'*alliages liquides* et celle mettant en œuvre la *solidification dirigée* d'une composition proche de celle d'un eutectique.

La première voie s'apparente souvent aux techniques mises en œuvre avec les composites à matrice organique. C'est particulièrement le cas des matrices géopolymères dont la mise en œuvre est quasiment identique ou encore des précurseurs organiques tels que les brais, les résines organiques ou organométalliques qui, par réticulation thermique ou/et chimique, conduisent après pyrolyse à la matrice.

L'imprégnation de la préforme par le précurseur de la matrice, que celui-ci soit organique ou inorganique, représente une étape clé de l'élaboration des composites. Pour obtenir les meilleurs résultats, le précurseur doit être suffisamment fluide, mouiller la préforme et avoir une viscosité compatible avec son écoulement dans le réseau poreux.

Différentes techniques d'imprégnation

On peut distinguer :

- celle, ancienne, mettant en œuvre le drapage manuel de pré-imprégnés ou de textures sèches sur un support servant de gabarit en utilisant un rouleau afin de faire pénétrer le précurseur au sein de la préforme (figure 5.10a) ;
- la technique de la bâche à vide qui permet d'éliminer la porosité et d'accéder ainsi à des densités plus élevées que le procédé précédent (figure 5.10b) ;

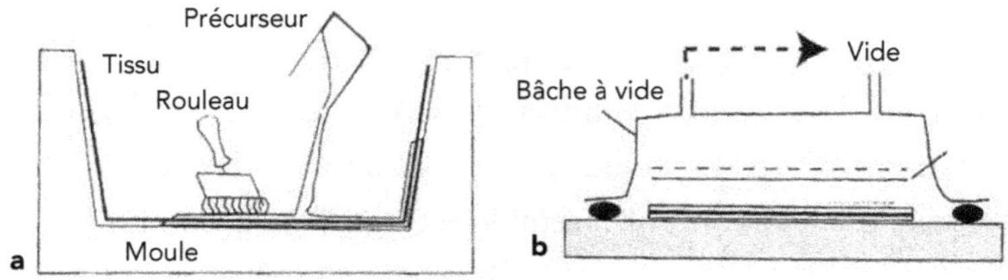

Figure 5.10 – Mise en forme d'un composite a) par un procédé manuel et b) par la technique de la bâche à vide

- l'enroulement filamentaire permet d'obtenir des formes cylindriques en partant de fils ou de rubans pré-imprégnés (ou qui sont imprégnés au moment de l'enroulement) sur un mandrin cylindrique ou des formes plus complexes en partant des mandrins correspondants ;
- le transfert du précurseur sous pression (RTM : *Resin Transfer Molding*) dans un moule contenant la préforme sèche (figure 5.11a) ;

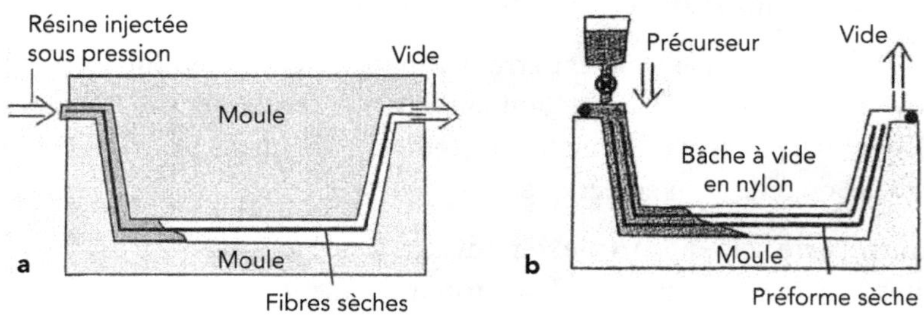

Figure 5.11 – a) Injection d'un précurseur sous pression (RTM) et b) schéma de l'infusion d'un précurseur au sein d'une préforme sèche

- l'infusion se distingue du procédé précédent par une mise sous vide du moule contenant la préforme sèche et son alimentation par le précurseur qui s'écoule sous vide (figure 5.11b).

La technique d'imprégnation-réticulation-pyrolyse ou PIP (Polymer Impregnation-Pyrolysis)

Cette technique (figure 5.12) consiste à :

- imprégner la préforme désirée (3D, empilement de strates 1D ou de tissus) avec un précurseur polymérique de la matrice à obtenir à l'état fondu ou en solution dans un solvant ;
- traiter la préforme imprégnée afin de réaliser la réticulation du précurseur (à une température pouvant atteindre 400 °C sous vide ou sous pression) et/ou l'élimination du solvant. L'utilisation d'un autoclave permet dans certains cas

d'améliorer la densification et d'obtenir un matériau final aux propriétés mécaniques améliorées ;

- puis pyrolyser cette dernière afin de transformer le précurseur en céramique. La vitesse de chauffe conditionne l'état final de la céramique du point de vue de la porosité mais aussi de la fissuration de la matrice. L'atmosphère de pyrolyse est aussi importante puisqu'elle permet, à partir d'un même précurseur de polycarbosilane par exemple, d'obtenir sous gaz neutre une matrice contenant du carbure de silicium et du carbone ou sous une atmosphère de dihydrogène du carbure de silicium pur. Le polyborosiloxane donnera pour sa part un mélange de SiC, B_4C, C et BN sous argon et un mélange Si_3N_4 et BN sous ammoniac, le carbone ayant été éliminé.

Différents précurseurs ont été employés afin d'obtenir des composites C/C (brais de houille ou de pétrole, brais mésophasiques), des composites C/SiC(O,N) ou SiC/SiC à partir de polycarbosilane, polysilazane, polysiloxane, C/SiBCN à partir de polyborosilazane, C/BN à partir de polyborazine ou de composés plus complexes...

Compte tenu du rendement en céramique et du retrait volumique du précurseur lorsqu'il est transformé en céramique, de nombreux cycles d'imprégnation/réticulation/pyrolyse (typiquement 6 à 10 cycles) sont nécessaires afin d'obtenir des propriétés mécaniques acceptables. Toutes ces opérations sont des opérations longues et couteuses. Une possibilité pour diminuer le nombre de cycles est l'utilisation de précurseurs chargés de poudres mais ceci a pour conséquence un accroissement de la viscosité du mélange et une limitation de la pénétration à cœur du matériau.

Des travaux de P. Greil ont montré qu'il était aussi possible d'améliorer le procédé en employant des poudres réactives soit avec l'atmosphère, soit avec les gaz de pyrolyse pouvant compenser au moins partiellement le retrait subi lors de la pyrolyse du précurseur.

Les frères Davidovits ont introduit en France dans les années 1972 les géopolymères. Le principe de fabrication est relativement simple et s'appuie sur l'action d'une base forte (soude ou potasse) sur du métakaolin (du silicate de sodium ou de potassium peut être ajouté afin d'ajuster le rapport Al/Si) afin de produire des monomères, dimères ou trimères (ions d'orthosialates). La polycondensation de ces espèces conduit, à basse température (de l'ordre de 40 à 60 °C), à la formation d'un solide tridimensionnel. Ces géopolymères ont été exploités dans les premiers temps en tant que matière première pour la fabrication de moules réfractaires pour les industries de la fonderie par exemple. L'apport des géopolymères est multiple : le précurseur est un liquide dont la viscosité peut être adaptée aux différentes techniques de mise en œuvre, son rendement en céramique est élevé, sa solidification s'effectue à basse température (60-150 °C) par un mécanisme de polycondensation et la température de densification peut être modulée suivant l'utilisation envisagée. En outre, le retrait, lorsque les paramètres de mise en œuvre sont optimisés, est très faible.

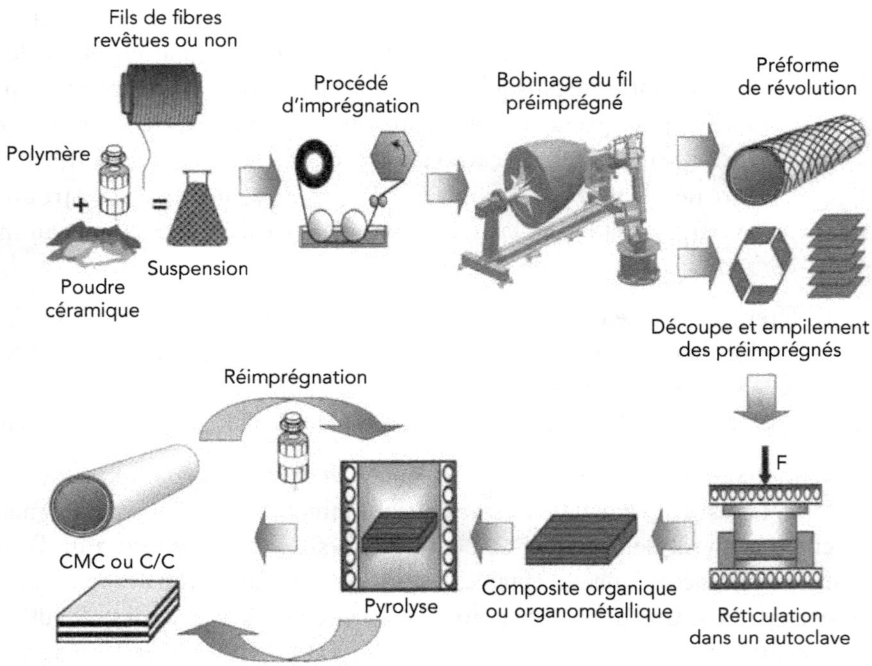

Figure 5.12 – Schéma de principe du procédé PIP

Des matériaux composites ont été obtenus par cette technique dont les premiers résultats sont encourageants. C'est ainsi que sont réalisés les pots d'échappement de certaines voitures de course, ce qui permet un gain de poids et une isolation accrue vis-à-vis de l'habitacle, mais ce genre de matériau pourrait avantageusement remplacer les produits organiques dans les cabines des avions de ligne.

Procédés d'imprégnation (réactive ou non) par un métal liquide

Une autre manière de former un composite est d'imprégner la porosité d'une préforme fibreuse par un métal ou un métalloïde fondu, lorsque la température descend en dessous de celle de fusion de l'alliage le matériau est réalisé. C'est le cas de préformes carbonées ou autres (préformes à base de fibres base carbure de silicium) revêtues de pyrocarbone (le carbone ayant été déposé sur la préforme par CVI ou par imprégnation pyrolyse de précurseurs de carbone) qui peuvent être imprégnées par du silicium liquide ou l'un de ses alliages et conduire à des composites de type C_f/PyC/SiC-Si. Dans ce cas, le mouillage du silicium ou des alliages (base titane ou zirconium par exemple) se fait de manière réactive avec le carbone selon les réactions :

$$Si + C \rightarrow SiC \text{ ou de manière plus globale } xM + yC \rightarrow M_xC_y$$

En fait, dans la plupart des manipulations, une partie du métal (titane, zirconium, ou leurs alliages...) ou du métalloïde liquide (silicium ou ses alliages) va réagir avec les éléments en présence pour conduire souvent à des carbures. La quantité de métal n'ayant pas réagi peut dans certains cas conduire à une perte de résistance au fluage du composite final. Dans ce cas, un apport de carbone dans la préforme, avant l'imprégnation par l'alliage liquide, permet de limiter ainsi la réactivité du liquide avec la fibre, d'accroître la résistance du composite et d'abaisser le taux de métal libre au sein du composite. Une autre méthode est l'introduction d'éléments d'alliage qui vont donner des composés définis lorsque l'élément principal va être en partie consommé par la réaction avec le carbone.

Différents procédés de ce type ont été utilisés pour conduire à des pièces composites. La figure 5.13 décrit les différentes étapes de deux procédés similaires.

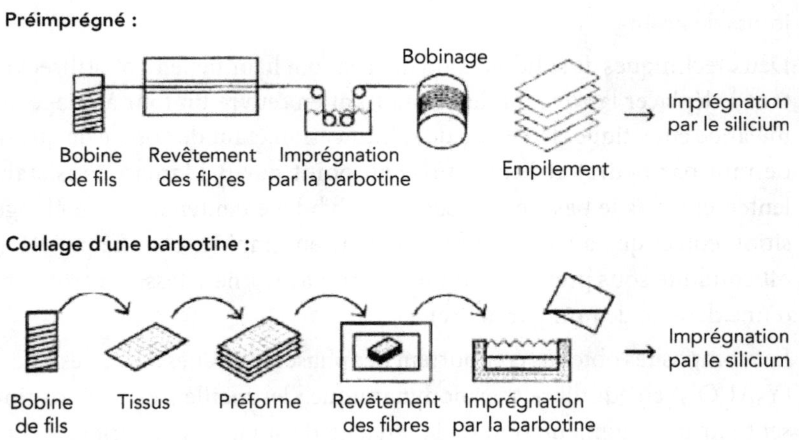

Figure 5.13 – Obtention de préformes fibreuses préimprégnées

[Source : Luthra K. L. et Corman G. S., *Melt Infiltrated (MI) SiC/SiC Composites for Gas Turbine Applications, High Temperature Ceramic Matrix Composites*, Wiley-VCH Verlag GmbH, 2001, pp. 744-753]

La réalisation de telles pièces composites passe par les étapes suivantes :

- dépôt en continu sur fil d'une couche de pyrocarbone ou de BN hexagonal, suivi de l'imprégnation de ce fil par une barbotine apportant par exemple du carbure de silicium et une matrice organique, enroulement de ce fil sur un cylindre à pas constant, découpe selon une génératrice du cylindre, empilement des différentes strates ainsi obtenues et réalisation d'une préforme ;

- ou bien réalisation de tissus, empilement des tissus et dépôt CVI d'une interphase sur les fibres constituant la préforme. L'imprégnation par la barbotine se fait après le dépôt de l'interphase sur la préforme ;
- pyrolyse : cette étape est nécessaire afin de transformer les phases organiques en carbone ;
- imprégnation par du silicium liquide : elle se fait par montée capillaire du silicium dans le réseau poreux et conduit à la densification du composite avec réaction de la phase carbonée avec le silicium liquide pour former du carbure de silicium.

Solidification dirigée

Une troisième voie consiste à porter une composition eutectique au-dessus de son point de fusion et à la refroidir selon une direction privilégiée afin de faire croître les deux phases en équilibre et former ainsi in-situ la fibre et la matrice. Les céramiques oxydes préparées par solidification dirigée présentent le même avantage que les céramiques frittées. Toutefois, elles possèdent en outre des caractéristiques mécaniques à rupture plus grandes (se maintenant jusqu'à pratiquement leur point de fusion), et une bonne résistance au fluage (ceci étant lié à l'absence de phase vitreuse aux joints de grains).

Deux techniques de solidification dirigée sont habituellement utilisées : l'une consistant à déplacer la zone fondue et mettant en œuvre un four à image pour fondre le mélange eutectique (la vitesse de solidification étant de l'ordre de quelques dizaines de mm par heure) et l'autre mise au point par Bridgman consistant à déplacer lentement vers le bas un creuset en molybdène contenant un mélange de composition eutectique à travers un suscepteur en graphite chauffé par RF (l'expérience est conduite sous pression réduite d'argon avec une vitesse de croissance de l'ordre d'une dizaine de mm par heure).

Les composites obtenus comportent des phases alumines associées à des phases YAG ($Y_3Al_5O_{12}$) en équilibre thermodynamique ; les meilleures compositions se traduisent par une augmentation de la ténacité d'un facteur supérieur à 3 par rapport à l'alumine et par des contraintes en flexion supérieures à 1 500 MPa et ceci jusqu'à pratiquement 1 600 °C.

La voie céramique (ou voie solide)

Dans la voie céramique, le précurseur de la matrice est introduit sous forme d'une suspension stable d'une poudre submicronique ou nanométrique (barbotine, voire une voie sol-gel) qui peut contenir des ajouts de frittage et des liants organiques au sein d'une texture fibreuse. Elle reprend les différents types d'imprégnation décrits dans les paragraphes précédents. D'autres techniques d'imprégnation, telle l'absorption de poudre submicronique (APS) ou l'imprégnation par électrophorèse peuvent être avantageusement utilisées.

Les préformes pré-imprégnées sont alors séchées puis densifiées, par frittage libre, par compression uniaxiale à chaud, par pressage isostatique à chaud ou par frittage flash (SPS : *Spark Plasma Sintering*). Ces trois derniers procédés de frittage nécessitent des fibres ayant des stabilités mécanique et thermique importantes ; compte tenu des températures mais aussi des pressions exercées, des interphases épaisses sont le plus souvent déposées afin de protéger les fibres lors de l'élaboration.

Frittage libre de poudres d'oxyde

C'est ainsi que des composites fibres d'alumine/alumine ont été produits par imprégnation de tissus de fibres d'alumine par un mélange contenant des poudres d'alumine associées à un sol d'alumine et à un liant organique (moulage sous poche ou par infusion). La préforme ainsi obtenue est alors soumise à une étape de déliantage, suivie d'une étape de préfrittage (950 °C) et enfin d'une étape de frittage libre à 1 200 °C. Les matériaux obtenus présentent une porosité importante (25 %) qui permet d'avoir un effet composite sans avoir l'obligation d'une interphase aux interfaces F/M.

Procédé NITE

Des tissus de fibres de SiC de dernière génération, revêtues de PyC ou de BN de forte épaisseur, sont imprégnés par une suspension contenant des poudres SiC nanométriques ainsi que des ajouts de frittage (Al_2O_3-Y_2O_3) (figure 5.14).

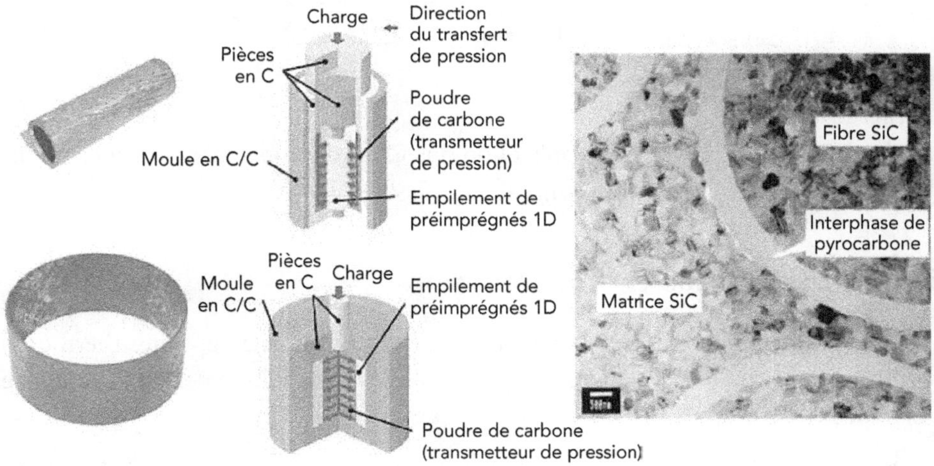

Figure 5.14 – Procédé NITE
[Source : Koyama A. *et al.*, *J. Am. Ceram. Soc.*, 86 (1), 2003, pp. 26-32]
et composite SiC/PyC/SiC associés
[Source : Riccardi B. *et al.*, *J. of Nuclear Materials*, 329-333, 2004, pp. 56-65]

L'étape suivante consiste en une compression à chaud à 1 780 °C sous 15 MPa qui conduit à des composites SiC/PyC/SiC de formes variées (plaques ou cylindres) de faible porosité mais fragiles.

5.4 Applications

À chaque type de CMC correspond un domaine d'application plus spécifique (figure 5.15). Le choix de ces matériaux et donc de leurs composants dépend fortement de leur utilisation : température et contraintes appliquées, atmosphères mais aussi durée pendant lesquelles ils devront fonctionner.

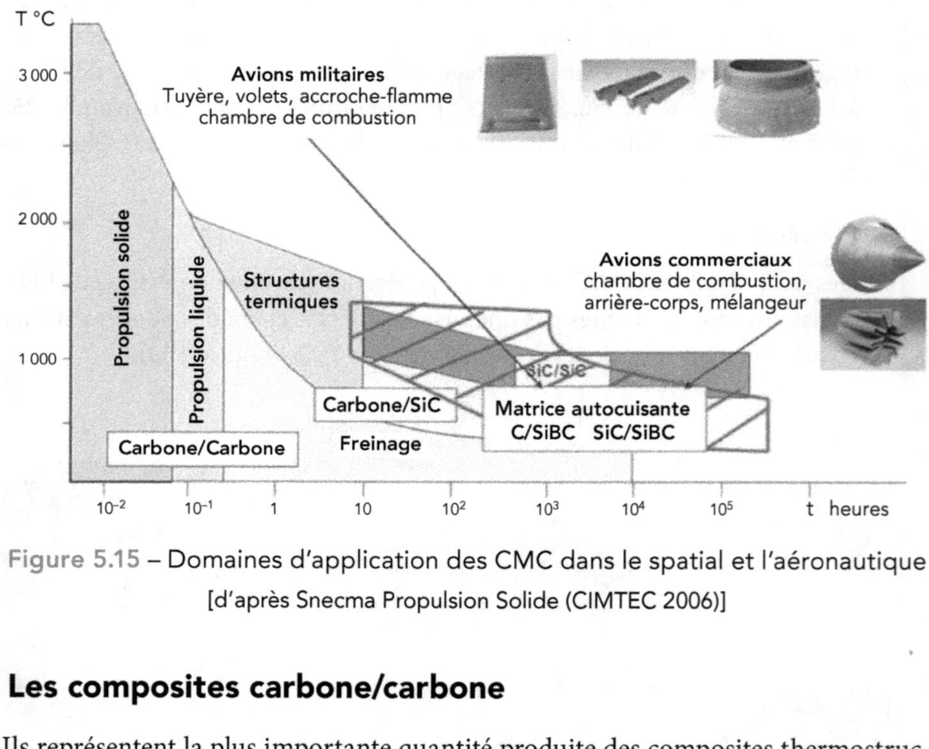

Figure 5.15 – Domaines d'application des CMC dans le spatial et l'aéronautique [d'après Snecma Propulsion Solide (CIMTEC 2006)]

5.4.1 Les composites carbone/carbone

Ils représentent la plus importante quantité produite des composites thermostructuraux, avec plus de 1 000 tonnes par an, et devancent largement les composites à matrice céramique.

Leurs applications sont très nombreuses et variées, elles vont des disques pour le freinage aéronautique qui représente à lui seul 90 % de la production, en passant par le freinage pour la formule 1, les cols de tuyères pour les fusées à poudre, les soles de four pour le traitement thermique d'alliages réfractaires, les prothèses de genoux sans oublier les éléments de canalisation pour l'industrie chimique et aussi les murs internes des réacteurs de fusion contrôlée… Le problème crucial qui se pose pour leur utilisation en température sous atmosphère oxydante est leur protection, en effet dès 450 °C le carbone réagit avec l'oxygène.

La production de ces différents composites est essentiellement réalisée grâce à deux techniques que sont la CVI de précurseurs organiques (hydrocarbures) et l'imprégnation/pyrolyse de brais.

Dans le cas des composites C/C, peu de travaux ont conduit à prendre en compte la liaison fibre/matrice. De manière générale, la liaison F/M est relativement faible et associée à un vide à l'interface provenant de la différence de dilatation radiale entre fibre et matrice.

Le mode d'élaboration lié à la CVI est toujours à peu près le même :

- l'élaboration de la préforme : les nappes de fibre de polyacrylonitrile préoxydé sont d'abord empilées avec des directions à 0 et plus ou moins 60°, puis l'ensemble est lié par aiguilletage, c'est-à-dire par transfert d'une partie des fibres (de l'ordre d'une dizaine de pourcents) perpendiculairement aux strates. Les préformes ainsi obtenues sont alors transformées en carbone par un traitement de pyrolyse et découpées afin de conduire à une ébauche du futur disque de frein ;
- les ébauches sont alors empilées dans un four de CVI où elles sont densifiées par du pyrocarbone ; l'opération de densification se déroule en deux étapes : une première étape de densification est suivie d'un écroutage afin d'ouvrir l'accès à la porosité et de faciliter ainsi la deuxième étape de densification limitant ainsi les gradients de densité ;
- les ébauches ainsi densifiées sont alors usinées pour conduire aux disques de freins (stator et rotor) qui une fois assemblés conduisent au frein proprement dit appelé aussi puits de chaleur (figure 5.16).

Figure 5.16 – Disques de frein en C/C et puits de chaleur associé
[Source : photos Messier Bugatti]

Les freins carbone/carbone ont supplanté les freins métalliques pour différentes raisons : leur légèreté associée à une forte capacité calorifique (gain de 600 kg sur le Concorde qui fut le premier avion civil à intégrer ce type de frein, correspondant à une dizaine de passagers supplémentaires), la relative stabilité de leur coefficient de friction en température et leur usure relativement faible, mais aussi leur capacité à présenter, lors de sollicitations de freinage d'urgence (RTO : *Rejected Take-Off*), une très bonne tenue thermo-mécanique.

Un autre mode d'élaboration est une densification voie liquide : les préformes qu'elles soient 3D ou 4D sont imprégnées par des précurseurs de carbone (résine phénolique, brai...), carbonisées sous haute pression ou non, traitées thermiquement, le cycle pouvant être reproduit un nombre de fois élevé jusqu'à atteindre les propriétés désirées. Ces matériaux se distinguent des graphites poly-cristallins par des propriétés mécaniques plus élevées : contrainte à rupture, ténacité, mais aussi résistance aux chocs thermiques qui leur confèrent une tenue à l'ablation accrue en milieu réducteur. Ils sont employés comme matériaux de col de tuyères (figures 5.17a et 5.17b).mais aussi en tant que plateaux de four pour traitement thermique de pièces métalliques (figures 5.17c et 5.17d). Pour des chargements et des températures de traitements identiques, du fait de la légèreté des C/C et de leur très bonne résistance au fluage, les plateaux en C/C ne montrent pas de distorsion après 8 ans en service alors que ceux en métal montrent une forte distorsion après seulement 9 mois.

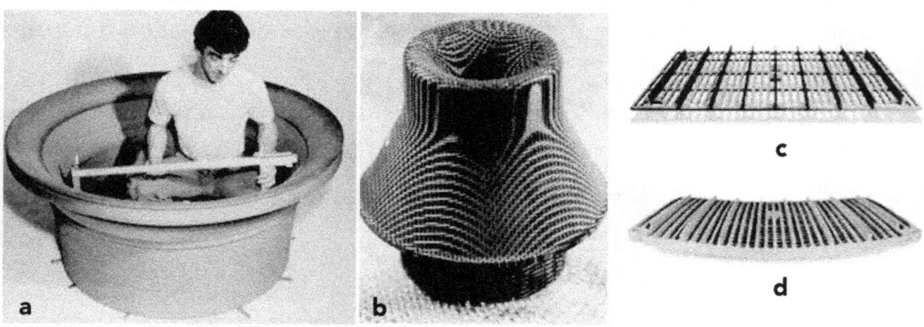

Figure 5.17 – Cols de tuyère en C/C d'un booster d'Ariane V (a) et d'un moteur de satellite (b), soles de four en C/C (c) et soles de four métalliques (d) après utilisation

[Source image b : photos Snecma Propulsion Solide]

5.4.2 Matériaux composites à matrice céramique

Les premiers composites à fibres de carbone et à matrice SiC (figure 5.18) de chez Snecma-Propulsion-Solide ont permis de réaliser des volets froids du moteur M88-2 de l'avion militaire Rafale. Leur utilisation a permis un gain de masse de l'ordre de 50 % par rapport à l'utilisation de métaux réfractaires.

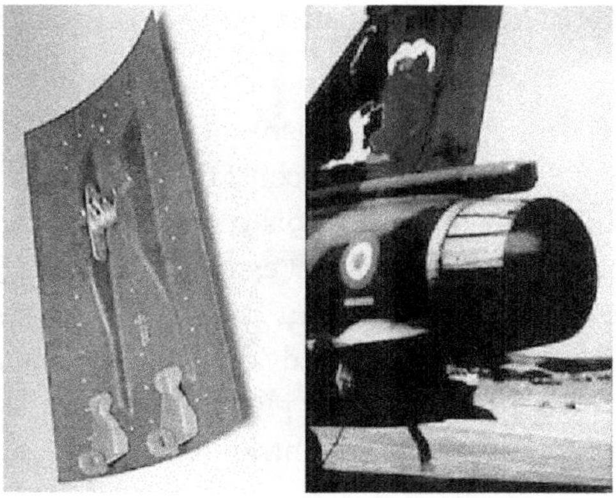

Figure 5.18 – Volets secondaires des moteurs M 88-2 du Rafale : vue de détail et positionnement sur Rafale

[Source : photos Snecma Propulsion Solide]

Les nouvelles versions des CMC élaborés par SPS impliquent soit l'utilisation de fibres base SiC de nouvelles générations et/ou l'utilisation de matrice séquencées autocicatrisantes (figure 5.19).

Ces matrices permettent la cicatrisation des fissures pouvant se produire lors de l'élaboration ou en service, par l'action de l'oxygène sur des composés contenant du bore et/ou du silicium et à la formation de verre de B_2O_3, de silice ou borosilicaté suivant les températures de fonctionnement.

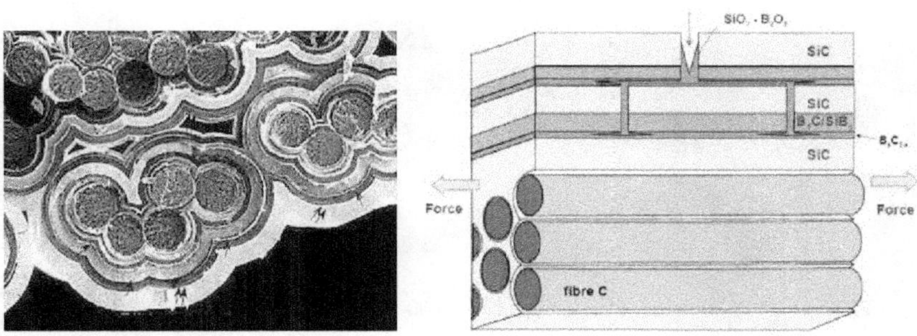

Figure 5.19 – Composites à matrice séquencée autocicatrisante et principe de fonctionnement

[Source : Lamouroux F. *et al.*, *Composite Sci. and Technology*, vol. 59, 7, 1999, pp. 1073-1085]

Pour de faibles températures de fonctionnement les phases riches en bore vont réagir avec l'atmosphère pour produire de l'oxyde de bore qui va, dès 470°C, napper les fissures et ralentir la diffusion de l'oxygène vers le cœur du composite, protégeant ainsi les fibres et l'interphase. À des températures intermédiaires, ce sont des phases Si-B-C riche en bore qui vont jouer ce rôle, alors qu'à plus hautes températures, ce sont les phases riches en silicium moins réactives qui vont pouvoir s'oxyder et donner naissance à des verres borosilicatés plus stables qui vont obstruer l'accès à l'oxygène.

Les durées de vie (ddv) des CMC dépendent étroitement de la nature des composants (fibres, mais aussi matrice et interphase), de la contrainte appliquée et de la température. La différence de ddv observée sur les trois types de matériau (A373, A400 et A410) pour une contrainte de 140 MPa provient essentiellement de la nature des fibres, pour une température donnée ; la ddv la plus longue est observée sur les composites élaborés à partir de fibres Hi-Nicalon. La ddv diminue fortement quand la température et la contrainte croissent. Des ddv de plus de mille heures ont été observées pour une température de 1 200 °C et une contrainte maximale appliquée de 170 MPa.

La figure 5.20 montre la production actuelle des composites thermostructuraux chez SPS et la projection dans les années à venir de nouvelles pièces pour l'aéronautique civile.

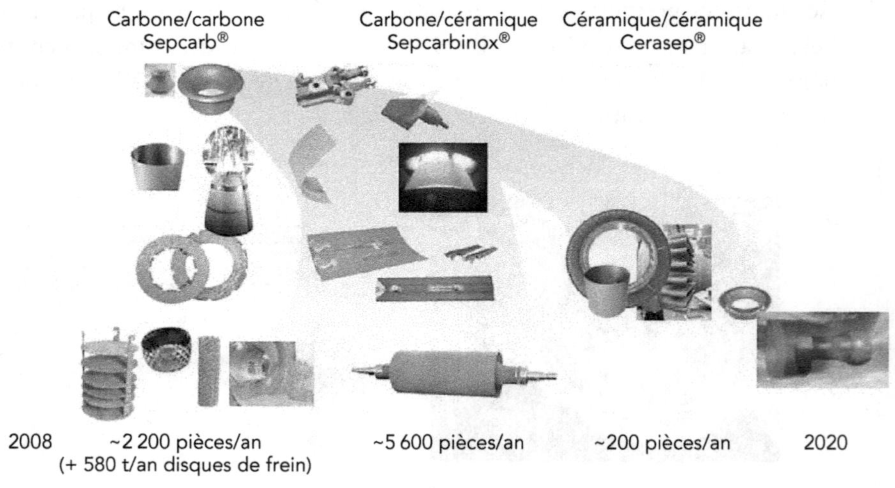

Figure 5.20 – Production annuelle en pièces en composites thermostructuraux

Les composites C/C (Sepcarb) permettent, pour leur part, de répondre aux besoins en pièces stables thermiquement en température pour des temps courts en atmosphère corrosive telles les cols de tuyères ou les divergents, en pièces devant travailler en atmosphère inerte telles des soles de four ou les parois du réacteur de fusion contrôlée mais aussi aux disques de frein pour l'aéronautique ou pour les voitures de formule 1.

Les composites C/SiC (Sepcarbinox), quant à eux, ont permis d'allonger la durée de vie en service en atmosphère oxydante et ont permis de répondre aux exigences des vannes chaudes, des déviateurs de jets, des volets primaires ou secondaires employés dans les moteurs d'avions militaires, voire des rouleaux de laminoir ou des structures de rentrées atmosphériques par exemple.

Les SiC/SiC ou leurs dérivés (Cerasep) permettent d'envisager leur utilisation pendant des temps très importants en atmosphères corrosives au sein des réacteurs d'avions civils. Un arrière-corps comprenant un cône d'échappement (*plug*) et son mélangeur a été testé au banc avec succès et est installé sur un avion de ligne en tant que démonstrateur (détail figure 5.2). C'est la première pièce en matériau composite thermostructural à voler sur un avion de ligne civil.

5.5 Conclusion et perspectives

Les matériaux composites à matrice céramique représentent aujourd'hui, dans certains domaines comme le freinage aéronautique, des matériaux incontournables en termes de sécurité et de tonnage. En effet, si les C/C représentent environ 90 % des composites à matrice céramique, 90 % de ceux-ci sont dévolus au freinage aéronautique.

Les composites thermostructuraux avaient pour vocation à l'origine d'être utilisés à hautes températures pour des temps courts dans le domaine militaire et celui du spatial (col de tuyères, bouclier de rentrée atmosphérique, divergent déployable...) ou de l'ordre du millier d'heures (volets de moteur d'avions militaires). Maintenant, leur implantation, envisagée et réalisée pour certaines parties, dans les moteurs d'avions civils implique des durées de vie de l'ordre de plusieurs dizaines de milliers d'heures pour les arrières corps des réacteurs d'avion à des températures modérées ou dans les chambres de combustion à des températures de l'ordre de 1 200-1 400 °C.

Les matériaux composites à matrice céramique ont aussi un avenir prometteur quant à leur utilisation dans le domaine de l'énergie (meilleur rendement et diminution de la pollution). C'est ainsi que des CMC sont envisagés dans les turbines terrestres, dans les gaines de combustibles nucléaires pour les nouveaux réacteurs de fission et dans les revêtements intérieurs des réacteurs de fusion contrôlée. Cependant, les ingénieurs et les chercheurs associés devront trouver les moyens, s'ils veulent imposer les CMC, de :

- diminuer le coût des fibres et d'accroître leur durée de vie en les protégeant des environnements agressifs ;
- diversifier leur approvisionnement ;
- diminuer le coût de production des matrices en mettant en œuvre des procédés hybrides.

En outre, de nouvelles protections devront être trouvées afin de limiter les phénomènes liés à l'oxydation à basse et haute température (barrières environnementales) mais aussi ceux liés à des températures de surface trop importantes (barrières thermiques).

5.6 Bibliographie

FANTOZZI G., LE GALLET S. et NIEPCE J-C., *Science et Technologies Céramiques*, EDP Sciences, Paris, 2009.

KRENKEL W., *Ceramic Matrix Composites : Fiber Reinforced Ceramics and their Applications*, Wiley-VCH Verlag GmbH & Co, KGaA, Weinheim, 2008.

NASLAIN R., *Introduction aux matériaux composites, 2 - Matrices métalliques et céramiques*, CNRS Institut des Matériaux Composites, 1985.

6 Les matériaux carbonés

Coordonnateurs : Bénédicte Allard et Alexandre Potier

Les matériaux carbonés sont surtout utilisés dans des applications hautes températures du fait de leur caractère réfractaire. L'exemple de leur utilisation pour l'électrolyse de l'aluminium sera traité ainsi que les applications du graphite artificiel isostatique.

6.1 Introduction

Les matériaux carbonés présentés dans ce chapitre peuvent être considérés comme des céramiques à granulométrie grossière. Du fait de leur caractère réfractaire, les matériaux carbonés sont utilisés dans diverses applications hautes températures. Les exemples industriels décrits par la suite proviennent de deux sociétés appartenant autrefois au même groupe industriel français : Péchiney. Suite aux différentes opérations de cessions, rachats, regroupement, la Société des Électrodes et Réfractaires Savoie est devenue maintenant Carbone Savoie, filiale à 100 % du groupe minier anglo-australien Rio Tinto. Le Carbone Lorraine s'appelle maintenant Mersen.

6.2 Matériaux carbonés pour l'électrolyse de l'aluminium

6.2.1 Introduction

La Société des Électrodes et Réfractaires Savoie produisait des matériaux carbonés qui étaient utilisés dans trois types d'applications hautes température : dans les hauts fourneaux, dans les fours d'électrométallurgie et dans les cuves d'électrolyse de l'aluminium. En devenant la société Carbone Savoie, le marché des produits carbonés s'est recentré et consacré exclusivement à l'application cuve d'électrolyse de l'aluminium. La forte augmentation de l'utilisation d'aluminium dans de multiples domaines comme l'automobile, l'aéronautique, le bâtiment… a conduit a des développements technologiques très importants dans le procédé d'électrolyse de l'aluminium au cours du dernier siècle, et les produits carbonés ont dû également suivre ces évolutions.

6.2.2 Propriétés d'usage

Applications

Depuis l'invention du procédé Hall-Héroult en 1886, les cuves d'électrolyse de l'aluminium ont beaucoup évolué : le courant utilisé est passé de 4 kA à 500 kA, et les dimensions des cuves ont augmenté en conséquence. Au départ de forme cylindrique d'environ 1 m de diamètre, elles sont maintenant de forme rectangulaire, occupent une surface moyenne de 12-15 m² chacune et sont positionnées les unes derrière les autres en série, de façon à être alimentées par le même courant d'électrolyse (figure 6.1). Les halls de série d'électrolyse peuvent atteindre 1 km de long.

Figure 6.1 – Photos des 1res cuves d'électrolyse (à gauche) et vue d'une série plus moderne (à droite)

La figure 6.2 montre un schéma en coupe et une vue de dessus d'une cuve. L'aluminium se forme par électrolyse de l'alumine, mise en solution dans un bain cryolithique Na_3AlF_6, à environ 980 °C, et la réaction consomme le carbone des anodes pour produire l'aluminium liquide et du CO_2 selon la réaction :

$$2\ Al_2O_3\ \text{(solution, sel fondu)} + 3\ C\text{(solide, anode)} \rightarrow 4\ Al\text{(liquide)} + 3\ CO_2\ \text{(gaz)}$$

Le métal obtenu se dépose à la surface des blocs cathodiques et est régulièrement pompé dans des poches de coulée.

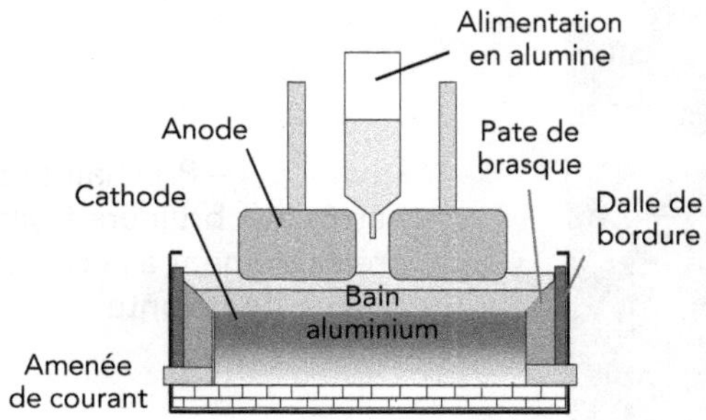

Figure 6.2 – Schéma en coupe d'une cuve d'électrolyse et vue de dessus d'une cuve industrielle

Les anodes sont des matériaux carbonés consommables, qui vont fonctionner environ 3 semaines. Elles sont à base de grains de coke de pétrole liés par du brai, vibrotassées et cuites vers 1 200 °C. La production d'une tonne d'aluminium consomme globalement 450 kg d'anode.

Carbone Savoie produit les matériaux carbonés qui sont utilisés dans la partie inférieure de la cuve : cathodes, dalles et pâte de brasque (figure 6.2). Contrairement aux anodes, ils n'interviennent pas et ne sont pas consommés dans la réaction d'électrolyse et sont censés fonctionner pendant toute la durée de vie de la cuve, soit 6 à 10 ans. Cathodes et dalles sont des produits carbones cuits ou des graphites, et forment une large gamme de produits de propriétés variées. La pâte de brasque est fournie crue, et va cuire pendant la montée en température de la cuve jusqu'à 980 °C.

Les blocs cathodiques servent en fait d'amenées de courant avec les barres d'acier qui sont scellées à l'intérieur des blocs, le plus souvent par de la fonte liquide, versée autour de 1 300 °C entre bloc et barre (figure 6.3). Les blocs et les barres sont en général préchauffés préalablement au scellement pour éviter de trop fortes dilatations thermiques et limiter le choc thermique (figure 6.4).

Figure 6.3 – Scellement d'une barre d'amenée de courant dans un bloc cathodique à la fonte

Figure 6.4 – Préchauffage barres aux brûleurs à gaz, préalablement à la coulée de la fonte

Les dalles qui sont mises sur les côtés de la cuve jouent un rôle important dans l'équilibre thermique de la cuve. Enfin, la pâte de brasque doit assurer l'étanchéité de la partie inférieure de la cuve, vis-à-vis de l'aluminium liquide ou du bain. En effet, si le métal atteint les barres d'amenée de courant en acier, il va attaquer ces barres et la teneur en fer de l'aluminium va devenir trop forte. De même, si le métal atteint les briques réfractaires qui sont situées tout en fond de cuve, on peut retrouver une concentration importante en silicium dans l'aluminium, ce qui va aussi nuire à sa pureté.

Choix des matériaux

On demande essentiellement aux anodes carbonées de résister au choc thermique (puisqu'elles vont être plongées dans le bain vers 980 °C), et d'avoir une réactivité chimique limitée.

Pour les produits carbonés utilisés dans la partie inférieure de la cuve, à savoir cathodes, dalles et pâtes de brasque, les sollicitations sont variées [Sorlie et Dumas], depuis l'ambiante à 980 °C, et couplent des effets aussi bien électrochimiques que thermomécaniques (figure 6.5).

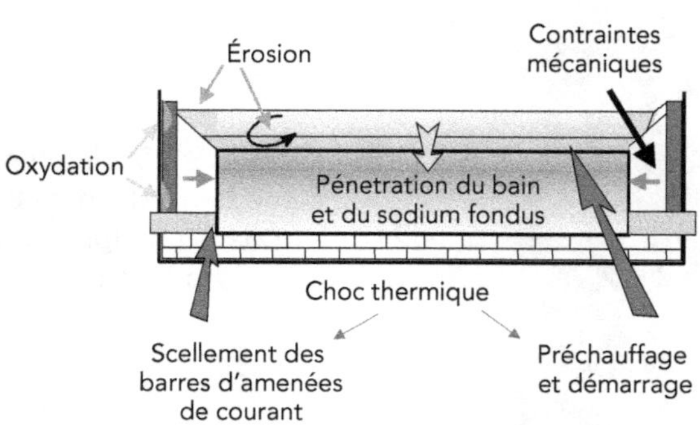

Figure 6.5 – Sollicitations sur la partie inférieure de la cuve

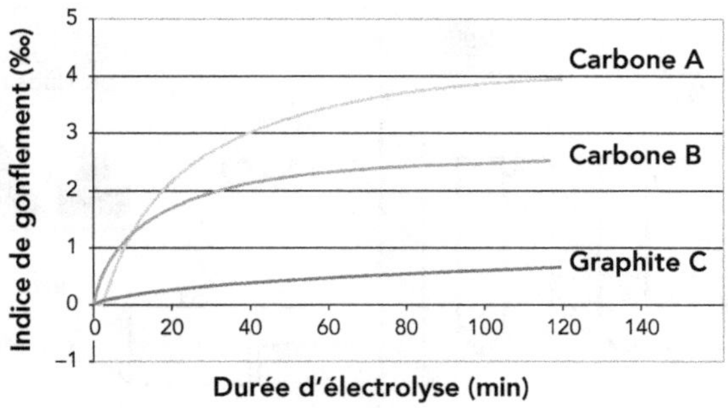

Figure 6.8 – Variation de l'indice de gonflement (exprimé en ‰) dû à l'insertion du sodium, en fonction de la durée d'électrolyse

Modes d'élaboration

Il faut distinguer deux familles de produits carbonés : une famille que l'on désignera par le terme général « carbones » et l'autre famille communément appelée « graphites ». Ces familles se distinguent par :

- leurs matières premières ;
- leur température de traitement thermique ;
- l'évolution de leurs propriétés en température.

La matière première principale des carbones est l'anthracite, charbon de haut rang, que l'on va calciner à des températures voisines de 1 200 °C dans le cas de la calcination gaz, ou autour de 1 600 °C dans le cas des calcinations électriques. Cette calcination a pour but de rendre l'anthracite conducteur électrique, plus stable dimensionnellement et plus inerte chimiquement. Selon le type de calcination choisie (gaz ou électrique), la réactivité de l'anthracite sera très différente : plus la température de traitement est élevée, plus la réactivité de l'anthracite vis-à-vis notamment du sodium, un des éléments présents dans la cuve d'électrolyse de l'aluminium, sera faible [Allard *et al.*].

Les grains d'anthracite calciné sont broyés et tamisés de façon à obtenir l'empilement granulométrique souhaité. Généralement, les produits carbones présentent des tailles de grains pouvant aller jusqu'à 15 mm.

Comme décrit dans le schéma de fabrication (voir figure 6.9), des grains de graphite artificiel, dont nous verrons la fabrication ultérieurement, peuvent être introduits en complément des grains d'anthracite, selon le niveau recherché des propriétés.

L'ensemble des grains est malaxé vers 150 °C avec un brai de houille (résidu de la distillation du goudron de houille) qui va lier l'ensemble des matières sèches. Le brai de houille est solide à l'ambiante et se ramollit en température.

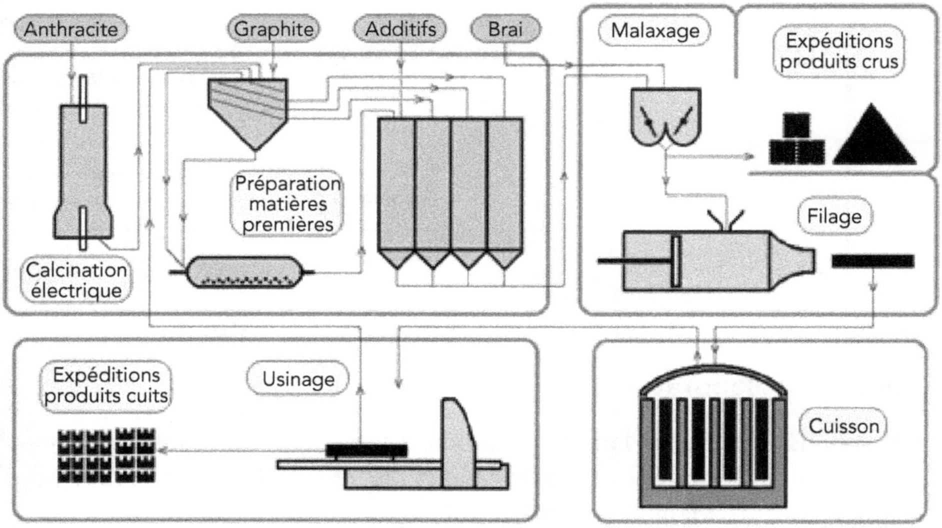

Figure 6.9 – Fabrication des carbones

À l'issue du malaxage, on obtient une pâte crue, qui peut être utilisée telle quelle dans la cuve (il s'agit de la pâte de brasque). Si l'on poursuit la fabrication, la pâte va alors être extrudée dans une presse à filer (figure 6.10), ou mise en forme par vibrotassage, puis cuite vers 1 100 °C dans des fours à chambres, dans lesquels les pièces sont placées verticalement (figure 6.11).

Après cuisson, les pièces sont usinées d'abord pour former la ou les gorges qui permettront de recevoir à terme la ou les barres d'amenée de courant (figure 6.12).

Figure 6.10 – Extrusion des pièces

Figure 6.11 – Enfournement d'une pièce

Figure 6.12 – Usinage des gorges

Les pièces sont ensuite amenées aux dimensions finales souhaitées (figure 6.13), et rainurées pour faciliter l'accrochage de la pâte en cuve. En pratique, un bloc cathodique pèse plus d'une tonne, et mesure en moyenne 3 m de longueur.

Figure 6.13 – Vues de blocs cathodiques usinés

Dans le cas de la fabrication des graphites artificiels, le principe est le même que pour les carbones, aux deux différences suivantes près (figure 6.14) :

- la matière de corps est du coke de pétrole (ou du coke de brai) calciné entre 1 100 et 1 300 °C ;
- à la suite de la cuisson, les pièces sont traitées thermiquement vers 2 800-3 000 °C (c'est le traitement de graphitisation). Elles peuvent également suivre un traitement d'imprégnation qui permettra de tapisser la porosité.

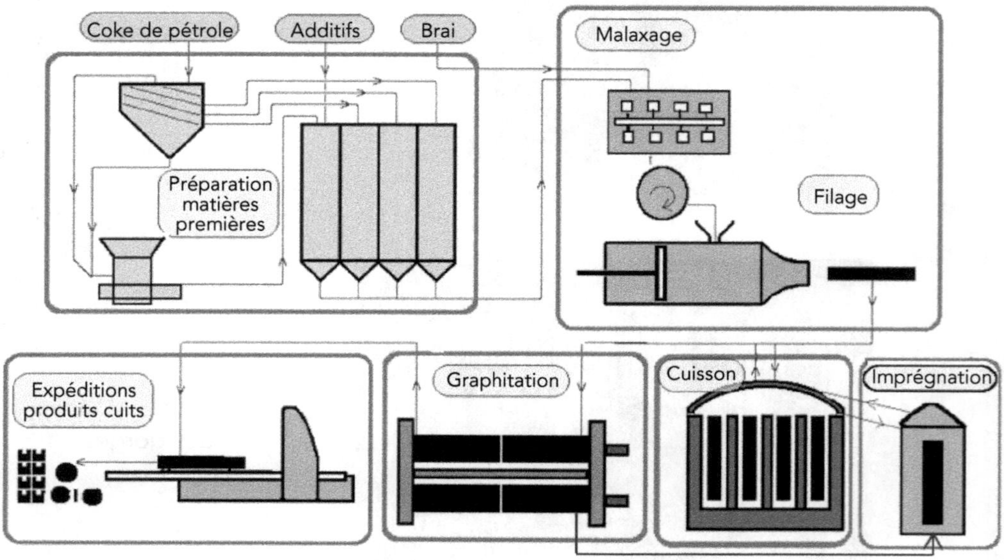

Figure 6.14 – Fabrication des graphites

Les propriétés des carbones et graphites sont bien sûr différentes, avec notamment pour les graphites une résistivité électrique plus faible et une conductivité thermique plus forte, mais elles évoluent aussi de façon différente avec la température : le graphite voit sa conductivité thermique diminuer avec la température (figure 6.7), alors que pour le carbone, elle augmente ou reste stable.

À l'échelle du microscope optique, la microstructure de ces produits carbonés montre une porosité importante. Les grains d'anthracite calciné, qui sont très anisotropes, se distinguent bien de la matrice, alors que les grains de graphite ont leur contour moins marqué (figure 6.15). L'aspect du graphite diffère selon le type de coke utilisé (figure 6.16). Il existe en effet une large variété de cokes dont la structure peut être aussi bien très anisotrope (coke dit à aiguille), qu'isotrope, avec la possibilité de structure intermédiaire. Le coefficient de dilatation thermique de ces cokes passe typiquement de 0,1 à $5{\cdot}10^{-6}$/°C en allant du coke aiguille au coke isotrope.

L'utilisation de ces différents types de cokes dans les produits graphites aura un impact sur le coefficient de dilatation thermique du produit fini.

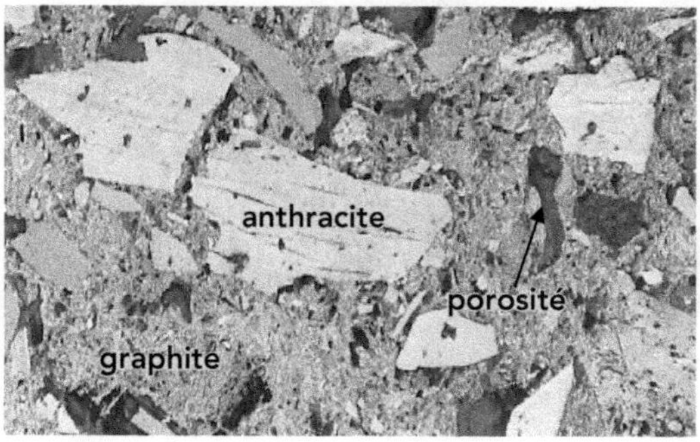

Figure 6.15 – Microstructure d'un carbone

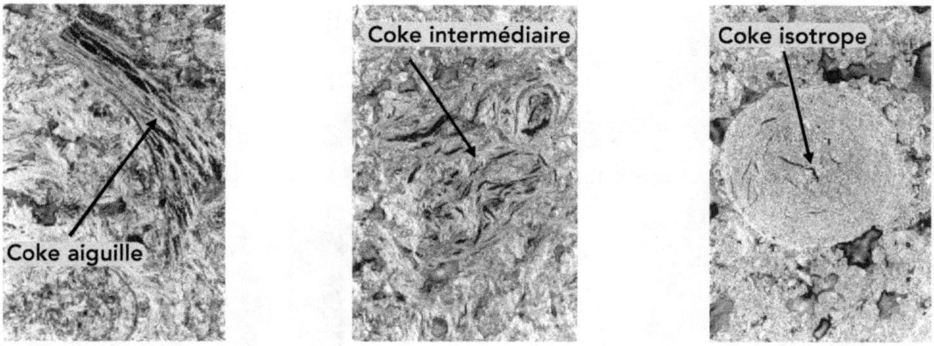

Figure 6.16 – Microstructure de graphites utilisant différentes variétés de coke

6.2.3 Aspects industriels

Aspects économiques et marchés

L'industrie de l'aluminium est un secteur fortement consommateur de produits carbonés, que ce soit pour les anodes ou pour les matériaux cathodiques utilisés dans la partie inférieure de la cuve. La production d'aluminium est répartie sur tous les continents, notamment dans les endroits où l'électricité ne coûte pas trop chère.

Par rapport à la répartition en 2008 des alumineries par continent (figure 6.17), les dernières années ont vu la construction de nouvelles usines principalement au Moyen-Orient et en Inde, pays où l'énergie a un prix intéressant.

La demande mondiale en aluminium est croissante et les perspectives d'ici 2020 montrent la nécessité d'augmenter la production de ce métal (figure 6.18). Pour cela, les cuves vont utiliser des courants d'électrolyse de plus en plus élevés, et on cherche à minimiser leur consommation d'énergie.

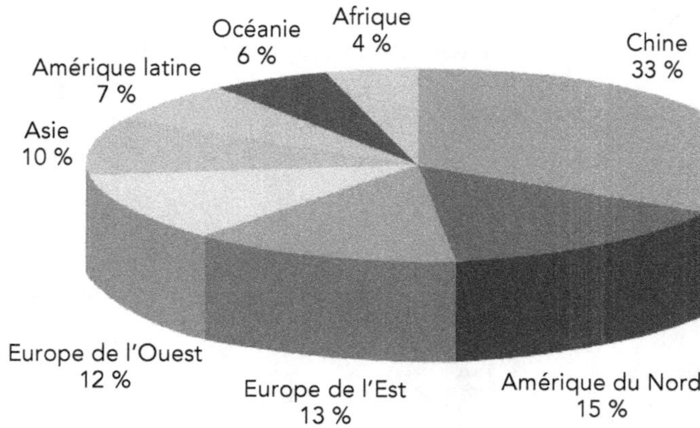

Figure 6.17 – Répartition des alumineries par continent

[Source : Brook Hunt]

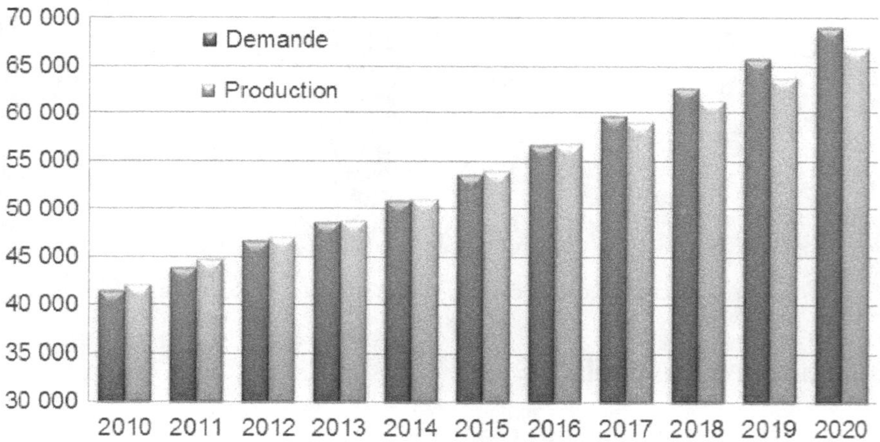

Figure 6.18 – Prévisions de la demande et de la production en aluminium d'ici 2020 en milliers de tonnes

[Source interne : Carbone Savoie]

Les matériaux carbonés utilisés dans les cuves ont été amenés à se diversifier, afin de répondre à la demande de réduction des consommations d'énergie et aux sollicitations de plus en plus sévères rencontrées lors de leur utilisation. Pour les blocs cathodiques, cela s'est traduit par une recherche de résistivité électrique plus faible, d'où la disparation progressive des produits purement anthracitiques au détriment des produits contenant de plus en plus de graphites (figure 6.19) : d'abord semi-graphitiques, puis graphitiques et enfin le passage aux produits graphite. Les différentes familles sont schématisées sur la figure 6.20.

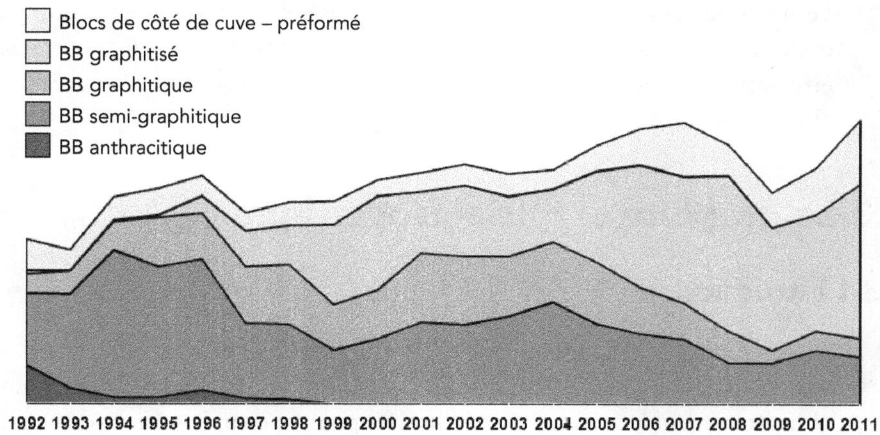

Figure 6.19 – Évolution en tonnage relatif des familles de blocs cathodiques (BB : *Bottom Blocks*) et des dalles ou blocs de côté de cuve (*Sidewalls + Preformed*)

[Source interne : Carbone Savoie]

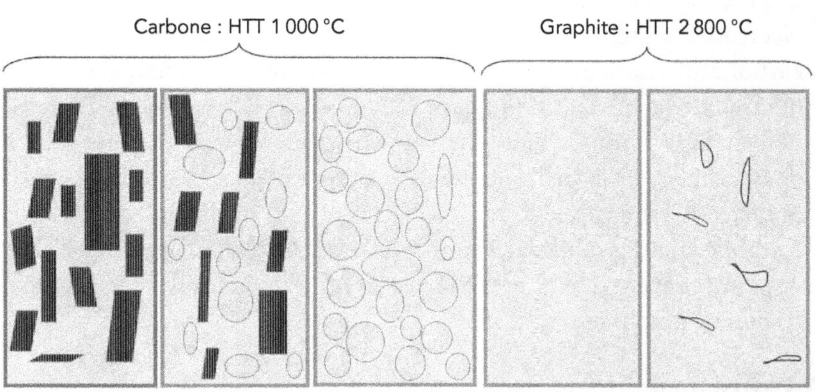

Figure 6.20 – Familles de produits carbonés

Pour les dalles de côté de cuve, la conductivité thermique est la propriété essentielle, ainsi que leur tenue à l'oxydation. Avec des courants d'électrolyse de plus en plus élevés, des blocs cathodiques de plus en plus conducteurs de l'électricité et de la chaleur, il devient de plus en plus important d'évacuer les calories de la cuve sur les côtés, donc *via* les dalles de bordure, qui elles aussi se sont étendues en gamme de conductivité thermique (pour aller jusqu'au graphite), et sont devenues de dimensions importantes, pour remplacer une partie de la pâte de brasque qui présente une conductivité thermique bien plus faible.

Les matériaux carbonés utilisés dans les cuves d'électrolyse de l'aluminium doivent donc anticiper les évolutions technologiques des cuves et leurs formulations doivent être optimisées pour obtenir de bonnes performances sur toute la durée de la vie des cuves, soit entre 6 et 10 ans.

6.3 Le graphite artificiel isostatique

6.3.1 Introduction

Le graphite existe en tant que minéral naturel et est exploité dans des pays tels que la Chine, l'Inde, le Brésil et le Canada. Cependant, le graphite naturel ne possède pas obligatoirement les propriétés nécessaires pour une application industrielle.

L'industrie du graphite évolua à partir de l'industrie naissante du carbone, ce qui supposa de mélanger des particules hautement carbonées avec différents liants, puis de les modeler à une forme désirée et cuire l'ensemble afin d'obtenir un matériau en carbone solide.

Les premiers produits fabriqués en carbone furent les piles sèches et les premières électrodes à arc. Ces produits furent suivis par le développement de balais en carbone afin de soutenir l'industrie grandissante du moteur électrique. L'industrie du graphite artificiel suivit quant fut découvert que certaines matières en carbone pouvaient être transformées en matériau ressemblant au graphite grâce à un procédé de graphitisation à très haute température. En effet, ce procédé a été développé et breveté en France en 1893 par Charles Street, un ingénieur travaillant pour Le Carbone, une des sociétés à l'origine du groupe Mersen. Cependant, il fallut attendre des années avant que ce procédé ne soit utilisé pour fabriquer des quantités industrielles de graphite.

6.3.2 Propriétés d'usage

Applications

Le graphite isostatique est utilisé dans les procédés industriels jusqu'à 3 000°C, température limite de sublimation du graphite. Au-delà de 1 000 °C, alors que la plupart des matériaux (métaux, verres, céramiques) fondent ou se dénaturent, le graphite artificiel est particulièrement apprécié pour sa tenue mécanique qui n'est pas altérée. C'est le matériau réfractaire le plus résistant.

Les besoins de matériaux pouvant fonctionner à hautes températures se rencontrent d'abord dans les industries traditionnelles du type métallurgie, verre, céramique ou toute autre industrie utilisant des fours de traitements thermiques divers, sous forme de pièces ou structures intervenant directement dans ces procédés chauds. On parle alors d'applications réfractaires (figures 6.21 et 6.22)[1].

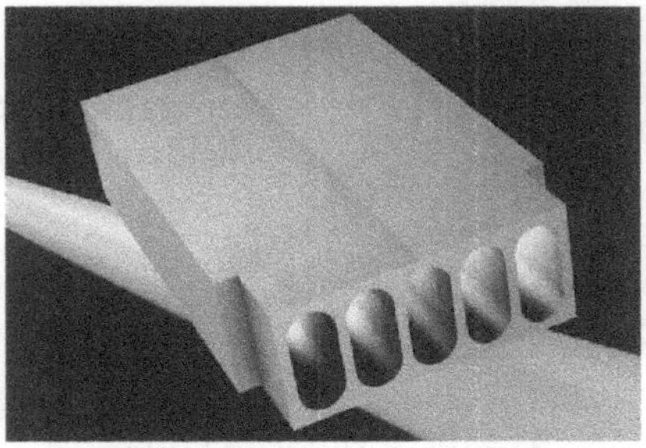

Figure 6.21 – Filière de coulée continue

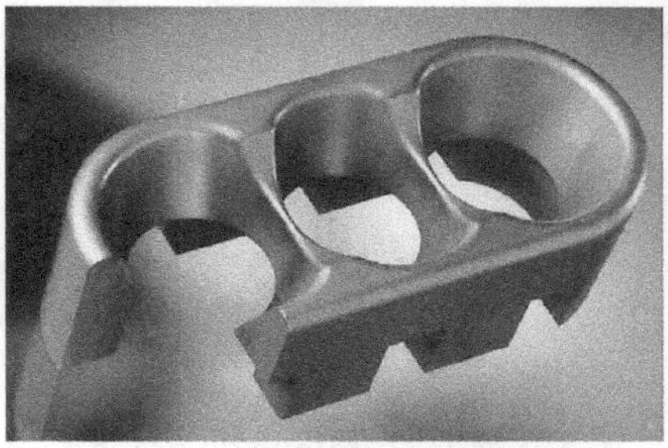

Figure 6.22 – Guide gob dans la verrerie

Ils trouvent aussi leur place sous la forme de composants mécaniques et de friction dans tous les systèmes de propulsion en aéronautique ou de freinage haute énergie où le caractère autolubrifiant du graphite lui permet de résister aux contraintes mécaniques et d'érosion même à haute température (figure 6.23).

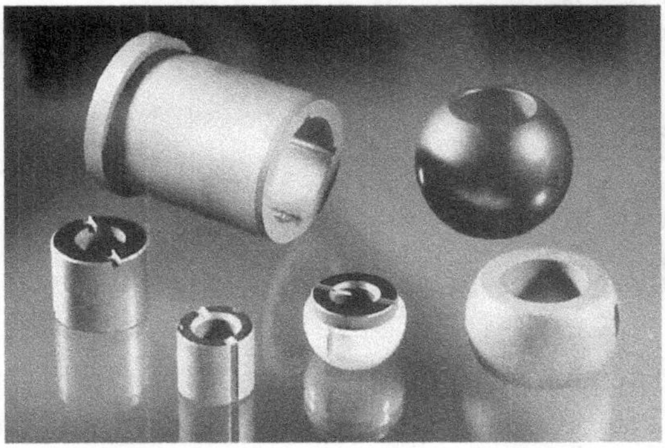

Figure 6.23 – Rotules et glissières en graphite

Le caractère réfractaire du graphite (il ne fond pas à haute température) lui permet aussi de résister lorsque des étincelles sont générées entre le graphite et un matériau métallique. Ce dernier est érodé par les étincelles alors que la surface de graphite résiste à l'action des étincelles. Cette application s'appelle l'électroérosion. Elle permet de fabriquer des moules pour la fabrication de pièces automobiles par exemple (figure 6.24).

1 N.B. Toutes les illustrations du § 6.3 sont la propriété de Mersen.

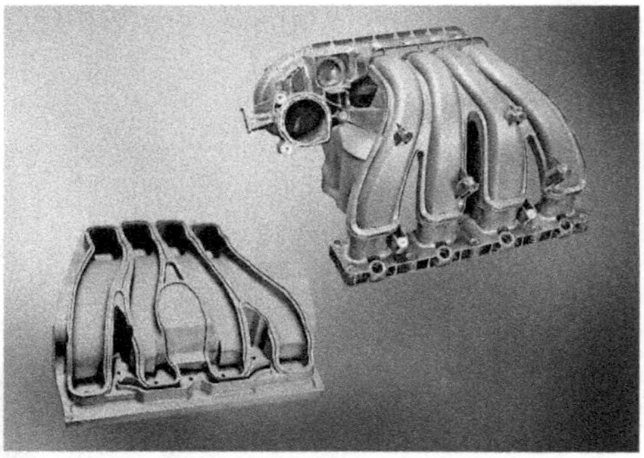

Figure 6.24 – Électrode en graphite pour l'électroérosion

L'inertie chimique du graphite et son pouvoir autolubrifiant en font un matériau de choix pour fabriquer des composants d'étanchéité statique ou dynamique capables de résister aux fluides corrosifs et à la température jusqu'à 600 °C sous air. On trouve typiquement ce type de composants dans les systèmes de transfert de fluide en industries chimiques, pétrochimiques, raffinage, nucléaire...

Figure 6.25 – Système d'étanchéité d'arbre tournant

Enfin, ces matériaux interviennent aussi sous leur forme purifiée dans les procédés modernes de fabrication et de transformation des semi-conducteurs en composants destinés à l'industrie du photovoltaïque, des diodes électroluminescentes et à la microélectronique.

Figure 6.26 – Suscepteur d'épitaxie

Choix des matériaux

Le graphite artificiel est un matériau cristallin qui est, par essence, anisotrope. Cela veut dire que les propriétés du matériau diffèrent selon la direction considérée du grain. Il est possible de contrôler l'anisotropie par le choix des matières premières, la taille des particules de graphite et le processus de moulage lors de la fabrication du matériau. Sur les 3 paramètres cités, le processus de moulage a l'impact le plus important.

On utilise principalement 2 procédés de moulage pour la production du graphite : d'une part l'extrusion (procédé qui permet d'obtenir un niveau élevé de grains orientés dans la même direction) et d'autre part le procédé isostatique qui minimise la direction des grains en pressant une charge de la même manière dans toutes les directions simultanément.

Le graphite de qualité isostatique est pourvu de caractéristiques uniques qui en font un matériau attractif pour différentes applications industrielles. Les propriétés particulières du graphite, que nous pouvons citer, sont une conductivité thermique et électrique élevée, une bonne résistance à la compression et à la flexion, l'usinage de pièces complexes et une bonne stabilité à très hautes températures.

Structures atomiques et cristallographiques

Dans le méthane ou dans le diamant, les 4 valences du carbone sont orientées de façon tétraédrale. Au contraire, dans un grand nombre de compositions, les atomes de carbone sont disposés selon un réseau hexagonal, la 4e valence étant alors orientée perpendiculairement à ce plan. L'examen de la structure cristalline du carbone par diffraction de rayons X montre que, même dans les carbones dits « amorphes », la structure hexagonale est présente, mais dans ce cas les plans hexagonaux comprennent un nombre très faible d'atomes et ne sont pas parallèles entre eux. C'est au fur à mesure que l'on élève la température de la masse carbonée que les déformations initiales disparaissent pour laisser la place à une structure de plus en plus ordonnée dans laquelle les plans deviennent parallèles et se groupent en ensembles comportant plusieurs dizaines de plans s'étendant sur plusieurs dizaines à un millier d'atomes en surface. C'est cette réorganisation progressive de la structure que l'on a appelée graphitisation. Par étude de la diffraction des rayons X, il existe divers moyens de repérer le degré d'arrangement d'une matière carbonée ; l'une des méthodes, la plus couramment reconnue, consiste à observer le déplacement de la raie 002 par rapport à la raie théorique correspondant à la distance interplan de 0,3354 nm. Si les graphites naturels, comme en particulier ceux de Madagascar, présentent un taux de graphitisation voisin de l'unité, il n'en est pas de même des graphites artificiels dont le degré de graphitisation varie en fonction des matières premières utilisées et des températures de traitement. Il convient de noter à ce sujet qu'il n'y a pas toujours intérêt à pousser la graphitisation à son maximum, même pour les applications réfractaires, en raison de l'anisotropie qui résulte alors de la structure même du graphite.

Densité

Dans le tableau 6.2, nous comparons quelques densités de graphite courant par rapport à la densité théorique du monocristal et rappelons, pour mémoire, quelques densités de matériaux réfractaires.

Tableau 6.2 – Quelques valeurs de densité

Matériau	Densité (g/cm^3)
Graphite (cristal parfait)	2,26
Graphite artificiel	1,5 à 1,9
Carbone non graphité	1,3 à 1,8
Pyrocarbone	2,0 à 2,25
Alumine frittée	3 à 3,5
Aciers réfractaires	7,8 à 8
Molybdène	10,2
Tungstène	19,3
Titane	4,5

Porosité

Le graphite artificiel, qui est obtenu par des procédés céramiques, est poreux. La porosité totale est liée directement à la relation qui existe entre la densité apparente et la densité absolue du constituant. Mais cette porosité peut être répartie de façon très variable dans l'intérieur de la matière :

- elle peut être très ouverte : gros grains denses mal liés ;
- elle peut être fermée : cloisonnement complet des espaces inter-granulaires ;
- elle peut être répartie : grains légèrement poreux très soudés les uns aux autres.

Cette répartition s'étudie en particulier au porosimètre à mercure, qui permet de tracer des courbes de répartition du volume intéressé par les pores de différents diamètres théoriques équivalents.

Propriétés mécaniques

Résistance mécanique

La résistance mécanique du carbone est, quel que soit son degré de graphitisation, fonction des liaisons entre les empilements cristallins. Il en résulte une absence de déformation plastique à la température ambiante et, parallèlement, une augmentation de la résistance mécanique lorsque la température s'élève. En effet, l'élévation de température relâche les contraintes dans les défauts de structures jusqu'à la température de 2 500 °C où commence la déformation plastique et où la résistance décroît.

En raison de l'absence de déformation plastique, les mesures de résistance de traction pure sont difficiles à mettre en œuvre et on leur préfère généralement, surtout dans des essais de routine, les mesures de résistance à la flexion qui sont beaucoup plus facilement reproductibles. En général, on admet que la limite de rupture à la traction est égale à 50 ou 60 % de cette valeur et que la limite de rupture à la compression en est environ le double. Les valeurs usuelles de rupture à la flexion varient de 10 à 100 MPa selon les qualités considérées.

La faible densité du graphite, liée à l'augmentation de résistance avec la température, lui permet de retrouver rapidement une supériorité comme matériau de structure en raison de sa grande résistance spécifique.

Notons également que le module d'élasticité du graphite est voisin de 9 GPa. Aux températures usuelles, le graphite n'a pas d'allongement appréciable ; celui-ci ne devient sensible qu'à partir de 2 500 °C (20 % à 2 800 °C).

Dureté et frottement

Les liaisons entre les plans des hexagones cristallins sont évidemment beaucoup plus faibles que celles existant à l'intérieur du plan lui-même. Il y a donc une possibilité de glissement de ces plans l'un par rapport à l'autre qui explique le pouvoir lubrifiant du graphite.

Il faut également souligner que les propriétés de frottement sont étroitement liées à la nature de l'atmosphère ou fluide environnant, ainsi qu'à la nature de la contre-face. De cette aptitude au glissement des plans résulte un certain pouvoir d'indentation à la bille permettant ainsi d'effectuer des mesures de dureté.

Il est cependant très difficile de raccorder entre elles les mesures obtenues selon les différentes méthodes de détermination de la dureté. La mesure de dureté « *shore* » par rebond est très généralement employée sur les carbones et graphites et donne des résultats significatifs.

Propriétés thermiques

La conductivité thermique des carbones varie de façon considérable selon leur degré de graphitisation. Elle diminue lorsque la température augmente. Le coefficient de dilatation du graphite varie d'une nuance à l'autre. Le tableau 6.3 donne quelques valeurs caractéristiques en comparaison avec le carbone non graphité.

Tableau 6.3 – Conductivité thermique

Conductivité thermique $W \cdot cm^{-1} \cdot {}^{\circ}C^{-1}$	Chaleur spécifique $cal \cdot gr^{-1}$	Coefficient de dilatation par °C	A température ambiante pour les matériaux
1,24 à 1,68	0,18	$2 à 6 \times 10^{-6}$	graphite
0,041	0,20	$4 à 5 \times 10^{-6}$	Carbone (non graphité)

Propriétés électriques

La conductivité électrique du graphite est essentiellement celle d'un semi-conducteur dont l'énergie d'activation dépend principalement du niveau d'organisation cristallin. Il en résulte que les carbones peu organisés ont une résistivité élevée, alors que celle des graphites évolués est beaucoup plus basse.

La résistivité diminue lorsque la température augmente jusqu'au moment où elle reprend le comportement d'une résistivité de métal et augmente avec la température. Le tableau 6.4 donne quelques valeurs comparatives à température ambiante.

Tableau 6.4 – Résistivité

Matériaux	Résistivité (ohm . m × 10^{-8})
Graphite	600 à 2 000
Carbone	5 000 (indicatif)

Propriétés chimiques

À température ambiante, le carbone est un des éléments les plus inactifs, mais cette caractéristique est très rapidement modifiée par une élévation de température, et l'on peut considérer qu'à haute température le carbone est un des éléments les plus actifs. Nous citerons ci-dessous quelques réactions typiques du carbone et du graphite. Toutefois, dans cet examen, il ne faut pas perdre de vue que les impuretés présentes dans un graphite naturel ou artificiel peuvent avoir un rôle catalytique important dans les réactions considérées et l'on peut généralement admettre que l'activité du graphite de haute pureté est plus faible que celle du graphite impur. D'autre part, l'activité chimique du graphite artificiel est affectée de façon sensible par sa porosité qui lui confère une surface plus ou moins grande ; on peut donc également dire que les graphites denses à faible porosité seront moins actifs, toutes choses égales par ailleurs.

Réaction avec les gaz

En l'absence de catalyseurs, tels que le nickel ou le platine, il n'y a pas de réactions appréciables avec l'hydrogène en dessous de 1 200 °C. L'oxygène est absorbé à température ordinaire, mais l'oxydation en présence d'air commence à 350 °C pour les carbones dits amorphes et vers 450 °C pour les graphites. Cette dernière température est sensiblement plus élevée pour des graphites denses et purs. La perte de poids par oxydation dans l'air calme à 800 °C peut varier de 50 à 200 mg/cm^2/h selon le graphite considéré. Les réactions avec l'oxyde de carbone CO ou le gaz carbonique CO_2 sont liées aux conditions d'équilibre bien connues. Citons enfin le chlore qui ne réagit avec le graphite qu'à la température de l'arc électrique.

Réactions avec les métaux

Généralement, les métaux forment des carbures en présence de carbone à haute température. Cependant, ces réactions peuvent être plus ou moins rapides et le graphite peut être utilisé avec succès pour la fusion de divers métaux tels que les métaux précieux, l'aluminium, les métaux semi-conducteurs. Là encore, les graphites denses de faible porosité réagissent beaucoup moins rapidement et ne sont pas mouillés par les métaux fondus.

Réaction avec les oxydants non gazeux

Le graphite est sensible aux oxydants liquides, tels que les acides nitriques et sulfuriques concentrés. Des imprégnations peuvent réduire ces actions.

Protection du graphite contre l'oxydation

L'oxydabilité du graphite est certainement son plus grand défaut et divers revêtements ou imprégnations ont été étudiés pour y remédier. Disons tout de suite qu'il n'existe aucune solution parfaite à ce délicat problème, mais des améliorations peuvent cependant être apportées pour certaines applications bien définies.

L'imprégnation au phosphate d'aluminium est effectuée sur ébauche, elle bouche la porosité du graphite et le protège contre l'oxydation. Les résultats que l'on obtient sont d'autant meilleurs que le graphite utilisé est dense et présente la plus faible porosité. Ce traitement peut être utilisé également pour des pièces de frottement à chaud.

Les impuretés jouent le rôle de catalyseur au cours du phénomène d'oxydation du graphite. Par un procédé de purification à très haute température, on peut réduire ces impuretés et ainsi la vitesse d'oxydation.

On peut déposer une couche de quelques microns de pyrocarbone sur des pièces terminées en graphite réfractaire. Cette couche étanche bouche la porosité superficielle, et en diminuant les échanges avec le milieu extérieur, elle limite l'oxydation.

Modes d'élaboration

Le graphite artificiel de qualité isostatique est fabriqué principalement à partir de 2 matières premières de base : les particules de coke de pétrole en tant que matière de remplissage et le brai de goudron de houille en tant que liant.

La matière de remplissage prédominante dans la fabrication du graphite est le coke de pétrole calciné.

Ce matériau est un sous-produit de la distillation puis de la cokéfaction du pétrole brut lors du raffinage. La cokéfaction est un procédé de traitement thermique appliqué aux résidus pétroliers pour parvenir à une décomposition thermique ou à la suppression de ses fractions volatiles. Le coke de pétrole qui en résulte est un matériau en carbone solide et poreux et est normalement calciné à des températures excédant les 1 000 °C avant utilisation par l'industrie du graphite (la calcination est un procédé de traitement thermique similaire à la cokéfaction mais effectué à une température bien plus élevée afin d'éliminer les fractions résiduelles qui ne l'auraient pas été durant l'opération de cokéfaction). On ne peut utiliser tous les cokes de pétrole dans la fabrication du graphite et les fabricants de graphite choisissent méticuleusement leurs cokes pour leur utilisation.

Le liant, brai de houille est un résidu pâteux, de structure amorphe ressemblant à un verre à température ambiante, qui est obtenu en tant que sous-produit de la distillation du charbon à coke.

Bien que ce soit aussi une industrie qui produise des volumes importants de brai de goudron de houille, seulement une faible part, sélectionnée avec le plus grand soin, peut entrer dans la fabrication du graphite artificiel.

Les fabricants de graphite précisent très discrètement les gammes de point de ramollissement et les compositions chimiques des brais de houille qu'ils ont l'intention d'utiliser.

Après contrôle et vérification des propriétés des matières premières fournies, l'étape initiale dans le processus de fabrication du graphite consiste à broyer la charge de coke à la taille de grain prescrite. Les petites particules ressemblant à de la poussière produites lors de cette étape sont capturées dans un grand collecteur de poussière et déposées dans un sac (figure 6.27).

Figure 6.27 – Broyage et séparation

Nous nous limiterons au graphite artificiel avec des tailles de grains de 4 à 20 microns de section. Ces graphites représentent la grande majorité des graphites moulés isostatiques.

Après le broyage, les particules de coke et le brai auxquels sont ajoutées des traces d'additifs pour faciliter le processus, sont malaxés dans un mélangeur chauffé (figure 6.28).

Figure 6.28 – Malaxage

Celui-ci fond le brai et mélange en profondeur le liant de brai et le coke. Les temps de mélange utilisés varient selon les paramètres établis par les spécifications du process en fonction de la nuance de graphite à fabriquer. Une fois le cycle de mélange terminé, la matière ainsi obtenue est refroidie et se solidifie sous la forme de « galets ».

Ces « galets » sont ensuite écrasés et broyées en « farine » en utilisant un procédé de pulvérisation. À cette étape, la nuance du graphite est déjà définie mais la matière reste encore sous forme de particules de coke recouvertes par le liant de brai. Ce mélange cru est ensuite préparé pour le moulage. Il arrive parfois qu'une opération de tamisage sommaire soit effectuée afin d'éliminer de la farine de moulage les particules qui n'auraient pas été correctement pulvérisées lors des opérations précédentes.

Le pressage isostatique à froid est la méthode préférée pour le moulage des graphites à grains fins. Dans ce processus, le mélange cru est chargé dans un sac en caoutchouc soutenu par un outillage rigide et perforé qui donne la taille et la forme. Cet outillage est ensuite monté dans la presse isostatique, puis pressé et façonné à des pressions jusqu'à 1 400 bars.

La presse isostatique est une grande enceinte sous pression dans laquelle la pression est appliquée de manière uniforme dans toutes les directions au moyen d'un fluide hydraulique (figure 6.29). C'est la raison pour laquelle le bloc pressé qui en résulte n'a presque aucune direction des grains préférentielle et aura des caractéristiques pratiquement identiques dans toutes les directions une fois transformé en graphite.

La cuisson est la prochaine étape dans le processus de fabrication pour le bloc cru. Dans le processus de cuisson, les blocs crus moulés sont portés à des températures approchant les 1 000 °C selon une rampe de température précise. Cette opération est effectuée dans des fours de grandes dimensions fonctionnant au gaz naturel et régulés électroniquement (figure 6.30).

Au cours de ce processus, le liant de brai est transformé en liant de carbone solide. Il est important de bien contrôler, lors de cette phase, la montée en température afin d'éviter des fissurations dans la matière. En pratique, pour les graphites à grains fins dont nous parlons, le temps de cuisson total varie de 1 à 2 mois. Une fois cette opération effectuée, le bloc est constitué par du carbone cuit et solidifié qui se révèle très dur, abrasif et dont la conductivité électrique et thermique est faible. À l'exception d'un nombre restreint d'applications mécaniques carbones, la matière dans cet état n'a que peu de valeur commerciale et doit être considérée seulement comme une étape intermédiaire dans la fabrication du graphite.

Maintenant que le bloc est vraiment solide, et ne contient plus de volatiles, il peut faire l'objet d'un traitement à très haute température communément appelé dans l'industrie graphitisation. Le processus de graphitisation est réalisé en chauffant par effet Joule la matière carbonée à des températures approchant les 3 000 °C. Ce processus consomme énormément d'électricité. Le temps de chauffe est relativement court. Cependant, un temps nettement plus long est nécessaire pour permettre à ce qui est maintenant devenu du graphite, de refroidir suffisamment pour être déchargé. En pratique, ce processus dure entre 1 et 3 semaines.

Figure 6.29 – Presse isostatique à froid

Figure 6.30 – Four de cuisson

Au cours de ce processus de graphitisation à très haute température, le carbone amorphe subit une transformation radicale. Les cristallites présents dans le carbone amorphe grandissent et se réalignent selon des plans de structure graphitique. C'est cette transformation qui permet au graphite artificiel d'avoir une conductivité électrique et thermique élevée ainsi que d'être usinable, caractéristiques requises dans son utilisation.

Avant commercialisation d'un bloc de graphite, des contrôles sont effectués afin d'en vérifier la qualité. Les caractéristiques physiques testées pour définir une nuance de graphite dans le cadre de l'assurance qualité sont : la densité, la résistivité électrique, la résistance à la flexion, la dureté ainsi que le taux de cendres. Pour certaines applications, des tests complémentaires sont effectués avant approbation tels que le coefficient de dilatation thermique, la résistance à la compression et le taux d'oxydation. Une fois le contrôle qualité réalisé, le bloc de graphite est nettoyé et les surfaces extérieures sont usinées afin d'éliminer toute contamination résiduelle (figure 6.31).

Figure 6.31 – Façonnage des blocs

6.3.3 Aspects industriels

Aspects économiques et marchés

La société Mersen s'est historiquement développée dans les pays européens et aux États-Unis dans les applications réfractaires des industries de procédés. Son principal concurrent occidental est l'allemand SGL Carbon. Le marché asiatique a été dominé longtemps par les sociétés japonaises Toyo Tanso, Nippon Carbon, Tokai Carbon. Elles sont aussi très présentes dans les industries de procédés traditionnelles, cependant elles ont pu profiter aussi pleinement du développement asiatique dans le domaine de la microélectronique. Depuis lors, le marché du graphite isostatique s'est mondialisé. La demande dans les industries de procédés a suivi parfois les mouvements de délocalisation vers l'Asie. Cependant, depuis 2006, on observe l'émergence de nouveaux marchés notamment en amont de la production de cellules solaires photovoltaïques et des diodes électroluminescentes. Les procédés qui interviennent dans la chaîne de valeur de ces produits, utilisent des équipements et consommables en graphite isostatique. Les taux de croissance de ces marchés sont très forts (TCAM de 20-30 %), sans commune mesure avec ceux que connaissent les industries traditionnelles. Ainsi, l'industrie du graphite isostatique connaît de nos jours un essor vigoureux, qui devrait se poursuivre et s'amplifier, tant que ces procédés industriels auront besoin de ce matériau aux propriétés exceptionnelles.

6.4 Bibliographie

Allard B., Dreyfus J-M. et Lenclud M., « Evolution of Thermal, Electrical and mechanical Properties of Graphitised Cathode Blocks for Aluminium Electrolysis Cells with Temperature », *Light Metals,* 2000, pp. 515.

Allard B., Dumas D., Durand F., Fantozzi G. et Rouby D., « Characterization of the High Temperature Mechanical Behaviour of Carbon Materials », *Carbon*, vol. 32, 5, 1994, pp. 857.

Allard B., Dumas D., Fantozzi G. et Rouby D., « Fracture Behaviour of Carbon Materials », *Carbon*, vol.29, 3, 1991, pp. 457.

Allard B., Dumas D. et Joncourt L., « Sodium reactivity with Carbons », *J. Phys. Chem. Solids*, vol. 57, n° 6-8, 1996, pp. 877.

Asher R.C., *I. Inorg. Nucl. Chem.*, vol. 10, 1959, pp. 238.

Dumas D., « Cathodes and Sidewalls Failure Modes : Thermal and Thermo-Mechanical Aspects », *4th Australasian Aluminium Smelting Workshop*, 1992, pp. 511.

Métrot A., Thèse, Université de Nancy, 1969.

Sorlie M. et Oye H.A., *Cathodes in Aluminium Electrolysis*, Aluminium Verlag GmbH, Dusseldorf, 2010.

7 Les céramiques pour la filtration, la catalyse et l'environnement

Coordonnateur : André Ayral
Co-auteurs : Anne Julbe, Didier Dhaler, Patrick Euzen, Jean-Pierre Joulin, Joseph Lopez

Ce chapitre est consacré à un domaine d'application particulier des céramiques qui fait appel au développement d'une surface d'échange avec le milieu extérieur relativement importante, donc à une porosité ouverte importante, tout en demandant au matériau de continuer à assurer une bonne tenue mécanique.

7.1 Introduction

Du fait de leurs propriétés intrinsèques (réfractarité, stabilité chimique, tenue à la compression) et de la grande diversité des porosités et géométries accessibles, les matériaux céramiques jouent un rôle clef dans de nombreuses opérations unitaires de procédés industriels. Cela concerne la filtration, la catalyse hétérogène, l'adsorption (physisorption ou chimisorption) ou des opérations couplées basées sur la multifonctionnalité des matériaux ou des systèmes mis en jeu. Le tableau 7.1 liste les critères d'évaluation des performances des matériaux suivant les opérations envisagées.

Tableau 7.1 – Matériaux, fonctions et critères de performances

Matériaux	Principaux critères de performance	Autres critères
Filtres et membranes	Permsélectivité et perméance	Durabilité, coût
Catalyseurs de catalyse hétérogène	Sélectivité et taux de conversion	Durabilité, régénérabilité, coût
Adsorbants	Sélectivité et capacité	Régénérabilité, coût

Dans ce chapitre, consacré aux céramiques industrielles pour la filtration, la catalyse et l'environnement, nous avons choisi de nous concentrer sur les exemples les plus significatifs en termes de quantités produites. Nous aborderons donc successivement les filtres pour métaux liquides, les membranes minérales pour le traitement de liquides, les catalyseurs et adsorbants et, enfin, les catalyseurs et filtres pour gaz d'échappement de moteurs thermiques, en particulier pour l'automobile. Dans la conclusion, nous examinerons les efforts actuels de recherche et développement susceptibles de conduire, à moyen ou long terme, à des applications industrielles.

7.2 Les filtres pour métaux liquides

Appelées communément « filtres de fonderie », ces pièces ont pour but de purifier les métaux encore à l'état liquide, en diminuant, par filtration, le maximum de corps étrangers (morceaux de réfractaires, gangue, scories, oxydes, et autres résidus).

À la fin de la Seconde Guerre mondiale, le besoin d'avoir des feuilles métalliques de plus en plus fines (question de coût et de légèreté, surtout en aéronautique) s'est fait de plus en plus ressentir. Les feuilles métalliques laminées avaient trop de défauts d'où les premiers essais de filtration des métaux liquides au travers de filtres céramiques réfractaires. Au fil des années, les exigences ont été de plus en plus importantes d'où la fabrication de filtres céramiques avec des mailles de plus en plus fines pour arrêter des impuretés de plus en plus petites et obtenir des produits de plus en plus purs. Les céramiques se sont également adaptées à des métaux ayant des températures de fusion plus élevées et aux alliages spéciaux (Mg, Mn…), de plus en plus agressifs vis-à-vis des réfractaires classiques. Sur les vingt dernières années, de nouveaux médias filtrants ont vu le jour pour tenir compte des nouvelles exigences, avec une production mondiale de filtres de fonderie qui a plus que doublé au cours de cette période.

7.2.1 Propriétés d'usage

Applications

Parmi les différents filtres céramiques pour métaux liquides, on distingue :

- les filtres pressés ;
- les filtres type nid d'abeilles ou filtres extrudés ;
- les filtres mousses ;
- les filtres toile ou tissés ou à tamis céramique ;
- les filtres à particules liées.

Pour caractériser ces différents filtres, les mesures anglo-saxonnes sont souvent utilisées :

- pour les dimensions du filtre. Par exemple, pour les filtres ronds : diamètre = 4 inches ; épaisseur 0,5 inch (diamètre = 104 mm et épaisseur = 12,5 mm) ; pour les filtres rectangulaires : 4 inches × 2 inches × 1 inch d'épaisseur (104 × 52 × 25 mm) ;
- pour les ouvertures de maille. Pour les filtres pressés, on parle de trous par cm^2. Pour les filtres mousse, on calcule le nombre moyen de trous sur une longueur de 1 pouce (PPI : *Pore Per Inch*). Pour les filtres extrudés de type nid d'abeilles, on parle de nombre de cellules par pouce carré (CPSI : *Cells Per Square Inch*) parfois traduit en français par maille (maille 100 = 100 cellules par pouce carré). Pour les filtres tamis, toile ou tissées céramiques, on utilise en général, comme pour les tamis classiques, le mesh ou maille, avec correspondance sur l'ouverture des trous (tableau 7.2). Pour les filtres à particules céramiques liées, on caractérise le diamètre de pore moyen.

Tableau 7.2 – Filtres tamis ; correspondance des mailles
[Source : Pyrotech Inc., Spokane Valley, USA]

Diamètre du brin		Largeur d'ouverture	Superficie ouverte
maille	mm	mm	%
10 tamis	0,58	1 956	59,3
14 tamis	0,46	1 356	56,0
16 tamis	0,46	1,130	50,7
20 tamis	0,41	0,864	46,2

La figure 7.1 illustre schématiquement les mécanismes de rétention des corps étrangers à extraire du métal fondu pour différents types de filtres.

Un filtre, sous l'effet d'un choc mécanique ou thermique, ne doit pas émettre de particules réfractaires. Un test simple consiste à faire tomber le filtre d'une hauteur de 40 à 50 cm sur une table et à observer si des grains ou particules se sont décollés. La coulée soudaine du métal liquide sur le filtre constitue un choc un peu similaire et le filtre ne doit alors ni s'émousser, ni casser. Un filtre qui casse lors de la coulée correspond à un rejet de cette dernière soit une perte économiquement importante.

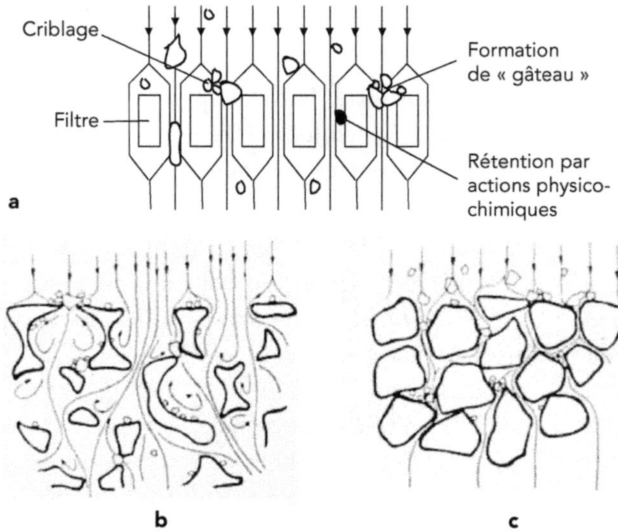

Figure 7.1 – Représentation schématique de la rétention : (a) filtre extrudé ; (b) filtre mousse et (c) filtre à particules liées

[Source : Vernay P., *Hommes et Fonderie*, 1984, pp. 11-19]

Chaque type de filtre doit obéir à différentes contraintes thermiques (choc thermique, préchauffage avant la coulée, réfractarité), mécaniques (exposition à des pressions de coulée sans détérioration), d'érosion, de compatibilité chimique entre céramique et métal liquide et ce pendant toute la durée de la coulée. Au vu de la grande variété de filtres fabriqués dans le monde, les différentes technologies de coulée existantes (exemple avec la figure 7.2), les qualités demandées au métal final à obtenir, les formulations confidentielles de certains alliages et les différentes viscosités du métal liquide, il s'avère difficile de donner une règle précise sur le type de filtres à utiliser. Le Centre Technique des Industries de la Fonderie est un centre d'expertise auquel les industriels utilisateurs peuvent s'adresser pour des conseils sur le choix des filtres les plus appropriés. Le tableau 7.3 fournit des indications qualitatives pour une comparaison entre différents types de filtre de capacités de rétention équivalentes. De façon, générale, on peut retenir que :

- les filtres toile ou tissés sont utilisés pour les coulées faible pression et à des températures inférieures à 1 250 °C (cuivre, aluminium, alliage de métaux non ferreux). Ils peuvent, dans certains cas, être alors remplacés par des filtres métalliques en acier ou à base de fibre métallique ;
- les filtres pressés sont utilisés avec des coulées souvent à faible pression mais à des températures ne dépassant pas 1 300 °C ;
- les filtres mousses et extrudés peuvent être utilisés dans presque toutes les technologies forte ou faible pression.

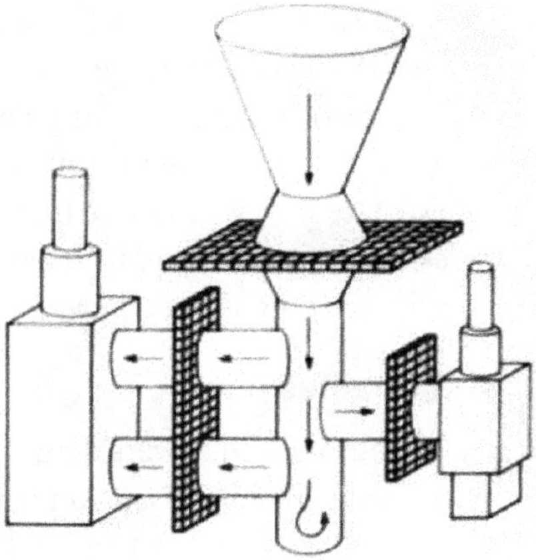

Figure 7.2 – Exemple d'emplacement de filtres dans un système de coulée
[Source : Amtetek, Wilmington, USA]

Tableau 7.3 – Comparaison de différents types de filtres des structures différentes mais à composition céramique et maille similaires

Géométrie du filtre	Mousse	Extrudé (nid d'abeilles)	Pressé
Précision dimensionnelle	moyenne	bonne	très bonne
Résistance mécanique	moyenne	bonne	très bonne
Efficacité de filtration	bonne	bonne	moyenne
Finesse des particules retenues	très bonne	bonne	moyenne
Effet sur le régime de coulée	très bonne	bonne	moyenne
Réduction de la turbulence	très bonne	bonne	moyenne
Résistance à l'érosion	moyenne	bonne	bonne

Choix des matériaux

Le choix des matériaux utilisés pour élaborer les différents types de filtres est principalement guidé par la température d'utilisation. Pour les basses températures, on rencontre des filtres à base de SiC, cordiérite, mullite, argile, SiO_2 amorphe. Pour les hautes températures, il s'agit le plus souvent de filtres à base de ZrO_2, Al_2O_3, TiO_2, parfois même en Y_2O_3, HfO_2 ou zircone/mullite. Un autre critère de choix est la compatibilité métal/céramique.

Modes d'élaboration

Filtres pressés céramiques

Fabriqués à l'origine avec des pâtes réfractaires à base d'alumine ou de cordiérite pour une tenue thermique maximale de 1 150 °C-1 250 °C, ils peuvent être aussi produits en mullite ou alumine pour tenir à des températures plus élevées. Ils sont pressés dans des matrices circulaires ou quadrilatères. Formés lors du pressage, les trous à l'origine cylindriques, peuvent être également carrés, hexagonaux ou triangulaires. D'abord utilisés pour extraire les résidus les plus gros, leur efficacité n'est pas des meilleures mais leur coût de production n'est pas élevé. Ces filtres du fait de leur configuration (épaisseur des murs) ont une excellente résistance mécanique. Ils régulent également le flux de métal liquide et sont parfois appelés régulateurs de coulée.

Filtres extrudés ou de type nid d'abeilles

Ils sont formés par extrusion de pâte molle sous vide au travers d'une filière de type nid d'abeilles et séchés, souvent par micro-ondes, avant cuisson ou frittage. Ils sont produits sous forme circulaire ou carrée. En fonction des alliages filtrés et de leur viscosité, ils sont produits avec des nombres de cellules par pouce carré différents : 50, 100, 200 CPSI et souvent du 400 CPSI en aéronautique. Les murs de ces filtres sont en général poreux (30 % de porosité), ce qui leur permet également de retenir sur les parois, des microparticules plus petites que les trous de filtration. Ils sont fabriqués en cordiérite, mullite, zircone/mullite, carbure de silicium pur, alumine et même en yttrine ou hafnie pour des applications très particulières.

Filtres mousses

Leur fabrication est complètement différente de celle des filtres précédents. Au départ, une mousse organique calibrée (10, 20, 60 PPI) est plongée dans une barbotine de formulation correspondante à la céramique finale que l'on désire obtenir. Après plusieurs passages dans le bain, avec essorage et pressage à chaque fois, la mousse organique s'imprègne de céramique. Après séchage, la mousse organique est brûlée à la cuisson et seul, le squelette céramique de la mousse d'origine persiste. La cuisson est ici plus délicate, avec un important volume de gaz à évacuer venant de l'élimination de la mousse organique, ce qui peut fragiliser le produit final. Par ailleurs, si, à cœur, la mousse organique est mal imprégnée, des brins plus fragiles peuvent en résulter, qui risquent de casser et ainsi de se retrouver dans le métal filtré. Du fait de leur fabrication particulière, les filtres mousses peuvent atteindre des dimensions de 23" × 23" × 2" soit environ 600 × 600 × 52 mm. Les compositions chimiques sont les mêmes que celles citées pour les filtres extrudés.

Filtres tamis, ou toile ou tissés

Ces filtres ressemblent souvent à des tamis dont le fil est à base de fibres de verre de silice ou de fibres céramiques à base de kaolin-mullite. Comme les tamis, leur épaisseur correspond au diamètre du fil, soit quelques dixièmes de millimètre au maximum. Très déformables à la main, ils s'adaptent aisément sur les supports de coulée réfractaire.

Filtres à particules liées

Ce sont des filtres en général pressés ou extrudés composés d'agrégats céramiques faisant souvent plus d'un millimètre. À la cuisson, les agrégats sont frittés entre eux à l'aide d'une argile souvent fondante. Le diamètre de pore moyen est de l'ordre de 25 à 30 % de la dimension des agrégats. Par exemple, des grains de deux millimètres conduisent à des trous de 0,5 à 0,6 millimètre.

7.2.2 Aspects industriels

Aspects économiques et marchés

Les filtres de fonderie sont des consommables. Plus de 90 % de ces filtres ne servent qu'une fois, le temps de la coulée. Une coulée remplit souvent un seul moule. Si les pièces ne sont pas trop grandes, la coulée peut remplir plusieurs moules (deux à dix en général). Un des principaux consommateurs de filtres est l'industrie automobile (moteurs et accessoires en fonte, roues en aluminium, carrosserie). Le marché mondial des filtres de fonderie, toutes industries confondues, a été estimé à plusieurs centaines de millions de filtres en 2010. Ce marché mondial a doublé sur les quinze dernières années, principalement du fait de la demande asiatique (Corée, Chine, Inde) où tous les secteurs, dont l'automobile, sont en forte croissance.

Les parts de marchés et tendances sont approximativement les suivantes :

- filtres pressés : environ 18 %, en légère baisse sur les dernières années ;
- filtres extrudés : 20 à 22 %, stables en parts de marché ;
- filtres mousses : 55 à 60 %, en légère hausse ces dernières années.

Parmi les groupes internationaux producteurs, on trouve des sociétés d'origine européenne ou nord-américaine qui ont largement externalisé leur production en Asie (Chine, Taïwan, Corée puis Inde), en Turquie et au Brésil. Du fait de l'historique de production de ces sociétés, les filtres produits sont majoritairement :

- des filtres type nid d'abeilles, chez Corning et NGK, qui sont des fabricants de nids d'abeille comme supports de catalyseur pour l'automobile depuis longtemps ;
- des filtres mousses chez Vésuvius, Foseco et Hitech qui ont été des précurseurs pour cette technologie ;
- des filtres pressés chez Coorstek et Daussan ;
- des filtres tissés (et métalliques) chez Pyrotek.

D'autres sociétés produisent des filtres en Europe telles que Drache (Allemagne), Aluminium Martigny (Suisse), CTI et Saint Gobain (France), Lanik (République Tchèque), TMI (France). Il faut par ailleurs mentionner une montée en puissance de l'Asie (tableau 7.4), avec des productions parfois phénoménales. Certaines de ces sociétés asiatiques sont des clones de groupes cités ci-dessus (tout en les ayant parfois comme actionnaires) et fournissent des dizaines de millions de filtres par an.

Tableau 7.4 – Principaux fabricants asiatiques actuels de filtres pour métaux

Chine	Taïwan	Inde
– Baoding Ningxin Cast Material – Jincheng Fuji New Material – Filtec Precision Ceramic – Foshan Ceramic – Pingxian – Zhongxing Packing	– Lat-Shen	– Shree Krishna Refractories – Shrey Ceramics – Dynocast

Exemples de pièces

La figure 7.3 fournit des images illustrant les différents types de filtres céramiques pour métaux.

Figure 7.3 – Photographies de différents filtres céramiques pour métaux.
(a) montage utilisant deux filtres pressés, avec inoculant pour fonte GS intercalée ; (b) Filtres extrudés avec différentes valeurs de CPSI ; (c) positionnement de filtre mousse dans son entonnoir réfractaire ; (d) filtres tissés à base de fibres céramiques ; (e) filtres à particules liées

[Sources : a. Daussan, Woippy, France ; b.CTI, Salindres, France ; c. Lanik, Boskovice, République Tchèque ; d. Amtetek, Wilmington, USA ; e. Pyrotech Inc., Spokane Valley, USA]

7.3 Les membranes minérales pour le traitement de liquides

Une membrane artificielle peut être définie comme une barrière sélective permettant le transport ou la rétention d'espèces entre deux milieux fluides. L'essor industriel des techniques de séparation membranaire peut être daté vers le milieu du vingtième siècle avec le développement des films et donc des membranes de polymères organiques. Il s'en est suivi des applications pour la santé (stérilisation de solutions, hémodialyse). Les principaux domaines actuels d'utilisation des membranes, par ordre de taille de marché, sont :

- la potabilisation de l'eau, le dessalement de l'eau de mer, le traitement des eaux saumâtres. Les techniques de filtration utilisées sont l'ultrafiltration (UF), l'osmose inverse (OI) et l'électrodialyse (ED). Les opérateurs dans le domaine de l'eau proposent de façon courante et depuis maintenant plusieurs années des procédés membranaires complets mettant en œuvre une ou plusieurs technologies membranaires pour remplacer les procédés conventionnels dans différentes opérations unitaires. Presque 70 % des membranes d'UF sont utilisées dans le traitement de l'eau potable bien que les membranes céramiques soient très minoritaires dans cette application ; on peut les retrouver dans certaines applications de clarification des eaux salées ou saumâtres ;
- le traitement d'eaux usées urbaines ou industrielles. On citera le traitement des eaux usées par des bioréacteurs à membranes (BRM) ou plus récemment le traitement d'eaux brutes par microfiltration (MF) et ultrafiltration (UF). Ces traitements membranaires permettent de produire une eau de grande qualité (sans bactéries ni produits chimiques) et facilite sa réintroduction dans le milieu naturel. Les membranes céramiques trouvent dans cette application une place de choix du fait de leur résistance chimique dans des milieux agressifs. Ce domaine d'application utilise environ 20 % des membranes d'UF produites. Les membranes céramiques sont fortement utilisées dans une niche, la séparation des émulsions huileuses produites par l'industrie mécanique ou sidérurgique et plus récemment par la prospection pétrolière. Ce secteur devrait connaître une forte progression dans les prochaines années du fait des contraintes réglementaires concernant la qualité des eaux de rejet ;
- la purification des produits issus de l'industrie agroalimentaire (lait, sirop de glucose, vin, jus de fruit) ou de la biotechnologie (acides aminés ou organiques issus de la fermentation). C'est un domaine qui utilise beaucoup les membranes. Ces procédés permettent de faire des économies de matière en recyclant pratiquement 100 % des intrants mais aussi ils permettent d'accéder à de nouveaux produits à plus haute valeur ajoutée, comme par exemple dans le cas de la séparation et de la concentration de certaines protéines du lait ayant des propriétés

d'alicaments (alpha, gamma globuline). Initialement, les membranes céramiques avaient une place prépondérante dans ces marchés de l'agroalimentaire. Aujourd'hui elles sont souvent remplacées par des membranes organiques. Elles restent cependant majoritaires pour la purification des produits issus de la biotechnologie (fermentation) du fait de leur résistance chimique et thermique indispensable dans ces procédés (stérilisation vapeur d'eau, nettoyages chimiques très agressifs avec des bases et/ou acides) ;

- la pharmacie et la biopharmacie. Ce domaine d'utilisation est faible en surface membranaire mais important en chiffre d'affaires. On retrouve les membranes dans de nombreuses opérations de séparation/concentration/échange. La place des membranes céramiques reste marginale, sauf pour les opérations où la membrane doit subir une stérilisation à la vapeur (*water steam sterilization*).

Le développement des membranes céramiques, démarré dans les années 1950-1960, a pour origine les études réalisées, puis les installations mises en place, pour l'enrichissement isotopique de l'uranium ; ce sont des membranes mésoporeuses en alumine qui servent de barrières de diffusion gazeuse pour l'UF_6. À partir du savoir-faire développé, d'autres types d'applications impliquant d'autres types de membranes céramiques sont apparus ; nous allons les décrire par la suite. Ces membranes sont utilisées dans tous les domaines d'application cités ci-dessus mais généralement dans des niches nécessitant les avantages de la céramique vis-à-vis des polymères organiques : tenue chimique, tenue thermique, résistance mécanique, durabilité.

7.3.1 Propriétés d'usage

Applications

Dans le cas des membranes céramiques, la force motrice pour le transport est généralement un gradient de pression entre les compartiments d'alimentation et de perméat, nommé pression transmembranaire. Pour limiter les processus de colmatage et de polarisation de surface, la filtration est généralement tangentielle, c'est-à-dire que le fluide à traiter s'écoule parallèlement à la surface membranaire. Pour les membranes poreuses, la taille des pores régit en priorité le seuil de coupure de la membrane. Cependant, pour la rétention des plus petites espèces par les plus petits pores, les mécanismes de transport sont plus complexes qu'un simple effet de tamisage. Le tableau 7.5 récapitule les principaux procédés susceptibles de mettre en œuvre des membranes céramiques. Parmi ces différents procédés, seules la microfiltration, l'ultrafiltration et la filtration de gaz correspondent à des procédés industriels actuels dans lesquels sont couramment mises en œuvre des membranes céramiques. Nous aborderons ici les membranes céramiques pour la microfiltration (MF) et l'ultrafiltration (UF) des liquides ; nous reviendrons ultérieurement sur les filtres pour les gaz.

Tableau 7.5 – Caractéristiques des principaux procédés pouvant utiliser des membranes céramiques

Procédé	Nature alimentation/perméat	Taille des pores	Origine de la sélectivité	Gradient de pression	Opération élémentaire
MicrofiltrationMF	liquide/liquide	0,1 µm-10 µm	effet de tamisage	1-3 bar	clarification, débactérisation, séparation
UlltrafiltrationUF	liquide/liquide	1 nm-0,1 µm		3-10 bar	clarification, purification, concentration
Nanofiltration NF	liquide/liquide	<2 nm	effet de tamisage + interactions spécifiques avec la membrane	10-40 bar	purification, adoucissement de l'eau, séparation, concentration
Pervaporation PV	liquide/gaz	<2 nm	Tamisage + interactions spécifiques avec la membrane	1 bar	séparation
Filtration de gaz GF	gaz/gaz	100 µm-0,01 µm	effet de tamisage	0,1-5 bar	séparation, dépoussiérage
Séparation de gaz GS	gaz/gaz	50 nm-<2 nm	tamisage + interactions spécifiques supplémentaires	0,1-50 bar	séparation, extraction, purification
Séparation de gaz GS	gaz/gaz	dense	conduction ionique de O^{2-} ou H^+ dans les oxydes	$\Delta P(O_2)$ $\Delta P(H_2)$	séparation de l'air, transport sélectif de O_2 ou H_2

En plus des propriétés générales déjà mentionnées justifiant l'intérêt des membranes céramiques (stabilité chimique, mécanique et thermique), on peut en associer d'autres plus spécifiques telles que leur aptitude au décolmatage par application d'une contre-pression. Elles sont aussi plus résistantes aux attaques bactériennes. Les domaines d'application dans lesquels la durabilité des membranes céramiques fait la différence, en particulier pour l'ultrafiltration et la microfiltration, sont :

- le traitement des produits issus de la fermentation (antibiotiques, acides aminés et organiques). La séparation des matières actives du moût de fermentation est généralement réalisée par des membranes d'ultrafiltration ouvertes (300 kD, 0,1 μm). Cette opération de clarification se fait généralement à chaud (40 à 60 °C) pour maximiser les flux de perméation. Ceci impose l'utilisation de membranes céramiques. En outre, la grande résistance chimique et mécanique des membranes céramiques leur permet d'avoir une très grande longévité (>5 ans). Enfin, leur aptitude à résister à des nettoyages très agressifs qui s'apparentent plus à une stérilisation chimique (solutions concentrées de soude ou d'eau de javel), leur a permis de s'imposer en position de monopole sur ces applications, comparativement aux membranes organiques mais aussi vis-à-vis d'autres technologies telles que la centrifugation. Elles permettent aussi de s'intégrer dans des procédés complets de purification en association avec d'autres technologies telles que l'échange d'ions et la chromatographie. Des procédés continus de filtration ont été développés pour améliorer rendement et efficacité. Le développement actuel de la chimie verte et des produits bio-sourcés devrait être un vecteur de croissance de ce marché dans les prochaines années ;
- le traitement et le recyclage des effluents industriels. L'exemple le plus marquant concerne la filtration des lixiviats de décharge : la stabilité des oxydes constituants la membrane céramique lui permet de résister de nombreuses années dans ce milieu hautement agressif. Parmi les autres exemples de traitement des fluides industriels chimiquement agressifs, nous citerons les effluents basiques de l'industrie papetière et du carton, la concentration et la purification de suspensions de nanoparticules de l'industrie chimique qui présentent un fort caractère abrasif, le recyclage d'encres, le traitement des effluents de couchage qui contiennent des traces de solvants très agressifs pour les membranes. En général, les membranes céramiques permettent de développer des procédés de concentration des effluents qui diminuent les coûts de destruction ou de recyclage et permettent de rejeter des eaux de bonne qualité. Le bilan technico-économique de la solution filtration sur membrane céramique est toujours positif ;
- le traitement des émulsions huileuses, issues des industries mécaniques et métallurgiques, et les eaux utilisées en extraction pétrolière. C'est un domaine particulier qui utilise majoritairement des membranes céramiques. Parmi les fluides traités, nous citerons les bains de dégraissage, les bains de trempe des

aciers, le recyclage des huiles de laminage et d'usinage des métaux et, récemment, l'eau de ré-injection des puits pétroliers. Compte tenu des forts volumes à traiter : 1 000 à 2 000 m^3/h, l'application du traitement des eaux de forage pétroliers devrait utiliser de très grandes quantités de membranes dans les prochaines années. L'intérêt des membranes céramiques est de pouvoir concentrer la phase huile pour réutilisation ou destruction. L'autre point fort de l'utilisation des membranes céramiques est la production d'un perméat de grande qualité : une eau contenant moins de 5 ppm d'huile résiduelle, ce qui permet son rejet direct dans le milieu naturel dans certains cas. Un autre exemple d'application spécifique de séparation eau/huile concerne le traitement des eaux de cales des bateaux. Le procédé Kleansep, développé par Orelis Environnement, a été homologué et installé par plusieurs compagnies de ferrys pour limiter les rejets en mer de leurs bateaux ;

- le traitement des eaux usées urbaines. Il faut mentionner une part croissante des membranes céramiques de MF et d'UF dans le traitement des eaux usées de petites collectivités. Les membranes sont utilisées dans de petits BRM ayant une capacité inférieure à 1 000 m^3/jour.

La figure 7.4 présente des exemples de boucles de filtration correspondant à différentes applications précédemment évoquées.

Figure 7.4 – Boucles Klearsep pour le traitement d'émulsions huileuses (a) et d'eau de laverie avec une surface de membrane égale à 400 m^2 (b) ; (c) Installation multi-étages pour le traitement de moûts de fermentation avec une surface de membrane supérieure à 5 000 m^2

[Sources : a et b. Orelis Environnement, Salindres, France ; c. Novasep, Chasse-sur-Rhône, France]

Parmi les principaux verrous à l'utilisation massive de membranes céramiques, le premier est le prix supérieur à celui des membranes polymères. Cependant, le coût des membranes reste faible par rapport au coût global de l'installation et de son fonctionnement. La durabilité des membranes céramiques est en général supérieure à celle des membranes organiques ; les perméabilités sont également supérieures. Pour optimiser la compacité des installations (rapport surface filtrante sur volume du dispositif), les membranes céramiques actuelles sont généralement tubulaires, multicanaux, et placées dans des modules multitubulaires. Des développements ont aussi été faits pour augmenter la taille des modules. Les plus gros modules contiennent plus de 138 membranes et développent des surfaces de filtration supérieures à 70 m^2 (figure 7.5).

Figure 7.5 – Module Kleansep®
[Source : Orelis Environnement, Salindres, France]

Choix des matériaux

Comme nous le décrirons ultérieurement, les membranes céramiques présentent une structure asymétrique, avec un support poreux sur lequel est déposée la couche filtrante. Cette couche filtrante est constituée d'un empilement de couches ayant des porosités de plus en plus petites. Les matériaux utilisés pour les supports sont généralement à base d'alumine, d'oxyde de titane et, plus rarement, de carbure de silicium (SiC). La membrane peut être réalisée en alumine, en oxyde de titane ou encore en zircone. Sur les supports en SiC, on trouve des membranes en SiC.

Modes d'élaboration

La perméabilité du matériau poreux et son épaisseur fixent le flux visqueux d'un fluide qui traverse la membrane pour une pression transmembranaire donnée. L'épaisseur de la couche séparative doit donc être assez fine pour atteindre des flux suffisamment attractifs avec des conditions acceptables en termes de pression transmembranaire. D'un autre côté, la tenue mécanique de la membrane doit être suffisante pour résister à la pression appliquée. Ces considérations ont donc conduit au concept de structure asymétrique évoquée plus haut et basée sur l'utilisation d'un support macroporeux de quelques millimètres d'épaisseur et de couches minces de taille de pores décroissantes (tableau 7.6, figure 7.6).

Tableau 7.6 – Caractéristiques des couches intermédiaires et de la couche séparative de surface pour les membranes céramiques [Source : Burgraff et Cot, 1996]

Procédé	Nombre moyen de couches	Épaisseur de la couche séparative	Taille des pores de la couche séparative	Nature de la porosité
Microfiltration	1-3	quelques dizaines de µm	0,1- 5 µm	macroporosité
Ultrafiltration	3-4	quelques µm	2-100 nm	mésoporosité

Figure 7.6 – Image par microscopie électronique à balayage (MEB) de la section transverse d'une membrane commerciale d'ultrafiltration. Le support est en alumine et oxyde de titane tandis que la membrane est constituée d'oxyde de titane et zircone. Les tailles moyennes des pores du support, des deux couches intermédiaires et de la couche séparative varient de 6 µm à 7 nm [Source : CTI, Salindres, France]

La réalisation des supports macroporeux, comme d'ailleurs celle des couches intermédiaires macroporeuses, est obtenue par la mise en œuvre de technologies céramiques conventionnelles. La matière première principale est une poudre céramique, constituée de particules dont la taille définit la taille des pores du matériau final. En effet, les différentes méthodes utilisées pour la mise en forme et la consolidation par frittage contrôlé conduisent à des porosités résiduelles de l'ordre de 30 % et à des tailles de pores de l'ordre de 30 % de la taille des grains. L'extrusion des supports tubulaires peut être réalisée en continu par extrusion des pâtes par une vis sans fin à travers une filière à la sortie de laquelle le tube est débité en tronçons. Ces tronçons de tubes sont ensuite séchés, déliantés et frittés. Les couches poreuses sont élaborées par enduction (engobage/*slip casting*) du support avec une suspension fluide (barbotine/*slurry*). Les étapes suivantes sont le séchage et la calcination de la couche déposée. En général, deux à trois couches de membranes sont nécessaires pour obtenir le bon seuil de coupure/porosité de la couche filtrante.

Pour ces membranes multicanaux industrielles, on peut mentionner les innovations réalisées sur la géométrie des canaux afin de modifier les conditions d'écoulement, minimiser ainsi le colmatage et augmenter les surfaces de filtration par unité de membrane. Ces canaux de formes et de sections différentes permettent aussi d'ajuster le bon canal de membrane en fonction de la viscosité du produit. Dans un procédé industriel, on démarre la filtration avec les membranes ayant des canaux de faible diamètre hydraulique, c'est en général le premier étage de la filtration. Le retentât de cet étage, qui est plus concentré que le flux initial, est ensuite traité sur un nouvel étage de membranes ayant de plus gros diamètres hydrauliques. Du fait de la concentration du rétentat, nous avons besoin de beaucoup moins de membranes au deuxième étage. En fonction du degré de purification et du taux d'extraction obtenu, un ou plusieurs autres étages de filtration peuvent être mis en place. Ce procédé multi-étages communément appelé « architecture de type sapin de Noël » est fréquemment utilisé car il permet de réaliser une filtration en continu en optimisant la surface de membrane et la consommation énergétique. On évite ainsi les bouchages de membrane au fil de la concentration par filtration. Ce procédé nécessite une large gamme de membranes avec des canaux de diamètres hydrauliques variés.

Dans le cas de la filtration tangentielle de liquides sur membranes tubulaires, on observe par ailleurs une perte de charge le long des membranes conventionnelles. Cela induit des variations de flux le long de la membrane. Pour maintenir une pression transmembranaire fixe sur toute la longueur du tube, il est possible de créer un gradient de perméance *via* différents procédés : modification de porosité, modification des épaisseurs de membrane ou encore membrane/revêtement externe permettant une contre-pression. Plusieurs solutions ont été développées et brevetées par les principaux fabricants de membranes.

Un autre développement a été réalisé ces dernières années, celui de membranes résistantes à l'abrasion. Ces membranes permettent de travailler avec des suspensions. Ceci a permis aux membranes céramiques de pénétrer des marchés tels que la filtration des sirops de glucose, issus de la betterave sucrière, qui peuvent contenir de nombreuses particules solides.

7.3.2 Aspects industriels

Aspects économiques et marchés

Au contraire des membranes organiques, le nombre de fabricants de membranes céramiques ayant des parts de marché significatives est assez faible à travers le monde. Les principaux fabricants sont en Europe et plus récemment en Chine. Trois des principaux producteurs sont installés en France (CTI, TAMI, Pall Exekia).

Comme signalé précédemment, les principaux marchés actuels se situent dans les applications en biotechnologie et dans le traitement des effluents. Ces marchés ont fortement progressé ces dernières années grâce en particulier au développement de l'industrie en Asie, plus particulièrement en Chine, et aux pressions réglementaires qui poussent à l'adoption de procédés propres. Pour les prochaines années, deux domaines, prometteurs en volume et en croissance, sont en phase de montée en puissance :

- le traitement des mélanges eau/huile-pétrole pour réutilisation dans les procédés d'extraction ;
- la purification des matières premières de la chimie verte qui devraient en partie être synthétisées par des procédés de fermentation.

Compte tenu des énormes volumes de produits à traiter, ceci devrait contribuer à augmenter fortement la part de marché des membranes céramiques.

Dans le traitement des eaux, l'utilisation des membranes d'UF combinée à de l'osmose inverse devrait aussi accroître leur part de marché. Les procédés membranaires sont maintenant considérés comme matures par les principaux opérateurs du secteur et les membranes céramiques, par leurs performances, prennent une part croissante du marché. À titre d'exemple, on peut mentionner des études économiques récentes qui prévoient que, concernant le marché mondial des technologies à membranes pour le traitement de l'eau, le taux de croissance a été de 8,2 %, sur la période 2004-2008, et qu'il devrait atteindre 13 % en 2015, avec un montant estimé à 5,5 milliards de dollars US. La croissance des ventes en Asie, de 22 % en 2008 est prévue de 29 % en 2015. Une autre étude annonce un marché mondial pour les seuls BRM de près de 0,9 milliard de dollars US en 2017.

Exemples de pièces

La figure 7.7 fournit des images illustrant les différents types de membranes céramiques multicanaux.

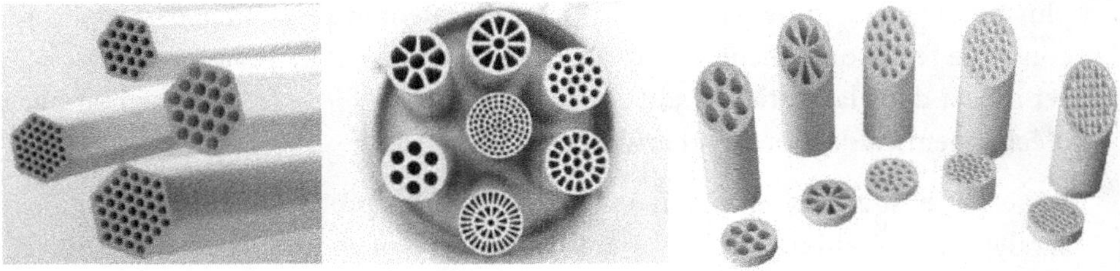

a b c

Figure 7.7 – Photographies de membranes céramiques multicanaux commerciales : (a) membranes Pall Exekia (Tarbes, France) ; (b) membranes Tami (Nyons, France) ; (c) membranes CTI (Salindres, France)

7.4 Les catalyseurs et adsorbants

Les processus de rétention d'espèces et d'augmentation de vitesse de réaction chimique à la surface d'un solide (adsorption et catalyse hétérogène) ont fait l'objet de nombreux travaux depuis le XXe siècle. Cela a notamment valu à Irving Langmuir de recevoir, en 1932, le prix Nobel de Chimie pour ses découvertes et ses recherches en chimie de surface. L'objectif, en termes de matériaux, est généralement d'avoir la plus grande surface spécifique possible, en assurant la meilleure accessibilité possible à cette surface en termes d'arrivée des espèces ou des réactifs à fixer (adsorption ou catalyse hétérogène) et en facilitant au mieux l'extraction des produits (catalyse hétérogène).

Il convient ici de distinguer les processus de chimisorption et de physisorption. Dans le deuxième cas, la fixation des espèces à la surface du solide se fait par des liaisons faibles. C'est par exemple ce qui se produit avec l'adsorption de molécules organiques sur des charbons actifs. Le terme « physisorption » est généralement étendu à la condensation capillaire comme dans le cas des silices mésoporeuses (silica gel), utilisées pour dessécher des milieux confinés. La chimisorption est, elle, associée à une réaction chimique entre le solide et l'adsorbat qui peut se limiter à la surface mais qui peut aussi s'étendre à l'ensemble du volume du solide adsorbant. Le processus d'échange d'ions peut être classé dans cette catégorie, avec la fixation plus ou moins sélective d'espèces chargées.

7.4.1 Propriétés d'usage

Applications

De nombreuses applications industrielles de la catalyse hétérogène et de l'adsorption existent depuis maintenant plusieurs décennies en raffinage, en pétrochimie, en chimie organique mais aussi dans d'autres procédés chimiques de synthèse comme celui de la préparation de l'ammoniac ou de l'acide nitrique (tableau 7.7). Depuis plus de vingt ans, une part croissante et maintenant principale des applications concerne l'environnement avec la dépollution de l'air et de l'eau. Nous illustrerons cet aspect dans la partie suivante (§ 7.5), dédiée aux filtres et catalyseurs pour gaz d'échappement de moteurs thermiques.

Les espèces soufrées, en particulier H_2S, sont des poisons très néfastes pour les catalyseurs métalliques utilisés dans les usines de fabrication de l'ammoniac, du méthanol ou de l'hydrogène, en particulier pour les catalyseurs à base de Ni (mais aussi de Co, Pt, Pd...). Ceci a conduit à des prétraitements de capture des poisons de catalyseurs par chimisorption sur des solides réactifs.

Tableau 7.7 – Principales applications industrielles de la catalyse hétérogène pour la synthèse chimique
[Source : Hulea V., ICGM, ENSCM, Montpellier]

Réactif(s)	Produit(s)	Catalyseur(s)	Production (t/an)
Pétrole	Carburants	Ni-Mo ou Co-Mo/Al_2O_3, Pt-Sn/Al_2O_3, Pt/SiO_2-Al_2O_3, métal-zéolithes	10^9
SO_2, O_2	H_2SO_4	V_2O_5	1,4 10^8
N_2, H_2	NH_3	Fe	9 10^7
NH_3, O_2	HNO_3	Pt-Rh	2.5 10^7
CO, H_2	CH_3OH	Cu/ZnO	1.5 10^7
C_2H_4, O_2	Éthylène oxyde	Ag/Al_2O_3	10^7
Huile végétale, H_2	Huile hydrogénée	Ni Raney	8 10^6
C_2H_4	Polyéthylène	Cr(II), Ti(III)	6 10^6
CH_3OH, O_2	Formaldéhyde	Fe, Mo (oxydes)	5 10^6
C_3H_6, NH_3, O_2	Acrylonitrile	Bi, Mo (oxydes)	3 10^6
o-Xylène, O_2	Anhydride phtalique	V_2O_5	4 10^6
n-Butane, O_2	Anhydride maléique	V_2O_5	4 10^5

Choix des matériaux

On distingue la catalyse hétérogène d'oxydation par les métaux de celle en milieu acide ou basique. Les phases catalytiquement actives sont notamment des oxydes de métaux de transition ou de lanthanides à valences multiples, des métaux nobles, du nickel, du cobalt, du fer, des silico-aluminates, ou encore des oxydes mixtes à base d'alcalino-terreux (tableau 7.7).

Les matériaux céramiques utilisés pour la catalyse hétérogène sont soit intrinsèquement catalytiques, soit servent de supports inertes pour les phases catalytiquement actives. L'alumine poreuse à grande surface spécifique constitue un support de référence. Dans certains cas, sont associées les propriétés acido-basiques de certains supports et celles de phases métalliques : il s'agit alors de catalyse bi-fonctionnelle.

Les oxydes de fer, matériaux à faible coût et forte capacité d'adsorption, ne conviennent pas pour la désulfuration des gaz d'alimentation des reformeurs à la vapeur. Dans les usines de production de gaz de synthèse, l'étape d'adsorption est réalisée sur des lits d'oxyde de zinc car ZnO réagit presque complètement avec H_2S pour former du sulfure de zinc. L'oxyde de zinc est également utilisé pour extraire H_2S obtenu par hydrotraitement de composés soufrés plus lourds contenus dans certaines coupes pétrolières et également pour la désulfuration du dioxyde de carbone. Toutefois, l'alumine reste le matériau de prédilection pour la production d'adsorbants du fait de son coût relativement faible et de la grande diversité de formes et de textures qu'il est possible d'obtenir.

Élaboration

Les catalyseurs et les adsorbants sont généralement mis en œuvre sous forme de :

- lits fixes utilisant des granules ou extrudats millimétriques ou encore de billes millimétriques ou même centimétriques ;
- lits mobiles constitués de billes millimétriques monopopulées en taille ;
- les lits fluidisés utilisant des grains poreux submillimétriques ;
- les contacteurs monolithiques de type nid d'abeilles ou mousse.

Les alumines à haute surface spécifique peuvent être obtenues par voie sol-gel à partir d'hydrosols ou par traitement flash (déshydratation brutale) du trihydroxyde d'aluminium.

La mise en forme de granules sphériques submillimétriques peut être réalisée par pulvérisation de sols et gélification chimique et/ou thermique. Les billes monopopulées en taille sont généralement obtenues par la technique de coagulation en goutte d'un sol (*oil drop*). Des granules millimétriques ou même centimétriques peuvent être élaborés par dragéification, c'est-à-dire agglomération de poudres humidifiées dans un appareil appelé drageoir (figure 7.8).

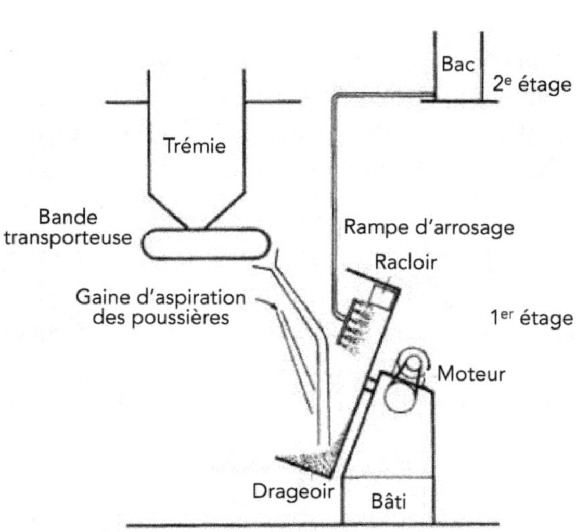

Figure 7.8 – Schéma d'un drageoir
[Source : Le Page *et al.*, 1978]

D'autres supports de catalyseurs ou de nombreux adsorbants sont obtenus par malaxage et extrusion de pâtes minérales avec des dispositifs spécifiques permettant la préparation de petits cylindres millimétriques pouvant présenter plusieurs lobes.

Dans le cas des supports inertes de catalyse hétérogène, la méthode la plus courante pour la mise en place de la phase catalytiquement active est la post-imprégnation par une solution de sels précurseurs ou par un sol colloïdal.

7.4.2 Aspects industriels

Aspects économiques et marchés

Le marché des catalyseurs se partage en cinq groupes : la catalyse pour l'environnement, le raffinage, la pétrochimie, les polymères et la chimie fine et spécialités ; celui-ci est en croissance quel que soit le secteur considéré (figure 7.9).

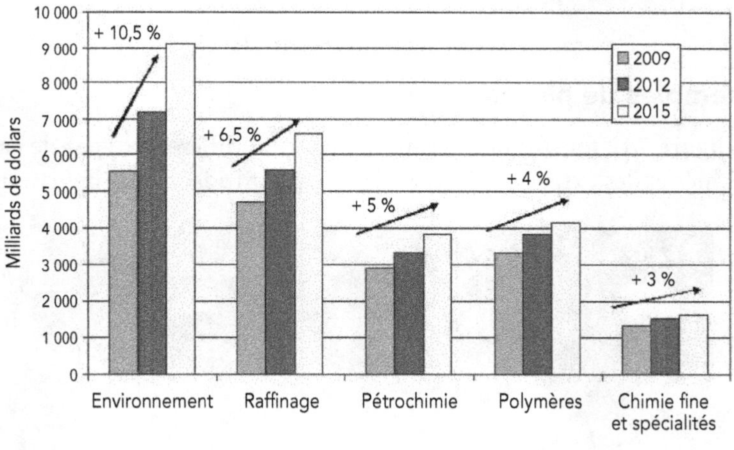

Figure 7.9 – Segments du marché mondial des catalyseurs

Les catalyseurs mis en œuvre dans les procédés catalytiques industriels sont principalement des catalyseurs hétérogènes (figure 7.10).

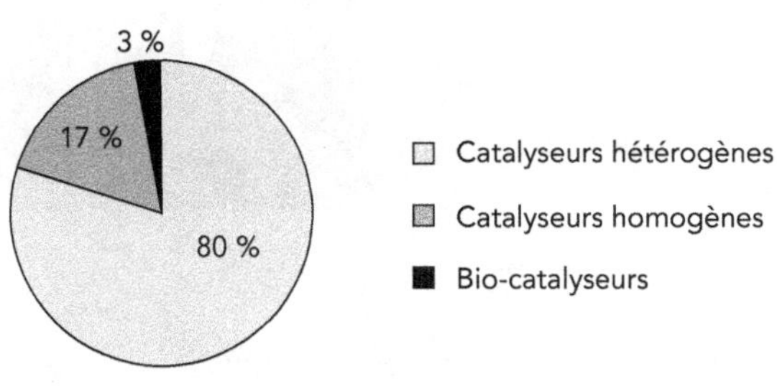

Figure 7.10 – Pourcentages d'utilisation des trois principaux types de catalyseurs

Le chiffre d'affaires généré par le marché des catalyseurs était d'environ 18 milliards de dollars US en 2009. Le coût d'un catalyseur peut sembler élevé cependant l'utilisation d'un catalyseur solide génère une marge 100 fois plus importante, soit plus de 1 500 milliards de dollars US. Le marché progressera d'environ 5 à 10 % par an selon les segments. Le marché est estimé à 25 milliards de dollars US en 2015.

Parmi les principaux producteurs mondiaux, en Europe, il convient de citer Axens, Süd-Chemie et Johnson Matthey.

Le marché global des tamis moléculaires et adsorbants est plus difficile à estimer ; le volume mondial annuel est de l'ordre de 350 000 tonnes. La répartition des marchés des tamis moléculaires en 2006 est donnée sur la figure 7.11.

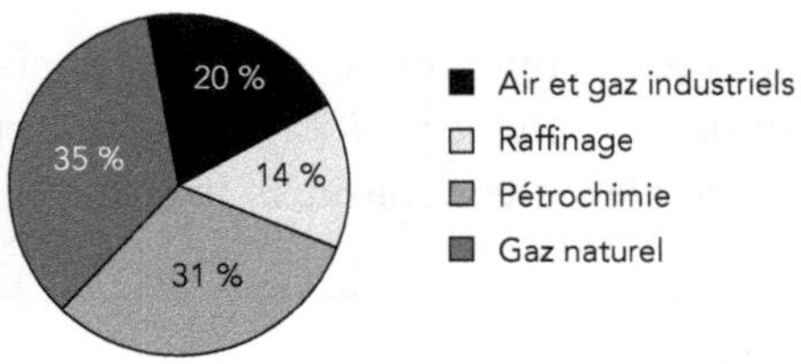

Figure 7.11 – Répartition des marchés des tamis moléculaires en 2006

Exemples de pièces

La figure 7.12 fournit des exemples illustrant différents types de catalyseurs hétérogènes et des extrudats d'oxyde de zinc pour l'adsorption des composés soufrés.

a

b

Propriétés SG-9201	
Description	Extrudats cylindriques blancs
Composition	$ZnO \geq 95$ % Perte au feu ≤ 5 %
Surface spécifique	> 30 $m^2 g^{-1}$
Volume poreux	0,4 mL g^{-1}
Masse volumique	1,15 kg L^{-1}
Dimensions	Ø 4 mm × 8 mm
Résistance à l'écrasement	100 N cm^{-1}

c

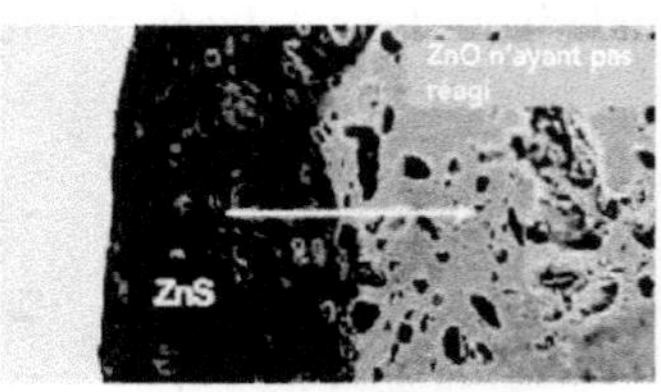

Figure 7.12 – Exemples d'extrudats : (a) différents types de catalyseurs hétérogènes ; (b) Extrudats en ZnO ; (c) Fiche technique d'extrudats en ZnO

[Source : a. Süd Chemie India, Kerala, Inde ; b.Axens, Rueil-Malmaison, France ; c. Engelhard, Iselin, USA, 2005]

7.5 Les filtres et catalyseurs pour gaz d'échappement de moteurs thermiques

La combustion, en partie imparfaite, des moteurs thermiques (automobiles entre autres) est cause d'émission de gaz imbrulés, en partie toxiques. Les principaux polluants émis dans les gaz d'échappement des moteurs automobiles à allumage commandé (moteur essence) sont, outre le CO_2, les hydrocarbures imbrûlés HC, le monoxyde de carbone CO et les oxydes d'azote NOx. La catalyse dite « trois voies » vise à éliminer simultanément ces trois polluants. L'utilisation de métaux nobles tels que Pt, Pd ou Rh favorise l'oxydation de CO et des HC en CO_2 alors que la réduction des NO_x en N_2 est principalement obtenue par les réducteurs CO, HC et surtout H_2 issus du reformage à la vapeur du CO et catalysée par NiO ou CeO_2 : $CO + H_2O \rightarrow CO_2 + H_2$. Les catalyseurs d'oxydo-réduction sont déposés sur des supports céramiques.

Sur les moteurs Diesel fonctionnant avec du gasoil, des filtres à particules en céramique réduisent considérablement la quantité des suies de combustion rejetées≈dans l'atmosphère. Ces fines particules (PM pour *Particulate Matter*) présentent une répartition granulométrique telle que 90 %, en nombre, sont submicroniques.

C'est dans les années 1970, que sont apparus les premiers pots catalytiques, dans le domaine de la dépollution des gaz d'échappement des automobiles. Il s'agissait de billes d'alumine poreuse parfois dopée avec du baryum ou du lanthane, et de diamètre en général compris entre 4 et 10 mm, collées les unes aux autres et empilées dans un cylindre puis imprégnés de métaux précieux (figure 7.13a). Sont ensuite apparues, à la fin des années 1970, les « briques » catalytiques, sous forme de nids d'abeilles avec des CPSI de l'ordre de 200 à 400, dont les parois sont recouvertes d'une couche catalytiquement active de grande surface spécifique (*washcoat*) (figure 7.13b). Ces nouvelles géométries développent, par unité de volume, une surface d'échange nettement plus importante. Au début des années 1990, ont été lancés industriellement des supports à 600 et 800 CPSI.

À la fin du xxe siècle, les normes internationales sur les rejets gazeux devenant de plus en plus draconiennes (figure 7.14), surtout au sujet des particules de carbone émises par les moteurs Diesel, est apparu le DPF (*Diesel Particulate Filter*) dont le précurseur a été Peugeot. Ce DPF était classiquement de type nid d'abeilles (200 CPSI majoritairement). Puis au début du xxe et xxie siècles, il a fallu réduire les oxydes d'azote formés par la chaleur de combustion dans les moteurs, principalement ceux des camions, d'où la naissance de nouveaux nids d'abeilles dans lesquels agit un agent réducteur (SCR = *Selective Catalytic Réduction*).

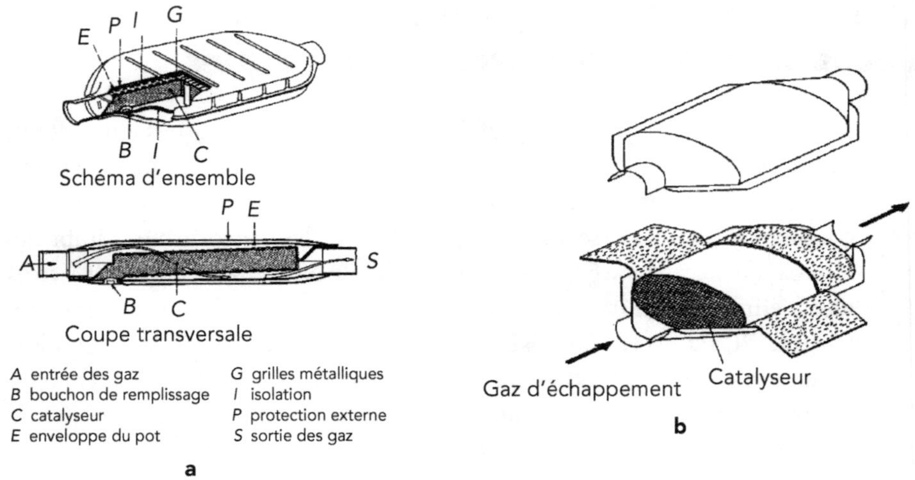

Figure 7.13 – Différentes configurations de pots catalytiques : (a) avec billes ; b) avec monolithe

[Source : Degobert, 1992]

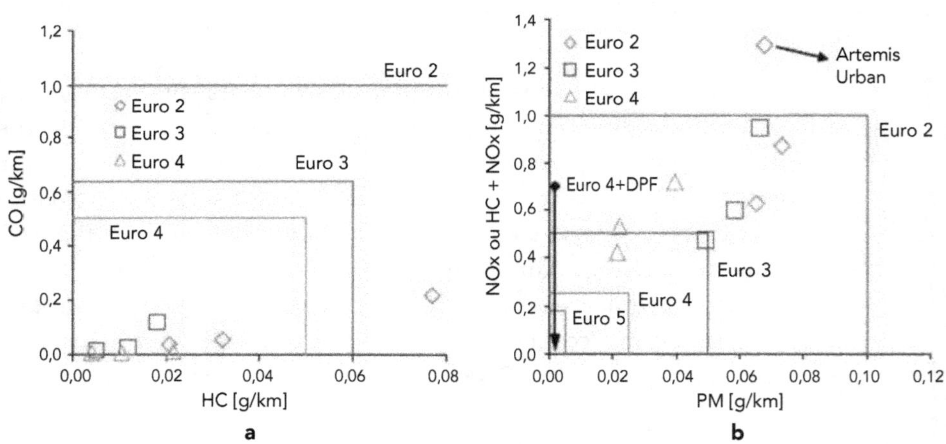

Figure 7.14 – Niveaux d'émission lors de cycles « réels » de conduite et comparaison avec les masses limites tolérées des émissions (en g/km) pour un cycle de conduite normalisé NEDC (*New European Driving Cycle*), pour des véhicules légers Diesel respectant les normes européennes successives : Euro I (1992), Euro 2 (1996), Euro 3 (2000), Euro 4 (2005) et Euro 5 (2008) (a) Émissions de CO et HC ; (b) Émissions de NOx et de PM (l'axe vertical correspond à la somme NOx + HC pour Euro 2 mais les émissions sont principalement dominées par NOx)

[Source : Tzamkiozis T., *Atmospheric Environment*, vol. 44, 2010, pp. 909-916]

7.5.1 Propriétés d'usage

Applications

Nous avons précédemment décrit les supports de catalyseurs, initialement des supports particulaires sous forme de sphères poreuses d'alumine ; ils sont maintenant remplacés par des supports monolithes de type en nids d'abeilles, minimisant la perte de charge. Dans cette partie, nous nous concentrerons sur les filtres à particules.

Pour l'émission des suies très fines produites par combustion dans les chaudières ou les moteurs thermiques, les systèmes conventionnels de dépoussiérage tels que les cyclones ne peuvent pas être utilisés. On doit avoir recours à l'utilisation de filtres. Comme le confirme la modélisation, la gamme granulométrique concernée (90 % en nombre des particules submicroniques) est difficile à stopper avec des filtres suffisamment perméables aux gaz (pertes de charge acceptables). Différents types de filtres (monolithes céramiques, éponges métalliques, mousses céramiques, éponges de fibres céramiques, « bougies » tissées en fibres de silice) ont été testés par le passé pour les particules issues de moteurs Diesel [Degobert, 1992].

Les principaux systèmes retenus sont actuellement les monolithes céramiques en nid d'abeilles qui sont des filtres de surface « *wall-flow filter* » (figure 7.15). Ils permettent une filtration totale par passage de l'ensemble du débit d'échappement à travers les parois du filtre. Ils ont une structure dotée de parois poreuses dont un canal sur deux est bouché pour obliger le gaz à traverser les parois du canal. Ils sont caractérisés par une efficacité de filtration améliorée, de l'ordre de 80 à 98 % en masse. La porosité des parois varie entre 40 et 50 %, avec des tailles de pores de 10 à 15 µm.

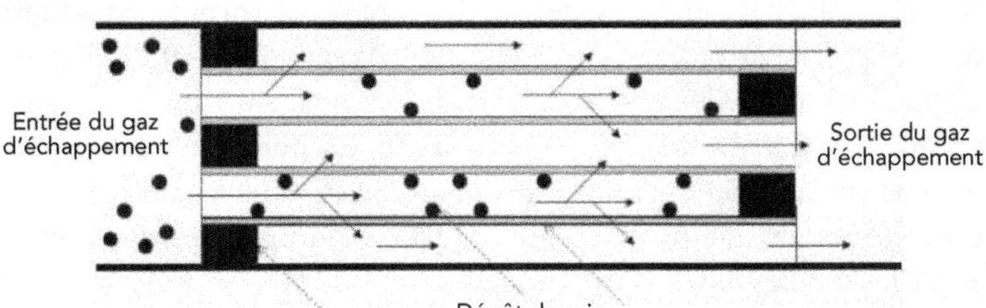

Figure 7.15 – Structure d'un filtre de surface
[Source : Pesant L., Thèse, ULP de Strasbourg, 2005]

Ces filtres demandent des régénérations périodiques ou en continu pour limiter la perte de charge. Les défis en termes de durabilité (80 000 km pour Euro 3 000 à 160 000 km pour Euro 5 et plus de 240 000 km pour Euro 6) ont conduit à faire évoluer la structure de ces filtres monolithiques tant en termes de réduction de la taille des cellules que d'asymétrie entre les canaux d'entrée des gaz (plus grands) et de sortie (plus petits) (figure 7.16).

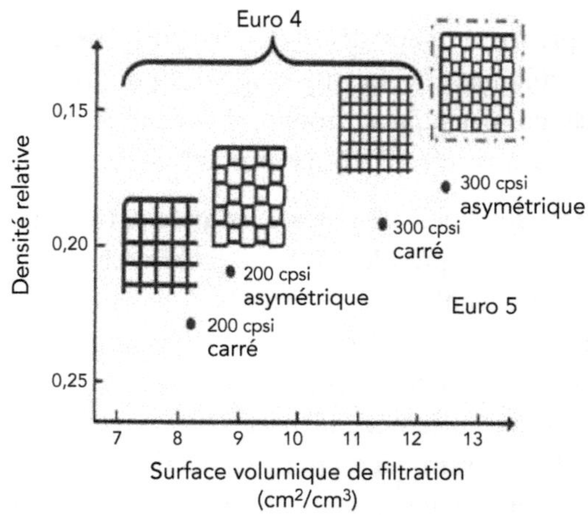

Figure 7.16 – Évolution de la structure des filtres de surface en termes d'ouverture de maille et d'asymétrie entre les canaux d'entrée des gaz (plus grands) et ceux de sortie (plus petits)
[Source : Ibiden Co. Ltd, Gifu, Japon, 2008]

Choix des matériaux

Pour les supports céramiques de catalyseurs de type nid d'abeilles, le matériau sélectionné a été principalement la cordiérite. Son très faible coefficient de dilatation thermique lui permet de résister particulièrement bien aux chocs thermiques. Étant donné la faible surface développée par de tels supports (~ 0,2 m^2/g), il est nécessaire d'appliquer sur les parois des canaux, une couche d'alumine finement divisée de grande surface spécifique (de 100 à 200 m^2/g), nommée *wash-coat*. Son épaisseur varie entre 20 et 50 µm et multiplie environ par 100 la surface développée par les précurseurs des catalyseurs. Outre la phase alumine, le *wash-coat* contient divers additifs dont des oxydes de cérium, de baryum et de fer. Après application du *wash-coat*, le monolithe est imprégné par trempage d'une solution contenant les sels des métaux précieux qui sont ensuite réduits thermiquement à l'état métallique.

Concernant les filtres à particules, le choix des matériaux utilisés est très dépendant de leur utilisation. Pour les voitures légères en usage urbain (arrêts et redémarrages fréquents ; faibles températures pour les gaz d'échappement), une régénération périodique (avec génération de pics de température) est requise et le matériau sélectionné est principalement le carbure de silicium. Pour les poids lourds en usage routier ou autoroutier (vitesses élevées ; hautes températures pour les gaz d'échappement), une régénération continue est possible et le matériau sélectionné est principalement la cordiérite. D'autres matériaux ont été plus récemment considérés pour la fabrication des filtres à particules comme le titanate d'aluminium et la mullite aciculaire.

Modes d'élaboration

Le mode d'élaboration des supports de catalyseurs et des filtres à particules de type nid d'abeilles est basé sur l'extrusion de pâtes. Le dépôt du *wash-coat*, à partir d'une suspension d'alumine, et l'imprégnation ultérieure, avec la solution de sels des métaux précieux, sont réalisés au trempé. La réduction de ces sels à l'état métallique peut être obtenue par balayage avec un courant gazeux contenant de l'hydrogène.

7.5.2 Aspects industriels

Aspects économiques et marchés

Les marchés sur ces produits suivent ceux de l'automobile avec une forte croissance en Asie (Chine, Inde). Au premier plan des principaux fabricants de supports catalytiques en cordiérite, il y a Corning et NGK. Concernant les fabricants de filtres à particules céramiques, le premier mondial est Ibiden au Japon. On trouve également NGK (Japon), Corning et Dow Chemical (USA). En Europe, il convient de citer CTI et Saint-Gobain.

Exemples de pièces

La figure 7.17 fournit des images de supports pour catalyseurs et des filtres à particules céramiques.

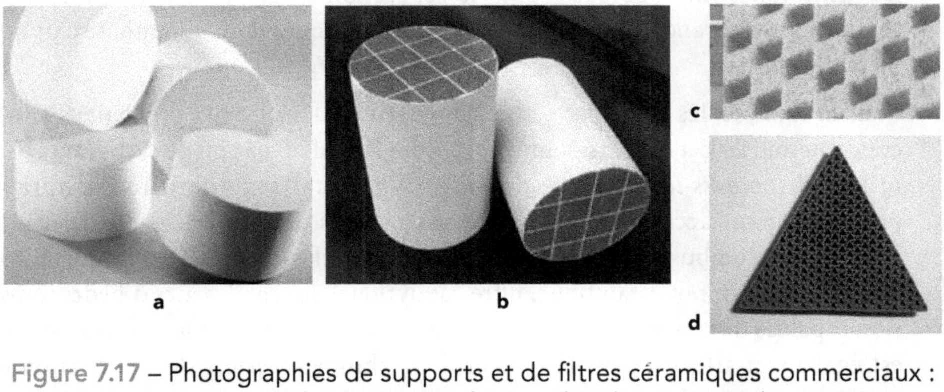

Figure 7.17 – Photographies de supports et de filtres céramiques commerciaux : (a) support pour catalyseurs en cordiérite ; (b) Filtre à particules en SiC ; (c) Détail de la tranche pour un filtre à particule en cordiérite ; (d) élément de monolithe prototype en SiC et à géométrie asymétrique originale

[Sources : a. Corning Inc., Corning, USA ; b. Ibiden Co. Ltd, Gifu, Japon ; c. Corning Inc., Corning, USA ; d. CTI, Salindres, France]

7.6 Conclusions et perspectives

Du fait de leurs propriétés intrinsèques spécifiques (réfractarité permettant leur utilisation à haute température, tenue chimique permettant des applications dans des milieux corrosifs ou des solvants organiques, haute résistance mécanique) et de tous les développements réalisés à ce jour en termes de contrôle de leur microstructure (taille des grains, porosité) et de leur élaboration (objets céramiques à formes complexes, assemblages), les matériaux céramiques pour la filtration, la catalyse et l'environnement ont déjà connu de nombreux développements industriels comme cela a été illustré dans ce chapitre.

Les pressions environnementales croissantes telles que la pollution massive de l'air et des ressources en eau ou encore l'épuisement accéléré des réserves en énergie fossile ont conduit au concept de développement durable et à des stratégies associées telles que l'intensification des procédés, le recyclage sur site de l'eau et des solvants, l'utilisation de l'hydrogène comme vecteur énergétique (nécessité de production de H_2 et utilisation de piles à combustible comme générateurs électriques) ou encore la capture et le stockage du CO_2. Ceci va induire dans le futur de nouvelles applications industrielles des céramiques.

Pour les membranes céramiques, tous les types d'application, associés aux procédés listés dans le tableau 7.5, font actuellement l'objet d'activités de recherche et développement. C'est notamment le cas des membranes denses pour la séparation d'oxygène ou d'hydrogène pour des applications dans les réacteurs membranaires (production de gaz de synthèse à partir de gaz naturel et d'air), les piles à combustible à oxyde solide et la production et la purification du dihydrogène. C'est également vrai pour les membranes microporeuses pour la séparation de gaz et la pervaporation ou encore les membranes catalytiques ou photocatalytiques pour la synthèse chimique ou la dépollution.

Pour la catalyse, les principaux axes de recherche dans les dix prochaines années concerneront les catalyseurs pour les procédés XTL d'obtention de carburants (*Gas-to-Liquid, Biomass-to-Liquid, Coal-to-Liquid*), les catalyseurs d'hydrodésulfuration plus actifs pour accompagner la mise aux normes des fuels de soute, les catalyseurs de postcombustion dans le cadre d'une approche intégrée (carburant, moteur, contrôle moteur, pot catalytique, filtre catalytique), les catalyseurs d'hydroconversion capables de convertir des bruts moins conventionnels. Un fort développement est également attendu dans le secteur de la chimie « verte » de valorisation des ressources renouvelables en monomères pour la pétrochimie ou en composés organiques plus complexes.

Concernant les filtres et catalyseurs de postcombustion, les études portent notamment sur les dispositifs de type catalyseurs quatre voies permettant en continu l'oxydation des suies dans les pores, l'élimination ou la réduction des NOx et l'oxydation du CO et des hydrocarbures. L'abattement des NO_x peut se faire soit par stockage chimique (e.g. sur l'oxyde de baryum), soit par réduction simultanée à l'oxydation des suies sur des catalyseurs spécifiques, par une série de réactions complexes. Ce type de contacteur catalytique a atteint un niveau très avancé de développement technologique, avec une perspective d'application industrielle à grande échelle et à court terme.

7.7 Bibliographie

AYRAL A., JULBE A. et GUIZARD C., « Ceramic membrane processing : new approaches in design and applications », Materials Engineering, vol. 28, Lee B. et Komarneni S. (*Chemical Processing of Ceramics*, 2nd édition), CRC Press New York, 2005, pp. 629-666.

BURGRAFF A. J. et COT L., *Fundamentals of Inorganic Membrane Science and Technology*, Membrane Science and Technology Series, Elsevier, Amsterdam, 1996.

CARNELL P. J. H., *Feedstock purification*, Catalyst handbook, 2nd edition, Twigg M. V., Wolfe Publishing Ltd, Londres, 1989.

DEGOBERT P., *Automobile et pollution*, Technip, Paris, 1992.

GILOT B. et GUIRAUD R., *Génie chimique - Cinétique et catalyse hétérogènes*, Ellipses, Paris, 2004.

LE PAGE J. F., COSYNS J., COURTY P., *Catalyse de contact : conception, préparation et mise en œuvre des catalyseurs industriels*, Technip (Institut Français du Pétrole), Paris, 1978.

MALLADA R. et MENENDEZ M., *Inorganic Membranes : Synthesis, Characterization and Applications*, Membrane Science and Technology Series, 13, Elsevier, Amsterdam, 2008.

8 Les céramiques pour les applications biomédicales

Coordonnateur : Jérôme Chevalier

Co-auteur : Aurélien Bignon

Dans ce chapitre, sont décrites les céramiques utilisées pour le remplacement de l'os (substituts osseux), les prothèses orthopédiques et les prothèses et implants dentaires. Leurs principales caractéristiques, leur mode d'élaboration et leur place au niveau industriel et clinique seront donnés.

8.1 Introduction

Historiquement, et pour l'anecdote, on considère souvent que les céramiques sont utilisées comme biomatériaux depuis des millénaires. Des crânes humains Mayas, certains datant de plus de 4 000 ans, possèdent en effet des implants dentaires en nacre, composite naturel constitué à 95-98 % en masse de carbonate de calcium et 2-5 % en masse de phase organique. La réelle pratique clinique associée à l'usage des céramiques remonte en fait à la fin du XVIIIe siècle dans le domaine de la restauration dentaire, avec l'utilisation de couronnes en porcelaine, puis à la fin du XIXe siècle en orthopédie, avec l'utilisation du plâtre pour le comblement osseux. L'utilisation de céramiques techniques (frittées) apparaît en 1920, avec l'utilisation de phosphates de calcium comme biomatériaux résorbables pour le comblement osseux. Le besoin de céramiques suffisamment résistantes et tenaces en vue d'applications en orthopédie n'est satisfait qu'en 1965, quand l'utilisation de l'alumine pour la fabrication de prothèses de la hanche est brevetée.

Les céramiques sont, depuis, très largement utilisées dans le cadre du remplacement de l'os (substituts osseux), de surfaces articulaires (prothèses orthopédiques) ou de tissus dentaires (prothèses et implants). Après plus d'un siècle d'utilisation clinique, il est clair qu'aucune céramique n'est encore capable d'associer à la fois une interface biologique privilégiée avec l'os et des propriétés mécaniques élevées. D'un côté, l'alumine et la zircone entraînent la formation d'un tissu fibreux à l'interface avec l'os. De l'autre, les céramiques à base de phosphates de calcium possèdent malheureusement des propriétés mécaniques très modestes. Ainsi, les biocéramiques sont souvent séparées en deux familles, appelées « bio-inertes » (alumine et zircone) et « bio-actives » (phosphates de calcium). Les céramiques bio-inertes sont donc utilisées dans des dispositifs sollicités mécaniquement comme les prothèses orthopédiques ou la restauration dentaire. Les céramiques bio-actives sont utilisées pour la réalisation de surfaces ou d'architectures destinées à favoriser l'adhésion de l'os à l'implant et/ou une prolifération osseuse rapide, mais dans des sites peu sollicités mécaniquement.

Au-delà de l'aspect technologique, où les céramiques sont généralement classées comme telles lorsqu'elles font intervenir dans leur fabrication des processus de frittage à haute température, les céramiques sont plus généralement et plus correctement définies comme des matériaux « inorganiques, non métalliques ». Aussi pourrions-nous considérer que les valves cardiaques en carbone pyrolytique font partie de cette famille d'implants en céramique. Le cahier des charges de ces implants fait apparaître des similarités mais aussi de fortes différences par rapport aux implants orthopédiques et dentaires, car l'interface os-implant généralement considérée laisse ici la place à une interface sang-biomatériau. Leur élaboration est particulière.

Ce chapitre traitera donc de la réponse des céramiques quant à la demande d'implants orthopédiques et dentaires principalement. Par manque de place, les valves cardiaques ne seront pas traitées. Les ciments phospho-calciques élaborés à basse température, sans frittage, seront simplement évoqués.

8.2 Céramiques pour prothèses orthopédiques

8.2.1 Introduction : bref historique et données socio-économiques

Les prothèses totales de hanche (PTH) sont aujourd'hui largement utilisées pour soigner des pathologies conduisant à la dégradation de l'articulation de la hanche. Ces pathologies peuvent être traumatiques (fracture), dégénératives souvent (arthrose), et tumorales parfois (cancer primaire ou secondaire le plus souvent). Le nombre de poses de PTH, en perpétuelle croissance, s'accompagne d'une qualité de résultat qui transforme presque du jour au lendemain la vie des patients. En France, plus de 120 000 prothèses sont implantées par an. L'Europe représente 30 % du marché mondial avec environ 800 000 implants de la hanche. Malgré les progrès effectués dans le domaine pharmaceutique et de l'ingénierie tissulaire du cartilage, ce nombre ne cesse d'augmenter (+3 % à +5 % par an ces 5 dernières années) et ne cessera d'augmenter encore pendant les prochaines années, voire décennies.

L'idée des premières prothèses de la hanche remonte à 1890, lorsque le chirurgien Themistoklès Gluk expose le principe de prothèses articulaires en ivoire. Il est cependant considéré que l'inventeur de la prothèse de hanche est Marius Nygaart Smith-Petersen (1886-1953). Sa première prothèse, posée en 1920, est une demi-sphère creuse moulée en verre, couvrant la tête de fémur réduite par une râpe cloche. La prothèse est temporaire : quand elle n'a pas cassé rapidement, est enlevée au bout d'un à deux ans. Smith-Petersen espère en effet obtenir sous le moule en verre un cartilage de la tête de fémur. Smith-Petersen emploie quelques années plus tard un alliage métallique, le Vittalium (alliage à base de Cobalt-Chrome) qu'il n'enlève plus au bout de deux ans. La prothèse de hanche est née. En 1946, les frères Judet mettent au point une prothèse fémorale en poly-métacrylate de méthyle. Cette prothèse fémorale en forme de demi-sphère dans un premier temps est prolongée par une tige ancrée dans le fémur. Les années 1950 voient apparaître deux évolutions majeures (et deux noms célèbres) au travers des prothèses de Moore, puis de McKee, qui concernent le développement de tiges fémorales suffisamment massives et solidement ancrées à l'os puis la réalisation de prothèses totales de la hanche qui font intervenir une tête fémorale, une cupule et une tige. Le plus grand bouleversement dans l'évolution de la prothèse totale de hanche vient avec John Charnley, au début des années 1960 qui propose l'utilisation du polyéthylène pour l'implant cotyloïdien en vis-à-vis d'une tête métallique de petite taille et une tige métallique « cimentée » à l'os par une résine acrylique. Charnley répond alors aux impératifs fondamentaux d'une prothèse de la hanche : une faible usure du couple de frottement et un bon ancrage entre l'os et la prothèse. Les prothèses de Charnley présentent pour la première fois des taux de réussite approchant 90 % à 10 ans. Ces cinquante dernières années ne voient pas de bouleversement majeur mais une évolution continue avec un objectif constant : diminuer l'usure et améliorer l'ancrage de la prothèse à l'os.

C'est donc naturellement vers les céramiques que vont se tourner ingénieurs et chirurgiens à partir des années 1970. L'alumine est introduite en orthopédie par Boutin en 1970 avec l'idée d'utiliser un couple céramique-céramique pour diminuer les taux d'usure. Il obtient des résultats exceptionnels, si bien que des prothèses posées par Boutin, puis par le groupe de Laurent Sedel, durent plus de 30 ans, sans usure ni inflammation notable. Les couples céramique-céramique et céramique-polyéthylène représentent aujourd'hui en Europe chacun 30 % de part de marché et sont en continuelle augmentation. On estime à plus de 4 millions le nombre de têtes fémorales en céramique posées depuis les années 1990.

Le principe de revêtements de surface favorisant une intégration osseuse optimale apparaît en 1986 : on projette, par une torche à plasma, une fine couche (150 microns en moyenne) d'hydroxyapatite qui vient se fixer à la surface des prothèses. L'hydroxyapatite est vue comme un composant minéral de l'os qui peut être fabriqué chimiquement. On imagine alors que l'os voisin identifie l'hydroxyapatite comme un de ses constituants et repousse rapidement sur le revêtement de la prothèse. Le concept est aujourd'hui largement validé, et les prothèses dites non cimentées prennent aujourd'hui le pas sur les prothèses cimentées. En 2010 par exemple, en Europe, 100 000 PTH sont cimentées, 330 000 PTH sont non cimentées et 130 000 PTH sont hybrides (une partie cimentée et l'autre non).

8.2.2 Applications actuelles

Têtes fémorales et cupules acétabulaires pour prothèse de hanche

Cahier des charges et choix des matériaux

La figure 8.1 montre une prothèse de la hanche comprenant deux composants en céramique et précise le cahier des charges des matériaux utilisés pour la tête fémorale et la cupule.

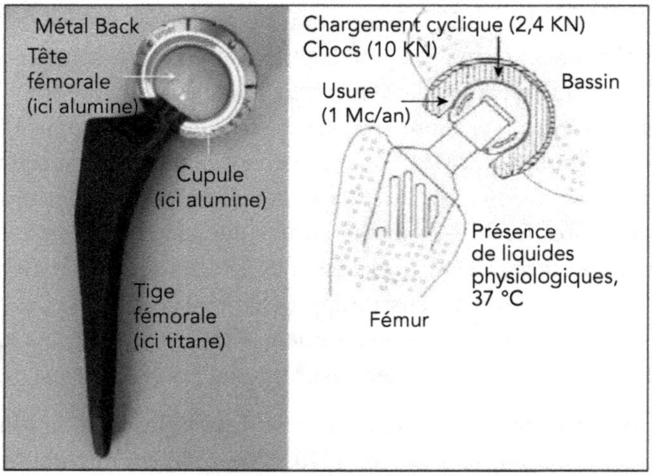

Figure 8.1 – Illustration d'une prothèse de hanche présentant deux composants en céramique et cahier des charges associé

Outre une résistance à l'usure importante, un matériau utilisé dans le cadre d'une prothèse de la hanche doit pouvoir résister mécaniquement à des charges cycliques importantes, en milieu liquide. On considère qu'une personne fait en moyenne 1 million de pas (de cycles) par an. Les charges peuvent atteindre 2,4 KN lors de la marche et atteindre jusqu'à 10 KN dans le cas de chocs. Les céramiques étant sensibles aux mécanismes de rupture différée due à un mécanisme de corrosion sous contrainte par les molécules d'eau, il faudra veiller à vérifier leur intégrité et leur pérennité sous chargement alterné, en présence de liquides physiologiques. Outre une parfaite biocompatibité, 3 critères guident le choix d'une céramique utilisée pour la réalisation de têtes fémorales ou de cupules acétabulaires pour prothèses de la hanche :

- une parfaite stabilité lors des processus de stérilisation et dans le corps humain (pas de modification physique ou chimique) ;
- une usure la plus faible possible du matériau et du matériau antagoniste ;
- une résistance à la fissuration (résistance aux chocs et à la propagation lente de fissures) la plus forte possible.

Peu de céramiques répondent à ce cahier des charges et seulement trois ont réellement été utilisées cliniquement : l'alumine, la zircone (toujours dopée avec de l'oxyde d'yttrium) et leurs composites (composites présentant majoritairement de l'alumine ou de la zircone). Les propriétés générales de ces céramiques et les normes actuelles (quand elles sont disponibles) sont reportées dans le tableau 8.1. Nous reportons aussi dans ce tableau l'évolution des propriétés de l'alumine au cours de ses 4 décennies d'utilisation. L'augmentation de la qualité des têtes fémorales et des cupules passe logiquement par une amélioration des contraintes à la rupture. Celle-ci est fonction de la ténacité et de la taille des défauts préexistants dans la céramique après frittage par la relation bien connue :

$$\sigma_R = \frac{K_{IC}}{y \times \sqrt{a}} \tag{8.1}$$

où σ_R représente la contrainte à rupture de la pièce, K_{IC} la ténacité de la céramique (propriété intrinsèque de résistance à la propagation rapide de fissure) et a la taille du défaut le plus critique (le plus gros ou le « plus mal placé ») dans la pièce. y est un facteur géométrique qui dépend de la forme du défaut, souvent proche de $\sqrt{\pi}$.

Si la contrainte à la rupture est un élément important concernant la résistance lors d'un choc, la contrainte σ_0, en dessous de laquelle aucun risque de rupture différée, doit être considérée. Elle est donnée par une expression similaire à l'équation 8.1, soit :

$$\sigma_0 = \frac{K_{I0}}{y \times \sqrt{a}}$$

où K_{I0} représente le facteur d'intensité de contrainte pour lequel la propagation lente (souvent appelée sous-critique) est inopérante.

Historiquement, les chercheurs et les ingénieurs ont donc cherché à augmenter la résistance mécanique des céramiques biomédicales pour prothèses de hanche par une diminution des défauts préexistants (travail sur l'élaboration – diminution de la taille et la quantité de porosité – et la qualité de l'usinage), notamment dans l'alumine, puis par le développement de céramiques plus tenaces (K_{I0} et K_{IC} les plus forts possibles) par l'utilisation de la zircone. La figure 8.2 représente l'évolution des microstructures de l'alumine observée en une vingtaine d'années. L'évolution des microstructures vers des grains de plus en plus fins, homogènes en taille, a permis de diminuer les tailles de porosité et donc de défauts.

Tableau 8.1 – Normes utilisées pour la certification des matériaux utilisés actuellement pour la réalisation des têtes fémorales et cupules pour prothèses de hanche, et valeurs de propriétés mécaniques standard relevée

	Alumine (1970)	Alumine (2010)	Zircone 3Y-TZP	Composites alumine-zircone
Norme utilisée		ISO 6474-1 (2010)	ISO 13356 (2008)	ISO 6474-2 (2012)
Densité (g/cm^3) ou % densité théorique	3,90	3,96	6,0	> 99,5 %
Taille de grains (µm)	5	< 1,5	0,4	Alumine < 1,5 Zircone < 0,6
Module de Young (GPa)	380	380	210	(dépend du taux de zircone)
$\sigma_R(MPa)$	400	600	1 000	> 1 000
$K_{IC}(MPa\sqrt{m})$	4	4	6	6-10
$K_{I0}(MPa\sqrt{m})$	2,5	2,5	3,5	4-6

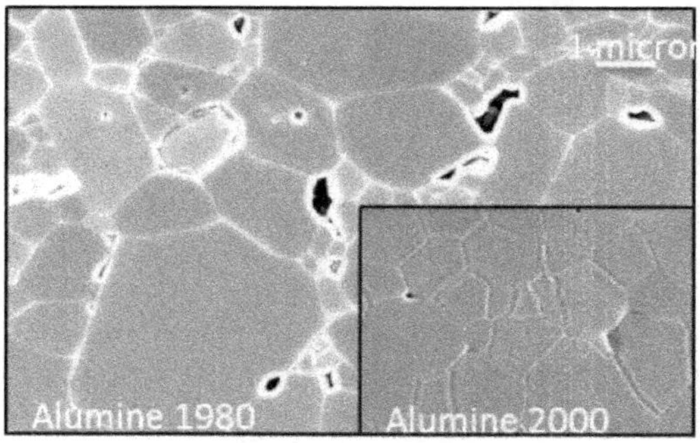

Figure 8.2 – Microstructures de deux alumines biomédicales illustrant l'évolution positive des microstructures après les années 1980

La zircone fut introduite en orthopédie au début des années 1990, puisqu'elle présente des valeurs de ténacité bien supérieures à l'alumine, les plus fortes de l'ensemble des céramiques. La zircone présente en effet un mécanisme de renforcement unique par transformation de phase en fond de fissure qui lui valut le nom de « Ceramic Steel » lors de la découverte au milieu des années 1970 par Garvie et ses co-auteurs. La zircone est en effet maintenue sous une forme cristallographique quadratique métastable à température ambiante par un ajout d'Yttrine (Y_2O_3). Celle-ci peut se transformer vers sa phase stable, monoclinique, sous l'action de contraintes de traction, notamment au voisinage d'une fissure. Cette transformation, de type martensitique (sans diffusion), s'accompagne d'une déformation en cisaillement, mais aussi d'une augmentation de volume conséquente des grains, de l'ordre de 4 % volumique. Les contraintes de compression générées par la transformation localisée autour de la fissure s'opposent alors à sa propagation et augmentent la résistance à la propagation de fissure. Ce mécanisme est schématisé et illustré (fissure générée par une indentation Vickers) sur la figure 8.3. Une zircone dopée avec 3 mol · % d'Yttrine est dénommée classiquement 3Y-TZP (*Tetragonal Zirconia Polyscristal*).

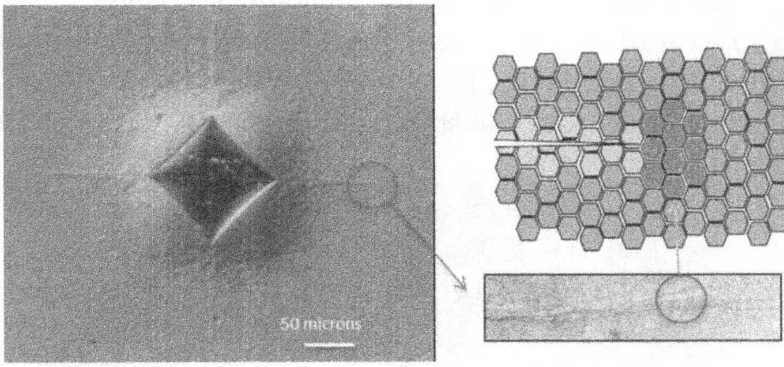

Figure 8.3 – Transformation de phase autour d'une empreinte réalisée par indentation Vickers dans une zircone 3Y-TZP.
On note une zone de transformation de grains autour de la fissure (visible en contraste interférentiel en microscopie optique, car associée à une augmentation de volume). Ces grains transformés limitent la propagation de fissure en imposant des contraintes de compression

La zircone 3Y-TZP est donc un matériau moins fragile que l'alumine, mais elle demeure une céramique. De plus, ce caractère « métastable » la rend plus vulnérable (moins robuste) que l'alumine à de potentiels changements de phase non souhaités durant la vie de la prothèse. Après 10 ans d'utilisation en orthopédie, la zircone 3Y-TZP a quasiment disparu du marché (*cf.* paragraphe « Aspects industriels ») au début des années 2000 alors qu'elle était vouée à un succès presque indiscutable. De nombreux cas de rupture furent en effet reportés dans une courte période (2001-2002) pour des prothèses fabriquées dans de nouvelles conditions présentant une dégradation rapide de leurs propriétés par un mécanisme de « vieillissement ». Même si ces ruptures furent limitées dans le temps et clairement associées à des conditions particulières d'élaboration (trop faible densité après frittage), celles-ci mirent l'accent sur le risque associé à la transformation lente de la zircone en surface en présence d'eau. Il est maintenant acquis que la zircone 3Y-TZP peut se transformer en surface en présence d'eau, entraînant une augmentation de rugosité de la prothèse (augmentation de volume associée à la transformation) et une microfissuration néfastes à la longévité des prothèses. La figure 8.4 illustre ce constat.

La modeste ténacité de l'alumine et le relatif manque de stabilité de la zircone ont poussé les industriels et les chercheurs à développer des composites à base d'alumine présentant une certaine quantité de grains de zircones transformables. L'idée est simple : profiter de la transformation sous contrainte de grains de zircone pour augmenter la ténacité de l'alumine, sans risquer une trop grande sensibilité à la dégradation en présence d'eau. Il est aujourd'hui démontré que ces composites possèdent en effet un excellent compromis entre résistance à la fissuration (au moins égale à la zircone seule) et une meilleure tenue dans le temps. La figure 8.5 présente la microstructure d'un composite alumine-zircone présentant 10 vol · % de zircone. Dans le cas de ce composite, la zircone est stabilisée par un effet de matrice par l'alumine et l'ajout d'Yttrine n'est pas nécessaire.

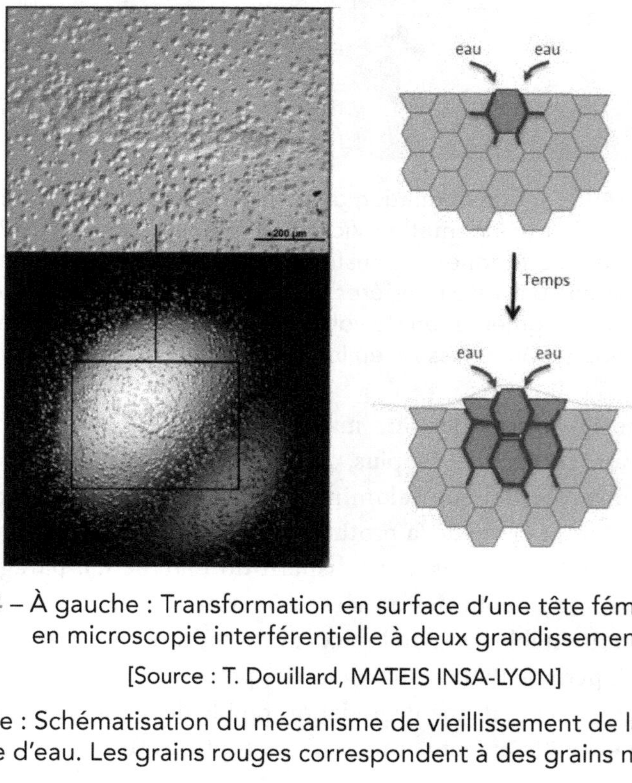

Figure 8.4 – À gauche : Transformation en surface d'une tête fémorale observée en microscopie interférentielle à deux grandissements

[Source : T. Douillard, MATEIS INSA-LYON]

À droite : Schématisation du mécanisme de vieillissement de la zircone en présence d'eau. Les grains rouges correspondent à des grains monocliniques

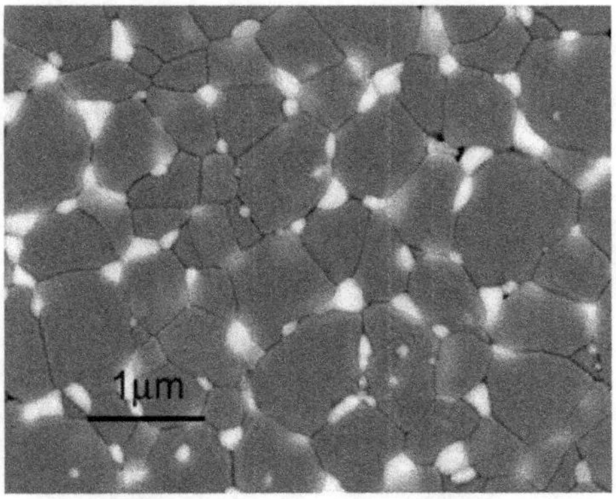

Figure 8.5 – Microstructure d'un composite Alumine (90 vol %) – Zircone (10 vol · %)

Modes d'élaboration

Le synoptique de la figure 8.6 présente un exemple de fabrication de têtes fémorales en composite alumine-zircone. Le nombre ou l'ordre des étapes peut varier sensiblement d'un industriel à un autre.

La première phase consiste à granuler la poudre pour la rendre plus coulable et apte à la compaction. Cette étape est réalisée industriellement par atomisation-séchage. Certaines poudres sont déjà atomisées par le fabricant (par exemple : poudre de zircone Tosoh TZ3Y-B ou TZ3Y-SB). Les poudres composites nécessitent un mélange des deux poudres d'alumine et de zircone et une dispersion en voie liquide. La poudre est ensuite atomisée. Le résultat de l'atomisation est une granulation sous forme de sphères de l'ordre de la centaine de microns. Ces sphères peuvent facilement couler, et doivent pouvoir se compacter. La poudre atomisée est ensuite pressée par compaction isostatique (*cf.* exemple) dans des moules en silicone sous forme de sphères ou par compaction uniaxiale sous forme de cylindres usinés à cru. La sphère est ensuite frittée à des températures comprises entre 1 300 °C et 1 550 °C (noter la variation dimensionnelle due au frittage, à considérer dans le calcul des dimensions). Ce premier cycle de frittage doit conduire à des densités suffisantes, supérieures à 96 % pour supprimer toute porosité ouverte. Dans le but d'une amélioration de la densité et d'élimination de toute porosité, une étape supplémentaire de compaction isostatique à chaud est aujourd'hui recommandée (la température de traitement est de l'ordre de celle de frittage, et la pression de gaz appliquée comprise entre 200 et 400 MPa). On arrive alors à une densité très proche de 100 %. La coloration de la céramique change durant ce procédé conduit sous atmosphère réductrice. Il est donc suivi d'une étape de blanchiment aux alentours de 1 000-1 100 °C sous atmosphère oxydante. Les têtes fémorales sont ensuite polies et usinées (usinage, ou finition du cône si un usinage à cru a été réalisé avant frittage). Elles sont enfin, comme tout dispositif médical, nettoyées, stérilisées et conditionnées.

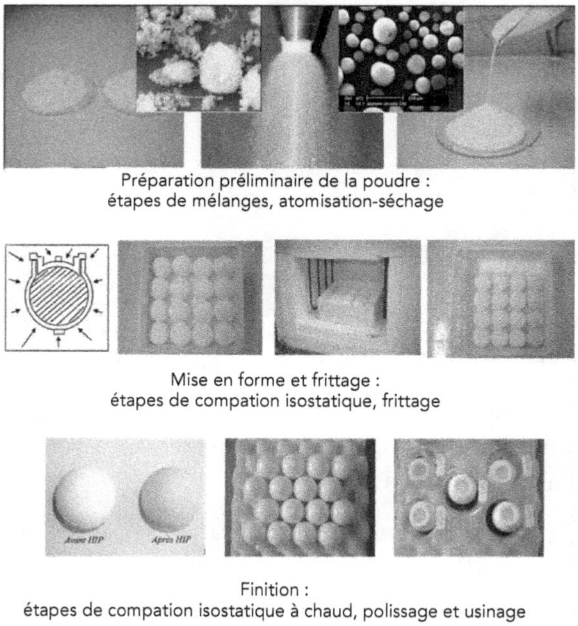

Figure 8.6 – Élaboration de têtes fémorales en composite alumine-zircone

Aspects industriels

Le suivi de normes spécifiques aux matériaux utilisés est un facteur important pour la mise sur le marché des implants. En effet, utiliser un matériau normé, permet de faciliter les démarches d'agrément réglementaires et de diminuer le nombre des tests de caractérisation destinés à prouver la biocompatibilité ou d'autres caractéristiques fonctionnelles de la céramique.

Trois normes régissant les produits céramiques pour implants chirurgicaux s'appliquent aux matériaux décrits plus haut :

- ISO 6474-1 (révisée en 2010). Implants chirurgicaux. Produits céramiques. Partie 1 : produits céramiques à base d'alumine de haute pureté ;
- ISO 6474-2 (créée en 2012). Implants chirurgicaux. Produits céramiques. Partie 2 : Matériaux composites à matrice alumine de haute pureté avec renfort en zircone ;
- ISO 13356 (révisée en 2008). Implants chirurgicaux. Produits céramiques à base de zircone tétragonale stabilisée à l'oxyde d'yttrium (Y-TZP).

La norme ISO 6474-2 s'adapte à l'évolution actuelle du marché et risque par ailleurs de guider les évolutions futures. Cette norme concerne les composites où l'alumine est la phase majoritaire (60 à 90 % en masse). Aussi, les composites développés par certaines sociétés avec la zircone comme phase majoritaire ne sont pas considérés. Le standard céramique en orthopédie sera donc dans le futur constitué par une matrice d'alumine renforcée par de la zircone (possiblement yttriée). Le marché est d'ailleurs majoritairement orienté vers de tels composites, puisque l'entreprise leader du marché, Ceramtec, commercialise aujourd'hui plus de 2/3 de ses produits pour l'orthopédie en composites présentant 80 vol · % d'alumine et 17 vol · % de zircone yttriée sous le nom Biolox Delta®.

Les principaux fabriquants céramiques européens pour prothèses orthopédiques sont : Ceramtec AG (ALL) avec 80 à 90 % du marché, puis Mathys AG (ALL), Metoxit (SUI), Morgan TC (UK), HTI (FRA).

Revêtements en phosphate de calcium pour une meilleure intégration des implants orthopédiques

Cahier des charges et choix des matériaux

L'utilisation clinique des céramiques dans le cadre des prothèses de la hanche ou du genou n'est pas limitée aux têtes fémorales et aux cupules. En effet, les céramiques sont aussi largement utilisées en qualité de revêtement à l'interface prothèse-os. Deux types de prothèses existent : les prothèses cimentées, où l'accroche de la prothèse à l'os est assurée par un « ciment » (résine) acrylique et les prothèses non cimentées, où l'accroche est fondée sur une repousse et une adhésion de l'os à l'implant par un processus biologique (on parle de fixation « biologique »). L'implant est alors traité spécifiquement en surface par une modification de sa rugosité et/ou de sa composition au niveau des surfaces au contact avec l'os. Le choix du type de prothèse est dicté par des considérations d'âge et d'activité du patient. On préférera une prothèse cimentée pour les patients âgés, pour lesquels le potentiel de reconstruction osseuse est faible. À l'inverse, une prothèse non cimentée sera indiquée pour un patient plus jeune et actif. Aujourd'hui, la fixation biologique prend le pas sur la fixation cimentée, classique, « de Charnley ». Certains revêtements de surface ne font intervenir que l'aspect « modification de rugosité de surface » (revêtements en titane). Les plus nombreux font aussi intervenir l'aspect « modification de composition » en choisissant un matériau de revêtement favorisant la repousse et l'adhésion de l'os. La plupart font donc appel à des céramiques phosphocalciques, principalement l'hydroxyapatite (formule : $Ca_{10}(PO_4)_6(OH)_2$), projetées à la surface par projection plasma. La figure 8.7 illustre le revêtement d'une tige fémorale métallique par un revêtement d'hydroxyapatite. Le Metal-Back peut lui aussi être revêtu.

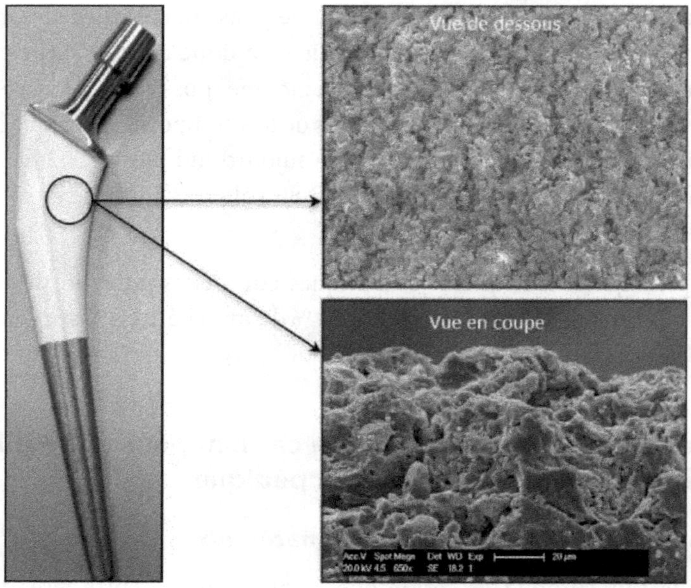

Figure 8.7 – Photo d'un revêtement en Hydroxyapatite à la surface d'une tige fémorale métallique (à gauche). Micrographies du revêtement (à droite)

[Source : Medical Coating]

Modes d'élaboration

La plupart des revêtements ostéo-conducteurs en phosphate de calcium sont réalisés par projection plasma. La projection plasma consiste à projeter des particules partiellement fondues sur la surface de l'implant. Les particules se solidifient et s'accrochent alors à la surface de l'implant. Une gamme de fabrication d'un revêtement comprend généralement les étapes suivantes :

- un nettoyage de la surface, qui permet de s'assurer qu'il n'y aura aucune impureté emprisonnée à l'interface substrat – revêtement. Il peut être complété par une passivation ;
- un masquage, qui permet de protéger les surfaces qui ne seront pas revêtues ;
- un sablage, qui permet une accroche mécanique du revêtement à la surface de l'implant ;
- la projection plasma proprement dite ;
- le nettoyage, avec une décontamination physico-chimique et microbiologique.

La plupart des revêtements, notamment céramiques, sont faits sous atmosphère ambiante (A.P.S). La figure 8.8 illustre la projection plasma d'un métal-back. La figure 8.9 schématise, elle, le principe de la projection.

Figure 8.8 – Projection Plasma d'un métal-Back

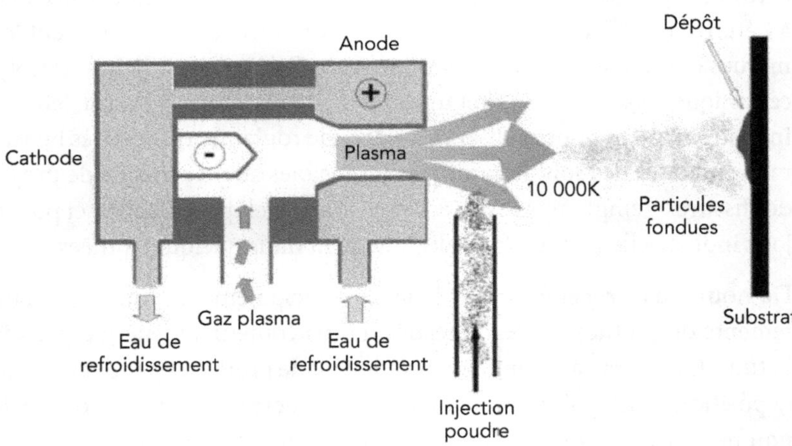

Figure 8.9 – Schéma de principe d'une torche plasma
[Source : Medical Coating]

Aspects industriels

Les revêtements HAP sont soumis à deux normes principales :

- ISO13779-2. Implants chirurgicaux - hydroxyapatite - partie 2 : revêtements à base d'hydroxyapatite ;

- ASTM F1609. Standard Specification for Calcium Phosphate Coatings for Implantable Materials.

Les acteurs principaux du revêtement en Europe sont : Medical Coating (FR), CAM Bioceramics (NL), DOT (ALL), Eurocoating (IT).

8.2.3 Évolutions et nouvelles applications

Les évolutions actuelles vont vers :

- une amélioration des matériaux existants et le développement de nouveaux matériaux ;
- le développement de nouveaux procédés industriels ;
- l'utilisation plus large des céramiques dans d'autres dispositifs médicaux.

Après l'alumine pendant de nombreuses années, puis la zircone pour une durée plus courte, les composites alumine-zircone représentent aujourd'hui la tendance forte pour la réalisation de produits orthopédiques nécessitant de fortes résistances mécaniques. Les études actuelles visent à vérifier la stabilité de ces composites en conditions hydrothermales (absence de vieillissement comme pour la zircone) et à l'éliminer par un choix de compositions optimales. De nouveaux matériaux sont à l'étude, au-delà de simples essais de laboratoire. C'est notamment le cas de céramiques covalentes comme le Nitrure ou le Carbure de Silicium (Si_3N_4 et SiC). Ces céramiques possèdent en effet une excellente résistance à l'usure (elles sont utilisées industriellement pour réaliser des pièces de roulement) et de très bonnes propriétés mécaniques. Elles sont notamment insensibles au mécanisme de propagation lente des fissures. Longtemps discutées sans être développées, celles-ci pourraient voir le jour industriellement et donc cliniquement dans quelques années.

De nouveaux procédés voient le jour, principalement dans le domaine des revêtements de prothèses. Des procédés moins coûteux en énergie, plus faciles sont à l'étude. On citera par exemple le revêtement de prothèses par des procédés d'électrodéposition. D'un point de vue industriel, l'électrodéposition propose des avantages non négligeables : outre la possibilité de revêtir des pièces aux morphologies difficiles, on peut noter un faible coût des matières premières et machines utilisées, une productivité élevée et une automatisation aisée. Les contrôles précis de l'épaisseur, de l'uniformité et de la vitesse de déposition du revêtement sont d'autres paramètres pouvant rendre la technique d'électrodéposition très attractive.

Enfin, de nouveaux composants sont développés. Deux composants majeurs sont notamment en cours de développement, voire de validation clinique à plus grande échelle : les prothèses de genou et les prothèses intervertébrales en céramique. Les premières réalisations de composants céramiques (prothèses uni-condylaires en alumine) pour des prothèses de genou remontent à 1972 et les efforts de Kyocera notamment furent conséquents pour leur développement industriel, mais plusieurs échecs (fractures) ont été rencontrés lors d'études cliniques. D'une part, d'un point de vue tribologique, l'intérêt des céramiques dans la diminution de l'usure du polyéthylène antagoniste est moins avéré. Enfin, et c'est important pour le céramiste, la forme est beaucoup plus complexe. Aussi, le rapport bénéfice (usure moindre) sur risque (complexité de la fabrication et risque accru de rupture) est plus faible que pour les prothèses de la hanche. Des sociétés majeures comme CERAMTEC profitent cependant aujourd'hui des propriétés mécaniques améliorées des nouveaux composites alumine-zircone (Biolox Delta®) pour promouvoir leur utilisation pour la réalisation de prothèses de genou (*cf.* figure 8.10).

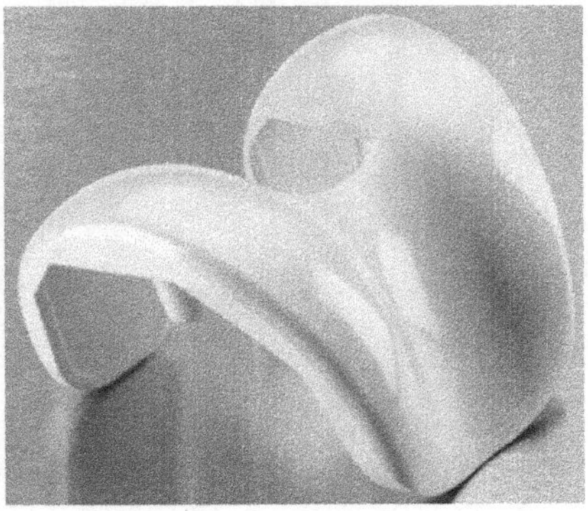

Figure 8.10 – Composant fémoral d'une prothèse de genou réalisé en composite alumine-zircone Biolox Delta®
[Source : M. Kuntz, Ceramtec A.G.]

8.3 Céramiques pour le comblement osseux

8.3.1 Applications : une utilisation plus étendue des phosphates de calcium

Cahier des charges et choix des matériaux

Combler une perte de substance osseuse est un problème quasi quotidien en chirurgie orthopédique et en traumatologie. Une perte de substance osseuse peut être d'origine traumatique, tumorale ou dégénérative. Le nombre de procédures faisant appel à la reconstruction osseuse est donc important et en forte croissance. Il atteint 700 000 par an en Europe. En ce qui concerne spécifiquement les procédures dans lesquelles sont utilisés des substituts osseux, on estime que leur nombre a évolué, en Europe, de 25 000 en 1998 à 146 000 en 2003. L'autogreffe, c'est-à-dire le comblement d'une cavité osseuse par une partie osseuse prélevée sur le même patient (par exemple, au niveau de la crête iliaque) reste la procédure la plus développée (plus de 75 % des cas), mais l'utilisation de substituts osseux d'origine synthétique est devenue une alternative intéressante depuis le milieu des années 1980. En effet, par rapport à l'autogreffe, l'utilisation d'un substitut osseux implique une chirurgie moins invasive (deux étapes sont nécessaires pour l'autogreffe : prélèvement, puis implantation). Les substituts osseux sont aussi disponibles en grande quantité. La plupart des substituts osseux actuels sont des pièces poreuses en phosphate de calcium « bi-phasique », c'est-à-dire constitués d'hydroxyapatite (HAP, $Ca_{10}(PO_4)_6(OH)_2$, de rapport Ca/P égal à 1,67) et de phosphate tricalcique (TCP, $Ca_3(PO_4)_2$, de rapport Ca/P égal à 1,5).

Figure 8.11 – Substituts osseux bi-phasiques Atlantik® (Medical Biomat), présentés sous deux formes : granulés, ou formes structurées. À droite : microstructure micro- et macro-poreuse permettant l'adhésion et la prolifération cellulaire

Le cahier des charges des céramiques utilisées pour le comblement osseux est différent de celui des céramiques bio-inertes des prothèses. Il s'agit là de combler une cavité osseuse, puis de promouvoir la reconstruction osseuse grâce à une composition chimique adéquate, mais aussi une architecture 3D poreuse. Ces céramiques phosphocalciques sont présentées sous deux aspects (*cf.* figure 8.11) : des granulés, sans vertu mécanique, servant au remplissage et des formes plus élaborées (disque, cube, cylindre, coins) possédant une certaine tenue mécanique pour des reconstructions osseuses diverses. Il est aujourd'hui admis que les substituts osseux doivent présenter deux types de porosités, dites micro- et macro-porosité (*cf.* figure 8.12). Dans ce domaine, on entend par micro-porosité les espaces intergrains de l'ordre du micron alors que la macro-porosité correspond à des trous de plusieurs dizaines ou centaines de microns.

La micro-porosité est favorable à l'adsorption des protéines et (par voie de conséquence) l'adhésion cellulaire. La macro-porosité (ou plus précisément les interconnections entre macro-pores) est nécessaire à la vascularisation, au passage des cellules et la croissance osseuse. Il y a souvent débat concernant la taille de porosité ou d'interconnexion nécessaire à une bonne réhabilitation osseuse, mais des porosités supérieures à 100 microns et une taille d'interconnections supérieure à 10-20 microns semblent suffisantes. Ces deux types de porosité seront gérés par la méthode de fabrication et les températures de frittage. Il est évident qu'une céramique fragile (la ténacité de l'HAP et du TCP est de l'ordre de 1 $MPa\sqrt{m}$) présentant des porosités en quantité (entre 60 % et 80 %) et taille (jusqu'à plusieurs centaines de microns) présente des contraintes à la rupture très faible (*cf.* équation 8.1). La contrainte à la rupture en compression ne dépasse pas quelques dizaines de MPa. Les formes massives, même si elles présentent une certaine tenue mécanique sont donc généralement soutenues par des dispositifs métalliques d'ostéosynthèse temporairement, en attendant la réhabilitation osseuse.

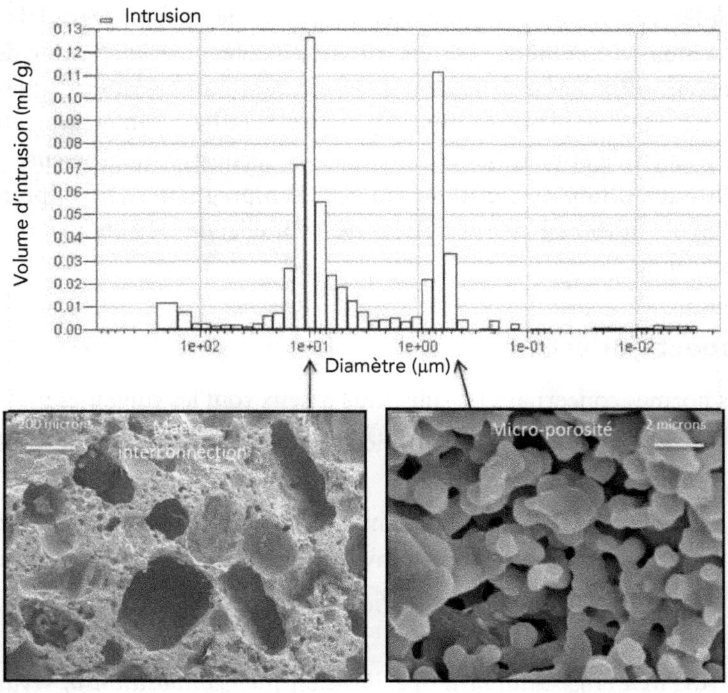

Figure 8.12 – Caractérisation par porosimétrie mercure et microscopie électronique à balayage des deux types de porosités présentes dans des substituts osseux commerciaux Atlantik®

Modes d'élaboration

Plusieurs méthodes sont utilisées pour la réalisation de substituts osseux, à partir de poudres céramiques phospho-calciques. La plupart des méthodes utilisées industriellement sont fondées sur l'addition d'un matériau porogène (organique) dont le départ facilite la création d'une porosité contrôlée en taille et en quantité. On notera principalement :

- l'imprégnation d'une mousse organique par une barbotine céramique ;
- l'imprégnation d'une préforme constituée de billes de polymère frittées entre elles ;
- l'introduction de particules organiques dans une barbotine céramique.

Le taux et la taille des macro-pores sont contrôlés par la taille et le taux de porogène introduits dans la barbotine, et la méthode de mise en forme. La taille et le taux de micropores sont contrôlés par les conditions de frittage. L'intérêt de la méthode d'imprégnation de mousse est une plus grande proximité de l'architecture du matériau obtenu par rapport à celle de l'os. Par contre, ces substituts sont souvent plus fragiles, car ils sont plus poreux et présentent des défauts aigus laissés par le départ de la mousse polymère. Les substituts osseux obtenus par addition de porogène dans une barbotine céramique sont généralement plus résistants (globalement moins poreux, et pores plus arrondis). Par contre, la taille des interconnections entre pores est plus faible et peut limiter la vitesse de reconstruction osseuse par rapport à la technique d'imprégnation de mousse. L'imprégnation d'une préforme réalisée à partir de billes polymères frittées permet, elle, de très bien contrôler la taille des interconnections.

Aspects industriels

Les normes concernant les substituts osseux sont les suivantes :

- ISO13779-1. Implants chirurgicaux : hydroxyapatite, partie 1 : céramique à base d'hydroxyapatite ;
- ISO 13175-3 (en projet). Implants chirurgicaux – Phosphates de calcium – Partie 3 : substituts osseux à base d'hydroxyapatite et de phosphate tricalcique beta ;
- ASTM F1088. *Standard Specification for Beta-Tricalcium Phosphate for Surgical Implantation* ;
- ASTM F1185. *Standard Specification for Composition of Hydroxylapatite for Surgical Implants.*

Autres matériaux, évolution et nouvelles applications

Notons tout d'abord que plusieurs classes de biomatériaux potentiellement classables comme biocéramiques n'ont pas été traitées dans ce panorama des matériaux de comblement osseux. Il s'agit notamment des verres dits « bioactifs » et des ciments injectables. Ces deux classes de matériaux sont bien « inorganiques et non métalliques ». Cependant, nous avons, par souci de place et par cohérence (nous parlons donc de céramiques industrielles, frittées), décidé de ne les évoquer que succinctement.

Les verres bioactifs sont des matériaux amorphes à base de silice, qui sont biocompatibles, se lient à l'os et qui peuvent stimuler la croissance osseuse lors de leur dissolution dans le temps. Le premier verre bioactif a été découvert par Larry Hench en 1969, à l'université de Floride. Ce verre, appelé 45S5 Bioglass® comporte (en mol · %) : 46,1 % SiO2, 24,4 % NaO, 26,9 % CaO et 2,6 % P2O5. La réactivité des verres bioactifs est très importante. In vitro, immergé dans un liquide physiologique (ou SBF pour *Simulated Body Fluid*), le bioverre est capable de provoquer la formation d'une couche d'hydroxyapatite carbonatée (HAC) après quelques heures à sa surface. Cette couche est alors très favorable aux processus d'adsorption protéique et d'adhésion cellulaire. Des blocs poreux peuvent être obtenus à partir de verres de type sol-gel ou par frittage de particules de verre bioactif obtenues par fusion et trempe, puis broyées. Les blocs poreux obtenus par sol-gel sont complètement amorphes. Les blocs obtenus par frittage sont généralement semi-cristallins ; on doit alors parler de vitrocéramiques, car une cristallisation a lieu pendant les étapes de frittage. Un exemple de verre bioactif poreux est donné sur la figure 8.13. Son architecture est comparable à celle d'un bloc de phosphate de calcium bi-phasique.

Les ciments phosphocalciques sont eux préparés à température ambiante, sous forme de pâte élaborée le plus souvent avec deux composants (*cf.* figure 8.13). La pâte est injectée dans un défaut osseux, par exemple au niveau d'une fracture vertébrale, d'une zone d'os de densité faible, d'une ostéonécrose. Une fois implantés dans le corps humain, ils durcissent rapidement (« prise » du ciment), puis se résorbent et sont remplacés graduellement par un tissu osseux. Les premiers ciments ont été développés par Brown et Chow (1987) et ils étaient constitués de phosphate tétracalcique et de monétite ou de brushite. Depuis, de nombreuses compositions ont été proposées. Leur inconvénient majeur est de ne pas être poreux. Aussi, les développements actuels visent aussi à développer des ciments poreux après la prise.

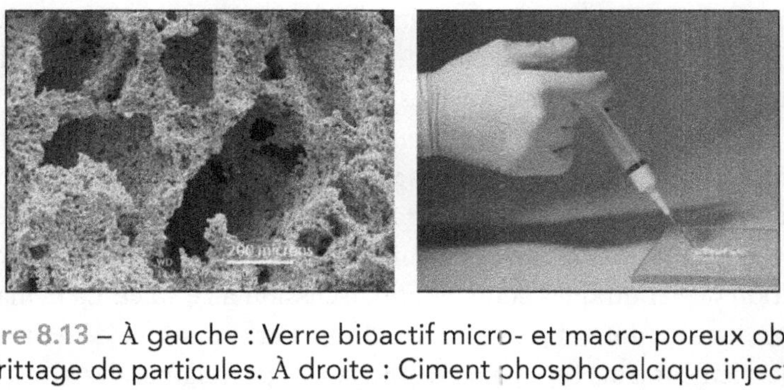

Figure 8.13 – À gauche : Verre bioactif micro- et macro-poreux obtenu par frittage de particules. À droite : Ciment phosphocalcique injectable à l'aide d'une seringue

Les évolutions actuelles des matériaux de comblement osseux visent aujourd'hui à améliorer leur caractère ostéo-conducteur (faculté à conduire la repousse osseuse), voire ostéo-inducteur (faculté à favoriser et à induire la repousse osseuse). Il est donc question de favoriser les processus de différenciation des cellules vers des ostéoblastes et de favoriser leur croissance. Des recherches actuelles sont en cours pour évaluer le rôle potentiel d'ions comme le silicium, le strontium, le zinc, les ions carbonates ou la cristallinité de l'hydroxyapatite sur l'efficacité des substituts osseux à base de phosphate de calcium. Des produits commerciaux associent en outre au substitut inorganique des protéines de type BMP (*Bone morphogenetic proteins*) pour favoriser la croissance osseuse.

Les évolutions industrielles et cliniques futures concerneront l'ingénierie tissulaire osseuse, pour laquelle les matériaux de comblement osseux optimisés serviront de support à la culture cellulaire *in vitro* avant implantation aux patients. L'ingénierie tissulaire osseuse nécessitera cependant de nombreuses années pour être pratiquée à grande échelle.

8.4 Céramiques pour prothèses et implants dentaires

8.4.1 Applications

Prothèses et couronnes dentaires en céramique

Cahier des charges et choix des matériaux

Le cahier des charges des céramiques pour applications dentaires est comparable sur plusieurs points à celui concernant les céramiques pour prothèses orthopédiques. En effet, les contraintes associées à la mastication sont très importantes et les problèmes de rupture doivent être envisagés, pour être évités. On considère par exemple qu'une couronne postérieure ne sera viable que si le matériau possède une contrainte à la rupture supérieure à 500 ou 600 MPa. En plus des spécifications mécaniques, l'application dentaire rajoute au cahier des charges les aspects esthétiques. Les couleurs blanches à ivoire des céramiques de type oxyde apportent un plus indéniable pour ces céramiques par rapport aux métaux. Les restaurations sans métal préservent une apparence plus naturelle de la prothèse et de la gencive que les classiques restaurations métal – céramique (porcelaine). Même si le problème de la corrosion galvanique des métaux en bouche est controversé, l'utilisation de céramiques coupe toute discussion à ce sujet. La demande clinique en céramique est donc aujourd'hui très forte. Par céramique dentaire, nous entendons généralement trois types bien distincts : les porcelaines, les vitrocéramiques et les céramiques structurales (ou céramiques techniques). Les porcelaines, notamment celles présentant un bas point de fusion, sont utilisées pour le revêtement de chapes métalliques (ou céramiques) pour les couronnes et les bridges. Elles donnent le caractère esthétique à la restauration dentaire (translucidité, coloration). Elles possèdent des propriétés mécaniques trop modestes pour réaliser des pièces de structure. Comme les porcelaines, les vitrocéramiques peuvent revêtir des chapes en métal (elles sont appliquées à l'état fondu, puis partiellement recristallisées). Elles peuvent aussi être fabriquées sous forme de blocs, puis usinées à la forme de la pièce souhaitée. Elles sont alors utilisées comme pièces de restauration complète (sans métal), dans le cadre d'onlays, inlays ou de couronnes. Les étapes de nucléation et croissance des cristaux lors des étapes de re-cristallisation sont maîtrisées pour obtenir des taux de cristallinité suffisamment importants pour obtenir des propriétés mécaniques suffisantes. Enfin, les céramiques techniques, l'alumine et la zircone, sont utilisées pour la réalisation de couronnes, généralement revêtues de porcelaine. La zircone est aujourd'hui préférée car, nous l'avons vu, elle possède des propriétés mécaniques supérieures. Elle permet donc de limiter le risque de rupture de pièces classiques ou d'envisager des bridges de grande dimension. Il est difficile d'estimer le nombre de restaurations dentaires en céramique implantées chaque année. On estime cependant à 20 000 le nombre de prothèses dentaires en zircone posées chaque jour. La zircone utilisée dans le domaine dentaire aujourd'hui est la même que la celle développée dans les années 1990 dans le domaine orthopédique : la 3Y-TZP. Aussi, la question de la stabilité du matériau en condition hydrothermale peut être posée. Quelques articles mettent en évidence une possible dégradation de la zircone dentaire mais le phénomène est globalement sous-documenté. L'aspect esthétique, la possible coloration, la facilité d'usinage de la zircone par des procédés CAD/CAM semblent pour l'instant placer la zircone comme un des matériaux « phare » de la restauration dentaire.

Modes d'élaboration

Les prothèses dentaires en zircone sont le plus souvent réalisées à partir de cylindres pressés, puis pré-frittés (*blanks*). Ces cylindres sont ensuite usinés à la forme voulue par des méthodes numériques (CAM : *Computed Assisted Machining*), puis frittés. La pièce frittée est ensuite revêtue d'une couche cosmétique.

8.4.3 Évolutions actuelles : vers une utilisation plus étendue des implants dentaires en céramique

Le marché dentaire est très important ; il est estimé à 11 à 12 milliards d'euros. Les implants dentaires représentent 10 % de ce marché, soit 1,2 milliard. C'est le segment qui progresse le plus avec une progression annuelle de 15 à 20 % annuel. Sous l'impulsion de sociétés majeures du dentaire, comme Nobel Biocare ou Straumann, des développements actuels visent à développer des implants dentaires en zircone. Le titane reste le matériau le plus largement utilisé, mais la zircone peut proposer une alternative intéressante dans le cas d'allergie aux matériaux métalliques avérée, ou lorsque le patient demande une restauration dentaire totalement sans métal. Un bénéfice esthétique est parfois relevé pour des implants de dents antérieures. La plupart des études actuelles et des développements industriels visent à créer des surfaces rugueuses et/ou poreuses pour une meilleure intégration, comme cela est réalisé pour les implants métalliques (mordançage, sablage, revêtement poreux). Il sera donc important de valider tous ces traitements de surface vis-à-vis de la possible dégradation de la zircone pour éviter tout incident majeur comme cela avait été le cas en orthopédie.

Figure 8.14 – Implant en zircone possédant une couche poreuse en surface pour une meilleure intégration osseuse

8.5 Conclusion

Ce cours panorama montre l'étendu de l'usage clinique des céramiques à vocation biomédicale, qui n'a cessé d'augmenter depuis 1970. Les céramiques répondent aux objectifs de biocompatibilité et de résistance à l'usure pour toutes les pièces de frottement. Elles sont donc devenues ces 20 dernières années incontournables dans le domaine des prothèses de la hanche, et sont en développement pour d'autres prothèses orthopédiques (genou, coude, prothèses intervertébrales mobiles). Dans ce domaine, les composites alumine-zircone sont aujourd'hui les plus utilisés et fabriqués industriellement.

D'autres céramiques, dites bioactives, comme l'hydroxyapatite, ont une composition proche de l'os et favorise l'intégration des implants à l'os. Elles ne possèdent malheureusement pas des propriétés mécaniques suffisantes pour être sollicitées mécaniquement. Elles sont donc utilisées comme revêtements de prothèses ou comme substituts osseux, dans des sites peu chargés. Les propriétés esthétiques des céramiques comme la zircone, associées à leur excellente biocompatibilité et l'engouement des patients vers le « non-métal » entraînent une progression importante du marché des céramiques dentaires.

Aussi, le marché des céramiques dentaires, déjà très conséquent, devrait encore progresser très sensiblement dans les prochaines années.

8.6 Bibliographie

Bioceramics and their clinical applications, Woodhead Publishing Series in Biomaterials, 2008.

Ducheyne P., Healy K., Hutmacher D. W., Grainger D. W. et Kirkpatrick C. J., *Comprehensive Biomaterials*, Elsevier Science, 2011.

Hench L. L., « Bioceramics », *Journal of the American Ceramic Society*, vol. 8, 1998, pp. 1705-1727.

Rahaman M. N., Yao A., Bal B. S., Garino J. P. et Ries M. D., « Ceramics for prosthetic hip and knee joint replacement », *Journal of the American Ceramic Society*, vol. 90, 2007, pp. 1965-1988.

9 Les céramiques pour l'électronique et l'électrotechnique

Coordonnateurs : Cathy Elissalde, Sylvain Marinel et Jean-Claude Nièpce

Co-auteurs : Alain Beauger, Christian-Éric Bruzek, Christian Courtois, Jean Denape, Jean-Pierre Ganne, Arnaud Girard, Richard Lebourgeois, Mario Maglione, Jean-Frédéric Martin, Michel Paté

Ce chapitre est consacré au très vaste domaine des céramiques pour l'électronique et l'électrotechnique : céramiques résistives, conductrices, supraconductrices, diélectriques, magnétiques, linéaires ou non linéaires, piézoélectriques, multifonctionnelles. En perpétuelle évolution : de plus en plus petites, de moins en moins chères, de plus en plus intégrées...

9.1 Introduction

Dans tous les dispositifs électroniques et électrotechniques, les composants passifs jouent un rôle de plus en plus déterminant dans l'alimentation électrique, la gestion des signaux de télécommunications, le stockage permanent de l'information. À la différence des composants actifs à base de semi-conducteurs, les composants passifs n'ont pas atteint un degré d'intégration élevé. Cette limitation provient principalement de la nature chimique, de la structure et du caractère réfractaire de la majorité des matériaux utilisés pour la fabrication des composants passifs. Alors que dans les composants actifs (diodes, transistors...) les épaisseurs des matériaux individuels sont très inférieures à 100 nm, il n'en est pas de même pour les composants passifs (résistances, condensateurs, inductances) pour lesquels les tailles caractéristiques sont au moins de plusieurs centaines de nanomètres voire micrométriques.

Par conséquent, ce chapitre est centré sur l'élaboration de céramiques sous forme de couches épaisses ou de multicouches associant des isolants, des semi-conducteurs, des métaux voire des supraconducteurs. Dans la majorité des cas, les techniques de coulage en bande ou de sérigraphie sont privilégiées au plan industriel. On conçoit aisément que la compacité des matériaux individuels et la gestion des interfaces entre composés différents sont des problématiques constantes dans la phase de synthèse comme pendant le fonctionnement des composants passifs. En amont, la conception et la validation de nouveaux matériaux nécessite la mise en œuvre de techniques sophistiquées – et souvent coûteuses – de synthèse et de caractérisation. Comme dans tous les domaines des hautes technologies, le transfert vers la production de masse nécessite une coopération étroite entre les structures de recherche et développement au sein des entreprises et les laboratoires académiques. C'est pourquoi chacune des parties de ce chapitre a été co-rédigée par des experts reconnus issus à la fois du monde industriel et des institutions de recherche. Toutefois, pour plus de détails, on pourra se reporter à différents ouvrages spécialisés [Buchanan, Hausonne, Levinson].

Dans une première partie, on s'intéressera aux fonctions résistives et de conduction électrique. Depuis longtemps, le développement de tels composants a dépassé la simple mise en œuvre de conducteurs métalliques. Dans la phase poussée d'intégration en microélectronique, la production de multicouches associant des oxydes ou des nitrures à des encres métalliques est une réalité industrielle. De même, la protection des circuits à haute densité contre les surtensions, les surintensités et les surchauffes requiert des matériaux sophistiqués. Ce sont principalement des oxydes dopés dont la conductivité varie de manière non linéaire sous l'effet d'une contrainte électrique ou thermique. Cette propriété est plus difficile à contrôler dans les composants à base de semi-conducteurs, d'autant plus que la densité d'énergie électrique et thermique est très élevée dans ces dispositifs de faible taille. À la fin de cette partie, le problème du transport électrique à haute puissance est abordé. Les supraconducteurs à haute température critique découverts en 1986 sont d'ores et déjà industrialisés sous forme de ruban ou de fils. Ceci représente une vraie rupture technologique étant donnée la structure complexe des oxydes supraconducteurs au-delà de la température de l'azote liquide.

La seconde partie est consacrée aux condensateurs utilisés dans tous les étages d'alimentation électrique, de transfert et de traitement des signaux et dans le stockage de l'information. À nouveau, le premier problème technologique concerne l'empilement et la fiabilisation des oxydes diélectriques et des matériaux d'électrode. La recherche de substituts aux encres métalliques à base de palladium a été un des enjeux importants des dernières décennies. De plus, la réalisation de condensateurs à forte densité impose l'utilisation d'oxydes possédant une grande permittivité diélectrique. Cette propriété va malheureusement de pair avec une importante variation de permittivité sous l'effet d'un stress thermique ou électrique ou lors de la réduction de taille de grains dans les couches de faible épaisseur. Si cette non-linéarité peut trouver des applications de niche, elle est un handicap dans l'immense majorité des cas et des stratégies ont été mises en œuvre pour la réduire : substitutions ioniques, gestion des gradients de compositions, composites.

Dans la troisième partie, le problème des céramiques magnétiques utilisées principalement pour la réalisation d'inductances est abordé. Associées aux condensateurs, les inductances permettent l'alimentation électrique des circuits et le transfert des signaux. Elles nécessitent toujours la réalisation de pistes métalliques sur des oxydes à haute perméabilité magnétique ce qui pose à nouveau le problème de contrôler la chimie, la microstructure et la stabilité de tels empilements. Le challenge supplémentaire dans le cas des oxydes magnétiques concerne la fréquence de coupure et les pertes magnétiques. Le développement industriel a comme objectif principal de limiter les contributions intrinsèques et extrinsèques aux pertes magnétiques en jouant sur la microstructure, la composition chimique et la valence des cations magnétiques.

Les trois dernières parties sont consacrées à des utilisations avancées des matériaux décrits ci-dessus.

Tout d'abord, les composés à forte permittivité diélectrique présentent tous un comportement ferroélectrique dont le corollaire est l'effet piézoélectrique qui permet de modifier la polarisation sous l'effet d'une contrainte mécanique (effet direct) ou de provoquer une déformation sous l'effet d'un champ électrique (effet inverse). Si tout le monde connait l'utilisation de matériaux piézoélectriques pour l'imagerie ultrasonore en milieu médical, des applications actuelles et futures suscitent des intérêts multiples (capteurs, actionneurs, récupérateurs d'énergie). La structure de base des composants piézoélectriques étant analogue à celle des condensateurs (métal/isolant/métal), les problématiques matériaux sont similaires. Un verrou supplémentaire concerne le fait que les céramiques piézoélectriques les plus performantes contiennent du plomb, élément chimique que les nécessités actuelles de développement durable commandent de supprimer.

L'évolution actuelle des télécommunications grand public vers les fréquences supérieures au GHz et la multiplication des gammes de fréquences utilisées simultanément implique un contrôle accru des signaux micro-ondes. Étant donné que, dans cette gamme de fréquence, la longueur d'onde effective au sein des matériaux diélectriques devient comparable à la taille macroscopique du composant, des résonances électromagnétiques ont lieu spontanément. Cet effet de résonnance hyperfréquence est mis à profit pour la réalisation de résonateurs diélectriques pour des applications de filtrage et de sélectivité fréquentielle. Les verrous principaux pour ce type d'application sont le contrôle de la permittivité diélectrique, de sa stabilité thermique et le maintien d'un haut facteur de qualité associé à de faibles pertes. Ces critères posent de nombreux problèmes d'optimisation s'agissant de matériaux à forte permittivité diélectrique, éventuellement accordable sous contrainte électrique.

Si l'intégration en électronique et électrotechnique signifie principalement la réduction de taille des composants, la recherche de matériaux multifonctionnels est une voie alternative. En effet, obtenir des fonctions multiples avec un composant unique permet de réaliser des dispositifs plus performants à encombrement constant. De plus, l'utilisation de matériaux adaptatifs peut permettre une gestion optimisée de la consommation électrique dans les dispositifs nomades. La réalisation de matériaux multifonctionnels nécessite alors le contrôle délicat de l'architecture dans des composites très complexes : ferroélectrique/diélectrique, piézoélectrique/ferromagnétique, ferroélectrique/ferromagnétique... La gestion d'interfaces à l'échelle micro- et nanométrique au sein de tels multimatériaux nécessite la mise en œuvre de voies de synthèses alternatives principalement issues de la chimie douce et de techniques de frittages spécifiques. Comme dans le cas de tous les multimatériaux, on peut aboutir soit à la superposition des propriétés des composés individuels, soit à l'apparition de propriétés nouvelles résultant du couplage aux interfaces. Cette voie prometteuse est encore au stade de l'expérimentation de laboratoire et, dans la phase actuelle, il est nécessaire de transférer à l'échelle industrielle des procédés complexes.

Dans ce chapitre, les aspects technologiques ont été volontairement réduits ; pour plus de détails, le lecteur se reportera à [Fantozzi *et al.*].

9.2 Céramiques pour assurer des fonctions résistives ou de conduction

La première utilisation des céramiques, pour assurer de telles fonctions dans le domaine de l'électrotechnique, fut certainement comme constituant des isolateurs et, plus généralement, comme constituant, assurant l'isolation électrique, dans les prises, les interrupteurs, les douilles, les supports de fils... Toutefois, dans ces applications, les céramiques ont été depuis longtemps remplacées par les « matières plastiques », moins fragiles, moins chères et plus adaptables aux formes complexes.

En revanche, les céramiques ont trouvé des places de choix dans des applications extrêmement diverses qui vont de leur aptitude à être d'excellents isolants, par exemple dans les boîtiers d'interconnexion (alumine puis nitrure d'aluminium), à celle d'être des conducteurs résistifs pour réaliser des éléments chauffants ($MoSi_2$ ou zircone dopée assurant une conductivité ionique par lacunes d'oxygène), en passant par des comportements assez « exotiques » autorisant des applications très spécifiques telles que la réalisation d'éléments chauffants qui s'autorégulent en température grâce à l'effet CTP ou la réalisation de conducteurs non résistifs grâce à leurs caractéristiques de supraconducteurs « hautes températures » qui connaissent aujourd'hui des développements industriels importants [Journal du CNRS N° 255].

9.2.1 Boîtiers et supports d'interconnexion

Choix des matériaux

Nous pouvons distinguer plusieurs types de céramiques et technologies de boîtiers d'interconnexions, en fonction des performances électriques recherchées et des densités d'intégration souhaitées :

- les céramiques pour forte densité d'intégration : il s'agit de technologies multicouches : couches épaisses (*Thick Film Technology*), cocuit basse température (LTCC, *Low Temperature Cofired Ceramic*), cocuit haute température (HTCC, *High Temperature Cofired Ceramic*). Le matériau utilisé est principalement l'alumine additionnée de phases vitreuses nécessaires à la diminution de la température de densification ;
- les céramiques pour applications radio fréquences et hyperfréquences : technologies couches minces (*Thin Film Technology*) et LTCC (principalement à base d'Al_2O_3) ;
- les céramiques de puissance : technologie de substrat « *Direct Copper Bonding* » sur nitrure d'aluminium (DCB AlN), technologie de substrat « *Active Metal Brazing* » sur nitrure de silicium (AMB Si_3N_4).

Aspects industriels

Les possibilités d'intégration de la technologie cocuit basse température sont présentées figure 9.1. Cette technologie est compatible avec les volumes de production importants (lignes automatisées) dans les domaines de l'automobile ou des télécommunications.

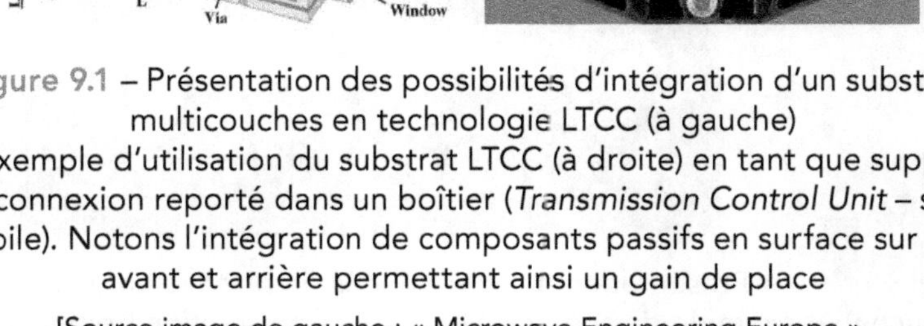

Figure 9.1 – Présentation des possibilités d'intégration d'un substrat multicouches en technologie LTCC (à gauche) et exemple d'utilisation du substrat LTCC (à droite) en tant que support d'interconnexion reporté dans un boîtier (*Transmission Control Unit* – secteur automobile). Notons l'intégration de composants passifs en surface sur les faces avant et arrière permettant ainsi un gain de place

[Source image de gauche : « Microwave Engineering Europe », Aug/Sep 97 : A 3D representation of Murata's hybrid module in LTCC]

Par rapport à la technologie LTCC, une température de frittage élevée est requise pour la technologie HTCC (le reste du procédé étant pratiquement identique) qui garantit alors une excellente tenue en température des substrats HTCC (adhérence des métallisations, en particulier). La technologie HTCC est compatible avec l'utilisation de brasure haute température Ag-Cu (779 °C) mais aussi avec l'intégration de broches ou anneaux Kovar (alliage à base de Fe, Ni et Co) pour la réalisation de tous types de boîtiers hermétiques (figure 9.2). Cette technologie HTCC est principalement utilisée pour des productions en petit et moyen volumes dans les domaines de l'aéronautique civil et militaire, de l'aérospatiale, de l'extraction pétrolière ou encore de l'optique.

Dans le domaine de l'électronique de puissance, les technologies DCB AlN de Curamik et AMB SI_3N_4 de chez Kyocera (figure 9.2) sont principalement mises en œuvre. Elles sont basées sur l'utilisation d'un feuillard de cuivre de forte épaisseur (0,2 à 0,5 mm) plaqué recto et verso sur la céramique dissipatrice. Des courants de plusieurs centaines d'ampères, en fonction de la largeur des pistes, peuvent être supportés. La technologie DBC est principalement utilisée dans le domaine de l'automobile pour des applications contrôle moteur, sous le capot. La technologie AMB Si_3N_4 présentant une meilleure résistance mécanique, mais aussi un coût plus important, cherche à percer sur les marchés de l'électronique de puissance. Le marché mondial de l'électronique de puissance (composants et modules de puissance), pour des tensions supérieures à 1 700 V, représente plus de 400 millions de dollars par an, tous domaines confondus. La croissance annuelle de ce marché est d'environ 7 % et devrait augmenter avec l'émergence des énergies renouvelables (photovoltaïque, éolien, etc.). La part des substrats céramiques dans ce secteur est estimée à quelques dizaines de millions de dollars. La réduction des coûts des modules de puissance, les besoins croissants de compacité et d'efficacité sont des critères clés pour le développement de ce secteur. Le Japon, pionnier dans le développement de l'AlN, est également son plus grand consommateur (75 % du marché), et possède les entreprises leaders du marché (Mitsubishi, Toshiba, Hitachi, Fuji, etc.).

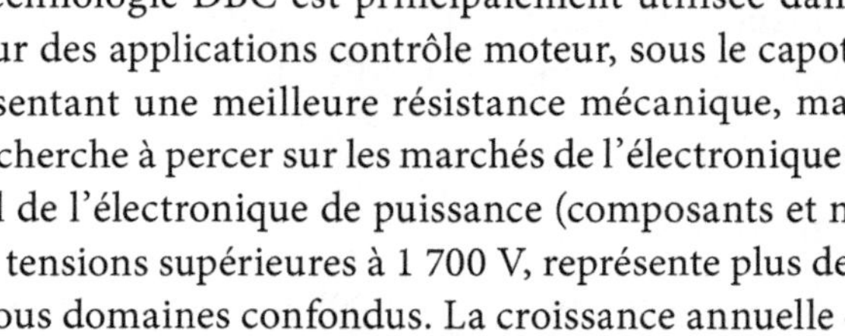

Figure 9.2 – Présentation des possibilités de boîtiers en technologie HTCC (à gauche) et exemple de substrat Si_3N_4 utilisé en solution boîtier d'interconnexion avec cadre Kovar (à droite)

9.2.2 Comportement linéaire avec une résistivité adaptée

Choix des matériaux

Pour la réalisation d'éléments chauffants haute température à effet Joule, les métaux peuvent être utilisés raisonnablement sous atmosphère oxydante jusqu'à 1 200 °C environ, en utilisant principalement des alliages ferritiques (de type Fe-Cr-Al). Bien sûr des métaux à haut point de fusion tels que le molybdène ou le tungstène peuvent être utilisés à très hautes températures (~2 000 °C, voire supérieure) à condition de travailler sous atmosphère rigoureusement neutre ou réductrice. Par conséquent, pour la réalisation de résistance chauffante, et hors utilisation du platine, les céramiques (de type $LaCrO_3$, SiC, $MoSi_2$...) sont les seuls matériaux pouvant être utilisés à haute température sous atmosphère oxydante. La zircone (ZrO_2) stabilisée à l'oxyde d'yttrium (Y_2O_3) est également utilisée comme élément chauffant et permet d'atteindre des températures supérieures à 2 000 °C. Néanmoins, la résistivité électrique très élevée de la zircone en dessous de 1 000 °C (à température ambiante ~ 1012 Ω · cm) impose de préchauffer le matériau au préalable pour pouvoir atteindre les valeurs de résistivité requises (la résistivité de la zircone chute à 100 Ω · cm autour de 1 200 °C).

Modes d'élaboration et aspects industriels

Beaucoup de métaux forment avec le silicium des siliciures conducteurs résistants à l'oxydation grâce à la formation d'une couche stable de surface d'un silicate ou de silice. C'est le cas de $MoSi_2$ dont la surface se recouvre d'une phase vitreuse de type SiO_2 qui permet de protéger le matériau d'une oxydation dans la masse. Le produit commercial dénommé superkanthal est composé d'un mélange de $MoSi_2$ et d'une phase aluminosilicate vitreuse, dont la fraction volumique est voisine de 20 %. Les éléments sont fabriqués par extrusion de ce mélange suivi par un frittage à haute température. Ils peuvent ensuite être découpés, courbés et déformés à hautes températures pour obtenir les formes souhaitées. Enfin, ils sont soudés aux électrodes terminales, de plus fort diamètre (figure 9.3).

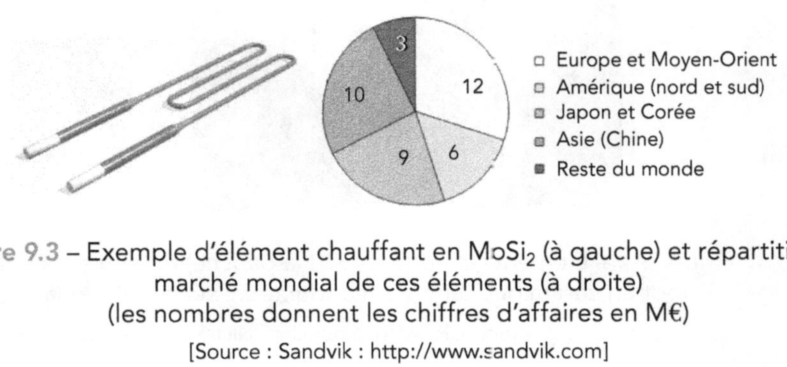

Figure 9.3 – Exemple d'élément chauffant en $MoSi_2$ (à gauche) et répartition du marché mondial de ces éléments (à droite)
(les nombres donnent les chiffres d'affaires en M€)
[Source : Sandvik : http://www.sandvik.com]

Le marché mondial des éléments chauffants $MoSi_2$ (1 700 °C et 1 800 °C) représente un chiffre d'affaires global annuel de 40 millions d'euros. La répartition mondiale est représentée à travers la figure 9.4. La société Kanthal (du groupe suédois Sandvik) possède aujourd'hui environ 62 % de part de marché sur ce segment.

Le carbure de silicium reste le matériau non oxydé le plus utilisé dans les éléments chauffants haute température. SiC peut être utilisé sous air jusqu'à 1 500 °C grâce à la formation d'une couche d'oxyde protectrice. Trois principales méthodes existent pour la fabrication de ces éléments SiC. La première méthode (appelée réaction *in situ*) consiste à faire réagir à hautes températures (~1 900 °C) un tube de carbone sur un lit de sable (SiO_2) et de carbone. La résistance de l'élément peut être ajustée par usinage en spirale (figure 9.4) à l'aide d'une scie à diamants. La seconde méthode, appelée « *reaction bonded* », consiste à extruder un mélange de SiC, de carbone et de liant organique afin d'obtenir la forme souhaitée. Cette pièce est ensuite mise en contact avec un bain de silicium fondu. Le liquide pénètre dans les pores, réagit avec le carbone pour former SiC et ainsi créer des ponts entre les grains de matière. Le produit fini est dense et possède une longue durée de vie. La troisième méthode consiste à fritter directement SiC, préalablement extrudé, à environ 2 200 °C. Il peut être mentionné aussi que des éléments chauffants tout en céramique, obtenus par un procédé de cofrittage, sont aujourd'hui sur le marché de l'électrothermie. La société Bach RC commercialise par exemple des modules constitués d'une matrice isolante en Si_3N_4 ou AlN et de conducteurs sérigraphiés dans la masse, constitués de nitrures de métaux réfractaires. La structure composite est alors obtenue par frittage sous charge. Les pièces obtenues permettent de réaliser des éléments chauffants de différentes formes pouvant chauffer des liquides ou des solides jusqu'à 1 000 °C (figure 9.4).

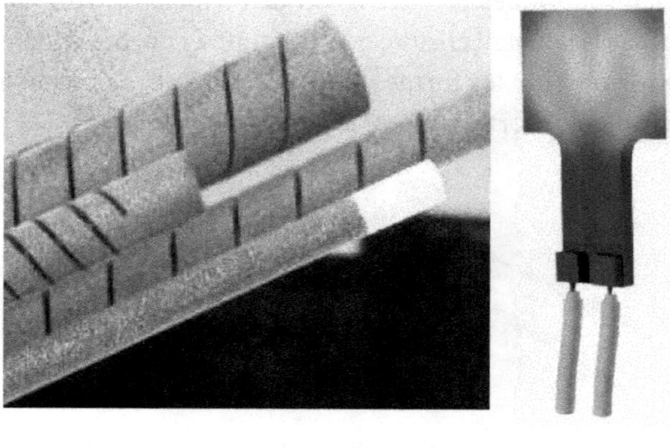

Figure 9.4 – Éléments chauffants SiC (à gauche) et éléments chauffants tout en céramique (Si_3N_4 et conducteurs sérigraphiés) (à droite)

[Sources : illustration CRISMAT à gauche ; cliché société BACH à droite]

9.2.3 Comportement non linéaire

Les résistances non linéaires

On distingue deux familles de composants :

- **les thermistances** sont des composants passifs dont la résistance électrique varie fortement avec la température. Elles sont de deux types en fonction de la variation avec la température : les CTN (Coefficient de Température Négatif [NTC thermistor]), élaborées avec des oxydes métalliques et dont la résistivité diminue lorsque la température augmente (figure 9.5.a) ; les CTP (Coefficient de Température Positif [PTC thermistor]), élaborées avec du titanate de baryum dopé et dont la résistivité augmente lorsque la température augmente (figure 9.5.b).
- **les varistances** qui sont également des résistances non linéaires mais qui sont constituées de matériaux dont la résistivité varie avec la tension appliquée (figure 9.5.c).

Choix des matériaux et aspects industriels

Les thermistances CTN sont le plus souvent fabriquées à partir de manganites de métaux de transition de structure cristalline spinelle. Ces oxydes, présentant une forte proportion de manganèse, peuvent être décrits comme étant un empilement cubique faces centrées d'anions O^{2-} dans lequel les ions métalliques, moins volumineux, occupent partiellement les sites tétraédriques (A) et octaédriques (B). La maille élémentaire contient 32 anions oxygènes délimitant 64 sites A et 32 sites B. Un huitième (8/64) des sites tétraédriques (A) et la moitié (16/32) des sites octaédriques (B) sont occupés.

La valeur de la résistivité varie avec la température, la taille, la valence et l'énergie de polarisation des ions ainsi qu'avec les traitements thermiques appliqués. Les thermistances sont généralement caractérisées par deux paramètres qui sont :

- la résistivité ρ_0, définie par convention à 25 °C par la formule :

$$\rho = \rho_0 \exp (B/T)$$

- la constante énergétique, B, ou l'indice de sensibilité thermique. Elle est caractérisée par la pente de la courbe $\ln R = f(1/T)$.

L'un des enjeux industriels actuels est de produire des thermistances CTN à faible vieillissement. En effet, sous une température voisine de 100 °C à 140 °C, toutes les céramiques à base de manganites de métaux de transition présentent un phénomène de dérive de résistivité, c'est-à-dire une augmentation de la résistance électrique dans le temps. Ce vieillissement est mesuré par la variation de R25 (résistance à 25 °C) d'un composant après que celui-ci ait subi un maintien à 125 °C pendant des durées variables (de 24 à 10 000 heures). Actuellement, les industriels recherchent une valeur de vieillissement inférieure à 0,5 %. Les applications industrielles des CTN sont nombreuses : capteur de température, détection de niveaux de liquides par utilisation de la variation du coefficient de dissipation lors du changement du milieu ambiant.

Les thermistances CTP sont des céramiques à base d'oxydes semi-conducteurs. La semi-conductibilité des thermistances C.T.P. nécessite que l'un des cations puisse modifier son degré d'oxydation sans changer de site. Les céramiques sont obtenues avec des matériaux ferroélectriques ($BaTiO_3$, $PbTiO_3$, $SrTiO_3$...), ou des mélanges de différents composés à structure pérovskite qui permettent d'ajuster la valeur de la température de Curie. Les solutions solides sont rendues semi conductrices par la présence d'impuretés trivalentes (La^{3+}, Sb^{3+}, Nd^{3+}, Y^{3+}), en substitution sur le site Ba^{2+}, et la différence de valence induit une semi-conduction de type n ; la semi-conduction peut également être induite par substitution des ions Ti^{4+}, par des ions pentavalents (Sb^{5+}, Ta^{5+}, Nb^{5+}). L'effet CTP est donc la conjonction de plusieurs effets : une microstructure poly cristalline, des grains semi-conducteurs et des joints de grains dont les défauts structuraux induisent des niveaux accepteurs dans la bande interdite, susceptibles de piéger des électrons de conduction. Les applications industrielles des CTP sont nombreuses : régulation de température, alarme de détection de surchauffe dans des moteurs électriques, protection contre les surtensions et les courts-circuits, etc.

Les varistances constituent un autre composant type non linéaire. L'effet varistance est défini comme étant la variation de la résistivité avec la tension électrique appliquée. Ainsi, la densité de courant varie de façon non linéaire avec la tension appliquée, selon la formule suivante : $J = K \cdot V^{\alpha}$ avec K : constante dépendant de la géométrie de la pièce et de la technologie utilisée ($A \cdot cm^{-2} \cdot V^{-\alpha}$), α : coefficient de non-linéarité sans unité, V : tension aux bornes de la varistance (volts) et J : densité de courant traversant la varistance ($A \cdot cm^{-2}$). Ce comportement peut être représenté graphiquement par la caractéristique $J(E)$ (voir figure 9.5c). Du point de vue microstructural, une varistance est une céramique polycristalline composite constituée d'une matrice de grains d'un oxyde métallique et de phases intergranulaires constituées d'au moins un autre oxyde métallique. La formulation à deux composés ou plus est indispensable car aucune céramique d'oxyde unique ne possède intrinsèquement la propriété de varistance. Les varistances les plus connues et répandues sont à base d'oxyde de zinc (ZnO) contenant environ 2 % molaire d'additifs : Bi_2O_3, Sb_2O_3, Co_2O_3, NiO, etc. La physico-chimie du frittage de ces matériaux multiphasés est complexe mais on retiendra que ces formulations permettent de créer au niveau des joints de grains des zones isolantes, avec l'apparition de niveau accepteur dans le diagramme de bande de ZnO. Ainsi, à faible tension du fait du caractère isolant des joints de grain, la résistivité apparente du composant est élevée ($>10^{10}$ $\Omega \cdot cm$).

Au-delà du champ seuil (*Es*, *Cf.* figure 9.5c), la barrière de potentiel au niveau du joint de grain est franchie et le grain semi-conducteur gouverne alors la conductivité, et la résistivité chute brutalement (~ 1 $\Omega \cdot$ cm).

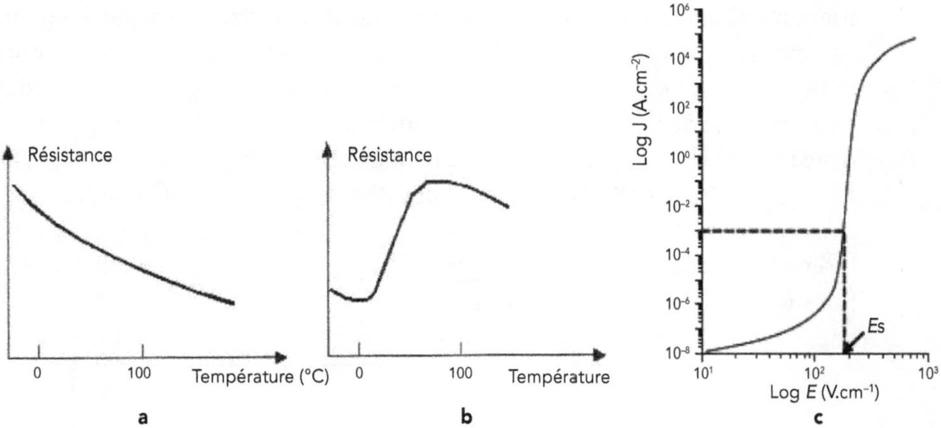

Figure 9.5 – Caractéristique Résistance électrique-Température types pour a) une CTN, b) une CTP ; c) Caractéristique Champ électrique-Densité de courant pour une varistance type ZnO

Leur production mondiale annuelle atteint 4 000-5 000 tonnes. D'autres matériaux que ZnO conduisent également à la formation de céramiques varistances. On trouve ainsi, des varistances à base de SnO_2, TiO_2, $SrTiO_3$, etc. Les applications des varistances sont importantes dans le domaine de la protection des circuits électroniques contre les surtensions.

9.2.4 Supraconducteurs

Choix des matériaux

La supraconductivité [Journal du CNRS n° 255] est un état particulier de la matière où un matériau perd notamment toute résistance électrique et peut donc transporter des courants sans aucune perte « Joule ». Bien que le centenaire de la découverte de la supraconductivité ait été fêté en 2011, il a fallu attendre les années 1990 pour que des céramiques oxydes, présentant une transition supraconductrice à des températures supérieures à 100 K (–173 °C), soient découvertes (figure 9.6). Ces oxydes ont été classés dans la famille des supraconducteurs « Haute Température » ou HTS par opposition aux alliages métalliques NbTi ou composés intermétalliques Nb_3Sn supraconducteurs en dessous de 10 K, appelés supraconducteurs « basse (*low*) Température » ou LTS et développés depuis les années 1960. Contrairement aux matériaux LTS qui nécessitent, pour être supraconducteurs, d'être plongés dans de l'hélium liquide à $T = 4{,}2$ K, fluide cher (quelques euros par litre), les matériaux HTS peuvent être refroidis dans l'azote liquide bouillant ($T = 77$ K dans les conditions normales), élément abondant (80 % de l'atmosphère terrestre) et peu onéreux (quelques cents par litre). L'emploi de ce fluide cryogénique ouvre de nombreuses perspectives d'utilisation qui pourront révolutionner le monde de l'électrotechnique. La plupart des céramiques supraconductrices HTS sont des cuprates présentant une structure cristalline de type pérovskite. Parmi les nombreuses céramiques supraconductrices découvertes, trois présentent des potentiels importants pour les applications électrotechniques : $YBa_2Cu_3O_{7+x}$ (désigné par YBCO), $Bi_2Sr_2Ca_2Cu_3O_{10+x}$ (Bi2223), $Bi_2Sr_2CaCu_20_{8+x}$ (Bi2212) pour les applications en Champ Propre (CP) ou à faibles champs magnétiques (câbles, limiteur de courant, moteurs) ou Bi2212 pour les inserts de bobines à forts champs magnétiques (> 20 T) et à très basses températures (< 20 K).

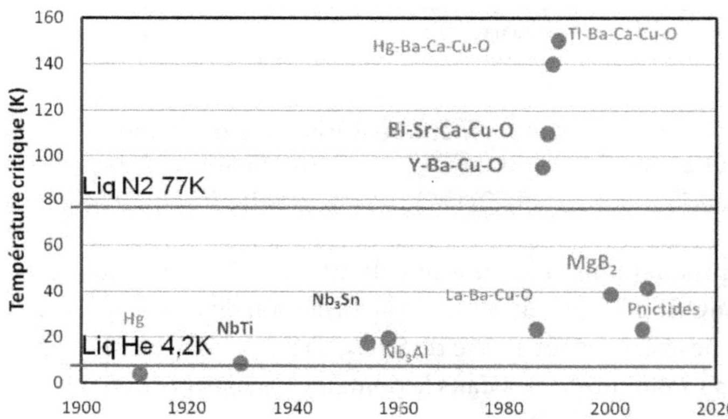

Figure 9.6 – Apparition des matériaux supraconducteurs à température critique *Tc* « élevée » au cours du temps

La structure cristalline bidimensionnelle de ces cuprates se traduit par une forte anisotropie des propriétés. En effet, ces matériaux présentent des capacités de transport du courant plus élevées selon les plans ab de la structure (plans CuOx) que suivant la direction c (direction perpendiculaire aux plans ab). Cette anisotropie a une conséquence directe sur le choix des procédés de mise en œuvre de ces matériaux ainsi que sur le design des machines pour privilégier des capacités de transport de courant maximales. Pour bénéficier des forts courants de transport sous champ magnétique, il faut préférentiellement fabriquer des rubans avec le plan (ab) dans le plan du ruban et concevoir les bobines des machines électrotechniques de façon à maximiser le champ magnétique parallèle au plan de ces rubans.

Modes d'élaboration

Deux méthodes d'élaboration sont mises en œuvre à l'échelle industrielle pour répondre aux spécificités électriques et mécaniques requises : la méthode « *powder in tube* » et la méthode de dépôts.

Méthode « Powder in tube » pour les Bi2212 et Bi2223

Les fils Bi2212 et les rubans Bi2223 sont élaborés par des étapes successives de co-étirage et de tréfilage. La méthode de fabrication consiste à remplir tout d'abord un tube d'argent de précurseur céramique pour former un mono-filament qui est étiré puis découpé en tiges hexagonales de longueur métrique. Ces tiges sont ensuite ré-empilées dans une gaine d'alliage d'argent pour obtenir un composite multifilamentaire qui est, à son tour, mis en forme. Les sections finales des fils Bi2212 et des rubans Bi2223 sont présentées à travers la figure 9.7. Le volume de céramique supraconductrice est de l'ordre de 30 %. La connexion entre grains de céramique nécessaire au transport des forts courants est obtenue par un traitement de fusion totale pour Bi2212. Pour Bi2223, la fusion est partielle et des traitements thermiques sont intercalés entre des étapes de laminage. Les procédés employés sont robustes, tolérants et bien maîtrisés à l'échelle industrielle. Cependant, le coût de la matrice en argent est la limitation à une commercialisation à grande échelle.

Méthode de dépôts pour l'YBCO

Les rubans d'YBCO sont fabriqués grâce à des dépôts de couches minces (figure 9.7).

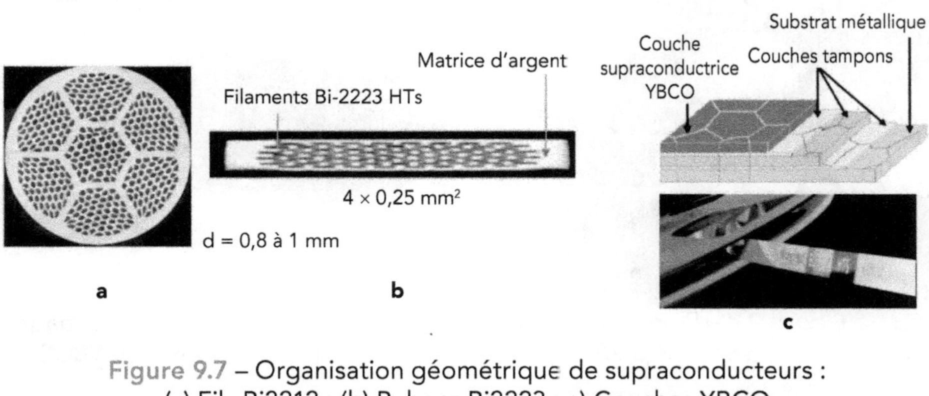

Figure 9.7 – Organisation géométrique de supraconducteurs : (a) Fils Bi2212 ; (b) Rubans Bi2223 ; c) Couches YBCO

La couche active d'YBCO a une épaisseur de 1 à 2 µm et est déposée sur des couches tampons, elles-mêmes recouvrant un substrat métallique. Les techniques utilisées pour la microélectronique (PLD, MOCVD, MOD…) ont été adaptées pour couvrir des longueurs kilométriques. Pour obtenir de forts courants *($I_{c\ (77K,\ CP)} > 120$ A pour des rubans de 4 × 0,15 mm)*, l'art des fabricants consiste à recouvrir le métal du substrat par une couche fine de céramique en YBCO présentant une désorientation cristallographique très faible < 5°. Des rubans de longueurs kilométriques et de largeur de 4 à 12 mm sont commercialisés. L'argent n'étant pas utilisé dans ce procédé, le coût de fabrication est réduit à la condition d'une maîtrise des procédés pointus de dépôt.

Aspects industriels

Grâce à ces matériaux, les industriels ont conçu des électroaimants pour le stockage d'énergie plus simples à refroidir, des câbles transportant plus de puissance, des moteurs ou des générateurs de plus faibles dimensions et des limiteurs de courants permettant de protéger les réseaux et les équipements (figure 9.8). Différents câbles supraconducteurs « haute température critique » ont été imaginés pour répondre aux exigences du réseau, que ce soit en régime continu ou alternatif. Les câbles supraconducteurs sont disponibles commercialement jusqu'à des tensions de 138 kV. Leurs spécificités permettent de transporter la puissance sous la forme de courant avec des niveaux de tension plus faibles, par exemple 138 kV au lieu de 340 kV. Leur empreinte au sol réduite et leur faible impact sur l'environnement en font une solution idéale pour transporter l'électricité dans les zones urbaines. La figure 9.8 schématise une phase d'un câble supraconducteur à « diélectrique froid », solution généralement adoptée.

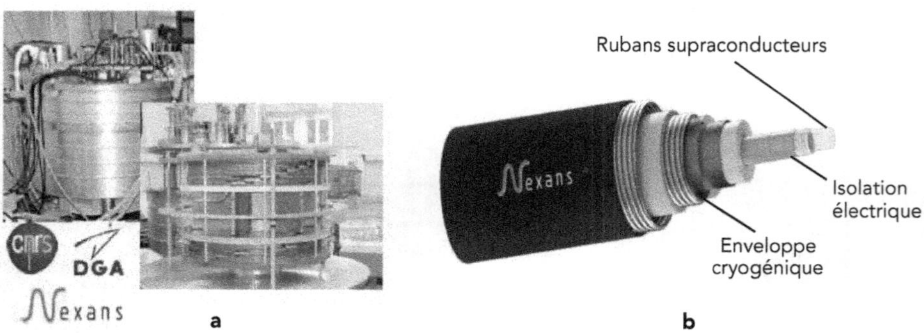

Figure 9.8 – Dispositifs supraconducteurs : a) Bobine de stockage magnétique d'énergie(Bi2212) ; b) Câble supraconducteur (Bi2223 ou YBCO)

Des moteurs ou des générateurs allant de quelques centaines de kilowatts à presque 40 MW ont été fabriqués. Ces machines présentent des gains de poids et de volume pouvant aller jusqu'à un facteur 3 par rapport aux machines conventionnelles résistives. L'exploitation de la transition de l'état supraconducteur à l'état normal, qui s'accompagne par une augmentation abrupte de la résistance au-delà du courant critique, a donné lieu au développement d'un nouveau dispositif : le limiteur de courant. Ces systèmes présentent des avantages fonctionnels comme une résistance négligeable en régime permanent, un déclenchement automatique en cas de surintensité et une récupération de l'état supraconducteur automatique et rapide. Le fonctionnement à l'azote liquide, uniquement possible grâce aux céramiques supraconductrices, a permis de proposer des systèmes fiables, rapides, moins onéreux et transparents pour l'utilisateur.

Les applications de la supraconductivité à l'électrotechnique représentent à ce jour un chiffre d'affaires d'une centaine de millions d'euros par an. Cependant, ces marchés sont en pleine émergence et ces technologies pénétreront les différents secteurs d'autant plus facilement que le coût des conducteurs baissera par une production de masse.

9.3 Céramiques pour condensateurs

9.3.1 Introduction

Un condensateur est un composant électronique dit « passif » ; il est constitué de deux armatures conductrices séparées par un milieu isolant et est caractérisé par sa capacité [Beauger *et al.*]. On peut dire que sa capacité mesure son aptitude à stocker des charges électriques. Le milieu entre les électrodes doit assurer deux fonctions principales :

- être un isolant électrique (caractérisé par sa résistivité ρ) ;
- être un milieu diélectrique (caractérisé par sa permittivité ε).

Dans le cas d'un condensateur présentant une épaisseur constante e du milieu diélectrique (figure 9.9), la capacité est donnée par la relation ci-dessous dans laquelle S désigne la surface de chacune des armatures :

$$C = \varepsilon \cdot S/e$$

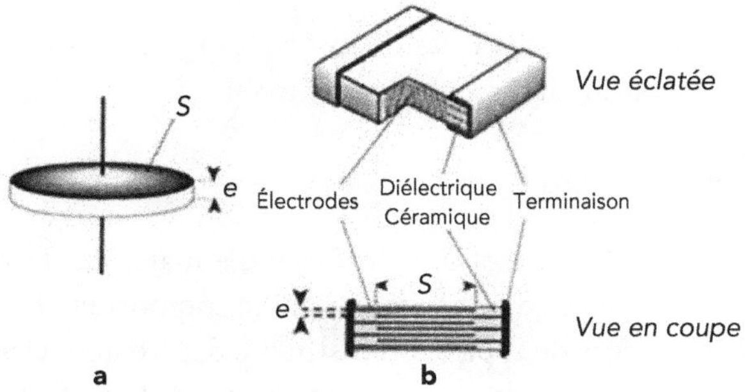

Figure 9.9 – Condensateurs (a) disque et (b) multicouche

Il existe de très nombreux types de condensateurs que l'on classe en trois familles en fonction de la nature du diélectrique et de la géométrie de l'ensemble électrodes-diélectrique :

- condensateurs films (papier, film synthétique, mica, verre) ;
- condensateurs céramiques ;
- condensateurs électrochimiques (tantale, aluminium).

La suite du texte est exclusivement consacrée aux condensateurs céramiques.

9.3.2 Les classes de condensateurs céramiques et leurs domaines d'applications

Ce sont les propriétés des matériaux céramiques utilisés comme diélectriques qui sont à l'origine de cette classification. On parle de condensateurs ou de diélectriques de types 1, 2 ou 3, suivant les caractéristiques du diélectrique et, en particulier, de l'évolution de sa permittivité et, donc, de celle de la capacité du condensateur en fonction de la température.

Condensateurs de type 1

Les condensateurs de type 1 possèdent de faibles valeurs de capacité (quelques pF à quelques dizaines de nF), associées à de faibles valeurs de pertes diélectriques. Les valeurs de capacités sont très stables et ne varient que faiblement et linéairement en fonction de la température. Les matériaux diélectriques dont ils sont constitués, sont généralement para-électriques. Leurs dénominations indiquent leur coefficient de température ; ce coefficient représente la variation relative de capacité en fonction de la température :

- P100 ou N100 représentent des diélectriques à coefficient de température, respectivement positif ou négatif et d'une valeur de 100, exprimée en ppm/°C ;
- NPO, correspond à un diélectrique à coefficient de température nul.

La variation relative de capacité $\Delta C/C$, et les pertes diélectriques tg δ, ne sont pas influencées par la température, la tension, la fréquence et le temps.

Condensateurs de type 2

Les condensateurs de type 2 sont essentiellement constitués par des matériaux ferro-électriques, le plus souvent à base de titanate de baryum, dont le comportement est non-linéaire. Au sein des condensateurs de type 2, on distingue différentes classes en fonction du comportement en température : dans un intervalle de température donné, la valeur de la capacité peut varier dans un pourcentage spécifié par rapport à la valeur de capacité mesurée à 25 °C. Deux grandes familles (figure 9.10) sont ainsi représentatives de l'essentiel de la production de condensateurs céramiques :

- les matériaux (type X7R, tableau 9.1) présentent des courbes dites « plates » ; ils sont caractérisés par une valeur relativement modérée de la permittivité (1 000 à 4 000) et par une grande stabilité de celle-ci, dans un large intervalle de température ;
- les matériaux (type Z5U, tableau 9.1) présentent des courbes à maximum de permittivité ; ils sont caractérisés par de fortes valeurs de la constante diélectrique (5 000 à 25 000) mais dans un intervalle de température plus restreint que celui des courbes « plates ».

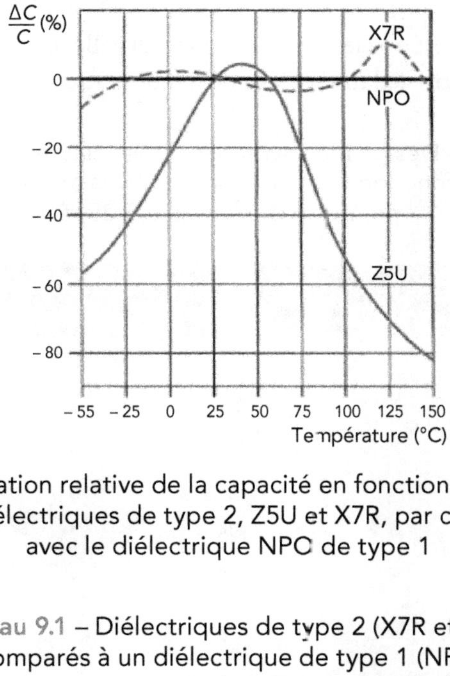

Figure 9.10 – Variation relative de la capacité en fonction de la température pour les diélectriques de type 2, Z5U et X7R, par comparaison avec le diélectrique NPC de type 1

Tableau 9.1 – Diélectriques de type 2 (X7R et Z5U), comparés à un diélectrique de type 1 (NPO

	Type 1 NPO	Type 2 X7R	Type 2 Z5U
Permittivité à 25 °C	6 à 500	1 500 à 4 000	5 000 à 25 000
Gamme de T°C	–55 à +125	–55 à +125	+10 à +85
$\Delta C/C$	±30 ppm/°C	±15 %	–0,34
tg δ	1 à $10 \cdot 10^{-4}$	$< 200 \cdot 10^{-4}$	$< 300 \cdot 10^{-4}$
Résistance isolement 25 °C	1 000 GΩ	1 000 GΩ	100 GΩ
Résistance isolement 125 °C	100 GΩ	100 GΩ	10 GΩ

Contrairement aux condensateurs de type 1, pour les types 2, la variation relative de capacité $\Delta C/C$ et les pertes diélectriques tg δ sont fortement influencées par la température, la tension, la fréquence et même le temps.

L'EIA (*Electronic Industries Association*) a classé les diélectriques de type 2 en fonction des variations relatives maximales de capacité par rapport à la valeur à 25 °C, présentées par ces matériaux dans un intervalle de température donné. Cette classification s'effectue à l'aide d'un code à trois variables (tableau 9.2) :

- la première est une lettre donnant la valeur de la limite basse de la température ;
- la seconde est un chiffre donnant la valeur de la limite supérieure de la température ;
- la troisième est une lettre donnant l'intervalle maximum de variation relative de capacité autorisé dans la plage de température.

Tableau 9.2 – Désignation symbolique des classes de diélectriques de type 2, en fonction des variations relatives maximales de capacité par rapport à la valeur à 25 °C (norme EIA)

Limite inf. de T °C	Lettre symbole	Limite sup. de T °C	Chiffre symbole	$\Delta C/C$ Max(%)	Lettre symbole
10	Z	45	2	±1,0	A
–30	Y	65	4	±1,5	B
–55	X	85	5	±2,2	C
		105	6	±3,3	D
		125	7	±4,7	E
		155	8	±7,5	F
				±10,0	P
				±15,0	R
				±22,0	S
				–11	T
				–34	U
				–60	V

Condensateurs de type 3

Ces condensateurs de type 3 sont assez particuliers. Le diélectrique est constitué de grains semi-conducteurs alors que les joints de grains sont isolants ; on parle de céramiques à couche d'arrêt de surface ou à couche d'arrêt aux joints de grains.

Cela permet d'atteindre des permittivités apparentes très élevées, supérieures à 20 000, mais les barrières isolantes s'effondrent très rapidement sous un champ de 1 volt par micromètre (chute de la résistance d'isolement).

Le texte du chapitre est volontairement limité aux condensateurs céramiques de types 1 et 2.

9.3.3 Les matériaux utilisés et les technologies d'élaboration

Depuis les origines de l'électronique, on a cherché à réduire le volume des circuits et, donc en particulier, celui des condensateurs. Pour ce faire, il faut chercher à augmenter l'aptitude à stocker les charges électriques dans le volume le plus faible possible ; on a donc cherché à augmenter la capacité volumique C/V. D'après la relation $C = \varepsilon \cdot S/e$, en considérant que $V = S \cdot e$, il vient $C/V = \varepsilon/e^2$. Afin d'accroître les capacités volumiques, il faut donc utiliser des matériaux présentant des permittivités ε élevées et les conditionner sous les épaisseurs ***e*** de diélectrique les plus faibles possibles.

À l'origine, les condensateurs céramiques étaient obtenus par pressage de disques puis frittage à haute température. La capacité était limitée par la technique de pressage ; en effet le disque avait au minimum un diamètre de 4 à 5 mm et une épaisseur de 4/10 de mm ce qui ne permettait pas de dépasser des capacités volumiques de soit 6 000 pF/mm^3. Afin de pouvoir accroître significativement les capacités volumiques, on a dû repenser la technologie et passer à la technologie dite multicouches (figure 9.9b) ; on parle alors de condensateurs céramiques multicouches (En anglais, « *multilayer ceramic capacitors* », dont le sigle est MLCC). Sans entrer, pour l'instant, plus dans le détail, il faut néanmoins faire remarquer que le condensateur est alors constitué de couches composées alternativement de métal (les électrodes internes) et de matériau céramique (le diélectrique) qui sont cofrittées lors de l'élaboration du condensateur. Le matériau qui constitue le condensateur, est donc, en quelque sorte, un matériau composite ; cette nature composite est à l'origine des principaux problèmes, aussi bien économiques que technologiques, rencontrés par l'industrie des condensateurs.

Les matériaux utilisés

Les titanates sont à la base des matériaux diélectriques aussi bien de type 1 que de type 2. La consommation mondiale en 1996 était de 7 162 tonnes (dont 931 tonnes pour les MLCC nickel).

Deux techniques permettent de produire industriellement des poudres de titanate [Nièpce et Haussonne] :

- les voies solides ou voies sèches, par réaction entre un carbonate et l'oxyde de titane, à relativement haute température. Elles conduisent à des poudres plus grossières, constituées de grains largement microniques et relativement bon marché. Elles offrent une grande souplesse de composition mais la difficulté réside dans la maitrise de l'homogénéité ;

- les préparations par voies humides (sol-gel, oxalate…) se rapprochent des synthèses organiques. Elles sont conduites à relativement basses températures, inférieures aux températures d'ébullition des solvants.

Les poudres voie humide sont beaucoup plus onéreuses que les poudres voie solide et sont réservées à des applications de condensateurs multicouches constitués par des couches minces de céramique (inférieures à 10 microns).

En ce qui concerne les métaux utilisés pour les électrodes internes, le choix doit tenir compte de ses qualités de conducteur, de sa compatibilité avec la technologie de réalisation du condensateur et de son coût. Ce sont essentiellement soit des alliages argent-palladium, soit des métaux moins nobles comme le nickel ou le cuivre. Le problème de choix des métaux pour les électrodes sera traité conjointement avec les aspects technologiques.

Technologies de réalisation des condensateurs multicouches

La fabrication des condensateurs céramiques multicouches suit une cascade opératoire complexe qui a été, toutefois, largement décrite dans différents ouvrages auxquels nous renvoyons le lecteur [Haussonne, Nièpce et Haussonne, Fantozzi *et al.*].

Plusieurs familles de procédés sont actuellement utilisées suivant que la bande qui va constituer les couches céramiques diélectriques est obtenue par coulage ou pas. L'évolution conduit à mettre en œuvre des procédés autorisant l'élaboration de couches de plus en plus fines.

Une autre caractéristique importante de l'élaboration des MLCC est la phase de cofrittage des métaux constituant les électrodes internes et des couches céramiques de diélectrique ; l'atmosphère des fours de frittage doit être à la fois compatible avec l'exigence de ne pas oxyder les métaux, afin de ne pas abaisser la conductivité des électrodes, et celle de ne pas engendrer de perte d'oxygène par le diélectrique qui est un oxyde et qui risquerait de devenir plus ou moins semi-conducteur et, donc, de perdre ses caractéristiques diélectriques. Le cofrittage est effectué dans des fours en atmosphère oxydante pour les MLCC dont les électrodes internes sont constituées d'alliages Ag-Pd. Toutefois, dans le cas des MLCC à électrodes internes en métaux non nobles, on doit faire appel à des fours étanches afin de contrôler précisément les pressions partielles en oxygène, comprises entre 10^{-8} et 10^{-10}.

9.3.4 Quelques données économiques

Bien qu'ils soient des composants mineurs et passifs, les condensateurs sont devenus indispensables dans tous les principaux dispositifs électroniques.

Actuellement, 77 % des condensateurs céramiques multicouches sont produits au Japon, ce qui représentait, en 2008, un chiffre d'affaires de 2,851 milliards de US$ alors que celui de Taïwan était de 0,719 et celui de la Chine de 0,613 milliard de US$. La production mondiale de multicouches céramiques représentait alors un chiffre d'affaires de 7,079 milliards de US$.

Pénalisé lui aussi par l'agitation économique, le marché des MLCC a subi une baisse de la demande de 2008 à 2009. Cependant, le marché s'est redressé de manière significative en 2010 et un développement, plus rapide que celui des autres composants, est prévu. En effet, on s'attend à ce que le marché global des MLCC se développe avec un taux de croissance annuel, en nombre de pièces, de 22,2 % sur la période 2010-2014. Toutefois, une remarque importante doit être faite car, dans le même temps, les prix des MLCC subissent une décroissance continue. Malgré tout, en termes de chiffre d'affaires, on s'attend à ce que le marché des MLCC atteigne 17,9 milliards de US$ d'ici 2017, c'est-à-dire qu'il devrait faire mieux que doubler par rapport à 2008.

Bien évidemment, la région Asie-Pacifique est devenue la principale région du globe pour la fabrication des dispositifs électroniques. Il en résulte donc une demande continue de MLCC dans cette région ; cela a amené à l'apparition de fabricants dans les pays asiatiques tels que Taïwan, la Corée du Sud et la Chine. Les fabricants de ces pays augmentent leur production en améliorant les technologies de fabrication des MLCC. D'ailleurs, ces entreprises offrent les MLCC à des prix relativement inférieurs à ceux des entreprises des autres pays. La région Asie-Pacifique représente le plus grand marché du monde pour les MLCC ; l'Europe n'arrive qu'en seconde position. En outre, on constate que la croissance du marché est essentiellement menée par l'Asie-Pacifique, le Moyen-Orient et l'Amérique latine. L'Asie-Pacifique signale un taux de croissance annuel d'environ 20,6 %, en nombre de pièces !

9.3.5 Comment sont satisfaites les grandes tendances de l'évolution des condensateurs céramiques

Depuis de nombreuses années déjà, l'électronique connaît une évolution considérable reposant sur trois lignes directrices quasiment communes à toutes les fonctions : moins cher, plus petit et plus performant. Une illustration peut être apportée par l'évolution, connue de tous, des ordinateurs et des téléphones portables.

Nécessaire réduction des dimensions

Ce besoin s'exprime de deux manières complémentaires : d'une part, il faut réduire le volume afin de réduire la masse des composants, donc d'alléger les appareils, et, d'autre part, il faut réduire la surface de report de manière à réduire la surface des cartes, donc les dimensions des appareils. Dans les deux cas, cela conduit à réduire les épaisseurs des couches de diélectrique et à rechercher des valeurs de permittivité ε_r les plus élevées possibles.

Nécessaire réduction des coûts

Les métaux précieux des électrodes internes interviennent pour 30 à 80 % dans le prix de revient d'un MLCC ; ce pourcentage est fonction de la température de frittage, du format du condensateur et du nombre d'électrodes internes. C'est donc tout naturellement sur le poste « métaux précieux » que les efforts ont été portés. Diverses approches du problème ont été explorées :

- remplacer les alliages Ag-Pd par des métaux non nobles Ni ou Cu ;
- réduire les épaisseurs des électrodes internes ;
- abaisser les taux de palladium dans les alliages Ag-Pd en abaissant les températures de frittage ;
- réduire les nombres d'électrodes internes.

La première voie est de plus en plus utilisée et une proportion significative de la production est actuellement réalisée avec des électrodes en nickel ou en cuivre. Toutefois, les compositions diélectriques ont dû être retravaillées pour autoriser des cofrittages en atmosphères oxydantes et sont peut-être, de ce fait, moins fiables ; elles ne concernent donc encore que les productions « grand public » (aujourd'hui, quasiment 100 % des MLCC pour les applications grand public sont réalisés avec des électrodes internes en nickel). Il en est à peu près de même pour la troisième voie. Quant à réduire les épaisseurs des électrodes, c'est inenvisageable car celles-ci ont déjà l'épaisseur minimale garantissant leur continuité. La voie la plus fructueuse est sans doute la dernière voie. Elle a, en outre, l'avantage de demander exactement les mêmes contraintes que les réductions de dimensions, à savoir diminuer e et augmenter ε_r. Les mêmes efforts bénéficient donc aux réductions des coûts comme aux réductions des dimensions.

Des céramiques nanostructurées permettent de répondre à cette double sollicitation

Pour réaliser des épaisseurs de couches diélectriques plus faibles il faut nécessairement des progrès technologiques. On est tout d'abord passé de la technologie disque à la technologie multicouche ; l'épaisseur minimale des couches diélectriques que l'on savait réaliser était passée de quelques dixièmes de millimètres à quelques dizaines de μm. Les capacités volumiques avaient ainsi pu être multipliées par plus de cent. Pour diminuer plus encore les épaisseurs, d'une part, les céramistes ont mis au point des procédés autorisant la réalisation de couches de plus en plus fines, tels que le coulage en bande, la sérigraphie puis divers modes de projection, et, d'autre part, les chimistes ont dû inventer de nouveaux procédés d'élaboration des poudres. En effet, pour obtenir des couches diélectriques de moins en moins épaisses et pour qu'un nombre significatif de grains constitue la couche, il a fallu utiliser des poudres de plus en plus fines. Pour cela, il a fallu repenser les modes de préparation des poudres ; alors que toutes les poudres étaient élaborées par des processus « voie sèche », on a dû de plus en plus s'orienter vers des préparations en « voie humide ». Au cours des vingt dernières années, les épaisseurs des couches diélectriques sont ainsi passées de quelques dizaines de μm à quelques μm. Samsung annonce, en production depuis 2008, des MLCC 10 μF (4 volts), avec des couches de diélectrique de 1 à 2 μm entre des électrodes internes de 1 μm, avec 300 à 800 couches actives dans un format d'environ 1,5 × 0,8 × 0,8 mm^3 ; soit des capacités volumiques de l'ordre de 1 $\mu F/mm^3$; Murata, quant à lui, propose depuis 2012 des condensateurs de 22 μF (25 volts) en format 0805, soit une capacité de 8,8 $\mu F/mm^3$.

L'utilisation de poudres fines, pour élaborer les barbotines nécessaires à la réalisation des couches diélectriques, offre un autre avantage ; les poudres nanométriques nécessitent en général des températures de frittage plus basses que les poudres de même composition mais à grains plus grossiers. Des abaissements de 100 à 200 °C peuvent être obtenus. Cela peut alors autoriser des alliages Ag-Pd moins riches en palladium, donc moins onéreux.

Enfin, l'utilisation de poudres nanométriques permet également d'obtenir des diélectriques céramiques à grains fins. Lorsque ces diélectriques sont des matériaux ferroélectriques, ce qui est le cas des MLCC dits de type 2, les propriétés physiques sont fortement dépendantes des dimensions des grains ; c'est en particulier le cas des valeurs de la permittivité ε_r. La figure 9.11 montre comment varie la permittivité du titanate de baryum pur en fonction des dimensions des grains dans les céramiques. Ne retenir de cette courbe que l'existence d'un maximum de la constante diélectrique lorsque les grains, dans la céramique, font un peu moins de 1 μm ; en effet, d'autres paramètres, essentiellement liés à l'élaboration, jouent également sur les valeurs de ε_r et modifient plus ou moins profondément cette courbe (voir, sur ce point, la figure 10 de l'article *Journal of the European Ceramic Society*, vol. 31, 2011, pp. 1723-1731). Des variations relativement similaires sont obtenues pour les diélectriques de type 2. On voit ainsi qu'en réalisant des diélectriques, avec des tailles des grains légèrement inférieures à 1 μm, on obtient des valeurs de ε_r 2 à 3 fois plus élevées qu'avec des grains de plusieurs μm, voire plus.

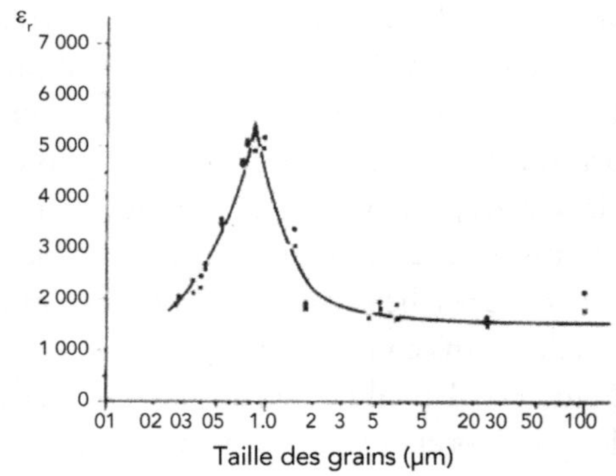

Figure 9.11 – Constante diélectrique relative ε_r à 25 °C de $BaTiO_3$, à l'état de céramiques polycristallines en fonction du diamètre moyen des grains dans la céramique

[Source : Arlt G., D. Hennings D. et De With G., « Dielectric properties of fine grained barium titanate ceramics », *J. Appl. Phys.*, vol. 58, 1985, pp. 1619-1625. Bernaben N., Leriche A., B. Thierry B., Nièpce J-C. et Waser R., « Pure barium titanate ceramics : crystalline structure and dielectric properties as a function of grain size », *Fourth Euro Ceramics*, vol. 5, 1995, pp. 203-210. Yoon S., Dornseiffer J., Xiong Y., Gruner D., Shen Z., Iwaya S., Pithan C. et Waser R., « Spark plasma sintering of nanocrystalline BaTiO3-powders : Consolidation behavior and dielectric characteristics », *Journal of the European Ceramic Society*, vol. 31, 2011, pp. 1723-1731]

9.3.6 Perspectives d'évolution, les demandes des marchés

Les applications des MLCC dans les circuits électroniques, nécessitent des composants de plus en plus miniaturisés (téléphones portables, PC, tablettes…) et de plus en plus nombreux par appareil (à titre indicatif, dans un smartphone, il y a deux fois plus de MLCC que dans un téléphone mobile classique), mais également des condensateurs de très fortes capacités dans un volume réduit (22 µF en 08-05) qui concurrencent directement les condensateurs tantale. La fiabilité est également un paramètre très important dans des domaines comme celui de l'automobile ou du spatial.

L'une des perspectives phares est apportée par le domaine de l'industrie automobile. Pour réduire la masse importante des fils électriques (plusieurs dizaines de kg !), les constructeurs automobiles envisagent de ramener les ECU (*Engine Control Unit* – Unité de contrôle moteur) sous le capot moteur. En effet, sur les voitures modernes, beaucoup de fonctions sont gérées par électronique et notamment le fonctionnement du moteur. C'est pourquoi nos véhicules sont bardés de capteurs qui transmettent leurs informations à ce cerveau électronique, l'ECU, qui regroupe toutes ces données, les analyse et réagit pour que le fonctionnement du moteur et des appareils comme l'alternateur, le conditionnement d'air, le démarrage, le fonctionnement à froid soit toujours optimisé.

Cependant, la température sous le capot moteur atteint environ 125 °C et pas moins de 150 °C sur la surface du moteur. Les composants électroniques pour l'usage des véhicules à moteur doivent donc pouvoir résister aux températures élevées et pouvoir assurer un fonctionnement stable sur une large plage de température. Les MLCC capables d'assurer une telle fonction doivent répondre à la norme X8R (tableau 9.2). Répondre à ces exigences est difficile mais réaliser les caractéristiques de la norme X8R est un défi important pour le progrès de l'électronique automobile. La société TDK a réussi à proposer des condensateurs X8R conformes à ce nouveau marché. L'exécution et la fiabilité de l'unité de commande du moteur, des modules de sonde, de l'ABS et d'autres dispositifs des véhicules à moteur tireront bénéfice de ce développement.

9.4 Céramiques magnétiques : cas des ferrites de nickel-zinc-cuivre-cobalt

9.4.1 Introduction

De très nombreuses applications utilisent les propriétés magnétiques de certains matériaux [Kittel]. Ceux-ci sont, pour l'essentiel, des métaux ou des céramiques. Ces dernières présentent souvent un avantage important, celui de ne pas être conductrices de l'électricité ; on les retrouve donc dans toutes les applications pour lesquelles il est nécessaire d'être un assez bon isolant électrique. L'essentiel du marché mondial concerne les ferrites dures pour aimants permanents et les ferrites douces pour la conversion d'énergie. En 2007, la production mondiale de ferrites dures sous forme de céramique frittée était de 750 kilotonnes dont 180 kilotonnes pour les aimants liés non frittés, et celle des ferrites douces de 500 kilotonnes. Une croissance de 20 à 30 % était envisagée à l'horizon 2020. Plus de la moitié de la production mondiale a lieu en Chine (figure 9.12) ; les prix varient de 2 à 10 €/kg ce qui conduit à des chiffres de quelques milliards d'euros pour les 2 familles de ferrites.

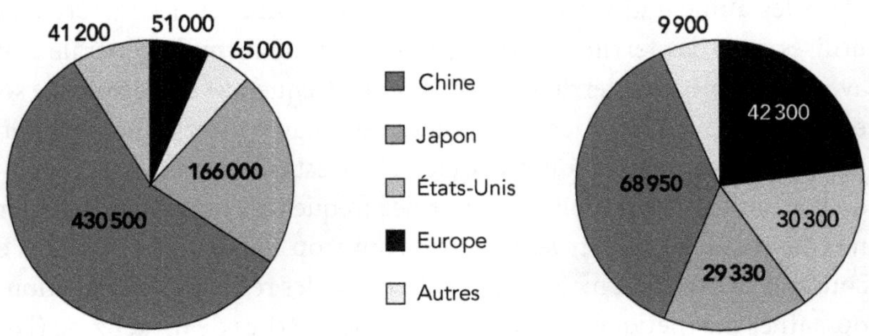

Figure 9.12 – Production d'aimants ferrites en 2007 en tonnes : aimants frittés (à gauche) ; aimants liés (à droite)

Dans cet ouvrage, parmi toutes ces applications, ne sont développées que celles recherchées dans l'électronique de puissance et à base des ferrites de nickel-zinc-cuivre-cobalt.

Toutefois, celles-ci, en termes de problématiques et de réalisation, sont assez représentatives des céramiques magnétiques dans leur ensemble.

La tendance générale dans le domaine de l'électronique de puissance est depuis plusieurs années :

- l'augmentation des densités de puissance ;
- la miniaturisation des composants, actifs et passifs.

Ces exigences conduisent à une montée des fréquences de fonctionnement et requièrent le développement de nouveaux matériaux possédant des propriétés adaptées à cette évolution.

Si depuis de nombreuses années, un effort constant a été maintenu sur l'amélioration des composants actifs, il n'en est pas de même pour les composants passifs. Pourtant, ce sont souvent les plus volumineux. Prenons l'exemple d'une alimentation à découpage. Une alimentation à découpage est un convertisseur d'énergie qui permet d'alimenter des cartes ou des composants à des tensions et des courants nominaux. En effet, pour alimenter une carte sur laquelle se trouvent des circuits intégrés, il faut pouvoir disposer de tensions faibles, typiquement quelques volts, et de courants importants, typiquement quelques ampères, car il y a de plus en plus de composants sur une même carte. Dans une alimentation à découpage, les composants magnétiques (inductances et transformateurs) sont de loin les plus encombrants. Pour diminuer leur taille, il est nécessaire de mettre au point des nouveaux matériaux qui présentent moins de pertes dans les conditions de fonctionnement requises, c'est-à-dire pour des niveaux de puissance plus importants et des fréquences de fonctionnement plus élevées.

Le choix du matériau magnétique à utiliser dépend donc de ces différents critères. Dans les alimentations à découpage conventionnelles, les matériaux magnétiques utilisés sont des ferrites de manganèse-zinc, de formule générale $Mn_xZn_yFe_{2+z}O_4$ avec $x + y + z = 1$ (ou ferrites Mn-Zn) car les fréquences de découpage sont comprises entre 100 et 500 kHz. À ces fréquences, les alliages métalliques magnétiques ne sont pas adaptés car leur conductivité électrique est trop élevée et les pertes par courants de Foucault sont prohibitives. Pour des fréquences plus élevées, les ferrites Mn-Zn ne conviennent plus car leurs pertes sont trop importantes, à la fois en raison des courants de Foucault mais également à cause des résonances-relaxation des parois de domaines magnétiques. On utilise alors des ferrites de nickel-zinc ($Ni_{1-x}Zn_xFe_2O_4$) car leur résistivité est plus élevée (supérieure à $10^6\ \Omega \cdot m$) mais même si ces ferrites peuvent fonctionner jusqu'à quelques centaines de MHz, leurs pertes en puissance restent encore trop importantes.

Une nouvelle famille de ferrites douces a permis récemment d'envisager une réduction importante des pertes magnétiques à haute fréquence et à forte puissance, les ferrites de nickel-zinc-cuivre-cobalt (NiZnCuCo). Ces ferrites de formule $Ni_xZn_yCu_zCo_\varepsilon Fe_2O_4$ (avec $x + y + z + \varepsilon = 1$) présentent deux avantages essentiels pour l'intégration des composants magnétiques :

- leurs pertes en puissance sont faibles à haute fréquence ;
- ils présentent une température de frittage nettement moins élevée que les autres ferrites.

Cet abaissement de la température de frittage est indispensable si l'on désire cofritter le matériau avec des conducteurs en argent et ainsi développer des composants à conducteurs internes tels que des inductances ou des transformateurs.

9.4.2 Qu'est-ce qu'une ferrite ?

Le terme « ferrite » désigne les oxydes ferrimagnétiques contenant principalement des ions Fe^{3+}. Comme les matériaux ferromagnétiques, les ferrites présentent un cycle d'hystérésis lorsqu'on les soumet à un cycle d'aimantation (figure 9.13). La « largeur » du cycle donne le champ coercitif H_c : pour une ferrite dite « douce », H_c est inférieur à 1 kA/m alors que, pour une ferrite dite « dure », H_c est supérieur à 200 kA/m.

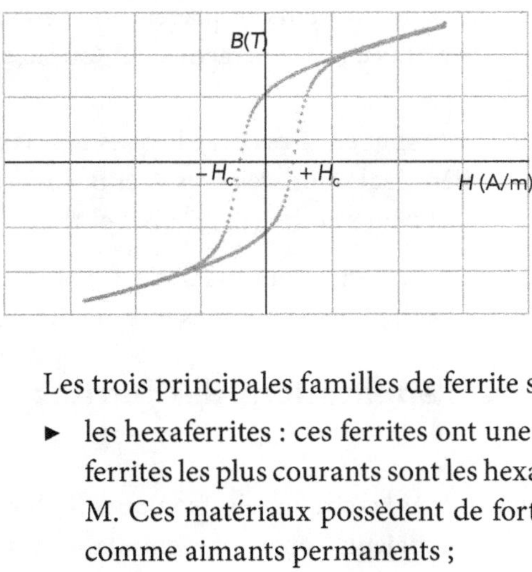

Figure 9.13 – Courbe d'aimantation B(H) typique d'un matériau ferrimagnétique présentant un cycle d'hystérésis

Les trois principales familles de ferrite sont :

- les hexaferrites : ces ferrites ont une structure cristalline hexagonale. Les hexaferrites les plus courants sont les hexaferrites de baryum ou de strontium de type M. Ces matériaux possèdent de forts champs coercitifs et sont donc employés comme aimants permanents ;
- les ferrites grenat : ce sont des matériaux magnétiques doux. Leur formule générale est $R_3Fe_5O_{12}$ où R est essentiellement un ion de terre rare, le plus répandu étant le grenat d'yttrium-fer ($Y_3Fe_5O_{12}$). Ils sont utilisés dans le domaine des hyperfréquences pour leurs faibles largueurs de raie gyromagnétique où ils constituent notamment le matériau de base des circulateurs et des isolateurs ;
- les ferrites spinelles : ces ferrites cristallisent dans une structure cubique à faces centrées identique à celle du spinelle $MgAl_2O_4$, d'où leur nom. La structure

peut être vue comme celle d'un empilement cfc d'ions oxygène dans lequel les cations occupent des sites tétraédriques et, ou, des sites octaédriques. Ce sont des matériaux magnétiques doux utilisés dans une gamme de fréquences comprises entre 10 kHz et 1 GHz. Cette famille de ferrites peut être divisée en deux sous-familles dépendant de la fréquence de fonctionnement. À basses fréquences (10 kHz – 1 MHz), on utilise les ferrites manganèse-zinc (Mn-Zn) de formule $Mn_xZn_{1-x}Fe_2O_4$. Les plus hautes fréquences (> 1 MHz) sont le domaine des ferrites nickel-zinc (Ni-Zn) de formule $Ni_xZn_{1-x}Fe_2O_4$.

Les ferrites Ni-Zn-Cu et Ni-Zn-Cu-Co sont des ferrites Ni-Zn contenant en outre des ions cuivre et cobalt qui se substituent aux ions nickel et zinc. Le cuivre permet de diminuer la température de frittage et le cobalt permet de diminuer les pertes magnétiques.

Les propriétés vont dépendre des ions métalliques présents mais également de la façon dont ils sont répartis dans les sites interstitiels (sites tétraédriques et octaédriques). Cette répartition résulte de la structure électronique et de la taille des ions. Comme cela a déjà été dit (§ 9.2.3), deux types de structures spinelles peuvent être observés :

- la structure normale : dans ce cas, les ions divalents se placent tous en sites tétraédriques (ou sites A) et les ions trivalents en sites octaédriques (ou sites B). C'est le cas de la ferrite de zinc,
- la structure inverse : ici, les ions divalents sont en sites octaédriques tandis que les ions trivalents sont répartis de manière égale entre les sites A et B. La ferrite de nickel possède une structure inverse et peut s'écrire $(Fe)^{tétra}[NiFe]^{octa}O_4$.

Ces deux types de structures représentent deux extrêmes mais il est possible, et même fréquent, de trouver des spinelles possédant des structures intermédiaires.

9.4.3 Performances et perspectives d'applications des ferrites NiZnCuCo

L'intégration des composants magnétiques dans les circuits électroniques (bobinage et noyau magnétique) est devenue un enjeu majeur. Pour y parvenir, la technique du cofrittage semble aujourd'hui incontournable. Le cofrittage consiste à fritter conjointement deux matériaux de nature différente comme par exemple une ferrite avec un métal conducteur (pistes métalliques). On peut utiliser pour cela de l'argent pur (température de fusion ≈ 962 °C) et des ferrites à basse température de frittage contenant du cuivre. En effet, les ferrites traditionnelles présentent des températures de frittage trop élevées, incompatibles avec la présence d'or ou d'argent. Les ferrites spinelles Ni-Zn-Cu peuvent être frittées à des températures de 300 à 400 °C inférieures aux températures de frittage traditionnelles.

Aujourd'hui, les ferrites NiZnCu sont essentiellement utilisées pour la réalisation de micro-inductances et plus généralement de microcomposants faisant appel à une fonction inductance (application au filtrage et à la compatibilité électromagnétique). Ces composants peuvent être utilisés sur une très large gamme de fréquences : quelques centaines de kHz à 1 GHz. Le texte est limité aux cas des inductances pures ; le cas des composants destinés à la compatibilité électromagnétique n'est pas abordé ici.

Les techniques industrielles de fabrication mettent en œuvre des méthodes de dépôt de couches épaisses comme le coulage ou la sérigraphie. Le principe le plus souvent utilisé pour la réalisation de micro-inductances consiste à déposer alternativement des couches de ferrite et d'argent selon des séquences précises. Le cofrittage du matériau magnétique et du métal du bobinage conduit ensuite au composant décrit à la figure 9.14. Contrairement aux inductances conventionnelles, le composant ainsi réalisé ne présente pas de bobinage extérieur ce qui lui confère un blindage efficace même lorsque la perméabilité de la ferrite est faible.

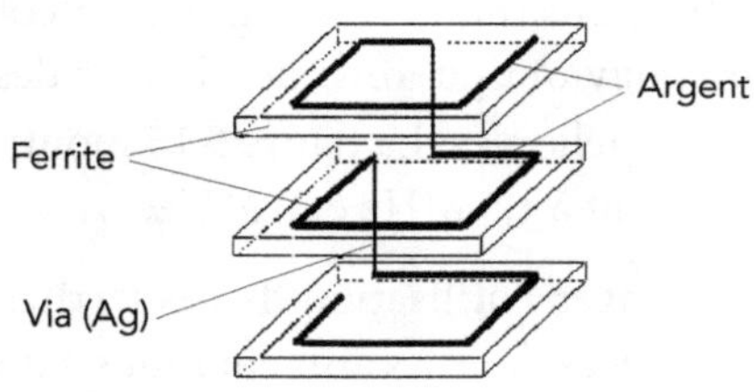

Figure 9.14 – Schéma (éclaté) de principe décrivant la réalisation d'une micro-inductance à base de ferrite spinelle Ni-Zn-Cu et d'argent.
Le bobinage en argent est complètement noyé dans la ferrite puis l'argent est cofritté avec la ferrite

Aujourd'hui, les composants réalisés à partir de cette technologie ont des volumes réduits (< 6 mm^3) et sont destinés à des applications à bas niveau de puissance. Pourtant, les caractéristiques des ferrites Ni-Zn-Cu, et notamment leurs faibles pertes magnétiques, permettent d'envisager leur utilisation dans des applications de puissance comme, par exemple, les transformateurs et les inductances en électronique de puissance.

Les ferrites Ni-Zn-Cu présentent de nombreuses similitudes avec les ferrites Ni-Zn : aimantation à saturation, température de Curie, résistivité électrique. La différence essentielle est que leur densification a lieu à des températures beaucoup plus basses ce qui permet non seulement le cofrittage avec des pistes en argent pour la réalisation de composants intégrés, mais également l'obtention de céramiques denses constituées de petits grains. Cette caractéristique est à la base de l'amélioration de la tenue en puissance de ces ferrites ; on a cherché longtemps le moyen d'obtenir des ferrites Ni-Zn denses à grains fins mais le seul moyen qui s'est avéré efficace, fut le pressage à chaud (ou frittage sous charge), technique coûteuse qui n'a pas pu être véritablement exploitée de manière industrielle. L'ajout de cuivre dans les ferrites Ni-Zn a résolu toutes ces difficultés puisqu'on a enfin pu synthétiser ces ferrites avec les densités et les microstructures recherchées tout en simplifiant les techniques de fabrication industrielle conventionnelles.

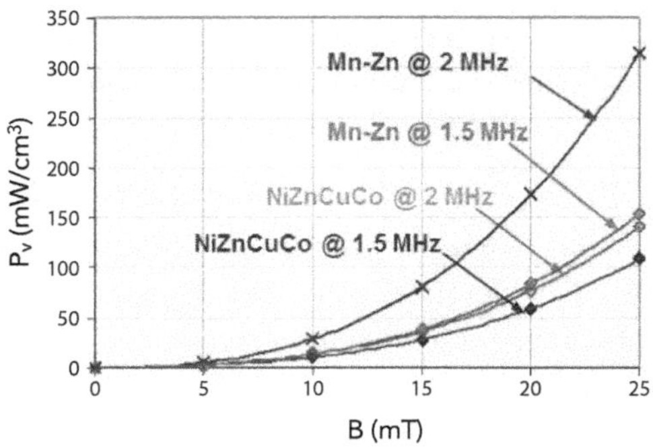

Figure 9.15 – Pertes totales volumiques mesurées à 1,5 MHz et 2 MHz en fonction de l'induction d'une ferrite commerciale de manganèse-zinc et d'une ferrite nickel-zinc-cuivre-cobalt développé par TRT

Toutefois, l'incorporation de cuivre n'a pas conduit tout de suite à une amélioration des performances électromagnétiques et il a fallu optimiser les compositions chimiques par des techniques de substitutions, notamment grâce au cobalt. Les équipes de THALES Research & Technology ont pu ainsi développer des ferrites ayant des tenues en puissance nettement améliorées. La figure 9.15 montre le gain obtenu sur les pertes pour un fonctionnement à 1,5 MHz et 2 MHz.

De telles performances permettent d'envisager l'utilisation de ces ferrites pour la réalisation de transformateurs et d'inductances dans les alimentations à découpage haute fréquence.

9.5 Céramiques piézoélectriques

9.5.1 Introduction

La piézoélectricité est la capacité que présentent certains matériaux cristallins à développer des charges électriques proportionnellement à une contrainte mécanique appliquée sur ces matériaux ; cette capacité est indissociable de l'effet inverse : on observe une déformation proportionnelle à un champ électrique appliqué sur ces matériaux [Jaffe, Setter, Uchino]. L'effet direct a été découvert par Jacques et Pierre Curie en 1880 sur divers cristaux, dont le plus connu est le quartz, et rapidement on a découvert l'effet inverse après qu'il ait été prédit. Ce caractère est associé à la symétrie du cristal ; il faut que le groupe de symétrie soit non centrosymétrique (à l'exception du groupe ponctuel 43). Après avoir été découvert sur certains monocristaux, on s'est aperçu que certaines céramiques (polycristallines) pouvaient présenter un fort comportement piézoélectrique après « éducation ». Cette éducation consiste en l'application d'un champ électrique extérieur sous forme d'un cycle de polarisation tout à fait analogue au cycle de magnétisation des aimants.

Il a aussi été observé des effets piézoélectriques sur des matériaux non cristallisés (laine, ébonite, cire polarisée) mais les effets sont faibles et ne sont pas exploités industriellement. Elle est aussi observée dans certains polymères organiques, le plus utilisé étant le polyvinilydène difluorure (PVDF ou PVF2).

Le tableau 9.3 donne quelques caractéristiques physiques de matériaux piézoélectriques les plus utilisés.

Tableau 9.3 – Caractéristiques physiques de quelques matériaux piézoélectriques

Matériaux	Coefficient piézoélectrique d_{33} (10^{-12} m/V)	Permittivité relative	Module d'Young (GPa)	Coefficient de couplage K_{33} (%)
Quartz	2,3	4,5	80	10
Titanate de baryum	190	1 700	106	52
PZT (45/55)	140	450	71	60
Niobate de lithium	6	30	2,45	17
PVDF	23 (d_{31})	12-13	2-4	12 (k_{31})

Les premiers piézoélectriques céramiques furent le titanate de baryum $BaTiO_3$, les solutions solides de titanate de plomb et de zirconate de plomb (le PZT de formule $PbZr_xTi_{1-x}O_3$) et le niobate de plomb ($PbNb_2O_6$).

Les céramiques piézoélectriques présentent une forte constante diélectrique qui a pour origine une polarisabilité électrique interne modifiable/inversable par l'application d'un champ électrique externe. Cette forte constante diélectrique a donc pour origine la ferroélectricité. Le fait que le moment dipolaire puisse être facilement inversé implique que les deux états (haut et bas) sont énergétiquement très proches, donc que l'on est proche d'un état cristallographique non polaire. On observe donc les meilleurs comportements piézoélectriques juste au-dessous de l'accident diélectrique, c'est-à-dire juste au-dessous de la température de Curie. Certains matériaux peuvent être « tirés » sous forme de monocristaux (PMN-PT). Le PZT quant à lui ne peut être élaboré que sous forme de céramique. Depuis une dizaine d'années, pour des raisons environnementales, de nouvelles compositions piézoélectriques sans plomb sont recherchées (titanate de bismuth, de baryum, de potassium sodium), sans que ceux-ci atteignent les caractéristiques piézoélectriques des PZT et surtout leur grande versatilité en terme de dopage ce qui permet d'adapter très facilement leurs caractéristiques piézoélectriques (piézoélectriques durs, doux, champ coercitif, constante diélectrique, coefficient de couplage électromécanique, température de Curie, stabilité en température, etc.)

9.5.2 Les technologies de fabrication des céramiques piézoélectriques

Les applications étant très variées, les piézoélectriques sont développés sous forme de couches minces (PVD, maintenant sol-gel), de fibres, en bâtonnets, pour certains en monocristaux et enfin sous forme de massifs céramiques polycristallins. Toutefois, la forme céramique reste la plus utilisée.

Les céramiques

Pour plus de détails sur les procédés céramiques, se reporter à [Fantozzi *et al.*].

Le protocole de fabrication suit les étapes suivantes :

- synthèse des poudres (voie solide le plus souvent, hydrothermale, citrate, sol-gel) ;
- mise en forme (pressage, coulage en bande…) ;
- frittage haute température (< 1 200 °C sous air avec une bogue protectrice de façon à limiter les pertes par volatilisation de certains constituants (surtout le plomb pour tous les composés en contenant)) ;
- rectification, pose des électrodes, polarisation.

Ces céramiques sont intrinsèquement fragiles (K_{IC}<3 MPa · $m^{1/2}$). La rectification et la mise aux cotes sont ainsi délicates ; les pièces ne peuvent pas être développées sous de grandes dimensions. Typiquement, il s'agit de disques ou de barrettes de dimensions centimétriques et d'épaisseur voisine de quelques millimètres. Ces céramiques doivent être minces de façon à ce que le réseau d'électrodes puisse assurer un champ électrique de commande suffisant avec des tensions acceptables. Les déformations unitaires sont donc limitées : quelques microns à quelques dizaines de microns. Des variantes technologiques sont en plein développement de façon à obtenir des formes, des dimensions et des déformations plus importantes.

La technologie multicouche est également largement utilisée ; cette mise en forme permet de générer des contraintes importantes tout en limitant les tensions appliquées (§ 9.5.3).

On tente actuellement de développer ces céramiques avec une texturation privilégiée. Cela a pour but d'obtenir de meilleures réponses piézoélectriques à un coût moindre que celui nécessaire à la production de monocristaux, ou bien d'améliorer les propriétés quand ces matériaux ne peuvent être tirés sous forme de monocristaux (PZT par exemple). Cette texturation est obtenue par coulage en bande de grains intrinsèquement texturés ou bien d'un mélange de poudres céramiques ensemencées par des plaquettes céramiques monocristallines lesquelles, au cours du frittage, vont promouvoir la croissance orientée sur leurs faces de la céramique piézoélectrique.

Les composites céramique-polymère

Les composites sont constitués d'un mélange de résine polymère et de grains de céramiques piézoélectriques. L'organisation des phases fait appel à la notion de connectivité. La difficulté majeure consiste à organiser la phase céramique de façon à obtenir des connectivités différentes. Ces composites ont pour principale application les transducteurs acoustiques hautes fréquences pour l'imagerie : leur meilleur coefficient de couplage électromécanique et leur impédance acoustique plus adaptée permettent d'améliorer la résolution des images.

Couches minces

De multiples microsystèmes électromécaniques (MEMS) comme les micromoteurs, les microvalves sont développés selon des techniques couches minces.

9.5.3 Les principales applications et le marché

Les applications sont très variées et vont de niches technologiques à des applications très grand public. Les modes de sollicitation des piézoélectriques sont statiques ou dynamiques, le couplage (impédance acoustique) avec le système extérieur (à caractériser, à modifier, à déplacer) peut être alors très impactant sur le rendement. Les piézoélectriques sont ainsi développés selon des formes variées : massifs céramiques, empilements, composites polymères, céramiques piézoélectriques, monocristaux (quartz, PMN), etc.

Les applications sont multiples et ne cessent de se multiplier.

Transducteurs acoustiques

À quelles fins sont-ils employés ?

- dans les gammes de fréquences audibles, on réalise des microphones (et en particulier, des microphones de contact) et des haut-parleurs, notamment dans les téléphones portables ;
- dans les sonars, utilisés dans la marine, mais aussi dans l'automobile, pour la détection d'obstacles ;
- en médecine, on les utilise pour la réalisation d'échographies qui nécessitent l'émission et la détection d'ondes ultrasonores, ainsi que pour certaines thérapies par ultrasons.

Résonateurs piézoélectriques

Ces résonateurs (quartz) ont des fréquences de résonance très stables et sont à la base des systèmes d'horloge utilisés en électronique.

Capteurs de pression ou d'accélération

Des capteurs de pression piézoélectriques sont utilisés notamment pour l'automobile (pression des pneus), l'aéronautique (pression dans les tuyères), des pèse-personnes, ou la musique (batterie électronique),

Des capteurs inertiels (accéléromètre à lame vibrante, gyromètre vibrant Coriolis) qui peuvent être utilisés dans les centrales à inertie ou plus couramment dans des applications de plus basse précision : coussin gonflable de sécurité, guidage, manette de console de jeu vidéo.

Actionneurs

Aujourd'hui, ce sont les céramiques multicouches qui sont traditionnellement utilisées dans les actionneurs piézoélectriques mais également pour le nanopositionnement, la génération de vibrations, le contrôle actif de vibration :

- dans les microscopes à sonde locale : le microscope à force atomique et le microscope à effet tunnel emploient la piézoélectricité pour réaliser les petits déplacements nécessaires au balayage de la surface sondée ;
- la commande de certains injecteurs en automobile est réalisée grâce à des matériaux piézoélectriques ; de même, certaines imprimantes à jet d'encre utilisent des éléments piézoélectriques,
- en optique adaptative en astronomie : des actionneurs piézoélectriques sont utilisés pour déformer un miroir afin de corriger les effets de la turbulence atmosphérique.

Moteurs piézoélectriques

Les moteurs piézoélectriques sont utilisés dans les systèmes autofocus d'appareils photographiques, dans les mécanismes de vitre électrique de voiture et, en général, dans les applications où la taille réduite de ces moteurs répond à des contraintes volumiques.

Transformateurs piézoélectriques

Un transformateur piézoélectrique est un multiplicateur de tension alternative qui fonctionne sur un double couplage électromécanique puis mécano-électrique sur une céramique piézoélectrique. L'amplification électrique peut aller jusqu'à 1 000.

Ce sont des transformateurs électriques, de taille réduite, qui ont aussi l'avantage de ne pas être perturbés par l'environnement magnétique et de ne pas produire des perturbations magnétiques.

Microgénérateurs

La récupération d'énergie, par microgénérateur piézoélectrique, est un domaine technique émergent. Il est également possible de transformer de l'énergie vibratoire en énergie électrique par l'intermédiaire d'une céramique piézoélectrique. Compte tenu de la fragilité intrinsèque de ces céramiques, les dispositifs ne sont pas de grande taille ; les puissances récupérées sont assez faibles. Toutefois, elles ne cessent d'augmenter (par exemple, 100 MW pour le microgénérateur de la société Arveni SAS présenté à la figure 9.16) et sont suffisantes pour de nombreuses applications. On développe actuellement de tels récupérateurs d'énergie à partir de polymères (PVDF) piézoélectriques souples. Leur faible réponse piézoélectrique est compensée par la capacité de ces polymères à être développés sous forme de grandes feuilles. Une illustration est proposée avec une télécommande dans laquelle le film piézoélectrique récupère l'énergie mécanique fournie par la pression du doigt sur les touches ; cela pourrait permettre, à terme, de remplacer les piles contenant des substances polluantes.

Figure 9.16 – Microgénérateur de la société Arveni SAS développant une puissance de 100 MW pour 0,4 g et permettant l'alimentation d'un capteur et de son émetteur radio

9.5.4 Perspectives

Si ce ne sont les marchés classiques des piézoélectriques (générateurs d'onde ultrasonore, contrôle non destructif, sonar, microphone, capteurs de pression, accéléromètres, microdéformateurs, filtres électroniques...) le marché des piézoélectriques s'est extrêmement diversifié ces dernières années en particulier vers la récupération d'énergie, l'imagerie médicale, le contrôle actif de voilure et des miroirs pour ne citer que ces quelques exemples. Les céramiques massives piézoélectriques conservent leurs niches spécifiques d'application mais on observe le développement de nouveaux matériaux basés soit sur la recherche de nouvelles formulations (sans plomb), soit sur l'utilisation de polymères piézoélectriques et de composites polymères/céramiques. Les principaux fabricants de céramiques piézoélectriques étaient historiquement américains et européens (ces céramiques sont stratégiques en défense : sonar, gyroscope). On note maintenant un fort développement en Chine où des céramiques piézoélectriques (PZT essentiellement), intégrées ou non à des systèmes complets, sont disponibles à moindre coût.

9.6 Céramiques pour résonateurs hyperfréquences

9.6.1 Introduction

La gamme de fréquences utilisées par les télécommunications ou la télédiffusion s'est étendue au fil des progrès de l'électronique. Les premières radios fonctionnaient en modulation d'amplitude (AM) aux environs de 100 kHz pour les « grandes ondes » ; par exemple, France Inter émet avec une longueur d'onde de 1 829 m, ce qui correspond, par la relation $\lambda = c/F$ (λ est la longueur d'onde, c la vitesse de la lumière, F la fréquence), à une fréquence d'environ 165 kHz. Aujourd'hui, la diffusion de la radio se fait en modulation de fréquence (FM) aux environs de 100 MHz, à des fréquences mille fois plus élevées. L'avènement de la télévision a été possible grâce aux progrès des émetteurs et récepteurs à des fréquences plus élevées, typiquement entre 400 et 800 MHz. En effet, une image comporte une « quantité d'information » beaucoup plus élevée qu'un son, et transmettre des images animées, même de qualité médiocre en noir et blanc, en modulation d'amplitude, nécessite d'utiliser des fréquences porteuses beaucoup plus élevées que celles de la radio sonore. Comme le spectre de fréquences sonores s'étend de quelques Hz à 16 kHz, la diffusion de la voix ou de la musique nécessite une bande passante du même ordre de grandeur. Pour diffuser des images en noir et blanc comprenant 1 200 sur 800, soit environ 1 million de pixels à 50 images/seconde, il faut typiquement 50 MHz de bande.

En outre, pour pouvoir diffuser plusieurs programmes de radio ou de télévision différents, il est nécessaire d'attribuer un « canal », c'est-à-dire une gamme de fréquences différente pour chacun des programmes et, donc, « filtrer » en fréquences les signaux à l'émission et à la réception. Les filtres sont des composants indispensables de tout système d'émission ou de réception : sans filtre, il est impossible de distinguer un signal d'un autre, tout est mélangé. La façon la plus simple de réaliser un filtre est d'utiliser un (ou plusieurs) circuit résonant comportant une inductance L et une capacité C. Lorsque L et C sont montés en série, l'impédance $Z(F)$ du circuit à la fréquence F s'écrit :

$$Z = jL\omega + 1/jC\omega$$

où $\omega = 2 \times \pi \times F$ est la pulsation.

$Z(F)$ s'annule pour une fréquence $F_0 = \omega_0/2\pi$ telle que $LC\omega_0^2 = 1$. Le circuit est dit « résonant » à la fréquence F_0 car si une tension U de fréquence F_0 est appliquée, le courant devient infini. En réalité, le courant est très grand car il est limité par la puissance disponible et par les pertes du circuit : pertes diélectriques ou magnétiques dans les isolants, pertes résistives dans les conducteurs, pertes par rayonnement. Ces pertes peuvent être représentées par une résistance R en série, et la « surtension » ou « facteur de qualité » Q du circuit résonant est définie comme le rapport entre l'énergie réactive stockée et l'énergie dissipée par période :

$$Q = L\omega \,/\, R = 1 \,/RC\omega$$

La largeur relative en fréquence du pic de résonance est égale à l'inverse de la surtension :

$$\Delta F/F_0 = 1/Q$$

Dès lors, si l'on veut filtrer précisément une fréquence, il est nécessaire d'utiliser un circuit résonant présentant une forte surtension.

9.6.2 Résonateurs hyperfréquences pour les télécommunications

Aujourd'hui, pour pouvoir transmettre simultanément de très nombreuses données, on utilise des fréquences encore plus élevées : les radiotéléphones fonctionnent vers 1 ou 2 GHz, les relais hertziens et les radars de 4 à 100 GHz, et même la diffusion de la télévision par satellite vers 11 GHz. On est donc dans la gamme dite des « hyperfréquences » ou des « micro-ondes ». Cette dernière dénomination est trompeuse car à 10 GHz la longueur d'onde λ vaut 3 cm, il ne s'agit nullement d'ondes « micrométriques » ! Cependant, la réalisation de circuits en hyperfréquences est plus complexe qu'aux fréquences inférieures car des phénomènes nouveaux apparaissent :

1. la longueur d'onde λ est du même ordre de grandeur que la taille du circuit ;
2. la tendance au rayonnement augmente considérablement ;
3. l'onde se réfléchit presque totalement sur les parois métalliques ;
4. l'onde ne pénètre que sur une faible épaisseur (la profondeur de peau) à l'intérieur des conducteurs métalliques.

L'examen de ces différents points, ainsi que leurs conséquences sur la conception et la réalisation des circuits micro-ondes, permettent d'arriver naturellement à la notion de résonateur diélectrique.

9.6.3 Matériaux diélectriques hyperfréquences et résonateurs diélectriques

Le matériau idéal pour résonateur diélectrique doit présenter les caractéristiques suivantes : une constante diélectrique élevée (pour la miniaturisation), de faibles pertes diélectriques (pour réaliser des filtres à pertes faibles) et une constante diélectrique très stable en fonction de la température (pour que la fréquence de résonance soit insensible aux variations de température).

On rappelle que pour un diélectrique la permittivité relative à la fréquence F s'écrit sous la forme d'un nombre complexe : $\varepsilon^*(F) = \varepsilon'(F) - j\varepsilon''(F)$ dont la partie réelle représente la permittivité idéale (sans pertes) et la partie imaginaire représente les pertes diélectriques. Le rapport entre la partie imaginaire et la partie réelle représente les pertes diélectriques relatives et s'écrit $\text{tg}\,\delta = \varepsilon''/\varepsilon'$. Dans un bon matériau diélectrique, les pertes diélectriques doivent être très faibles ($\text{tg}\,\delta \ll 1$).

Un des premiers matériaux testés a été $BaTiO_3$ qui est ferroélectrique à température ambiante et présente à la fois des pertes prohibitives en hyperfréquence ($\text{tg}\,\delta = 10\ \%$ ou plus à 10 GHz) et de fortes variations de sa constante diélectrique en fonction de la température. Même en améliorant les propriétés de $BaTiO_3$ par le biais de substitutions ioniques, ces matériaux ne conviennent pas pour réaliser des filtres à faibles pertes stables en température. Dans les filtres accordables l'effet de la température peut être compensé par la commande en tension au prix néanmoins d'une certaine complexité, mais ce n'est pas le cas pour les filtres fixes. Le plus simple est d'utiliser des matériaux possédant les propriétés diélectriques requises : pertes très faibles et très bonne stabilité en température, mesurées en hyperfréquence.

Les matériaux qui présentent les pertes les plus faibles sont les oxydes qu'ils soient sous forme de monocristaux (difficiles à fabriquer et donc très coûteux) ou sous forme de céramiques (fabriquées par le procédé bien moins onéreux de mélange de poudre, calcination et frittage). De très nombreux oxydes ont été testés depuis les oxydes simples tels que Al_2O_3, TiO_2, MgO, etc. jusqu'à des oxydes plus complexes tels que $BaZn_{1/3}Nb_{2/3}O_3$. Dans sa revue récente, M. T. Sebastian dénombre plus de deux mille compositions ou diagrammes d'oxydes étudiés en tant que diélectriques hyperfréquences ; toutefois, seules quelques dizaines de compositions répondent aux critères de choix définis ci-dessus.

Aujourd'hui, les matériaux diélectriques commercialisés appartiennent aux deux systèmes $Zr\text{-}Sn\text{-}Ti\text{-}O_2$ ($\varepsilon = 36$, $n = \varepsilon^{1/2} = 6$) et $Ba\text{-}Zn\text{-}Ta\text{-}O_3$ ($\varepsilon = 30$, $n = \varepsilon^{1/2} = 5{,}5$). En remplaçant une cavité métallique par un résonateur diélectrique de ces matériaux, on diminue d'un facteur 5 à 6 ses dimensions ; ainsi, une cavité métallique cylindrique résonnant à 10 GHz a un diamètre de 3 cm, le résonateur diélectrique a un diamètre de 5 mm. Outre sa petite taille, le résonateur diélectrique présente deux autres avantages sur la cavité : il est beaucoup moins cher et le coefficient de variation de sa fréquence en fonction de la température peut être réglé à une valeur faible mais prédéfinie de façon à compenser les dérives du circuit complet en température. Par exemple, les catalogues des fabricants proposent des matériaux ayant des coefficients de température τ_f compris entre -6 ppm et +6 ppm (1 ppm = 1 partie par million = 10^{-6}).

9.6.4 Propriétés diélectriques, modes d'élaboration et de caractérisation

Les matériaux sont caractérisés par leur permittivité relative ε, par leur produit *QF*, pour les pertes diélectriques, et par le coefficient de température de la fréquence de résonance $\tau_F = dF_0 / F_0\, dT$, pour la stabilité en température.

Les pertes diélectriques intrinsèques des oxydes diélectriques sont dues à l'interaction entre le champ électrique de l'onde hyperfréquence et les modes de phonons optiques de ces matériaux. Les modes de phonons optiques étant situés dans l'infrarouge (10^{13} Hz), leur interaction avec des ondes hyperfréquences situées beaucoup plus bas en fréquence (d'un facteur 10^4) reste faible, et les pertes diélectriques associées croissent linéairement avec la fréquence :

$$\text{tg}\,\delta = C^{ste} \times F \qquad \text{ou} \qquad Q \times F = C^{ste} \qquad \text{puisque } Q = 1/\text{tg}\,\delta$$

Le coefficient thermique de fréquence τ_F comporte deux contributions, celle de la dilatation thermique α et celle due à la variation thermique de la permittivité t_ε. En effet, à la résonance, la longueur d'onde dans le résonateur est égale au diamètre du résonateur *D* :

$$D = \lambda_{diel} = \lambda_{air} / \varepsilon^{1/2} \text{ et } F_0 = c / \lambda_{air}, \text{ d'où } c = \varepsilon^{1/2} \times D \times F_0$$
$$\text{et la dérivée : } 1/2\ \tau_\varepsilon + \alpha + \tau_F = 0$$

Un des objectifs consiste donc à trouver des matériaux tels que $\tau_\varepsilon = -2\ \alpha$. En pratique, le coefficient de dilation thermique α varie relativement peu d'un oxyde à l'autre. Il est positif et l'ordre de 10^{-5} /K. Le coefficient τ_ε varie beaucoup plus mais de façon assez régulière et décroissante en fonction de la valeur de ε ; pour les matériaux à faible ε il est positif puis il diminue et devient fortement négatif pour les matériaux à ε élevé. De ce fait, les matériaux très stables en température sont tous compris dans la même gamme de valeurs de ε, entre 30 et 80.

La composition de base et les paramètres de fabrication déterminent les propriétés diélectriques à température ambiante (ε, produit *QF*). Le coefficient thermique de la fréquence de résonance τ_F peut être ajusté assez finement par des ajouts de cations en substitution. Il est ainsi possible de créer une grande variété de matériaux différents adaptés à l'application pour compenser la dérive en température du circuit. À titre d'exemple, le catalogue de Temex-Ceramics propose cinq familles de matériaux notées E2000 à E6000, et pour chaque famille, il existe cinq à huit compositions correspondant à des valeurs différentes de $\tau_{F.}$ Aujourd'hui deux principaux types de matériaux sont commercialisés en tant que résonateurs diélectriques : des matériaux du diagramme ZrO_2-SnO_2-TiO_2 (ε = 36, *QF* =40 000 GHz) et des matériaux de structure pérovskite tels que $Ba(Zn_{1/3}Ta_{2/3})O_3$ (ε = 30, *QF* = 100 000 GHz).

Ces résonateurs sont fabriqués par des méthodes céramiques, à partir des poudres d'oxydes de base qui sont pesées, mélangées et broyées puis calcinées à température élevée pour obtenir la phase souhaitée par diffusion-réaction. La poudre calcinée est à nouveau broyée puis mise en forme en cru par enrobage avec un peu de liant (typiquement l'alcool polyvynilique dilué) et pressage dans un moule. Enfin, les pièces crues sont frittées.

Une des difficultés de la fabrication des résonateurs est de réaliser des pièces qui résonnent à la fréquence souhaitée. Celle-ci dépend à la fois des cotes de la pièce et de sa permittivité ; il faut donc être en mesure de caractériser précisément les résonateurs.

Tous les fabricants utilisent les mêmes méthodes de mesure qui sont devenues un standard de fait : la technique dite de Hakki et Coleman, modifiée par Courtney.

9.6.5 Historique, applications et marchés

Le terme de « résonateur diélectrique » fut introduit de façon théorique en 1939 par Richtmeyer. En 1953, Schlicke fit la première tentative d'application en utilisant des matériaux ferroélectriques ($BaTiO_3$), mais conclut négativement : « *In many cases the relatively high temperature coefficient, dissipation factor, and noise level prevent for the time being the potential application of these high-ε dielectrics.* ». Dans les années 1960, des méthodes de mesure furent mises au point par Hakki et Coleman puis Courtney. Okaya, puis Cohen proposèrent d'utiliser TiO_2 qui présente une forte permittivité (ε = 100) et des pertes faibles (tg δ = quelque 10^{-4}) mais la variation de la fréquence en fonction de la température restait trop forte (τ_f = 450 ppm/°C).

Les recherches de nouveaux matériaux permirent des progrès décisifs au début des années 1970 lorsque plusieurs groupes mirent en évidence des matériaux répondant simultanément aux trois critères de choix : permittivité élevée, faibles pertes et stabilité en température. En 1974, les Bell Labs (O'Bryan) proposèrent $Ba_2Ti_9O_{20}$. En 1975, la société Murata (Wakino) publia les caractéristiques de filtres utilisant de nouveaux matériaux. Murata ne publia qu'en 1977 les compositions céramiques du diagramme ZrO_2-TiO_2-SnO_2. À l'usage, il s'avéra que les céramiques du diagramme Ba-Ti-O évoluent en fonction du temps et ces compositions furent abandonnées, à la différence des compositions à base de Zr-Ti-Sn-O qui sont devenues le matériau de référence. En France, la société Thomson-CSF (Mage) entreprit des études sur les résonateurs diélectriques au Laboratoire Central de Recherches en 1976, puis elle développa leur production à partir de 1980. Cette activité fut vendue à la société Tekelec, en 1988, et existe encore au sein de la société Temex-Ceramics à Pessac (France).

Les principales utilisations des résonateurs sont les filtres, les oscillateurs, les antennes. Ces composants peuvent être utilisés dans toute la gamme des hyperfréquences (typiquement entre 3 et 30 GHz) ; la fréquence de résonance est déterminée par la taille et la constante diélectrique.

Tout système d'émission ou de réception radio comporte des filtres aux différentes fréquences d'utilisation. Avant l'invention du résonateur diélectrique, la seule façon de réaliser un filtre en hyperfréquences était d'utiliser des cavités métalliques résonnantes. Cette technique est toujours utilisée dans les circuits à guide d'onde métallique pour les fortes puissances mais, dans de nombreux cas, les guides d'onde peuvent être remplacés par des lignes métalliques sur substrat diélectrique « microruban » et les cavités sont remplacées par des résonateurs diélectriques. Ces circuits sont largement utilisés dans les stations de base pour la téléphonie mobile, ainsi que pour les faisceaux hertziens terrestres ou spatiaux.

Une autre application est l'oscillateur de référence qui doit présenter une fréquence bien constante et un faible bruit pour la transposition de fréquence par mélange du signal avec une fréquence de référence. Le meilleur exemple est la réception de télévision par satellite : le satellite diffuse un signal aux environs de 11 GHz, et le tuner du poste de télévision reçoit un signal à 1 GHz. La parabole recueille l'onde venant du satellite et la concentre en son foyer où se trouve la tête de réception. Celle-ci comprend un oscillateur de référence à résonateur diélectrique à 10 GHz, un mélangeur qui mélange le signal reçu du satellite avec le signal de l'oscillateur de référence, ce qui donne un signal transposé à 1 GHz et un amplificateur pour amplifier le signal transposé et l'envoyer dans le tuner (figure 9.17).

Figure 9.17 – Filtre à résonateur diélectrique dans un circuit oscillateur

[source : www.radartutorial.eu/17.bauteile/bt06.fr.html]

Aujourd'hui, les principaux marchés sont :

- la réception directe par satellite autour de 5 ou 10 GHz (bande C ou X) ; ce sont de gros volumes de millions de pièces à quelques centimes ou dizaines de centimes d'euro qui sont au cœur des oscillateurs des LNB (*Low Noise Block converter*, voir figure 9.17) ;
- la téléphonie mobile côté stations de base : les résonateurs sont montés dans les filtres ;
- les systèmes d'alarmes avec oscillateur ;
- les oscillateurs pour radars anticollision ;
- les oscillateurs dans les systèmes de filtrage de communication (télécommunications militaires et spatiales).

Il est impossible de donner un chiffre des volumes : des millions et des millions.

9.7 Céramiques diélectriques multifonctionnelles

9.7.1 Introduction

Les avancées dans le domaine de l'électronique et des télécommunications restent gouvernées par les problématiques de miniaturisation et de réduction des coûts. Par exemple, dans le domaine de la téléphonie mobile, la demande en termes de nouvelles fonctionnalités et de multifonctionnalité est en constante progression (internet, appareil photo, MP3...) et l'encombrement des cartes électroniques reste une problématique majeure à résoudre. Si les transistors et les matériaux magnétiques ont atteint un haut degré d'intégration, ce n'est pas le cas des matériaux diélectriques utilisés dans les composants passifs. Ils possèdent chacun une fonction unique et occupent donc une surface considérable. Dans une optique d'intégration, la tendance actuelle vise au développement de composants capables d'assurer plusieurs fonctions. Pour cela, on s'intéresse à des matériaux dits « agiles », c'est-à-dire présentant des caractéristiques électriques variables en fonction du champ électrique. Dans un contexte similaire, l'émission, la réception et le traitement des signaux nécessitent des composants électroniques (antennes, filtres, lignes de transmission...) susceptibles de gérer plusieurs fréquences simultanément. Pour répondre à ce besoin de flexibilité, les électroniciens ont recours soit à une solution logicielle (*software*), soit à une solution composant (*hardware*). Dans ce deuxième cas, il s'agit de rendre multifonctionnel un des trois composants élémentaires R, L ou C en se servant de leur non-linéarité sous l'effet d'une contrainte extérieure. Les solutions impliquant des résistances R ou des inductances L posent des problèmes en termes de coût et de facilité d'utilisation. Par exemple, les diodes à résistance non-linéaire, permettant de réfléchir de nombreuses fréquences radar (fréquence > 1 GHz), sont très coûteuses car elles doivent supporter des puissances électriques importantes. De même, les inductances variables nécessitent une consommation électrique importante. Pour surmonter ces difficultés, il est très utile de disposer de condensateurs dont la valeur est modulable sous l'application d'une tension électrique modérée. Il est ainsi envisageable de remplacer plusieurs condensateurs à capacités fixes par un seul condensateur accordable, d'où une possible réduction de la taille des dispositifs. Les applications sont nombreuses dans les domaines militaires (antenne, radar) ou civils (appareils médicaux, antennes-relais).

Pour répondre à ce besoin de matériaux dont les propriétés diélectriques peuvent varier sous l'action d'une sollicitation extérieure, l'application d'un champ électrique statique semble le plus facile à mettre en œuvre. Les oxydes ferroélectriques, de par leur non-linéarité en champ électrique, sont des candidats prometteurs pour la réalisation de composants agiles (condensateurs à capacité variable, résonateurs, déphaseurs…). La permittivité des matériaux ferroélectriques peut être modifiée par un champ électrique de faible amplitude. La valeur de cette accordabilité dépend de la composition et de la structure des matériaux.

Tout comme les dispositifs les employant, ces matériaux sont encore au stade du laboratoire ou de production limitée à de l'échantillonnage.

9.7.2 Matériaux adaptables

Choix des matériaux

Pour pouvoir être intégrés dans un dispositif opérationnel, les matériaux doivent répondre à un cahier des charges tel que :

- l'impédance du dispositif puisse être adaptée à celle des circuits l'employant, ce qui impose une permittivité la plus basse possible n'excédant pas quelques centaines d'unité, idéalement inférieure à 500 ;
- les pertes diélectriques ($tg\ \delta = \varepsilon'' / \varepsilon'$) soient faibles, inférieures à quelques 10^{-3} dans le domaine des hyperfréquences, idéalement inférieures à $5 \cdot 10^{-3}$;
- l'accordabilité de la permittivité, exprimée généralement en variation relative et définie par la relation suivante : $A\ (\%) = [\varepsilon\ (T, E) - \varepsilon\ (T, E = 0)] / \varepsilon\ (T, E = 0)] \times 100$, soit significative, supérieure à 20-30 %.

Ces propriétés doivent s'accompagner d'une très bonne stabilité en température. Nous verrons par la suite que des compromis sont nécessaires pour obtenir conjointement l'ensemble de ces exigences.

Les oxydes ferroélectriques tels que $BaTiO_3$, $SrTiO_3$, $Pb(ZrTi)O_3$, $PbMg_{1/3}Nb_{2/3}O_3$… présentent une polarisation interne due à la déformation de la maille cristalline aux températures inférieures à la température de Curie T_C. Cela leur confère des propriétés diélectriques exceptionnelles : permittivité de plusieurs milliers, possibilité de polarisation rémanente, piézoélectricité, pyroélectricité et faculté de variation de la permittivité sous l'action d'un champ électrique statique.

Parmi ces matériaux, le titanate de baryum est certainement le plus connu. C'est le diélectrique des condensateurs de type 2 (voir § 9.3). Cependant, son utilisation pour des applications dans le domaine des radiofréquences ou des hyperfréquences est fortement limitée à cause :

- du niveau élevé de ses pertes diélectriques qui n'autorise pas l'intégration du matériau dans le circuit (figure 9.18). Le matériau idéal doit en effet présenter des pertes diélectriques très inférieures à 1 % jusqu'à quelques GHz. Plus les pertes diélectriques du matériau ferroélectrique seront faibles, plus les pertes d'insertion du dispositif seront faibles ;
- de la valeur élevée de sa température de Curie (120 °C). La température d'utilisation du matériau doit en effet se situer à des températures légèrement supérieures à T_C car, dans le cas contraire, on s'expose à des phénomènes d'irréversibilité liés à la structure ferroélectrique. Les matériaux les plus pertinents du point de vue des applications seront donc caractérisés par des valeurs de T_C juste au-dessous de la température ambiante (matériau dans la phase paraélectrique à la température d'utilisation).

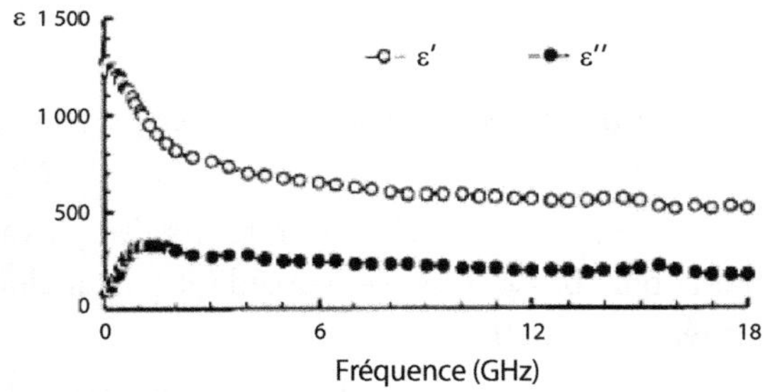

Figure 9.18 – Évolution des parties réelles et imaginaires de la permittivité en fonction de la fréquence pour $BaTiO_3$

[Source : Labeyrie M., Guérin F., Robinson T. M., Ganne J. P. et Labeyrie M., « Microwave characterisation of ferroelectric Ba1-xSrxTiO3 ceramics », *IEEE Antennas and Propagation Society International Symposium*, vol. 2, 1994, pp. 710-713]

La valeur de la température de transition peut être ajustée par le biais de substitutions ioniques judicieusement choisies. La substitution du baryum par le strontium permet de faire varier continument la température de Curie de 120 °C pour $BaTiO_3$ à quelques Kelvins pour $SrTiO_3$ (figure 9.19). Les compositions intermédiaires de formulation $Ba_{1-x}Sr_xTiO_3$ seront notées BST dans la suite du texte.

Cette évolution de la température de Curie s'accompagne d'une évolution de la permittivité et surtout des pertes diélectriques en hyperfréquence (figure 9.20).

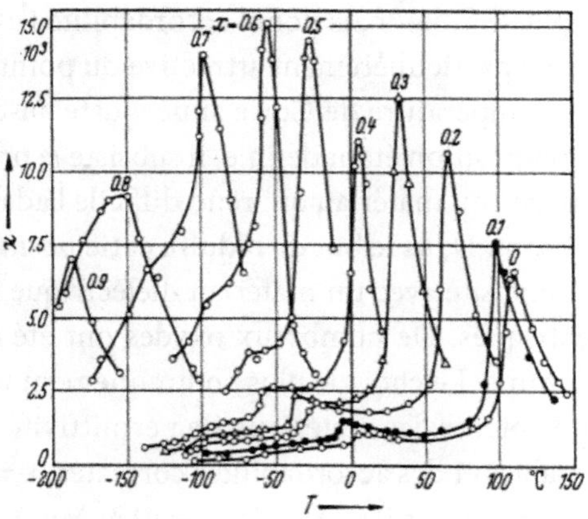

Figure 9.19 – Variation de la permittivité en fonction de la température pour différentes fractions molaires de Sr dans $Ba_{1-x}Sr_xTiO_3$

[Source : Mitsui T., Ferro-and Antiferroelectric Substances, Landolt-Börnstein, Spinger-Verlag, Berlin, vol. 3, 1969]

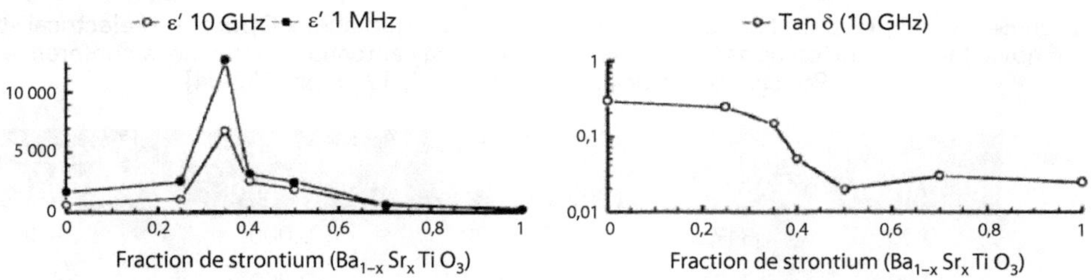

Figure 9.20 – Variation de la permittivité à 1 MHz et 10 GHz et des pertes diélectriques à 10 GHz en fonction du taux de strontium dans $Ba_{1-x}Sr_xTiO_3$

[Source : Idem référence figure 9.18]

On distingue ainsi deux zones de composition : une au-delà d'un taux de strontium de 0,6 où les pertes diélectriques sont plus faibles, et une pour laquelle les pertes diélectriques sont plus élevées.

Enfin, l'accordabilité de la permittivité est une caractéristique essentielle pour l'utilisation des matériaux dans des dispositifs agiles. Une accordabilité maximale (> 10 % pour $E = 1$ V/μm ou > 30 % pour $E = 3$ V/μm) est requise pour les applications. L'accordabilité, comme la permittivité, atteint un maximum à la température de transition ferroélectrique/paraélectrique. Son amplitude dépend donc de la composition et de la structure des matériaux comme le montre le tableau 9.4. Les accordabilités les plus élevées correspondent à des taux de substitution en strontium tels que le matériau soit dans un état ferroélectrique.

Les contraintes décrites ci-dessus montrent clairement que le choix de la composition du matériau résulte d'un compromis entre un matériau paraélectrique faiblement commandable mais présentant des pertes diélectriques faibles et un matériau ferroélectrique dont les pertes sont plus élevées mais dont l'accordabilité l'est aussi. La composition $Ba_{0,6}Sr_{0,4}TiO_3$ est donc particulièrement attractive du point de vue de l'agilité en raison de sa valeur de température de Curie située juste au-dessous de la température ambiante. Cette composition étant définie, il subsiste le problème posé par la forte valeur de la permittivité du matériau qui rend difficile l'adaptation de l'impédance d'un dispositif l'utilisant. Dans le but de réduire cette permittivité, le BST est utilisé sous une forme composite avec un matériau diélectrique à faible permittivité et faibles pertes diélectriques. De nombreux oxydes ont été étudiés tels que la magnésie, la zircone, l'alumine. Le choix le plus communément retenu a été la magnésie. Cette voie permet d'obtenir des matériaux de permittivité réduite ayant des pertes diélectriques acceptables et des accordabilités correctes ($\varepsilon = 1\,431$; tg $\delta = 2$ % ; accordabilité (2 V/µm) = 16 % pour $Ba_{0,6}Sr_{0,4}TiO_3$ – 10 % MgO).

Tableau 9.4 – Permittivité à 1 kHz, température de Curie et accordabilité sous 2 kV/mm en fonction du taux de baryum dans $Ba_{1-x}\,Sr_x\,Ti\,O_3$
[Source : Sengupta L. C., Ngo E., Synowczynski J. et Sengupta S., « Optical and electrical studies of novel ferroelectric composites for use in phased array antenna », Actes de la conférence ISAF 96, East Brunswick (NJ), USA, vol. 2, 1996, pp. 855-84]

Taux de Baryum	Constante diélectrique	Tangente des pertes	Accordabilité (2,0/µm)	Température de Curie (°C)
0,00	349,04	0,00022	0,000	–240
0,30	760,04	0,00025	2,200	–105
0,40	1 199,12	0,00030	7,900	–65
0,45	1 280,83	0,01184	15,20	–45
0,50	1 907,99	0,05538	25,55	–25
0,55	2 771,73	0,03904	33,40	–15
0,60	5 160,64	0,00961	56,30	10
0.70	4 322,86	0,03355	48,60	40
1,00	2 082,38	0,03675	18,00	135

Modes d'élaboration

La réalisation des composites BST – MgO se déroule en deux étapes. La première est la synthèse de la phase BST préparée par la voie céramique classique, les matières premières étant des poudres de carbonates ($BaCO_3$, $SrCO_3$, $MnCO_3$) et d'oxydes (TiO_2, MgO).

Après l'étape de synthèse par voie solide, il est intéressant de densifier directement les phases ferroélectriques et diélectriques par frittage flash (SPS) [Fantozzi *et al.*). Cependant, cette méthode de frittage n'est pas encore utilisée industriellement pour ce type d'applications et reste une voie exploitée à l'échelle du laboratoire.

Caractérisation des matériaux

La possibilité d'intégrer des matériaux ferroélectriques dans des dispositifs micro-ondes nécessite une connaissance très précise de leurs caractéristiques diélectriques (permittivité, pertes diélectriques) dans une large gamme de fréquence et de température et en fonction du champ électrique. Si les mesures diélectriques à basses fréquences (< MHz) sont bien maîtrisées, les caractérisations dans la gamme des hyperfréquences ne sont pas triviales.

Pour mesurer la température de Curie, on utilise des condensateurs plans préparés à partir du matériau et placés dans une étuve dont la température est programmée pour évoluer entre –60 °C et +150 °C. L'évolution de la permittivité est calculée à partir de celle de la capacité mesurée par un impédancemètre.

L'accordabilité est mesurée en appliquant une tension continue aux bornes d'un condensateur plan via un circuit de découplage protégeant l'impédancemètre. Comme ci dessus, la permittivité se déduit de la mesure de la capacité.

La méthode classique de mesure de la permittivité complexe des matériaux aux fréquences microondes qui utilise un échantillon inséré dans une ligne coaxiale ou un guide d'onde n'est pas bien adaptée à la caractérisation de matériaux à faibles pertes. En effet, pour éviter la présence de couche d'air entre l'échantillon et le porte-échantillon, une métallisation à l'aide d'un alliage à basse température de fusion (In-Ga) est nécessaire. La présence de cet alliage permet une meilleure mesure de la permittivité mais induit des pertes métalliques de l'ordre de 10^{-2} faussant ainsi la mesure des pertes diélectriques.

Pour caractériser ces matériaux, il est plus approprié d'utiliser une méthode exploitant la fréquence de résonance d'un résonateur cylindrique usiné dans le matériau. Cette méthode qui a été développée par Hakki et Coleman, est remarquable par le fait qu'elle utilise la résolution exacte des équations de Maxwell pour une géométrie simple. Un cylindre diélectrique dont le rapport hauteur sur diamètre est compris entre 0,5 et 1 pour pouvoir repérer facilement le mode fondamental, est placé entre deux plans métalliques parallèles. Le signal est appliqué et détecté par deux boucles de couplage placées de part et d'autre de l'échantillon. Dans une telle configuration, la constante diélectrique complexe du matériau est calculée exactement par la connaissance des dimensions de l'échantillon et de la fréquence de résonance. Comme il n'y a pas contact avec les boucles de couplage, aucune perturbation n'entache la mesure. La fréquence de résonance peut être mesurée avec une très grande précision ; cette précision de la mesure dépend essentiellement de la précision de mesure des cotes de l'échantillon. La limite de cette méthode est de nécessiter des résonances visibles ce qui interdit de l'utiliser pour des matériaux dont les pertes excèdent 10^{-2}.

Cette méthode permet théoriquement un calcul de la tangente de pertes diélectriques. Toutefois, la précision est déterminée par l'épaisseur de peau dans le métal ce qui nécessite une connaissance précise de la conductivité de ce dernier. C'est pourquoi, il est préférable d'utiliser une méthode légèrement différente pour déterminer les pertes. L'échantillon est placé sur un support sans pertes (par exemple, une mousse polymère) pour s'affranchir des pertes métalliques et augmenter le découplage par rapport aux boucles d'excitation. L'ensemble est placé au centre d'un blindage métallique cylindrique de diamètre au moins trois fois supérieur à celui de l'échantillon pour minimiser les pertes par rayonnement. Le coefficient de qualité du résonateur est calculé comme le rapport de la fréquence du pic de résonance sur sa largeur à mi-hauteur. Si on prend soin de minimiser le couplage entre les boucles et l'échantillon, ce coefficient de qualité est égal à celui du matériau (rappelons que les pertes diélectriques sont l'inverse du coefficient de qualité).

9.7.3 Aspects industriels

L'utilisation de composants accordables à base de BST est actuellement au stade du laboratoire ou de l'échantillonnage. Au niveau laboratoire, on peut citer un déphaseur ligne permettant d'obtenir un déphasage de 200° sous 900 V (figure 9.21). Un exemple de filtre accordable utilisant des capacités métal – isolant – métal à base de BST montre une variation de fréquence de 373 à 430 MHz pour une polarisation de 500 V (figure 9.22). Parmi les sociétés les plus en avance sur la commercialisation de dispositifs accordables utilisant des BST on peut citer Paratek Microwave Inc et Agile RF Inc. À titre d'exemple, Paratek propose un filtre deux pôles accordable dans une gamme de fréquence de 300 à 400 MHz alimenté par une source de 5V DC (figure 9.23).

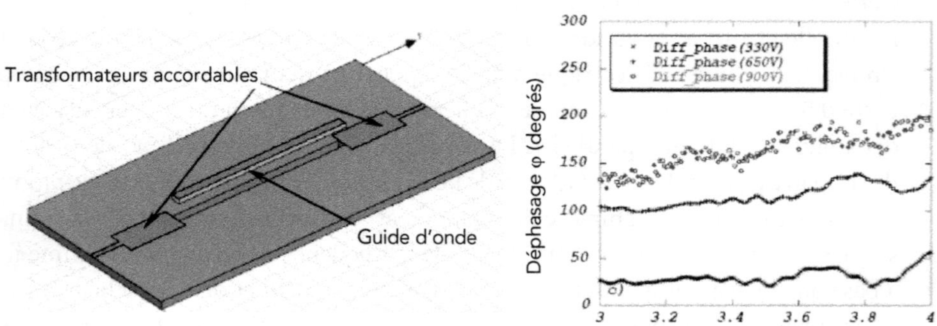

Figure 9.21 – Schéma d'un déphaseur sur substrat BST composite et déphasage mesuré sous différentes tensions de polarisation

[Source : Deleniv A., Sherman V., Filhol P. et Gervogian S., « Parallel-plate waveguide bulk ceramic ferroelectric phase shifters », *Actes de European Microwave Conference*, Paris, 2005]

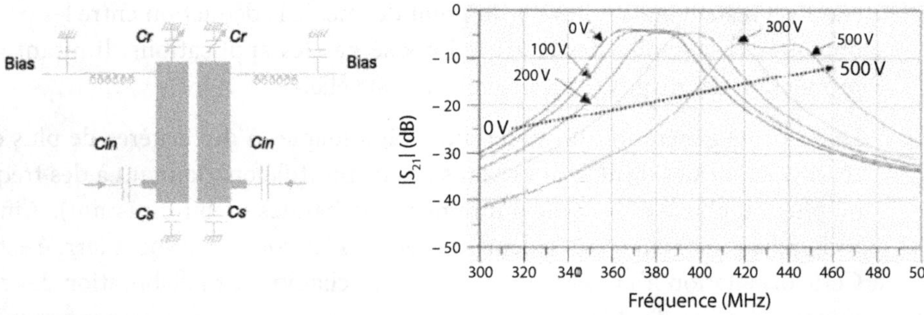

Figure 9.22 – Schéma d'un filtre accordable utilisant des capacités BST et transmission de ce filtre mesuré sous différentes tensions de polarisation

[Source : Houndonougbo F., Costes R., Courrèges S., Madrangeas V., Cros D., Paté M., Ganne J. P. et Monteil P., « Tunable RF-Filter Using Mn-Doped BST Ceramic Varactors », *Actes de la conférence IMF-ISAF*, Xi'an, Chine, 2009]

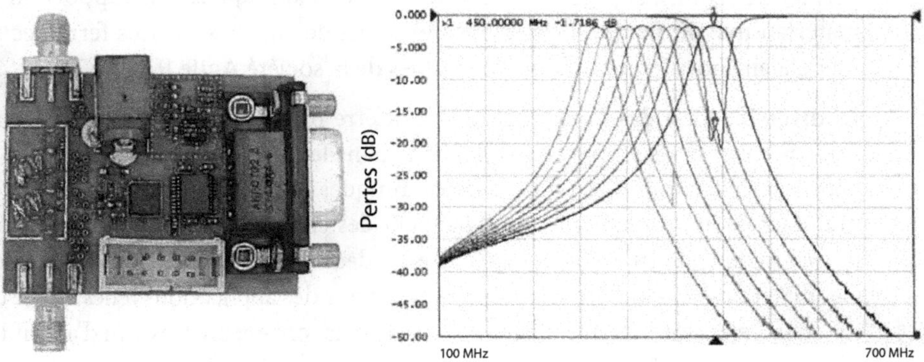

Figure 9.23 – Filtre passe bande Paratech et caractéristiques typiques

[Source : Paratek Microwave Inc, Tunable bandpass Filter data sheet]

9.7.4 Perspectives

Les domaines porteurs pour le marché des céramiques diélectriques fonctionnelles concernent essentiellement les composants passifs pour l'électronique et les télécommunications (condensateurs, résonateurs, filtres hyperfréquences). Viser la réalisation de céramiques aux propriétés adaptables requiert une approche intégrée de toutes les étapes d'élaboration (synthèse, mise en forme, traitement thermique), car chacune d'entre elles joue un rôle déterminant sur les propriétés finales. Cette conception intégrée du matériau est complexe et l'état de l'art dans ce domaine montre que l'essentiel des recherches est orienté vers l'élaboration de céramiques ferroélectriques basées sur la composition $Ba_{0,6}Sr_{0,4}TiO_3$ [BST]. Cependant, les résultats restent encore limités du point de vue de l'adéquation entre les propriétés obtenues et le cahier des charges imposé par les applications, limitant ainsi la production des dispositifs à l'échelle industrielle.

La nouvelle génération de matériaux doit s'adapter à des critères de plus en plus sévères en termes d'intégration dans des dispositifs fonctionnant à des fréquences de plus en plus élevées (encombrement des bandes, débit croissant). Ainsi, une recherche importante est également axée vers les couches minces ferroélectriques. Cette orientation n'a pas été abordée dans ce chapitre car l'élaboration des couches minces requiert des techniques très différentes et spécifiques par rapport à celles utilisées pour les céramiques (dépôt chimique en phase vapeur, sol gel, pulvérisation cathodique radio fréquence). Si le contrôle des compositions chimiques (stœchiométrie, défauts) est plus difficilement maîtrisé dans le cas des couches minces, ces dernières présentent néanmoins un avantage évident du point de vue de l'intégration. De plus, l'utilisation de films de quelques centaines de nanomètres d'épaisseur permet de réduire significativement les tensions appliquées par rapport au même matériau massif. Le développement industriel de couches minces ferroélectriques est déjà en cours (composants accordables de la société Agile RF).

La diversification des fonctionnalités doit être prise en compte dans les années à venir pour viser de nouvelles applications dans le domaine de l'électronique. Ainsi, l'émergence de nouvelles familles de céramiques multifonctionnelles, les matériaux multiferroïques, présentant simultanément des caractéristiques ferromagnétique et ferroélectrique, voire un couplage entre les deux, attire une attention considérable. Ces matériaux sont des candidats potentiels pour des applications telles que le double stockage de l'information ou la spintronique mais sont encore très loin d'atteindre une maturité industrielle. Les matériaux multiferroïques monophasés sont peu nombreux, compte tenu de l'incompatibilité naturelle des ordres ferroïques. Les plus étudiés sont les pérovskites $BiFeO_3$ et les manganites de terres rares $LnMnO_3$. Les « composites » constituent la seconde classe de matériaux multiferroïques ; le couplage entre les paramètres peut être obtenu, dans ce cas, *via* une contrainte élastique.

9.8 Conclusion et perspectives d'évolution

Depuis plusieurs décennies, le développement des composants passifs a accompagné l'évolution technologique en électronique et en électrotechnique dans un contexte de diminution de la taille des dispositifs et d'accélération des fréquences d'utilisation. Les fonctions de conduction, de gestion de l'énergie électrique, de protection des circuits, de traitement des signaux électronique ont connu une amélioration constante principalement grâce à la découverte de nouveaux matériaux et à l'amélioration des procédés industriels. Ce chapitre a permis de faire l'état de l'art de la technologie des céramiques pour composants passifs à la fois dans la recherche amont et dans la production de masse.

À l'heure actuelle, plusieurs pistes sont ouvertes pour la recherche académique et pour les services de recherche et développement.

- Les voies de mise en forme par coulage en bande ou autres technologies de couches épaisses ont fait leur preuve et elles resteront d'actualité pour encore longtemps. Cependant, le développement en parallèle de techniques alternatives comme, par exemple, le jet d'encre ou le dépôt de couches minces par les techniques de la microélectronique sont en plein développement. Par exemple, la réalisation de condensateurs au sein de circuits intégrés a atteint la production de masse au cours de la dernière décennie et cette tendance va s'accentuer au cours des prochaines années. Il en est de même pour l'intégration de matériaux magnétiques qui a permis le passage de l'enregistrement magnétique standard sur disque à la réalisation de composants dynamiques à base de jonctions tunnel. Dans tous les cas, le contrôle des interfaces à l'échelle nanométrique et la fiabilisation des structures, pendant la fabrication et au cours de l'utilisation, sont les conditions nécessaires à un développement réel.
- La réalisation de dispositifs hyperfréquences pour les télécommunications s'oriente de plus en plus vers des matériaux adaptatifs sous l'effet d'une stimulation électrique ou magnétique. Dans le premier cas, on trouve toutes les structures électromécaniques déformables (MEM, NEM) ou dont les propriétés diélectriques varient sous l'effet d'un champ électrique (matériaux diélectriques non-linéaires). Dans le second cas, la variation de perméabilité magnétique sous champ magnétique permet d'adapter les valeurs d'inductance. Dans tous les cas, on s'adresse à un régime non linéaire dans lequel la contrainte externe est importante ce qui rend difficile l'optimisation simultanée (et parfois contradictoire) de plusieurs paramètres. Souvent, un matériau simple ne permet pas de résoudre ces difficultés et la recherche de multimatériaux voire de composites est souvent une solution. Le problème est alors de gérer la microstructure de tels composites, surtout quand la taille des structures devient sub-micrométrique. Dans certains cas, l'augmentation de la densité des interfaces au sein de tels composites donne lieu à des fonctionnalités nouvelles : couplage entre piézoélectricité et ferromagnétisme, modification de permittivité diélectrique par un champ magnétique, augmentation artificielle mais contrôlée des paramètres diélectriques... Toutes ces fonctionnalités sont encore à l'état de la faisabilité en laboratoire et le transfert vers la production industrielle nécessitera un investissement important à court et moyen termes.
- En plus de multifonctionnalités, l'évolution technologique et la demande sociétale orientent la recherche vers des matériaux économes en ressources et en

énergie et non polluants. Par construction, les éléments chimiques présents dans les composants passifs sont très difficilement recyclables ce qui impose de trouver des alternatives dès l'étape de synthèse initiale. Le problème de l'utilisation d'éléments rares (palladium, or, terres rares...) ou nocifs (plomb...) est donc posé. La solution est souvent complexe, comme dans le cas des condensateurs multicouches où la diminution de la quantité de palladium dans les électrodes a nécessité des modifications chimiques poussées du diélectrique. De tels effets croisés doivent être mis à profit dans de nombreux cas de composants passifs. Concernant l'énergie électrique, il s'agit soit de l'économiser, soit de récupérer d'autres formes d'énergie. La diminution de la consommation électrique peut s'appuyer sur des architectures intelligentes utilisant des matériaux multifonctionnels pour gérer des fonctionnements intermittents en particulier en électronique nomade. Concernant la récupération d'énergie, on peut tirer parti des vibrations mécaniques engendrées par tous les objets en mouvement depuis l'avion jusqu'à la fibre textile en adaptant des dispositifs piézoélectriques à ces différentes échelles. On peut aussi placer des composants thermoélectriques à tous les endroits où des gradients thermiques importants sont présents. Dans ce cas, la notion d'importance est relative à l'énergie électrique que l'on veut générer puisque les gradients thermiques peuvent être présents entre un moteur de voiture et l'air ou entre l'intérieur et l'extérieur du corps humain. Tous ces exemples sont basés sur des matériaux multifonctionnels développés pour les composants passifs qui peuvent donc trouver des applications nouvelles.

9.9 Bibliographie

Beauger A., Haussonne J. M. et Nièpce J. C., *Condensateurs,* Techniques de l'Ingénieur, Paris, 2007.

Birol H., « Fabrication of LTCC-based sensor and micro-fluidic structures », Thèse, École Polytechnique Fédérale de Lausanne, 2007.

Buchanan R. C., *Ceramic Materials for Electronics, Processing, Properties and Applications,* Dekker Inc., New York, 1986.

Fantozzi G., Le Gallet S. et Nièpce J. C., *Science et Technologies* Céramiques, EDP Sciences, 2011.

Haussonne J. M., *Céramiques pour l'électronique et l'électrotechnique,* Presses Polytechniques et Universitaires Romandes, Lausanne, 2002.

Jaffe B., *Piezoelectric Ceramics*, Academic Press, 1971.

Journal du CNRS, *De la recherche à l'industrie, la supraconductivité prend son envol,* Journal du CNRS, N°255, avril 2011.

KITTEL C., *Introduction to Solid State Physics*, Wiley VCH Verlag GmbH, 2004.

LEVINSON L. M., *Electronic Ceramics, Properties, Devices, and Applications*, Dekker M. Inc., New York, 1988.

NIÈPCE J. C. et HAUSSONNE J. M., *$BaTiO_3$: Matériau de base pour les Condensateurs Céramiques*, Septima, Paris, 1994.

SETTER N., *Piezoelectric materials in device*, Ed. ; EPFL : Lausanne, Switzerland, 2002.

UCHINO K., *Piezoelectric actuators and ultrasonic motors*, Kluwer Academic Publisher, 1997.

10 Les céramiques électrochimiques

Coordonnateurs : Jean-Marc Bassat, Alain Thorel

Co-auteurs : Marie-Laure Fontaine, Christian Guizard, Mathieu Marrony, Julie Mougin, Christophe Pijolat et Jean-Paul Viricelle

Ce chapitre est consacré à des céramiques complexes et en pleine évolution, les céramiques électrochimiques. Celles-ci doivent être conductrices de l'électricité via des électrons ou des protons ou des ions ou des lacunes et, en outre, suivant leur rôle, présenter une porosité telle qu'elle permette des échanges gazeux tout en conservant une bonne tenue mécanique en température. Le chapitre est limité aux capteurs électrochimiques, aux membranes séparatrices, aux électrolyseurs et aux piles à combustible.

10.1 Introduction

Les réacteurs céramiques électrochimiques ont pour but de produire de l'électricité, ou bien des produits chimiques. Les membranes céramiques sont soit des conducteurs ioniques purs, soit des conducteurs à conductivité mixte (ionique et électronique voire éventuellement anionique et protonique) nommés MIEC.

Si l'on applique une différence de pression partielle aux bornes d'une cellule mettant en jeu un électrolyte solide dense (conducteur d'ions), un transfert électrique de matière se produit si un circuit électronique extérieur peut assurer la conduction électronique. Les cellules électrochimiques céramiques basées sur l'emploi de conducteurs ioniques purs sont très certainement celles qui présentent le plus grand nombre d'applications, en cours ou potentielles. On pourrait citer le contrôle de la pureté de gaz oxygénés, l'électrolyse haute températu«re ou les piles à combustible pour la production d'énergie (SOFC) ou celle de gaz de synthèse, les réacteurs catalytiques membranaires, la production d'oxygène (ou d'hydrogène) de haute pureté à partir de l'air (ou de mélanges d'hydrocarbures pour l'hydrogène).

En employant une membrane céramique dense de type MIEC (soit monophasée – dans ce cas la propriété de conduction mixte est intrinsèque au matériau –, soit polyphasée – association de deux types de matériaux sous forme de composites), un circuit électronique extérieur n'est plus nécessaire, ions et électrons se déplaçant au sein de la membrane elle-même. Un domaine d'application très important de ce type de matériaux concerne la séparation des gaz à haute température.

On comprend facilement que sous le vocable « céramiques électrochimiques » se cachent de très nombreux matériaux utilisés au sein d'innombrables dispositifs, dès lors qu'il s'agit d'exercer un contrôle précis sur la teneur et la pureté des gaz, en particulier l'oxygène, ou bien de produire de l'électricité avec un haut rendement. Les domaines d'application potentiels sont très nombreux : ils concernent par exemple la métallurgie, l'industrie des semi-conducteurs, l'industrie pétrochimique, la cogénération (production simultanée d'électricité, de chaleur et de produits chimiques), le contrôle d'atmosphères, la médecine, etc. Cependant, surtout en raison du prix élevé des cellules, lié principalement aux coûts de fabrication, et de la durabilité encore trop limitée des réacteurs, les applications à grande échelle demeurent réduites. Dans ce contexte, diminuer la température d'utilisation en maintenant les performances est un impératif.

Dans le cadre limité de ce chapitre, nous avons choisi de décrire trois types de dispositifs dont le développement industriel est bien avancé :

- les capteurs électrochimiques (§ 10.2) ;
- les membranes céramiques pour la séparation des gaz à haute température (§ 10.3) [Fontaine *et al.*] ;
- les électrolyseurs de la vapeur d'eau et les piles à combustible à électrolyte solide (§ 10.4) [Lefebvre-Joud *et al.*].

Pour un approfondissement scientifique, le lecteur pourra se reporter à l'ouvrage de Deportes *et al.*

10.2 Capteurs électrochimiques

10.2.1 Introduction

Les législations de plus en plus strictes concernant le contrôle des émissions gazeuses et le rejet de polluants ont conduit depuis plus d'une vingtaine d'années au développement de dispositifs de détection de gaz, miniaturisés, utilisables sur site de façon autonome. Les premiers capteurs de gaz à avoir été largement étudiés sont de type chimique ; le principe de base repose sur l'interaction entre un solide et un gaz, générant un signal électrique.

Parmi ceux-ci, on peut citer tout d'abord les « pellistors », capteurs catalytiques développés industriellement dès les années 1960 pour la détection d'hydrocarbures. La réaction de combustion de l'hydrocarbure sur un catalyseur (microperle en céramique activée par un métal) engendre un effet exothermique directement mesuré *via* une résistance électrique qui sert à la régulation de température du catalyseur.

Les capteurs FIGARO, développés au Japon à la même période, s'appuient sur l'utilisation de matériaux (dioxyde d'étain, oxydes de tungstène, de nickel) dont la conductivité électrique est modifiée par l'action d'un gaz oxydant ou réducteur.

La troisième famille de capteurs chimiques à transduction électrique rassemble les capteurs de type électrochimique pour lesquels l'interaction solide-gaz donne lieu à des réactions électrochimiques aux électrodes, engendrant soit une variation de potentiel, soit une variation de courant.

Dans la suite, on s'intéressera plus particulièrement à ce dernier type de capteur ; des exemples de développement pour les pots d'échappement dans l'automobile seront présentés.

10.2.2 Fonctionnement et réalisation de capteurs électrochimiques

Principe de fonctionnement

Les capteurs électrochimiques reposent sur les propriétés de conduction ionique de matériaux jouant le rôle d'électrolyte solide dans lesquels le transport est assuré par la migration d'ions ou, de façon plus générale, de défauts ponctuels. Les électrodes, associées à chacune des faces de l'électrolyte solide, sont le siège des réactions électrochimiques (effet catalytique) ; aux bornes de l'électrolyte, elles permettent d'effectuer la mesure électrique en jouant aussi le rôle de collecteur de courant.

Pour une réaction électrochimique p Ox + n e^- = q Red mettant en jeu un couple redox Ox/Red, (par exemple : O_2/O^{2-}), la loi de Nernst définit la tension d'équilibre de l'électrode E par rapport au potentiel standard E_o de ce couple rédox :

$$E = E_o + (RT/nF) \ln a_{ox}^p / a_{red}^q$$

où :

- R est la constante des gaz parfaits, égale à 8,314 J · mol^{-1} · K^{-1} ;
- T la température en kelvin ;
- a l'activité chimique de l'oxydant ou du réducteur ;
- F est la constante de Faraday, égale à 96 485 C · mol^{-1} = 1 F ;
- n est le nombre d'électrons transférés dans la demi-réaction.

Considérons un capteur constitué par l'électrolyte et ses deux électrodes (figure 10.1) ; lorsqu'il y a modification de la concentration de l'espèce mobile à la surface du matériau (par exemple une consommation ou une production d'oxygène pour un oxyde), un déplacement des charges ioniques se produit au sein de l'électrolyte, induisant la création d'un champ électrique entre la surface considérée et le volume. L'état d'équilibre est atteint lorsque la force de diffusion chimique (le potentiel chimique) due au gradient de concentration de l'espèce considérée s'oppose exactement à la force électrique qui en résulte. Si les effets sont symétriques sur les deux faces de l'échantillon solide, il y a compensation exacte des champs et aucun effet électrique n'est décelable. Inversement, toute dissymétrie entre les effets relatifs aux deux faces de l'électrolyte (par exemple, une différence de pression partielle du gaz à l'origine de l'espèce mobile) engendre une force électromotrice ΔE mesurable et issue de la loi de Nernst. En effet, raisonnons sur le couple redox O_2/O^{2-} et supposons que chacune des faces de l'électrolyte notées 1 et 2 est exposée respectivement à une pression partielle P_1 et P_2 d'oxygène gazeux : en assimilant les activités chimiques a_{O_2} de l'oxygène adsorbé sur chacune des électrodes aux pressions partielles, on peut écrire la tension apparaissant à chacune des électrodes E_1 et E_2 de part et d'autre de l'électrolyte par :

$$E_1 = E_o + (RT/4F) \ln P_1/(a_{O^{2-}})^2 \text{ et } E_2 = E_o + (RT/4F) \ln P_2/(a_{O^{2-}})^2$$

$$\text{Soit } \Delta E = E_2 - E_1 = (RT/4F) \ln P_2/P_1$$

Ainsi, si l'une des pressions est connue, la mesure de la force électromotrice ΔE permet alors de calculer l'autre pression partielle. Ce mode de fonctionnement est appelé « potentiométrique ».

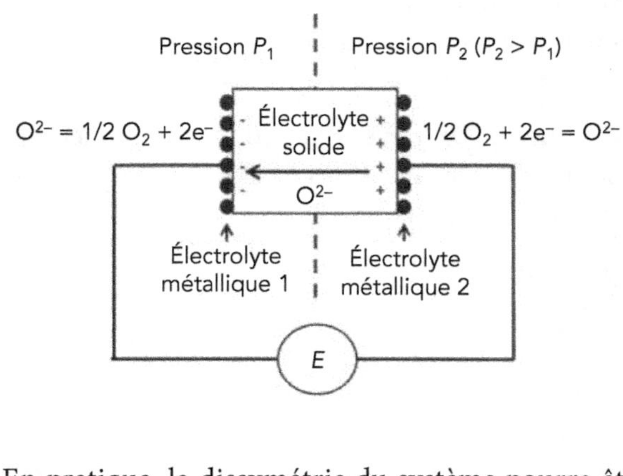

Figure 10.1 – Principe de fonctionnement d'un capteur électrochimique en mode potentiométrique

En pratique, la dissymétrie du système pourra être créée soit physiquement, par une séparation entre les atmosphères gazeuses régnant de chaque côté de l'électrolyte, comme dans le cas des piles à combustibles (systèmes « bi-chambres »), ou par une dissymétrie dans la nature des matériaux d'électrodes. On parle dans ce cas de dispositifs, de capteurs ou de façon analogue de piles à combustible, « mono-chambres ».

Un autre mode de fonctionnement, dit « ampérométrique », consiste à imposer une différence de potentiel aux bornes de l'électrolyte. Si une tension appropriée est appliquée et si l'apport du gaz à l'origine de l'espèce mobile est limité à l'une des faces, il est possible de réduire l'activité de cette espèce à zéro sur cette face. On peut ainsi mesurer un courant limitant contrôlé alors par la diffusion du gaz au travers d'une barrière, celle-ci étant soit un trou de diffusion, soit une couche poreuse (figure 10.2).

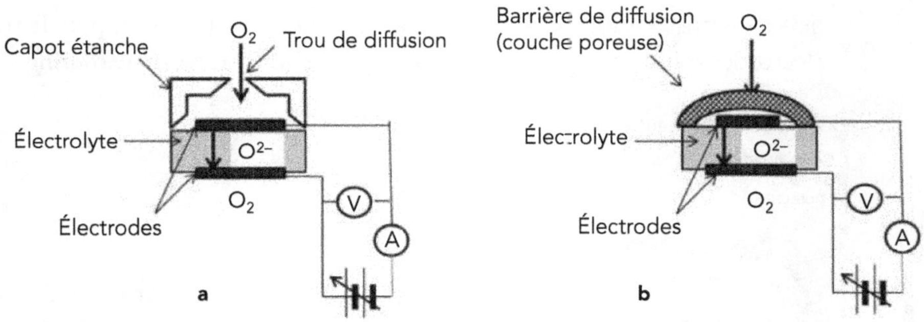

Figure 10.2 – Principe de fonctionnement d'un capteur électrochimique en mode ampérométrique avec limitation : a) par un trou de diffusion b) par diffusion à travers une couche poreuse

Les principes de fonctionnement présentés précédemment supposent qu'une seule réaction électrochimique se déroule à la surface de l'électrolyte. Dans le cas où plusieurs réactions ont lieu simultanément sur une même électrode ou si des phénomènes d'adsorption préférentielle se produisent (limitation cinétique), d'autres théories doivent être appliquées : potentiel mixte ou adsorption préférentielle.

Choix des matériaux

Il existe un grand nombre d'électrolytes solides possibles pour l'application « capteur », selon la nature du gaz à détecter. Parmi les matériaux le plus souvent rencontrés, citons AgI, Na_2CO_3, NASICON ($Na_3Zr_2Si_2PO_{12}$), l'alumine β et la zircone yttriée (YSZ, 8 % · mol Y_2O_3), matériau très largement utilisé pour les sondes à oxygène. Quelle que soit la nature de l'ion, il est admis qu'une conductivité ionique minimale de l'ordre de $10^{-6}\ \Omega^{-1}\ cm^{-1}$ est requise.

Le platine est le matériau d'électrode le plus largement utilisé pour ses propriétés catalytiques, sa stabilité thermique et son absence de réactivité avec la plupart des électrolytes. Cependant, d'autres métaux et oxydes peuvent être employés, en particulier si l'on recherche une réactivité spécifique avec le gaz cible pour augmenter la sélectivité des dispositifs.

Géométrie des dispositifs et mode d'élaboration

Les capteurs de gaz sont des dispositifs de faibles dimensions, de quelques millimètres à quelques centimètres. On distinguera principalement deux types de géométries, avec pour chacun d'entre eux de nombreuses variantes :

- la géométrie tubulaire (ou « doigt de gant »), où la face extérieure de l'électrolyte est en contact avec le gaz cible ; le volume intérieur constitue la chambre de référence (figure 10.3). Les techniques de réalisation sont alors les techniques conventionnelles de mise en forme de céramiques par coulage en moule, puis frittage. Les électrodes sont le plus souvent déposées par peinture ou « *spray coating* » ;

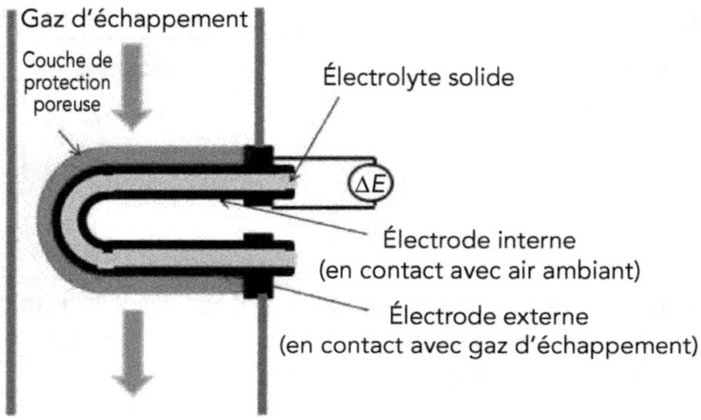

Figure 10.3 – Sonde à oxygène en YSZ de type tubulaire

- la géométrie planaire, réalisée le plus souvent par sérigraphie, technique qui autorise la fabrication de systèmes multicouches sur un substrat céramique inerte, comme l'alumine. La référence interne, lorsqu'elle est nécessaire, par exemple pour les systèmes « bi-chambres », est obtenue grâce à un matériau déposé sous l'électrolyte dense, de façon à ce qu'il soit étanche au gaz (figure 10.4). Dans le cas des systèmes mono-chambres, deux électrodes coplanaires de natures différentes sont directement déposées sur la couche d'électrolyte (figure 10.5b).

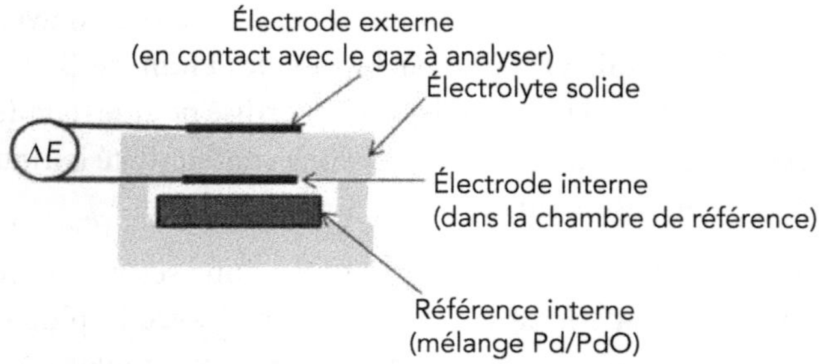

Figure 10.4 – Sonde à oxygène en YSZ de type planaire avec référence interne

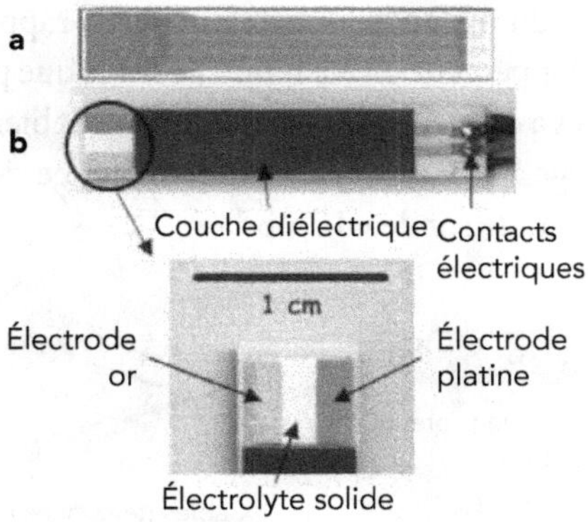

Figure 10.5 – Capteur YSZ avec électrodes coplanaires : a) face chauffage b) face élément sensible

Pour chaque type de capteurs, un système de chauffage doit être incorporé pour contrôler la température dont dépend la conductivité ionique de l'électrolyte solide. Pour les systèmes tubulaires, un barreau chauffant est généralement introduit dans la partie interne de la sonde ; pour les systèmes planaires, une résistance chauffante en platine est déposée par sérigraphie sur la face opposée de l'élément sensible (figure 10.5a). Les différentes couches sont protégées et isolées électriquement par des dépôts de matériau diélectrique.

10.2.3 Exemples de développements industriels dans le domaine automobile

La sonde à oxygène « Lambda »

La sonde à oxygène, dite sonde « Lambda » (la figure 10.3 en donne le principe), constitue le meilleur exemple de développement industriel de capteur de gaz, déclinée en diverses versions, tant en Europe qu'aux États-Unis ou au Japon, et ceci avec un large succès. Ces sondes sont effectivement implantées dans tous les moteurs automobiles à essence équipés d'un catalyseur trois voies, permettant de réduire les oxydes d'azote en azote et oxygène, et d'oxyder les hydrocarbures et le monoxyde de carbone.

Les sondes « Lambda », constituées par un électrolyte en zircone yttriée (YSZ) et deux électrodes de platines, sont placées directement dans les gaz d'échappement : un côté de l'électrolyte solide est en contact avec le gaz d'échappement alors que l'autre est en contact avec l'air extérieur qui servira de référence pour la pression d'oxygène. Cette sonde a été mise au point dans les années 1970 et commercialisée par la société Robert Bosch GmbH dès 1976 (figure 10.6). Depuis cette date, Bosch a produit plus de 400 millions de sondes lambda et en fabrique actuellement 33 millions d'exemplaires par an ! La régulation des moteurs à l'aide de sondes à oxygène, en association avec l'emploi d'un catalyseur trois voies, permet l'abaissement des rejets polluants de plus de 90 %. En effet, l'efficacité de ces catalyseurs dépend beaucoup de l'écart à la composition dite « stœchiométrique » du mélange, obtenue pour un rapport λ (air/carburant) = 1 (figure 10.7). Leur développement n'a été rendu possible que par la mise au point de la sonde lambda. Ces sondes à oxygène sont particulièrement bien adaptées pour suivre le rapport λ. Lors du passage à λ= 1, on bascule d'un mélange riche (λ < 1) à un mélange pauvre (λ > 1), d'où le nom de sonde « Lambda ».

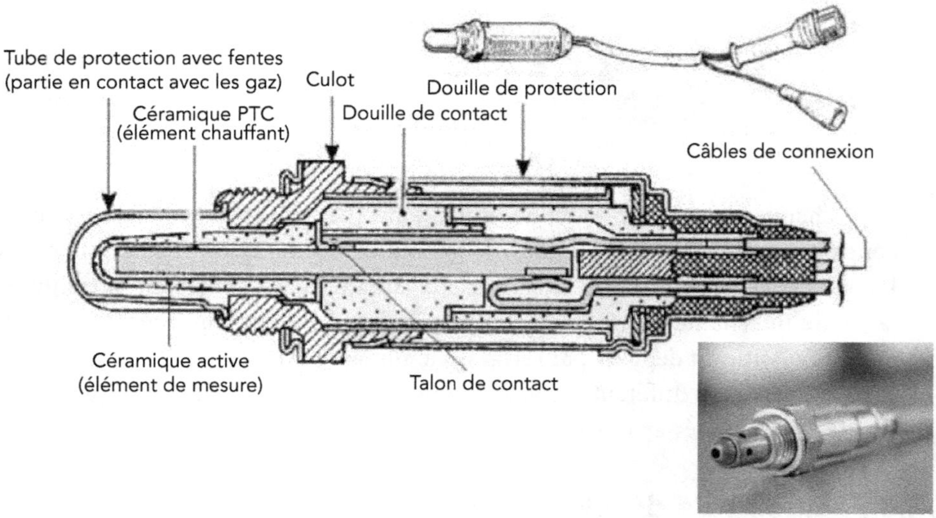

Figure 10.6 – Sonde Lambda Bosch : coupe de la sonde chauffée et photo de la sonde commerciale

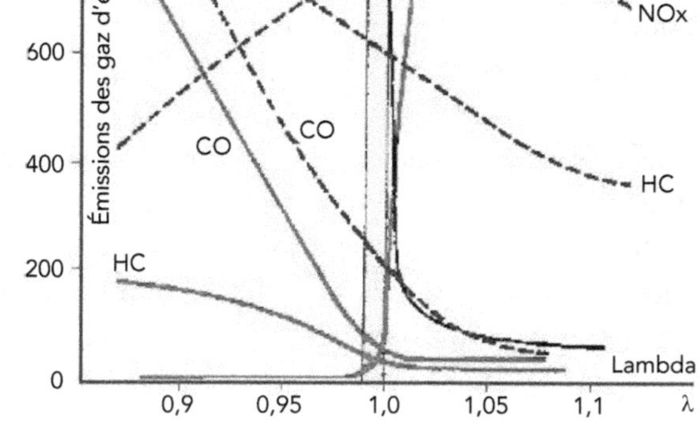

Figure 10.7 – Émissions d'un moteur à essence, avec et sans traitement catalytique, et plage de régulation d'une sonde Lambda

Le capteur d'oxydes d'azote « NO_x »

Depuis 2000, les normes européennes concernant les émissions de gaz polluants fixent une valeur seuil pour les rejets d'oxydes d'azote (NO_x) par les moteurs Diesel. Celle-ci qui est actuellement de 500 mg/km (norme Euro 3 en 2000), va chuter à 80 mg/km à l'horizon 2015 (Euro 6), avec l'obligation de diagnostic embarqué (OBD). Il existe donc une très forte demande en capteurs NO_x, à laquelle la sonde lambda ne peut pas répondre.

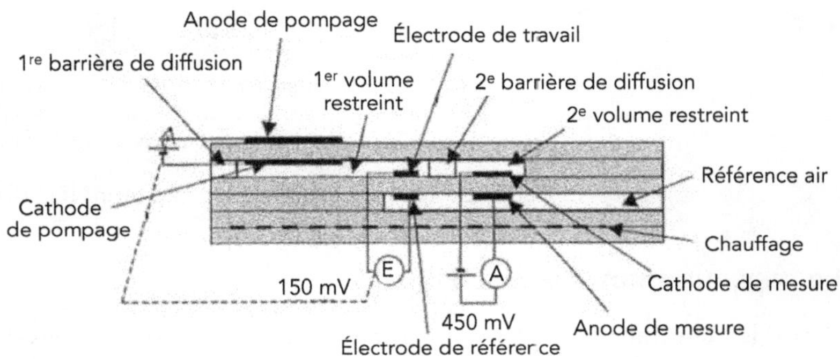

Figure 10.8 – Schéma du capteur NO_x NGK

Un seul capteur NOx industriel émerge à ce jour : le capteur NO_x développé par la société NGK INSULATORS LTD, en collaboration avec Siemens VDO qui s'est chargé du contrôle de l'unité électronique. Actuellement, NGK opère des lignes de production avec une capacité annuelle de deux millions d'unités dans les usines de Komaki et Nagoya au Japon. Ces capteurs sont distribués sur les différents marchés (USA, Europe et autres) par la société CONTINENTAL.

Le capteur NO_x de NGK est composé de deux chambres, de volume restreint, et comporte deux cellules ampérométriques et une cellule potentiométrique (figure 10.8). Dans le premier volume, délimité par une barrière de diffusion, l'une des cellules ampérométriques a pour rôle de pomper l'oxygène vers l'extérieur. Cette cellule est elle-même gérée par une cellule potentiométrique qui mesure la quantité d'oxygène dans le volume considéré, dans le but de rétroagir sur la cellule ampérométrique et de maintenir la quantité d'oxygène constante dans cette première chambre. Dans le second volume, séparé du premier par une autre barrière de diffusion, la cathode de mesure de la deuxième cellule ampérométrique consomme entièrement l'oxygène, alors que NO se dissocie totalement en oxygène et en azote. Le « courant limite » de diffusion de la deuxième cellule ampérométrique est donc proportionnel à la somme de la pression partielle d'oxygène issue de la première chambre (valeur constante et connue puisque fixée par la cellule potentiométrique de la première chambre) et de celle résultant de la dissociation du NO (figure 10.9), ce qui permet la mesure des NO_x.

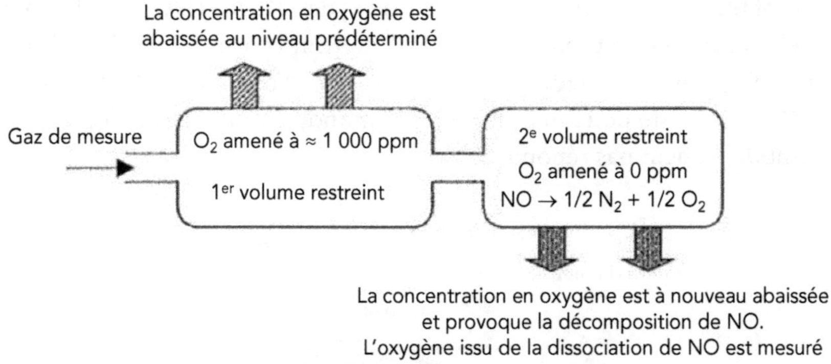

Figure 10.9 – Principe de fonctionnement du capteur NO_x de NGK

Le capteur ammoniac « NH_3 »

Parmi les solutions possibles pour diminuer l'émission des oxydes d'azote par les moteurs Diesel, le dispositif de réduction sélective catalytique des NO_x (système « SCR ») par l'ammoniac, *via* une source d'urée, semble s'imposer, surtout pour les véhicules lourds.

Le principe, schématisé sur la figure 10.10, repose sur deux étapes :

1. la génération d'ammoniac par hydrolyse d'urée :

$$(NH_2)_2CO + H_2O = 2NH_3 + CO_2$$

2. la réduction des NO_x par l'ammoniac sur un catalyseur :

$$4NH_3 + 2NO + 2NO_2 = 4N_2 + 6H_2O$$

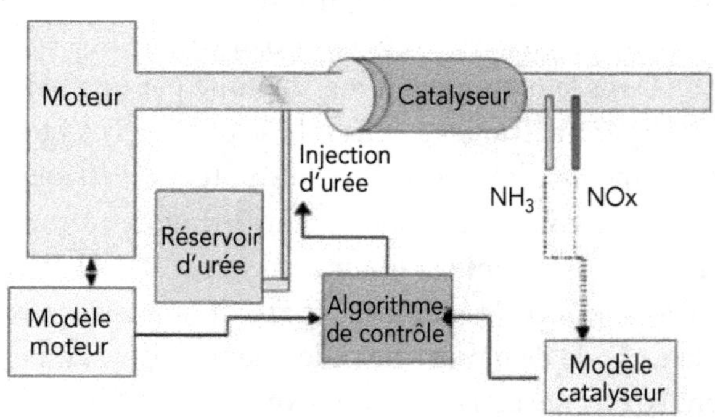

Figure 10.10 – Schéma du principe de fonctionnement d'un système de Réduction catalytique sélective (SCR) par l'ammoniac

Ce système SCR exige un dosage précis de l'ammoniac pour assurer efficacement la conversion des NO_x, incomplète en cas d'un défaut de NH_3, ou au contraire éviter un excès que l'on retrouverait en sortie moteur. Ce dosage demande donc, en plus d'un capteur NO_x pour le contrôle de leur émission, un capteur d'ammoniac afin de réguler la quantité d'urée introduite en amont du SCR et d'éviter les fuites d'ammoniac en aval du catalyseur. La fabrication du premier capteur d'ammoniac dédié à cette application a été annoncée par Delphi en 2007, en vue d'une commercialisation en 2013. Tout comme pour les sondes lambda et les capteurs NOX, il existe un marché potentiel de plusieurs millions d'unités.

10.3 Membranes céramiques pour la séparation des gaz à hautes températures

10.3.1 Introduction

Préambule

Nous présentons brièvement ici le concept de membranes céramiques denses pour la séparation de l'oxygène ou de l'hydrogène gazeux à haute température. Quelques notions de théorie sont introduites, afin de définir les critères imposés par le cahier des charges des matériaux et l'architecture des membranes. Des exemples de matériaux pour chaque type de membrane sont donnés ; ils permettent de qualifier l'impact de ces critères sur les performances établies. Enfin, le développement d'applications industrielles mettant en œuvre ces membranes est présenté à travers quelques exemples choisis, illustrant le degré de raffinement et d'avancement de ces technologies. Le lecteur est averti que de nombreux autres matériaux et applications industrielles sont à ce jour en cours de développement et non reportés dans ce chapitre.

Théorie

Certains oxydes solides, stables aux hautes températures, présentent une conduction ionique et électronique élevée, résultant de la présence d'un ou plusieurs porteurs de charge mobiles : les électrons ou trous d'électrons, les ions oxygène (sous forme de lacunes anioniques ou d'ions interstitiels) et les protons. Ces derniers sont apportés par la vapeur d'eau et forment des groupes hydroxydes (notés $OH_O^{\bullet}$ avec la notation de Kröger-Vink) par association avec un ion oxygène de la matrice oxyde. Les matériaux purement conducteurs ioniques (anioniques ou protoniques) peuvent être utilisés comme électrolytes denses de piles à combustible (SOFC ou PCFC) ou de cellules d'électrolyse de la vapeur d'eau. Les matériaux conducteurs mixtes d'électrons et d'ions sont, quant à eux, utilisés pour la fabrication d'électrodes poreuses ou de membranes denses pour la séparation de l'oxygène gazeux (ou de l'hydrogène). Dans ce dernier cas, la force motrice du transport de l'oxygène (ou de l'hydrogène) est la différence de pression partielle du gaz de part et d'autre de la membrane. En d'autres termes, un gradient du potentiel chimique de l'oxygène (ou de l'hydrogène) à travers la membrane provoque un transport simultané des ions et des électrons qui peut être décrit selon la théorie de Wagner par les équations ci-dessous :

$$j_{O^{2-}} = \frac{-RT}{8F_2L}\int_{I}^{II} \sigma_{O^{2-}} [(t_{e^-} + t_{H^+})d\ln p_{O_2} + 2t_{H^+}\, d\ln p_{H_2}] = \frac{-RT}{8F_2L}\int_{I}^{II} \sigma_{O^{2-}} [(t_{e^-}\, d\ln p_{O_2} + 2t_{H^+}\, d\ln p_{H_2O}]$$

$$j_{H^+} = \frac{-RT}{4F^2L}\int_{I}^{II} \sigma_{H^+} [2(t_{e^-} + t_{O^{2-}})d\ln p_{H_2} + t_{O^{2-}}\, d\ln p_{O_2}] = \frac{-RT}{2F^2L}\int_{I}^{II} \sigma_{H^+} [t_{e^-}\, d\ln p_{H_2} + t_{O^{2-}} d\ln p_{H_2O}]$$

Dans ces relations, j correspond au flux en oxygène ou hydrogène, L à l'épaisseur de la membrane et t est le nombre de transport pour chaque porteur de charge.

Ces deux équations permettent de calculer le flux d'oxygène (ou d'hydrogène) tant que le transport des gaz est dominé par la diffusion en volume. Leur expression, non simplifiée, permet de visualiser et quantifier plusieurs effets :

- le flux dépend de l'épaisseur de la membrane, de la température, des conductivités partielles du matériau et du gradient de pressions partielles des gaz de part et d'autre de la membrane ;
- une conductivité mixte des protons et des ions oxygène dans le même sens du gradient de potentiel chimique engendre une perméation de la vapeur d'eau ;
- un transport minime d'un porteur de charge, par exemple des ions oxygène dans une membrane hydrogène, peut engendrer une mésinterprétation du flux en hydrogène. Ce dernier peut en effet être obtenu par craquage de la vapeur d'eau (dans ce cas, contribuant au transport des ions oxygènes dans le sens inverse du gradient de potentiel chimique de l'hydrogène).

Ces expressions peuvent être simplifiées si l'on considère qu'un seul ion contribue majoritairement au flux, par exemple en écrivant $t_{H^+} = 0$ pour une membrane à oxygène (ou $t_{O^{2-}} = 0$ pour une membrane à hydrogène). Ceci permet de visualiser les conductivités ambipolaires des matériaux, dénotées $\sigma_{O^{2-}} t_{e^-} = \sigma_{tot} t_{O^{2-}} t_{e^-}$ ou $\sigma_{H^+} t_{e^-} = \sigma_{tot} t_{H^+} t_{e^-}$.

De cette manière, il est possible d'évaluer la contribution limitante des matériaux. Ainsi, une membrane hydrogène placée dans un gradient de pression partielle en hydrogène présente un flux d'hydrogène limité par le plus petit des nombres de transport des protons et des électrons.

Cahier des charges des membranes

L'utilisation des membranes céramiques denses dans l'industrie nécessite le développement de membranes à flux élevé et fonctionnant stablement sur de longues durées, estimées supérieures à cinq ans. Pour satisfaire ces exigences, les membranes à hydrogène ou à oxygène doivent répondre favorablement à de nombreux critères.

Le transport d'oxygène ou d'hydrogène à travers la membrane inclut différentes étapes de résistivités propres, telles que les échanges de surface et la diffusion en volume, qui vont contrôler la cinétique de perméation. Le flux d'oxygène ou d'hydrogène peut être augmenté de façon significative en agissant sur ces étapes limitantes, à partir d'un choix stratégique des matériaux et de l'architecture des membranes :

- d'une part, les matériaux sélectionnés doivent présenter une conduction mixte ionique-électronique élevée. Celle-ci peut être obtenue à partir d'un matériau possédant une conduction mixte suffisante, ou bien, avec la mise en forme d'une membrane composite permettant de pallier la faible conduction ionique ou électronique de l'un des deux matériaux ;
- d'autre part, une diminution de l'épaisseur de la membrane permet d'accroître le flux, tant que la diffusion en volume domine (*cf.* § Théorie en 10.3.1). Les cinétiques d'échanges peuvent quant à elles être améliorées en déposant sur les surfaces un catalyseur ou une couche poreuse du matériau membranaire, afin d'augmenter la surface active d'échanges.

En termes de stabilité, les matériaux doivent présenter des coefficients de dilatation thermique proches de ceux des autres éléments du module membranaire et être compatibles chimiquement à la température de fonctionnement. Par ailleurs, ils doivent être stables vis-à-vis des gaz utilisés en température et avoir une faible diffusion cationique du sous-réseau métallique dans le gradient de potentiel chimique. Suivant le choix des méthodes de mise en forme des membranes, des critères additionnels peuvent être nécessaires (par exemple, une faible volatilité des éléments constitutifs de l'oxyde à la température de frittage).

Les flux reportés pour l'utilisation commerciale des membranes céramiques dans les procédés de production énergétique sont de l'ordre de 10 ml/cm^2 · min pour les membranes à oxygène et 5 ml/cm^2 · min pour les membranes à hydrogène dans les réacteurs membranaires. En raison des conductivités relativement faibles des matériaux existants, ceci impose la mise en forme de membranes fines dont l'épaisseur varie de 2 à 200 microns suivant le matériau et les conditions opérationnelles de la membrane (figure 10.11). Les épaisseurs les plus fines sont typiquement associées à la mise en œuvre des membranes à hydrogène. La tenue mécanique de la membrane est alors assurée par l'utilisation d'un support céramique poreux, constitué usuellement d'un matériau identique à celui de la membrane, ce qui permet d'éviter les problèmes dimensionnels et aux interfaces (déformation, réactivité, délamination, fissuration, etc.) lors des étapes de mise en forme, ainsi qu'en opération.

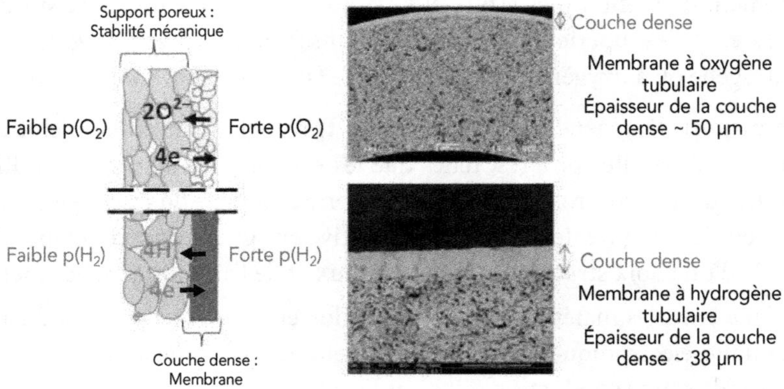

Figure 10.11 – Schémas de membranes à hydrogène et à oxygène et vues en coupe de membranes tubulaires produites à SINTEF par extrusion et trempage-retrait

10.3.2 Les membranes à oxygène

Les matériaux

De nombreuses études rapportent la réalisation de membranes à oxygène présentant des flux supérieurs au critère du cahier des charges. Les matériaux ont généralement une structure dérivée des matériaux de type pérovskite, de formule ABO_3. Par exemple, des flux d'oxygène de l'ordre de 13 ml/cm^2 · min ont été reportés pour les membranes en $Sr_{0,8}La_{0,2}Fe_{0,2}Co_{0,8}O_{3-\delta}$, $SrCo_{0,8}Fe_{0,2}O_{3-\delta}$ et $Sr_{0,5}Ba_{0,5}Co_{0,8}Fe_{0,2}O_{3-\delta}$ opérant à 1 275 K avec 1 bar de pression partielle en oxygène du côté oxydant et de l'hélium du côté perméat. Les membranes ont été mises en forme par coulage en bande avec une surface de 5 × 5 cm^2 et une épaisseur de 200 µm.

Toutefois, un certain nombre de verrous scientifiques pouvant réduire considérablement la durée de vie des matériaux doivent être pris en compte (changements de phases, démixtion, réactivité au CO_2, etc.), et varient suivant les conditions opératoires des membranes et la nature des matériaux. La levée de ces verrous peut être envisagée à partir de l'ajustement des formulations des oxydes. En règle générale, il est préférable de choisir des cations de grande taille et un dopage important de cations à plus faible valence sur les sites A de la structure pérovskite. Pour les sites B, une diminution des cinétiques d'échanges et de diffusion est généralement observée selon la séquence Co > Fe > Ga > Mn > Cr > Ti.

Un autre verrou potentiel est relatif aux larges coefficients de dilatation thermique et chimique des matériaux à hautes températures. Dans ce cas, il est nécessaire d'ajuster la formulation du matériau, l'architecture de la membrane et la conception du module membranaire, afin de pallier ces problèmes. Cet exercice est difficile et représente à ce jour l'un des freins majeurs à la mise à l'échelle industrielle des technologies membranaires.

Les applications

Le développement d'Unités de séparation de l'air (ASU) fournissant l'oxygène en remplacement de l'air est relativement récent et devient de plus en plus important dans les technologies intégrant des procédés de combustion (fabrication du verre, de l'aluminium, de l'acier, etc.). Les ASU permettent de limiter les émissions d'oxydes d'azote, nocifs pour l'homme et l'environnement, qui sont produits par réaction à haute température entre l'oxygène et l'azote présents dans l'air. Elles permettent également de faciliter le captage du CO_2 émis par les centrales thermiques pour la production d'électricité.

Actuellement, les ASU sont principalement des unités de distillation cryogénique dans lesquelles est extrait l'oxygène de l'air en deux étapes à très basses températures (–180 °C/–190 °C). Le point critique de cette technologie est sa consommation d'énergie élevée, notamment pour la compression de l'air nécessaire pour produire le froid par détente. L'utilisation des membranes céramiques conductrices mixtes constitue une alternative intéressante pour la production d'oxygène ultra-pur en raison d'un rendement énergétique plus élevé, malgré la nécessité de comprimer l'air à des pressions de l'ordre de 10 à 20 bar pour alimenter la membrane et obtenir un flux d'oxygène satisfaisant. Toutefois, l'azote contenu dans l'air est maintenu à haute pression ; ceci permet une extraction de l'azote moins pénalisante d'un point de vue énergétique, contribuant ainsi à un rendement global plus favorable. L'azote extrait peut être utilisé dans le forage pétrolier, le contrôle des atmosphères, l'inertage, le gonflage des pneus d'avion, de voiture ou de camions.

Du fait de leur modularité, les modules membranaires peuvent être intégrés suivant plusieurs variantes dans les procédés industriels, permettant ainsi une intensification des procédés visant à un développement plus sûr, plus efficace d'un point de vue énergétique et moins coûteux. Quelques exemples sont mentionnés ci-dessous.

Dans une centrale à turbine à gaz, une partie de l'oxygène de l'air comprimé peut être extraite à travers la membrane avant l'étape de combustion, permettant ainsi la coproduction d'électricité et d'oxygène. Une intégration plus avancée des membranes dans les centrales à cycle combiné à gazéification intégrée (IGCC) est également possible. La figure 10.12 présente un exemple de cycle de gazéification à l'oxygène du charbon avec intégration de membranes oxygènes (OTM), permettant une amélioration du rendement énergétique de l'ordre de 30 à 40 %.

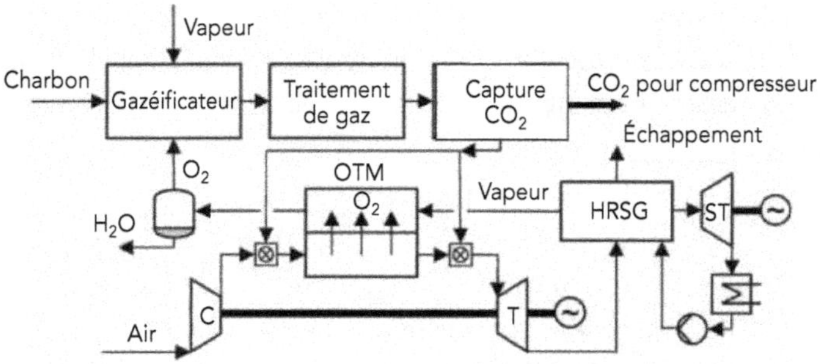

Figure 10.12 – IGCC procédé avec intégration de membrane à oxygène (OTM)

L'intégration des membranes à oxygène au sein d'un cycle combiné conventionnel basé sur une turbine à gaz pour constituer une centrale avancée à zéro émission atmosphérique (AZEP) est schématisée sur la figure 10.13. Dans ce concept, la chambre de combustion d'une turbine à gaz ordinaire est remplacée par un réacteur à membrane à conduction mixte (noté MCM). L'air comprimé à environ 18 bar est chauffé à 800-900 °C avant d'être introduit dans la membrane qui assure le transfert de chaleur et le transport d'oxygène. Ce concept de cycle énergétique avec séparation interne de l'oxygène permet le piégeage du CO_2 et forme moins de 1 ppm de NO_x. Comparé à un cycle combiné classique s'appuyant sur une turbine à gaz pour une production de 50 MW, le procédé AZEP occasionne une réduction de l'efficacité thermique d'environ 5 % avec 100 % de capture d'un CO_2 pressurisé à 100 bar.

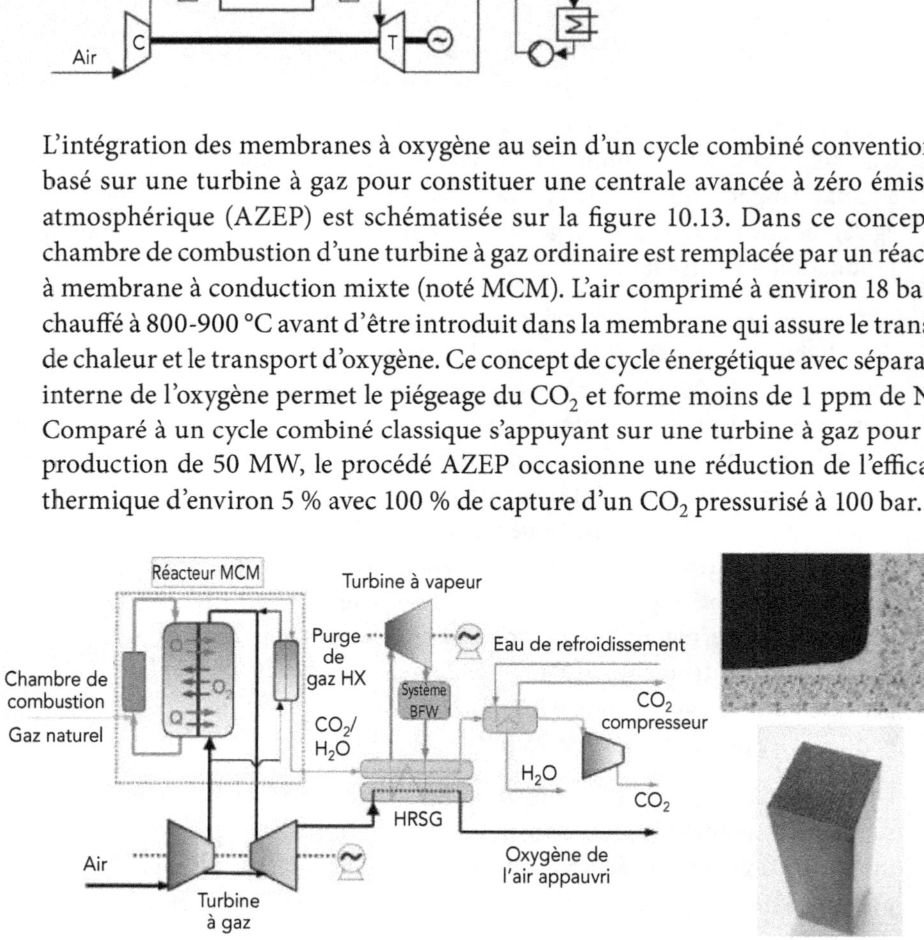

Figure 10.13 – Le procédé AZEP et les monolithes à canaux

Des modules membranaires ont été expérimentalement réalisés et testés comme démonstrateurs du procédé AZEP. Ils sont conçus à partir de monolithes de dimension ~70 mm^2 comprenant 24 × 24 canaux de section carrée, de largeur ~2,2 mm, séparés par un mur poreux de 0,5 mm d'épaisseur, sur lequel est déposée la membrane dense de ~50 µm (figures 10.13 b et c). Les monolithes sont produits par extrusion et la membrane dense par la méthode de trempage-retrait. Ils ont une surface effective de 540 m^2/m^3. Toutes les parties du module, à l'exception des matériaux de scellement, sont constituées du matériau membranaire. Les résultats de perméation de ces modules indiquent une production d'oxygène de l'ordre de 37 mol · O_2/m^3 · s.

Les membranes céramiques peuvent également être intégrées au sein de réacteurs catalytiques pour la production de gaz de synthèse (H_2 + CO). Ce dernier est utilisé dans les industries chimiques pour la synthèse de méthanol, d'ammoniac et de fibres textiles, ainsi que comme combustible dans une pile à combustible. Le gaz de synthèse, ou *syngas*, est produit par oxydation partielle du méthane, l'oxygène étant délivré par la membrane dense. Les verrous associés à cette technologie sont relatifs au développement de membranes stables opérant sous forte différence de pression, en présence de CO_2 et large pression partielle d'oxygène. Ces conditions drastiques impactent également la conception et la réalisation des modules membranaires. Des avancées prometteuses ont néanmoins été réalisées dans ce domaine, comme illustrées par la production en continu de *syngas* avec un flux de 60 ml/cm^2 · min, à 900 °C, pendant une année à pression atmosphérique.

De larges consortia mettent en œuvre des actions de grande envergure afin d'ouvrir le marché des technologies membranaires pour la production à large échelle d'oxygène et de *syngas*. Parmi les avancées technologiques les plus remarquables dans ce domaine, on peut citer la réalisation de modules membranaires par Air Products et associés, permettant la production d'oxygène à hauteur de 1 tonne d'O_2/jour. Les modules sont constitués d'un empilement de disques de membranes planaires qui sont produites en masse à dimensions commerciales par coulage en bande (figure 10.14). Les disques sont reliés à un tube central permettant l'extraction de l'oxygène, alors que l'air chaud circule à haute pression entre les disques. Chaque disque est recouvert de deux fines membranes à travers lesquelles les ions oxygène diffusent. Les couches fines sont supportées par une couche poreuse, elle-même supportée par une couche à fentes. L'oxygène de l'air diffuse à travers les couches minces, dans les pores de la couche poreuse, puis dans les fentes de la couche la plus interne. Il est ensuite recueilli au centre de chaque disque dans le tube de collection et est extrait du module à travers un tube en céramique scellé à un tuyau métallique. Cette conception permet de réduire la surface de scellement.

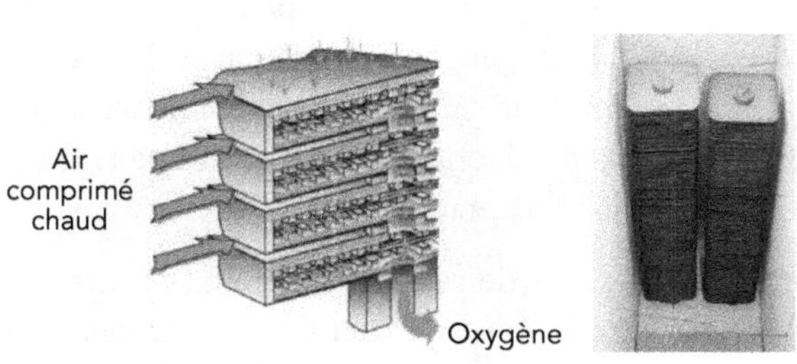

Figure 10.14 – Schéma et photos de deux modules délivrant 1 tonne d'O_2/jour conçus par AirProducts et associés

10.3.3 Les membranes à hydrogène

Les matériaux

L'une des difficultés majeures freinant le développement des membranes à hydrogène repose sur la disponibilité de matériaux stables présentant à la fois une conductivité protonique élevée et une conductivité électronique suffisante. À ce jour, seules deux de ces conditions sur les trois sont généralement remplies, conditions rendues encore plus exigeantes par les contraintes réelles en opération (température élevée, forte pression, présence éventuelle de contaminants tels que CO_2, H_2S) pour lesquelles peu de résultats sont rapportés. Des résultats encourageants sont néanmoins reportés, comme indiqués ci-dessous.

Les oxydes conducteurs mixtes protoniques et électroniques les plus étudiés ont une structure pérovskite. À titre d'exemples, on peut citer les oxydes formulés $ACe_{1-x-y} X_x Y_y O_3$ (A = Ba, Sr ; X et Y = Y, Yb, Zr, Tm, etc.). Certaines formulations ont permis la réalisation de membranes fines (de l'ordre du micron) présentant des flux en hydrogène prometteurs ; ces membranes sont cependant vulnérables à CO_2. La substitution de Ce par Zr permet d'améliorer la stabilité de ces matériaux mais entraine une frittabilité dégradée et une augmentation de la résistance des joints de grains qui contribue à une diminution significative de la conductivité globale du matériau. D'autres oxydes à structure pérovskite, tels que les oxydes dopés $LaScO_3$, sont stables en présence de CO_2 et se caractérisent par de fortes conductivités protoniques, de l'ordre de $5 \cdot 10^{-3}$ S/cm à 600 °C.

Les applications

Les applications potentielles des membranes à hydrogène sont centrées sur l'extraction de l'hydrogène lors de l'étape de reformage ou de gazéification dans les centrales thermiques, favorisant ainsi la séparation et le captage de CO_2. Les modes de reformage comprennent notamment l'oxydation partielle ($CH_4 + ½\ O_2 \rightarrow CO + 2H_2$) et le vaporeformage ($CH_4 + H_2O \rightarrow CO + 3H_2$) du gaz naturel et des hydrocarbures. La gazéification s'applique au charbon de bois et à la biomasse. Ces procédés, qui représentent près de 96 % de la production d'hydrogène, requièrent des températures et/ou pressions élevées. Par ailleurs, ils nécessitent des étapes de déplacement de l'eau pour supprimer CO ($CO + H_2O \rightarrow CO_2 + H_2$) et une étape de purification des gaz produits ($H_2 + CO_2$) afin d'extraire l'hydrogène pur. Le couplage des membranes à hydrogène avec ces réactions est prometteur car il permet à la fois un déplacement des équilibres chimiques favorable à la production et l'extraction de H_2 pur à haute température et pression, facilitant ainsi le captage de CO_2.

Une avancée majeure pour la réalisation de reformeurs membranaires utilisant des membranes à hydrogène et leur intégration dans les centrales à gaz a été réalisée par StatoilHydro (*Hydrogen Membrane Reformer (HMR) gas power cycle).*

Le reformeur membranaire est produit par extrusion de monolithes à canaux de section carrée (figure 10.15). Il est utilisé pour le vaporeformage du méthane (réaction endothermique) du côté retentât de la membrane et pour extraire une partie de l'hydrogène produit qui va être brûlé par l'air du côté perméat, afin de fournir la chaleur nécessaire à la réaction. La quantité d'air est ajustée de manière à ce que l'oxygène fourni réagisse avec l'hydrogène traversant la membrane, produisant ainsi un mélange de vapeur d'eau et d'azote. Comparé à un cycle combiné au gaz naturel (NGCC) traditionnel n'incluant pas de technologie de séparation et captage de CO_2, ce nouveau cycle a un rendement énergétique inférieur de 8 % (calculé en tenant compte de la compression nécessaire de CO_2 à 150 bar) pour un taux de captage de CO_2 de 85 %. Ce résultat est prometteur et confirme le large potentiel des membranes à hydrogène.

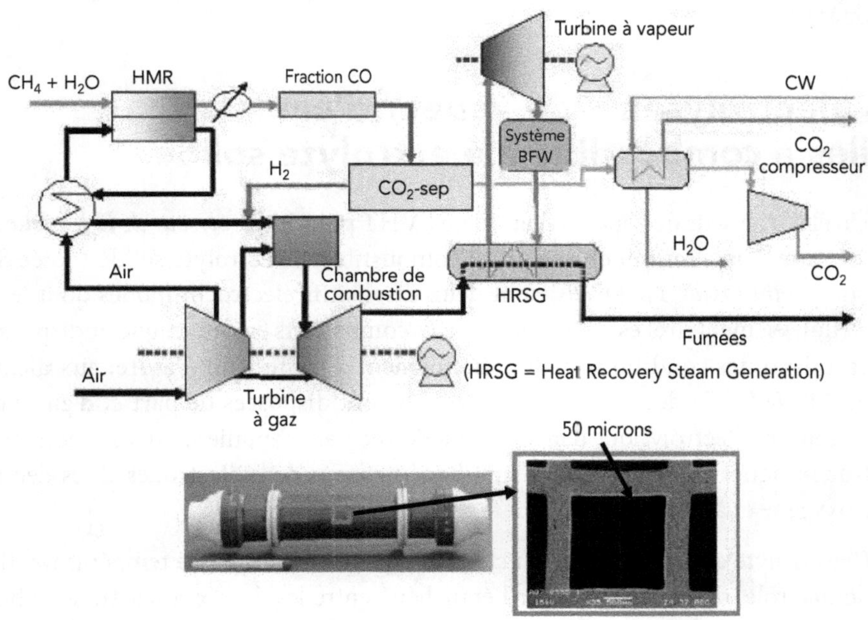

Figure 10.15 – Algorithme de principe du nouveau procédé HMR avec le réacteur HMR et l'unité de séparation de CO_2

Les membranes à hydrogène sont également prospectées dans un certain nombre d'applications industrielles visant à la production de produits (pétro-)chimiques et mettant en œuvre des réactions de déshydrogénation. On peut citer, notamment, le « couplage » du méthane pour la formation d'hydrocarbures mais les réactions ont un rendement de conversion limité :

$$2\,CH_4 \leftrightarrow C_2H_6 + 2H^+ + 2e^- \text{ ou } C_2H_4 + 4H^+ + 4e^-$$

$$2H^+ + 2e^- \leftrightarrow H_2$$

Une alternative au couplage catalytique oxydant traditionnel consiste à effectuer la réaction dans un réacteur à membrane à hydrogène, de sorte que l'hydrogène formé puisse être extrait en continu de la zone réactionnelle. Le retrait de l'hydrogène équivaut à un départ des conditions d'équilibre et la réaction de couplage peut ainsi se dérouler jusqu'à ce qu'une conversion presque complète soit obtenue. Ce procédé permet également de contrôler la température de réaction et minimise la présence de réactions secondaires, augmentant ainsi la sélectivité de la réaction.

L'utilisation des membranes à hydrogène est couramment prospectée pour la production de composés aromatiques par Protia AS en Norvège. Les réactions mises en jeu nécessitent le développement de membranes minces dont l'épaisseur est typiquement de moins de 50 microns, pouvant résister à haute température à de forts gradients de pression et stables chimiquement dans les conditions opératoires.

10.4 Électrolyseurs de vapeur d'eau et piles à combustible à électrolyte solide

Un électrolyseur de vapeur d'eau (noté EVHT pour É*lectrolyseur de la Vapeur d'eau à Haute Température*) et une pile à combustible à électrolyte solide (notée SOFC pour *Solid Oxide Fuel Cells*) sont deux dispositifs électrochimiques dont le cœur (cellule élémentaire) est constitué de trois composants en céramique, indispensables en raison des conditions de fonctionnement à haute température, aux alentours de 700-800 °C : deux électrodes poreuses sont disposées de part et d'autre d'une membrane électrolytique dense. Le fonctionnement s'appuie sur deux réactions électrochimiques qui se produisent simultanément aux deux électrodes, dites électrodes à oxygène et à combustible.

L'électrolyte est un oxyde conducteur ionique densifié à haute température. Il a un double rôle, d'une part, assurer l'étanchéité entre les deux compartiments balayés respectivement par l'oxygène et le combustible, pour éviter que les deux gaz ne rentrent en contact et, d'autre part, transporter les ions entre les deux électrodes. Celles-ci, sièges respectivement d'une réduction et d'une oxydation, deviennent chacune cathode ou anode selon que l'on considère le fonctionnement en mode pile ou en mode électrolyseur. En dépit de spécificités et contraintes qui seront détaillées plus loin pour chacun d'entre eux, on peut donc considérer, en première approximation, que les deux dispositifs fonctionnement de manière symétrique.

Si l'on considère le cas le plus courant de l'électrolyseur de la vapeur d'eau à conduction anionique O^{2-}, l'électrode à combustible est le siège de la réaction :

$$H_2O + 2e^- \rightarrow H_2 + O^{2-} \quad (1)$$

qui produit de l'hydrogène gazeux, alors que l'électrode à oxygène est le siège de la réaction :

$$O^{2-} \rightarrow 1/2\ O_2 + 2e^- \qquad (2)$$

qui produit de l'oxygène gazeux, pour la réaction bilan suivante :

$$H_2O \rightarrow H_2 + 1/2\ O_2 \qquad (3)$$

On conclut ici aisément que l'électrolyseur permet de casser la molécule d'eau en produisant de l'hydrogène et de l'oxygène. Dans le cas de la pile à combustible, à l'inverse, on produira de l'eau en consommant de l'hydrogène et de l'oxygène ; l'électricité circulant dans un circuit extérieur à la pile pourra alors être utilisée.

Sur la base de ce schéma simple, il nous faudra par la suite considérer les deux extensions suivantes : la pile à combustible à électrolyte solide peut accepter un autre combustible que l'hydrogène et, par ailleurs, dans le domaine de température étudié, les membranes électrolytiques considérées peuvent être aussi le siège de conduction protonique (à noter que, par souci de concision, les électrolyseurs de vapeur d'eau correspondant, très peu matures industriellement, ne seront pas considérés ici).

Il était donc impératif de coupler dans ce chapitre la description de l'électrolyseur de la vapeur d'eau à haute température à celle de la pile à combustible de même nature. Puisque la production de l'hydrogène intervient chronologiquement avant sa consommation dans la pile, nous avons pris le parti ici de débuter par la présentation de l'électrolyseur. Toujours par choix et pour éviter les redondances, les aspects concernant la mise en forme sont présentés dans la première partie, alors que les développements matériaux sont rassemblés dans la partie pile à combustible, puisque c'est dans ce cadre qu'ils ont été bien plus largement étudiés.

10.4.1 Électrolyseurs de vapeur d'eau à haute température

Introduction et contexte énergétique

L'augmentation de la demande énergétique mondiale, associée à la raréfaction des ressources fossiles et à la nécessité de limiter les émissions de gaz à effet de serre, requiert le développement de vecteurs énergétiques alternatifs. À ce titre, l'hydrogène vient compléter efficacement les biocombustibles et l'électricité dans un mix énergétique respectueux de l'environnement. En tant que vecteur énergétique, l'hydrogène présente de nombreux atouts. En effet, il constitue notamment un moyen de stocker les énergies renouvelables telles que l'énergie solaire ou éolienne et de pallier leur caractère intermittent : une part de l'énergie électrique produite indépendamment de la demande peut servir à la production d'hydrogène qui sera lui-même converti ultérieurement en énergie suivant la demande, soit sous forme de carburant pour le transport, soit sous forme d'électricité lors d'un pic de consommation, par exemple en utilisant une pile à combustible. L'industrie est également de plus en plus demandeuse d'hydrogène, principalement pour le raffinage d'hydrocarbures lourds, mais aussi pour des usages chimiques et métallurgiques. Ainsi, la demande mondiale en hydrogène, actuellement de l'ordre de 630 GNm^3/an d'après l'Association française de l'hydrogène, augmente de 5 à 10 % par an. Cette augmentation est appelée à s'accélérer encore avec l'utilisation de combustibles synthétiques issus de la biomasse ou produits à partir du charbon.

L'hydrogène est actuellement obtenu essentiellement par vapo-reformage d'hydrocarbures, émettant plus de 11 kg de CO_2 par kg d'hydrogène produit : il apparaît donc que le développement de procédés de production massive d'hydrogène propre est un enjeu énergétique stratégique.

La décomposition de la molécule d'eau, *via* des cycles thermochimiques ou par électrolyse, constitue la principale alternative envisagée. La production d'hydrogène par ces procédés, à partir d'énergies primaires non émettrices de CO_2 telles que les énergies intermittentes ou nucléaires, contribuerait à réduire la dépendance des pays vis-à-vis des réserves fossiles ; des études en ce sens sont en cours dans de nombreux pays (États-Unis, France, Danemark et Japon notamment).

Les procédés d'électrolyse de l'eau se distinguent essentiellement par leur température de fonctionnement, température qui conditionne la quantité d'électricité à apporter pour dissocier la molécule d'eau ($H_2O \rightarrow H_2 + ½\, O_2$). L'électrolyse alcaline, disponible commercialement, comme l'électrolyse à membrane polymère, encore au stade du développement, fonctionnent à basse température (< 100 °C) et utilisent une énergie entièrement électrique. Le couplage de ces électrolyseurs avec des sources d'énergie intermittentes comme l'éolien fait l'objet de nombreuses démonstrations. L'Électrolyse de la vapeur d'eau à haute température (EVHT), encore au stade de la R & D, permet la substitution d'une partie de l'énergie électrique par de l'énergie thermique (figure 10.16).

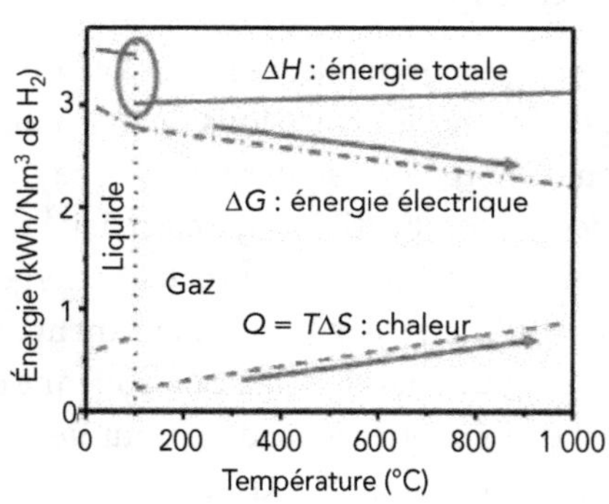

Figure 10.16 – Évolution du besoin en énergie pour la dissociation de la molécule d'eau en fonction de la température ; détail des contributions électriques et thermiques

On constate que le passage en phase vapeur et la montée en température de l'étape d'électrolyse conduisent à la diminution de la quantité d'énergie électrique consommée par la réaction d'électrolyse. Même si l'électricité utilisée est générée à partir d'une chaudière thermique ou nucléaire, l'augmentation de température entraîne également une baisse de la consommation d'énergie primaire. Dans tous les cas, la substitution d'une partie de l'énergie électrique totale par de l'énergie thermique, moins onéreuse, se solde par un gain sur le coût énergétique du procédé.

Le développement d'une filière de production massive d'hydrogène basée sur la technologie EVHT couplée à la production d'électricité et de vapeur d'eau par un réacteur nucléaire s'avère particulièrement adapté au paysage industriel et énergétique français et fait l'objet d'un effort de recherche particulier. Il est également possible de recourir à d'autres sources de chaleur, comme la géothermie, ou tous types de sources chaudes permettant de vaporiser l'eau. En fonction de la température de cette source chaude, différentes stratégies de fonctionnement sont envisagées.

Principe de la technologie EVHT

La conception de l'électrolyseur EVHT repose sur un empilement de motifs élémentaires (figure 10.17). On distingue, d'une part, la cellule électrochimique, constituée de trois couches céramiques anode/électrolyte/cathode, lieu où s'effectue la réaction de dissociation de la molécule d'eau et, d'autre part, les inter-connecteurs dont la mission consiste à amener le courant électrique, à assurer la distribution fluidique au niveau de chaque cellule et à séparer les compartiments anodique et cathodique de deux cellules adjacentes.

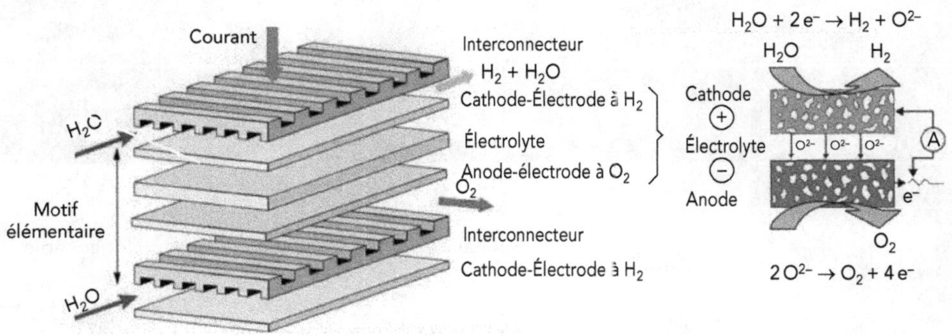

Figure 10.17 – Représentation schématique du motif élémentaire (ou SRU pour *Single Repeat Unit*) d'électrolyseur EVHT de technologie planaire et détail des réactions électrochimiques

La cellule est composée de matériaux céramiques, pour l'anode (lieu de production de l'oxygène) et l'électrolyte, et d'un composite céramique-métal nommé « cermet », pour la cathode (lieu de production de l'hydrogène). Les plaques d'interconnexion, ou interconnecteurs, sont constituées d'alliages métalliques.

La gamme de température de fonctionnement est classiquement comprise entre 700 et 900 °C, principalement pour des raisons de limitations liées aux matériaux. En effet, au-dessus de 900 °C, la dégradation des matériaux (oxydation des interconnecteurs, réactivité et interdiffusion des matériaux de cellule…) devient trop rapide. En dessous de 700 °C, la conduction des matériaux, notamment de l'électrolyte, devient trop faible, pénalisant fortement les performances en termes de production d'hydrogène.

Pour améliorer le rendement des électrolyseurs EVHT et allonger leur durée de vie, des revêtements sont déposés à la surface des plaques d'interconnexion. On parle alors de couches de contact, pour favoriser le passage du courant et améliorer le rendement électrique, et de couches protectrices, pour éviter l'oxydation des plaques d'interconnexion métalliques. À cela s'ajoutent des joints, le plus souvent en verre, pour assurer les étanchéités, entre compartiments anodique et cathodique ainsi qu'avec l'extérieur.

Cahier des charges

Les atmosphères gazeuses en présence se composent d'un mélange eau/hydrogène (H_2O/H_2) côté cathode et d'oxygène (O_2) côté anode. Le tableau 10.1 rassemble les matériaux des différents composants constitutifs d'un motif élémentaire d'EVHT et les principales propriétés qu'ils doivent offrir.

Tableau 10.1 – Principales propriétés requises pour les différents composants constituant un EVHT

Composants	Électrolyte	Électrode à H_2	Électrode à O_2	Plaques d'interconnexion
Matériaux / Propriétés	Céramique	Composite métal céramique	Céramique	Alliage métallique
Porosité	< 5 %	20-40 %	20-40 %	< 1 %
Conductivité ionique	Élevée $> 10^{-2}$ S · cm^{-1}	Souhaitée	Souhaitée	Négligeable
Conductivité électronique	Négligeable	Élevée > 100 S · cm^{-1}	Élevée > 100 S · cm^{-1}	Élevée
Propriétés électro-catalytiques	Non	Élevées (pour la réduction de H_2O)	Élevées (pour l'oxydation d'O_2^-)	Non
Stabilité chimique en milieu oxydant	Oui	Oui	Oui	Oui
Stabilité chimique en milieu réducteur	Oui	Oui	Non	Oui

Il faut également rappeler que tous les constituants doivent présenter :

- une tenue mécanique suffisante, notamment la couche céramique qui assure le rôle de support mécanique de la cellule (soit l'électrolyte, soit l'une des électrodes selon la géométrie de cellule retenue). Si c'est l'électrolyte qui est le support, un compromis entre tenue mécanique (obtenu grâce à 3YSZ) et conductivité ionique (8YSZ) est recherché (*cf.* § 10.4.2) ;
- une compatibilité des coefficients d'expansion thermique des différents matériaux (~10 à $13 \cdot 10^{-6}$ K^{-1}) ;
- une qualité des interfaces entre les différents composants favorisant les transferts de charge ion-électron et électron-électron afin de limiter les pertes ohmiques en fonctionnement.

Enfin, ces propriétés doivent perdurer dans le temps afin d'assurer un taux de dégradation de l'empilement inférieur à 1 %/1 000 heures de fonctionnement. Le compromis performance/durabilité du cœur d'électrolyseur constitue actuellement un enjeu majeur pour la pertinence économique de la filière et, donc, pour son développement.

Mise en œuvre des matériaux

Différentes architectures de cellules

Les cellules peuvent être soit planaires (figure 10.18a), soit tubulaires (figure 10.18b), selon l'architecture d'empilement dans lesquelles elles vont être intégrées.

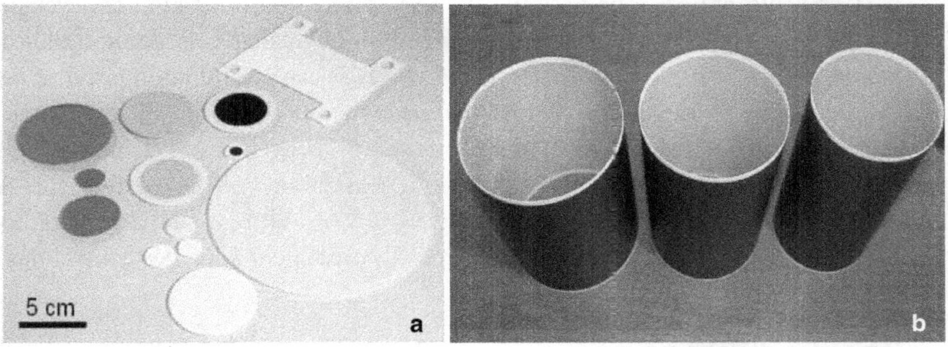

Figure 10.18 – (a) différents composants EVHT planaires : électrolytes, cellules à électrolyte support et cellules à anode support ; (b) cellule EVHT tubulaire, diamètre 100 mm, hauteur 200 mm

Deux architectures principales de cellules sont actuellement utilisées : l'architecture à électrolyte-support (1re génération) et l'architecture à électrode-support (générations 2 et 3). Dans le cas de l'architecture à électrolyte support, l'électrolyte

– dense – est la couche la plus épaisse du tri-couche céramique (~ 80-110 µm) et assure la fonction de support mécanique de la cellule ; les électrodes, poreuses, sont alors déposées sous forme de couches minces (~ 30-50 µm) de part et d'autre de l'électrolyte (figure 10.22). L'inconvénient majeur de cette géométrie réside dans la chute ohmique plus importante induite par le transport des ions à travers l'électrolyte épais, ce qui limite l'utilisation de ce type de cellule aux températures élevées (≥ 850 °C). Dans cette configuration, LSM (*cf.* § 10.4.2) est la cathode classiquement employée.

Dans le cas de l'architecture à électrode-support, c'est l'une des électrodes poreuses qui assure la fonction de support mécanique (*cf.* figure 10.22, § « nouvelles architectures ») ; l'électrode-support constitue alors la couche la plus épaisse. Pour les architectures planaires, c'est le plus souvent l'électrode à hydrogène qui constitue le support. Toutefois, un support *via* l'électrode à oxygène est également envisageable (pour les cellules tubulaires, c'est cette dernière configuration qui est rencontrée le plus souvent). Pour les cellules planes, l'épaisseur de l'électrode support peut varier de 200 à 1 500 µm selon les fabricants. L'électrolyte se présente alors sous forme de film mince et dense (généralement d'épaisseur comprise entre 5 et 20 µm), ce qui limite la chute ohmique et permet un fonctionnement à plus basse température. L'épaisseur de la seconde électrode, poreuse, est de l'ordre de 30-80 µm. Le développement de cette deuxième génération de cellules avait pour objectif de diminuer la température de travail vers 800 °C tout en conservant les matériaux de base. L'efficacité de la cellule a été améliorée par l'introduction, d'une part, d'une couche fonctionnelle (AFL), pour favoriser le contact entre l'anode et l'électrolyte et, d'autre part, en utilisant une cathode composite LSM + YSZ (figure 10.22). Les développements récents portent sur la troisième génération de cellules, avec comme cible une température de fonctionnement de 700 °C. Dans ce cas, la limitation provient de la cathode LSM et nécessite un changement de matériau. Un des meilleurs candidats est le composé LSCF (*cf.* § 10.4.2) mais il présente l'inconvénient de réagir avec l'électrolyte 8YSZ. Ce problème a été résolu en interposant une couche barrière en cérine substituée avec laquelle il ne réagit pas (figure 10.22). D'autres matériaux de cathode sont envisageables à cette température mais ils présentent aussi des contraintes de stabilité thermochimique.

Procédés d'élaboration

Il faut noter que le développement de matériaux constitue un levier majeur pour améliorer la performance. Toutefois, leur mise en œuvre dans les cellules joue un rôle tout aussi important. À ce titre, la microstructure des électrodes ainsi que la qualité des interfaces entre les matériaux constitutifs de la cellule influencent au premier ordre la performance et la durabilité des cellules. Des efforts considérables ont été effectués au cours des dix dernières années pour optimiser les cellules SOFC.

Les cellules EVHT actuelles sont très similaires aux cellules SOFC et ont donc bénéficié de ces développements. Il est toutefois possible que le fonctionnement en mode EVHT nécessite des microstructures ou des architectures sensiblement différentes, du fait, en particulier, de la présence de fortes teneurs en vapeur d'eau du côté de l'électrode à hydrogène, ainsi que du dégagement d'oxygène sur l'autre électrode. Ces développements spécifiques en sont encore au stade préliminaire. Les procédés d'élaboration décrits ci-dessous sont ceux qui sont utilisés aussi bien pour les cellules SOFC que pour les cellules EVHT.

Élaboration du substrat

La technologie d'élaboration du support (électrolyte dense ou électrode poreuse) la plus répandue au niveau laboratoire comme à l'échelle industrielle emprunte aux techniques céramiques dites par voie humide pour des raisons de simplicité et de coût. À partir d'un mélange de poudres, d'un solvant, éventuellement aqueux, et d'additifs (de type dispersants, liants, plastifiants), on obtient une suspension nommée barbotine. Le principe du coulage en bande consiste à former une bande crue en coulant cette barbotine sur un banc en contrôlant son épaisseur par la vitesse et la hauteur du couteau. Une fois la bande séchée (élimination du solvant) et après découpage à la forme souhaitée, le traitement thermique de consolidation s'opère en deux phases : le déliantage, dans la gamme de température de 300-600 °C pour éliminer les additifs organiques, puis le frittage (1 550 °C pour YSZ) qui conduit à la densification du support de cellule et lui confère sa tenue mécanique. Par la technique de coulage en bande, les épaisseurs obtenues sont généralement supérieures à 80 µm mais des équipements spécifiques permettent d'atteindre la gamme 5-10 µm en routine. Cette technique est parfaitement adaptée à la préparation de cellules planes.

Pour les cellules non planes le pistolettage de barbotine est également envisageable comme procédé d'application de couches, bien que difficile à contrôler. Depuis près de vingt ans, la technologie de projection thermique permet de réaliser des dépôts épais d'électrodes de pile à combustible à partir de poudres injectées dans une flamme ou un plasma. Les poudres sont accélérées et partiellement ou totalement fondues dans la flamme ou le plasma ; le flux de poudres fondues (gouttelettes) vient s'écraser sur un support où les gouttelettes se solidifient rapidement en formant ainsi un dépôt. Cependant, pour la mise en forme de cellules à géométrie tubulaire, la méthode d'extrusion appliquée à une pâte (suspension très chargée en solide) représente à ce jour la technique la mieux adaptée.

Élaboration des couches minces

Des couches qualifiées de minces, d'une épaisseur variant de plusieurs micromètres à quelques dizaines de micromètres au maximum, peuvent constituer l'électrolyte ou les électrodes, selon les géométries présentées précédemment, mais aussi les couches barrières ou les couches collectrices. Elles sont élaborées par différentes techniques, dont les principales sont les techniques de dépôt par voie humide et les méthodes de dépôt par voie sèche (techniques de dépôt physique PVB et chimique CVD, et dérivées) et enfin le sol-gel.

Appartenant à la famille des techniques par voie humide, la sérigraphie est particulièrement adaptée pour réaliser des couches minces à partir de 3-5 µm. La sérigraphie est une méthode d'impression qui force le passage d'une suspension (nommée « encre » dans ce cas) au travers d'une grille appelée masque. De la sorte, une quantité calibrée de matière est ainsi déposée. Le contrôle de paramètres critiques comme la viscosité et le taux de matière sèche permet de régler la porosité/densité de la couche une fois consolidée. La figure 10.19 représente une électrode à oxygène en LSM déposée sur un électrolyte support. Cette anode se décompose en deux couches distinctes : la couche fonctionnelle, siège des réactions électrochimiques, et la couche collectrice de courant. Chacune de ces couches est à son tour composée de couches élémentaires d'épaisseur d'environ 4 µm déposées par sérigraphie. Finalement, une architecture complexe d'électrode est réalisable en intégrant des sous-couches (fonctionnelles, collectrices, barrières) ainsi que des gradients de composition indispensables notamment pour accommoder les différences de coefficient d'expansion thermique. La mise en place d'une architecture optimisée au niveau de l'électrode permet d'obtenir les propriétés intrinsèques des matériaux qui la constituent. La maîtrise technologique de cette architecture est le moyen principal pour augmenter les performances attendues des électrodes et, par voie de conséquence, celles du cœur de cellule.

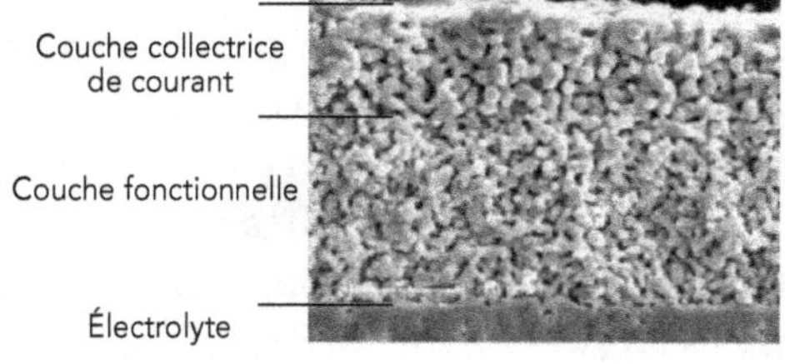

Figure 10.19 – Microstructure des couches collectrice et fonctionnelle d'une électrode à oxygène en LSM, déposées par sérigraphie sur un électrolyte support

Statut actuel de la technologie

Pour permettre le déploiement de la technologie EVHT, trois propriétés principales doivent être obtenues simultanément : performance, durabilité et coût.

Le fonctionnement à haute température conduit à des performances élevées, et aujourd'hui ce n'est plus ce point qui est pénalisant. Ainsi, pour des cellules à électrode-support, des performances de l'ordre de -1 A/cm^2 (signe moins pour signifier le fonctionnement en mode électrolyse) pour des tensions de 1,3 V sont obtenues à 800 °C pour des cellules de type Ni-YSZ/YSZ/LSCF. Ce niveau de performance a été obtenu à la fois à l'échelle d'une cellule et à celle d'un empilement.

Les études de durabilité en EVHT sont moins nombreuses qu'en SOFC mais, au cours des dernières années, plusieurs essais de durabilité sur mono-cellules SRU ou *stacks* ont été conduits, avec, généralement, des durées de 1 000 heures ; toutefois, quelques essais de plusieurs milliers d'heures ont été réalisés. Les meilleurs taux de dégradation se situent entre 1,5 et 2 %/1 000 heures Ce niveau de dégradation est prometteur mais plus élevé comparativement à celui obtenu en SOFC et supérieur à la cible de 1 %/1 000 heures Il faut cependant noter que le gain en termes de durabilité a été rapide.

Enjeux actuels de l'EVHT

Durabilité et coût

La dégradation des performances se définit comme une diminution du rendement de production d'hydrogène en mode EVHT. Les études de durabilité étant assez récentes, les mécanismes de dégradation sont encore des sujets d'étude, mais il semble possible en première approche de transposer les conclusions obtenues en SOFC aux EVHT. Les sources de dégradation (classées sur la figure 10.20 par composants) identifiées en SOFC et potentiellement applicables aux EVHT sont nombreuses. Selon les cas, cette dégradation peut être soit graduelle, plus ou moins marquée, soit brutale, et dans ce cas, elle conduit souvent à l'arrêt du système. Par exemple, la coalescence des grains de nickel dans le cermet nickel-zircone conduit à une dégradation graduelle, alors que la fissuration de l'électrolyte conduit à la ruine du système.

Certaines sources de dégradation sont d'origine physico-chimique, liées à la stabilité des matériaux eux-mêmes ou à l'interaction des matériaux entre eux ou avec le milieu oxydant ou réducteur en présence. D'autres sont d'ordre mécanique et peuvent provenir de sollicitations trop importantes des matériaux par rapport à leur résistance mécanique, soit en régime de fonctionnement nominal, soit en régime incidentel (transitoire de température, coupure des gaz...). Enfin, il peut exister une synergie entre les mécanismes de dégradation physico-chimique et mécanique : par exemple, la ré-oxydation de l'électrode à hydrogène peut générer des contraintes importantes dans l'électrolyte et provoquer sa fissuration.

Certains paramètres de fonctionnement influent fortement sur ces mécanismes de dégradation. Des études ont été menées sur les SOFC pour mettre en évidence les facteurs-clés. L'effet de la température est particulièrement déterminant, la plupart des sources de dégradation physico-chimique présentées sur la figure 10.20 étant thermiquement activées (par exemple : l'oxydation des plaques d'interconnexion, l'évaporation du chrome, la coalescence du nickel, la réactivité...). La densité de courant appliquée à la cellule est également un facteur du premier ordre. Des études en cours en mode EVHT confirment l'effet de ce paramètre.

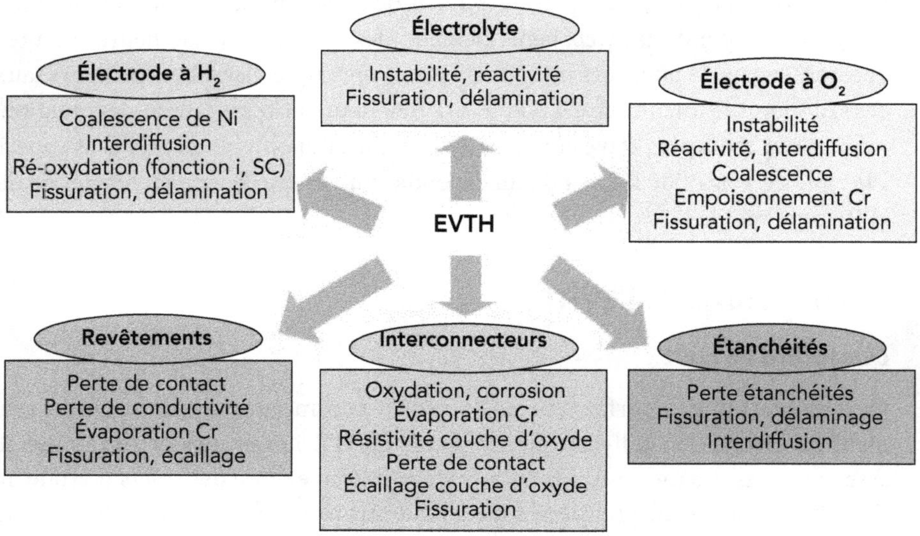

Figure 10.20 – Principales sources de dégradation des EVHT, transposées des études SOFC (i représente la densité de courant, SC signifie taux de conversion de la vapeur)

Solutions proposées

Dans une logique d'allongement de la durée de vie des EVHT (une durée de vie de trois ans est requise), la première solution envisagée est l'abaissement de la température de fonctionnement. Une température de 650 °C à 700 °C constitue un bon compromis : à cette température, les mécanismes de dégradation sont ralentis et les propriétés des matériaux céramiques (conductivité, propriétés électro-catalytiques notamment) restent suffisantes. Des travaux de recherches visent même à diminuer encore la température jusqu'à 600 °C. Dans ce cadre, les solutions proposées sont de deux types : le développement de nouveaux matériaux et de nouvelles architectures.

Nouveaux matériaux

Afin de pallier une baisse de la conductivité ionique de l'électrolyte et une cinétique plus lente des réactions électrochimiques à plus basse température, des recherches intensives sont effectuées pour proposer de nouveaux matériaux (électrolyte et électrodes). Un résumé des développements correspondants actuels est proposé dans la partie *piles à combustible* (*cf.* § 10.4.2). On se bornera ici à mentionner l'étude récente de matériaux à conduction mixte ionique et électronique appartenant à la famille des nickelates, en cours de développement et de qualification pour un fonctionnement en EVHT. Il s'agit de la famille $A_2NiO_{4+\delta}$, avec A = La, Pr ou Nd, développée par le CNRS (ICMCB-Bordeaux) en collaboration avec EDF et le CEA, qui semble particulièrement prometteuse. Ainsi, une cellule contenant ce nickelate à la place de LSM conduit à des performances d'électrolyse supérieures d'un facteur 2 à 850 °C et d'un facteur 4 à 750 °C (figure 10.21).

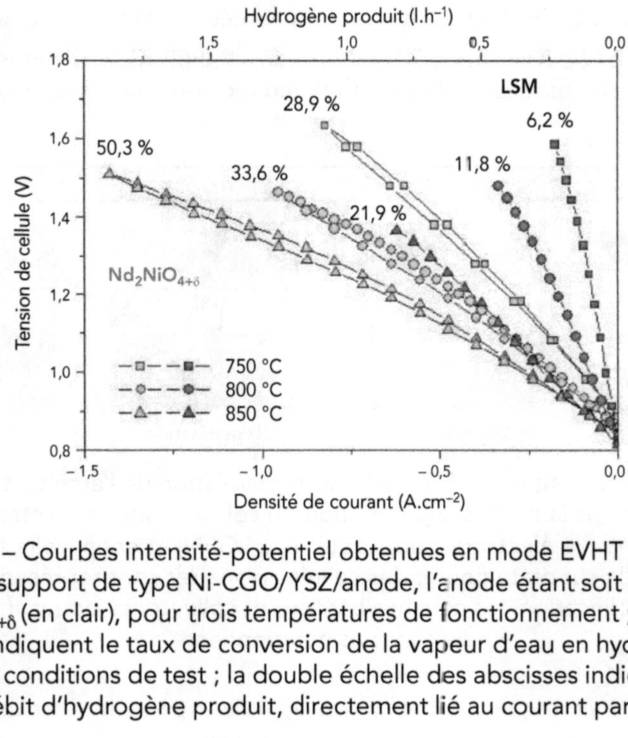

Figure 10.21 – Courbes intensité-potentiel obtenues en mode EVHT sur des cellules à électrolyte support de type Ni-CGO/YSZ/anode, l'anode étant soit LSM (en foncé), soit $Nd_2NiO_{4+\delta}$ (en clair), pour trois températures de fonctionnement ; les chiffres sur les courbes indiquent le taux de conversion de la vapeur d'eau en hydrogène mis en œuvre dans les conditions de test ; la double échelle des abscisses indique la densité de courant et le débit d'hydrogène produit, directement lié au courant par la loi de Faraday

Nouvelles architectures

Pour un fonctionnement à basse température (environ 700 °C, voire moins) et afin de diminuer les coûts, une nouvelle architecture dite « à métal support » est en cours de développement pour les applications SOFC ; toutefois, son utilisation en mode EVHT est envisageable et des projets sont en cours. Les développements concernent à la fois les cellules planaires ou tubulaires.

Dans cette architecture, le support mécanique de la cellule n'est plus l'une des couches céramiques (électrode ou électrolyte, figures 10.22, 1re à 3e GEN) mais un poreux métallique (figure 10.22, 4e GEN). Cette architecture est susceptible d'apporter de nombreux avantages par rapport aux générations antérieures de cellules de type « électrolyte-support » ou « électrode-support » présentées précédemment.

Les quantités de matières céramiques, les plus coûteuses, sont ainsi réduites au maximum ; en outre, les performances doivent rester excellentes car l'épaisseur de l'électrolyte, le composant le plus résistif, est faible (< 20 μm). L'électrode à hydrogène étant plus mince (30-80 μm) qu'en concept électrode-support, elle sera moins sensible à la dégradation par cyclage « redox ». Le support métallique, très bon conducteur thermique et électrique, devrait permettre d'éviter tout écart de température dans le plan de la cellule et assurer aussi un bon collectage du courant. La résistance aux cycles thermiques sera améliorée par la bonne tenue mécanique et la bonne distribution de température. Enfin, le support mécanique est très facile à souder ou à raccorder aux plaques d'interconnexion pour réaliser des empilements.

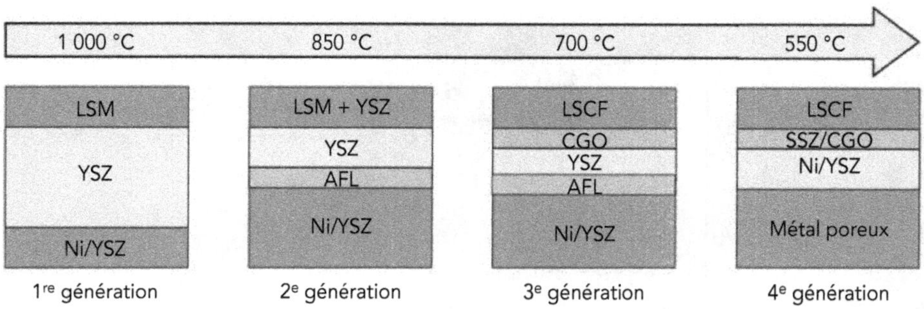

Figure 10.22 – Représentation schématique de l'évolution de l'architecture des cellules céramiques, depuis la première génération de cellules, dites à électrolyte support (1re GEN), la seconde, à électrode support (2e et 3e GEN) et enfin, celle à métal support (4e GEN) ; sur cette figure, des cellules planaires sont représentées ; à des fins de simplification, les couches barrière et collectrices pouvant être présentes ne sont pas mentionnées

Le support métallique envisagé a une épaisseur pouvant aller de 100-200 μm à 2 mm. Il doit être poreux pour assurer la distribution du gaz combustible jusqu'à l'électrode. Les alliages Fe-Cr constituent les solutions de choix car leur coefficient d'expansion thermique est compatible avec celui des matériaux céramiques ; la plupart des études se focalisent donc sur cette famille de matériaux.

Cette architecture présente de nombreux avantages, mais certaines difficultés restent cependant à surmonter. La principale concerne le dépôt et l'assemblage des couches céramiques sur le support métallique. En effet, les matériaux céramiques classiques nécessitent des températures de frittage élevées (> 1 200 °C le plus souvent) qui ne sont pas compatibles avec la tenue à chaud du poreux métallique. Des travaux sont en cours pour trouver des solutions alternatives, telles que la technologie plasma, qui évite toute étape de frittage (travaux réalisés au DLR en Allemagne) ou le recours à des infiltrations (travaux LBNL aux États-Unis) ou encore l'utilisation d'électrolyte à base de cérine dopée (développements de la PME Ceres Power au Royaume-Uni), l'objectif étant alors de diminuer la température de frittage. Cette architecture de cellule est encore en voie de développement, mais la communauté SOFC s'accorde pour la considérer comme la véritable architecture d'avenir ; de nombreuses équipes en Europe et dans le monde travaillent sur ce sujet (projets européens METSOFC et RAMSES notamment, projets nationaux CERAMET et PEREN). Des premiers essais en mode EVHT ont également été réalisés.

Aspects industriels

Le déploiement de l'EVHT comme procédé de production massive d'hydrogène va nécessiter le développement d'usines de fabrication de cellules de taille plus conséquente que celles qui existent actuellement pour le marché des SOFC. Ainsi, une usine destinée à produire massivement de l'hydrogène va nécessiter plusieurs millions de cellules céramiques. À ce titre, des actions relatives à la mise en œuvre de procédés respectueux de l'environnement sont engagées, notamment par le recours à des solvants aqueux plutôt qu'organiques, afin de simplifier le traitement des effluents. Le coût et la disponibilité des matières premières sont également étudiés compte tenu des quantités nécessaires. Il serait en effet délicat d'avoir besoin dans les cellules d'éléments chimiques dont les ressources sont limitées ou difficilement accessibles. Des actions sont également nécessaires pour diminuer la mise au mille, qui représente la quantité de matières premières nécessaire à l'obtention de 1 000 kg de produit final. La mise au mille, qui peut être nettement supérieure à 1 000, doit être abaissée au maximum.

Une fiabilisation des procédés de fabrication est également nécessaire, pour diminuer le taux de rebus et ainsi diminuer les coûts de production. Cette démarche est déjà en cours chez les fabricants de cellules SOFC et devra se poursuivre pour la fabrication de cellules EVHT. Le développement de contrôles non destructifs adaptés à une évaluation en ligne des cellules doit être poursuivi.

Afin de maximiser la production d'hydrogène par cellule, la première solution consisterait à augmenter leur taille. Toutefois, les cellules étant majoritairement constituées de céramiques, leur tenue mécanique est un critère important à prendre en compte. L'expérience des fabricants de cellules montre qu'il existe un optimum en termes de taille, au-dessus de laquelle le taux de rebus est trop important. Des tailles de cellules de 550 cm^2 sont par exemple intégrées en *stack* chez Versa Power Systems au Canada et ont montré de bonnes performances en mode SOFC. La taille utilisée par les fabricants de *stacks* diffère selon le procédé et la puissance visée pour l'empilement. Il est évident que pour des empilements de forte puissance, comme cela sera le cas pour les EVHT, les cellules les plus grandes possibles seront préférables afin de minimiser le nombre de *stacks*, et donc le coût d'investissement, avec la notion d'optimum à trouver comme mentionné ci-dessus. L'empilement d'un grand nombre de cellules constitue également un challenge technologique. Là encore, un optimum existe, fonction du design de l'empilement et de la géométrie (taille et épaisseur notamment) de ses constituants. Il convient donc de déterminer la meilleure stratégie d'assemblage des cellules en *stacks* et des *stacks* entre eux pour construire l'usine de production d'hydrogène. Des études sont en cours à ce sujet aux États-Unis et en France, notamment.

Le rendement du procédé de production d'hydrogène étant un point clé dans le prix final de l'hydrogène produit, les différentes voies permettant de l'augmenter doivent être évaluées. Parmi elles, le fonctionnement sous pression est l'une des possibilités envisagées et fait l'objet d'un programme de recherche national français. Alors que la plupart des SOFC, comme les premiers EVHT, fonctionnent à pression atmosphérique, l'EVHT sous pression présente un intérêt, dans la mesure où la source de vapeur peut être sous pression (si c'est une source nucléaire notamment). Comme pour être stocké, l'hydrogène en sortie d'EVHT doit être sous pression, il devient alors avantageux de faire fonctionner l'EVHT sous pression. Le rendement du procédé global s'en trouve amélioré, même si un conditionnement des installations et un surinvestissement sont nécessaires. De plus, quelques résultats expérimentaux indiquent que les performances des cellules peuvent être améliorées par la pression. Si l'effet sur l'électrode à oxygène a été montré soit en SOFC, soit plus récemment en EVHT, les travaux sur la réponse côté hydrogène (cermet Ni-YSZ) sont bien moins documentés. Par ailleurs, pour que ce point de fonctionnement soit intéressant, il convient, d'une part, que l'augmentation de performances des électrodes fournisse un gain supérieur à la perte énergétique due à l'augmentation globale de l'enthalpie de réaction (+0,1 V à 30 bar) et, d'autre part, qu'elle ne s'accompagne pas d'une augmentation forte de la dégradation, les réactions chimiques étant elles aussi favorisées par l'augmentation de la pression partielle des réactifs. Sur le premier point, le gain en performance de plus de 10 % observé sur cellule complète SOFC en passant de 1 à 6 atm est encourageant.

Perspectives

Comme mentionné précédemment, le niveau de performance obtenu sur les EVHT est conforme à ce qui est visé. En revanche, les aspects durabilité et coût restent encore à l'heure actuelle des enjeux majeurs. Toutefois, les gains rapides en termes de durabilité, ainsi que les taux de dégradation obtenus, de plus en plus proches des objectifs visés, sont prometteurs. Ces résultats techniques, associés à un souci de diminution des coûts de fabrication des EVHT, sont de nature à permettre d'abaisser le coût de production d'hydrogène. Un coût d'hydrogène bas, associé à l'absence d'émissions de gaz à effet de serre pour cette technologie, positionne la technologie EVHT comme une solution particulièrement adaptée pour la production massive d'hydrogène.

Cette technologie offre en outre d'autres possibilités que les technologies d'électrolyse PEM et alcaline n'autorisent pas. En effet, les EVHT, s'appuyant sur une technologie très proche de celle des piles à combustible SOFC, peuvent fonctionner de manière inversable. Ainsi, cette technologie peut être intégrée à la problématique du stockage de l'électricité. Il apparaît en effet intéressant de pouvoir stocker l'électricité produite en surplus quand la demande est inférieure à l'offre et de pouvoir la restituer dans le cas inverse. Cette problématique est encore plus critique dans des territoires isolés. L'hydrogène peut alors être un des vecteurs de stockage, complémentaire des batteries, selon la quantité d'électricité à stocker et la période visée pour le stockage. Ce stockage, *via* le vecteur hydrogène, se fait en utilisant cette électricité pour produire de l'hydrogène, le stocker puis le reconvertir en électricité dans une pile à combustible de puissance suivant la demande. L'intégration dans une chaîne de ce type d'un système pouvant fonctionner en mode EVHT/SOFC réversible est particulièrement intéressant, car la fonction électrolyseur et la fonction pile sont assurées par le même objet, diminuant le coût d'investissement par rapport aux technologies PEM ou alcalines qui nécessitent deux objets distincts. On notera toutefois que la présence d'une source de chaleur ou de vapeur d'eau s'avère nécessaire pour cette option. Dans le cas contraire, on se tournera plutôt vers des électrolyseurs à basse température.

Grâce au fonctionnement à haute température, les électrolyseurs permettent d'électrolyser de la vapeur d'eau, mais peuvent aussi électrolyser du CO_2, ainsi que des mélanges H_2O/CO_2 en proportions variables. Dans ce dernier cas, le produit de la réaction d'électrolyse est un mélange H_2/CO, appelé « gaz de synthèse », qui peut être ensuite transformé en hydrocarbures plus ou moins complexes, allant du méthane de synthèse au carburant liquide de synthèse. Le procédé EVHT permet donc de recycler et de valoriser CO_2, contrairement aux électrolyseurs à basse température. Ce mode de fonctionnement des EVHT représente une option très intéressante compte tenu du contexte climatique et énergétique. Il pourrait même se développer plus rapidement que la filière de production d'hydrogène, en raison de l'horizon de temps plus rapproché pour les hydrocarbures de synthèse, portés par la problématique du transport. En effet, il peut bénéficier des infrastructures de distribution existantes et ne nécessite pas la mise en place préalable d'une infrastructure spécifique à l'hydrogène.

10.4.2 Piles à combustible à membrane céramique de type SOFC ou PCFC

Introduction

Les piles à combustible à électrolyte solide, fonctionnant à haute température, sont de deux types : SOFC (*Solid Oxide Fuel Cell*) et PCFC (*Protonic Ceramic Fuel Cell*).

Elles se distinguent par le type de conduction, anionique (O^{2-}) pour la première, ou protonique (H^+) pour la seconde. Les températures de fonctionnement diffèrent aussi sensiblement, la pile PCFC travaillant à plus basse température (entre 400 et 600 °C) que la pile SOFC (650-1 000 °C). Par ailleurs le niveau de maturité de la recherche est à ce jour bien plus proche du développement pour la pile SOFC.

Ces piles constituent des dispositifs de production d'énergie très performants. Elles permettent de combiner à la fois la production d'électricité et de chaleur (cogénération), ce qui les rend particulièrement attrayantes pour des applications stationnaires et/ou résidentielles (dCHP : *domestic Combined Heat and Power*), ou pour des unités de puissance auxiliaires de type APU (*Auxiliary Power Unit*). La dernière décennie du XXIe siècle a permis de réaliser des avancées majeures dans le développement de prototypes de SOFC ou de PCFC ; malgré tout, les nombreux verrous technologiques déjà détaillés (performances, durabilité et coût du système, *cf.* § 10.4.1) freinent encore l'essor d'un marché dont la viabilité est prévue à l'horizon 2015.

Piles SOFC

La particularité de la pile SOFC est de fonctionner à température élevée. Cette température est nécessaire pour l'activation du transport des ions oxygène (dans l'électrolyte, voire dans les électrodes selon les cas) et celle des réactions aux électrodes : il s'agit donc ici de la réduction de l'oxygène à l'électrode à oxygène (cathode) et de l'oxydation de l'hydrogène à l'électrode à combustible (anode). La diminution de la température de fonctionnement peut permettre d'augmenter la durée de vie des SOFC, tout en faisant baisser fortement les coûts de production par l'emploi d'alliages métalliques comme plaque bipolaire à la place de céramiques onéreuses.

L'un des avantages de la pile SOFC est d'accepter plusieurs sortes de combustibles, en particulier le gaz de synthèse (H_2/CO ou *syngas*) produit par le reformage du méthane. La conversion du méthane en *syngas* peut être réalisée directement au niveau de la cellule (reformage interne) ou en amont de la cellule (reformage externe). Deux réactions principales sont mises en jeu successivement ou simultanément dans ce processus, si la température est suffisante :

$$\text{le reformage à la vapeur : } CH_4 + H_2O \rightarrow CO + 3H_2 \qquad (4)$$

$$\text{la réaction de gaz à l'eau : } CO + H_2O \rightarrow CO_2 + H_2 \qquad (5)$$

Piles PCFC

Les piles à combustible PCFC, utilisant un électrolyte oxyde conducteur protonique, pourraient s'avérer très adaptées à une gamme de température intermédiaire (400-600 °C). Dans ce cas, les réactions aux électrodes deviennent :

$$2H^+ + 1/2O_2 + 2e^- \rightarrow H_2O \text{ à l'électrode à oxygène} \qquad (1')$$

et

$$H_2 \rightarrow 2H^+ + 2e^- \text{ à l'électrode à combustible} \quad (2')$$

La réaction-bilan est identique au cas de la pile SOFC. On note également sur certains électrolytes de ce type une conduction mixte protonique et anionique (oxygène), qui devient prépondérante à température plus élevée (750-800 °C). Un bon niveau de performances des matériaux conducteurs protoniques nécessite un fonctionnement sous hydrogène humide et sous oxygène (ou air) humide, afin de favoriser la formation et augmenter la concentration en défauts protoniques, et par suite la conductivité protonique. La technologie PCFC peut permettre de s'affranchir de plusieurs verrous observés à plus haute température en SOFC :

1. l'utilisation d'interconnecteurs métalliques devient grandement facilitée, y compris pour le développement de cellules dites de quatrième génération (figure 10.22) ; une conséquence est la réduction importante du coût de fabrication ;
2. la formation d'eau se fait à la cathode : il n'y a donc pas de dilution du combustible à l'anode, comme c'est le cas pour les électrolytes à conduction par ions O^{2-}.

Toutefois, le mélange d'eau et d'oxygène est extrêmement corrosif, avec une vitesse de corrosion 3 à 4 fois plus élevée qu'en oxydation sèche. Par ailleurs, la présence d'eau à la cathode augmente significativement les surtensions de concentration associées à cette électrode. De plus, des problèmes demeurent quant à la stabilité des matériaux en environnement réducteur et en présence de CO_2. Enfin, les électrodes adaptées à ces électrolytes ainsi que les interfaces associées doivent encore faire l'objet d'optimisations majeures.

Choix des matériaux pour SOFC

La pression partielle d'oxygène à laquelle est soumis le matériau céramique, a un rôle déterminant sur le type de conduction, électronique, ionique ou mixte électronique/ionique, et sur la stabilité du matériau dans le temps. Ainsi, on choisira des matériaux différents pour la cathode (fonctionnement en milieu oxydant) et pour l'anode (fonctionnement en milieu réducteur). De ce point de vue, le matériau d'électrolyte, qui assure la jonction entre la cathode et l'anode, devra présenter de bonnes propriétés de conduction ionique à la fois en milieu oxydant et en milieu réducteur.

Matériaux d'électrolyte

La céramique utilisée comme électrolyte doit être un conducteur ionique pur pour les ions oxygène. La zircone stabilisée est le matériau qui a été le plus étudié et le plus utilisé. L'oxyde de zirconium (ZrO_2) de structure cubique est de type fluorine. Cette variété allotropique se forme à très haute température mais peut, toutefois, être stabilisée à basse température par l'ajout d'un cation hétéro-valent. Le zirconium reste à l'état de valence 4 dans une large gamme de pressions partielles d'oxygène, ce qui procure une grande stabilité à cette structure. La propriété de conduction ionique traduit la propension des ions O^{2-} à se mouvoir aisément ; ceci requiert la présence de lacunes d'oxygène qui sont naturellement présentes par effet thermique mais dont la concentration peut être fortement augmentée par substitution d'une partie des cations Zr^{4+} par des cations de valence inférieure (Sc^{3+}, Y^{3+}, Ca^{2+}...). Les ions O^{2-} se déplacent alors facilement dans l'édifice cristallin sous l'effet d'un gradient de potentiel électrochimique entre la cathode et l'anode. La conductivité ionique par ions oxygène (il est plus commode de considérer que la conductivité ionique est assurée, dans ce cas, par les lacunes d'oxygène qui sont aussi des porteurs de charges. Une lacune d'oxygène $V_O^{\bullet\bullet}$ est en effet porteuse de deux charges positives) est activée par la température ; elle atteint 10^{-1} S · cm^{-1} au-dessus de 900 °C pour la zircone stabilisée à 8 % d'yttrium (8YSZ). Toutefois, elle diminue fortement en dessous de 900 °C, ce qui constitue le principal inconvénient de ce matériau d'électrolyte dans les technologies SOFC. Une substitution du zirconium par 3 % d'yttrium (3YSZ) induit une conductivité ionique inférieure mais une meilleure résistance mécanique. La substitution par le scandium permet d'atteindre des conductivités plus élevées mais cet élément est beaucoup moins abondant et plus onéreux que l'yttrium. D'autres composés céramiques cristallins peuvent être envisagés. L'oxyde de cérium (CeO_2) substitué par du gadolinium, de l'yttrium ou du samarium présente, comme la zircone yttriée, une structure cubique stable et affiche une conductivité ionique plus élevée que 8YSZ. Il est toutefois moins facile à utiliser à cause des deux états de valence Ce^{3+} et Ce^{4+} de l'atome de cérium : sous atmosphère réductrice, l'apparition de Ce^{3+} génère une conduction de type électronique, incompatible avec le fonctionnement de l'électrolyte. De plus, la réduction de Ce^{4+} en Ce^{3+} engendre un gonflement de la maille qui a un effet direct sur le coefficient d'expansion thermique du matériau et peut provoquer l'apparition de fissures dans l'électrolyte. Cependant, l'oxyde de cérium stabilisé par le gadolinium ou l'yttrium (GDC et YDC, respectivement) peut être utilisé comme électrolyte en dessous de 550 °C.

Matériaux d'électrode à oxygène

Dans une cellule SOFC, la cathode doit assurer l'électro-catalyse de la réaction de réduction de l'oxygène gazeux en oxygène ionique. Le matériau de cathode doit avoir la capacité, d'une part, de conduire les électrons depuis le collecteur de courant vers les sites catalytiques de réduction de l'oxygène et, d'autre part, celle de transporter les ions oxygène vers l'électrolyte. Dans le cas d'un matériau de cathode, principalement conducteur électronique, la réduction de l'oxygène nécessite la présence de points triples dont le principe de fonctionnement est montré sur la figure 10.23a. L'oxygène de l'air est adsorbé à la surface du conducteur électronique et doit migrer vers le point de contact triple entre la phase gazeuse, le matériau de cathode et l'électrolyte. Dans ces conditions, l'activité de la cathode sera confinée à la zone d'interface avec l'électrolyte et pénalisera le rendement de la cellule. Il est donc préférable d'utiliser un véritable conducteur mixte électronique-ionique (ou MIEC pour *Mixed Ionic and Electronic Conductor*) qui permet de s'affranchir de la présence de tels points triples. La réduction de l'oxygène peut alors se produire en tout point de la surface entre la cathode et la phase gazeuse (figure 10.23b) ; les ions oxygène formés sont alors acheminés vers l'électrolyte par le seul matériau de cathode. Dans le cas d'un électrolyte à base de zircone, c'est la pérovskite $La_{1-x}Sr_xMnO_3$ (LSM) qui est le matériau de cathode de référence car elle présente une très bonne compatibilité avec la zircone et possède une bonne stabilité thermique au-dessus de 900 °C. Toutefois, lors du frittage de LSM, des températures de l'ordre de 1 150 °C ne doivent pas être dépassées, sous peine de faire réagir LSM avec YSZ et de voir apparaître des phases résistives de type pyrochlore aux interfaces. L'utilisation de ce matériau n'est cependant pas entièrement satisfaisante car la conduction ionique de LSM est très faible et sa conduction électronique diminue rapidement en dessous de 800 °C. Une solution est d'utiliser des composites LSM/YSZ mais le co-frittage est délicat pour des raisons évoquées plus haut. Comme alternative à LSM, deux types de composés de structure pérovskite ont été étudiés pour leurs propriétés de conduction mixte et de réduction électro-catalytique de l'oxygène. Tout d'abord, $Ln_{1,6}Sr_{0,4}Co_{1-y}Fe_yO_{3-\delta}$ (ou LSCF, dans lequel Ln = La, Sm, Nd, Gd, Dy) ; les matériaux les plus classiques correspondent à Ln = La et à $y = 0,8$ ou $y = 0$ (matériaux notés LSCF ou LSC respectivement), et permettent un fonctionnement à une température voisine de 700-750 °C. Par ailleurs, ceux appartenant à la solution solide $Ln_{1-x}A_xM_{1-y}Mn_yO_{3-\delta}$ (dans lequel Ln = La, Nd, Pr ; A = Ca, Sr ; M = un métal 3d autre que Mn). Il est à noter que ces matériaux présentent en général un coefficient d'expansion thermique plus élevé que celui de l'électrolyte. Des composés substitués par du nickel ($La_{1-x}Sr_xNi_{1-y}Fe_yO_{3-\delta}$, $LaNi_{1-y}Co_yO_{3-\delta}$, $LaNi_{1-y}Fe_yO_{3-\delta}$) ont également été considérés car ils affichent des coefficients d'expansion thermique plus faibles que les composés LSCF.

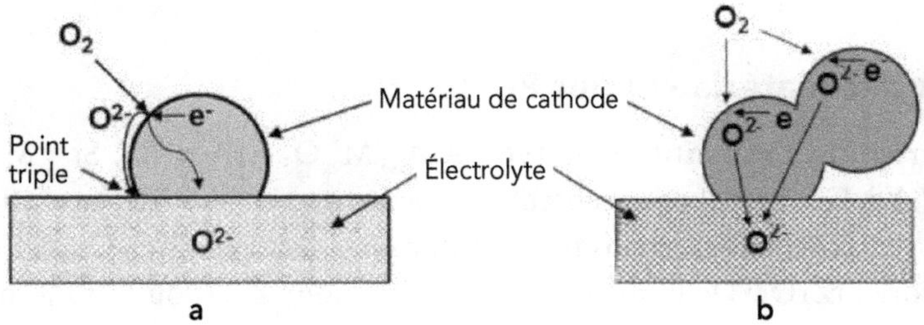

Figure 10.23 – Mécanisme de réduction de l'oxygène sur le matériau de cathode : (a) réduction au point triple avec un conducteur électronique ; (b) réduction sur toute la surface de la cathode avec un conducteur mixte électronique-ionique

Citons également $Ba_{1-y}Sr_yCo_{1-y}Fe_yO_{3-\delta}$ (BSCF) qui a été décrit comme conduisant à des performances très intéressantes lorsqu'il est associé à un électrolyte CGO.

Toutefois, ce composé présente un inconvénient majeur : il se décompose en présence de gaz carbonique à cause de la carbonatation du baryum.

Matériaux d'électrode à combustible

Les études sur les matériaux d'anode sont beaucoup moins nombreuses que celles relatives à la cathode. Les composites céramique-métal (cermet) et, en particulier, Ni-YSZ, se sont très vite révélé des matériaux d'anode très bien adaptés. La phase métallique (Ni, Cu) joue le rôle de conducteur électronique et de catalyseur d'oxydation du combustible. La conduction électronique de l'anode est obtenue par percolation de la phase métallique dans le composite qui peut se produire dès 30 % en volume si les grains sont sphériques. La conduction des ions oxygène est assurée par la phase céramique en général de même composition que celle de l'électrolyte (YSZ, CGO) afin d'ajuster au mieux les coefficients d'expansion thermique. Une porosité ouverte de 20 à 40 vol · % dans l'électrode est nécessaire en fonctionnement. Enfin, une couche de nickel est souvent présente à la surface de l'électrode, pour un bon collectage du courant.

Le nickel a été le métal le plus utilisé jusqu'à présent pour la fabrication d'anodes mais son usage devient problématique dans le cas où la cellule est alimentée directement par du gaz naturel ou par du gaz de synthèse provenant d'un reformeur : le nickel étant un excellent catalyseur de la réaction de craquage d'hydrocarbures, il peut être le siège d'un dépôt de carbone sur les surfaces internes de l'anode, si la température de fonctionnement est inférieure à 700 °C, et ainsi fortement altérer le fonctionnement de la cellule. Les matériaux d'anode envisagés pour remplacer les cermets sont basés principalement sur des matériaux à conduction mixte et de structure pérovskite comme $La_{1-x}Sr_xTiO_{3+\delta}$ ou $La_{1-x}Sr_xCr_{1-y}M_yO_{3-\delta}$ (M = Mn, Fe, Co ou Ni). Toutefois, des études sont encore nécessaires pour faire de ces composés des alternatives crédibles aux cermets, en termes de performances notamment.

Choix des matériaux pour PCFC

Les perovskites substituées de type $AM_{1-x}M'_xO_{3-\delta}$ (A = Ba, Sr ; M = Ce, Zr et M' = Y, Yd, Gd, In, Sc) représentent la majeure partie des matériaux étudiés comme *électrolytes* conducteurs protoniques. Citons par exemple : $SrCeO_3$, $BaCeO_3$, $CaZrO_3$ ou encore $SrZrO_3$. De la même manière que pour ZrO_2 ou CeO_2, on cherchera à augmenter la concentration en lacunes d'oxygène par une substitution cationique hétérovalente, ici sur le site M. Bien que très étudiées, les perovskites de type cérate de baryum ont une mauvaise stabilité sous des atmosphères contenant du dioxyde de carbone, ce qui conduit à la formation quasi instantanée de carbonate de baryum. Leur conductivité est proche de 10^{-2} S · cm^{-1} à 600 °C. Les zirconates de baryum, de symétrie cubique, ont une conductivité plus élevée que celles des cérates (~ 10^{-1} S · cm^{-1} à 600 °C) mais leur mise en forme reste difficile et nécessite des températures de frittage très élevées (T > 1 600 °C). De plus, la conductivité des joints de grains est très faible ; la sublimation de l'oxyde de baryum lors de la mise en forme à haute température et la sous-stœchiométrie cationique qui en résulte, en sont à l'origine. La conductivité (cœur et joints de grains) des zirconates est donc finalement plus faible que celle des cérates. L'une des voies d'amélioration consiste à identifier, au sein de la solution solide $BaZrO_3$ – $BaCeO_3$, le meilleur compromis conductivité/stabilité chimique. Les valeurs de conductivité visées sont de l'ordre de 10^{-3} S · cm^{-1} à 400 °C.

Les matériaux envisagés comme électrodes à combustible de pile PCFC doivent présenter une conductivité totale, protonique et électronique, élevée ainsi qu'une bonne activité électro-catalytique vis-à-vis de l'oxydation du combustible. Très peu d'études électrochimiques concernent ces matériaux d'anode : de manière symétrique aux études relatives aux SOFC, l'utilisation d'un cermet céramique conductrice protonique/métal conducteur (Ni, Cu) constitue la solution la plus souvent retenue. Notons que des travaux sur des matériaux d'anodes conducteur mixte protonique/électronique sont en cours.

Améliorer le fonctionnement de l'électrode à oxygène est l'un des problèmes majeurs à résoudre, car cette électrode est le siège de fortes surtensions de concentration en raison de la formation de l'eau. Pour diminuer ces surtensions qui représentent la principale perte électrique de la pile, il s'agit de contrôler la microstructure poreuse. Pour améliorer performances et durabilité, il convient d'améliorer les cinétiques de réaction, donc la mobilité des espèces qui réagissent et celle des produits de réaction, c'est-à-dire l'arrivée de l'oxygène et le départ de l'eau, en dimensionnant le réseau de pores. Parmi les études sur les matériaux de cathode de piles PCFC, beaucoup mentionnent des mesures en piles complètes dont il est difficile d'extraire les performances intrinsèques de la cathode. Étant donné la présence de trois types de conduction potentielle dans ces matériaux (H^+, e^- et O^{2-}), de nombreuses combinaisons ont été étudiées, à savoir 1) des matériaux conducteurs mixtes O^{2-}/e^- ; 2) des composites céramiques conductrices protonique H^+/conducteur mixte O^{2-}/e^- ; 3) des conducteurs mixtes H^+/e^- et enfin 4) des conducteurs mixtes « triples » $H^+/O^{2-}/e^-$. Il est à noter que l'hydrogène est dissous dans l'oxyde *via* la présence de vapeur d'eau, formant des espèces hydroxyles qui sont à l'origine de la diffusion des protons. Les propriétés d'hydratation des matériaux sont donc particulièrement étudiées. Selon les cas présentés ci-dessus, les mécanismes de réduction de l'oxygène ainsi que le lieu de formation de l'eau peuvent différer.

Les matériaux de cathode PCFC les plus étudiés actuellement sont de type perovskite simple (BSCF ou LSCF par exemple cités au § 10.4.2), double perovskite ($AA'B_2O_{5+\delta}$ (A = terre rare, A' = alcalin et B = métal de transition) comme $GdBaCo_2O_{5+\delta}$ par exemple), avec la possibilité de mises en ordre cationique et anionique, ou bien encore de type Ruddlesden-Popper ($A_{n+1}B_nO_{3n+1}$ comme $Ln_2NiO_{4+\delta}$ avec Ln = La, Pr, Nd par exemple, matériaux sur-stœchiométriques en oxygène).

Les valeurs de conductivité visées pour chacune des deux électrodes sont également de l'ordre de 100 S/cm entre 400 et 600 °C.

Aspect industriel

Dans le but de développer des densités de puissance élevées et modulables, la problématique au niveau industriel est d'assembler un nombre de cellules élémentaires variable. Bien que des géométries tubulaires aient été développées pour des unités de puissance importantes, c'est la configuration planaire qui reste la plus utilisée industriellement, principalement parce que c'est celle qui a le meilleur rendement. Précisons que les cellules SOFC commerciales les plus performantes fournissent une puissance nominale inférieure à 1 W/cm^2, ce qui signifie qu'une pile de 1 kW comprendra une surface de cellules supérieure à 0,1 m^2 et une pile de 100 kW une surface excédant les 10 m^2. L'enjeu industriel concerne donc la production de milliers de cellules, de plusieurs dizaines de centimètres carrés chacune, cellules qui sont des objets céramiques complexes, exigeant une grande fiabilité de production, et destinés à fonctionner plusieurs dizaines de milliers d'heures.

Dans ce contexte, et malgré les études réalisées sur de nombreux matériaux céramiques alternatifs, les piles SOFC fabriquées actuellement au niveau industriel utilisent le plus souvent un électrolyte en zircone stabilisée à 8 % d'yttrium (8YSZ), associé au cermet Ni-YSZ comme matériau d'anode et à LSCF comme matériau de cathode. Même s'il existe des matériaux ponctuellement plus performants au niveau électrochimique, l'association de ces trois matériaux conduit à une fiabilité et à une durabilité des systèmes encore inégalées.

L'état de la technologie SOFC n'est pas figé pour autant ; il a évolué sensiblement au cours des dernières années grâce à des programmes de R & D importants menés par des acteurs institutionnels et/ou industriels. Rappelons la figure 10.22 qui montre l'évolution de l'architecture des cellules qui ont été ou seront développées au plan industriel : on constate que ce ne sont pas des technologies de rupture qui ont été retenues mais que la démarche a plutôt été incrémentale, consistant à améliorer progressivement un produit de base en minimisant les risques. La principale motivation de cette démarche est l'amélioration de la durée de vie des cellules par la diminution de leur température de fonctionnement. En effet, les contraintes thermomécaniques et thermochimiques auxquelles est soumis un *stack* diminuent sensiblement avec la température.

Concernant cette technologie SOFC, la température de 550 °C constitue certainement une limite basse si l'on veut conserver les deux avantages principaux que sont la cogénération électricité-chaleur et une certaine flexibilité au niveau des combustibles utilisables.

En ce qui concerne la réalisation de systèmes complets PCFC, il n'existe pas encore à notre connaissance de développements industriels proprement dits. En revanche, plusieurs projets d'envergure ont été mis en place dans un passé proche (inférieur à dix ans), principalement au Japon et en Europe (Norvège, France). Toutefois, nous voudrions ajouter qu'au Japon, les 1ers systèmes étaient commercialisés dès cette année 2012 et qu'en Europe, un déploiement massif démarre, et que la commercialisation est prévue pour 2013.

10.5 Conclusion

Les capteurs électrochimiques sont développés industriellement depuis les années 1970. À ce jour, ils remplissent de manière satisfaisante les conditions d'utilisation requises. Ils sont robustes, peu onéreux, peu encombrants et ont une durée de vie acceptable. Ils couvrent une large gamme d'applications dans des domaines aussi variés que le génie des procédés industriels, la médecine, en passant par l'environnement et l'industrie automobile. Ils constituent probablement les objets les plus finalisés sur le plan technologique.

De nombreuses applications industrielles relatives aux membranes céramiques pour la séparation des gaz sont à ce jour en cours de développement. Seuls deux exemples ont été donnés ici, sans doute les plus significatifs (membranes oxygène et hydrogène), membranes qui ont conduit à des avancées technologiques importantes au cours des toutes dernières années. L'élaboration de ces membranes requiert un savoir-faire sophistiqué, puisqu'il s'agit de déposer une couche céramique dense et très fine sur un substrat poreux.

Les premières réalisations industrielles de piles à combustible SOFC ont été développées à la fin du siècle dernier. L'intérêt de cette technologie est de permettre la cogénération d'énergies électrique et thermique avec un rendement global pouvant atteindre 80 % par rapport au combustible utilisé. Longtemps considérée comme une technologie non mature et trop en avance par rapport au marché, la technologie SOFC apparaît aujourd'hui comme une option crédible qui pourrait se développer en symbiose avec les sources d'énergie renouvelable, en particulier dans le résidentiel pour remplacer à terme les chaudières individuelles. L'architecture des dernières générations de cellules s'appuie sur une structure composite multicouche qui en fait des objets céramiques complexes, requérant une fabrication de très grande technicité.

Au cours de ces dernières années, des gains importants ont été obtenus en termes de durabilité des cellules. Ceux-ci sont, en particulier, mis à profit actuellement pour un fort développement de la technologie EVHT. Réussir la production d'hydrogène à un coût raisonnable pourrait provoquer le développement rapide de l'ensemble de cette filière, *via* le vecteur énergétique hydrogène, grâce auquel le stockage de l'électricité est possible. Dans ce cadre, l'utilisation d'un système pouvant fonctionner en mode EVHT/SOFC réversible est particulièrement recherchée actuellement. La technologie des piles SOFC n'est pas figée et évoluera dans le futur (piles PCFC, par exemple). De nouveaux concepts ont aussi vu le jour, comme la technologie monochambre ou la configuration à trois chambres « IDEAL-Cell » : la technologie monochambre conduit à une architecture fortement simplifiée qui dérive et profite de la science des capteurs (pas de séparation de l'oxygène et du combustible), induisant une forte réduction de coût ; la configuration à trois chambres « IDEAL-Cell », où l'eau n'est formée ni à l'anode, ni à la cathode et dont le concept a été prouvé en 2011, résout nombre de problèmes posés par les systèmes standards, présente un niveau de performances potentiellement supérieur aux technologies SOFC et PCFC standards et s'avère être aisément réversible (voir www.ideal-cell.eu). Toutes ces avancées montrent que la communauté française de la filière hydrogène est très active et en pointe sur de nombreux domaines.

10.6 Bibliographie

Deportes C., Duclot M., Fabry P., Fouletier J., Hammou A., Kleitz M., Siebert E. et Souquet J. L., *Électrochimie des Solides*, Presses Universitaires de Grenoble, 1994.

Fontaine M. L., Norby T., Larring Y., Grande T. et Bredesen R., *Oxygen and Hydrogen Separation Membranes Based on Dense Ceramic Conductors, INORGANIC MENBRANES: Synthesis, Characterization and Applications*, Elsevier, 2008, pp. 401-458.

Lefebvre-Joud F., Mougin J., Antoni L., Bouyer E. et Gebel G., « Matériaux de la filière hydrogène – Partie 1 : Production et conversion », *Techniques de l'Ingénieur*, n° 1205, avril 2010.

11 Les céramiques transparentes

Coordonnateur : Gilbert Fantozzi

Les céramiques sont dites transparentes quand on peut voir clairement les objets placés à une grande distance au travers d'une fenêtre alors qu'elles sont translucides si elles laissent passer une lumière diffuse sans permettre de distinguer les objets à travers.

11.1 Aspects fondamentaux

La transparence est obtenue quand la lumière transmise à travers une fenêtre est ni absorbée ni diffusée.

Les matériaux isolants présentent le minimum d'absorption de la lumière car leur interaction avec les ondes électromagnétiques est faible. Les pertes par diffusion seront minimales si les matériaux sont optiquement homogènes et isotropes (absence de bi-réfringence). C'est pour cette raison que le verre facile à mettre en forme est le matériau transparent le plus utilisé. Par contre, le verre ne présente pas des propriétés mécaniques ou chimiques excellentes (il est sensible par exemple à l'érosion par le sable ou la pluie).

C'est ainsi que des céramiques monocristallines transparentes comme le saphir ont été développées. Mais ces céramiques sont chères et n'ont pas des propriétés mécaniques exceptionnelles (dureté, ténacité, résistance mécanique). C'est la raison pour laquelle des céramiques polycristallines transparentes ont été réalisées. Elles présentent l'avantage de pouvoir être fabriquées avec des formes complexes, d'avoir de meilleures propriétés mécaniques et un prix de revient plus faible. Toutefois par rapport aux verres et aux monocristaux, les céramiques polycristallines présentent des pertes par diffusion de la lumière qui n'apparaissent pas pour les matériaux homogènes et qui sont liées à leur microstructure.

En effet, les défauts de la microstructure que sont les pores, les joints de grains (pour les matériaux bi-réfringents, non cubiques), la présence de particules de seconde phase conduisent à la diffusion de la lumière et leurs effets sont liés à leurs dimensions par rapport à la longueur d'onde de la lumière (figure 11.1).

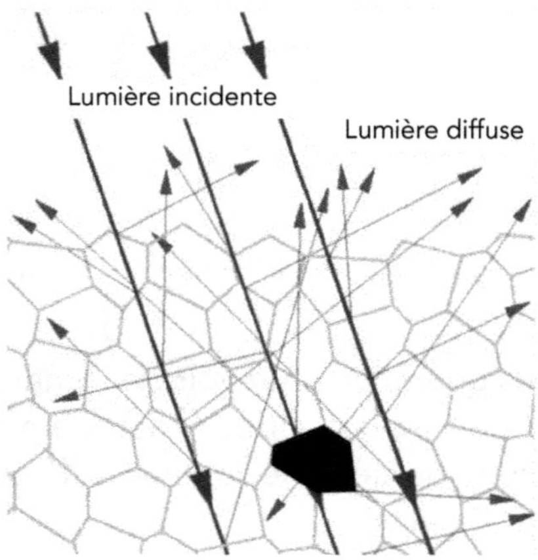

Figure 11.1 – Mécanismes de diffusion de la lumière par la surface (rugosité) et par les défauts de la microstructure (joints de grains, pores)
[Source : Krell et al.]

La transparence peut être caractérisée par la mesure de la transmission en ligne (RIT, *Real In-line Transmission*) qui est effectuée avec un angle d'ouverture faible (de l'ordre de 0,5°) avec un spectrophotomètre. Cette transparence fonction de l'épaisseur de matériau traversée est donnée par la loi de Beer-Lambert-Bouguer :

$$\mathrm{RIT} = (1 - R_S)\, e^{-\gamma_t d} \tag{11.1}$$

RIT = I_2/I_1 = rapport de l'intensité de la lumière transmise sur l'intensité incidente.

R_S = pertes dues à la réflexion des deux surfaces de l'échantillon ($R_S \sim 0{,}14$).

$$R_S = 2R'/(1 + R') \qquad R' = [(n-1)/(n+1)]^2 \tag{11.2}$$

n = indice de réfraction du matériau.

γ_t = coefficient de diffusion total.

Le coefficient de diffusion total dépend des sources de diffusion. Celles-ci comprennent surtout les pores et les joints de grains (pour les matériaux bi-réfringents) :

$$\gamma_t = \gamma_{pore} + \gamma_{gb} \tag{11.3}$$

Le coefficient de dispersion des joints de grains est donné par la théorie de Mie :

$$\gamma_{gb} = 3\pi^2 r \cdot \Delta n^2/\lambda_0^2 \tag{11.4}$$

$2r$ = taille du grain

Δn = différence de l'indice de réfraction due à la bi-réfringence

λ_0 = longueur d'onde de la lumière incidente dans le vide

La contribution des pores de rayon r_p est égale à :

$$\gamma_{pore} = 3\, p\, C_{sca,p}/4\, \pi\, r_p^2 \tag{11.5}$$

p = porosité totale

$C_{sca,p}$ = coefficient de diffusion d'un pore sphérique (calculé à partir de la théorie de Mie).

La figure 11.2 montre l'évolution de la transparence de l'alumine avec la taille de grain et la porosité pour une longueur d'onde incidente λ = 640 nm.

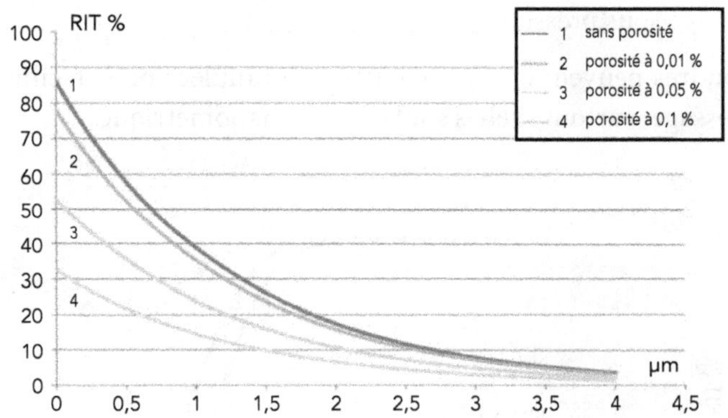

Figure 11.2 – RIT de l'alumine en fonction de la taille de grains et de la porosité pour une longueur d'onde λ = 640 nm et une taille de pore de 100 nm

L'effet de la taille des pores dans le cas du spinelle $MgAl_2O_4$ est donné par la figure 11.3 pour deux longueurs d'onde 550 et 2 000 nm.

Ces résultats montrent que pour obtenir une bonne transparence pour les matériaux cubiques (isotropes), il faut une porosité aussi faible que possible (< 0,05 %) et également des tailles de pore aussi petites que possibles (< 100 nm).

Pour les céramiques bi-réfringentes comme l'alumine, il faut en plus une taille de grain aussi petite que possible pour obtenir une bonne transparence (< 0,5 µm).

11.2 Aspects expérimentaux : mise en forme et frittage

Pour obtenir des céramiques transparentes, il faut éviter la présence d'une seconde phase qui agit comme une source de dispersion et donc utiliser des poudres très pures. De plus, si on veut obtenir de bonnes propriétés mécaniques (et une bonne transparence pour les céramiques bi-réfringentes), il est préférable de partir de nanopoudres qui permettent de réaliser le frittage à basse température et ainsi de limiter la croissance des grains.

D'autre part, comme cela a été souligné par Krell *et al.*, la présence d'agglomérats durs dans les poudres doit être évitée si on veut obtenir une bonne frittabilité des poudres et il est préférable de disposer d'un cru aussi homogène que possible lors de la mise en forme.

La mise en forme peut être effectuée par divers procédés :

- pressage uniaxial ;
- pressage isostatique à froid ;
- coulage ;
- coulage sous pression.

Les poudres peuvent être préalablement granulées pour faciliter la mise en forme par pressage, surtout si elles sont de taille nanométrique.

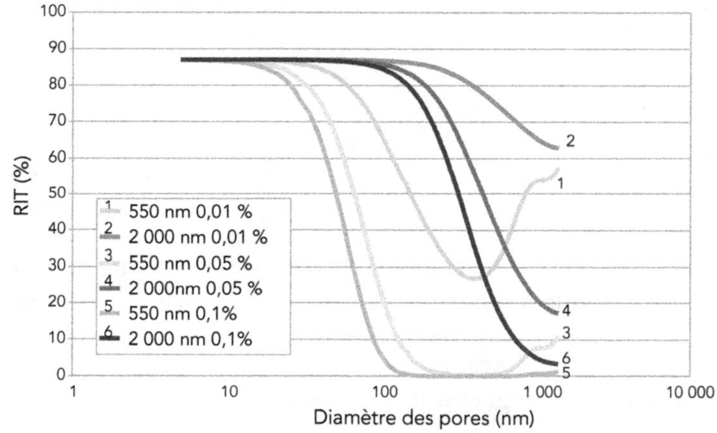

Figure 11.3 – Effet de la taille de pore et la porosité p sur le RIT du spinelle $MgAl_2O_4$ pour deux longueurs d'onde 550 et 2 000 nm (épaisseur = 1,8 mm)

[Source : Bonnefont G., Fantozzi G., Trombert S. et Bonneau L., « Fine-grained transparent MgAl2O4 spinel obtained by spark plasma sintering of commercially available nanopowders », *Ceramics International*, vol. 38, 2012, pp. 131-140]

Bien que la frittabilité d'une poudre augmente quand sa taille diminue, il faut prendre en compte la présence des défauts introduits par la mise en forme des poudres, particulièrement quand il s'agit de nanopoudres. En effet, l'homogénéité d'un assemblage de particules a tendance à se détériorer quand leur taille diminue et ainsi la frittabilité est également détériorée. Il faut donc utiliser un procédé de mise en forme permettant d'améliorer l'homogénéité de l'assemblage de particules en évitant la présence de pores de taille macroscopique. L'empilement idéal est d'avoir un cru homogène avec des pores restant à l'échelle de la taille des particules et ayant une densité aussi élevée que possible.

Un exemple de l'effet de la mise en forme sur le comportement au frittage naturel sous air d'une nanopoudre d'alumine de taille moyenne 150 nm est donnée par la figure 11.4. On peut observer que la température de frittage peut être réduite de plusieurs centaines de degrés par l'utilisation du coulage qui permet de réduire la présence des défauts et d'obtenir une bonne homogénéité du cru avec une taille de pores aussi faible que possible.

Le frittage des céramiques transparentes peut être réalisé par différentes techniques :

- le frittage naturel ;
- le pressage à chaud (HP) ;
- le pressage isostatique à chaud (HIP) après un préfrittage naturel ;
- le frittage par *Spark Plasma Sintering* (SPS).

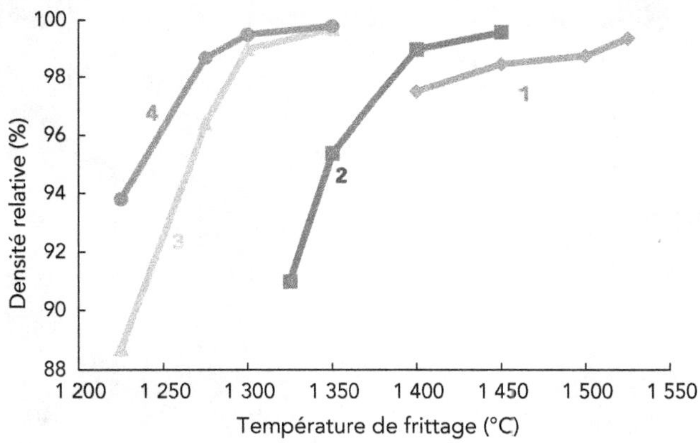

Figure 11.4 – Comportement au frittage d'une nanopoudre d'alumine (150 nm) pour différentes mises en forme :
1 - pressage uniaxial (densité relative initiale ρ_0 = 57-58 %) ; 2 - pressage isostatique à froid (ρ_0 = 58-60 %) ; 3 - coulage sous pression (ρ_0 = 64-66 %) ; 4 - gel casting (7,4 % monomère, ρ_0 = 56-60 %)

[Source : Krell A., Hutzler T. et Klimke J., « Transmission physics and consequences for materials selection, manufacturing, and applications », *J. Eur. Ceram. Soc.*, vol. 29, 2009, pp. 207-221]

Remarque

Quelquefois, on peut utiliser le frittage réactif (soit naturel, HP, HIP ou SPS) pour obtenir la céramique dense (par exemple, en frittant un mélange réactif Al_2O_3 + MgO pour obtenir le spinelle $MgAl_2O_4$). On peut également utiliser des ajouts de frittage qui permettent d'obtenir une meilleure densification mais souvent au détriment de la taille de grains. Dans le cas de l'alumine bi-réfingente, on utilise souvent des inhibiteurs de croissance du grain (comme MgO ou ZrO_2 par exemple) pour obtenir un matériau transparent.

D'une manière générale, les meilleures transparences sont obtenues en utilisant le frittage HIP après un préfrittage naturel ou un pressage à chaud.

Un exemple de l'effet du procédé de frittage sur la transparence du spinelle $MgAl_2O_4$ est donné dans le tableau 11.1. Il est clair que les meilleures transparences sont obtenues par un frittage HIP (les meilleurs résultats obtenus par HIP et par SPS avec une faible taille de grains sont donnés par la figure 11.5).

Tableau 11.1 – Transparence (RIT) et taille de grain du spinelle $MgAl_2O_4$ obtenu par différents procédés de frittage

[Source : Bonnefont G., Fantozzi G., Trombert S. et Bonneau L., « Fine-grained transparent MgAl2O4 spinel obtained by spark plasma sintering of commercially available nanopowders », *Ceramics International*, vol. 38, 2012, pp. 131-140]

Technique de frittage	HP	HP + HIP	HP + HIP	Post HIP	Post HIP	Post HIP	SPS	SPS
Température de frittage (°C)	1 650	1 900	1 500	1 300	1 580	1 260	1 600	1 300
Additif (% poids)	LiF 0,75	LiF 0,75		B_2O_3 0,15			LiF 1	
RIT (%) (épaisseur, mm)	40 (6)	82,5 (6)	72 (2)	81 (1)	80 (1,7)	84 (3,9)	68 (2,1)	74 (1,8)
Longueur d'onde (nm)	500	632	700	550	550	640	550	550
Taille de grain (µm)	100	200-300	~2	1-2	3,5	0,3	~10	0,25

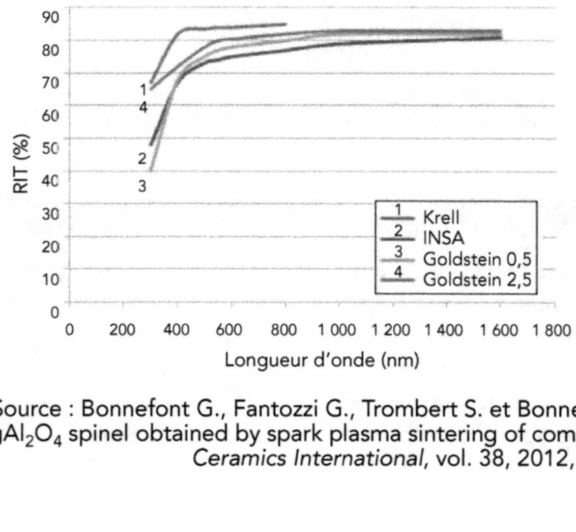

Figure 11.5 – RIT du spinelle $MgAl_2O_4$ obtenu par HIP ou SPS en fonction de la longueur d'onde

[Source : Bonnefont G., Fantozzi G., Trombert S. et Bonneau L., « Fine-grained transparent $MgAl_2O_4$ spinel obtained by spark plasma sintering of commercially available nanopowders », *Ceramics International*, vol. 38, 2012, pp. 131-140]

La microstructure correspondant au frittage SPS est montrée par la figure 11.6 : on a une taille moyenne de grains de l'ordre de 250 nm, avec des pores situés aux points triples des joints de grains et ayant une taille moyenne de l'ordre de 20 nm (avec une taille maximale < 50 nm). Cette microstructure est favorable à l'obtention d'une bonne transparence comme cela est prévu par les résultats de la figure 11.3.

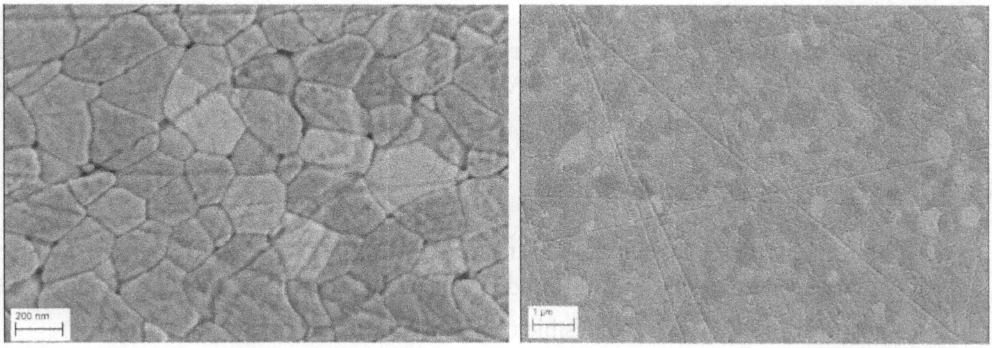

Figure 11.6 – Microstucture observée au microscope électronique à balayage du spinelle $MgAl_2O_4$ fritté par SPS

[Source : Bonnefont G., Fantozzi G., Trombert S. et Bonneau L., « Fine-grained transparent MgAl2O4 spinel obtained by spark plasma sintering of commercially available nanopowders », Ceramics International, vol. 38, 2012, pp. 131-140]

Il faut également remarquer qu'un point important concerne la taille des échantillons ou pièces obtenus. Par HP ou HIP, il est possible d'atteindre des dimensions de pièces pouvant aller jusqu'à une trentaine de cm. Ceci a une grande importance pour les applications.

11.3 Principales céramiques transparentes

11.3.1 Verres

Les verres sont des matériaux relativement bon marché et faciles à mettre en forme avec une transparence élevée. Les verres à vitre sont des verres sodo-calciques avec la composition typique suivante (% poids) : silice 72 %, Na_2O 13 %, CaO 9 %, MgO 2,5 %, Al_2O_3 1 %. Ils présentent toutefois une dureté Vickers HV de l'ordre de 5,5-6 GPa, une résistance mécanique (80 à 100 MPa), une stabilité chimique et thermique relativement faible par rapport aux céramiques, un indice de réfraction de l'ordre de 1,5.

Leur bonne transparence est due à leur structure amorphe (absence de diffusion entre les grains cristallins), à l'absence de porosité qui cause la diffusion de la lumière.

11.3.2 Saphir

Le saphir synthétique est un monocristal de corindon (alumine α) de structure rhombohédrique, présentant des propriétés anisotropes. Du fait de ses propriétés de forte résistance aux rayures, le saphir est utilisé comme verre de montre ou écran de téléphone portable. Le saphir synthétique est fabriqué industriellement par diverses techniques de croissance cristalline. Le coût du saphir est relativement élevé ainsi que le coût d'usinage des pièces à partir des blocs monocristallins. Sa transparence est élevée et sa dureté également (HV ~ 15 à 16 GPa) et il présente une très bonne stabilité chimique et thermique.

11.3.3 Alumine polycristalline

Obtenue par frittage de poudres d'alumine α, l'alumine polycristalline peut présenter une bonne transparence à condition de respecter les conditions présentées au § 11.1 :

- porosité aussi faible que possible (< 0,05 %), taille de pores < 100 nm ;
- taille de grains < à environ 0,5 μm.

L'intérêt de l'alumine α polycristalline par rapport au saphir est lié au coût (inférieur pour l'alumine polycristalline), à la possibilité d'obtenir des formes de pièces complexes, à son isotropie du point de vue de la transparence, à sa dureté plus élevée (HV ~ 19-21 GPa), également à une plus faible fragilité (la ténacité de l'alumine polycristalline est de l'ordre de 3-4 MPa · $m^{1/2}$ contre 2 MPa · $m^{1/2}$ pour le saphir).

Pour obtenir une alumine polycristalline frittée dense ayant des grains fins, il est nécessaire de partir de poudres fines. On peut utiliser des poudres pures dites « nanométriques » dont la taille de particules est de l'ordre d'une centaine de nm. Ces poudres doivent être mises en forme de manière à obtenir un cru aussi homogène que possible et ayant une densité aussi élevée que possible [Krell *et al.*]. Le coulage est souvent utilisé pour la mise en forme. Le frittage peut être réalisé par préfrittage naturel suivi d'un post-HIP à relativement basse température pour éviter la croissance des grains (typiquement de l'ordre de 1 150-1 200 °C).

11.3.4 Céramiques polycristallines cubiques

Dans le cas des céramiques polycristallines cubiques, l'obtention d'une petite taille de grains n'est pas nécessaire pour obtenir une bonne transparence. La pureté et la densité deviennent les critères primordiaux. Par contre, pour obtenir des propriétés mécaniques (dureté et résistance mécanique) aussi élevées que possible, on a intérêt à élaborer des céramiques polycristallines ayant des tailles de grains aussi faibles que possible (loi de Hall et Petch).

11.3.5 ALON

Cette céramique est fabriquée aux USA par la société Surmet à partir de leur poudre commerciale de haute pureté. Les matériaux élaborés par Surmet présentent une microstructure relativement grossière (taille de grains de l'ordre de 200 µm) avec une bonne transparence (proche de la limite théorique) et une dureté HV de l'ordre de 15 GPa.

11.3.6 Spinelle $MgAl_2O_4$

Parmi les céramiques cubiques transparentes, le spinelle $MgAl_2O_4$ présente un grand intérêt du fait de sa bonne transmission optique et de sa bonne dureté.

Des poudres commerciales pures dites nanométriques sont disponibles et il est possible d'obtenir des céramiques transparentes après frittage naturel plus un post-HIP à basse température (de l'ordre de 1 250 °C) avec une taille de grain de l'ordre de 300 nm (dureté HV de l'ordre de 16 GPa).

Des pièces de grandes dimensions (diamètre de ~ 20 cm) ont pu être obtenues par frittage HP suivi d'un post-HIP d'une poudre fine à relativement haute température (de l'ordre de 1 600 °C), avec un ajout de frittage (LiF).

11.3.7 YAG ($Y_3Al_5O_{12}$)

Le grenat d'yttrium et d'aluminium (dopé Nd, Pr, Ce...) est utilisé comme composant dans les équipements laser.

Des poudres relativement fines sont disponibles sur le marché. Une bonne transparence peut être obtenue soit après frittage sous vide ou frittage naturel suivi d'un HIP avec un ajout de frittage de SiO_2 : une taille de grains de l'ordre de quelques µm est obtenue (de 2 à une dizaine de µm).

Des céramiques à petits grains ont été obtenues par frittage SPS à partir de nanopoudres commerciales (taille de grains inférieure à 0,4 µm).

11.3.8 ZrO_2 cubique

La zircone présente un indice de réfraction élevé proche de 2,2. Du fait de sa faible conductivité thermique, la zircone peut être utilisée comme barrière thermique. Ce matériau peut donc être employé pour des fenêtres ou blindages résistant à hautes températures.

Des poudres nanométriques de zircone cubique stabilisées à l'yttrium sont disponibles dans le commerce (poudres Tosoh). Ces poudres peuvent être frittées soit par frittage naturel suivi d'un HIP ou par SPS, avec une taille de grains inférieure à une centaine de nm.

Une bonne transparence a été obtenue dans le visible par Krell *et al.* (un RIT de 65 % est observé pour une longueur d'onde de 640 nm).

Ces matériaux en cours de développement présentent donc un grand intérêt pour l'avenir.

11.4 Exemples d'applications

11.4.1 Céramiques pour l'éclairage

Wei [*J. Eur. Ceram.* Soc., vol. 29, 2009, pp. 237-244] a effectué récemment un bilan concernant les applications des céramiques transparentes pour l'éclairage. Les céramiques, outre les propriétés de transparence optique, doivent remplir les conditions suivantes :

- une liaison forte entre la céramique et l'électrode de l'enceinte de décharge ;
- des propriétés thermomécaniques suffisantes afin de supporter les cycles de chauffage et de refroidissement rapides du tube de décharge et du joint d'étanchéité ;
- résistance aux attaques par les produits chimiques des lampes à haute température ;
- stabilité de la qualité optique durant toute la durée de vie des lampes.

Les lampes à vapeur de sodium basse pression sont fabriquées avec un tube en verre sodocalcique recouvert d'une couche mince de verre au borate ou en verre borosilicate résistant à la vapeur de sodium. Ces lampes ont un indice de rendu des couleurs de l'ordre de 20, ce qui est faible (elles donnent une lumière à dominante jaune). Un exemple de lampe à vapeur de sodium basse pression est donné par la figure 11.7.

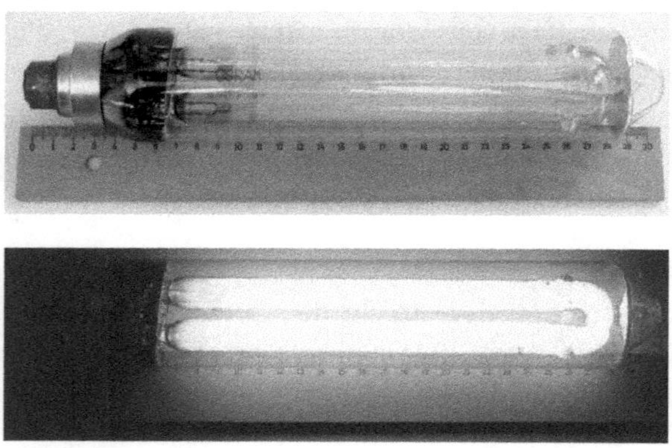

Figure 11.7 – Lampe à vapeur de sodium basse pression Osram 35 W SOX (figure du bas : en fonctionnement)

[Source : Wikipedia Proton 02, 2007]

L'alumine polycristalline translucide a été utilisée dès les années 1960 dans les lampes à vapeur de sodium haute pression : l'alumine dopée avec du MgO frittée sous hydrogène dans le domaine de température 1 800-1 900 °C présente une microstructure grossière. La couleur jaune-orange a tendance à devenir plus blanchâtre quand la pression du sodium augmente de 0,15 à 0,4 bar (Krell).

Ces lampes à vapeur de sodium sous haute pression ont une grande efficacité (200 lm/W), une durée de vie de l'ordre de 20 000 heures Elles sont utilisées pour l'éclairage des rues, dans les quartiers résidentiels, l'industrie, également dans l'horticulture (pour la floraison). Elles ont un indice de rendu des couleurs de l'ordre de 65 (voire 80 si la pression de sodium est plus élevée et sont alors utilisées pour l'éclairage commercial). La figure 11.8 montre un exemple de lampe à vapeur de sodium haute pression et la figure 11.9 un bâtiment illuminé par une telle lampe. Le schéma de principe d'une lampe à vapeur de sodium haute pression est donné par la figure 11.10.

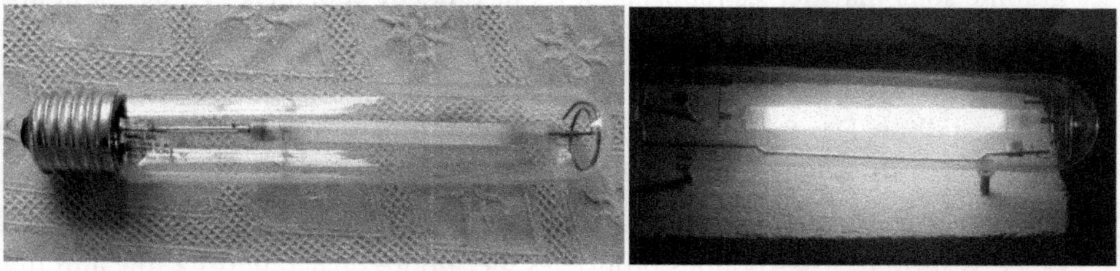

Figure 11.8 – Lampe à vapeur de sodium haute pression Philips SON-T Master 600 W (figure de droite : en fonctionnement)

[Source : Wikipedia, 2008]

Figure 11.9 – Bâtiment illuminé par une lampe à vapeur de sodium haute pression (Nijmegen, Pays-Bas)

[Source : Wikipedia auteur Klass, 2007]

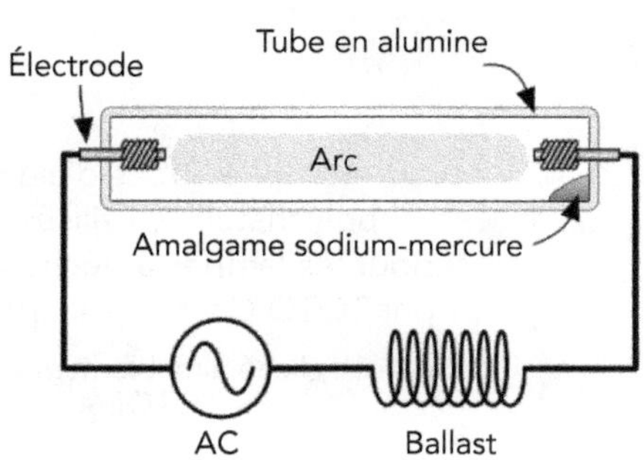

Figure 11.10 – Schéma de principe d'une lampe à vapeur de sodium haute pression

[Source : Wikipedia auteur Sakurambo, 2006]

Dans les années 1990, les lampes à décharge haute pression à halogénures métalliques ont été introduites par Philips avec des tubes en alumine polycristalline, permettant d'avoir une lumière plus blanche. Elles ont un indice de rendu des couleurs de l'ordre de 80 à 95, une durée de vie pouvant aller jusqu'à 20 000 heures et une efficacité lumineuse de l'ordre de 100 à 200 lm/W.

Elles sont utilisées dans l'industrie du film et des spectacles comme projecteurs, pour l'éclairage des salles d'exposition et de musée, pour les prises de vue, la photographie sous-marine, les reportages, les terrains de sport, les gymnases, pour les applications industrielles et médicales.

Les tubes de ces lampes peuvent être réalisés avec du saphir et un chapeau en alumine polycristalline. Des tubes en alumine polycristalline sub-micronique transparente ont été réalisés récemment par frittage HIP (Krell, Wei).

L'intérêt d'utiliser cette alumine sub-micronique est d'une part sa bonne transmittance, d'autre part ses bonnes propriétés mécaniques par rapport à une alumine à gros grains (ce qui permet d'augmenter la pression dans le tube et ainsi d'obtenir une meilleure efficacité de la lampe à décharge). Un exemple de lampes à vapeur de sodium utilisant des tubes en alumine polycristalline fabriqués par TOTO Ceramics (Japon) est donné par les figures 11.11 et 11.12.

Figure 11.11 – Lampes à vapeur de sodium haute pression utilisant des tubes en alumine polycristalline réalisées par TOTO Ceramics (Japon) : droite lampe 20 W, gauche lampe 200 W

[Source : cliché aimablement fourni par TOTO]

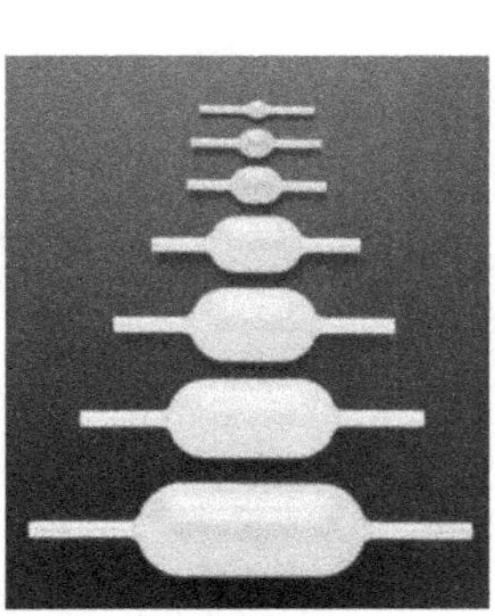

Figure 11.12 – Tubes d'alumine polycristalline utilisés pour les lampes à décharge par TOTO Ceramics (Japon)

[Source : cliché aimablement fourni par TOTO]

On peut également réaliser les tubes des lampes à décharge à l'aide d'un matériau à gradient de fonction nommé FGM (par coulage en barbotine) molybdène-quartz (SiO_2). Ce matériau présente un faible coefficient de dilatation thermique et ainsi résiste bien aux cycles thermiques subis par le tube, ce qui permet de diminuer les risques de rupture du tube et donc d'augmenter la durée de vie. Une lampe utilisant un tel matériau a été réalisée par TOTO Ceramics au Japon (figure 11.13).

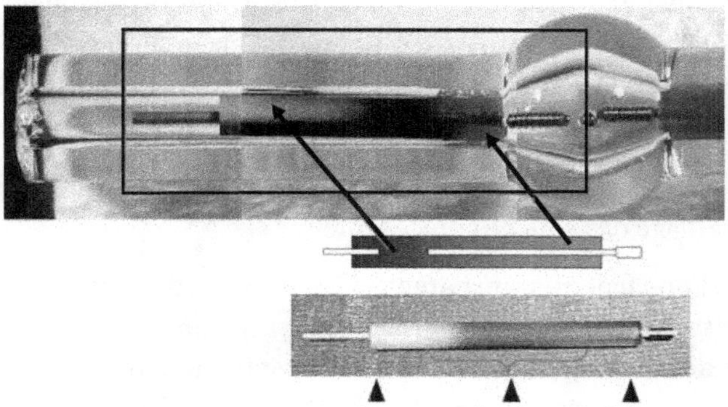

Figure 11.13 – Lampes à décharge à halogénure métallique utilisant des tubes en matériau à gradient de fonction réalisées par TOTO Ceramics (Japon)
[Source : cliché aimablement fourni par TOTO]

D'autres céramiques cubiques ont été testées pour réaliser les tubes de décharge comme l'ALON, le grenat d'yttrium (YAG) qui présentent de bonne transparence. Toutefois, le YAG étant attaqué à chaud par l'atmosphère d'halogénure de terre rare, l'yttrium doit être remplacé par l'ytterbium. Les oxydes de terre rare polycristallins (comme Dy_2O_3) peuvent également être utilisés : ils ont une bonne transparence, une bonne résistance aux halogénures métalliques et une bonne résistance aux chocs thermiques.

11.4.2 Blindages transparents

Les blindages transparents sont constitués de matériaux ou de systèmes de matériaux qui doivent bien sûr être optiquement transparents mais également protéger contre les impacts balistiques ou la fragmentation des projectiles.

Les matériaux peuvent être utilisés pour les visières de protection des casques (émeutes, explosifs) ou pour la protection des véhicules civils ou militaires contre les actions terroristes ou en cas de conflits civils ou militaires.

Les blindages ont pour rôle essentiel non seulement d'éviter toutes les menaces mais aussi de résister à des impacts multiples en minimisant les distorsions des zones avoisinantes [Patel P. J. *et al.*, *AMPTIAC Newsletter*, vol. 4, n° 3, 2000, pp. 1-6].

Les blindages courants sont généralement constitués d'un système multicouches séparées par un polymère (polycarbonate) intercouches. Ce polymère permet de minimiser les contraintes dues aux différences de dilatation thermique des matériaux et également de stopper la propagation des fissures.

L'efficacité d'un blindage dépend de la nature des matériaux constituant le multicouches, de l'épaisseur des couches et des inter-couches, du nombre de couches, de l'ordre des couches… La première couche est traditionnellement réalisée avec un verre sodo-calcique ou un verre de silice dont l'épaisseur est de l'ordre de plusieurs centimètres. Cette forte épaisseur est due au fait que la dureté du verre (de l'ordre de 5 GPa) ainsi que sa résistance mécanique sont relativement faibles.

La dernière couche de polymère (généralement un polycarbonate) doit retenir les débris d'écaillage des couches précédentes.

L'ensemble d'une fenêtre transparente d'un véhicule de transport peut peser jusqu'à 50 kg (Krell). Pour accroître l'efficacité balistique, on peut envisager d'augmenter l'épaisseur de verre mais cette solution présente l'inconvénient majeur d'accroître le poids et de diminuer l'espace utile [Patel *et al.*, 2000] et également d'introduire des distorsions optiques.

Il est donc préférable de développer de nouveaux matériaux plus minces et plus légers avec de meilleures performances balistiques, présentant de meilleures résistances mécaniques que le verre et ayant des duretés plus élevées : c'est le cas de l'alumine, du spinelle aluminate de magnésium ($MgAl_2O_4$), du spinelle oxynitrure d'aluminium (AlON) ou du saphir.

Les performances balistiques de ces céramiques sont montrées par la figure 11.14 qui donne l'évolution de la vitesse résiduelle du projectile en fonction de la densité surfacique totale de la cible [Strassburger E., *J. Eur. Ceram. Soc.*, vol. 29, 2009, pp. 267-273].

Ces résultats ont été obtenus dans les conditions suivantes :

- projectile : munition AP calibre 7,62 mm x 51, masse 9,5 g, cœur acier, vitesse d'impact 850 m/s ;
- cible multicouches : céramique (épaisseur variant de 1 à 4 mm), verre sodo-calcique (2 × 15 mm), polycarbonate (4 mm).

La densité surfacique totale est la somme des densités surfaciques des trois composantes de la cible, c'est-à-dire de la céramique, du verre et du polycarbonate (la densité surfacique est le produit de la densité du matériau et de l'épaisseur).

La comparaison des résultats obtenus pour la cible céramique/verre/polycarbonate avec ceux de la cible verre/polycarbonate montre clairement que les densités surfaciques limites (vitesse résiduelle nulle, projectile stoppé) des céramiques sont bien plus faibles que celles des verres, ce qui permet de réduire le poids des cibles.

Les performances balistiques augmentent avec l'épaisseur pour atteindre une limite de l'ordre de 4 mm.

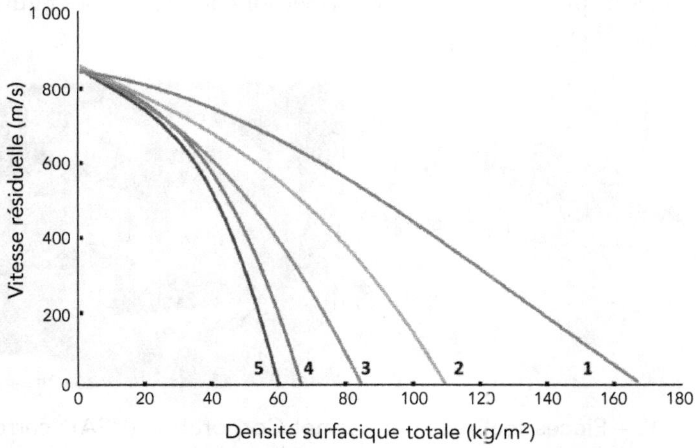

Figure 11.14 – Évolution de la vitesse résiduelle du projectile avec la densité surfacique totale de la cible : courbe 1 verre, courbes 2 (1,3 mm), 3 (1,5 mm), 4 (2 mm), 5 (4 mm) céramiques (Saphir, spinelle, ALON) pour différentes épaisseurs

[Source : Strassburger E., « Ballistic testing of transparent armour ceramics », *J. Eur. Ceram. Soc.*, vol. 29, 2009, pp. 267-273]

On peut noter que les céramiques polycristallines ont un meilleur comportement que le saphir et que le spinelle et l'ALON ont un comportement similaire à celui de l'alumine. Ces deux derniers matériaux sont fabriqués par pressage à chaud suivi d'un pressage isostatique à chaud (des additifs de frittage sont souvent utilisés).

Une fenêtre de reconnaissance et des blindages transparents (épaisseur de l'ordre de 10 mm) en spinelle ont été réalisés par Armorline (*Defense Venture Group*, USA). Ces blindages permettent un gain de poids de l'ordre de 50 % avec une transmission optique supérieure à celle du verre.

Surmet aux USA propose des blindages en ALON (dimensions maximum 50 × 70 × 2,5 cm) pour le marché de la défense. Ces blindages permettent d'obtenir un gain de poids avec une bonne efficacité balistique pour des menaces 30 cal APM2 et 50 cal APM2 (environ la moitié du poids et de l'épaisseur des blindages traditionnels en verre). Surmet propose également une face dure transparente en ALON d'épaisseur 2,5 cm capable d'assurer une protection contre des menaces 12,7 mm, 14,5 mm et des engins explosifs.

Surmet réalise également des composants optiques fonctionnant dans l'infrarouge en spinelle (le spinelle a une meilleure transmission dans l'infrarouge moyen que le saphir ou l'ALON) pour des applications telles que les dômes de missiles, les fenêtres de reconnaissance ou les fenêtres laser.

Des exemples de pièces réalisées par Surmet sont donnés par les figures 11.15, 11.16 et 11.17.

Figure 11.15 – Pièces réalisées par Surmet Corporation (USA) : carreau en ALON pour une fenêtre de protection balistique (gauche) et lentille en spinelle (droite)

[Source : cliché aimablement fourni par Surmet]

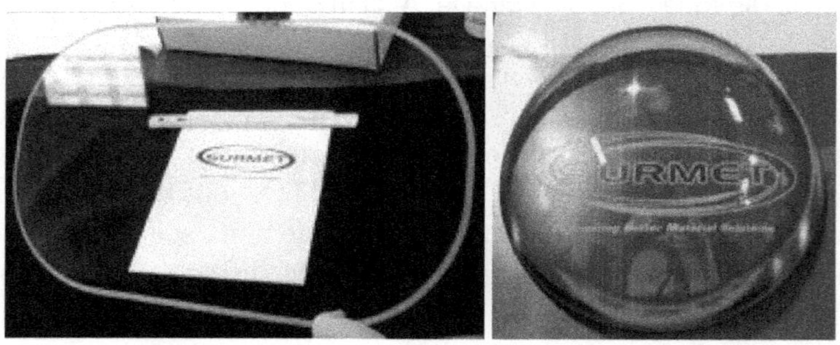

Figure 11.16 – Pièces réalisées par Surmet Corporation : fenêtre de reconnaissance en ALON (gauche) et dome en spinelle (droite)

[Source : cliché aimablement fourni par Surmet]

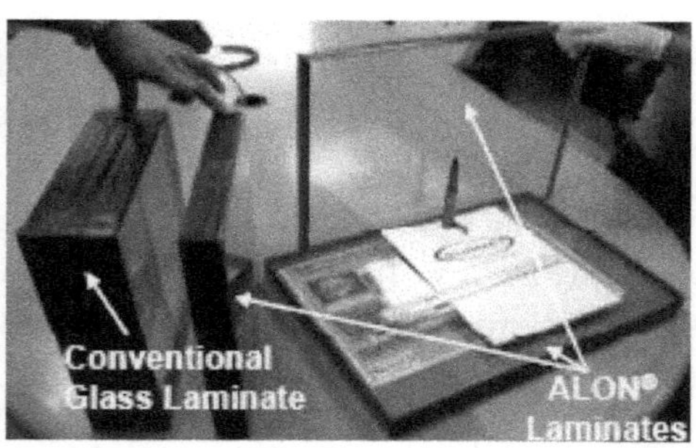

Figure 11.17 – Blindages transparents en ALON réalisés par Surmet Corporation : comparaison avec des blindages multicouches en verre conventionnels (gain de poids)

[Source : cliché aimablement fourni par Surmet]

11.4.3 Applications optiques

Lasers

Le grenat d'yttium-aluminium (YAG) dopé au néodyme (Nd-$Y_3Al_5O_{12}$) est un cristal utilisé comme milieu amplificateur pour les lasers utilisant les milieux solides. Le dopant (le néodyme qui a une valence égale à 3) remplace l'yttrium dans la matrice, les deux éléments ayant une taille équivalente : le cristal est généralement dopé avec 1% masse de Nd. C'est le néodyme qui donne l'effet laser. D'autres dopants peuvent également être utilisés (Erbium, Ytterbium, Thulium).

Les monocristaux sont difficiles à fabriquer par croissance cristalline à partir d'un liquide, ils contiennent des défauts et leur taille reste limitée. C'est pour cette raison que les céramiques polycristallines ont été développées, permettant d'atteindre des dimensions plus importantes, à coût moindre (diamètre jusqu'à 10 mm, longueur 400 mm, plaque d'épaisseur 70 mm). De plus, le dopant est distribué de manière plus homogène et la céramique peut être dopée jusqu'à 4 % car les joints de grains permettent d'accepter plus de dopant que le réseau cristallin par solution solide.

Les lasers YAG sont pompés optiquement grâce à des lampes flash ou des diodes laser. Ils émettent de la lumière avec une longueur d'onde typique de 1,064 μm dans l'infrarouge. Les lasers YAG opèrent suivant deux modes pulsé et continu. Les lasers pulsés fonctionnent avec un permuteur optique, la puissance émise pouvant atteindre 20 MW pour des durées d'impulsion inférieures à 10 ns. Un exemple de laser Nd-YAG continu est donné par la figure 11.18.

D'autres céramiques hôtes pour le néodyme peuvent être utilisées à la place du YAG : le fluorure d'yttrium-lithium, le vanadate d'yttrium. L'oxyde d'yttrium dopé à l'ytterbium peut également être employé.

Ces céramiques polycristallines sont réalisées soit par frittage sous vide ou pressage à chaud et pressage isostatique à chaud.

Le laser YAG émet un faisceau très lumineux avec un excellent rendement visuel.

Les lasers YAG continus utilisant des céramiques Nd-YAG peuvent atteindre des puissances de 100 W de manière courante avec une efficacité optique de l'ordre de 50 %. On peut également atteindre le kW. Konoshima (Japon) est le leader actuel dans le domaine des lasers YAG. Textron (USA) propose un laser Nd-YAG atteignant une puissance de 100 kW pour des applications militaires.

Les applications des lasers Nd-YAG sont maintenant nombreuses : après la communauté militaire, les communautés scientifique, industrielle, médicale sont devenues utilisatrices, du fait de la bonne fiabilité et de la flexibilité du faisceau laser grâce aux fibres optiques.

Dans le domaine de la médecine, les lasers Nd-YAG sont utilisés couramment en ophtalmologie pour corriger les opacifications capsulaires postérieures après une opération de la cataracte et pour l'itidotomie chez les patients atteints d'un glaucome aigu. Les lasers Nd-YAG à fréquence double (longueur d'onde égale à 532 nm) sont utilisés pour la photocoagulation pan-rétinienne pour les patients atteints de rétinopathie diabétique.

Figure 11.18 – Laser Nd-YAG (émission continue)

[Source : Wikipedia, auteur Kkmurray, 2007]

Les lasers Nd-YAG sont également utilisés en thermothérapie pour l'ablation de lésions bégnines ou malignes. Ils peuvent être employés pour traiter les cancers de la peau, les lésions malignes du foie ou des nodules de la thyroïde, de la chirurgie de la prostate.

Dans le domaine de la médecine esthétique, on peut utiliser les lasers pour l'épilation, le traitement de lésions vasculaires mineures du visage et des jambes, la réduction des rides et des cicatrices, le détatouage, le traitement des mycoses des ongles qui sont des affections dues à un champignon.

En dentisterie, il est possible d'intervenir avec les lasers Nd-YAG pour la chirurgie des tissus mous (gengivectomie, frenectomie, biopsie).

Dans l'industrie, les lasers Nd-YAG sont utilisés comme outils de gravure, d'attaque, de marquage pour un grand nombre de métaux et de plastiques. Ils sont aussi très utilisés dans la métallurgie et l'industrie automobile pour la découpe, le perçage, le soudage des aciers, pour le marquage des semi-conducteurs. Dans les applications de l'industrie automobile, les puissances demandées sont de l'ordre de 1 à 5 kW.

Les lasers sont également employés pour le marquage des matériaux transparents tels que les verres ou les acryliques. La fusion des métaux peut être réalisée avec des lasers de puissance pouvant aller jusqu'au kW pour réaliser des pièces par couches.

Les lasers Nd-YAG ont de nombreuses applications militaires (télémétrie, armes...). Ils peuvent être utilisés pour l'analyse des éléments par spectroscopie.

Enfin, les lasers YAG sont bien adaptés pour tout type de spectacles de lumière, permettant la projection de graphisme, d'écritures ou de dessins animés.

Systèmes optiques

Dans le domaine militaire, les missiles sont équipés de fenêtres électromagnétiques qui doivent être transparentes dans une large bande spectrale (de l'UV jusqu'à l'IR) (radomes, domes IR). Les matériaux utilisés doivent de plus avoir une bonne résistance à l'abrasion et une bonne résistance mécanique et également une bonne stabilité thermique, du fait de l'environnement.

Le système de guidage des missiles utilise les radiations électromagnétiques émises par la cible dans le domaine de l'infrarouge. Les matériaux utilisés pour les domes de missile sont souvent les monocristaux de saphir qui ont une bonne transmission dans le domaine de l'IR moyen (3 à 5 µm). L'oxyde d'yttrium est aussi un matériau intéressant car il présente une bonne performance optique mais avec de moins bonnes propriétés mécaniques. Le développement d'oxyde d'yttrium polycristallin fritté par HIP avec une taille de grain submicronique ou nanométrique permet d'améliorer les performances mécaniques. Une autre céramique intéressante est le spinelle.

Une autre application concerne les céramiques transparentes pour les lentilles optiques. Afin de miniaturiser les appareils de photographie ou les caméras ou les téléphones mobiles, il est nécessaire de pouvoir disposer de matériaux transparents dont l'indice de réfraction est supérieur à 2. Les verres optiques présentent une limite de leur indice de réfraction autour de 1,5 à 1,85 alors que les céramiques peuvent atteindre des valeurs supérieures à 2.

C'est ainsi que Casio a équipé un appareil photographique digital (Exilim) avec une lentille en céramique développée par Murata Manufacturing Co, Ltd. Cette céramique est un oxyde à base d'oxyde de baryum (pérovskite cubique) transparent jusqu'à 10 µm (IR moyen), ayant un indice de réfraction de l'ordre de 2,1. L'utilisation de ce matériau a permis une réduction de taille de 20 %.

Une autre céramique ayant un indice de réfraction élevé (2,1-2,2) a été réalisée par Schott (Allemagne) : il s'agit d'une zircone cubique (10 mol · % Y_2O_3-ZrO_2) avec comme ajout de frittage TiO_2. Cette céramique est frittée sous vide puis subit un pressage isostatique à chaud.

11.5 Bibliographie

KRELL A., HUTZLER T. et KLIMKE J., « Transparent ceramics for structural applications : Parts 1 and 2 », *Ceram. Forum Int.* (Ber.DKG), vol. 84, 2007, pp. E41-E56.

Wikipedia, *Transparent ceramics*, 2011.

Journal of the European Ceramic Society, Special Issue on Transparent Ceramics, Guest Editor : Krell A., vol. 29, 2009.

Remerciements

Nous tenons tout particulièrement à remercier les sociétés Surmet (USA) et TOTO Ceramics (Japon) pour leur autorisation de publication d'un certain nombre de clichés qui sont présentés dans ce chapitre.

12 Les verres

Coordonnateur : Francis Cambier

Co-auteurs : Maurice Gonon et Marie-Hélène Chopinet

Ce chapitre est consacré aux verres industriels qui sont essentiellement des verres de silicates. Les conditions de vitrification et les principales propriétés des verres sont décrites. Le cas des vitrocéramiques est présenté. Les principales utilisations des verres industriels ainsi que les techniques de production sont détaillées.

12.1 Introduction

Le verre est un matériau non cristallisé caractérisé par un phénomène de transition vitreuse. Bien que l'absence de cristallinité puisse aussi être obtenue par d'autres méthodes, les verres industriels sont dans leur grande majorité obtenus en conservant le désordre de la structure d'une phase liquide. Il s'agit donc en fait d'un solide non cristallin. Contrairement à la majorité des liquides dont la viscosité est peu élevée et qui, lors du refroidissement, cristallisent rapidement au passage du point de fusion (même si la vitesse de refroidissement est élevée), les substances contenant des ions « formateurs de réseau » présentent une viscosité élevée. Lorsqu'on les maintient un peu en dessous du point de fusion, la cristallisation se produit ; cependant, lorsque la vitesse de refroidissement est plus élevée, la cristallisation n'a plus le temps matériel pour se produire et le liquide se fige sans cristalliser et forme donc un solide vitreux.

Ce chapitre est dédié aux verres industriels, lesquels sont presque tous des verres de silicates, donc basés sur des mélanges d'oxydes. Les compositions ont très peu évolué au cours du temps ; par contre, la qualité de la fabrication s'est considérablement améliorée, par exemple la transmission de la lumière, une des propriétés les plus recherchées des verres, est aujourd'hui couramment d'environ 92 %, en raison notamment de la maîtrise des teneurs en oxydes « colorants » naturels, comme Fe_2O_3, par exemple. Les progrès plus récents concernent également le développement de couches superficielles ou intermédiaires permettant de moduler la réponse opto-énergétique, le comportement au feu, la réponse aux éléments naturels (hydrophobicité, dégivrage, auto-nettoyage), etc.

Il convient pour être complet de noter que des composés vitreux existent pour des compositions telles que les chalcogénures, les halogénures, les sels fondus, des solutions aqueuses de sels, d'acides, de bases, certains composés organiques, des polymères organiques, des métaux préparés par hypertrempe. Des détails concernant ces types de verres peuvent être trouvés dans la bibliographie.

12.2 Classification des ions présents dans le verre

Un verre d'oxydes, liquide surfondu, est en réalité aussi un liquide ionique. On distingue trois catégories d'ions : les « formateurs de réseau », les « modificateurs de réseau » et les ions « intermédiaires » (ou encore « amphotères »).

Les ions « formateurs de réseau » sont des cations de valence élevée (3 à 5), les plus courants étant Si^{4+} et B^{3+} · Ge^{4+}, P^{5+} et, dans une moindre mesure, As^{3+} forment également des verres. Ces divers cations se caractérisent par leur électronégativité intermédiaire les empêchant de former des liaisons purement ioniques telles que celles présentes dans les halogénures alcalins, ou des liaisons purement covalentes. Les liaisons à l'origine de la formation des verres présentent en réalité un mélange de caractères ionique et covalent. D'autres ions, issus des éléments voisins de Si, B, Ge, P dans le tableau de Mendeleïev montrent également une tendance à former des verres (Bi^{3+}, Al^{3+}, etc.). On parle dans ce cas de formateurs de verres « conditionnels », ce qui signifie que, seuls, ils ne formeront pas de verre mais qu'ils pourraient jouer ce rôle, soit en présence d'une quantité réduite d'ions formateurs de verres, tels que Si^{4+}, mais aussi en présence d'autres ions réputés non formateurs (par exemple : il existe plusieurs compositions liquides vitreuses dans le système $CaO\text{-}Al_2O_3$ alors que CaO ou Al_2O_3 seuls ne forment jamais des verres). Les ions formateurs de réseau conduisent à la formation de polyèdres anioniques de faible coordinence avec l'oxygène (3 ou 4), comme SiO_4, BO_4 ou BO_3. Ces polyèdres sont liés par leurs sommets et forment un « pseudo » réseau vitreux tel que représenté à la figure 12.1.

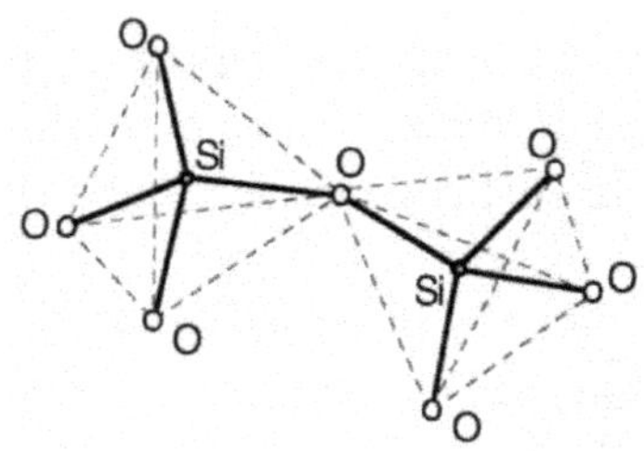

Figure 12.1 – Tétraèdres SiO_4 formant un pseudo-réseau vitreux

Les ions « modificateurs de réseau » sont surtout les ions alcalins, les ions alcalino-terreux et dans une moindre mesure certains ions issus des éléments de transition (Fe^{2+}, Fe^{3+}, etc.), voire des terres rares. Ces ions présentent un rayon ionique plus grand que celui des formateurs de réseau, ils sont faiblement chargés. Leurs liaisons avec les atomes d'oxygène sont essentiellement ioniques. Ils peuvent en fait jouer deux rôles structuraux : ils sont soit modificateurs de réseau vrais, soit compensateurs de charge. En tant que modificateurs de réseau, ils cassent les liaisons entre les polyèdres du réseau vitreux, provoquant une réduction de la taille des dits polyèdres. Ils transforment alors les oxygènes « pontants », c'est-à-dire ceux qui lient deux ions formateurs de réseau, en oxygènes « non pontants », liés à un seul formateur de réseau. Ceci se traduit à l'échelle macroscopique notamment par une diminution de la viscosité (voir plus loin). En tant que compensateurs de charge, ils permettent de sauvegarder l'électroneutralité de l'ensemble de l'édifice vitreux, par exemple en assurant la stabilité d'un tétraèdre tel que BO_4. Un exemple du rôle des modificateurs de réseau est représenté à la figure 12.2.

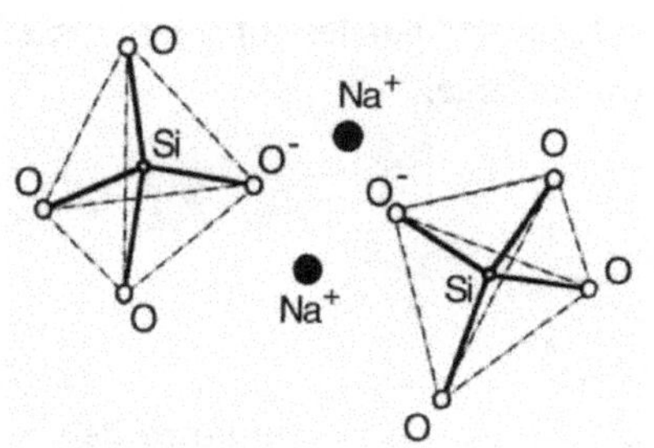

Figure 12.2 – Rupture des liaisons entre tétraèdres SiO_4 en présence de Na

Les ions « intermédiaires » portent cette dénomination parce qu'ils peuvent présenter des comportements différents : selon la composition du verre ils pourront être soit formateurs, soit modificateurs. Les principaux ions intermédiaires dans les verres d'oxydes sont Al^{3+} (formateur en position tétraédrique, modificateur en position octaédrique), Fe^{3+}, Ni^{2+}, Zn^{2+}, etc.

12.3 Structure des verres

Bien que le développement des moyens d'investigation dédiés aux structures amorphes soit plus récent que celui des techniques dédiées à l'étude des structures cristallines, déjà dès 1920 plusieurs théories ont été proposées pour tenter de représenter la structure du verre. Le point de départ était l'observation expérimentale des conditions de vitrification. Le modèle de Zachariasen est le plus connu et le plus satisfaisant. Il a été spécifiquement développé pour les verres d'oxydes. Les hypothèses de base sont :

1. que les forces de liaisons interatomiques dans un verre et dans un cristal de composition identique sont les mêmes, étant donné que les différences d'énergie entre deux types de solides de même composition sont très faibles ;
2. que comme les cristaux, les verres doivent être formés d'un « réseau » tridimensionnel étendu. Cependant, le caractère diffus des diffractogrammes RX montre que ce réseau n'est pas symétrique et périodique comme dans les cristaux, ce qui signifie qu'il n'existe pas d'ordre à grande distance.

Warren a utilisé les diagrammes de diffusion des rayons X pour modéliser la structure des verres simples. On lui doit les premières représentations du type de la figure 12.3. En effet, dans le cas des différentes formes cristallines de la silice (quartz, cristobalite, tridymite...), le réseau est bâti à l'aide de tétraèdres SiO_4 joints par les sommets, la quatrième liaison du silicium étant alternativement au-dessus et en dessous du plan du dessin de la figure 12.3. Dans le cas de la silice vitreuse, le réseau est bâti à l'aide des mêmes unités SiO_4 jointes par les sommets mais l'orientation mutuelle des tétraèdres consécutifs est variable.

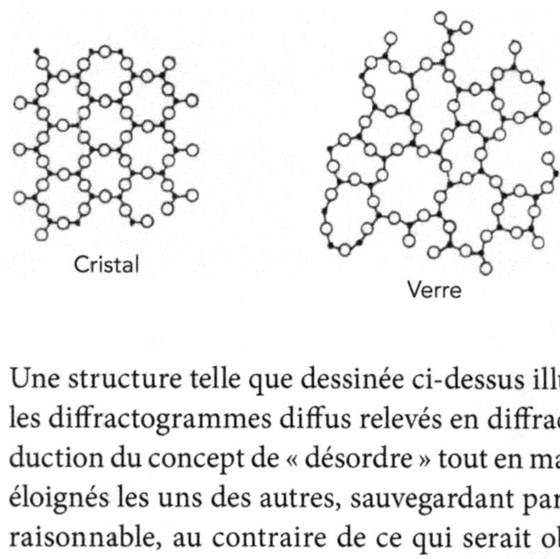

Figure 12.3 – Silice cristallisée et verre de silice

Une structure telle que dessinée ci-dessus illustre le caractère amorphe et explique les diffractogrammes diffus relevés en diffraction de rayons X. Elle permet l'introduction du concept de « désordre » tout en maintenant les cations Si^{4+} suffisamment éloignés les uns des autres, sauvegardant par là même un niveau d'énergie interne raisonnable, au contraire de ce qui serait obtenu en liant les tétraèdres SiO_4 par les arêtes. En examinant de façon systématique la conformation géométrique des liaisons formées par différents cations avec l'oxygène et les possibilités de vitrification, Zachariasen a constaté que :

- les oxydes de formule R_2O ou RO (exemples : Na_2O, CaO) ne forment pas de verres ;
- dans les oxydes R_2O_3 (exemple : B_2O_3), les oxygènes forment des triangles autour des atomes R ;

- dans les oxydes RO_2 et R_2O_5, les oxygènes forment des tétraèdres ;
- dans les oxydes RO_3 et R_2O_7, les oxygènes forment des octaèdres.

Ne connaissant pas d'exemple de formation de verre dans ce dernier groupe, il a conclu que seuls les arrangements triangulaires et tétraédriques satisfont aux règles de vitrification. Lorsque l'on examine maintenant, à titre d'exemple, un verre classique de type sodo-calcique (environ en masse 70 % SiO_2, 15 % Na_2O, 15 % CaO), on peut déduire que chaque fois qu'une entité Na_2O est introduite, une liaison -Si–O–Si– est cassée et que l'oxygène supplémentaire vient saturer la liaison non satisfaite d'un des siliciums. Il se forme une paire de $-Si–O^- Na^+$, les deux charges négatives des oxygènes étant compensées par la présence au voisinage de deux cations Na^+ qui assurent ainsi l'électroneutralité (figure 12.2). Un tel mécanisme, basé sur la rupture des ponts –Si–O–Si–, mène donc à une structure de réseau moins rigide où figurent deux types d'oxygènes : les premiers, qui sont liés à deux siliciums, sont appelés des oxygènes « pontants », les seconds, qui ne sont liés qu'à un seul silicium, sont appelés des oxygènes « non pontants ». Le même raisonnement peut être tenu pour l'introduction d'un cation bivalent, comme Ca^{2+}. Dans ce cas, un seul cation compense les deux charges négatives des oxygènes non pontants.

La « formule chimique » moyenne d'un verre d'oxyde peut donc s'écrire A_xB_yO, où « x » et « y » ne sont pas des nombres entiers, mais ils représentent le nombre moyen d'atomes modificateurs (A) et formateurs (B) par atome d'oxygène. Pour un réseau formé à partir de tétraèdres, si au moins trois sommets sont partagés, ceci implique que « y » sera compris entre 0,33 et 0,50. Comme les cations modificateurs se placent dans les « trous » du pseudo-réseau qui se forment, au fur et à mesure de la synthèse du verre, la distribution de ceux-ci est aléatoire. Les travaux de Zachariasen, basés sur des raisonnements, sans l'appui de résultats expérimentaux, ont cependant été confirmés dans leur grande majorité par la suite. Le modèle manquant toutefois de généralité, la recherche s'est efforcée de relier la possibilité d'obtenir un état vitreux à la spécificité des liaisons interatomiques présentes. Il est maintenant admis que la présence de liaisons mixtes (ioniques – covalentes) est nécessaire pour pouvoir édifier un arrangement désordonné (théorie de Smekal). En effet, une liaison purement covalente implique des directions fixes trop rigides, tandis qu'au contraire une liaison purement ionique (ou métallique) n'a pas de caractère directionnel. Dès lors, les cations (formateurs ou modificateurs de réseau et intermédiaires) peuvent aussi être caractérisés par leur différence d'électronégativité par rapport à l'oxygène (critère de Stanworth). En effet, d'après Pauling, plus grande est la différence des valeurs d'électronégativité de deux éléments, plus la liaison a un caractère ionique. Pour la liaison Si–O, son caractère ionique est estimé à 50 %. Le tableau 12.1 donne la valeur de l'électronégativité de divers éléments en partant d'une valeur de 3,5 pour l'oxygène.

Tableau 12.1 – Électronégativité des éléments formateurs de réseau, intermédiaires et modificateurs

Formateurs	Intermédiaires	Modificateurs
B 2,0	Al 1,5	Mg 1,2
Si 1,8	Ti 1,6	Ca 1,0
P 2,1	Zr 1,6	Na 0,9
Ge 2,8		K 0,8

De la même façon, on peut établir une corrélation étroite entre l'aptitude à la vitrification et la force de liaison (théorie de Sun). La force de la liaison M–O dans un oxyde MO_x peut être calculée en divisant l'énergie de dissociation de l'oxyde cristallin en ses éléments à l'état de vapeur par le nombre de coordination, c'est-à-dire le nombre d'atomes d'oxygène entourant l'atome M dans le cristal. Les valeurs des forces de liaisons ainsi calculées montrent que les oxydes de cations formateurs (B_2O_3, SiO_2, P_2O_5) sont comprises entre 370 et 500 kJ/mol ; pour les oxydes modificateurs (MgO, CaO…), les valeurs sont inférieures à 160 kJ/mol ; les oxydes intermédiaires (TiO_2, ZrO_2, etc.) se situent dans la gamme 300 à 340 kJ/mol.

12.4 Conditions de vitrification

12.4.1 Surfusion et formation d'un verre

La figure 12.4 représente la variation de volume d'un corps en fonction de sa température. Lorsque la vitesse de refroidissement du liquide est faible, le passage de l'état liquide au solide est rapide à la température de cristallisation. Inversement, lorsque l'oxyde est à l'état solide, en montée en température, sa fusion est rapide à la même température. La transition liquide-solide s'accompagne dans la majorité des cas (exception : l'eau) d'une réduction brusque du volume puisque l'on passe d'un milieu désordonné vers un milieu ordonné. On constate cependant que la cinétique d'une telle transition peut être fortement retardée (c'est-à-dire avoir lieu à une température plus basse) si la vitesse de refroidissement est élevée, on appelle ce phénomène la « surfusion ». En réalité, la cristallisation d'une phase homogène n'est pas instantanée dans tout le volume. Elle commence à partir de centres discrets, appelés germes ou « *nuclei* ». Ceux-ci grandissent avec une vitesse finie, par transport de matière au travers du milieu environnant, c'est-à-dire le liquide. Lorsque la viscosité du liquide est très élevée, la vitesse de transport peut devenir très faible, proche de zéro. La transition brusque liquide-solide ne se produit donc plus et un liquide surfondu, se forme. Le verre apparaîtra en dessous du T_g (paragraphe 12.4.2), à ce moment-là, la courbe $v = f(T)$ présente un changement de pente correspondant à la transition liquide-solide (le verre). On comprend qu'il sera nécessaire de refroidir suffisamment vite le liquide pour atteindre une température pour laquelle la viscosité sera très élevée et donc la vitesse de diffusion très faible.

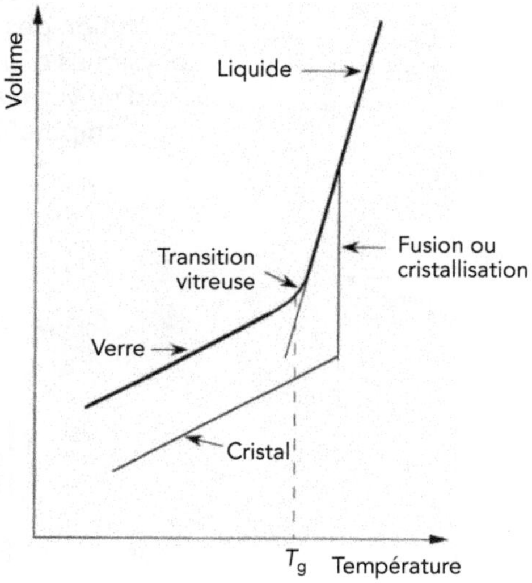

Figure 12.4 – Variation de volume d'un oxyde en fonction de sa température, comparaison entre cristallisation et surfusion

12.4.2 Notion de transition vitreuse

La figure 12.5 représente la variation d'une propriété physique, le coefficient de dilatation (α) ou la capacité calorifique (C_p) lors du passage de l'état liquide à l'état solide, dans des conditions de surfusion menant à la synthèse d'un verre, c'est-à-dire lorsque la vitesse de refroidissement est suffisante. La diminution de la température provoque d'abord une contraction du liquide surfondu avec un coefficient (que ce soit α ou C_p) identique à celui du liquide initial, puis à partir d'une température déterminée appelée « température de transition vitreuse » ou T_g, la pente de la courbe diminue progressivement pour devenir voisine de celle du solide cristallin. Ce coude dans la courbe de refroidissement marque le passage du liquide surfondu au verre. Lorsque la température diminue, la viscosité du liquide silicaté décroît continuellement, à la température de transition vitreuse, la viscosité est proche de 10^{13} dPa · s. En examinant la figure 12.5, on constate que, contrairement à la variation de volume (figure 12.4), la variation de α ou de C_p est rapide au T_g. Pour mesurer T_g, le relevé d'une courbe dilatométrique ou une analyse thermique différentielle sont donc des techniques adéquates. Notons encore que la valeur de T_g n'est pas unique, comme c'est le cas de la température de fusion par exemple, mais elle varie légèrement avec la vitesse à laquelle on refroidit le liquide (figure 12.6), on parle donc d'un intervalle de transition vitreuse.

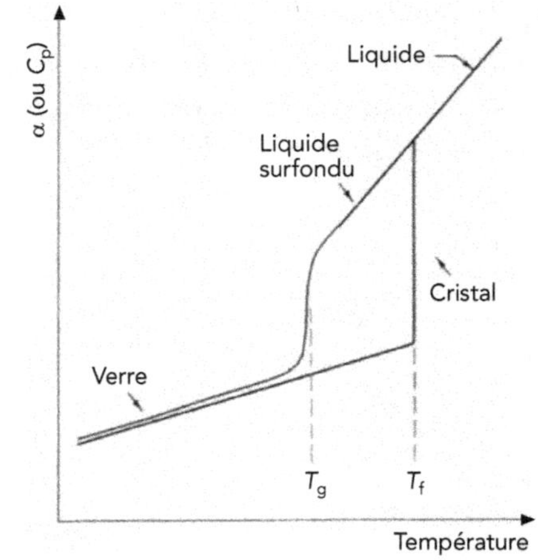

Figure 12.5 – Comparaison de l'évolution des propriétés physiques d'un cristal et d'un verre avec la température

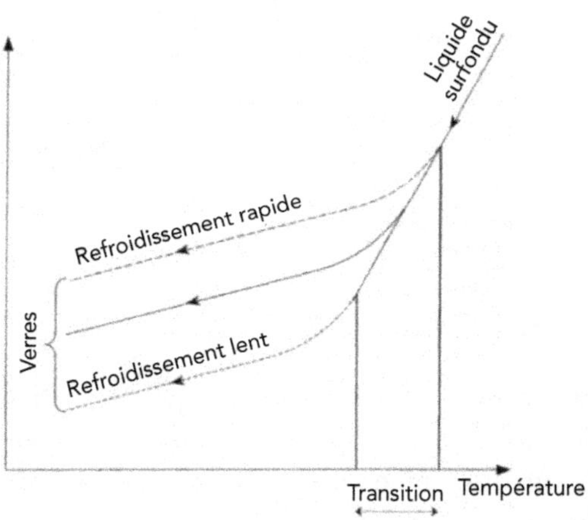

Figure 12.6 – Évolution du volume d'un liquide autour du T_g pour différentes vitesses de refroidissement

12.4.3 Propriétés des verres

Viscosité

Les silicates liquides présentent un comportement newtonien au-dessus du T_g, ce qui signifie que la viscosité (en Pa · s) est la même quelle que soit la vitesse de déformation. La viscosité est un paramètre important à contrôler à tous les stades de la fabrication d'un verre. Elle permet notamment de choisir lors de la fusion quelle sera la durée nécessaire pour obtenir une masse fondue homogène exempte de bulles de gaz. Après fusion et dégazage, une fois le verre refroidi aux environs du T_g, les traitements thermiques de mise en forme et de recuit seront également conditionnés par la viscosité du matériau.

On perçoit facilement que la viscosité va dépendre de la proportion des ions formateurs de réseau et des ions modificateurs. On peut facilement se figurer l'écoulement visqueux comme un processus activé thermiquement basé sur des déplacements de proches en proches ; c'est-à-dire que pour qu'une entité donnée se déplace (par exemple un polyanion de base SiO_4^- dont la taille sera inversement proportionnelle au nombre de cations modificateurs), il faut une combinaison favorable de deux probabilités : celle de disposer de l'énergie suffisante pour effectuer le déplacement vers un site donné (notion de barrière énergétique G) et celle qu'il existe un site libre de taille suffisante pour accueillir le polyanion (notion de volume libre). La viscosité variera donc avec la température selon une loi exponentielle décroissante de la forme classique :

$$\eta = C \exp\left(\frac{\Delta G}{kT}\right)$$

où k est la constante de Boltzmann, T la température, le premier terme (C) de l'équation inclut le volume occupé par l'entité qui se déplace (le polyanion dans notre exemple). L'expérience montre que la fonction $\eta(T)$ suit ce type d'équation dans des intervalles de température limités. On utilise plus souvent l'équation de Vögel-Fulcher-Tamman (VFT). Cependant, cette équation n'ayant pas de sens physique, on tend à la remplacer par une équation issue de la théorie d'Adam-Gibbs prenant en compte l'entropie de configuration du liquide au-dessus de T_g :

$$\log \eta = Cte + \frac{A}{T} \exp(\frac{B}{T})$$

Les constantes A et B sont déterminées expérimentalement en mesurant la viscosité à plusieurs températures, par exemple aux points caractéristiques décrits ci-après (figure 12.7).

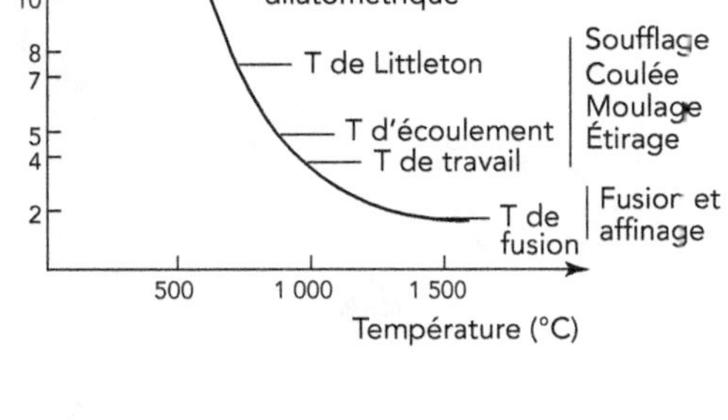

Figure 12.7 – Évolution de la viscosité avec la température

C'est dans le verre liquide (zone de fusion – 0,1 Pa · s) que s'effectuent les opérations de fusion et d'affinage (élimination des bulles de gaz). La zone de travail (de 10-10^5 Pa · s) correspond aux opérations de mise en forme. Selon que l'intervalle de température permettant le travail est plus ou moins grand, on donne aux verres les dénominations de « longs » ou « courts ». Les verres longs sont typiques du soufflage manuel, les verres courts peuvent être travaillés mécaniquement. La recuisson destinée à éliminer les contraintes résiduelles inhérentes à la surfusion rapide a lieu à des températures correspondant à des viscosités comprises entre 10^{10} et $10^{11,5}$ Pa · s. Il existe une série de « points fixes », qui sont des niveaux de viscosité normalisés dont les valeurs sont reprises dans le tableau 12.2 et illustrées pour quelques verres typiques à la figure 12.8. Notons également que diverses méthodes, tant empiriques que phénoménologiques, ont été mises en œuvre pour estimer par calcul la viscosité.

Tableau 12.2 – Points fixes (dPa · s)

T de fusion ou T_f	10^2
T de travail	10^4
T au point d'enfoncement	$10^{4,22}$
T d'écoulement	10^5
T de ramollissement ou Point de Littleton	$4,2 \cdot 10^7$
T de ramollissement dilatométrique	$10^{11,3}$
T de recuisson	10^{13}
T de transition vitreuse ou T_g	10^{13} à $10^{13,6}$
T de tension	$3,2 \cdot 10^{14}$

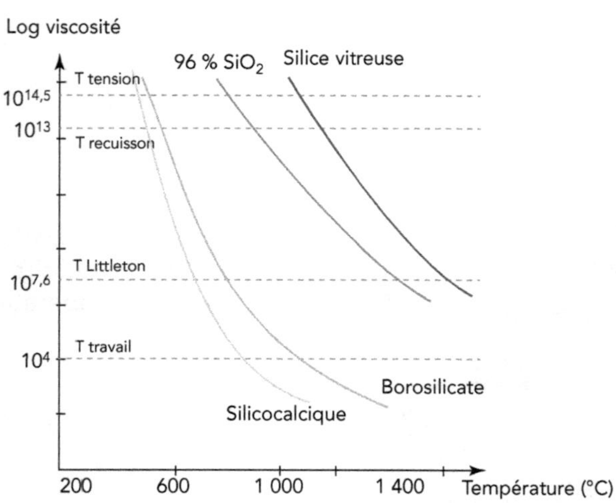

Figure 12.8 – Évolution de la viscosité (dPa · s) avec la température pour quelques verres classiques

Propriétés mécaniques

Propriétés élastiques

Le verre solide est un matériau fragile, c'est-à-dire qu'il casse sous contrainte dans sa zone de déformation élastique. Le module élastique est d'environ 70 GPa et le coefficient de Poisson avoisine 0,2. Notons que le module d'élasticité est une image de la rigidité de la structure du verre, dès lors, dans les silicates, il diminue avec la proportion d'oxydes modificateurs qui « dépolymérisent » le réseau. Pour la fabrication de fibres destinées au renforcement de composites polymériques, on utilise préférentiellement des verres à haut module E. Le module d'élasticité diminue également avec la température parce que les forces de liaison s'affaiblissent ; ce phénomène est accéléré à partir du T_g. Au contraire, le coefficient de Poisson augmente avec la température.

Rupture

Comme tout matériau fragile, un verre est caractérisé par une résistance à la rupture et un facteur critique d'intensité de contrainte (K_{Ic}). Les valeurs des modules de rupture habituellement mesurées sont, pour la silice vitreuse de l'ordre de 100 MPa et peuvent descendre jusqu'à 20 MPa dans le cas des verres sodo-calciques industriels. Le K_{Ic} se situe entre 0,7 et 1,0 MPa$\sqrt{m}$. Notons également que les verres à base de silicates sont sensibles à la fatigue, c'est-à-dire qu'ils subissent une rupture différée selon la durée et l'intensité de la charge appliquée. On observe que ce phénomène de fatigue est plus prononcé lorsque l'atmosphère contient de la vapeur d'eau. Ceci s'explique par le concept de corrosion sous contrainte, par suite d'absorption d'humidité ambiante et réaction d'hydrolyse :

$$\text{H–O–H} + \equiv \text{Si–O–Si} \equiv \rightarrow \equiv \text{Si–OH} \quad \text{HO–Si}\equiv$$

Renforcement

Le comportement à la rupture (σ_F) d'un verre est en accord avec les équations de base de la mécanique linéaire de la rupture (Irwin, Griffith). L'origine des ruptures est l'existence de défauts, généralement localisés à la surface du verre. Pour augmenter la résistance, on met donc en œuvre des méthodes conduisant à mettre la surface du verre dans un état de contraintes de compression. Deux méthodes sont utilisées : la trempe thermique et la trempe chimique.

La trempe thermique consiste à chauffer le verre façonné jusqu'à une température proche du point de ramollissement puis à le sortir du four et à le refroidir rapidement de façon homogène. Dans de telles conditions, les couches superficielles deviennent rapidement rigides alors que les couches internes au cœur de l'objet sont encore visqueuses. Dès lors, le « cœur » plus chaud devrait se contracter plus que la surface, ce qui le met en traction et pour compenser ces contraintes de traction, des contraintes de compression apparaissent en surface. La distribution des contraintes dans un verre trempé thermiquement est représentée à la figure 12.9. Pour un verre à vitre classique, on atteint facilement une valeur de contrainte de compression superficielle voisine de 100 MPa alors que la résistance mécanique de base n'était que de 20 MPa.

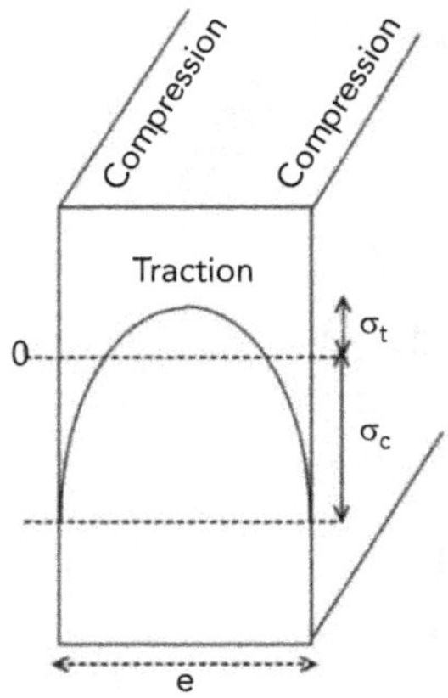

Figure 12.9 – Distribution des contraintes dans un verre trempé thermiquement

L'autre méthode de renforcement superficiel est la trempe chimique. Elle consiste à modifier le coefficient de dilatation thermique des couches de surface en jouant sur leur composition chimique. Plusieurs techniques existent :

- en ajoutant une couche superficielle d'un verre ayant un coefficient de dilatation plus faible (Procédé « Schott » : on peut atteindre des valeurs de 280 MPa) ;
- en enlevant des ions alcalins en surface (Na_2O), ce qui provoque une diminution du coefficient de dilatation thermique, selon :

$$\equiv Si - O^- \therefore \begin{matrix} Na^+ \\ Na^+ \end{matrix} \therefore {}^-O - Si \equiv + SO_2 + H_2O + \frac{1}{2}O_2$$

$$\longrightarrow \equiv Si - OH \cdots\cdots HO - Si \equiv + Na_2SO_4$$

- en échangeant des ions superficiels par trempe dans un bain de sels fondus.

Dans cette troisième technique, on substitue un cation du verre Na^+ (0,98 Å) par Li^+, un cation de rayon ionique plus faible (0,78 Å) faisant partie de la composition du bain de sel fondu. La composition vitreuse contenant le lithium ayant un coefficient de dilatation plus faible, la surface du verre sodo-calcique est mise en compression. L'opération est menée à une température supérieure au T_g pour autoriser la relaxation des contraintes.

De façon plus courante, on substitue Na^+ par un cation de rayon ionique plus élevé, K^+ (1,33 Å) ; dans ce cas, le réseau se dilate superficiellement provoquant une mise en compression superficielle. Cette fois, l'opération doit être effectuée à une température plus basse que le T_g pour éviter la relaxation des contraintes qui annulerait l'effet recherché.

La trempe chimique permet d'atteindre des valeurs de contraintes de surface très élevées estimées de 350 jusqu'à 700 MPa. Elle est applicable à des couches minces, contrairement à la trempe thermique et conduit à un profil de contraintes où les contraintes de compression sont concentrées sur une couche de profondeur très faible (environ 100 µm).

Notons que le verre trempé est un système en équilibre métastable où, dans une pièce donnée, les contraintes de traction équilibrent les contraintes de compression superficielles. Lorsque l'équilibre est rompu, la pièce se fracture instantanément. Par exemple, si une fissure superficielle atteint la zone en extension sous-jacente, ceci provoque immédiatement la naissance d'une fracture qui se propage puis bifurque ce qui provoque une fracturation totale sous forme de petits éléments dont les arêtes sont peu coupantes (verre dit de sécurité, notamment utilisé pour les vitres latérales des voitures). Ceci implique que le verre trempé ne pourra en aucun cas être découpé et donc que la pièce doit avoir sa forme définitive avant trempe.

Recuisson

Le refroidissement depuis l'état fondu et les divers procédés de mise en forme induisent des contraintes résiduelles. Très souvent, il est nécessaire de supprimer ces contraintes, notamment pour la découpe des verres, ou pour l'utilisation des verres en optique. Les contraintes résiduelles peuvent être éliminées par recuisson. Il s'agit de porter le verre à une température uniforme, proche de la température du T_g pendant un temps suffisant pour permettre la relaxation des contraintes. On refroidit ensuite l'objet avec une vitesse « suffisamment faible » pour ne pas engendrer l'apparition de nouvelles contraintes. Pratiquement en fait, la vitesse de refroidissement va dépendre des dimensions de l'objet. À titre d'exemple, elles se situent entre 5 et 0,7 °C/min (recuit optique fin).

Conductivité électrique

À température ambiante, la plupart des verres à base de silicates sont des isolants, leur conductivité étant située entre 10^{-17} et $10^{-5}\Omega^{-1} \cdot m^{-1}$. Les variations de conductivité avec la température sont cependant importantes. Par exemple, la conductivité d'un verre à vitre sodo-calcique, qui à 20 °C est de l'ordre de 10^{-9} à $10^{-8}\Omega^{-1} \cdot m^{-1}$ augmente drastiquement, à un point tel qu'autour de 1 200 °C, il devient possible de chauffer le verre par effet Joule en faisant passer le courant dans la masse fondue. Ce comportement est utilisé en fabrication pour créer des courants de convection améliorant l'homogénéisation. Notons que la conduction dans les verres d'oxydes est de type ionique (le porteur de charge est généralement le Na^+ dont la mobilité est plus élevée).

La conductivité (ou son inverse : la résistivité) du verre dépend non seulement de la composition, mais aussi de la température (figure 12.10), du coefficient de diffusion de l'ion porteur de charge et des contraintes mécaniques, sachant qu'un verre trempé présente une conductivité supérieure (c'est-à-dire une résistivité inférieure) au même verre recuit.

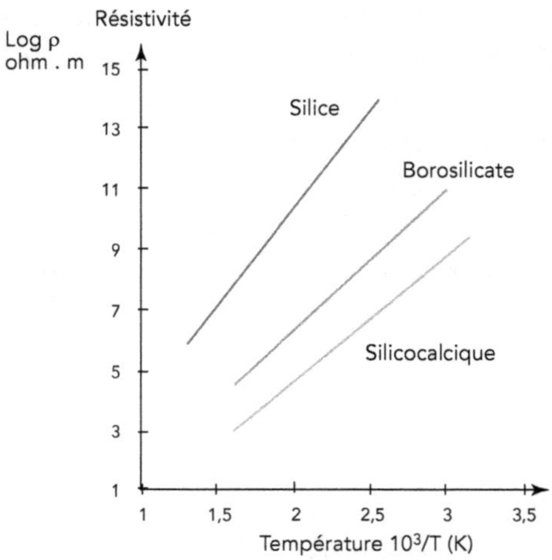

Figure 12.10 – Résistivité électrique de verres en fonction de l'inverse de la température

Propriétés optiques

Les verres sont utilisés depuis très longtemps dans le domaine de l'optique pour fabriquer des lentilles, prismes, filtres, supports de miroirs, etc. Des applications plus récentes des verres silicatés concernent aussi les conducteurs de signaux. Les qualités fondamentales des verres sont leurs caractéristiques particulières et uniques : l'isotropie, l'homogénéité, la possibilité de variations étendues et continues des propriétés par la modulation des compositions, la possibilité d'obtenir des objets sans limitation drastique des dimensions, comme c'est le cas des cristaux.

Transmission

L'utilisation courante des verres d'oxydes est liée à leur bonne transmission dans la partie utile du spectre en optique (UV, visible – 0,4 à 0,7 µm, proche infrarouge). Cette propriété peut être modifiée (ou affectée) par la réalisation de couches (voir le chapitre consacré aux verres à couches).

Coloration

Lorsqu'un verre absorbe ou diffuse sélectivement la lumière dans une partie du spectre visible, la lumière est transmise inégalement et le verre paraît coloré.

Dans les verres classiques, l'absorption partielle dans le domaine du visible est attribuable aux ions d'éléments de transition dont les couches 3d ou 4f sont incomplètes. Il s'agit notamment de Fe, Cr, Mn, Co, Ni, V ou Cu (3d), ainsi que des terres rares (4f). Les couleurs produites dépendent de l'état d'oxydation et du nombre de coordination de l'ion concerné. L'exposition prolongée du verre aux rayons UV du soleil produit également une coloration due au changement de valence de certains des ions précités. Un exemple souvent cité est la réaction d'oxydoréduction sous l'action des rayons ultraviolets du soleil de Fe^{3+} qui devient Fe^{2+} tandis que Mn^{2+} devient Mn^{3+}. Ce phénomène est appelé la solarisation et le verre prend une teinte violacée. Notons encore que les couleurs peuvent aussi provenir de l'absorption de la lumière par interaction avec des électrons qui ne sont associés à aucun ion spécifique mais piégés par les défauts du réseau. Dans le cas des verres « photochromes », les centres de couleurs développés sous l'action des photons disparaissent progressivement lorsque la source de lumière disparaît (verres teintés fonçant avec la lumière). Enfin, certains ions métalliques (basés sur Cu, Au, Ag, Pt), dissous dans un verre peuvent être réduits sous forme de colloïdes à l'état métallique et contribuer à la couleur du verre, par la diffusion de la lumière. Quelques exemples typiques de colorations ioniques ou colloïdales sont donnés au tableau 12.3.

Tableau 12.3 – Coloration des verres

Colorations dues aux ions	
Co	bleu
Cu	bleu/vert
Fe, Cr, V	vert
U	jaune/vert
Fe + S	jaune/brun
Se	rose
Mn	violet/pourpre
Nd	bleu

Colorations colloïdales	
Au	rouge (cristal)
Cu	rouge/brun (sodocalcique)
Ag	jaune

Fibres optiques

Il est connu qu'un rayon lumineux se propageant dans un verre d'indice n_i subit une réflexion totale à l'interface avec un verre d'indice n_e inférieur, lorsque l'angle d'incidence est plus petit que μ, un angle limite défini par :

$$\sin \mu = {}^{n_e}\!/_{n_i}$$

Cette propriété permet de canaliser un faisceau lumineux à l'intérieur d'un milieu jouant le rôle de conducteur optique : la fibre intérieure étant placée dans un milieu d'indice plus faible : la gaine. Les fibres optiques sont groupées en faisceaux et permettent la transmission d'un signal.

Propriétés thermiques

La conductibilité thermique des verres est faible, elle se situe entre 0,8 et 1,4 $Wm^{-1}K^{-1}$.

Les coefficients de dilatation thermique (α) linéaire varient légèrement en fonction de la température ; on utilise donc des valeurs moyennes en précisant l'intervalle de température. Les verres pour lesquels $\alpha < 6 \cdot 10^{-6}\ K^{-1}$ sont appelés verres durs et ceux avec $\alpha > 6 \cdot 10^{-6}\ K^{-1}$ des verres tendres. La silice vitreuse présente un très faible coefficient de dilatation ($\alpha \approx 0{,}5 \cdot 10^{-6}\ K^{-1}$). D'autres verres avec des coefficients voisins de zéro et même négatifs ont aussi été synthétisés dans le système SiO_2-TiO_2. Notons que la dilatation thermique conditionne les possibilités des jonctions verre-métal, fréquentes en électronique.

Propriétés chimiques

Le verre est très résistant aux attaques chimiques, c'est pourquoi de nombreux objets sont toujours intacts après plusieurs siècles tels que des vases, les vitraux de cathédrales, etc. Pour cette raison aussi, le verre est utilisé dans tous les laboratoires d'analyse chimique. Cependant, le verre est attaquable dans certaines conditions.

Les réactifs chimiques les plus efficaces sont le fluorure d'hydrogène (acide fluorhydrique) et les silicates alcalins (que l'on dissout notamment dans des peintures spécifiques afin que la couleur adhère au verre). L'effet d'HF est très rapide à température ambiante, il se forme de l'acide fluosilicique au contact de la silice du verre. Cette propriété est utilisée pour marquer la surface du verre et est aussi employée en analyse. HF est le réactif utilisé pour dissoudre complètement un verre broyé afin de doser ses éléments constitutifs.

Le verre n'est cependant pas totalement inerte, ni vis-à-vis de l'eau, ni vis-à-vis d'autres solutions acides. Sa réactivité dépend à nouveau de la proportion d'ions formateurs de réseau. En effet, comme le verre est constitué par un réseau –Si–O– dont les vides sont occupés par des ions alcalins et alcalino-terreux, ces derniers disposent d'une certaine liberté de mouvement et peuvent migrer vers la solution qui entoure le verre. Le processus est en fait un échange d'ions entre les ions modificateurs et les protons, conduisant à une lente lixiviation. La surface s'hydrate progressivement et une couche de gel de silice formée retarde l'attaque en profondeur. On estime que sur un verre à vitre classique, il faudrait plus de 1 000 ans pour dissoudre une couche de 1 mm.

La réactivité est plus importante vis-à-vis des bases fortes. L'ion OH^- réagit avec le réseau du verre, selon :

$$\equiv Si - O - Si \equiv \quad + OH^- \rightarrow \quad \equiv Si - O^- \ + HO - Si \equiv$$

Cette rupture du pseudo-réseau vitreux peut conduire à la formation de polyanions silicatés de plus petite taille, donc solubles et mener, à terme à la dissolution complète du verre. Cette solubilité du verre augmente donc avec le pH. Notons que si le volume d'eau est faible, le pH monte jusqu'à atteindre des valeurs de l'ordre de 10 : on a alors une attaque basique comme celle décrite plus avant. Le phénomène peut se produire même avec l'eau, si le volume d'eau est petit et la surface grande : c'est le cas de la fibre de verre qu'il faut absolument protéger avec un voile pour éviter la montée du pH du fait de la surface spécifique. Notons aussi que certains verres réagissent même de façon mesurable avec l'eau. C'est le cas des « bioverres », une composition typique est le Bioglass® de Hench dont la teneur en SiO_2 n'est que de 45 %. Dans le cas de ce type de verres, on constate un échange entre les ions alcalins et les protons et le pH augmente fortement. La réaction avec l'eau est de ce fait la succession de deux mécanismes, échange ionique, suivi d'une dissolution du réseau formé par les ions silicates.

Notons enfin que les verres sont également soumis aux agents atmosphériques : le phénomène d'irisation des vitres provient de l'attaque combinée du verre par l'eau et le gaz carbonique de l'air. De même, la vapeur de sodium attaque aussi les verres ; c'est la raison pour laquelle les lampes à vapeur de sodium (lumière jaune) utilisent des enveloppes translucides en alumine ultra-pure.

12.4.4 Verres à couches

Pour conférer des propriétés particulières aux verres « plats », on recourt au dépôt de couches permettant de modifier la réponse optique ou énergétique (visible ou infrarouge), leur conférant un comportement physico-chimique particulier (auto-nettoyants, hydrophobes, etc.) ou permettant une résistance au feu améliorée. Il convient de noter en outre que ces différents types de couches peuvent être combinés.

Verres à couches optiques et énergétiques

Les vitrages sont constitués d'un assemblage de verres (2 ou 3), lesquels peuvent être recouverts de couches réfléchissantes dans les domaines visibles (de 380 à 780 nm) et infrarouges proches (de 1 000 à 2 500 nm). Ces vitrages sont destinés à un usage en architecture, tantôt pour des raisons esthétiques, plus souvent pour le contrôle de l'ensoleillement, autorisant par exemple une réduction de la puissance consommée pour la climatisation.

Lorsqu'un rayonnement atteint une paroi de verre, une partie est réfléchie vers l'extérieur, une partie est absorbée par le matériau, une partie est transmise vers l'intérieur. Le facteur solaire (F_S en %) exprime la quantité d'énergie traversant le vitrage par rapport à l'énergie solaire incidente, tandis que le facteur de transmission lumineuse (T_L en %) représente la fraction de rayonnement visible transmis au travers de la paroi. La figure 12.11 montre que l'objectif poursuivi dépend des conditions d'ensoleillement et du climat.

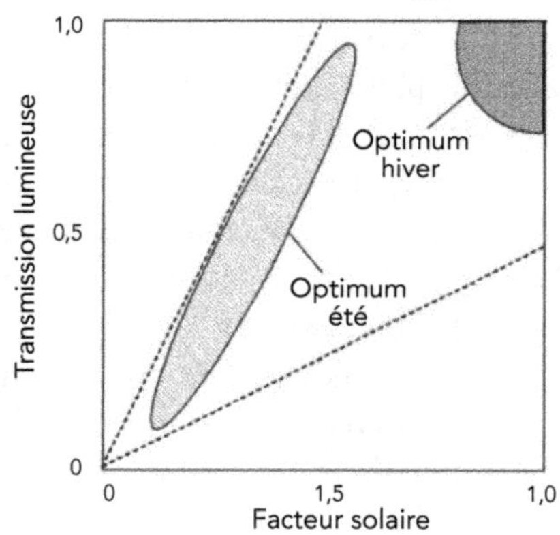

Figure 12.11 – Valeurs optimales de T_L et F_S selon la saison

Les couches déposées sont constituées d'oxydes métalliques ou de métaux. Elles sont obtenues en ligne par dépôt pyrolythique à chaud ou par évaporation sous vide. Les couches peuvent être placées à l'extérieur du vitrage en position 1 (couches dures) ou à l'intérieur (dépôts sous vide en position 2 ou 3). Elles permettent de réfléchir la lumière et l'énergie solaire incidentes, favorisant ainsi un éclairage sans éblouissement, tout en limitant les apports solaires. Selon que l'on souhaite privilégier l'apport de lumière naturelle ou la réduction des apports énergétiques, on choisira soit une transmission lumineuse élevée, soit un facteur solaire bas.

Les verres à basse émissivité sont recouverts de couches réfléchissantes dans le domaine de l'infrarouge lointain (de 2,5 à 50 microns).

Le dépôt pyrolytique dur est généralement constitué d'oxyde d'étain non stœchiométrique dopé. Il est résistant, commode à manipuler mais la valeur d'émissivité reste limitée à ~0,15 (pour 0,89 pour un verre sans couche). Par dépôt sous vide ou par pulvérisation, on obtient des dépôts plus fragiles de performances améliorées, que l'on place à l'intérieur des doubles ou triples vitrages. Les valeurs d'émissivité atteignent 0,05. Les couches sont constituées d'empilement de couches conductrices (généralement de l'argent) et de couches isolantes (différents oxydes). Les propriétés réfléchissantes dépendent du nombre et des épaisseurs des différentes couches.

Ces couches permettent de limiter les pertes énergétiques en hiver, on caractérise donc leurs performances par la valeur de l'émissivité (*e*) qui permet de calculer le coefficient de déperdition calorifique (*U* en $W/m^2 \cdot K$) du vitrage (figure 12.12).

La valeur *U* d'un simple vitrage classique est 5,8. La valeur U d'un double vitrage ordinaire est de 2,8, et 1,7 pour un double vitrage avec couche isolante à faible émissivité. La valeur de U peut descendre à 1,4 si le gaz entre les feuilles de verre est l'argon, ou même sous l'unité avec le krypton.

Les propriétés des verres antireflets découlent de l'empilement alterné de couches à faible et à fort indice de réfraction (généralement Si O_2 n = 1,46 et Nb_2O_5 n = 2,2).

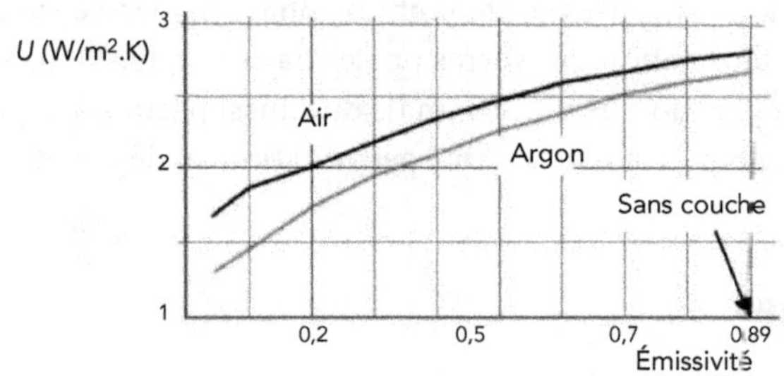

Figure 12.12 – Relation entre le coefficient de déperdition énergétique d'un vitrage et l'émissivité en présence d'air sec et d'argon

Verres à couches physico-chimiques

Notons qu'il existe une série de verres à couches présentant des propriétés physico-chimiques particulières telles que : les verres autonettoyants, généralement obtenus par dépôt d'une couche d'oxyde de titane ; les verres hydrophobes, obtenus par dépôt d'un film de silanes fluorés ; les verres transparents conducteurs électriques, dont les couches sont composées de mélanges d'oxydes d'indium et d'étain ou encore les verres assombrissants ou obscurcissants, par exemple via une couche d'oxyde de tungstène dont la structure change sous l'effet d'un champ électrique.

Verres à « couches » antifeu

On produit également des couches antifeu. Les structures et compositions de ces couches sont très variables ; ce sont généralement des gels transparents devenant opaques sous l'effet de la chaleur. Ces couches peuvent être d'épaisseur importante.

12.4.5 Séparations de phases dans les verres

Comme pour d'autres liquides, certaines compositions comportent un domaine d'immiscibilité, de cette façon des verres peuvent être constitués de plusieurs phases amorphes de compositions différentes formant un ensemble hétérogène. L'immiscibilité est en particulier rencontrée dans les borosilicates et dans les systèmes binaires SiO_2–oxydes alcalinoterreux formant des verres inhomogènes. Ils présentent le phénomène d'opalescence (teinte laiteuse et blanchâtre) ou parfois une séparation franche en deux couches superposées. La démixtion s'opère à différents stades de la formation du verre, soit au-dessus du liquidus (démixtion stable) ou en dessous de celui-ci (démixtion métastable). La séparation de phases par démixtion modifie la texture du verre à une échelle de quelques nm à quelques 100 nm, provoquant des modifications des propriétés physico-chimiques, c'est notamment le cas des verres borosilicatés de la famille du Pyrex®. En cas de démixtion métastable, on obtient un verre homogène qui, par un traitement thermique adéquat, se sépare en deux verres au-dessous du liquidus. Ce phénomène est en particulier exploité pour la fabrication des verres Vycor® à 96 % de SiO_2. D'autres exemples concernent : 1) la préparation des émaux opaques (émulsions vitreuses contenant une phase dispersée sous forme de gouttelettes fines) ; 2) la fabrication des verres opales dans lesquels l'opalescence est généralement due à la séparation de phases (mais due aussi parfois à la présence de phases nanocristallines, peut-être issues d'une germination au départ de la séparation de phase).

12.4.6 Les vitrocéramiques

Un matériau vitrocéramique est un solide obtenu par cristallisation contrôlée d'un verre appelé verre « parent ». La synthèse du verre « parent » et sa mise en forme peuvent se faire en utilisant la technologie verrière traditionnelle, mais également par des voies moins conventionnelles telles que le sol-gel, la CVD, etc. Une ou plusieurs phases cristallines sont formées lors du traitement de dévitrification, celles-ci représentent généralement la majorité du volume du matériau, le reste étant constitué d'un verre « résiduel ». La nature des phases cristallines et leurs fractions volumiques dépendent de la composition du verre « parent » et des conditions de dévitrification.

Les propriétés des vitrocéramiques sont liées aux caractéristiques respectives de la phase vitreuse (composition), des phases cristallines (nature, fractions volumiques, taille des cristallites) et de l'agencement de ces phases (microstructure). Ces matériaux peuvent ainsi présenter de remarquables propriétés d'ordre mécanique (résistance aux chocs thermiques, usinabilité, dureté...), électrique (piézoélectricité, conduction ionique...) ou biologiques (biocompatibilité, bioactivité).

Les avantages de la technologie vitrocéramique sur la technologie céramique classique (frittage de poudres) sont nombreux. Ainsi, les matériaux obtenus sont totalement dépourvus de porosité et leur microstructure, très homogène, peut présenter des morphologies très variées : la taille des cristaux peut être très petite (largement submicronique) et conduire, en combinaison avec l'absence de pores, à des matériaux transparents ; le matériau obtenu peut être parfaitement isotrope ou au contraire fortement texturé ; de plus les techniques verrières traditionnelles de synthèse et de mise en forme peuvent être utilisées ; enfin les variations dimensionnelles des pièces lors de la fabrication sont généralement très faibles.

Nucléation et croissance des cristaux

Pour la majorité des applications, la microstructure de la vitrocéramique doit être homogène et isotrope. Pour cela, la cristallisation du verre « parent » doit s'opérer simultanément dans tout le volume du matériau à partir de « germes » : on parle de mécanisme de nucléation/croissance en volume. Deux cas peuvent être distingués : si les germes ont la même composition chimique que les cristaux, il s'agit de nucléation homogène ; dans le cas contraire, la nucléation est dite hétérogène. Les compositions présentant une nucléation homogène de volume sont rares et technologiquement inintéressantes. Dans la majorité des cas, la cristallisation débute préférentiellement en surface puis se propage vers le cœur du matériau. La microstructure de la vitrocéramique ainsi formée n'est pas homogène et est plus ou moins orientée. Pour favoriser un mécanisme en volume, il est nécessaire d'introduire dans la composition du verre « parent » des inoculants initiant une nucléation hétérogène.

Nucléation

La variation d'enthalpie libre due à la formation d'un amas organisé de n atomes (germe) dans le verre s'exprime en tenant compte de la compétition entre la diminution d'enthalpie libre dans le volume organisé et l'augmentation d'énergie due à la création d'une interface germe/verre. Cette compétition se traduit par l'existence d'une taille critique de germe, appelé nucléus en dessous de laquelle le germe n'est pas stable et disparaît spontanément. À une température T donnée, le nombre de nucléi est donné par :

$$N_n^* = C.\exp\left(-\frac{B}{k_B.T.(\Delta T)^2}\right) \qquad (12.1)$$

Avec B et C des constantes pour un système donné et $\Delta T = T_f - T$, le degré de surfusion (T_f est la température de fusion).

Un germe critique est dans un état instable, une variation positive ou négative de sa taille conduit à une diminution d'enthalpie libre. Pour qu'il bascule du côté stable, il faut lui ajouter des atomes. En régime constant, la vitesse de nucléation I_0 sera donc proportionnelle au nombre de germes critiques et à la vitesse d'adsorption de nouveaux atomes sur la surface de ces germes. Celle-ci est fonction d'un mécanisme de diffusion au travers de l'interface verre-cristal présentant une énergie d'activation ΔG_d. Ainsi, on peut exprimer I_0, la vitesse de formation des nucléi :

$$I_0 = D.\exp\left(-\frac{B}{k_B.T.(\Delta T)^2}\right).\exp\left(-\frac{\Delta G_d}{k_B T}\right) \tag{12.2}$$

Cette relation, dans laquelle D est une constante, montre un optimum pour une température T_N (figure 12.13).

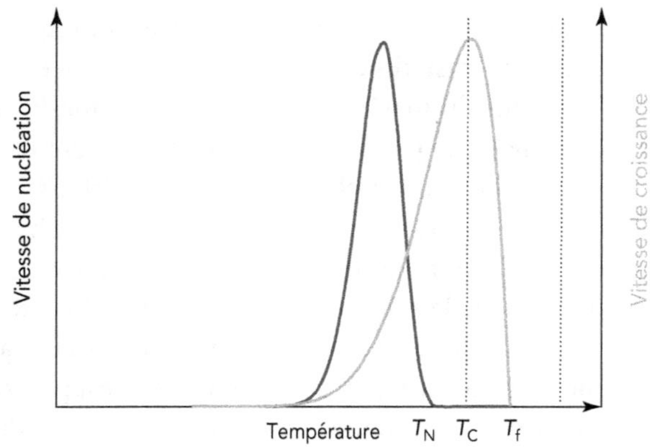

Figure 12.13 – Vitesses de nucléation et de croissance en fonction de la température

En nucléation hétérogène, la création des nucléi est facilitée par l'introduction d'inoculants dans le verre de départ. Leur rôle est d'initier la formation de germes par une séparation de phases dans le verre. Ces germes sont donc chimiquement différents de la matrice vitreuse et mais également des cristaux qui doivent croître. La nucléation et la croissance cristalline résultent d'une croissance épitaxiale sur ces germes. Ce mécanisme conduit à une diminution de la variation d'enthalpie libre correspondant à l'existence d'un nucléus. Cette diminution est donnée par un facteur < 1 fonction de θ, l'angle de contact du milieu surfondu sur la discontinuité.

$$f(\theta) = \frac{(2+\cos\theta).(1-\cos\theta)^2}{4} \tag{12.3}$$

Pour initier efficacement la nucléation, les inoculants doivent satisfaire aux critères suivants :

- être parfaitement dispersés au sein du verre afin de favoriser l'apparition d'un très grand nombre de petits germes ;

- présenter une bonne solubilité dans le verre à la température de fusion et une solubilité limitée à plus faible température ;
- posséder une grande vitesse de diffusion à basse température par rapport aux constituants du verre ;
- conduire à une basse énergie d'interface avec le verre ;
- présenter un faible angle de contact avec la phase devant cristalliser.

Croissance des cristaux

La vitesse de croissance des cristaux dépend de l'équilibre entre les vitesses J^+ d'attachement de nouveaux atomes sur la surface du cristal et J^- de détachement des atomes de la surface. Le transfert liquide-solide J^+ est fonction des conditions de diffusion des atomes dans le liquide. Le transfert solide-liquide J^- est lié à la force d'attachement de l'atome au réseau cristallin, et donc du nombre de liaisons qu'il possède avec ses voisins. Le flux total J est donné par la relation :

$$J = J^+ - J^- = J_0.\exp\left(-\frac{\Delta G_d}{R.T}\right).\left(1 - \exp\left(-\frac{\Delta T.\Delta H_f}{R.T.T_f}\right)\right) \tag{12.4}$$

Avec ΔH_f, la chaleur latente de fusion.

De la même manière que la nucléation, la croissance est donc contrôlée par le degré de surfusion, l'agitation thermique et la diffusion. La relation (12.4) présente un optimum pour la température T_c supérieure à la température optimale de nucléation T_N (figure 12.13).

Considérations pratiques

Paramètres importants de la dévitrification

La détermination des conditions optimales de nucléation et de croissance à partir des considérations théoriques est très difficile du fait d'un manque de données chiffrées exactes. Cependant, ces notions théoriques peuvent être prises en compte pour sélectionner un protocole expérimental permettant de définir les conditions optimales. Ainsi d'un point de vue pratique, il est important de considérer les points suivants.

Le mécanisme de nucléation homogène de volume est très peu fréquent (cas des verres $Li_2Si_2O_5$, $BaSi_2O_5$ et $Si_2P_2O_7$) et ne concerne aucune vitrocéramique industrielle. L'initiation d'un mécanisme de nucléation hétérogène de volume est donc la règle générale (sauf dans les rares cas où une nucléation de surface est souhaitée). Les inoculants les plus fréquemment rencontrés sont des oxydes comme TiO_2 (rutile ou anatase), ZrO_2, $ZrTiO_4$, Cr_2O_3, ou des métaux nobles comme Au ou Ag.

La maîtrise de la microstructure de la vitrocéramique impose un traitement de cristallisation en deux étapes : la nucléation à une température T_N (généralement légèrement au-dessus de T_g) puis la croissance des cristallites à une température T_C plus élevée. Le contrôle n'est possible que si ces deux températures sont suffisamment distinctes et éloignées de la température de mise en forme du produit.

L'augmentation de masse volumique lors de la transformation verre-cristallites conduit à un retrait global de quelques pour cent sur les dimensions de la pièce. Le risque de déformation géométrique est cependant faible si la cristallisation se produit bien simultanément dans tout le volume du matériau et à une température à laquelle la viscosité du verre est suffisamment élevée pour limiter la déformation par fluage. Il est ainsi important de conserver la viscosité du verre dans le domaine de 10^9 à 10^{11} Pa · s. Ceci résulte également du souci de garder une viscosité suffisamment faible pour éliminer des contraintes mécaniques générées par la variation de volume lors de la cristallisation.

Il est à noter que des déformations peuvent résulter d'un gradient de température conduisant à des différences de cinétique de cristallisation dans la pièce. Pour les pièces massives et de faible conductivité thermique, des gradients de température peuvent apparaître entre la surface et le cœur. De plus, la réaction de cristallisation étant exothermique, celle-ci peut générer des flux de chaleur complexes dans les pièces modifiant localement les conditions de cristallisation.

Les conditions particulières de la cristallisation hors d'équilibre correspondant à la technologie vitrocéramique peuvent conduire à la formation de phases métastables. Ainsi, dans le cas d'aluminosilicates de lithium, on observe couramment la formation de quartz-β pour des traitements courts à 900 °C, phase persistant dans le matériau après refroidissement.

Exemples de systèmes et d'applications

Principaux systèmes

Les principales vitrocéramiques peuvent se classer sur la base des principaux oxydes entrant dans leur composition. On distingue dans ce cas les trois systèmes ternaires suivants :

- Me_2O–Me_2O_3–SiO_2 ;
- MeO–Me_2O_3–SiO_2 ;
- Me_2O–MeO–SiO_2.

Le principal oxyde Me_2O_3 est l'alumine (Al_2O_3), même si B_2O_3 peut se rencontrer dans quelques applications. Pour le système 1, l'association Li_2O/Al_2O_3 (familles des vitrocéramiques LAS) est à la source de nombreux produits ; pour le système 2, c'est le couple MgO/Al_2O_3 (familles des vitrocéramiques MAS) qui présente le plus grand intérêt ; pour le système 3, on retrouve Li_2O en association avec Zn^{2+}, Ba^{2+}, Cd^{2+}, Mn^{2+}. Cette liste est loin d'être exhaustive, les systèmes potentiels étant extrêmement nombreux.

Applications mécaniques et thermomécaniques

Selon les coefficients de dilatation thermique α des phases cristallines formées dans la vitrocéramique, il est possible d'ajuster le coefficient global du matériau. Un faible coefficient peut ainsi être obtenu par la présence des phases β–eucryptite ($LiAlSiO_4$), ou β-spodumène ($LiAlSi_2O_6$) dans les vitrocéramiques LAS, ou de cordiérite ($Al_4Mg_2Si_5O_{18}$) dans les vitrocéramiques MAS. Une faible valeur de α permet la synthèse de vitrocéramiques résistantes aux chocs thermiques.

Afin de minimiser les risques d'endommagement lors de cycles thermiques, il est également important de s'assurer d'un bon accord dilatométrique entre les constituants (différentes espèces cristallines et verre résiduel). Ainsi, le produit vitrocéramique certainement le plus connu est la plaque de cuisson. Pour cette application, les vitrocéramiques du système LAS présentent le plus grand potentiel. Il est à souligner que, outre la résistance aux chocs thermiques, une grande transparence dans le proche infrarouge est requise lorsque la source de chaleur est une lampe halogène. Les vitrocéramiques à coefficients de dilatation très faibles sont aussi très couramment utilisées comme vaisselle à feu. Une utilisation moins commune de ces matériaux est la réalisation de supports de miroirs indéformables pour l'astronomie.

Les modules de Young des vitrocéramiques sont voisins de 80 GPa, c'est-à-dire un peu supérieurs à ceux des verres (~ 70 GPa). Bien que les résistances mécaniques de vitrocéramiques soient généralement supérieures à celles des verres et des céramiques silicatées, elles restent toutefois bien inférieures à celles de céramiques techniques.

Notons d'un point de vue comportement mécanique particulier, qu'il est possible, à partir des systèmes contenant entre autres Mg^{2+} et K^+, d'initier la cristallisation des phases facilement clivables (type micas) et ainsi produire des vitrocéramiques pouvant être usinées par des techniques classiques.

Applications électriques

Sauf cas particulier, les permittivités relatives ε_r des vitrocéramiques sont basses, environ 6, (c'est-à-dire du même ordre de grandeur que les stéatites) et relativement stables jusqu'à des températures de 300 °C. L'intérêt d'utiliser des vitrocéramiques comme isolants électriques est renforcé par leurs rigidités diélectriques très élevées, résultant de leurs microstructures très homogènes et sans pores. Par rapport à un verre, les vitrocéramiques présentent des facteurs de perte tan δ, beaucoup plus faibles et, pour certaines compositions, dépendant peu de la fréquence. Pour les applications diélectriques, les systèmes les plus performants sont : Li_2O-ZnO-SiO_2 et Li_2O-ZnO-PbO-SiO_2.

Notons l'existence dans le système LAS de vitrocéramiques photosensibles pouvant être microstructurées avec une très grande précision en composants trouvant des applications en micromécanique et microélectroniques.

Certaines compositions se démarquent très fortement des caractéristiques qui viennent d'être évoquées. Ainsi, les systèmes (Sr, Ba)O-TiO_2-SiO_2 peuvent conduire à la formation de cristaux pyro-ferroélectriques. Les fortes permittivités et le caractère piézoélectrique résultant de la présence de phases de type pérovskite ouvrent la possibilité à de nombreuses applications.

Applications médicales

Les applications médicales des vitrocéramiques sont nombreuses et peuvent être regroupées en deux catégories : les produits dentaires et les produits destinés à être implantés dans le corps. Pour les prothèses dentaires, les similitudes esthétique et mécanique par rapport aux dents naturelles sont les critères essentiels. Dans le cas des produits devant être implantés, le caractère de biocompatibilité ou de bioactivité est recherché en combinaison avec des propriétés mécaniques élevées, notamment en termes de ténacité. Sur ce dernier point, les « biovitrocéramiques » présentent des performances nettement supérieures à celles des bioverres. Des produits présentant une bonne combinaison propriétés mécaniques + bioactivité, peuvent être obtenus par la cristallisation d'apatite ($Ca_{10}(PO_4)_6(OH, F)_2$) et de wollastonite ($CaSiO_3$).

12.5 Verres industriels

On peut classer les verres industriels soit en fonction de leurs compositions (données ci-après en pourcentages massiques), soit en fonction de leurs utilisations (par sous-secteurs industriels).

12.5.1 Compositions principales

Les verres sodo-calciques contiennent de la silice (71-75 %), Na_2O (12-16 %), CaO (10-15 %) et d'autres oxydes dits « mineurs » à des niveaux de concentration faibles. Ces oxydes mineurs sont choisis soigneusement pour influencer des propriétés spécifiques recherchées. Les particularités des verres sodo-calciques sont leur excellente transmission de la lumière et leurs performances thermiques.

La famille du « cristal » est une famille de verres dans lesquels le CaO a été substitué par un oxyde de plomb. Une composition typique est 54-65 % de SiO_2, 25-30 % de PbO, 13-15 % de Na_2O ou K_2O. Lorsque la teneur en oxyde de plomb dépasse les 24 %, le cristal présente une densité (2,9 à 3,0) et un indice de réfraction (1,55 à 1,57) élevés. Ces propriétés lui confèrent une brillance et une sonorité exceptionnelles. Comme il est « *travaillable* » dans une large gamme de températures, il est le choix d'excellence des artistes.

La teneur en SiO_2 des verres borosilicatés est souvent plus élevée, ils contiennent en outre du B_2O_3. Une composition typique est : 70-80 % en SiO_2, 7-15 % B_2O_3, 4-8 % Na_2O ou K_2O, 2-7 % Al_2O_3. Cette famille de verres se caractérise par des propriétés remarquables de résistance à la corrosion chimique et aux chocs thermiques. Des verres alumino-calciques additionnés de petites quantités de B_2O_3 pour adapter leur viscosité au procédé sont également utilisés pour la fabrication de fibres ou de laine de verre.

12.5.2 Sous-secteurs industriels et marchés

La production se subdivise en 5 grandes catégories, à savoir :

- les verres d'emballage ;
- les verres « plats » pour le bâtiment, l'automobile, le solaire ;
- les verres à usage domestique ;
- les fibres utilisées surtout dans le bâtiment et le secteur électrique ;
- les produits spéciaux.

Les tableaux 12.4 et 12.5 reprennent respectivement les tonnages produits par type de verres et l'emploi dans les 10 principaux pays producteurs [Source : Eurostat 2010].

Tableau 12.4 – Production de verre dans l'Union européenne, hors laine de verre (*) : estimation

Type de verre	Tonnes produites
Emballage	19 885 931
Plat (brut)	9 405 170
Usage domestique	1 016 178
Fibres longues	713 464
Spéciaux (*)	715 000
Autres (*)	209 000
Total (*)	**32 000 000**

Tableau 12.5 – Principaux pays producteurs de verre dans l'UE

Principaux pays producteurs	Emploi
Allemagne	53 355
Pologne	33 000
France	19 605
République Tchèque	16 200
Italie	13 600
Belgique	8 750
Autriche	8 359
Espagne (*)	7 000
Royaume Uni	5 805
Slovaquie	5 000
Autres UE	28 399
Total UE	**199 073**

Verres d'emballage

Le secteur principal d'utilisation des verres industriels est l'emballage, lequel représente plus de 62 % de la production en Europe. Bouteilles et flacons sont largement employés pour conserver, transporter ou manipuler les boissons et la nourriture, les parfums, les cosmétiques, les produits pharmaceutiques, divers produits chimiques. En effet, le verre se distingue des produits concurrents par son inertie exceptionnelle, étant par là une barrière idéale pour conserver parfums, arômes, bouquets, etc. L'Union européenne est le leader mondial en production avec environ 20 millions de tonnes de verre d'emballage fabriquées en 2010 sur plus de 150 sites de production répartis dans 21 des 27 pays membres. Ces produits en verre dits « creux » contribuent très positivement à la balance commerciale extérieure de l'UE, étant les conteneurs de choix pour tous les produits de luxe ou festifs. Un avantage supplémentaire des verres d'emballage est leur potentiel de recyclage « à l'infini » (sans limite de cycles) sans perte de propriétés. La démarche de récolte systématique des verres d'emballage a commencé il y a plus de 25 ans et des statistiques sont aujourd'hui disponibles pour la plupart des pays européens (UE, Suisse, Norvège, Croatie, Turquie). La moyenne européenne est de 67 % de taux de recyclage, certains pays atteignant, voire dépassant les 95 % (Belgique, Suisse). La figure 12.14 représente la localisation des sites de production en UE (nombre de sites dans le pays en caractères gras) et le pourcentage de verre d'emballage recyclé dans les mêmes pays).

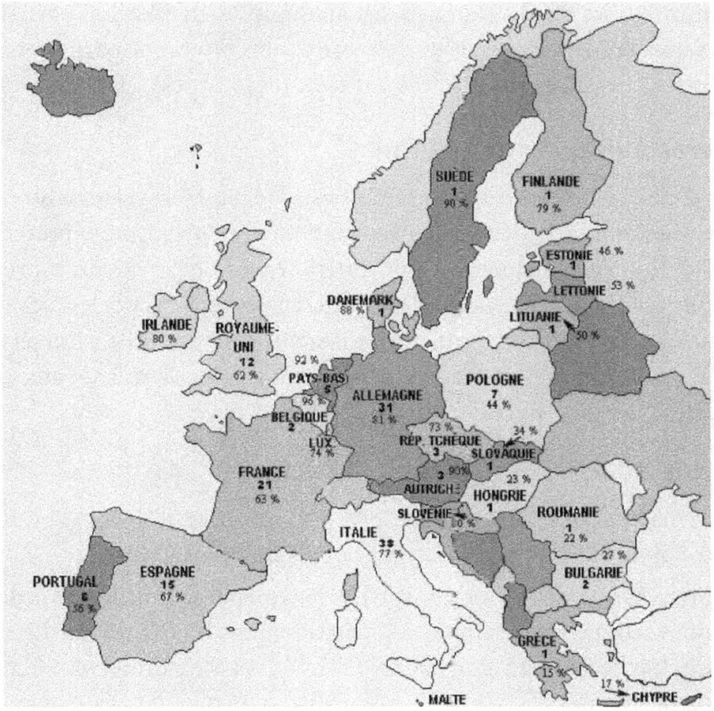

Figure 12.14 – Répartition des sites de production de verres d'emballage et pourcentage de recyclage dans les 27 pays de l'Union européenne

Verres « plats »

Le deuxième secteur en importance de l'industrie verrière est la production des verres « plats ». Deux technologies de fabrication sont utilisées : le verre flotté (*float*), qui représente près de 95 % et le laminage. Ce dernier procédé est réservé à l'obtention de vitres pour les serres en horticulture, aux vitrages texturés pour des usages décoratifs, etc. La production de verre de type flotté est dominée par les 4 leaders internationaux ayant des usines dans 11 des pays de l'UE et occupant en direct près de 12 500 personnes et en indirect environ 90 000 autres, essentiellement dans les domaines du bâtiment (80 %) et de l'automobile (20 %). Il y avait en 2009 soixante unités de verre flotté en fonctionnement, dont Saint-Gobain (F – 17) ; AGC (J – 13) ; NSG Group (J – 11) ; Guardian (USA – 8). Euroglas, un groupe allemand possède 4 unités de production. Il est à noter que certaines des autres unités de production sont aussi des *joint ventures* entre les précités et d'autres firmes. Les produits plats ne sont en général pas diffusés dans le grand public sous leur forme brute. Ainsi, dans le bâtiment, la moitié est diffusée sous forme de doubles ou triples vitrages isolants thermiques et/ou acoustiques, l'autre moitié concerne les verres à couches, les miroirs, les verres trempés. En automobile, une bonne partie des produits est des vitres feuilletées, pour les pare-brise, toits ouvrants, parfois aussi pour les vitres latérales (les autres vitrages étant des verres trempés).

Verres à usage domestique

La production de verres à usage domestique (carafes, verres à boire, objets destinés à la cuisson, objets décoratifs) est un petit secteur qui ne représente que 4 % de la production européenne. Il s'agit généralement de petites ou moyennes entreprises (environ 140 en UE). Outre les objets en verres sodo-calciques (transparents ou colorés), c'est dans ce type d'entreprises que sont produits les objets en cristal, ou en verre opale, ainsi que ceux en borosilicates destinés à résister aux chocs thermiques lors des cuissons (Pyrex®, Duran®, etc.).

Fibres de verre

Le domaine des fibres de verre, peu important en tonnage, l'est beaucoup plus en valeur ajoutée. Il comporte deux grandes catégories :

- les laines de verre produites généralement par les producteurs de laines de roche, dont l'usage est spécifique à l'isolation dans les bâtiments. Le marché européen des laines de verre était estimé de 1 600 à 1 900 tonnes en 2011 ;
- les fibres longues continues. Huit producteurs sont actifs en Union européenne. Plus de 75 % de l'utilisation concerne le renforcement des composites polymères (majoritairement thermodurcissables). Les applications principales sont le bâtiment, l'automobile et le transport (50 %) et les secteurs électrique et électronique (textiles à la base des circuits imprimés). D'autres applications concernent les tuyaux, réservoirs et divers équipements en agriculture, dans le sport, en mécanique industrielle…

Verres spéciaux

Les verres « spéciaux » représentent 6 % environ de l'activité industrielle. Ce sont en général des produits à haute valeur ajoutée. Le domaine est actuellement en pleine mutation ; en effet, d'une part de nouvelles règles européennes ont impliqué l'abandon des lampes à filament au profit des lampes fluocompactes, des halogènes et des LED, d'autre part, pour les postes de télévision et écrans de PC, le marché des tubes cathodiques se limite aujourd'hui au très haut (et au très bas) de gamme, au profit des écrans LCD, plasmas ou des plus récents LED-LCD. Les développements concernent donc l'obtention de verres ultrafins. À titre d'exemple, la firme Micro Technology Co (J) a développé une technique d'attaque réduisant l'épaisseur du verre à 30 voire 20 μm, ce qui, avec les couches sensorielles permet d'obtenir un substrat flexible d'épaisseur inférieure à 60 μm. Les autres principaux produits manufacturés sont les verres destinés à l'optique, les matériels de laboratoire, les borosilicates à usage culinaire.

La production de tubes et bulbes est répartie dans toute l'UE, avec une concentration plus importante en Allemagne, aux Pays-Bas et au Royaume-Uni, en ce qui concerne les autres produits, les leaders sont l'Allemagne, la France et le Royaume-Uni.

12.6 Techniques de production

12.6.1 Étapes du procédé

Les matières premières sont un mélange de produits naturels : du sable et du calcaire et de produits de synthèse : le carbonate de sodium. Généralement, on recycle du verre concassé, (le « *calcin* » ou « *groisil* » selon les régions). Après dosage des proportions nécessaires, le mélange est fondu dans un four. Quelques constituants secondaires (< 1 %) peuvent être ajoutés pour modifier la teinte ou les conditions d'élaboration du verre.

L'ensemble des constituants fond en formant un liquide homogène qui, par refroidissement, se solidifiera sous forme de verre. La température de fusion est de l'ordre de 1 300 à 1 500 °C pour les verres classiques. Pendant la chauffe, le mélange subit des phénomènes de déshydratation, de dissociation des carbonates et des sulfates avec dégagement de CO_2, SO_2, SO_3, la formation locale de silicates, le frittage partiel de la masse, la fusion de certains composants et finalement la dissolution des composants les plus réfractaires à des températures bien inférieures à leurs points de fusion.

Le verre ainsi fondu n'est cependant pas homogène et contient des bulles de gaz issues notamment de la dissociation des composants. Ces bulles sont piégées dans un liquide à forte viscosité. Pour éliminer ces bulles, on pratique une opération appelée « affinage », laquelle consiste en une augmentation de la température du verre fondu jusqu'à 1 450 à 1 550 °C (pour les verres classiques), ce qui permet de diminuer la viscosité, favorisant ainsi la vitesse d'ascension des bulles et l'homogénéisation. Pour accélérer le processus, une agitation mécanique et une insufflation d'air (« bouillonnage ») ou de vapeur d'eau peuvent également être ajoutés. En réalité, une telle opération sert davantage à accentuer les mouvements de convection naturelle dans le four. On leur préfère le plus souvent des électrodes qui chauffent le liquide localement et le font monter, ce qui là encore accentue la convection. On peut additionner également un agent dit « affinant », par exemple Na_2SO_4, qui induit la libération de quantités importantes de gaz, selon l'équation :

$$Na_2SO_4 \xrightarrow{1\,200\ °C} Na_2O + SO_2 + 1/2O_2$$

Ces gaz, grossissent les fines bulles préalablement formées, permettant de les éliminer.

Au terme de l'affinage, le verre est refroidi vers 1 000 à 1 200 °C pour atteindre une viscosité plus élevée, adaptée au procédé de mise en forme qui suivra. On appelle cette phase de l'élaboration « braise ».

Divers procédés de mise en forme sont alors mis en œuvre (paragraphe 12.6.3).

12.6.2 Fours

De manière générale, le four à verre est une enceinte chauffée où s'opère la fusion du verre. Le lecteur se référera aux chapitres cités dans la bibliographie (Barton J. *et al.* ; Cambier F.) pour la représentation schématique des types de fours décrits ci-après.

Fours à pot

De tels fours sont toujours utilisés de nos jours lorsque l'on a besoin d'une quantité limitée de verre, par exemple en verrerie d'art ou pour le flaconnage de luxe. Le pot ou creuset est généralement cylindrique, constitué de briques réfractaires et surmonté d'une voûte hémisphérique. La capacité du creuset varie de quelques litres à mille litres. La durée d'un cycle est d'environ 24 heures.

Fours à bassin à brûleurs transversaux

Les fours à bassin en général permettent une coulée en continu du verre et non plus par cycle. Chaque quantité de mélange introduit dans le four, est successivement fondue, puis affinée, et conditionnée dans une même installation, mais dans des zones bien déterminées de cette dernière par l'intermédiaire de brûleurs développant une flamme au-dessus du liquide. En outre, des régénérateurs constitués d'échangeurs de chaleur garnis de réfractaire permettent une économie d'énergie substantielle. Le fonctionnement des régénérateurs est cyclique : pendant une première phase, le garnissage des parois de briques des chambres de régénération est chauffé par les fumées et accumule la chaleur puis, dans une deuxième phase la restitue en préchauffant l'air et/ou les gaz destinés à la combustion. On effectue l'inversion des flux environ toutes les 20 minutes.

Les fours modernes peuvent produire jusqu'à 900 tonnes de verre flotté par jour. La surface libre du bassin de verre couvre environ 400 m^2, si bien que la production journalière ramenée au m^2 de zone de fusion, aussi appelée la « tirée spécifique » peut atteindre 2 tonnes/m^2. Les pertes thermiques variant de façon inverse à la taille du four, il est économiquement plus rentable d'utiliser de grandes installations. De tels fours permettent de produire des « vitrages » de qualité en termes d'inclusions gazeuses ou solides. Leur désavantage est la grande taille impliquant un encombrement, un coût et une grande inertie.

Notons également que de plus petits fours à bassin dits « journaliers » peuvent être utilisés de façon cyclique et non en continu. Ils sont utilisés quand on doit produire des verres différents en quantités limitées.

Fours à boucle

Ce type de fours est très utilisé pour la production des verres d'emballage. La dénomination particulière provient du fait que la flamme suit une trajectoire en boucle. La surface du verre en fusion peut atteindre 150 m^2, la cuve est séparée d'un second compartiment (appelé « avant bassin ») par une gorge qui empêche le passage de la mousse éventuelle. Le rôle de cet avant-bassin est de répartir la masse fondue entre les canaux alimentant les machines de mise en forme. Les tirées spécifiques peuvent atteindre 4 t/m^2 et par jour.

Fours à récupération

Par opposition à la régénération, la récupération consiste à utiliser la chaleur des fumées pour la transférer à l'air de combustion de façon continue et non plus cyclique. Le principe est de forcer le déplacement de l'air parallèlement dans une série de tubes métalliques verticaux situés en périphérie du conduit d'évacuation des fumées. La température atteinte par l'air à la sortie des récupérateurs est comprise entre 400 et 800 °C, bien inférieure aux régénérateurs classiques. Il en résulte une plus forte consommation de combustible qui n'est que partiellement compensée par un investissement moins onéreux. Ces fours s'utilisent dans des productions de verres dont les émanations risqueraient de corroder les garnissages des régénérateurs, comme les verres de flaconnage et les fibres continues.

Four à oxygène

Dans ce type de fours, l'air de combustion est remplacé par de l'oxygène. On parle « d'oxycombustion » conduisant à une température de flamme plus élevée et un meilleur échange entre la flamme et le bain. La consommation de gaz naturel est diminuée de 30 %. Un autre avantage économique est que comme le volume de fumées est moindre, il est possible d'éviter d'investir dans un récupérateur ou dans un régénérateur. Cependant, le coût de fonctionnement est grevé par le prix plus élevé de l'oxygène.

Four électrique

Le principe est de profiter de la conductivité électrique des verres à haute température en chauffant les masses fondues par effet Joule. Ce sont des fours à bassin, le courant étant introduit dans le bain de verre par un jeu vertical d'électrodes de molybdène. Le bain en fusion est recouvert d'une couche de matières premières sous laquelle ont lieu les réactions. La fusion provient de courants ascendants formés autour des électrodes suite à la dissipation de la puissance électrique. La couche de matières premières joue le rôle d'isolant thermique et permet, en régime, de ne pas chauffer la voûte par des flammes. Cependant l'échauffement initial et la fusion du premier bain de verre doivent être réalisés à l'aide de brûleurs. Malgré un excellent rendement énergétique, et de faibles taux de pollution en NO_x et SO_x, les fours électriques restent économiquement peu intéressants vu le coût de l'électricité et leur durée de vie réduite en raison des températures élevées pratiquées.

12.6.3 Techniques de mise en forme

Nous nous bornerons ici à présenter les grands principes de mises en forme. Les procédés de mise en forme varient selon la catégorie de produits fabriqués, à savoir verres plats (verre à glace, verre à vitres), verres creux (bouteilles, produits domestiques), fibres de verre ou verres pour applications diverses (verres d'optique, tubes, baguettes, etc.).

Production de verre plat

Laminage

Le principe consiste à forcer le passage du verre s'écoulant du four entre des rouleaux métalliques refroidis qui le figent en un ruban continu. On peut obtenir des épaisseurs entre 3 et 15 mm d'épaisseur et jusqu'à plus de 3 m de largeur. Le verre passe par un tunnel de recuisson avant d'être découpé. Ce procédé est principalement réservé aux verres imprimés (< 5 % de la production de verre plat).

Étirage

On utilise le principe de l'étirage à partir du bain fondu pour obtenir des verres d'épaisseur très fine, par exemple les lames de microscope.

Verre flotté

Le verre plat est à plus de 90 % élaboré par flottage. Ce procédé (« *float* ») a été mis au point au départ par la société Pilkington (aujourd'hui partie de NSG Group). Le verre est coulé en atmosphère réductrice sur une surface d'étain fondu. La longueur d'une unité de production est de plus de 400 m. Un schéma de principe du fonctionnement d'une unité de production est donné à la figure 12.15.

À la sortie du four, le verre fondu est dirigé dans un canal d'où il coule sur un bain d'étain en fusion maintenu à une température d'environ 1 050 °C. En raison de sa densité plus faible que celle de l'étain, le verre flotte sur le métal liquide, produisant une feuille de verre aux faces d'épaisseur uniforme proche de 6,5 mm, quelle que soit la largeur de la bande coulée. Il est possible de modifier cette épaisseur par différentes technologies (top rollers ou barrières de graphite), permettant de fabriquer des verres plats dont l'épaisseur va de 1 à 25 mm sur des largeurs pouvant atteindre 3 mètres. Après le passage sur le bain d'étain, le verre a une température voisine de 600 °C, il est suffisamment rigide pour être soulevé et entraîné hors du bain.

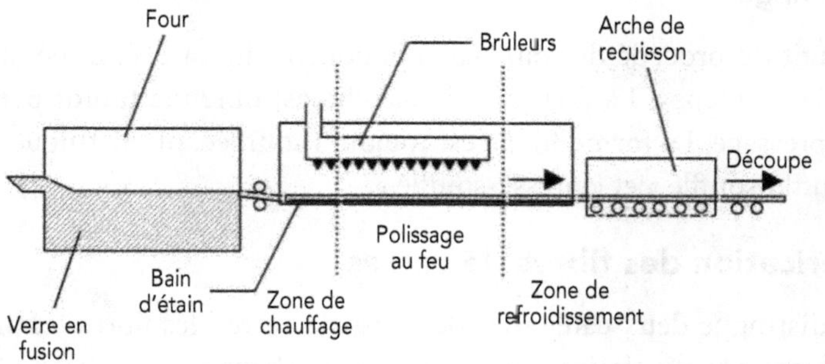

Figure 12.15 – Schéma de la fabrication de verre plat flotté

Production de verre creux

Le verre maintenu à plus de 1 500 °C est conduit aux machines de mise en forme via des canaux en réfractaires appelés « *feeders* ». Ces derniers permettent de conditionner le verre à une température telle que la viscosité du verre autorise la mise en forme. Un schéma général de fabrication d'objets en verre creux est présenté à la figure 12.16. Notons qu'une production de bouteilles, par exemple, peut atteindre les 700 000 unités par jour.

Les articles en verre creux peuvent être mis en forme par pressage, soufflage ou « pressage-soufflage ».

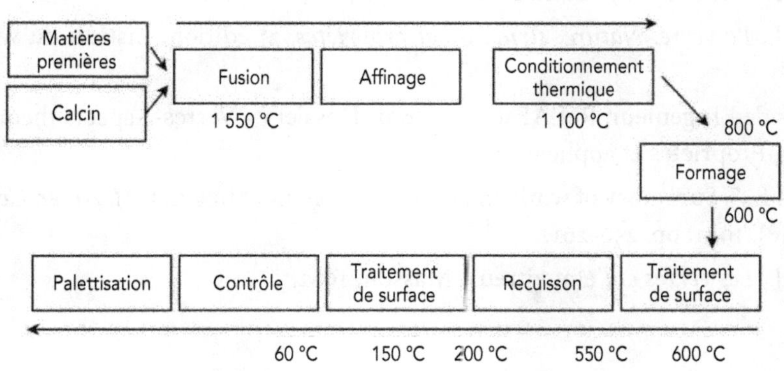

Figure 12.16 – Schéma d'une unité de production de bouteilles
[Source : adapté de Cambier F., *Élaboration des verres dans Science et Technologies Céramiques*, Fantozzi G., Le Gallet S. et Nièpce J-C., EDP Science 2011, pp. 415-462]

Pressage

Le verre fondu est introduit dans un moule et pressé vers 400-450 °C. Les presses automatiques permettent de fabriquer jusqu'à 1 000 pièces/heure et sont utilisées pour produire des assiettes, bocaux, etc.

Soufflage

Il s'agit du procédé de soufflage à la bouche, mécanisé. L'opération se déroule en plusieurs étapes. La forme de l'ébauche est obtenue tantôt par soufflage, tantôt par pressage. La forme finale est toujours soufflée, on distingue donc les procédés « soufflé-soufflé » et « pressé-soufflé ».

Fabrication des fibres de verres

On distingue deux catégories de fibres de verre : les fibres textiles (fil continu) et les fibres pour isolation (fibres courtes enchevêtrées). Il existe trois principes de fabrication : l'étirage mécanique (procédés Gossler ou Schuller), l'étirage par fluide et l'étirage centrifuge.

Pour la fabrication des fibres optiques, on part, soit de l'étirage d'une fibre d'indice élevé insérée dans un tube de verre d'indice plus faible, soit d'un système composé de deux creusets concentriques, le creuset intérieur contenant le verre de cœur et l'extérieur le verre de gaine.

12.7 Bibliographie

BARTON J. et GUILLEMET C., *Le Verre Science et Technologie*, EDP Sciences, 2005.

CAMBIER F., Élaboration des verres dans *Science et Technologies Céramiques*, Fantozzi G., Le Gallet S. et Nièpce J-C., EDP Science, pp. 415-462, 2011.

SCHOLZE H., *Le verre. Nature, structure et propriétés*, 2e édition, Institut du verre, Paris 1980.

Techniques de l'Ingénieur, Ref AF3600 et 3601, Dossiers « Verres-Aspects théoriques » et « Verres-Propriétés et applications ».

WARREN B. E., « Summary of work on atomic arrangement in glass », *J. Amer. Ceram. Soc.*, vol. 24 (8), 1941, pp. 256-261.

ZARZYCKI J., *Les verres et* l'état vitreux, Masson, 1982.

13 Les liants minéraux

Coordonnatrice : Sandrine Gauffinet

Co-auteurs : Jean Michel Casaborne et Fabrice Pourcel

Dans ce chapitre, est tout d'abord précisée la notion de liant minéral que sont bétons, plâtres, ciments, mortiers... céramiques particulières, compte tenu de la définition retenue pour cet ouvrage. Le chapitre, consacré aux ciments et aux plâtres, se limite aux produits commercialisés, à leur élaboration, ainsi qu'à quelques données économiques. Les problématiques de la prise ne sont pas développées.

13.1 Introduction

Il n'est nul besoin de décrire l'omniprésence des bétons, plâtres, ciments, mortiers... qui nous entourent. Cet ouvrage sur les céramiques ne serait donc pas complet si un chapitre n'était pas dédié à ces liants dont l'analogie avec les céramiques est sans conteste. En effet, ce sont tous à l'origine des matériaux, inorganiques et non métalliques, pulvérulents qui vont former un matériau massif dense et résistant. La différence majeure réside dans le fait que, contrairement aux céramiques, plus classiquement reconnues en tant que telles, qui acquièrent leur forme et leur résistance au cours de la cuisson, la poudre de liants est obtenue par cuisson (accompagnée de réactions à l'état solide et liquide) et que la formation de la matrice durcie est la conséquence de réactions chimiques avec l'eau, regroupées sous le terme d'hydratation. Le solide initial se transforme progressivement en un composé hydraté. Cette transformation ne se fait donc pas à l'état solide même si la microstructure de la pâte de liant durcie dépend aussi directement du caractère granulaire du produit initial.

D'une manière générale, les liants sont des poudres minérales qui, lorsqu'on les mélange avec de l'eau, forment une pâte qui durcit. On peut cependant distinguer différentes familles de liants minéraux. Parmi elles, on trouve les liants hydriques dont la prise accompagne l'hydratation (comme le plâtre), les liants hydrauliques (tels que les ciments) qui sont des liants hydriques conservant stabilité et résistance sous l'eau et les liants aériens dont la prise est due à leur carbonatation.

Ces matériaux sont principalement issus de matières premières de carrières qui sont portées à plus ou moins haute température.

De par leur grande production à l'échelle mondiale, les exigences techniques et économiques actuelles, les progrès scientifiques, ces matériaux n'ont cessé d'évoluer afin de devenir encore plus compétitifs économiquement, plus résistants mécaniquement, plus adaptables à des utilisations de plus en plus spécifiques et moins néfastes pour l'environnement. Ce chapitre détaille ces différents points pour les deux principaux liants minéraux utilisés actuellement que sont le ciment (matière première du béton) et le plâtre, après avoir dressé un bref historique et présenté les différentes étapes de leur fabrication.

13.2 Ciments

13.2.1 Introduction

Pour éviter d'entrée les confusions malheureusement habituelles dans le langage courant, précisons que le ciment est au béton ce que la farine est au gâteau : la farine mélangée à de l'eau donne une pâte qui durcit et on peut ensuite ajouter tout type d'ingrédients et de friandises pour faire le gâteau. De même, le ciment mélangé avec de l'eau produit une pâte qui fera prise puis durcira au cours des jours et des mois qui suivront ; mais il ne faut pas confondre cette « colle minérale » avec le bloc de béton qui contient sables, graviers et toutes sortes d'ingrédients mineurs qui lui apporteront facilité de mise en œuvre, texture de surface, durabilité, etc.

Précisons également d'entrée que la pâte de ciment ne durcit pas en séchant mais du fait d'une série de réactions d'hydratation (c'est-à-dire dissolution des anhydres = silicates et ferro-aluminates de calcium et précipitation des hydrates = gels nanocristallisés de silicates et sulfo-aluminates hydratés) qui vont se poursuivre bien au-delà de la prise. De ce fait, le ciment fait partie de la famille des liants hydrauliques selon la norme EN 197-1 ; il peut produire une pâte durcie même complètement immergée dans l'eau. Les photos de la figure 13.1 montrent, sur la gauche, un grain des composés anhydres tel qu'on l'obtient à la sortie du four de cimenterie (alite et bélite sont 2 types de silicates de calcium avides d'eau) et, sur la droite, du silicate de calcium hydraté obtenu après dissolution (de l'alite en l'occurrence) et précipitation. C'est l'extraordinaire quantité de surface développée par ces gels qui leur permettent de remplir toute porosité interne de la matrice de béton au cours du temps et ainsi de jouer ce rôle de « colle minérale » en donnant au béton cet aspect de « pierre artificielle ».

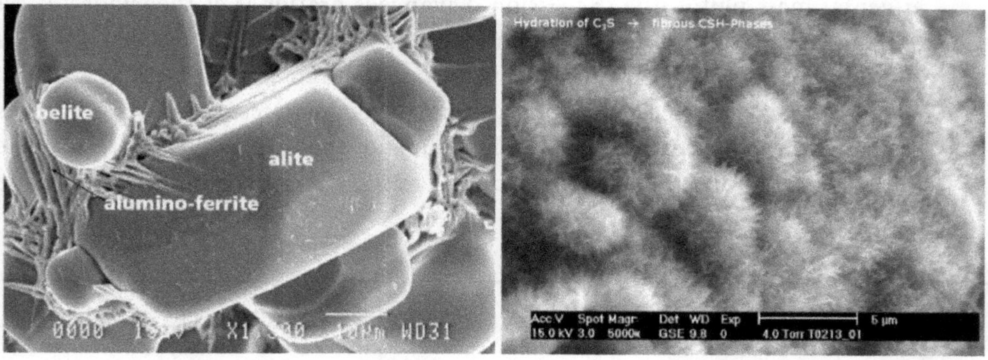

Figure 13.1 – Vues par Microscopie Électronique à Balayage (MEB) : à gauche, d'un grain de ciment anhydre (clinker) ; et, à droite, d'hydrates jouant le rôle de colle minérale

[Source : document interne Lafarge]

13.2.2 Court historique de la fabrication du ciment

Des ciments naturels au ciment Portland

Qui a inventé le ciment ? Il faudrait déjà pouvoir répondre à la question « Qui le premier a cuit intentionnellement un calcaire plus ou moins siliceux, l'a mélangé avec de l'eau et obtenu une pâte qui a durci ensuite pour prendre l'aspect d'une pierre ? ». La réponse s'est perdue dans la nuit des temps. Selon Bogue, l'origine exacte est forcément inconnue puisqu'elle doit remonter aux temps préhistoriques, à la première décarbonatation « accidentelle » de calcaire ayant conduit à une poudre qui est devenue dure après mélange avec de l'eau. On sait que les gypses calcinés étaient largement utilisés dans les civilisations égyptiennes mais on considère le plus souvent, comme Baron et Sauterey, que les inventeurs ont été les Romains qui ont développé un véritable savoir-faire de bétons avec des résistances et une durabilité élevées, basé sur le célèbre « ciment romain », mélange de chaux calcinées et de pouzzolanes (terres volcaniques riches en silice et alumine).

Malheureusement, ce savoir-faire s'est perdu avec la chute de l'Empire Romain et le Moyen Âge voit le retour des mortiers de chaux aux performances bien moindres. Il faudra attendre le début du XVIIIe siècle pour que de véritables travaux scientifiques apportent une compréhension plus fine des phénomènes d'hydratation en jeu et la sortie de l'empirisme jusqu'au développement industriel.

Qui est l'inventeur du ciment moderne ?

Comme souvent pour les découvertes scientifiques, il n'y a pas un inventeur isolé et génial mais plutôt une succession d'avancées pratiques et théoriques. C'est toute une lignée d'inventeurs-chimistes-entrepreneurs qui permettra d'abord de comprendre pourquoi certaines chaux pouvaient durcir sous l'eau et pas d'autres, jusqu'à établir des règles précises d'assemblage de matières premières naturelles et de cuisson pour réaliser les premiers ciments artificiels, c'est-à-dire issus de l'intelligence humaine et non de décarbonatations plus ou moins maîtrisées de calcaires plus ou moins purs.

Quelques dates marquantes de ce processus

1756 : L'Anglais John Smeaton montre qu'une bonne chaux, donnant une prise rapide, de bonnes résistances à l'écrasement et utilisable sous l'eau – d'où son nom futur de « chaux hydraulique » – ne s'obtient pas à partir de calcaires purs mais au contraire de calcaires contenant 10 à 20 % d'argiles. Il compare les boules durcies qu'il obtient à la pierre de Portland (localité du Dorset) mais ne prend pas de brevet.

1818 : Louis Vicat réunit et approfondit les connaissances fragmentaires de l'époque et démontre qu'un mélange artificiel de calcaire et de roches argileuses permet d'aboutir à un produit hydraulique. Il parvient à des performances variables en fonction du dosage de chaux ou de calcaire avec les argiles.

1822 : James Frost applique ces principes et invente le « Ciment Britannique » contenant jusqu'à 40 % de terre siliceuse.

1824 : Joseph Aspdin, un briquetier de Leeds, brevète le premier un « ciment ou pierre artificielle » qu'il nomme « ciment Portland », terme universellement utilisé aujourd'hui, car il « égalait en solidité et durabilité la meilleure pierre de Portland ». Toutefois, il garde jalousement pour lui ses secrets de fabrication.

1845 : L. C. Johnson reproduit puis améliore les proportions de matières premières et les conditions de cuisson énoncées par Aspdin et amorce ainsi le véritable début de l'industrie du ciment Portland, telle qu'elle existe aujourd'hui.

1840-1855 : Les premières fabrications artificielles et contrôlées de ciment Portland se développent en Grande-Bretagne puis en Belgique, en Allemagne et en France et David Saylor, fermier de Pennsylvanie, crée la 1re fabrique outre-Atlantique en 1850.

Source : ATHIL, Baron et Sauterey

Du four vertical à la voie sèche avec précalcinateur

Cependant, du fait de son coût très élevé en combustibles et équipements, le développement de la fabrication du ciment reste très lent. Ce n'est qu'en 1927 que la production de ciment dépassera celle de chaux hydraulique, bien que ses performances soient bien supérieures. Ce développement sera dû à la transformation et à l'augmentation des besoins (augmentation de population et urbanisation, découverte du béton armé), mais aussi aux perfectionnements techniques : meilleur dosage et meilleure intimité des mélanges d'argiles et de calcaires, développement des techniques de broyage, arrivée du four rotatif (début du xxe siècle). La nécessité d'un cru homogène et régulier impose tout d'abord la préparation de boues et le procédé « par voie humide » dans lequel les boues sont introduites dans le four rotatif légèrement incliné. C'est la lutte contre l'eau de mélange de ces boues qu'il faut évaporer ensuite qui amèneront les ingénieurs à concevoir les fours longs à voie sèche, puis à granules (voie semi-sèche, on passe alors de 30-40 % d'eau à 15 % environ), puis voie sèche avec tour de préchauffage (où s'effectue une partie de la décarbonatation par échanges thermiques avec les gaz chauds venant du four), et enfin, avec préchauffeur et précalcinateur qui permettent une décarbonatation quasi-complète de la matière avant son entrée dans le four. Celui-ci devient alors plus court puisque consacré à la cuisson uniquement (figure 13.2).

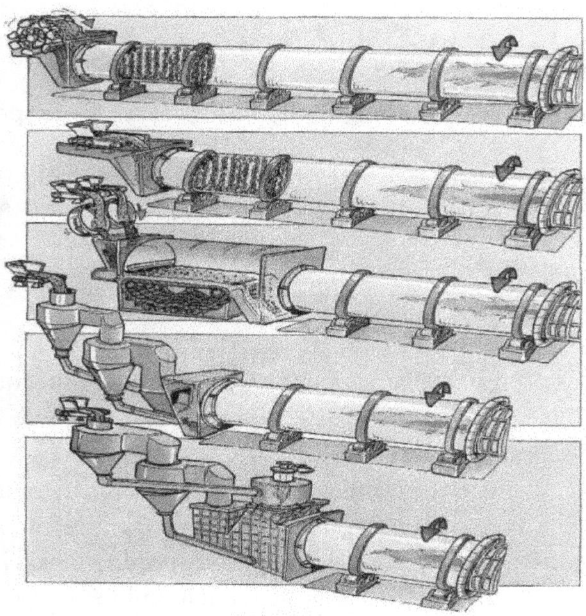

Figure 13.2 – Évolution des procédés de cuisson. De haut en bas : four à pâte en voie humide, four long voie sèche, four à granules, four à tour (= préchauffeur), four à tour avec précalcinateur [Source : document interne Lafarge].

Évolution de la production mondiale

Du fait de ces améliorations technologiques, le coût de fabrication diminue régulièrement et les chiffres de la production mondiale de ciment s'envolent comme l'indique le tableau 13.1.

Tableau 13.1 – Évolution de la production mondiale de ciment Portland en millions de tonnes [Source données : CEMBUREAU]

1880	1930	1950	1970	1990	2000	2002	2004	2005
2	70	130	600	1 100	1 650	1 840	2 120	2 340

13.2.3 La fabrication du ciment aujourd'hui

Les étapes successives de la fabrication

Les schémas des figures 13.3 et 13.4 décrivent les principales étapes de fabrication du ciment : la préparation du cru en amont de la cuisson, puis les étapes qui entourent la cuisson du clinker et, enfin, la fabrication du ciment lui-même, jusqu'à son expédition.

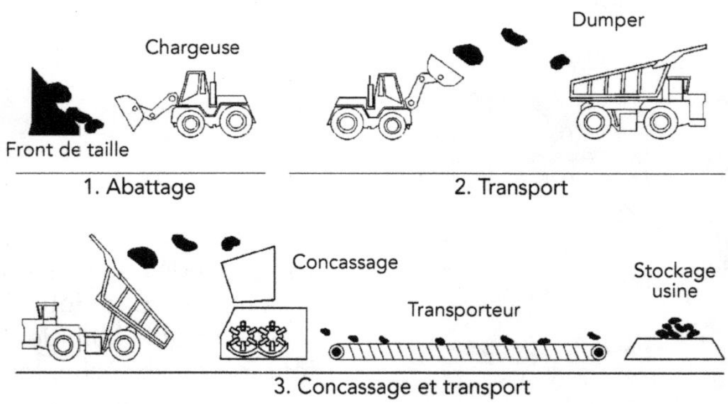

Figure 13.3 – Étapes de fabrication : de la carrière au cru

Un bon cru de cimenterie est un mélange le plus fin (<200 µm), le plus intime et le plus homogène possible de carbonates de calcium (environ 80 % de l'ensemble) et de 3 types d'oxydes essentiels, la silice, l'alumine et les oxydes de fer. Ces composés de base sont contenus naturellement sous forme de calcaires plus ou moins marneux, d'argiles, de schistes, de minerais de fer, tous extraits de carrières généralement à ciel ouvert situées au plus près de l'appareil de production, la ligne de four. On essaie d'éviter les minéraux trop riches en magnésium et en souffre, mais également les composés organiques et l'eau de constitution. Généralement, le front de carrière attaque une colline. La pierre est abattue à l'explosif puis transportée jusqu'au concasseur où les blocs seront réduits à la taille du décimètre environ.

Il peut arriver que la matière première issue de différentes parties de la carrière soit « naturellement dosée », c'est-à-dire qu'elle contient les proportions idéales pour faire un bon clinker. Les valeurs typiques d'un « bon cru » sont : $CaCO_3$ = 80 %, Si O_2 = 13 %, Al_2O_3 = 3-4 %, Fe_2O_3 = 2-3 %.

Cependant, dans la plupart des cas, il faut corriger cette composition en ajoutant dans des proportions soigneusement calculées d'autres ingrédients extérieurs à la carrière (déchets industriels par exemple, voir paragraphe 13.2.6). L'ensemble doit ensuite être séché, finement broyé et homogénéisé dans un broyeur à boulets ou un broyeur vertical (c'est-à-dire à galets). La « farine » telle qu'on l'appelle alors est prête à pénétrer dans la tour de préchauffage, où elle va chuter en 30 secondes environ de cyclone en cyclone tout en récupérant l'énergie thermique des gaz qui proviennent du four. Quand elle atteint des températures supérieures à 800 °C à la base de la tour, les carbonates se décomposent selon la réaction :

$$CaCO_3(s) \rightarrow CaO(s) + CO_2(g)$$

La décarbonatation complète se produit à l'entrée du four, long tube d'acier (de 40 à 200 m selon le procédé utilisé) recouvert intérieurement de briques réfractaires, rotatif (2 tours/min environ) et incliné, de manière à ce que la matière s'écoule lentement (entre 20 minutes et 2 heures de temps de résidence selon la longueur du four). La chaux est alors prête à se combiner avec les autres oxydes tout au long de sa progression vers la zone la plus chaude, sous la flamme, pour former une série de composés qui, après refroidissement brutal (trempe à l'air), constituent les granules de clinker.

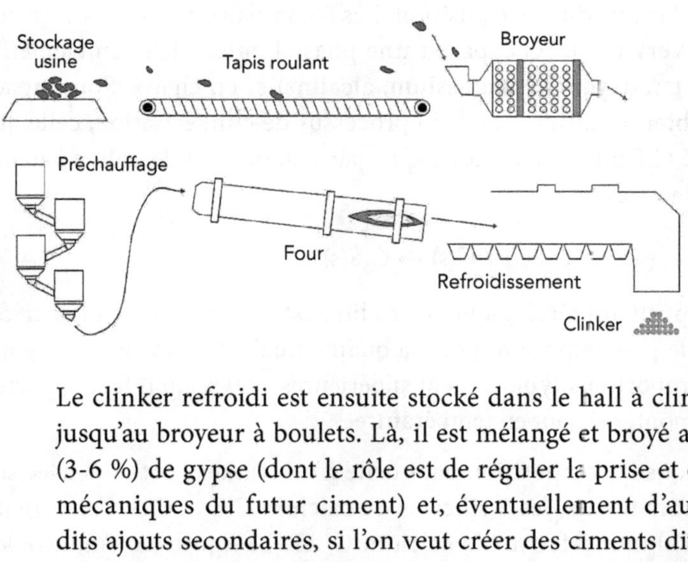

Figure 13.4 – Étapes de fabrication : de l'homogénéisation du cru au clinker

Le clinker refroidi est ensuite stocké dans le hall à clinker d'où il est transporté jusqu'au broyeur à boulets. Là, il est mélangé et broyé avec de faibles proportions (3-6 %) de gypse (dont le rôle est de réguler la prise et d'optimiser les résistances mécaniques du futur ciment) et, éventuellement d'autres composés minéraux dits ajouts secondaires, si l'on veut créer des ciments dits composés ou à mélange (blended cements) jusqu'à atteindre une taille médiane de grains de l'ordre de 15 µm (figure 13.5).

L'expédition du ciment est ensuite effectuée par route, train ou bateau. La distance maximum de transport par route est de l'ordre de 200 à 300 km dans les pays développés. Au-delà, les coûts de transport sont généralement rédhibitoires.

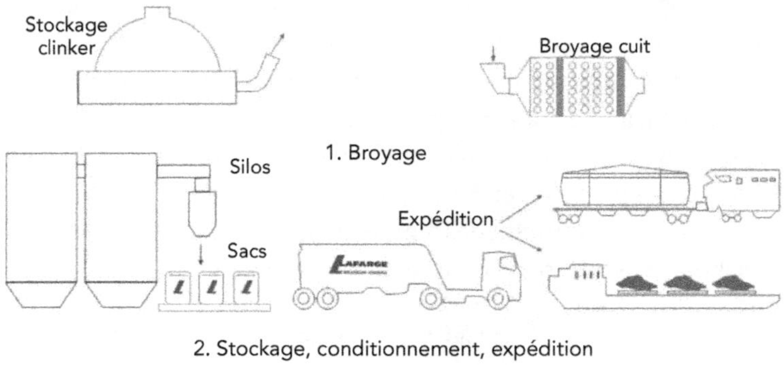

Figure 13.5 – Étapes de fabrication : du clinker au ciment

Chimie de la clinkérisation

Le diagramme de la figure 13.6 indique schématiquement les transformations subies par la matière lors de sa progression dans le four. Après la décarbonatation complète des calcaires de départ, la chaux CaO (notée C dans la « chimie des cimentiers ») se combine avec l'alumine (notée A), l'oxyde de Fer (noté F) et la silice (notée S) dans la zone dite de transition. Les combinaisons créées s'écrivent C_2S, C_3A, C_4AF... Vers 1 350 °C apparaît une phase liquide riche en éléments fondants (alumine, fer, oxyde de magnésium, alcalins) et en chaux. Son impact est essentiel pour obtenir l'ultime étape du processus de clinkérisation, celle qui conduit au composé C_3S ou silicate tricalcique, par réaction solide-solide à haute température, selon la réaction :

$$C_2S(s) + C(s) \rightarrow C_3S(s)$$

Ce composé C_3S, appelé minéralogiquement alite, est le constituant majeur du clinker final ; il est le plus important pour la qualité finale du ciment. C'est pour l'obtenir dans des proportions typiquement supérieures à 60 % qu'il faut apporter autant d'énergie et monter si haut en température.

Le tableau 13.2 indique la composition habituelle d'un clinker Portland, avec ses 4 constituants majeurs finaux, les 2 silicates de calcium C_3S et C_2S, l'aluminate de calcium C_3A et l'alumino-ferrite de calcium C_4AF. La figure 13.1 montre les cristaux d'alite reconnaissables car angulaires, de bélite de forme arrondie, le tout collé entre eux par le mélange d'aluminates et alumino-ferrites aussi appelé « phase interstitielle ».

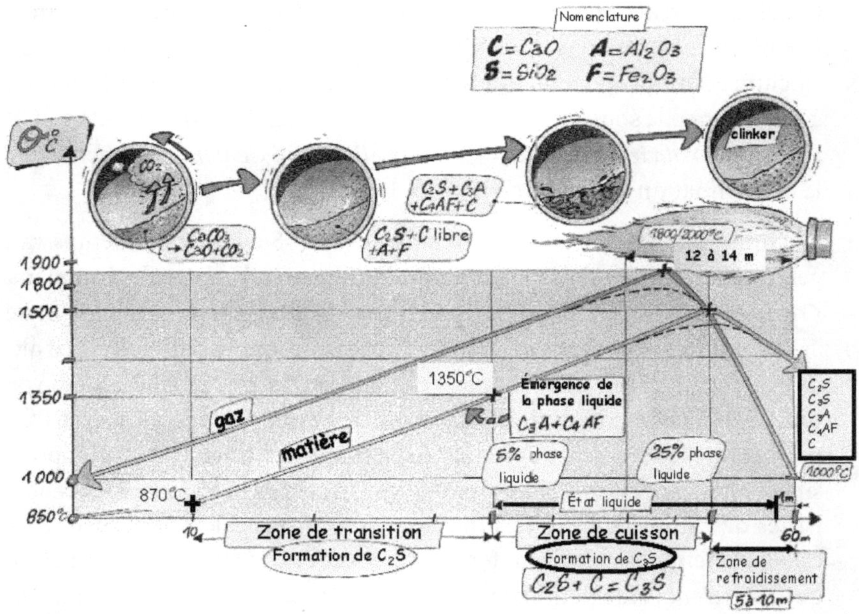

Figure 13.6 – Vision schématique des transformations subies par la matière dans le four (décarbonatation, échanges d'énergie avec les gaz chauds, apparition de la phase liquide, clinkérisation (= apparition de la phase C3S), refroidissement brutal. L'axe des abscisses représente la progression de la matière dans le four rctatif incliné

[Source : document interne Lafarge]

Tableau 13.2 – Les 4 phases majeures d'un clinker Portland

Symbole	Formule chimique	Nom	%
C_3S	$(CaO)_3SiO_2$	Silicate tricalcique ou alite	50 à 70 %
C_2S	$(CaO)_2SiO_2$	Silicate bicalcique ou belite	10 à 20 %
C_3A	$(CaO)_3 Al_2O_3$	Aluminate tricalcique	1 à 15 %
C_4AF	$(CaO)_4Al_2O_3Fe_2O_3$	Aluminoferrite tetracalcique	0 à 15 %

Gypsage, ajouts secondaires et broyage : du clinker aux ciments

Comme indiqué auparavant, un ajout de sulfate de calcium (généralement du gypse mais aussi du plâtre ou de l'anhydrite) est nécessaire pour réguler la prise du ciment (éviter un raidissement du béton ou le phénomène de « prise flash »). Il permet également d'améliorer les performances mécaniques du béton, notamment à court terme.

Cet ajout est réalisé par co-broyage avec le clinker dans le broyeur à ciment (broyeur à boulets ou broyeur vertical). Un ciment ne contenant que du clinker, du sulfate de calcium et une proportion inférieure à 5 % de composés minéraux inertes constitue ce qu'on appelle souvent le « ciment pur » (en anglais, *neat cement*) ou CPA (*Ciment Portland Artificiel*) (ou OPC = *Ordinary Portland Cement*), ou encore CEM(I) selon la dénomination de la norme EN 197-1.

L'hydratation des silicates de calcium C_3S et C_2S au cours du temps va libérer des gels de silicates de calcium hydratés (voir figure 13.1, photo de droite) mais aussi de l'hydroxyde de calcium $Ca(OH)_2$. En ajoutant au mélange de clinker et de sulfate de calcium un composé minéral riche en silice suffisamment divisée, il est alors possible de capter cet hydroxyde pour former à nouveau des gels de silicates qui vont apporter toujours plus de cohésion à la matrice de béton. Ce processus est très lent mais permet d'améliorer les propriétés à long terme des ciments. Ces composés riches en silice sont des déchets d'autres industries (laitiers de haut-fourneau, cendres volantes issues des filtres de centrales thermiques, schistes calcinés, fumées de silice…). Il est également possible d'ajouter des composés minéraux inertes (fillers siliceux) ou qui accélèrent la formation des gels de silicates (fillers calcaires). Tous ces composés sont nommés « ajouts minéraux secondaires ».

Ainsi, si l'on prend en compte les combinaisons d'ajouts secondaires, il n'y a pas un ciment Portland mais 27 types différents selon la norme EN 197-1, le ciment « pur » ou CEM(I) et les ciments composés ou à mélanges (*composite or blended cements* ; CEM II à V), d'où la série de chiffres et de lettres qu'on retrouve sur tous les sacs de ciment. Tout l'art du cimentier et du bétonnier est ensuite d'associer au mieux les caractéristiques du ciment, du fait de sa composition, avec l'application béton envisagée et ses spécifications.

Il existe également un intérêt écologico-économique important à utiliser des ajouts secondaires, comme indiqué plus loin : c'est le moyen d'augmenter, à moindre coût, les volumes de production de ciment avec le même volume de clinker (*a priori*, mais les disponibilités et les qualités des ajouts secondaires diffèrent beaucoup d'un pays à l'autre) et, par là même, de diminuer le taux d'émission de CO_2 par tonne de ciment (voir § 13.2.6).

Tout commence par la carrière

Chaque carrière a son potentiel pour « faire » un bon clinker. Une bonne carrière est une carrière dont le « titre », c'est-à-dire la proportion de carbonate de calcium est suffisamment élevée pour permettre la formation de fortes proportions d'alite mais tout en respectant des doses stœchiométriques de silice proches de celles attendues dans le clinker final, quand chaux et silice se sont combinées pour créer des silicates de calcium à haute température. La forme minéralogique de cette silice (argileuse ou quartzeuse) est déterminante pour l'aptitude à la cuisson du cru. Une proportion faible d'alumine permet de fabriquer des ciments peu réactifs et résistants aux attaques chimiques. La proportion d'oxyde de fer détermine en grande partie la couleur finale du ciment, l'absence de fer conduisant au ciment blanc. Enfin, les proportions d'éléments dits mineurs (alcalins, oxyde de magnésium, sulfates…) sont regardées de près car elles influencent aussi le comportement final des ciments. Et puis, dernier élément fondamental dans le choix d'une carrière, mais certainement le plus important, au-delà des conditions d'exploitation plus ou moins coûteuses : sa régularité. On le comprend, la qualité de la carrière fait la qualité du ciment final et toutes les carrières ne se valent pas.

13.2.4 Les évolutions technologiques récentes

L'essentiel est avant le four

La meilleure des cuissons par le meilleur des opérateurs de four ne peut pas compenser une mauvaise préparation du cru, de même qu'un excellent cuisinier ne peut réussir son gâteau si des grumeaux subsistent après la confection de la pâte. Ainsi, beaucoup de soins et de progrès ont été apportés à la phase dite de pré-homogénéisation, de façon à s'assurer que le cru avant broyage soit le plus homogène possible, sans matières ségrégées. Deux exemples d'équipements lourds de pré-homogénéisation sont illustrés à la figure 13.7 (Type Chevron et Circulaire ou Polaire).

Figure 13.7 – Deux procédés de préhomogénéisation : à gauche « type chevron », à droite « type polaire circulaire »
[Source : document interne Lafarge]

Décarbonatation : l'énergie là où elle est nécessaire

Parmi les réactions chimiques qui se succèdent depuis l'introduction de la farine dans la tour de préchauffage jusqu'à la sortie du refroidisseur, certaines sont endothermiques (élimination de l'eau libre, puis de l'eau combinée des argiles), et d'autres exothermiques (la formation du clinker à partir des oxydes C, S, A et F est globalement exothermique, même si la réaction bélite + chaux => alite est légèrement endothermique). La plus mangeuse d'énergie de toutes est la réaction de décarbonatation. C'est pour cela que la technique du précalcinateur s'est développée depuis 20 ans : une flamme supplémentaire est ajoutée à la base de la tour, là où doit se produire la décarbonatation, en amont du four (figure 13.2). On apporte ainsi le maximum d'énergie là où elle est nécessaire.

Combustion et refroidissement : course à la flexibilité et à l'efficacité énergétique

Depuis le choc pétrolier de 1974, et plus encore aujourd'hui, pour l'utilisation de combustibles de substitution (= tout déchet industriel présentant un pouvoir calorifique intéressant pour un prétraitement minimal et sans risques environnementaux ou sanitaires), il faut pouvoir utiliser tout type de combustible dans le four. Cela a conduit à de multiples améliorations, par exemple au niveau des tuyères, adaptées aujourd'hui à la fois aux combustibles solides et liquides.

Autre enjeu technologique crucial : il faut figer les combinaisons synthétisées à haute température par un refroidissement rapide, une trempe à l'air. Le clinker tombe dans le refroidisseur qui a deux rôles essentiels pour la qualité finale du clinker et l'efficacité énergétique de l'installation : abaisser la température du clinker à moins de 100 °C le plus vite possible et récupérer au mieux l'énergie thermique issue du clinker.

La technologie a beaucoup évolué au cours du temps. On est passé du simple cylindre rotatif placé sous le four et tournant avec lui à la couronne de cylindres fixés au four et tournant avec lui (refroidisseur à ballonnets ou satellites) puis au refroidisseur à grilles : le clinker tombe sur des grilles en pente animées d'un mouvement alternatif horizontal qui le fait avancer. Elles sont percées de trous où de l'air froid pulsé va traverser la couche de clinker en mouvement et la tremper.

Depuis 2000, une nouvelle génération de refroidisseurs est apparue, dans laquelle le transport du clinker et la distribution de l'air sont séparés de façon à être optimisés. À partir de ce principe de base, chaque constructeur a développé son propre type d'équipement.

Et demain ?

Les évolutions déjà en marche dessinent les tendances pour le futur : moins de matières naturelles dans le cru et toujours plus de combustibles de substitution, une part de clinker minimum dans les ciments, des clinkers de plus en plus réactifs et, en particulier, de plus en plus fins, de plus en plus d'ajouts minéraux de mieux en mieux préparés, des gammes élargies de ciments de plus en plus adaptés à leurs applications finales. Au total, cela signifie sortir définitivement de l'idée que « le ciment est un bien de commodité » comme le sucre ou l'essence, qu'on peut échanger un ciment par un autre ciment de même classification sans risques.

Sur le plan procédé, les réductions significatives des consommations énergétiques se font grâce à l'implantation générale de cimenteries basées sur des nouveaux procédés. Ainsi, en l'espace de 16 ans (1990-2006), la moyenne pondérée de consommation énergétique pour le procédé actuel le plus performant (four voie sèche avec préchauffeur et précalcinateur) a été abaissée de 6 % (de 3 605 à 3 382 kJ/kg de clinker). Cet effort va se poursuivre avec la disparition attendue des voies humides et une meilleure utilisation des calories des gaz chauds (pour mieux sécher les matières premières, pour alimenter des turbines et produire sa propre électricité...) car c'est là qu'il subsiste une marge de manœuvre : la chaleur théoriquement nécessaire est de l'ordre de 2 000 kJ/kg, alors que la consommation d'énergie effective peut atteindre 6 500 kJ/kg pour les lignes de fabrication les plus gourmandes et, au mieux, de 3 100 kJ/kg pour les plus performantes.

Le même type de progrès est attendu pour la consommation électrique (due essentiellement aux étapes de broyage) qui est en moyenne de 111 kWh/t de ciment, mais la fourchette va de 90 à 130 kWh/t.

Il est possible, en poussant les technologies actuelles (par exemple, tour à 6 étages au lieu de 5), de passer sous les barres des 3 000 kJ/kg et des 100 kWh/t. Cependant, pour atteindre de façon régulière des réductions de consommation énergétique encore plus fortes, il faudra repenser le procédé dans son intégralité et créer de véritables ruptures technologiques avec les concepts actuels. L'autre défi sera de ne pas perdre d'un côté ce que nous aurons gagné de l'autre, c'est-à-dire abaisser les besoins énergétiques au niveau de l'ensemble Tour-Four-Refroidisseur mais les accroître au niveau traitement des matières premières (séchage), traitement des gaz (séparation, compression) et broyage fin des ingrédients des ciments (clinker, ajouts minéraux).

13.2.5 Évolution économique du marché du ciment

Une vision sommaire des marchés du ciment

Une répartition sommaire mais pratique du marché du ciment peut être faite en quatre domaines :

1. le négoce, le marché du sac, les ciments dits de maçonnerie ;
2. le Béton prêt à l'emploi (BPE) ;
3. les grands chantiers, travaux publics et le génie civil ;
4. la préfabrication des pièces de béton, du parpaing aux pièces de forme et d'aspect de plus en plus sophistiqués.

Cette répartition est pratique car elle tient compte également de la technicité des marchés et, de ce fait, elle traduit aussi l'évolution « historique » des marchés en fonction du niveau de développement économique :

- pays en voie de développement : le marché prédominant est celui du sac, maçonnerie, habitations ;
- pays émergents : l'afflux des investissements entraîne travaux publics puis développement de BPE et de la préfabrication ;
- pays développés : maturité technologique, la préfabrication, le marché de la rénovation et de la modernisation des habitats l'emportent.

Ainsi, les chiffres de consommation de ciment du SFIC (Syndicat Français des Industries Cimentières) donnent la répartition suivante en France (2004) [INSEE] : 49 % pour le BPE, 30 % pour les bétons et mortiers produits sur chantiers, 18 % pour la préfabrication et 3 % pour la partie négoce. Depuis 1994, la production de ciment en France oscille autour de 20 millions de tonnes par an +/–2 millions.

L'évolution récente, crise et pays émergents, et les perspectives

Comme le montrent le tableau 13.1 et la figure 13.8, la production mondiale de ciment s'est envolée dans les années 2000 du fait de la demande des pays émergents, à commencer bien sûr par la Chine et son urbanisation galopante : en 2001, la Chine produisait 620 Mt soit 36 % du ciment mondial (70 % du clinker chinois était produit en four vertical, l'ancêtre du four rotatif !), la barre des 1 000 Mt a été passée dès 2005 pour atteindre 1 850 Mt en 2010 (dont 30 % produit en four vertical seulement), soit 56 % du ciment produit dans le monde.

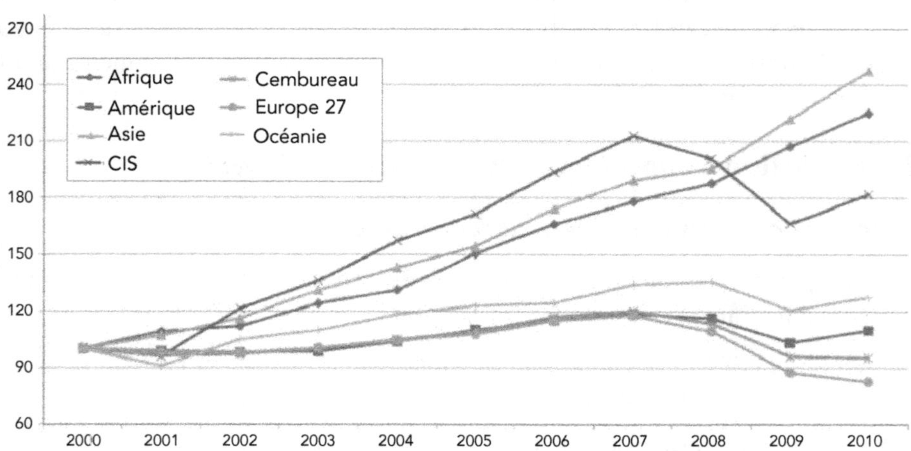

Figure 13.8 – Évolution de la production mondiale de ciment par continent de 2000 à 2010 [Source : Cembureau]

La crise économico-financière de 2007 a brisé cet élan sur de nombreux continents, à commencer par le nôtre, mais l'Asie (Chine aujourd'hui, Inde demain) s'est plus que maintenue et l'Afrique apparaît déjà comme le continent consommateur de demain. La barre des 3 milliards de tonnes produites a été frôlée en 2009 (2,96 milliards de tonnes) puis largement dépassée en 2010 (3,3 milliards de tonnes). C'est incontournable, les besoins sont là ! Les prévisions à plus long terme se greffent sur les évolutions démographiques. Elles vont donc vers une poursuite de la croissance puis une stabilisation vers 2030-2050 à un niveau de 5 milliards de tonnes.

13.2.6 Fabrication et environnement

Les données exposées dans ce chapitre proviennent en grande partie du rapport européen « *Reference Document on Best Available Techniques for Cement, Lime and Magnesium oxyde industries* » (mai 2010) qu'il conviendra de consulter pour tout ce qui concerne la situation européenne. Autres sources d'informations utiles, les publications de l'organisation Cement Sustainability Initiative et sa base de données GNR (« *Get the Numbers Right* », voir www.wbcsd.org).

L'impact environnemental de la fabrication des ciments

L'industrie cimentière s'est donc beaucoup attaquée à la réduction du coût en énergie ([combustibles + énergie électrique] qui représente 40 à 45 % du coût de fabrication du ciment), mais aussi à l'émission de nombreux polluants parmi lesquels :

- les poussières ;
- les effluents gazeux de type NOx, SO_2 et CO essentiellement ;
- les gaz à effet de serre, essentiellement CO_2 ;
- les composés organiques volatils et les composés de type dioxines et furanes ;
- les composés fluorés ou chlorés (HF ou HCl) ou ammoniac (NH_3) ;
- les éléments traces volatils de type Mercure ou Thallium.

Le tableau 13.3 donne des valeurs typiques d'émission. Ces chiffres sont issus de mesures effectuées en cimenteries et ramenées à un niveau de production d'1 million de tonnes de clinker par an et un volume de gaz d'exhaure de 2 300 m^3/t de clinker (gaz secs, 101 kPa, 273 K, % O_2 = 10 %), chiffres typiques d'un procédé en voie sèche avec tour de préchauffage ou tour et précalcinateur. Ces taux dépendent largement de la composition du cru et des combustibles utilisés, et des particularités du procédé local de fabrication.

De plus, l'industrie cimentière a développé une grande maîtrise de la gestion des déchets industriels, ce que lui a permis de se positionner comme un prestataire de service reconnu, fiable et économique dans ce domaine.

Tableau 13.3 – Niveau typique d'émission pour les cimenteries européennes (2001)

Types de polluants	mg/Nm^3	Kg/tonne clinker	Tonnes/an
NOx	145 - 2 040	0,33 – 4,67	334 – 4670
SO_2	Jusqu'à 4 837	Jusqu'à 11,12	Jusqu'à 11 125
Dust	0,27 - 227	0,00062 – 0,5221	0,62 – 522
CO	200 - 2 000	0,46 – 4,6	460 – 11 500
CO_2		840 kg/t clinker Approximativement 672 kg/t ciment	1,5456 million
TOC/VOC	1 – 60	0,0023 – 0,138	2,17 – 267
HF	0,009 – 1,0	0,021 – 2,3 g/t	0,21 – 23
HCl	0,02 – 20,0	0,046 – 46 g/t	0,046 – 46
Métaux			
Mercure Hg	0 – 0,03	0 – 69 mg/t	0 – 1 311 kg/an
Σ Cd + Tl	0 – 0,68	0 – 1 564 mg/t	0 – 1 564 kg/an
ΣAs + Pb + Sb + Cr + Co + Cu + Mn + Ni + V	0 – 4,0	0 – 9 200 mg/t	0 – 9 200 kg/an

D'une part, elle cherche à réduire sans cesse la part de combustibles dits « nobles » (fuel, charbon, gaz naturel) au profit de combustibles secondaires et, d'autre part, elle réduit la part de matières premières naturelles dans le cru et la part de clinker dans les ciments. Ces composés, rejetés par d'autres secteurs industriels, sont donc recherchés pour deux raisons, soit pour leur apport calorifique à la tuyère du four (*waste fuels*), soit pour leur apport en oxydes majeurs (CaO ou SiO_2 ou Al_2O_3 ou oxydes de fer) qui justifiera leur ajout au cru ou comme ajout minéral au clinker (*solid wastes*).

Le pouvoir calorifique de ces combustibles non conventionnels peut être très variable, en fonction notamment du prétraitement (séchage) nécessaire. La fourchette va de

3 à 40 MJ/kg, à comparer au pouvoir calorifique du charbon (26-30 MJ/kg) ou du fuel lourd (40-42 MJ/kg). Le tableau 13.4 donne des exemples plus précis.

Tableau 13.4 – Pouvoir calorifique de combustibles secondaires utilisés en cimenterie

Exemples de types de combustibles de substitution (*waste fuels*)	Pouvoir calorifique correspondant (MJ/kg)
Bois	16
Papiers, cartons	3 – 16
Textiles	Jusqu'à 40
Plastiques	17 – 40
Gomme/pneus	Approximativement 26
Solvants	20 – 36
Boues d'épuration municipales	12 – 16
Boues industrielles	8 – 14
Graisses animales	14 – 18, 27 – 32
Farines animales (carcasses)	14 – 21,5
Déchets agricoles	12 – 16
Boues d'épuration (% Humidité > 10 %)	3 – 8
Boues d'épuration (% Humidité 0-10 %)	8 – 13
Dérivés, déchets pétroliers	25 – 36
Charbon/Déchets carbonés	20 – 30

On comprend l'intérêt pour le cimentier à utiliser ces combustibles. Le taux de substitution global des combustibles traditionnels s'est envolé en Europe de 3 % en 1990 à 17 % en 2007. Il n'est pas rare de trouver en Europe et en France des cimenteries avec des taux supérieurs à 80 % ou même approchant les 100 %. Le tableau 13.5 recense la plupart des déchets industriels solides utilisés en cimenterie, en les classant par l'élément chimique majeur contenu qui constitue leur intérêt pour le cimentier.

Tableau 13.5 – Les déchets solides utilisés en cimenterie (ajouts au cru ou ajout secondaire) regroupés par l'élément chimique majeur apporté

Groupe et élément chimique majeur	Déchets industriels membres du groupe
Groupe Ca	Fillers calcaires et chaux industrielles Boues de chaux Boues de carbures Boues d'épuration des eaux
Groupe Si	Sables de fonderie
Groupe Fe	Laitiers de sidérurgie Cendres de pyrite Boues rouges
Groupe Al	Boues industrielles
Groupe Si-Al-Ca	Cendres volantes Laitiers Fines de concassage Sols contaminés
Groupe S (sulfates)	Gypses industriels – Désulfuration de fumées – Anhydrites fluorées

Les émissions de CO_2 et comment les limiter

Il y a deux sources incontournables de CO_2 dans la fabrication du ciment : le CO_2 issu de la décarbonatation du calcaire (environ 2/3), puisque la chaux n'existe pas à l'état naturel à la surface de la Terre, et le CO_2 provenant des combustibles puisqu'il faut chauffer jusqu'à 1 400-1 500 °C pour obtenir les phases du clinker Portland (pour 1/3 approximativement).

Ces émissions, liées intrinsèquement à la fabrication du clinker, conduisent l'industrie cimentière à être responsable de 5-6 % des émissions globales mondiales de CO_2 et environ 11 % du CO_2 industriel.

Comment les limiter ? Il y a d'abord les pistes dites conventionnelles, à savoir :

- améliorer l'efficacité énergétique des procédés de fabrication, éliminer les procédés trop gourmands en calories (voie humide) pour des systèmes modernes (précalcinateur, récupération des gaz chauds, réduction des pertes, efficacité électrique…) ; on limite ainsi le CO_2 de combustion ;
- remplacer les combustibles fossiles par des combustibles de substitution moins intenses en carbone (type biomasse par exemple) ou qui constituent des déchets qui seraient incinérés ou mis en décharge s'ils n'étaient pas brûlés dans les fours de cimenterie ; on limite à nouveau le CO_2 de combustion ;

- réduire la proportion de clinker dans le ciment par le mélange avec des ajouts minéraux (laitiers de haut-fourneau, cendres volantes de centrales thermiques, fillers calcaires, pouzzolanes…) ; on limite ainsi les deux sources de CO_2.

Partout où elles sont appliquées, ces solutions sont efficaces et permettaient d'aboutir en 2006 à des taux d'émission globaux de 866 kg CO_2/t de clinker (541 kg CO_2/t dû à la décarbonatation, 325 kg CO_2/t dû à la combustion), au niveau mondial (chiffres publiés par *le Cement Substainability Initiative*), et de 840 kg/t de clinker au niveau européen (chiffres Cembureau).

Et puis, il existe des voies plus innovantes, non abouties mais qui donnent lieu à de nombreux programmes de recherche privés ou semi-publics de part le monde :

- réduire la proportion de calcaire dans le cru et la température de cuisson (voir paragraphe 13.2.7) ; on limite les 2 sources de CO_2 ;
- développer de nouveaux types de liants hydrauliques, très éloignés des ciments Portland actuels ; voir également le paragraphe 13.2.7 ;
- capturer le CO_2 avant qu'il ne se disperse dans l'atmosphère, par exemple pour alimenter des micro-algues qui créeront de la biomasse par photosynthèse ou en stockant ce CO_2 en profondeur.

Ces voies sont encore largement en cours de développement. Le piégeage du CO_2 au niveau de la cimenterie (opérations de séparation d'air, purification, compression, etc.), avant même d'envisager son transport et sa séquestration en profondeur, amène à une augmentation de consommation énergétique de 50 à 120 % et des coûts induits bien dissuasifs. De même, s'il a été prouvé que la consommation du CO_2 issu des cheminées de cimenterie par les micro-algues était industriellement faisable, les rendements sont encore très faibles : il faut un équivalent énergétique de 5 tonnes de CO_2 pour capturer 1 tonne de CO_2. De plus, le modèle économique attaché à l'utilisation en aval de ces micro-algues (bio-fuels, nourriture animale, cosmétique ?) est encore bien flou. Ces technologies sont encore loin de la maturité mais sont appelées à se développer rapidement.

13.2.7 Les ciments alternatifs, tendances et startups

Beaucoup d'initiatives et beaucoup de sociétés startups se sont développées ces dernières années, pour créer le tant recherché « ciment vert », celui qui permettrait de réduire drastiquement les émissions de CO_2 liées à la fabrication du ciment gris Portland et, de ce fait, d'améliorer l'image de l'industrie cimentière. En voici une liste non exhaustive :

- On peut réduire à la fois la proportion de calcaires dans le cru et la température de cuisson. C'est le choix de Lafarge par exemple qui développe une nouvelle composition de clinker bélitique-sulfo-aluminate-ferrite appelé AETHER™.

Au total, le procédé est analogue à celui du clinker Portland et le taux de réduction est de 25 % (voir www.aether-cement.eu).

- On peut revisiter nos connaissances sur les silicates de calcium hydratés pour développer un nouveau type de ciment. C'est l'option choisie par la société Celitement issue du campus de l'Institut technologique de Karlsruhe. Le procédé de fabrication est très éloigné du procédé classique (traitement hydrothermal à 200-300 °C puis co-broyage avec une source de silice divisée) mais le produit final de l'hydratation est très proche des gels de silicates de calcium hydratés connus avec le Portland. Au passage, le taux de réduction d'émission de CO_2 est de l'ordre de 50 %. Dans le même ordre d'idée, la société Calix utilise des composés de base bien connus (calcaires et dolomies) mais un procédé innovant (décarbonatation flash à 400 °C sous vapeur d'eau et en quelques secondes) pour fabriquer un ciment « précarbonaté ».
- On peut viser des taux de réductions encore supérieurs (70-80 %) en poursuivant une piste initiée depuis les années 1950 et qui redevient d'actualité dans le monde entier, la piste des géopolymères. Il s'agit d'activer des composés riches en silico-aluminates – généralement des déchets industriels de type cendres de centrales thermiques, laitiers sidérurgiques, voire pâtes extraites de bétons recyclés) par un processus combinant attaque chimique alcaline et traitement thermique. Plusieurs sociétés développent toute une gamme de produits dédiés à des marchés de niches, parmi lesquelles Recocement, RockTron Group, Green World Crete, Fletcher Building Ltd, Iveron Materials Inc., Zeobond, Blue World Crete GeoCrete...
- Enfin, on peut se baser sur un type de chimie très éloigné de la chimie des silicates de calcium, en l'occurrence la chimie des hydroxydes et hydrocarbonates de magnésium et parvenir ainsi à des taux de réduction de 100 % et même négatif si on considère le CO_2 fixé pendant le cycle de vie du bâtiment. C'est la solution développée par la société Novacem.

13.3 Plâtre : céramiques à base de sulfate de calcium

13.3.1 Introduction

Contexte

D'après l'US Geological Survey, ce sont environ 150 millions de tonnes de gypse (la principale source de sulfate de calcium) qui sont produites chaque année dans le monde (chiffre 2008). Les principaux pays producteurs sont la Chine, l'Iran, l'Espagne et les États-Unis. Utilisé pour l'amendement agricole, comme additif (régulateur de prise incorporé dans le ciment) ou encore en tant que constituant essentiel de produits de spécialités (plâtre dentaire, moules pour l'industrie céramique traditionnelle, bandes plâtrées...), c'est utilisé en tant que matériau de construction que les céramiques à base de sulfate de calcium seront décrites dans ce chapitre.

Le gypse est un matériau de construction des plus anciens ; les premières traces d'utilisation remontent à 9 000 av. J.-C, en Anatolie où il était un constituant de base de dalles de sol préfabriquées. Cette utilisation ancestrale préfigurait déjà le devenir des matériaux de construction à base de sulfate de calcium de l'ère industrielle : des éléments préfabriqués prêts à l'emploi sur chantiers.

Sources de sulfate de calcium

Si historiquement le sulfate de calcium est issu de l'extraction minière de roches naturelles (gypse ou anhydrite), il peut aujourd'hui être trouvé sous la forme de sous-produits industriels formés par neutralisation d'effluents sulfurés avec de la chaux, généralement appelés gypses synthétiques :

- les industries de production d'acides forment des sous-produits dont le nom reprend la terminologie de l'acide fabriqué (phosphogypse, citrogypse, tartrogypse, lactogypse ou fluoroanhydrite) ;
- l'industrie du dioxyde de titane présente également une étape de neutralisation de l'acide sulfurique utilisée pour traiter le minerai de titane conduisant à la formation de titano-gypse ;
- l'opération de désulfuration des fumées issues de la combustion du charbon dans les centrales thermiques conduit enfin à la formation de gypse appelé DSG (DeSulfo-Gypse) ou FGD (*Flue Gas Desulfuration* en anglais). Celui-ci représente la plus grande proportion des gypses synthétiques exploités industriellement.

Bien qu'il soit difficile d'estimer la proportion des gypses synthétiques produits par rapport aux gypses naturels, il semble qu'un ratio de 1 pour 1 soit actuellement un ordre de grandeur raisonnable au niveau mondial.

13.3.2 Généralités sur les sulfates de calcium

Phases minéralogiques et leurs propriétés

Le sulfate de calcium est présent sous trois états d'hydratation formant trois phases distinctes (leurs propriétés physiques et chimiques principales étant rappelées dans le tableau de synthèse 13.6).

La **phase di-hydratée,** aussi appelée **gypse,** contient deux moles d'eau par mole de sulfate de calcium. Peu soluble, elle est soit utilisée comme charge minérale, soit traitée thermiquement pour obtenir les phases partiellement hydratées ou anhydres.

La **phase hémi-hydratée,** aussi appelée **plâtre,** contient environ une demi-mole d'eau par mole de sulfate de calcium. Étudiée/utilisée de longue date dans différents domaines scientifiques ou techniques, un vocabulaire très diversifié s'est développé pour décrire cette phase hémi-hydratée : semi-hydrate pour les chimistes, bassanite pour les minéralogistes, plâtre de Paris, stucco, staff, stuc pour les hommes de métiers (ces derniers étant des produits dont l'hémi-hydrate est le composant principal, mais pas unique). Pour rajouter un peu de complexité linguistique, le mode d'obtention de l'hémi-hydrate a également donné naissance à une nomenclature spécifique :

- l'hémi-hydrate de type **alpha** est obtenu par traitement hydrothermal du gypse. Issu d'un processus de dissolution-précipitation, il se présente sous forme de grains compacts pas ou peu poreux ayant une surface spécifique faible (de l'ordre de 0,5 à 1 m^2/g) ;
- l'hémi-hydrate de type **bêta** est obtenu par traitement thermique du gypse à pression atmosphérique ambiante. Issu d'un processus de déshydratation topotactique, il se présente sous forme de grains multi-fissurés très poreux ayant une surface spécifique élevée (de l'ordre de 5 à 10 m^2/g).

Bien que la structure cristallographique des plâtres alpha et bêta soit similaire, il reste pertinent de les distinguer tant leurs procédés de fabrication et leurs propriétés d'usage sont différents. Le plâtre alpha, avec une demande en eau très faible et une réactivité modérée, est obtenu avec un procédé batch à faible débit qui en fait un produit de base pour la fabrication de produits de spécialité. A contrario, le plâtre bêta, obtenu avec un procédé continu à haut débit, présente une réactivité élevée qui en fait un produit de base pour la fabrication de produits industriels (plaque de plâtres, carreaux, enduits, moules…).

La, ou plutôt **les phases anhydres**, aussi appelées **anhydrites**, ne contiennent pas d'eau de structure. Il en existe trois variétés allotropiques :

1. l'anhydrite de **type I** : formée à haute température (>1 000 °C), c'est la phase la plus stable. Insoluble dans l'eau, elle ne présente aucun intérêt pratique ;
2. l'anhydrite de **type II** : formée à moyenne température (>200 °C), c'est une phase stable dans l'air ambiant. Faiblement soluble dans l'eau, elle présente une réactivité modérée et une faible demande en eau ;
3. l'anhydrite de **type III** : formée à basse température (<200 °C), c'est une phase métastable. Fortement hygroscopique, l'anhydrite III capte l'eau présente dans l'air ambiant pour se convertir rapidement en semi-hydrate (une humidité relative inférieure à 5 % suffit à provoquer la conversion).

Seule l'anhydrite de type II présente un intérêt industriel pour la fabrication de chapes auto-nivelantes. Elle est obtenue soit par cuisson du gypse, soit par extraction de roche naturelle, soit comme sous-produit d'autres industries comme évoqué précédemment.

Tableau 13.6 – Propriétés physiques et chimiques des différentes phases de sulfate de calcium
[Source : données de la RILEM, Sulfates de calcium et matériaux dérivés]

Nom	Formule chimique	Masse molaire (g/mol)	Masse volumique (g/cm³)	Solubilité à 25 °C (g/L)	Vitesse initiale de dissolution pour 25 g/L à 25 °C (g/min)	Demande en eau (critère qualitatif)
Gypse	$CaSO_4, 2H_2O$	172	2,3	2	2	–
Semi-hydrate α	$CaSO_4, ½H_2O$	145	2,7	10	38	–
Semi-hydrate β	$CaSO_4, ½H_2O$	145	2,7	8	4	+
Anhydrite III	$CaSO_4$	136	2,6	n.d.	38	++
Anhydrite II	$CaSO_4$	136	3,0	3,5	1	–

Cycle du gypse

Les différents sulfates de calcium exploités industriellement (anhydrite de type II et plâtre de type beta pour la construction, plâtre de type alpha et/ou beta pour les produits de spécialité) présentent tous un avantage majeur : ils sont 100 % recyclables. Généralement fabriqués par déshydratation du gypse, ils sont mélangés à de l'eau pour former une suspension qui va durcir après avoir été mise en forme. Le durcissement est la conséquence de la réaction d'hydratation de ces produits qui conduit à la formation de gypse, complétant ainsi le cycle. La figure 13.9 résume les conditions de transformation d'une phase à l'autre et les énergies mises en jeu.

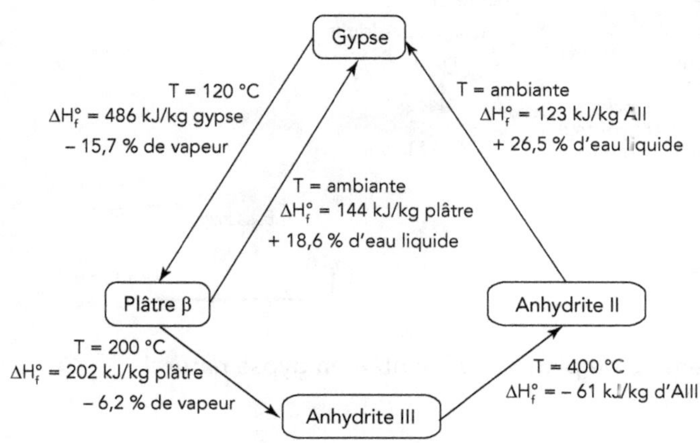

Figure 13.9 – Cycle du gypse : diagramme établi à partir des données de la RILEM

Déshydratation du gypse : procédés industriels

Principe des plâtrières

La fabrication du plâtre ou de l'anhydrite II est effectuée dans des plâtrières dont le procédé repose sur deux opérations unitaires principales :

- la cuisson du gypse pour former le plâtre ou l'anhydrite par déshydratation ;
- le broyage afin d'amener les particules à des dimensions compatibles avec l'application visée (la finesse impactant les propriétés d'usage du plâtre).

Ces deux opérations complémentaires peuvent être réalisées successivement (dans un ordre pouvant varier d'un procédé à l'autre) ou de façon intégrée, le choix technologique dépendant de la matière première (gypse naturel ou gypse synthétique), des débits visés et de l'application finale. Lorsque le broyage est réalisé séparément, les technologies mises en œuvre sont celles classiquement utilisées dans l'industrie minérale et ne seront pas détaillées ici.

À titre d'exemple, la figure 13.10 présente un schéma de principe d'une plâtrière alimentée par du gypse naturel. Une première étape de broyage permet d'amener les particules de gypse à une dimension compatible avec l'installation de cuisson. Cette dernière est composée de deux types de cuiseurs : un cuiseur à plâtre et un cuiseur pour anhydrite II (aussi appelé surcuiseur). Les produits de cuisson sont ensuite stockés avant d'être exploités pour l'application finale.

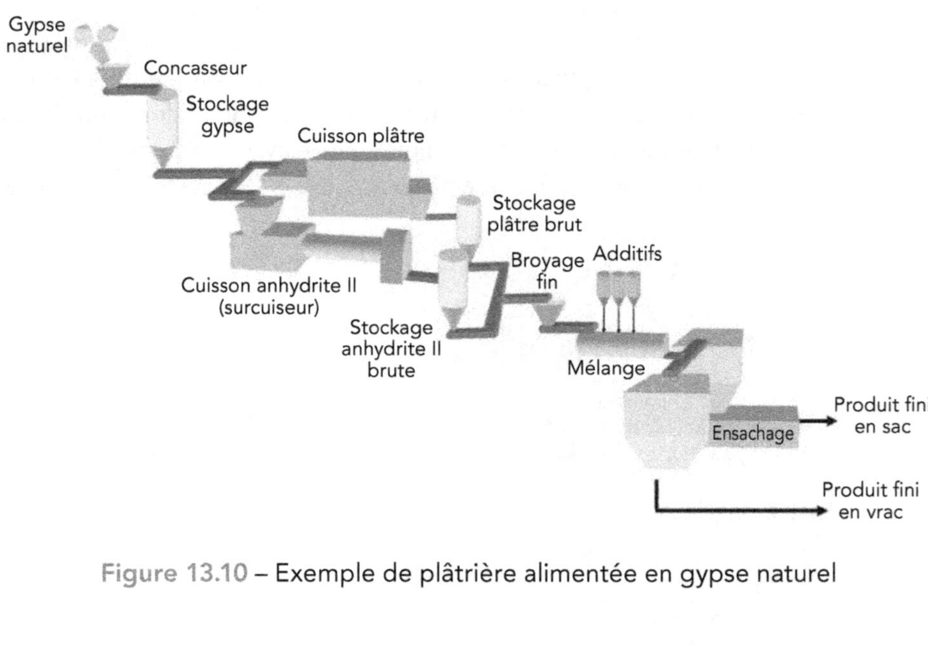

Figure 13.10 – Exemple de plâtrière alimentée en gypse naturel

Cuisson du gypse en plâtre

Basées sur l'exploitation d'un air chaud issu de la combustion d'un hydrocarbure (généralement du gaz), les technologies de cuisson existantes peuvent être classées en deux grandes catégories : les cuissons directes ou indirectes.

Cuisson directe – Le gypse est mélangé à l'air chaud pour former une suspension aérienne qui circule dans la chambre de cuisson, maximisant les transferts de chaleur par convection. Il s'agit souvent de cuiseurs présentant des débits élevés (>50 t/h) avec de faibles temps de séjour, nécessitant la mise en œuvre d'un gaz à haute température (>300 °C). La plupart de ces cuiseurs sont en fait des broyeurs/cuiseurs, la chambre de cuisson étant elle-même équipée d'un système de broyage assurant simultanément les fonctions de réduction de taille, de mélange gypse/air et de cuisson.

Cuisson indirecte – Le gypse n'est pas en contact direct avec le gaz chaud, la chaleur étant généralement transmise par conduction à travers des éléments chauffants (tubes échangeurs de chaleur par exemple) puis dans le lit de poudre. Ce type de cuisson, de par son mode de transfert de chaleur, conduit à des gradients de température qui ont pour conséquence une plus forte hétérogénéité de composition du produit final.

Outre les paramètres purement procédé (surface d'échange de chaleur, condition d'agitation de la poudre de gypse, aéraulique du système…), la conduite et l'efficacité énergétique des cuiseurs industriels dépendent de la qualité du produit final visée et de la composition du gypse entrant dans le cuiseur. En effet, sa teneur en eau et sa pureté conditionnent l'énergie nécessaire pour évaporer l'eau et chauffer les impuretés, impactant ainsi le bilan énergétique global de l'installation. La variation de l'ensemble de ces paramètres conduit à des consommations énergétiques à l'échelle industrielle très variables, allant généralement de 1 000 à 2000 kJ/kg.

Propriétés et caractéristiques d'usage du plâtre

Granulométrie

Le plâtre se présente sous la forme d'une poudre fine de couleur blanche. La coulabilité de cette poudre est très variable en fonction des conditions atmosphériques dans lesquelles elle est utilisée. Hygroscopique, le plâtre peut motter lorsqu'il est stocké en présence d'une atmosphère humide. A contrario, des températures élevées (de l'ordre de 80 °C) permettent de « fluidiser » le plâtre.

Les propriétés granulométriques du plâtre (grains de taille généralement comprise entre 1 et 100 μm) sont dépendantes du gypse initial, des traitements appliqués et de leur séquencement. En effet, la déshydratation du gypse étant topotactique, les particules de plâtre gardent en mémoire la forme des particules de gypse originelles. La granulométrie ayant un impact immédiat sur d'autres propriétés d'usage du plâtre (demande en eau, réactivité), elle est un critère essentiel du contrôle qualité.

Demande en eau

La demande en eau est une propriété d'usage des poudres de liant hydrique. Elle caractérise leur propension à nécessiter plus ou moins d'eau pour former une suspension aux propriétés d'écoulement adaptées à l'application visée. Ainsi, la demande en eau n'est pas une propriété universelle issue d'une mesure, mais plutôt le résultat d'un test qui n'a généralement qu'une valeur comparative. La norme NF-EN 13279-2 détaille plusieurs types de tests permettant d'évaluer la demande en eau d'un plâtre et basés sur des méthodes par saupoudrage, par dispersion ou avec utilisation d'une table à secousse.

Plus récemment, des approches phénoménologiques ont été suivies pour qualifier et quantifier la demande en eau. On citera par exemple les travaux menés par [Yu et Brouwers] qui ont proposé un traitement des données issues des tests d'étalement afin d'établir le lien entre propriétés physiques du plâtre (facteur de forme, surface spécifique), les propriétés d'écoulement de la suspension (impact du ratio eau sur plâtre) et les propriétés du gypse formé après hydratation (porosité, résistance mécanique). Son principe repose sur la réalisation des tests effectués sur plusieurs pâtes avec des proportions d'eau variables afin d'établir une courbe (en fait une droite) dont la pente et l'ordonnée à l'origine permettent de calculer une « demande en eau » du plâtre ainsi qu'une estimation de l'épaisseur de la couche d'eau entourant les particules.

Les phénomènes mis en jeux étant particulièrement complexes (effets géométriques, physiques et physico-chimiques coexistent), de nombreuses études ont porté sur l'analyse du comportement rhéologique des suspensions de plâtre. Il semble qu'un certain consensus s'établisse autour de **quatre contributeurs principaux à la demande en eau** : la composition du plâtre, la géométrie des particules, la désintégration des particules et les forces inter-particulaires.

La composition chimique et minéralogique du plâtre – La proportion d'anhydrite de type III dans le plâtre conduit à une consommation d'eau quasi instantanée pour la convertir en semi-hydrate. Cette quantité d'eau (une demi-mole par mole de $CaSO_4$) s'ajoute à celle normalement nécessaire à la préparation de la suspension. Par ailleurs, certaines impuretés comme les argiles ou les carbonates de calcium peuvent atteindre des proportions allant jusqu'à 20 % dans certains plâtres naturels. À de tels niveaux, leur contribution à la demande en eau du plâtre peut devenir significative.

La géométrie des particules (distribution de tailles et de formes) – C'est l'élément essentiel conditionnant la porosité d'un lit de poudre. Par exemple, des particules allongées ont tendance à former un lit de poudre très poreux (jusqu'à 50 % de porosité) alors que des particules sphériques forment un lit plus compact (moins de 40 % de porosité). La conséquence de la porosité inter-particulaire est immédiate sur la demande en eau : plus elle est élevée et plus il faut d'eau pour remplir cette porosité avant de former un mélange pouvant s'écouler.

La désintégration des particules de plâtre – Les particules de plâtre de type bêta, par opposition à celles de plâtre de type alpha, ont la propension à se déliter en présence d'eau liquide. Ce phénomène conduit non seulement à la modification de la distribution granulométrique du plâtre mais également à la formation de particules fines qui ont tendance à s'agglomérer et à pénaliser la coulabilité du mélange.

Les forces inter-particulaires (aussi appelées énergie de surface) – Fortement présentes dans le cas du plâtre, ces forces tendent à provoquer la formation d'agglomérats de particules poreux. Capables de piéger une quantité non négligeable de liquide, ces amas réduisent la quantité d'eau utile à l'écoulement de la suspension.

La connaissance des paramètres et des phénomènes clés impactant la demande en eau d'un plâtre (ou d'une anhydrite II) reste aujourd'hui à parfaire. Cette propriété n'en demeure pas moins essentielle. Outre son impact sur la mise en œuvre des suspensions, elle affecte également les autres propriétés d'usage que sont la réactivité du plâtre et les résistances mécaniques du produit après durcissement. Ces deux points vont être abordés dans les prochains paragraphes.

Réactivité : cinétique d'hydratation et temps de prise

Comme évoqué précédemment, le semi-hydrate réagit avec l'eau liquide pour former du gypse selon la réaction ci-après. Cette réaction chimique exothermique qui a lieu à pH neutre, suit un processus de dissolution- précipitation où le gypse est la phase la plus stable à température ambiante et à pression atmosphérique :

$$CaSO_4,\frac{1}{2}H_2O + {}^3\!/_2 H_2O \rightarrow CaSO_4,2H_2O$$

La figure 13.11 reprend une courbe d'évolution de température typique et corrèle le suivi de l'avancement de réaction d'hydratation avec sa manifestation visible qu'est le durcissement progressif de la suspension. Le début de rigidification de la suspension est initié avec moins de 5 % de gypse formé. L'état permettant une découpe du matériau est obtenu pour un avancement de 40 % environ, la résistance mécanique du solide devenant maximale pour 100 % d'hydratation.

La cinétique d'hydratation du plâtre peut être impactée par plusieurs facteurs. **Les propriétés intrinsèques du plâtre** modifient sensiblement sa réactivité (surface spécifique, distribution de taille des particules, proportion et nature des impuretés solides et solubles). Ces propriétés sont la conséquence des propriétés du gypse natif et de paramètres procédés mis en œuvre lors de la cuisson. Pour ajuster la réactivité du plâtre, il existe plusieurs additifs de formulation qui permettent de contrôler la cinétique d'hydratation comme les **accélérateurs de prise** et **les retardateurs de prise**.

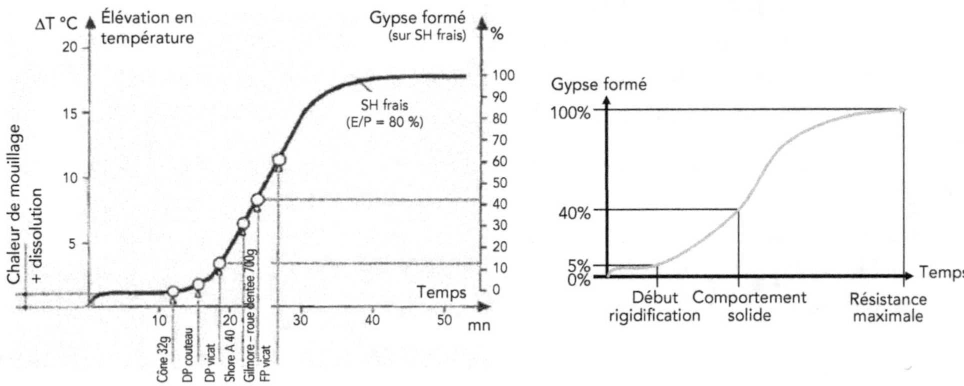

Figure 13.11 – Corrélation entre l'avancement de la réaction d'hydratation et le phénomène de prise

[Source : documentation interne Lafarge]

Un autre « additif » de formulation, **l'eau** utilisée pour la préparation de la suspension (qui dépend essentiellement de la demande en eau du plâtre) joue également un rôle non négligeable. En effet, la réaction d'hydratation étant basée sur un processus de dissolution/précipitation, l'augmentation de la proportion d'eau conduit à une augmentation de la quantité de semi-hydrate à solubiliser avant d'atteindre les conditions nécessaires à la réaction.

Ce dernier « additif » n'est cependant pas uniquement responsable de la modification de la réactivité apparente du plâtre. En effet, la proportion d'eau ajoutée au plâtre impacte également la vitesse et l'état de rigidification de la pâte en modifiant la façon dont se structure le matériau. Pour comprendre cela, il est nécessaire de rappeler que le durcissement de la suspension de plâtre s'accompagne de variations dimensionnelles dont l'amplitude et le sens d'évolution diffèrent tout au long du processus d'hydratation. Elles suivent généralement une évolution en deux temps. Tout d'abord, la matrice se contracte sous l'effet du retrait Le Chatelier : les premiers cristaux de gypse formés occupent un volume inférieur au volume cumulé de l'eau et du semi-hydrate nécessaires à leur formation. Dès que la rigidification du matériau devient significative, le retrait de Le Chatelier n'a plus d'effet à l'échelle macroscopique. Un autre phénomène, la croissance cristalline, prend alors le relais en provoquant un effet macroscopique inverse à savoir un gonflement du réseau de cristaux de gypse formé. Selon la nature du plâtre, les additifs utilisés et le confinement de la suspension (autrement dit la proportion d'eau), ce gonflement peut compenser voire dépasser le retrait initial. Le volume poreux final du matériau est très fortement corrélé à la proportion d'eau utilisée pour former la suspension : il est souvent peu différent du volume d'eau non impliqué dans la réaction d'hydratation (ce volume d'eau est appelé eau perdue puisque cette eau doit par la suite être éliminée lors d'une opération de séchage).

L'ensemble de ces phénomènes confirme à quel point la maîtrise de la quantité d'eau utilisée pour former une suspension de plâtre est un paramètre essentiel. Agissant sur la fluidité de la suspension, la cinétique d'hydratation et la porosité du matériau durci, elle impacte également le comportement mécanique du matériau durci.

Comportement mécanique

Comme pour de nombreux matériaux, la densité apparente est le paramètre d'ordre un qui impacte le comportement mécanique d'une suspension de plâtre durcie. Ainsi, une augmentation de la densité apparente (ou encore une diminution de la porosité ou encore une diminution de l'eau perdue) s'accompagne d'une augmentation des résistances mécaniques et de la rigidité du matériau. Plusieurs modèles empiriques ont été établis pour décrire ces évolutions [Yu et Brouwers] mais ils sont souvent empiriques et exploitables sur une plage de variation de densité apparente restreinte. On citera à titre d'exemple le modèle, proposé par [Phani *et al.*], qui relie directement les propriétés mécaniques du matériau (module d'élasticité E et résistance mécanique en compression σ) avec la porosité *via* une loi de type puissance :

$$E = E_0(1 - P)^\eta$$
$$\sigma = \sigma_0(1 - P)^q$$

Le matériau durci étant un enchevêtrement de cristaux de gypse de forme plus ou moins aciculaire, leur taille, leur forme et leur organisation peuvent également impacter les propriétés mécaniques du matériau durci. À titre d'exemple, une vitesse d'hydratation élevée (obtenue par ajout de germe de gypse par exemple) conduit à la formation de cristaux plus fins et élancés alors qu'une vitesse faible (obtenue par une augmentation de la température de la suspension par exemple) conduit à la formation de cristaux plus massifs. Ces modifications microstructurales conduisent généralement à des résistances mécaniques différentes, généralement meilleures lorsque l'hydratation est accélérée (Figure 13.12).

Le dernier élément majeur impactant le comportement mécanique du matériau durci est la présence d'eau adsorbée. En effet, une teneur en eau de 2 % suffit à diminuer les résistances mécaniques d'un facteur deux ; ces dernières restent quasiment constantes au-delà. Ce phénomène est à l'origine de la propension du matériau à fluer sous son propre poids. Une explication possible pour ce phénomène s'appuie sur les propriétés des contacts inter-cristallins. En présence d'eau, non seulement les forces électrostatiques sont diminuées, mais seulement 1 % d'eau suffit à recouvrir intégralement les cristaux et favoriser leur glissement respectif.

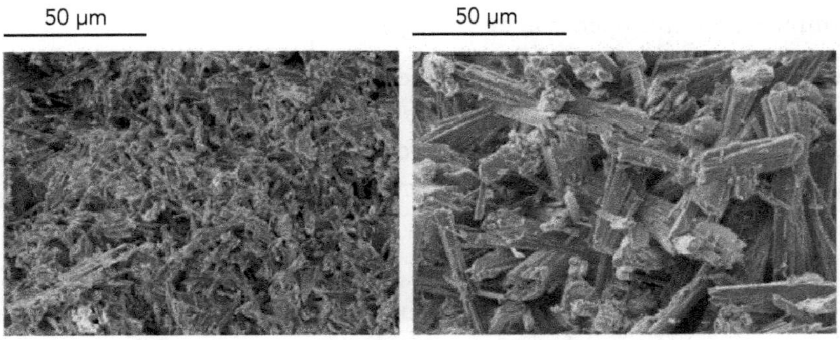

Figure 13.12 – Impact de la vitesse d'hydratation sur la microstructure du matériau durci : avec ajout de germe de gypse (à gauche) et Suspension préparée à 70 °C (à droite)

[Source : Meille S., « Étude du comportement mécanique du plâtre pris en relation avec sa microstructure », Rapport de thèse, INSA Lyon, 2001]

Propriétés et caractéristiques d'usage de l'anhydrite

Les méthodes de caractérisation, les propriétés d'usage et les phénomènes résultants de l'hydratation de l'anhydrite présentent de nombreuses similitudes avec ceux du plâtre. Les principales différences se situent au niveau de :

- la demande en eau de l'anhydrite II est très inférieure à celle du plâtre. À titre d'exemple, la quantité d'eau nécessaire pour obtenir un résultat de test d'affaissement similaire est environ trois fois inférieure ;
- la réactivité : la solubilité et la vitesse de dissolution de l'anhydrite étant très inférieures à celles du plâtre, sa durée d'hydratation complète est beaucoup plus longue (de l'ordre du mois en conditions ambiantes) ;
- la proportion d'eau nécessaire à son hydratation (26 %) permet de consommer une grande partie de l'eau nécessaire à sa mise en œuvre, limitant ainsi la quantité d'eau à évaporer par séchage. Combinée à une faible demande en eau, cette propriété permet d'atteindre des densités de produit hydraté particulièrement élevées, propice à l'acquisition de résistances en compression élevées (>30 MPa).

13.3.3 Application : éléments de construction préfabriqués

Pourquoi utiliser le sulfate de calcium en construction ?

Les réponses possibles à la question posée dans le titre ont été apportées en filigrane dans les paragraphes précédents. Elles sont précisées ci-dessous en considérant trois niveaux d'intérêt : économique/écologique, technologique et qualités intrinsèques du matériau.

Niveau économique/écologique – Disponible en grandes quantités, le gypse est un matériau peu cher et relativement facile d'accès en tout point du globe. L'existence même du cycle du gypse en fait une ressource par essence recyclable et durable.

Niveau technologique – Avec des températures de déshydratation inférieures à 500 °C, les foyers de cuisson ne nécessitent pas de technologies élaborées et les déperditions d'énergie sont limitées. Du point de vue de la mise en œuvre, la chimie des sulfates de calcium autorise la fabrication de produits à réactivité contrôlée, celle-ci pouvant aller de quelques dizaines de secondes (comme dans le cas de la fabrication de la plaque de plâtre) à plusieurs heures (comme dans le cas de la chape anhydrite) en passant par quelques minutes (comme pour les plâtres de construction).

Niveau matériau – De couleur blanche grâce à sa finesse élevée, facile à mouler, le plâtre est un matériau de construction qui se prête particulièrement bien aux applications décoratives. Présentant une capacité d'absorption de chaleur *via* la déshydratation à basse température combinée à une faible conductivité thermique d'environ 0,25 W/mK, le plâtre, ou pour être plus précis le gypse, est historiquement utilisé pour créer des barrières antifeu dans les bâtiments. Par opposition, l'anhydrite conduit à la formation d'une matrice de gypse dense et résistante grâce à sa faible demande en eau, ce qui en fait un produit idéal pour la fabrication de chapes de sol où l'auto-nivelance et la résistance aux chocs sont des propriétés essentielles.

Ainsi, les produits à base de sulfates de calcium utilisés pour la construction peuvent être classés en trois catégories principales :

- les éléments de construction préfabriqués (plaques et carreaux de plâtre) ;
- les produits prêts à l'emploi (chape anhydrite, enduits) ;
- les produits préparés sur chantier (plâtre à projeter, plâtre de construction…).

Ces derniers sont généralement formulés et conditionnés en station de mélange avant d'être utilisés sur chantier à l'aide d'outils de mélange transportables. Présentant une large diversité tant dans leur composition que dans leur application, ils résultent d'un savoir-faire spécifique à chaque fabricant et ne seront pas présentés ici. Pour des informations complémentaires, on se référera à la norme NF EN 13279 sur les liants et enduits à base de plâtre, ou à la norme NF EN 13454 pour les chapes anhydrite « prêtes à gâcher ».

Les plaques de plâtre

Structure et composition

La plaque de plâtre a été inventée par Augustine Sackett en 1893 (figure 13.13). Initialement conçue sous la forme d'un millefeuille alternant des couches de carton et de plâtre hydraté, la plaque de plâtre a progressivement évolué vers une structure plus simple consistant en un cœur principalement constitué de plâtre hydraté et de deux parements.

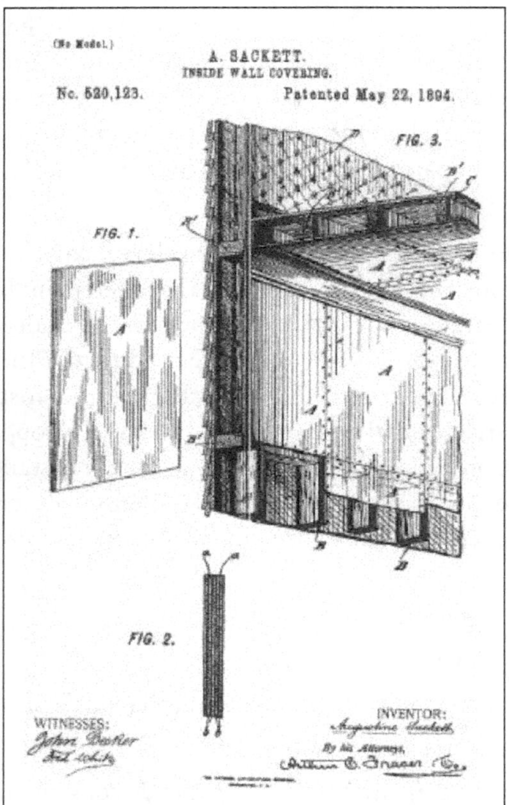

Figure 13.13 – Schéma de principe du premier brevet décrivant la plaque de plâtre

[Source : Sackett A., « Inside wall covering », Brevet US n° 520123, 1894]

Cette structure de base est reprise dans tous les types de plaques existantes ; les bords longs de la plaque peuvent prendre des formes variées (droit, arrondi, aminci…). Les dimensions, la composition du cœur, le type du parement sont des paramètres permettant de faire évoluer les propriétés de la plaque pour qu'elles deviennent compatibles avec des applications différentes (*cf.* Norme NF EN-520) :

- type A (dite plaque standard) : seules des exigences dimensionnelles et de résistance mécanique sont formulées ;
- type H et E : les propriétés d'absorption d'eau sont améliorées pour résister dans des ambiances humides ;
- type F : la plaque doit satisfaire un test de résistance au feu spécifique ;
- type R et I : les exigences, en matière de résistance mécanique ou de résistance à l'impact, sont augmentées pour pouvoir utiliser les plaques dans des applications où les risques de chocs sont importants (couloirs d'hôpitaux par exemple).

Bien que les plaques de plâtre aient des spécifications propres, elles sont généralement utilisées comme élément constitutif d'un système plus complet : plafond suspendu, cloison séparative, doublage des murs extérieurs, caisson antifeu autour de poutres ou de conduites de chaleur, murs acoustiques pour salles de cinéma... Ces systèmes leur associent d'autres éléments constitutifs (montants métalliques ou en bois, visserie, suspentes, enduit et bande à joint...) qui, comme le mode d'assemblage, contribuent à la performance globale du système, en complément avec les propriétés intrinsèques de la plaque de plâtre.

Du point de vue industriel, la production de plaques de plâtre a été d'environ 6 milliards de m^2 en 2009, les trois principaux marchés étant les États-Unis (2 Gm^2), suivi par l'Europe et la Chine (1 Gm^2 chacun, dont 0,25 Gm^2 en France). L'industrie de la plaque de plâtre est fortement intégrée dans la mesure où 75 % du marché est capté par les 7 plus gros producteurs répartis sur trois continents. Depuis la cession de l'activité plâtre du Groupe Lafarge en 2011, les 3 principaux fabricants mondiaux sont Saint-Gobain (siège en France, activité mondiale), US Gypsum (siège aux USA, majeure partie de l'activité aux USA) et Knauf (siège en Allemagne, activité mondiale).

Procédé de fabrication

La fabrication d'une plaque de plâtre suit un processus qui dure environ 45 minutes au total. Une fois sorti de la plâtrière, le plâtre est mélangé avec de l'eau, de la mousse (générée en continu à partir d'une solution de tensio-actif) et des additifs (régulateurs de prise, additifs spéciaux...) pour former une pâte moussée de consistance fluide. En parallèle, deux bandes de carton sont extraites de bobineaux produits spécifiquement pour cette application. La bande de carton inférieure est rainurée de chaque côté pour faciliter son pliage. Ce dernier est nécessaire pour que la bande inférieure forme avec la bande supérieure un tube de carton collé. La pâte fabriquée est alors coulée en continu dans le tube de carton qui est ensuite calibré à la bonne épaisseur. L'ensemble ainsi formé est ensuite transporté sur une longueur de plusieurs centaines de mètres de façon à ce que le durcissement de la pâte soit suffisant pour autoriser une coupe transversale à l'aide d'une cisaille rotative. Les ébauches de plaque sont alors renversées et groupées avant d'être introduites dans le séchoir. L'opération de séchage dure environ 40 minutes. En sortie de séchoir, les ébauches de plaques sont alors découpées aux dimensions exactes puis empilées et stockées avant expédition (figure 13.14).

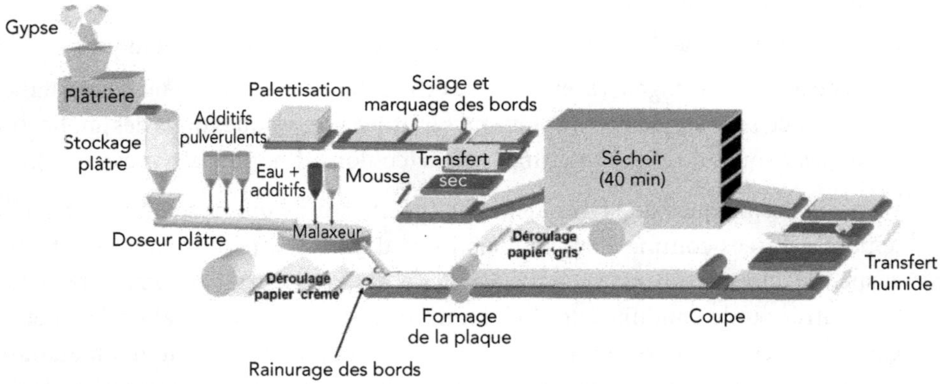

Figure 13.14 – Schéma de principe du procédé de fabrication des plaques de plâtre [Source : Emeric F. et Torres F., Lafarge Plâtre – Histoires pour l'avenir, Jean-Pierre de Monza, 2005]

Les carreaux de plâtre

Structure et composition

C'est aux États-Unis que les premières fabrications de carreaux de plâtre semblent apparaître dans le courant du XIXe siècle. Un des plus anciens brevets s'y rapportant date cependant de 1910. Il décrit un procédé de fabrication des blocs inventé par William Cowley et basé sur un système de bande roulante permettant de former des blocs en continu. Ce système est bien différent du procédé semi-continu actuel utilisant le principe de coulée-extrusion présenté dans le paragraphe suivant.

Comme pour les plaques de plâtre, il existe des caractéristiques distinctives des différentes classes de carreaux selon la norme (*cf.* norme NF-EN-12859) :

- la résistance mécanique à un effort de flexion : classe A pour des résistances standards (charge admissible variant de 1,7 à 4 kN pour des blocs d'épaisseur de 5 à 10 cm) et classe R pour des résistances supérieures (charge admissible variant de 2 à 5 kN pour des blocs d'épaisseur de 5 à 10 cm) ;
- la densité : de 0,6 à 0,8 pour la classe L, de 0,8 à 1,1 pour la classe M et de 1,1 à 1,5 pour la classe D ;
- l'absorption d'eau : absorption d'eau inférieure à 2,5 % pour la classe H1, inférieure à 5 % pour la classe H2 et sans critère pour la classe H3 ;

- l'acidité de surface : un pH standard est compris entre 6,5 et 10,5 alors que certains blocs peuvent avoir un pH faible compris entre 4,5 et 6,5.

Procédé de fabrication

Le procédé de fabrication des carreaux de plâtre conserve les grands principes de celui de la plaque de plâtre (préparation d'une suspension de plâtre fluide, mise en forme, durcissement et séchage), mais les conditions de mise en œuvre sont cependant très différentes. La mise en forme repose sur le coulage de la suspension de plâtre dans des moules spéciaux conçus pour faciliter le démoulage. Le fond du moule est généralement mobile de façon à ce que, une fois le durcissement obtenu (après une durée inférieure à 10 minutes), il coulisse verticalement dans le corps du moule de façon à éjecter le carreau par le haut (opération appelée extrusion). Les carreaux sont alors manutentionnés à l'aide de pinces pour être posés sur des chariots qui sont introduits dans un tunnel de séchage. Contrairement à la plaque de plâtre, la température des gaz dans le séchoir est relativement faible, de l'ordre de 100 °C, afin d'éviter la déshydratation du gypse. Cette faible température combinée à une porosité plus faible que celle de la plaque de plâtre, conduit à des durées de séchage qui sont particulièrement longues : de 20 à 35 heures selon l'épaisseur du carreau. La dernière opération est la palettisation des carreaux et le houssage des palettes comme protection contre le ruissellement d'eau lors des phases de transport et de stockage.

13.4 Conclusion

En conclusion, il apparaît utile de donner quelques chiffres concernant l'économie de ces matériaux. L'industrie cimentière génère actuellement 5 000 emplois directs et représente un chiffre d'affaires de 2 500 millions d'euros en France. En ce qui concerne celle du plâtre, 100 000 emplois y sont associés (directs et indirects) et l'importance de ses réserves place la France au 1er rang européen des industries du plâtre. Ces secteurs d'activités, bien que très anciens dans notre économie, ne cessent de progresser aussi bien en terme d'emploi, de chiffre d'affaires et de recherche-innovation en s'attachant à s'intégrer dans la démarche actuelle de protection de l'environnement, d'économie d'énergie et de matières premières.

13.5 Bibliographie

ATILH et École Française du Béton, *Les bétons, bases et données pour leur formulation*, Eyrolles, Paris, 1996.

Bogue R. H., *La Chimie du Ciment Portland*, Eyrolles, Paris, 1952.

BARON J. et SAUTEREY R., *Le béton hydraulique*, Presses de l'École Nationale des Ponts et Chaussées, Paris, 1995.

INSEE, « Quels produits pour quels marchés », 2000, pp. 57-73.

PHANI K. K., NIYOGI S. K., MAITRA A. K. et ROYCHAUDHURY M., « Strength and elastic modulus of a porous brittle solid : an electro-acoustic study », *J. of Mat. Sci.*, vol. 21, 1986.

RILEM, *Sulfates de calcium et matériaux dérivés. Nomenclature*, 1979.

YU Q. L. et BROUWERS H. J. H., « Microstructure and mechanical properties of beta-hemihydrate produced gypsum : an insight from its hydration process », *Construction and building materials*, vol. 25, 2011.

14 Les céramiques pour l'énergie nucléaire

Coordonnateur : Michel Beauvy

Ce chapitre est consacré à un domaine d'application des céramiques relativement mal connu, celui de l'énergie nucléaire. Différentes propriétés complémentaires sont alors demandées aux céramiques : réfractaires et résistantes à la corrosion, d'une part, et manifestant la fonctionnalité requise dans le domaine nucléaire, d'autre part, en particulier, siège d'irradiation et de réactions nucléaires de fission ou de capture.

14.1 Introduction

L'énergie nucléaire existe depuis l'origine de notre univers, et, même si l'homme a été longtemps dans l'ignorance, il en a toujours bénéficié. Rappelons que la radioactivité naturelle associée à cette énergie nucléaire, n'a été découverte par Henri Becquerel qu'en 1896. La production de cette énergie par l'homme a vu le jour il y a peu de temps : la radioactivité artificielle a été créée pour la première fois par Pierre et Marie Curie en 1934, et, le premier réacteur nucléaire a divergé à Chicago en 1942. L'industrie développée dans le monde autour de cette énergie est donc relativement nouvelle [Atom for peace] et le premier réacteur nucléaire de puissance français a divergé à Fessenheim en 1977.

Malheureusement, l'histoire de la technologie nucléaire a été marquée dès son origine par son association à l'arme nucléaire concrétisée par l'explosion des deux bombes au Japon à Hiroshima et à Nagasaki pendant l'été 1945. Aujourd'hui encore, cet aspect est toujours très présent avec la prise en compte des risques de prolifération des armes. Pour limiter ces risques, il existe une réglementation très stricte et une surveillance centralisées dans l'industrie nucléaire que l'on ne rencontre pas dans les autres industries. Le fonctionnement des équipements et installations est autorisé dans des conditions bien précises transcrites dans un rapport de sûreté approuvé. Le contrôle du respect de ces règles est effectué par des organismes indépendants nationaux (par exemple, l'Autorité de Sûreté Nucléaire en France, ou la *Nuclear Regulation Commission* aux USA) et internationaux (EURATOM et l'AIEA, Agence Internationale pour l'Énergie Atomique) qui ont la possibilité d'arrêter le fonctionnement des installations en cas de non-respect du cadre autorisé. Ainsi, des usines de fabrication de combustibles nucléaires ont été mises à l'arrêt après inspection, suite à la constatation d'écarts de ce genre. Dans la majorité des cas, ces arrêts ont été prononcés alors que les écarts constatés restaient sans conséquences sur la sécurité des populations et sur la sûreté des installations.

Néanmoins, les besoins énergétiques résultant du boom économique des années 1950 et 1960 du siècle dernier ont rapidement mis en avant l'utilisation industrielle de l'énergie nucléaire comme énergie propre et abondante : l'atome, avec le célèbre « Atomium » était le symbole de l'exposition universelle internationale de Bruxelles en 1958.

L'énergie nucléaire par fission nucléaire est donc devenue une composante significative de l'énergie primaire consommée par les hommes, même si on ne sait pas toujours bien distinguer si c'est pour leur survie ou pour leur confort. L'industrie qui lui est associée se traduit aujourd'hui par près de 440 réacteurs de puissance installés dans le monde, dont 58 en France, qui fournissent de l'électricité. L'industrie électronucléaire implantée dans 32 pays produit environ 20 % de l'électricité mondiale, ce qui toutefois ne représente relativement que 7 % de l'énergie primaire totale. Une des préoccupations pour le développement des réacteurs du futur est de dissocier énergie nucléaire et production d'électricité.

Pour les cinquante prochaines années, il n'y a pas beaucoup d'alternatives technologiquement maîtrisées qui permettent d'augmenter sensiblement la production d'énergie primaire. La concurrence reste essentiellement entre l'énergie nucléaire et l'utilisation du charbon.

Le principal inconvénient pour l'utilisation du charbon est le rejet d'importantes quantités de gaz carbonique nuisibles à l'environnement, mais cet aspect négatif n'a réellement de poids que lorsqu'il est considéré à l'échelle planétaire. Ainsi, des priorités nationales négligeant les conséquences écologiques, comme cela peut être observé en Chine ou dans certains pays de l'Europe de l'Est, peuvent conduire à ce choix.

Pour le développement futur de l'industrie nucléaire, il est très difficile d'avoir une vision objective. Les incertitudes sont grandes, allant des choix politiques nationaux jusqu'aux niveaux plus locaux comme par exemple le choix des sites d'implantation. L'opinion est divisée sur l'avenir de cette industrie après la dénonciation de la nocivité des déchets nucléaires pour des périodes dépassant les limites de la vision humaine, même si des possibilités de destruction de ces déchets par transmutation ont déjà été démontrées. Cette division est encore plus marquée après les catastrophes nucléaires de Three Mile Island, Tchernobyl et, récemment, Fukushima qui ont montré les risques à court et moyen termes et les limites de la sûreté des installations. Les arguments économiques, politiques, écologiques, et scientifiques se mélangent, ce qui rend vulnérable toute prévision à moyen terme. À cela, il faut ajouter une très grande constante de temps, au minimum de l'ordre de 10 ans, pour mettre en place l'industrialisation de nouveaux progrès ou pour construire de nouveaux équipements.

En résumé, il existe aujourd'hui une très forte hétérogénéité dans la répartition mondiale de l'industrie nucléaire, avec un gros écart entre le nord et le sud. Les États-Unis d'Amérique, la France, la Russie et le Japon ont été les nations les plus en pointe dans la R & D pour l'industrie nucléaire de façon continue depuis 1970. Malgré tout, ces nations comme les autres, restent tributaires pour l'avenir de décisions politiques. Certains pays, dont en premier lieu la Chine et l'Inde, envisagent un accroissement rapide très important dans ce secteur. Mais contrairement aux années 1970-1980, le développement de l'industrie nucléaire se joue maintenant à l'échelle planétaire. Les entreprises spécialisées dans l'industrie nucléaire deviennent multinationales, comme AREVA créée en 2001, qui regroupe toutes les composantes pour la production d'énergie nucléaire et qui, avec son implantation internationale, correspond pour la France à un objectif économique allant dans ce sens. Cette société, avec ses partenaires privilégiés comme EDF pour la production d'électricité et le CEA pour la R & D, permet de mettre en valeur les compétences nationales pour cette industrie.

Pourquoi les céramiques sont-elles incontournables dans la technologie nucléaire ? Un réacteur de production d'énergie nucléaire est avant tout une machine technologique qui répond à des critères scientifiques et techniques. La physique démontre la possibilité de produire de l'énergie nucléaire par fission ou fusion, mais c'est la machine avec les matériaux qui la composent qui permettent de produire réellement cette énergie et de l'utiliser de façon fiable. Le réacteur de fission est une machine thermique dont certains composants fonctionnent à des températures élevées : des températures supérieures à 1 000 °C existent dans tous les réacteurs de puissance, au moins au niveau des combustibles. De plus, le rendement est amélioré par un fonctionnement à plus hautes températures. La sûreté des équipements et installations est donc renforcée par l'utilisation de matériaux réfractaires. La réduction de la corrosion des matériaux est également un paramètre important à prendre en compte pendant le fonctionnement du réacteur ou le confinement des déchets pour limiter les risques de rejets radioactifs. Enfin, les matériaux doivent résister à l'irradiation, parfois pendant des temps très longs. Les minéraux, analogues naturels des céramiques, ont montré une bonne résistance aux rayonnements dans l'univers. Ces critères montrent que la présence de céramiques dans l'industrie nucléaire des réacteurs de fission est tout à fait justifiée. On les retrouve au niveau des combustibles qui représentent le domaine le plus important. Il y a aussi des céramiques utilisées comme matériaux neutrophages dans les systèmes de contrôle ou de commande, ainsi que dans certaines protections neutroniques. Dans le passé, le graphite a fait partie des matériaux nucléaires importants, et cela peut se renouveler dans le futur. La vitrification industrielle déjà utilisée pour gérer les déchets nucléaires à longue vie radiotoxique, pourrait être complétée par d'autres céramiques à l'étude. Enfin de nouvelles céramiques ou des composites à base de céramiques sont envisagés pour des réacteurs de fission du futur encore plus performants.

Pour la fusion, les réacteurs n'en sont qu'au stade des prototypes de démonstration. Le réacteur international « ITER » en construction à Cadarache doit permettre à partir de 2016 de démontrer l'intérêt industriel de cette filière, et le premier réacteur de puissance « DEMO » n'est pas envisagé avant 2050. Les problèmes rencontrés pour les matériaux restent cependant de même nature que ceux rencontrés avec la fission, bien qu'ils soient encore amplifiés. Ainsi par exemple, les gradients thermiques extrêmes imposent déjà l'utilisation de céramiques comme SiC, B_4C, le graphite ou des composites céramiques dans les réacteurs de fusion en fonctionnement.

14.2 Combustibles nucléaires et matière fissile

14.2.1 Définition et historique des combustibles

Les combustibles sont les matériaux indispensables pour produire l'énergie nucléaire par fission des noyaux des isotopes fissiles : 1 atome qui fissionne (U ou Pu) produit 40 000 000 fois plus d'énergie qu'un atome de charbon (C) qui brûle ! Cette énergie se transforme très rapidement en chaleur qu'il faut évacuer et récupérer. Pendant l'utilisation du combustible, le matériau subit une très forte irradiation, et, il se forme beaucoup de nouveaux atomes radioactifs appelés produits de fission que l'on souhaite conserver le plus possible dans le matériau combustible. Les combustibles pourraient donc être constitués uniquement d'atomes fissiles, c'est-à-dire les isotopes ^{235}U, ^{239}Pu, ^{241}Pu ou ^{233}U, mais ce seraient alors des matériaux métalliques incompatibles avec un réacteur de puissance à cause de leur température de fusion trop basse (< 1 230 °C pour l'uranium qui a le point de fusion le plus élevé). Des combustibles céramiques à base d'isotopes fissiles ont donc été envisagés en limitant au maximum les atomes perturbateurs du flux neutronique à l'origine de la fission et en optimisant les propriétés. Même si la conductivité thermique des oxydes n'est pas très élevée (voir tableau 14.1), ces céramiques représentent un compromis acceptable et sont actuellement utilisées comme combustibles dans plus de 98 % des réacteurs de puissance. La figure 14.1 présente les gradients thermiques dans les pastilles de combustible d'oxyde d'uranium dans un réacteur à eau pressurisée : les gradients sont très importants mais les températures restent bien inférieures à la température de fusion.

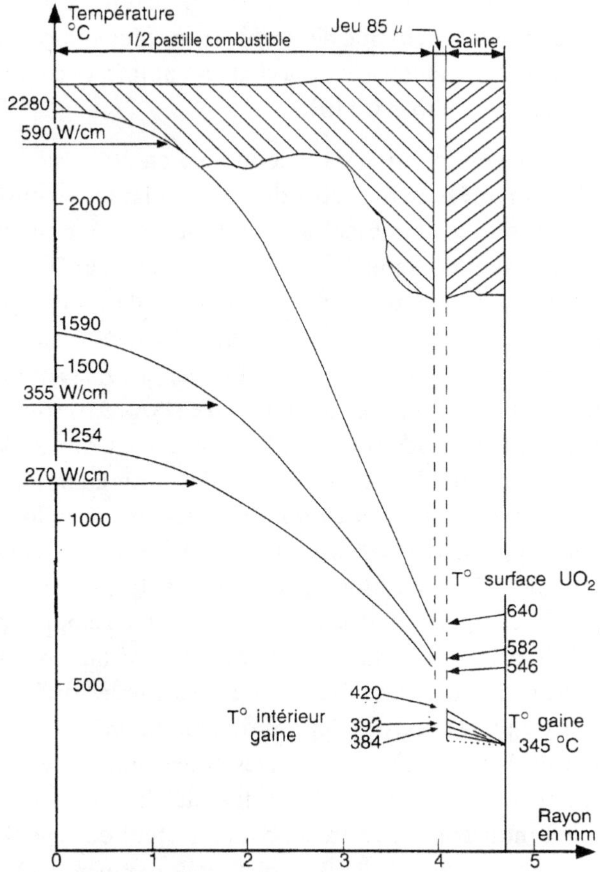

Figure 14.1 – Gradients thermiques axiaux dans la pastille de combustible UO_2 et sa gaine en Réacteur à Eau Pressurisée en fonction de la puissance (puissance nominale inférieure à 300 W/cm)

Tableau 14.1 – Comparaison des propriétés des différents matériaux combustibles nucléaires

	Métal (U, Pu) + Mo	Oxyde $(U, Pu)O_2$	Carbure (U, Pu)C	Nitrure (U, Pu)N
Densité en atomes fissiles, g/cm^3	14	9,7	12,9	13,5
Conductivité thermique, W/m · °C	35	2,4	19,5	20
Température de fusion, °C	< 1 000	2 800	2 500	2 800
Dilatation, 10^{-6}/°C	19	10	11	9
Gonflement sous irradiation, %/an	2	0,7	1,8	1,4

Toutefois, pour les réacteurs à rendement amélioré envisagés pour le futur (réacteurs à hautes températures), la conductivité thermique des oxydes n'est plus suffisante et l'utilisation de céramiques meilleures conductrices de la chaleur comme les combustibles nitrures ou carbures est à l'étude (tableau 14.1).

Sur les 432 réacteurs de puissance en fonction dans le monde en 2012, seuls les réacteurs de type MAGNOX qui représentent moins de 2 %, implantés essentiellement en Grande-Bretagne, utilisent un combustible métallique. Ce combustible est toutefois associé à du graphite dans l'élément chargé dans le réacteur. Tous les autres réacteurs fonctionnent avec des combustibles céramiques de type oxydes dont les caractéristiques dépendent du type de réacteur employé. Parmi l'ensemble des réacteurs, 55 % sont des REP (Réacteur à Eau Pressurisée) et 22 % sont des REB (Réacteurs à Eau Bouillante) tous deux mis au point aux USA ; 9 % sont des VVER (*Water Water Energy Reactor* proches des REP) et 4 % sont des RBMK (*Reactor Bolshoï Moshchnasti Kalani* proches des REB) tous deux mis au point par les Russes. Les CANDU (*CANadian Deuterium Uranium*), réacteurs à eau lourde mis au point par les Canadiens, représentent 6 %, et les AGR (*Advance Gas-cooled Reactor*) essentiellement anglais 2,7 %. La filière prometteuse des Réacteurs à Neutrons Rapides (réacteurs RNR surgénérateurs) mise au point et développée par la France à l'échelle industrielle depuis les années 1960, est aujourd'hui en veille dans l'attente d'un nouvel essor annoncé. Le tableau 14.2 présente les différents types de réacteurs nucléaires de puissance développés dans le monde en précisant le type du combustible utilisé avec sa gaine. Enfin, les nouveaux réacteurs de puissance en construction pour remplacer les réacteurs âgés de plus de 40 ans ou pour répondre à la relance de l'industrie nucléaire en cours, restent de type REP avec l'EPR (*European Pressurized Reactor*) ou REB (projet SWR par exemple) : ils consomment donc des combustibles oxydes.

La consommation mondiale annuelle de combustible céramique est de l'ordre de 18 000 tonnes en 2011 : 36 % aux USA, 35 % en Europe et 29 % en Asie.

14.2.2 Matière fissile

Les sources de matières fissiles sont les minerais naturels, pour l'uranium 235, et le combustible irradié, pour le plutonium. Le thorium des minerais naturels constitué exclusivement de l'isotope 232 est la matière première pour l'uranium 233 qui est produit en réacteur. Les matières premières utilisées pour la fabrication des combustibles sont en fait des poudres céramiques d'oxyde de matière fissile (poudres d'oxyde d'uranium, poudre d'oxyde de plutonium), et dans une moindre mesure, des poudres d'oxyde de thorium (matière fertile). L'utilisation de ces poudres est aujourd'hui pratiquement exclusivement limitée à l'industrie nucléaire. Par conséquent, contrairement aux autres industries céramiques, les producteurs de poudres d'oxydes d'uranium ou de plutonium sont étroitement liés aux fabricants de combustibles et font généralement partie du même groupe industriel, comme par exemple avec les sociétés AREVA en France, Westinghouse aux USA ou CNNC en Chine.

Tableau 14.2 – Caractéristiques des différents réacteurs nucléaires de puissance

Filières	Neutrons (énergie)	Combustible	Gaine	Modérateur	Caloporteur (pression/T°C)	Puissance (MWe)
REP/PWR VVER	Thermiques	UO_2 enrichi* $(U_{0,94}Pu_{0,06})O_2$	Zircaloy	H_2O	H_2O (155b/320 °C)	1 455
REB/BWR	Thermiques	UO_2 enrichi* $(U_{0,94}Pu_{0,06})O_2$	Zircaloy	H_2O	H_2O (70b/286 °C)	1 315
RBMK	Thermiques	UO_2 enrichi*	Zr-Nb	H_2O	H_2O (70b/284 °C)	1 380
CANDU PHWR	Thermiques	UO_2 naturel	Zircaloy	D_2O	D_2O (110b/310 °C)	880
AGR	Thermiques	UO_2 enrichi*	Acier	Graphite	CO_2 (41b/630 °C)	625
MAGNOX	Thermiques	U naturel	Mg-Zr	Graphite	CO_2 (25b/400 °C)	590
RNR	Rapides	$(U_{0,8}Pu_{0,2})O_2$ UO_2 enrichi* $(U_{0,94}Pu_{0,06})O_2$	Acier	Na	-	1 200
HTR	Thermiques	UO_2 enrichi* $(U_{0,94}Pu_{0,06})O_2$	C et SiC	Graphite	He (49b/770 °C)He	330
EPR	Thermiques	UO_2 enrichi* $(U_{0,94}Pu_{0,06})O_2$	Zircaloy Zr-Nb	H_2O	H_2O (155b/320 °C)	1 400

*teneur en ^{235}U supérieure à la teneur naturelle de 0,7 at.%.

L'uranium est extrait du minerai, à teneur comprise entre 0,1 et 0,5 %, pour donner par traitement le « *yellow cake* », sous forme de croûte d'U_3O_8 chimiquement inerte contenant environ 75 % d'uranium. AREVA a produit plus de 8 620 tonnes de ce concentré en 2010 provenant d'Australie, du Canada, du Gabon, du Kazakhstan et du Niger.

Le plutonium est formé par irradiation de l'uranium par les neutrons dans le combustible. C'est une matière fissile qui peut être produite en grande quantité à partir essentiellement de l'^{238}U et qu'il serait dommage de laisser dans les déchets nucléaires. Il est donc obtenu par extraction des combustibles « usagés » lors du retraitement par dissolution nitrique et précipitation suivant le procédé PUREX mis au point aux USA. Ce plutonium contient toujours plus de 50 at.% d'atomes fissiles (isotopes ^{239}Pu et ^{241}Pu), mais la teneur isotopique n'est pas toujours identique (voir tableau 14.3). Elle doit donc, dans certains cas, être ajustée par mélange lors de la fabrication des combustibles pour répondre aux spécifications imposées par la neutronique du réacteur.

Le taux d'isotope fissile (^{235}U, ^{239}Pu et ^{241}Pu) et le taux d'isotope fertile (^{238}U, ^{240}Pu, ou ^{232}Th qui pourrait être plus largement utilisé dans le futur) sont parmi les caractéristiques importantes pour les poudres d'oxyde utilisées pour fabriquer les combustibles. L'uranium naturel ne contient que 0,7 at.% d'isotope ^{235}U fissile, ce qui n'est suffisant que pour le combustible des réacteurs de type CANDU. La teneur en ^{235}U doit être plus élevée pour tous les autres réacteurs : jusqu'à 8 at.% pour les REP, REB et AGR, voire de 8 à 30 at.% pour les RNR. Une étape importante dans le procédé de fabrication des combustibles est donc l'enrichissement de l'uranium en atomes fissiles. La maîtrise de l'enrichissement de l'uranium pose des problèmes géopolitiques importants compte tenu des risques de prolifération des armes nucléaires associés. Il y a consensus international pour considérer qu'au-delà de 20 at.% d'isotopes ^{235}U fissiles la matière peut être utilisée à des fins militaires avec des technologies rudimentaires. Ce taux limite a donc été fixé pour les applications civiles de l'uranium. Pour le plutonium beaucoup plus difficile à mettre en œuvre, c'est la teneur minimale de 83 at.% en isotopes fissiles nécessaire pour fabriquer une arme qui est considérée comme limite pour la prolifération. Les activités de mise en œuvre des matières premières sont donc étroitement surveillées et il est même imposé de tenir une comptabilité de la matière nucléaire au gramme près pour l'uranium et au milligramme près pour le plutonium dans les usines.

Tableau 14.3 – Compositions isotopiques moyennes du plutonium en % Pu/(Pu + Am)

	Usine MELOX avant 2012	Usine MELOX à partir de 2012	Combustible UOx REP irradié 3 ans	Combustible UOx REP irradié 5 ans
^{238}Pu	2,50	3,06	1,3	2,7
^{239}Pu	54,50	52,53	56,6	50,4
^{240}Pu	25,20	25,86	23,2	24,1
^{241}Pu	8,60	8,32	13,9	15,2
^{242}Pu	7,90	8,55	4,7	7,1
^{241}Am	1,30	1,68		

Ces compositions évoluent avec la durée de stockage.

L'enrichissement de l'uranium est effectué industriellement par deux procédés distincts : la diffusion gazeuse ou la centrifugation. Un traitement préalable est effectué sur le « *yellow cake* » U_3O_8 pour le transformer en gaz UF_6 : réduction en UO_2 à 700 °C par H_2, suivie d'une hydrofluoruration à 350 °C par HF produisant UF_4, avant fluoruration à 1 400 °C par F_2 pour obtenir UF_6 gazeux.

Pour la diffusion gazeuse, procédé ancien en cours d'abandon car très consommateur d'énergie, on fait diffuser le gaz UF_6 à travers des batteries de barrières d'alumine nanoporeuses. La différence des masses isotopiques entraîne une cinétique de diffusion différente qui conduit à une légère ségrégation isotopique. C'est le procédé utilisé dans l'usine Eurodif Georges Besse I, à Pierrelatte, du groupe AREVA, qui comprend plus de 1 400 barrières céramiques de diffusion pour atteindre des taux de 3 à 5 at.% en ^{235}U. Le sous-produit gazeux UF_6 à l'uranium appauvri est transformé en poudre d'U_3O_8 chimiquement stable par oxydation avec H_2O. Cette poudre d'U_3O_8 est essentiellement stockée mais le HF produit est transféré à l'industrie chimique pour être valorisé.

La centrifugation est une technique d'enrichissement utilisée par les Russes dès 1964, mais le développement industriel par la société anglaise Enrichment Technology Compagny, a été plus récent avec ses centrifugeuses TC12 de 2 mètres de hauteur à fibres de carbone (figure 14.2). Le gaz UF_6 est entraîné en rotation à plus de 50 000 tours/min et la différence de masse isotopique entraîne un gradient radial de la teneur isotopique dans le cylindre de la centrifugeuse. Il suffit de faire les prélèvements aux bons endroits et d'avoir une cascade de centrifugeuses. La nouvelle usine Georges Besse II d'AREVA, également à Pierrelatte, qui utilise cette technologie, a été inaugurée en 2010.

Figure 14.2 – Cascades de centrifugeuses pour l'enrichissement de l'uranium

[Source : Areva]

Même si les ressources minières sont épuisables, suite à la stabilité de la consommation et au recyclage des matières fissiles militaires, le coût de la matière première fissile a relativement peu augmenté en 30 ans. Ainsi, le prix moyen du kg d'oxyde d'uranium U_3O_8 a fluctué entre 20 et 60 €, avec un pic vers 75 € en 2007. Cette stabilité pourrait toutefois être remise en cause dans le futur. Pour le plutonium qui appartient aux propriétaires des combustibles usagés, le prix de la matière fissile se traduit uniquement par le coût du retraitement.

14.2.3 Combustibles des réacteurs à eau légère électrogènes

Les combustibles des réacteurs à eau légère (REP ou REB) doivent avoir :

- une forte densité en atomes fissiles et une faible densité en atomes neutrophages parasites ;
- une température de fusion élevée ;
- une bonne stabilité chimique et une bonne compatibilité avec l'eau ;
- une bonne résistance à l'irradiation ;
- et enfin, une grande capacité à retenir les produits de fission.

Les réacteurs actuels peuvent fonctionner avec des combustibles à l'oxyde d'uranium enrichi (UOx) ou avec les combustibles MOX à l'oxyde mixte $(U_{1-y}Pu_y)O_2$ avec y < 0,06. Les matières premières sont les poudres d'oxyde d'uranium enrichi ou des mélanges de poudres d'oxyde d'uranium et d'oxyde de plutonium. Les combustibles sont constitués de petites pastilles frittées d'oxydes contenant entre 3 et 8 at.% d'atomes fissiles parmi les éléments lourds (U + Pu) (figure 14.3).

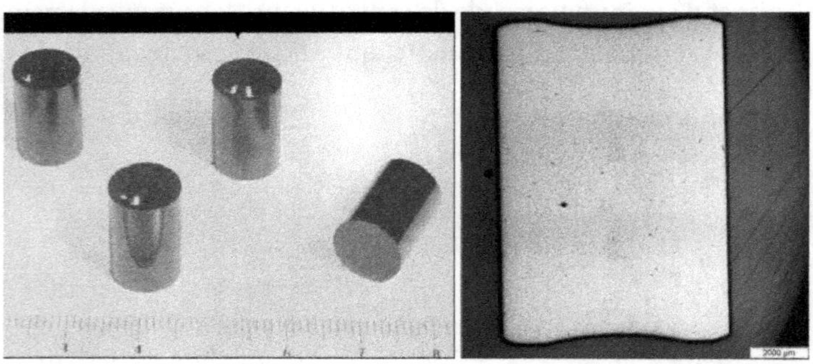

Figure 14.3 – Pastilles de combustibles pour réacteurs à eau légère

Les différents procédés industriels de fabrication développés dans le monde sont assez voisins. On obtient les pastilles orthocylindriques d'environ 1 cm de diamètre par frittage à haute température sous atmosphère contrôlée de ces poudres compactées après avoir ajouté quelques éléments d'addition. Les pastilles usinées sont ensuite introduites dans des gaines en alliage de zirconium qui seront rendues étanches pour former les « crayons » d'environ 4 mètres de long. Des faisceaux de crayons sont regroupés en réseaux le plus généralement de section carrée, pour former les assemblages qui seront introduits dans les réacteurs (figure 14.4).

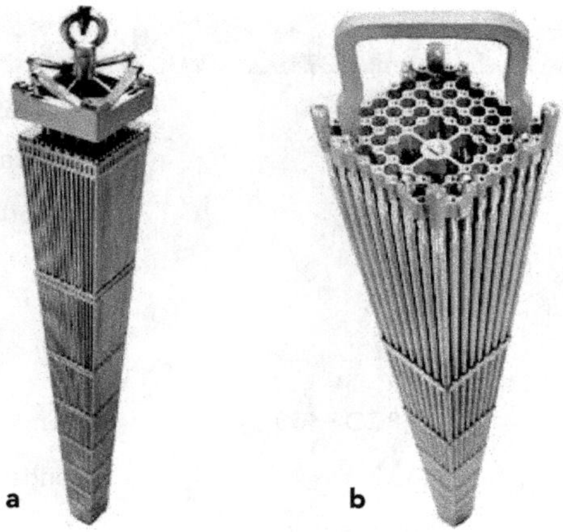

Figure 14.4 – Assemblages combustible pour Réacteurs à Eau Pressurisée : a) REP ; b) REB

Les procédés de fabrication favorisant la voie sèche sont privilégiés pour limiter le risque de criticité. La criticité est le développement incontrôlé de la réaction de fission en chaîne qui est un risque qui existe lorsque la densité en atomes fissiles dépasse une certaine valeur critique : 880 g pour l'uranium 235 ou 510 g pour le plutonium sous formes métalliques.

Les principaux fabricants de combustibles UOx et MOX pour réacteurs à eau légère sont présentés dans les tableaux 14.3 et 14.4.

Tableau 14.3 – Principales usines de fabrication de combustibles UOx pour réacteurs à eau légère (situation en février 2012)

Compagnie	Pays	Capacité (tU/an)	Lieu (pays)
AREVA	France	FBFC : 820 FBFC 750 ANF : 650 Areva NP : 700 Areva NP : 400 Mitsubishi NF : 440	Romans (F) Dessel (B)* Lingen (D) Richland (USA) Lynchburg (USA) Tokai (J)
		3760	
BNFL/Westinghouse	Grande Bretagne/USA	BNFL : 330 Westinghouse : 1 600 BW Atom : 600	Springfields (GB) Columbia (USA) Västeras (S)
		2530	
JSC TVEL	Russie	Electrostal : 1 020 NCCP : 1 000	Moscou (RU) Novosibirsk (RU)
Kazatomprom/Ulba	Kazakhstan	Ulba M C : 2 000	Kamenogorsk (KZ)

Compagnie	Pays	Capacité (tU/an)	Lieu (pays)
Global Nuclear Fuel	USA	LLC : 1 200	Wilmington (USA)
JNFC	Japon	750	Yokosuka
NFIL	Japon	284 200	Kumatori Tokai
		484	
CNNC	Chine	400	Yibin
KAERI	Corée du Sud	KEPCO : 400	Taejon
INB	Brésil	160 ?	Resende
ENUZA	Espagne	300 ?	Juzbado
DAE	Inde	48 ?	Hyderabad
	Total	**13 969****	

** plus Argentine, Brésil, Inde, Pakistan et Espagne ; * fermeture en cours.

Tableau 14.4 – Usines de fabrication de combustibles MOX pour réacteurs à eau légère (février 2012)

Compagnie	Pays	Capacité (tU + Pu/an)	Lieu (pays)
AREVA	France	Melox : 195	Marcoule (F)
BNFL*	Grande-Bretagne	128	Sellafield (GB)
DAE	Inde	50	Tarapur (India)
JNC	Japon	10	Tokai (J)
	Total	**383**	
*JNFL***	*Japon*	*Pu-thermal : 130 tonnes*	*J-MOX (2016)*
*NFS-MFFF***	*USA*	*100 ? (34 tonnes de Pu)*	*Savannah River (USA)*

* fermeture en cours ; ** en projet.

Fabrication des combustibles UOx pour REP ou REB

La fabrication des combustibles UOx commence par la préparation de la poudre d'oxyde d'uranium UO_2 généralement réalisée dans l'usine de fabrication des combustibles. Deux procédés industriels de conversion du gaz UF_6 issu des usines d'enrichissement en poudre d'UO_2 sont utilisés par les fabricants : conversion par voie sèche ou conversion par voie humide.

La conversion par voie sèche est réalisée dans des fours rotatifs à deux zones :

$$UF_6 + 2\,H_2O_{vap.} \rightarrow UO_2F_2 + 4\,HF \text{ (hydrolyse, zone 1)}$$

$$UO_2F_2 + H_2 \rightarrow UO_2 + 2\,HF \text{ (réduction, zone 2)}$$

La poudre d'UO_2 ainsi obtenue est fine : cristallites de quelques centaines de nanomètres et surface spécifique de plus de 2 m^2/g. Elle est composée d'agrégats de cristallites de 20 à 200 µm (figure 14.5), ce qui améliore la coulabilité et limite la pyrophoricité.

Pour la conversion voie humide, le gaz UF_6 est injecté dans l'eau pour former UO_2F_2. De l'ammoniaque NH_3 ou du carbonate d'ammonium sont ensuite injectés pour former respectivement le diuranate d'ammonium (poudre ADU), ou le carbonate d'uranyle ammoniaqué (poudre AUC). La poudre d'UO_2 est obtenue par chauffage sous atmosphère réductrice. La morphologie de ces poudres est différente de la poudre « voie sèche » : cristallites facettées et agglomérats de moins de 50 µm (figure 14.5). L'aptitude au frittage est donc également différente.

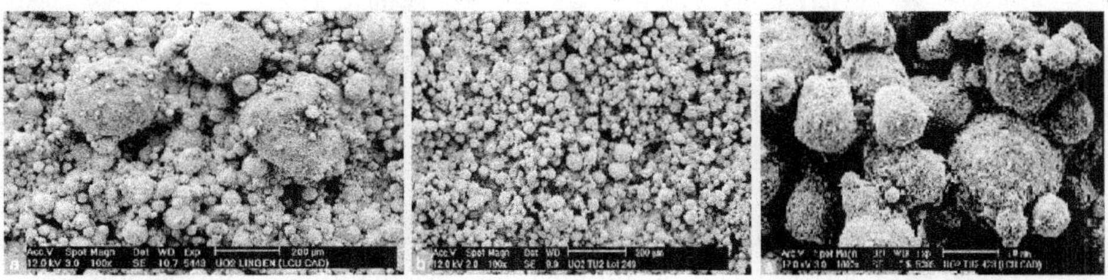

Figure 14.5 – Morphologies des poudres d'UO_2 : a) poudre « voie sèche » ; b) et c) poudre ADU

Le procédé voie sèche est toutefois plus largement développé car il limite les effluents liquides radioactifs et les risques de criticité (cas de l'usine FBFC de Romans). La coulabilité dans les matrices de petit diamètre des presses reste toutefois médiocre avec la poudre obtenue par ce procédé. Une étape de granulation-sphéroïdisation par compactage, sous faible pression (par exemple 300 MPa), de la poudre sous forme de galettes, suivie d'un concassage et d'un brassage en mélangeur, élimine cet inconvénient. Des ajouts d'U_3O_8, favorisant le frittage, et de porogène AZB $(H_2N\text{-}CO\text{-}N)_2$ (moins de 0,6 %) sont effectués dans le mélangeur avant la granulation (procédé UROX). L'ajout de lubrifiant (stéarate de zinc, moins de 0,3 %) se fait pendant le brassage effectué après concassage. Les granules d'UO_2 avec tous les ajouts sont pressés à 500 MPa sous forme de petites pastilles dans des presses rotatives multi-empreintes à matrice flottante. Les pastilles crues qui ont une densité de 60 % de la densité théorique, sont chargées dans des nacelles en molybdène pour être frittées pendant 4 heures à 1 700 °C sous atmosphère réductrice (H_2) en four tunnel. Les pastilles frittées sont ensuite rectifiées pour obtenir un diamètre précis au 1/100e de mm près. Ceci correspond au procédé DCN (double Cycle Normal), très largement utilisé, comme par exemple à l'usine FBFC de Romans.

Les pastilles d'UO_2 frittées ont une densité voisine de 95 % de la densité théorique et une microstructure homogène de grains équiaxes de moins de 10 µm. Les crayons sont constitués de plus de 3 mètres de pastilles qui sont introduites dans la gaine en alliage de zirconium et maintenues en place par un ressort avant soudure TIG (*Tungstène Inert Gaz*) du bouchon étanche après vidange et pressurisation sous 32 bars d'hélium (figure 14.6).

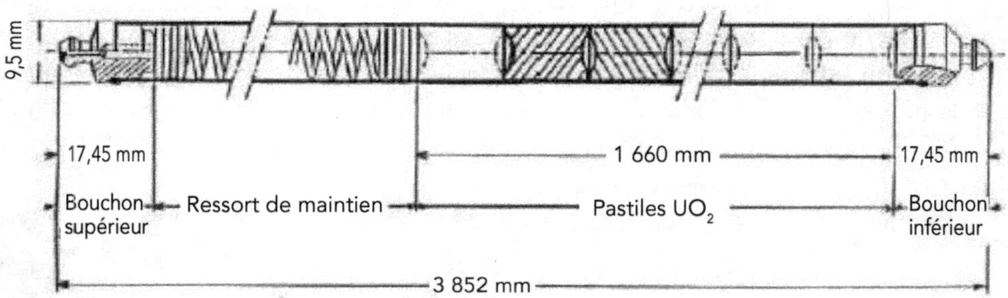

Figure 14.6 – Crayon combustible UOx

La garantie des spécifications est obtenue par de nombreux contrôles : absence d'éclat par contrôle visuel ou automatique systématiques ; contrôles dimensionnels par prélèvements ; contrôles de composition chimique par prélèvements ; mesure des densités et porosités par prélèvements ; test de stabilité thermique à 1 700 °C par prélèvements.

Il existe d'autres procédés moins développés à l'échelle industrielle : le procédé ADU avec la poudre ADU « voie humide » qui ne comprend pas l'étape de granulation suite à l'amélioration de la coulabilité de la poudre ; le DCI (Double Cycle Inverse) avec la poudre « voie sèche » sans ajout de porogène, où les pressions de granulation et de pastillage sont inversées qui a été mis au point en France. Les pastilles ainsi obtenues ont une meilleure tenue mécanique.

Des fabrications spéciales de combustibles UOx dopés à l'oxyde de gadolinium (>6 at.% de Gd_2O_3, poison neutrophage consommable mélangé avec les ajouts lors de la fabrication) sont réalisées pour limiter les pics de puissance générés par les combustibles neufs. Les combustibles obtenus par le procédé DCN ont une microstructure hétérogène biphasée microdispersée.

Fabrication des combustibles MOX pour REP ou REB

L'utilisation du combustible MOX (*Mixed Oxide* : $(U_{1-y}Pu_y)O_{2+x}$) dans les réacteurs à eau légère n'est pas une option optimisée pour l'utilisation du plutonium. Les rendements sont beaucoup plus élevés dans les réacteurs à neutrons rapides qui, de plus, acceptent une composition isotopique beaucoup plus large pour le plutonium. Néanmoins, faute d'un développement important de la filière RNR, le MOX est utilisé dans les REP et les REB qui constituent la majorité des réacteurs de puissance en fonctionnement dans le monde. Ce combustible MOX sous forme de pastilles de géométrie similaires au combustible UOx, également contenues dans une gaine étanche en alliage de zirconium, est constitué d'uranium et de plutonium fissiles. Il est fabriqué à partir du mélange de poudre d'oxyde d'uranium et de poudre d'oxyde de plutonium par un procédé « voie sèche ».

Dans un assemblage MOX, il y a des crayons de différentes teneurs en plutonium, mais pour le combustible des réacteurs de 3e génération celle-ci est toujours inférieure à 7 at.% d'atomes lourds. La poudre d'oxyde d'uranium peut être constituée d'uranium appauvri résidu des usines d'enrichissement, d'uranium naturel ou plus récemment d'uranium issu du retraitement. La poudre d'oxyde de plutonium PuO_2 est obtenue à l'usine de retraitement par calcination à plus de 500 °C dans un four homogénéiseur du précipité d'oxalate de plutonium issu du retraitement du combustible usagé. Cette poudre de PuO_2 se présente sous forme de lamelles de 10 µm, avec une surface spécifique comprise entre 5 et 30 m^2/g (figure 14.7).

Figure 14.7 – Morphologie de la poudre de PuO_2 utilisée pour réaliser les pastilles de MOX

Le choix du retraitement des combustibles usagés est encore limité à quelques pays : la France, la Grande-Bretagne, la Russie, le Japon, le Canada et l'Inde. Cette situation peut toutefois évoluer suite à la volonté annoncée par les USA d'utiliser du combustible MOX élaboré dans un premier temps avec du plutonium issu des armes démantelées. Il existe donc peu d'usines de retraitement dans le monde et, par conséquent, peu de lieux de production de poudre de PuO_2. Le transport de cette poudre hautement radiotoxique (par exemple de l'usine de retraitement de la Hague à l'usine MELOX de fabrication du MOX) est effectué avec beaucoup de précautions (moyens de transport et conteneurs blindés spécifiques). Pour réduire cette contrainte, la tendance dans les projets d'usines du futur est d'associer dans un même lieu la production de PuO_2 et la fabrication du MOX.

Toutes les usines de fabrications regroupées dans le tableau 14.4 utilisent un procédé de fabrication similaire basé sur le procédé appelé « MIMAS » (*MIcronization of MASter blend*) mis au point par Belgonucléaire et développé à plus grande échelle dans l'usine MELOX de Marcoule en France. Ce procédé de dilution d'un mélange mère est un compromis qui permet de limiter la quantité de poudre très radiotoxique contenant du plutonium qui passe dans les broyeurs.

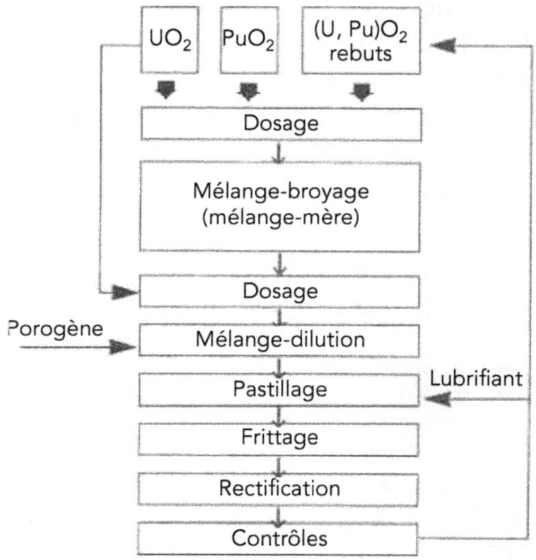

Figure 14.8 – Procédé MIMAS de fabrication du combustible MOX pour les REP

Le procédé de l'usine MELOX, décrit à la figure 14.8, consiste à élaborer par broyage un mélange homogène de poudre d'oxyde d'uranium et de poudre d'oxyde de plutonium à forte teneur en plutonium (> 30 at.%). La composition isotopique du plutonium est préalablement ajustée par mélange de plusieurs lots de poudres d'oxyde de plutonium. À défaut, la teneur en plutonium dans le combustible est légèrement modifiée Le broyeur utilisé est un broyeur à boulets (boulets d'U dopé au Ti) à cuve en acier inoxydable. Un tamisage forcé du mélange broyé est réalisé à la sortie du broyeur. Ce mélange mère est ensuite dilué dans de la poudre d'UO_2 dans un homogénéïseur conique à vis sans fin pour atteindre la composition globale spécifiée pour le MOX. Les charges dans l'homogénéïseur sont de l'ordre de 700 kg. Les ajouts de porogènes (azodicarbonamide AZB) sont effectués lors de cette opération.

Le recyclage des rebuts de fabrication, indispensable pour limiter la quantité de déchets nucléaires, est prévu au niveau du mélange mère. Il se fait sous forme de chamotte (rebuts calcinés) concassée. Les paramètres procédé pour le broyage sont : masse de boulets dans le broyeur ; rapport masse de boulets/masse de matière ; et temps de broyage. Pour des raisons de risques de criticité la charge des broyeurs est limitée à 12 kg d'oxyde de plutonium.

Le pastillage est effectué après un dernier malaxage avec ajout de lubrifiants (stéarate de Zn) dans un mélangeur à socs. Les conditions de pastillage sont semblables au procédé DCN utilisé pour le combustible UOx. Il est effectué sur des presses à table de 14 empreintes sous 500 MPa dans des matrices double actions à revêtement de TiC. Un sabot alimente en mélange de poudres et évacue les pastilles crues. Le frittage est réalisé dans des nacelles en molybdène en four tunnel, au moins 4 heures à 1 700 °C, sous atmosphère d'argon-hydrogène humidifiée ($20 < H_2/H_2O < 50$) avec 5 % d'hydrogène maximum. Le cycle de frittage dure 24 heures et le four comporte deux zones de températures. Enfin, les pastilles sont rectifiées par passage en continu sur des rectifieuses « centerless ».

Les pastilles de combustible MOX ainsi élaborées présentent une certaine hétérogénéité qui est calibrée et contrôlée (figure 14.9). Le tri des pastilles défectueuses est automatique (diamètre, éclats, fissures) et visuel (*via* des caméras). Les rebuts sont alors recyclés sous forme de chamotte.

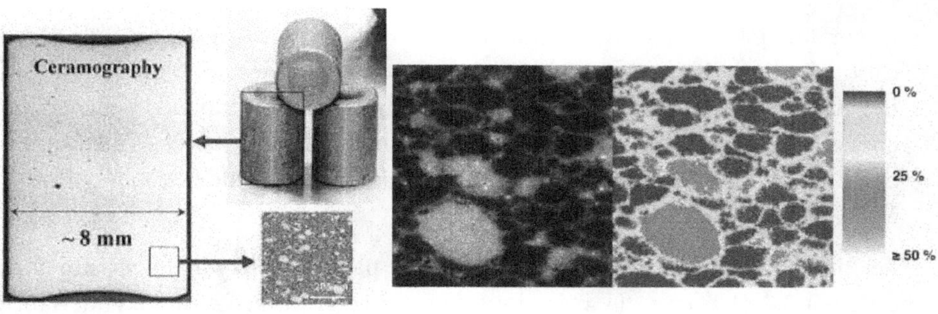

Figure 14.9 – Hétérogénéité des pastilles de MOX MIMAS

Chaque lot de pastilles (environ 110 000 pastilles) est contrôlé et archivé. Des prélèvements sont faits pour vérifier la densité finale, la microstructure, la teneur en plutonium, la composition isotopique et la teneur en impuretés. Environ 80 paramètres sont examinés.

Le gainage de trains d'environ 315 pastilles est réalisé dans les mêmes conditions que pour les crayons UOx. Les crayons MOX qui extérieurement sont semblables aux crayons UOx, sont identifiés par un code-barres avant d'être contrôlés :

30 paramètres contrôlés (aspect ; radiographie des soudures ; étanchéité ; contamination...).

L'usine BNFL de fabrication de MOX à Sellafield en Grande Bretagne utilise des broyeurs de type broyeur à attrition à la place des broyeurs à boulets. Toutefois, les avantages de cette modification n'ont pas été démontrés.

La présence du plutonium impose la réalisation de toutes les opérations de fabrication en boîtes à gants sous dépression. En outre, l'automatisation a été développée au maximum dans l'usine MELOX pour limiter l'exposition du personnel aux rayonnements (en particulier au rayonnement gamma dû à l'américium 241, toujours présent avec le plutonium).

14.2.4 Combustibles des réacteurs russes VVER et RBMK

Les réacteurs VVER et RBMK de conception russe, respectivement proches des REP et des REB, utilisent exclusivement du combustible à l'oxyde d'uranium enrichi. Cet uranium enrichi est obtenu à partir de l'hexahydrate de nitrate d'uranyle issu du retraitement des combustibles usagés des VVER ou du minerai d'uranium. L'enrichissement en ^{235}U est effectué si nécessaire dans différentes usines à partir de l'UF_6 par l'un des deux procédés classiques. La transformation de l'hexafluorure d'uranium enrichi en oxyde d'uranium est réalisée soit par pulvérisation à la flamme, soit par le procédé ADU.

Le combustible des VVER est semblable à l'UOx pour les REP. Le procédé de fabrication dans les différentes usines regroupées dans le tableau 14.3 est du type DCN. Les pastilles sont gainées dans un alliage Zr-Nb, et les crayons sont regroupés en assemblages de section hexagonale ou plus rarement carrée. L'utilisation de combustible MOX est envisagée dans ces réacteurs et l'étude de l'élaboration de MOX par un procédé sol-gel est en cours.

Le combustible des RBMK est sous forme de pastilles d'oxyde d'uranium enrichi de 2,5 à 3,2 at.% en ^{235}U avec ajout de 0,6 % d'erbium. Le procédé de fabrication des pastilles est toujours du type DCN. Des trains de 3,65 m de pastilles sont contenus dans des gaines étanches en alliage de zirconium pour former les éléments combustibles. L'assemblage circulaire de 8 cm de diamètre comprend 18 éléments.

14.2.5 Combustibles des réacteurs à eau légère de faible puissance

Des petits réacteurs de type REP de faible puissance ont été mis au point essentiellement pour être embarqué et permettre la propulsion des navires. Ces modèles réduits des REP de grande puissance fonctionnent avec des assemblages combustibles sous forme d'empilements de plaques. Le combustible est constitué de petits carrés d'oxyde d'uranium de quelques centimètres de côté, généralement fortement enrichi en ^{235}U, gainés d'un revêtement d'alliage de zirconium soudé et étanche appelé « combustible caramel ». L'enrichissement en ^{235}U pour ces combustibles peut dépasser les 20 at.%.

Les conditions précises de fabrication de ce combustible ne sont pas divulguées à cause des applications militaires pour la majorité des réacteurs embarqués. Toutefois, exception faite de la géométrie, le procédé de fabrication utilisé par exemple dans l'usine française Technicatome à Cadarache est assez voisin du procédé de fabrication du combustible UOx classique décrit au paragraphe 14.2.3.

14.2.6 Combustibles des réacteurs à eau lourde CANDU

Les réacteurs CANDU ou PHWR (*Pressurized Heavy Water Reactor*) de puissance moyenne de l'ordre de 700 MW permettent un rendement optimisé du flux de neutrons suite à l'utilisation de l'eau lourde pressurisée (D_2O) comme caloporteur. De ce fait, ils peuvent fonctionner avec des combustibles à l'oxyde d'uranium naturel et les risques de criticité sont alors quasi inexistants dans tout le cycle du combustible. La souplesse de ces réacteurs permet d'utiliser aussi bien des combustibles à l'oxyde d'uranium légèrement enrichi (de 0,9 à 1,2 at.% de ^{235}U) ce qui permet d'augmenter la puissance à 1 100 MWe, que des combustibles MOX ou des combustibles à l'oxyde de thorium.

La majorité des réacteurs CANDU en fonctionnement dans le monde utilisent du combustible à l'oxyde d'uranium. Ce combustible est sous forme de pastilles cylindriques de 12 mm de diamètre et de 16 mm de long. Contrairement aux pastilles pour les REP, ces dernières ne comportent une face en cuvette (*dishing*) que sur une seule des extrémités. Les pastilles sont introduites dans des gaines étanches en alliage de zirconium de 50 cm de long pour former l'élément combustible. Les « assemblages » cylindriques de 23 kg de 10 cm de diamètre regroupent 37 éléments (CANDU-6 de 700 MWe, figure 14.10). Il y a plus de 5 700 assemblages dans le réacteur, ce qui représente environ 5 millions de pastilles. Ces combustibles ne contiennent pas assez d'atomes fissiles après irradiation pour être retraités de façon rentable : 2,5 g de Pu par kg d'U initial et 0,2 at% de ^{235}U.

Les différents fabricants de combustible pour les réacteurs CANDU sont présentés dans le tableau 14.5. Le procédé de fabrication utilisé est identique pour tous ces fabricants et relativement proche du procédé « DCN » utilisé pour le combustible UOx pour les réacteurs à eau légère.

Des nouveaux procédés de fabrication de pastilles de combustible ont été mis au point pour augmenter les capacités des réacteurs CANDU. Les Indiens ont proposé un procédé d'élaboration de pastilles à l'oxyde de thorium. Les Canadiens ont mis au point un procédé de recyclage des pastilles irradiées de combustible des REP : procédé « DUPIC ». Le combustible UOx irradié est séparé de sa gaine pour être transformé en poudre par traitement à haute température en variant l'atmosphère oxydoréductrice. La poudre obtenue par ce retraitement « voie sèche » est directement reprise comme matière première pour élaborer par frittage classique les nouvelles pastilles de combustible oxyde d'uranium CANDU.

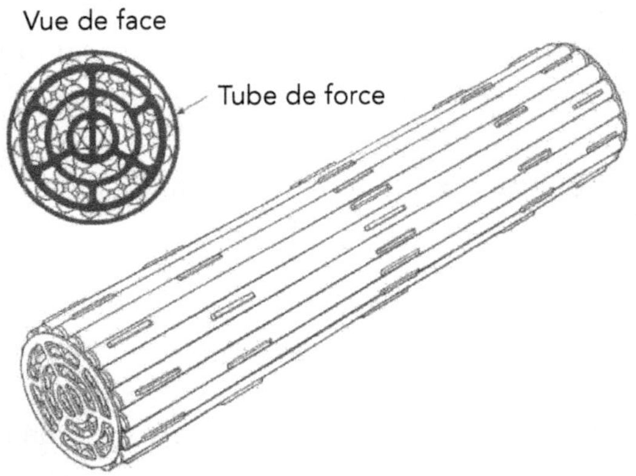

Figure 14.10 – Assemblage combustible CANDU

Tableau 14.5 – Principales usines de fabrication de combustibles pour réacteurs CANDU (février 2012)

Compagnie	Pays	Capacité (tU/an)	Lieu (pays)
Cameco	Canada	1 500	Port Hope (CDN)
GE-Hitachi NE	Canada	1 200	Peterborough (CDN)
KAERI-KEPCO	Corée du Sud	400	Taejon (Corée S)
DAE	Inde	135 135	Hyderabad (Inde) Trombay (Inde)
SNNS-FCN	Roumanie	240	Mioveni-Arges (ROU)
CNNC	Chine	200	Baotou (Chine)
Pecom NSA	Argentine	160	Ezeiza
PAEC	Pakistan	20 ?	Chasma
	Total	**4 025**	

14.2.7 Combustibles oxydes mixtes pour RNR

Les réacteurs RNR à caloporteur sodium liquide ont été envisagés pour pouvoir réaliser la surgénération. Cela consiste à augmenter la quantité d'atomes fissiles lorsque le réacteur fonctionne. Cette possibilité résulte de la transformation de l'uranium 238 fertile en plutonium majoritairement fissile. Toutefois, le taux de surgénération ne dépasse pratiquement pas 1,2. La France a été largement pionnière pour cette filière, avec la construction des réacteurs de puissance « Phénix », de près de 250 MWe, et « Super-Phénix », de 1 200 MWe, mais les réacteurs de ce type en fonctionnement sont peu nombreux dans le monde (Japon, Russie et Inde). Une relance est cependant annoncée par les États-Unis d'Amérique et par la France, avec la construction de nouveaux réacteurs d'essais prévus dans le cadre du forum Génération IV correspondant aux réacteurs du futur.

Les combustibles utilisés dans les RNR sont des pastilles d'oxyde mixte d'uranium et de plutonium $(U_{1-y}Pu_y)O_{2+x}$ qui ont une teneur en plutonium comprise entre 0 et 25 at.%. En France, la teneur nominale pour Superphénix était de l'ordre de 20 at.%, mais il a été envisagé d'utiliser des combustibles à 45 at.% de Pu. Des combustibles contenants jusqu'à 70 at.% de Pu ont été étudiés en Inde. Par contre, les réacteurs RNR russes fonctionnent toujours aux combustibles à base exclusivement d'oxyde d'uranium enrichi.

Les pastilles de combustible pour les RNR sont fabriquées selon le procédé industriel « COCA » (CObroyage CAdarache) mis au point en France au CEA dans les années 1970. Ce procédé conduit à des pastilles d'oxyde mixte relativement homogènes suite à l'étape de « mélangeage-broyage » dans un broyeur à boulets de tout le mélange de poudres à la composition finale. Le recyclage des rebuts de fabrication est aussi prévu sous forme de chamotte broyée, comme pour le MOX, en amont du procédé. Le broyage qui dure plusieurs heures conduit à une poudre à coulabilité médiocre. Une étape de « tamisage par forçage » est donc utilisée après broyage pour calibrer les agglomérats de poudre et améliorer la coulabilité avant le pastillage, à près de 500 MPa dans des matrices double action sur presse multi-empreintes ou presse rotative. L'ajout de lubrifiant est réalisé pendant cette opération.

Les fabrications de combustibles oxyde mixte pour RNR, réalisées à partir de 1962 à Cadarache, ont produit des pastilles brutes de frittage de diamètre inférieur à 1 cm, de densité 95 % de la densité théorique et de stœchiométrie comprise entre 1,97 et 1,98 (écart à la stœchiométrie pilotée par l'atmosphère du four de frittage). Des pastilles destinées au réacteur Phénix ont aussi été élaborées avec un trou central pour limiter les très forts gradients thermiques en réacteur (> 1 500 °C sur quelques mm dans une pastille). Environ 15 tonnes de ce type de pastilles de combustible ont été fabriquées annuellement à l'usine COGEMA de Cadarache jusqu'en 2005.

Les pastilles frittées sans rectification sont introduites dans des gaines en acier austénitique soudées sous gaz inerte pour être étanches et former les aiguilles. Ces aiguilles sont ensuite regroupées en faisceau hexagonal dans une enveloppe externe en acier austénitique pour constituer les assemblages livrés aux réacteurs RNR (figure 14.11).

Dans le concept initial des RNR, le réacteur comportait une couverture fertile destinée à produire du plutonium. Celle-ci est constituée de pastilles d'oxyde d'uranium appauvri fabriquées par frittage à 1 700 °C de poudre d'oxyde d'uranium non broyée dans l'usine de combustible pour RNR. Ces pastilles qui ont la même géométrie que les pastilles d'oxyde mixte pour les couvertures axiales supérieures et les couvertures axiales inférieures, sont introduites aux deux extrémités de l'aiguille combustible d'oxyde mixte (figure 14.11). Les couvertures latérales du cœur sont constituées d'assemblages d'aiguilles contenant uniquement des pastilles d'oxyde d'uranium appauvri de plus gros diamètre. L'aspect extérieur de ces assemblages fertiles est identique aux assemblages d'oxyde mixte fissile.

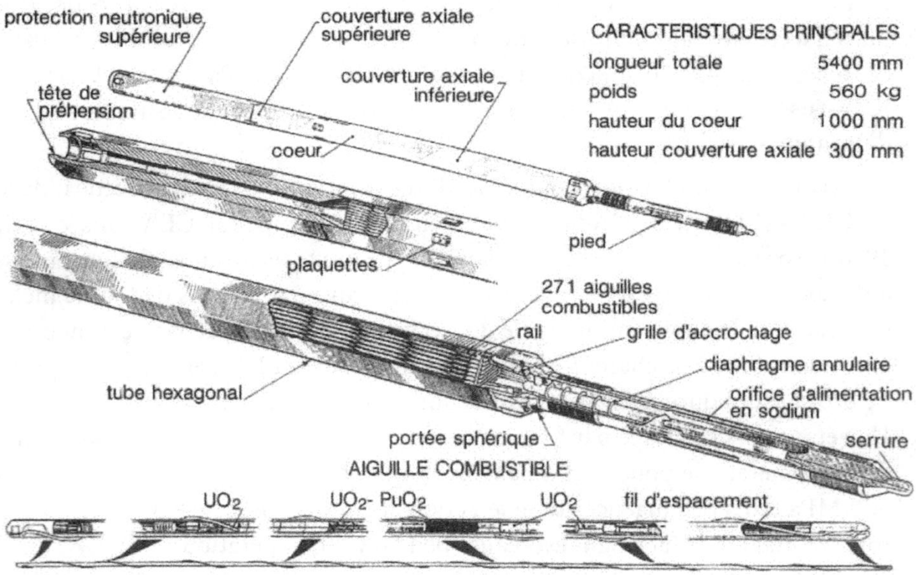

Figure 14.11 – Combustible pour le RNR « Superphénix »

14.2.8 Combustibles des réacteurs à hautes températures RHT

Les Réacteurs à Hautes Températures (RHT) qui ont été largement étudiés dans les années 1970-1980, sont aujourd'hui peu nombreux dans le monde (un au Japon, un en Chine et un en Afrique du Sud), comme pour les RNR. Ces réacteurs de puissance moyenne permettaient cependant d'envisager des rendements thermodynamiques très élevés, avec un concept de combustibles céramiques à particules très avancé.

Les particules de matière fissile utilisées pour ces combustibles ont tout d'abord été des carbures obtenus par fusion d'un mélange « oxyde + carbone » (UC_2, ThC_2, $(U,Th)C_2$). Des particules de ce type, de diamètre voisin de 1 mm, ont été fabriquées en France à la SFEC (Bollène). Ensuite, les Italiens ont proposé un procédé sol-gel (*Gel Supported Précipitation*) pour l'élaboration de particules d'oxyde (ThO_2 ou UO_2) qui a été adapté par les différents pays partenaires du projet international DRAGON (figure 14.12).

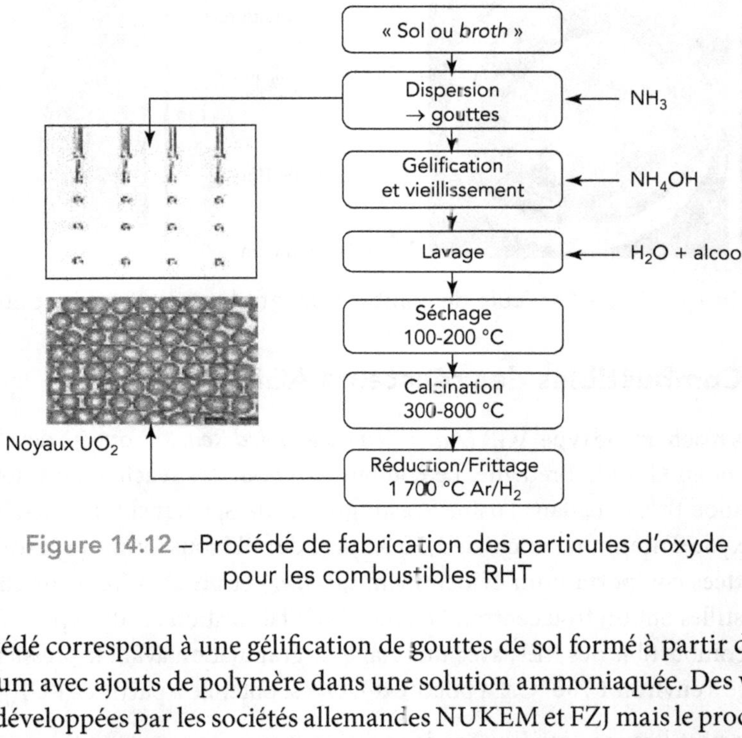

Figure 14.12 – Procédé de fabrication des particules d'oxyde pour les combustibles RHT

Ce procédé correspond à une gélification de gouttes de sol formé à partir de nitrate d'uranium avec ajouts de polymère dans une solution ammoniaquée. Des variantes ont été développées par les sociétés allemandes NUKEM et FZJ mais le procédé GSP reste le procédé de référence pour la fabrication des petites particules sphériques de combustible, même si souvent le savoir-faire a été perdu.

Les particules d'oxyde ont un revêtement de protection qui fait aussi office de gainage qui est réalisé par CVD, en lit fluidisé, par décomposition de gaz. Les couches de carbone sont obtenues par craquage de C_2H_2 et de C_3H_6 vers 1 400 °C. La couche de SiC jouant le rôle de gaine étanche pour la matière fissile est obtenue par décomposition de CH_3SiCl_3 vers 1 600 °C, sous atmosphère contrôlée en H_2. La forme cubique β du SiC est ainsi obtenue. La morphologie des particules, grossièrement sphérique d'environ 1 mm de diamètre, est présentée sur la figure 14.13.

L'élément combustible appelé « compact » est constitué d'un cylindre de graphite, de quelques dizaines de mm de longueur et de 10 à 20 mm de diamètre, contenant plusieurs milliers de particules réparties de façon homogène. Ces éléments combustibles ont été fabriqués en France dans le cadre d'une collaboration CEA-CERCA. Ils sont chargés dans des canaux percés dans des gros blocs de graphite hexagonaux, d'environ 1 m de hauteur, fabriqués par la société Carbone Lorraine (figure 14.13). Une version sphérique sur le concept de « boulets » a été également développée par les Allemands.

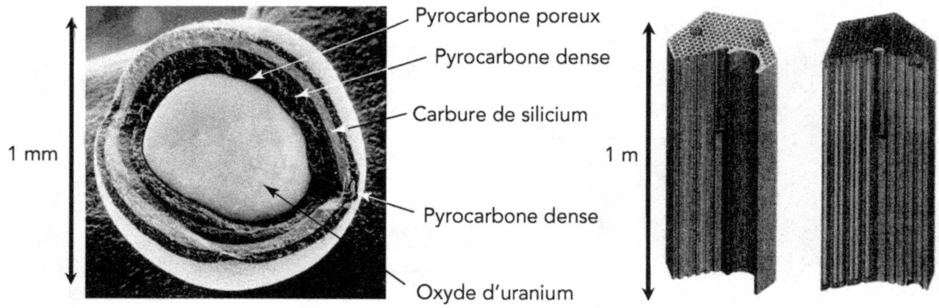

Figure 14.13 – Particule de combustible et blocs de graphite pour RHT

14.2.9 Combustibles des réacteurs AGR

Les réacteurs de type AGR (*Advanced Gas-cooled Reactor*) ont été développés uniquement en Grande-Bretagne. Le combustible pour ces réacteurs est donc fabriqué en grande Bretagne dans l'usine Westinghouse de Springfield. La matière fissile est de l'oxyde d'uranium enrichi de 2,5 à 3,5 at.% de ^{235}U sous forme de pastilles cylindrique frittées comportant un évidemment (*dishing*) et un chanfrein sur chaque face. Les pastilles ont un trou central. Le procédé de fabrication est du type DCN utilisé pour le combustible des REP, avec une étape de granulation avant le pressage suivi du frittage à environ 1 700 °C. La poudre d'UO_2 est obtenue à partir de l'UF_6 par voie sèche.

Les pastilles sont regroupées dans des gaines en acier austénitique pour former les crayons de faible longueur (64 pastilles). En 2010, plus de 5 000 000 de crayons ont été fabriqués à Springfield et l'usine est entièrement automatisée. L'assemblage de section circulaire regroupe 36 crayons et est entouré d'une enveloppe en graphite.

14.2.10 Contraintes pour les usines de fabrication des combustibles

La radiotoxicité des isotopes manipulés dépend des rayonnements émis, et de la période de la radioactivité. Pour un même rayonnement, plus cette période est courte plus le risque est élevé. Ces valeurs pour les constituants des combustibles sont regroupées dans le tableau 14.5. La fabrication des combustibles nucléaires impose toujours la mise en œuvre d'éléments radioactifs ce qui oblige à mettre en place des moyens de radioprotection. Rappelons que le rayonnement alpha est arrêté par une feuille de papier ou une couche de 10 cm d'air alors que le rayonnement bêta du ^{241}Pu nécessite une plaque métallique et qu'une couche de plusieurs centimètres de plomb est nécessaire pour arrêter le rayonnement gamma émis par le ^{241}Am.

L'Autorité de Sûreté Nucléaire autorise le fonctionnement des usines de fabrication des combustibles nucléaires sur la base d'un Rapport final de sûreté approuvé par les deux partis. Ce rapport présente la fonction et les conditions d'exploitation de l'installation ; il décrit les prescriptions techniques d'exploitation et démontre la sûreté de cette exploitation. Le rapport de sûreté constitue la base de référence pour les visites de contrôle effectuées par les organismes en charge de la sûreté. Ces visites, annoncées ou improvisées, sont fréquentes, de l'ordre de plusieurs par mois.

Tableau 14.5 – Types de rayonnement émis et périodes pour les isotopes des combustibles

	Isotope	Période radioactive	Rayonnement émis
Thorium	^{232}Th	$1{,}4 \cdot 10^{10}$ ans	alpha
Uranium	^{235}U	$7{,}03 \cdot 10^{8}$ ans	alpha
	^{238}U	$4{,}47 \cdot 10^{9}$ ans	alpha
Plutonium	^{238}Pu	87,7 ans	alpha
	^{239}Pu	24 150 ans	alpha
	^{240}Pu	6 570 ans	alpha
	^{241}Pu	14,4 ans	béta
	^{242}Pu	$3{,}76 \cdot 10^{5}$ ans	alpha
Américium	^{241}Am	432 ans	alpha et gamma

La gestion de la matière nucléaire dans les usines doit aussi être très précise, comme cela a déjà été mentionné. Ainsi la quantité d'uranium et de plutonium, présente à chaque poste de travail, doit être connue et vérifiable lors des inspections.

La sûreté de l'installation est basée sur la prévention des risques qui doit être intégrée dès la conception de l'usine : criticité ; incendie ; sismicité. Le risque criticité doit être considéré dès lors que la concentration en atomes fissiles dans les matériaux manipulés dépasse 1 at.%. Ainsi pour prévenir et maîtriser ce risque, les conditions de mise en œuvre de la matière nucléaire sont systématiquement précisées pour chaque poste de travail lorsqu'il y a présence de plutonium ou d'uranium fortement enrichi. La sûreté de l'installation est aussi basée sur la maîtrise des risques de dispersion de matière radioactive (concept des trois barrières, ventilation pour mettre l'installation en dépression et utilisation systématique d'un confinement lorsqu'il y a par exemple présence de plutonium) et sur la maîtrise des risques d'exposition du personnel aux rayonnements (essentiellement risque de rayonnement alpha, maîtrisé par l'utilisation de boîtes à gants, et risque de rayonnement gamma, limité par l'automatisation du procédé dans l'usine). La protection des opérateurs est réalisée par la gestion de leur temps d'exposition aux rayonnements et par l'utilisation de protections adaptées (verres au plomb, tablier au plomb...). Le contrôle de l'irradiation et de la contamination des opérateurs est effectué par l'utilisation d'appareils dosimètres pour les rayonnements (détecteurs, films, etc.), et par une surveillance médicale renforcée. Les cas de contamination sont assez fréquents dans les usines de fabrication de combustibles. Toutefois, les procédures mises en place pour détecter et éliminer ces contaminations semblent efficaces car elles n'ont entraîné que très peu de conséquences sur le métabolisme des opérateurs. Certaines analyses statistiques montrent même que l'espérance de vie moyenne pour le personnel des usines et installations nucléaires où sont mises en œuvre des matières très radioactives, est supérieure à celle de l'ensemble de la population. En revanche, les conclusions pour le même type d'analyse effectuée avec les mineurs ou les opérateurs manipulant sans beaucoup de précautions des concentrés d'uranium naturel semblent montrer des conséquences sur la santé de ces personnes.

14.3 Céramiques absorbantes et écrans

14.3.1 Absorbants des neutrons

Le carbure de bore est la principale céramique utilisée comme matériau neutrophage dans les barres de commande des réacteurs du fait de sa forte teneur en ^{10}B. C'est une céramique extrêmement dure (usinage à l'outil diamanté). Le bore utilisé est constitué du mélange isotopique naturel pour les REP ou les REB (20 at.% ^{10}B) et enrichi en ^{10}B dans des colonnes pulsées pour les RNR (48 ou 90at% ^{10}B). La poudre de B_4C est obtenue par magnésiothermie ou par carbothermie à partir de l'oxyde de bore. Les pastilles absorbantes pour les REP de moins de 8 mm de diamètre sont élaborées par frittage naturel à 2 000 °C après compactage de la poudre. Leur densité est d'environ 70 % de la densité théorique et elles ne sont pas rectifiées. Les pastilles absorbantes pour les RNR sont denses (96 % de la densité théorique) et sont fabriquées par frittage sous charge dans des matrices en graphite en four à induction. Elles sont rectifiées. Dans tous les cas, ces pastilles sont introduites dans des gaines en acier inoxydables rendues étanches par soudage de bouchons (voir figure 14.14). Pour les REB, ce sont des plaquettes élaborées par frittage naturel qui sont fixées sur des supports métalliques en croix.

Les fabricants sont en nombre de plus en plus limités, hier Quartz et Silice en France, ESK en Allemagne, Eagle Picher aux USA par exemple alors qu'aujourd'hui, seuls les Américains sont présents sur le marché.

Figure 14.14 – Aiguille de carbure de bore de barre de commande de REP

14.3.2 Graphite

Le graphite a été très utilisé dans le passé comme modérateur dans les réacteurs à caloporteur gaz. Des exemples ont été mentionnés précédemment avec les revêtements des particules et les blocs de cœur pour les RHT ou l'enveloppe des assemblages combustibles des réacteurs AGR. Les graphites nucléaires sont des graphites polycristallins à très haut taux de pureté. Ils sont fabriqués à partir de coke de pétrole et de brai de houille calcinés et broyés avec ajout d'un liant. Ce mélange est malaxé à 165 °C pour pouvoir être filé ou être compressé sous très haute pression. Les pièces sont cuites entre 800 et 1 200 °C pour la cokéfaction. Enfin, la graphitisation est réalisée par cuisson entre 2 500 et 3 000 °C après plusieurs imprégnations de brai de pétrole pour obtenir une densité élevée. Les fabrications pour les réacteurs français ont été réalisées essentiellement par la société Carbone Lorraine du groupe Péchiney.

14.3.3 Bétons

La présence des bétons est également très importante dans la technologie nucléaire mais il serait trop long de présenter en détail les différentes applications. Il y a les bétons fortement chargés et ferraillés pour les enceintes des réacteurs nucléaires. Il y a les parois de bétons dopés pour la protection des rayonnements. C'est le cas par exemple pour les installations où le risque de criticité est élevé, ou pour les cellules où l'on manipule des combustibles irradiés. Enfin, il y a les bétons stables d'enrobage pour la gestion des déchets nucléaires présentés ci-après.

14.4 Gestion des déchets nucléaires

Il convient, tout d'abord, de rappeler que les déchets nucléaires sont classés en fonction de deux critères, leur degré de d'activité et la durée de vie de cette activité ; on distingue :

- les déchets de haute activité (HAVL) et les déchets de moyenne activité à vie longue (MAVL) : ce sont principalement les déchets issus du cœur du réacteur, hautement radioactifs ; leur radioactivité reste importante pendant des centaines de milliers, voire des millions d'années. Toutefois, ces déchets se transforment progressivement en « faible activité vie longue » (FAVL) ;

- les déchets de faible et moyenne activité à vie courte (FMA-VC) : ce sont principalement les déchets technologiques (gants, combinaisons, outils, etc.) qui ont été contaminés pendant leur utilisation en centrale ou dans une installation. Leur radiotoxicité ne dépasse pas 300 ans ;
- les déchets de très faible activité (TFA) : ce sont principalement des matériaux contaminés provenant du démantèlement de sites nucléaires : ferraille, gravats, béton... Ils sont peu radioactifs mais les volumes sont plus importants que ceux des autres catégories.

Les déchets nucléaires de moyenne activité à longue période de radiotoxicité (MAVL) où à vie courte (FMA-VC) ont été enrobés dans du ciment contenu dans des fûts métalliques pour assurer leur gestion dans de bonnes conditions de fiabilité et de stabilité (figure 14.15). Cet enrobage obtenu par coulage du ciment est maintenant beaucoup moins développé depuis la mise en place d'un procédé de compactage qui limite les volumes de déchets. Toutefois, de nouvelles formulations de ciments sont à l'étude pour des stockages de déchets particuliers.

Figure 14.15 – Coupe d'un fût de 200 litres de déchets nucléaires enrobés de ciment

En France, les déchets de haute activité à longue période de radiotoxicité (produits de fission et actinides autres que le plutonium) sont incorporés à chaud dans une matrice vitreuse constituée de verre borosilicaté (figure 14.16).

Le procédé de vitrification a été mis au point au CEA-Marcoule dans les années 1970. Le verre relativement inerte chimiquement, permet d'envisager un stockage à très long terme et de façon réversible. Le procédé de coulée est présenté sur la figure 14.17. Chaque année, environ 120 m^3 de verre contenant les déchets sont coulés dans des conteneurs métalliques de 200 litres pour être entreposés en attente de stockage en profondeur. Toutefois, ce type de traitement est encore loin d'être généralisé dans les pays nucléarisés.

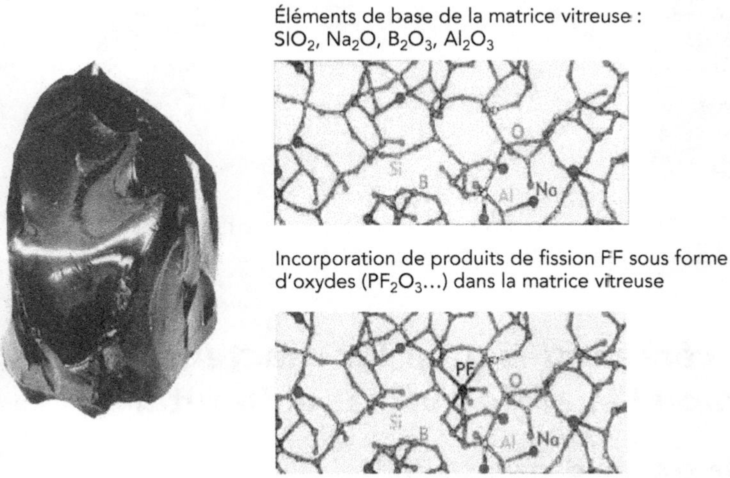

Figure 14.16 – Verre borosilicaté de confinement des déchets de Haute activité

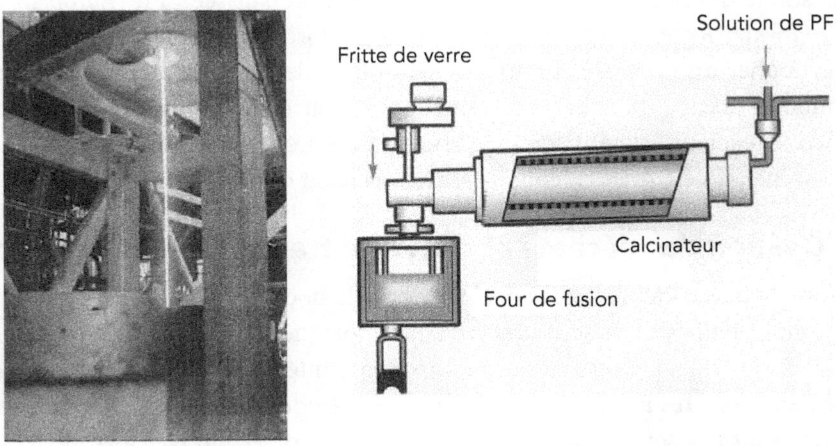

Figure 14.17 – Procédé de coulage des verres de stockage des déchets

Un nouveau procédé de vitrification par induction directe en creuset froid est actuellement développé par le CEA et AREVA (figure 14.18). Celui-ci améliore la qualité du verre de stockage grâce à l'utilisation de températures plus élevées, tout en protégeant le creuset de la corrosion et en réduisant la production de déchets secondaires.

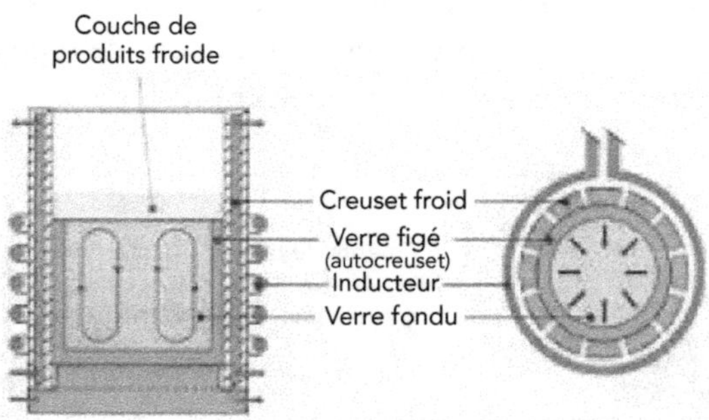

Figure 14.18 – Nouveau procédé « creuset froid » de coulée des verres de stockage des déchets

14.5 Nouvelles céramiques pour les réacteurs en construction ou l'énergie nucléaire du futur

14.5.1 Récepteur de corium dans les EPR

La sûreté des nouveaux réacteurs à eau légère pressurisée EPR (*European Pressurized water Reactor*) en construction a été renforcée ; ces réacteurs comportent en particulier un ravier réfractaire en céramique destiné à recueillir le combustible fondu en cas de fusion du cœur et de rupture d'enceinte. Cette grande cuvette placée sous le réacteur est constituée de briques de zircone stabilisée. La possibilité d'un tel scénario a été prise en compte après l'accident de Three Miles Island aux USA.

14.5.2 Gestion des déchets et cibles de transmutation des déchets

Des études ont été réalisées pour permettre le stockage des déchets à haute activité (produits de fission et actinides à vie radiotoxique longue) dans des conditions de grande stabilité. Les résultats qui confirment l'intérêt des céramiques pour le confinement, sont résumés dans le tableau 14.6. Malgré tout, les avantages obtenus ne paraissant pas sensiblement supérieurs à ceux correspondant à la vitrification et actuellement la céramisation des déchets n'est donc plus mise en avant en France.

La transmutation des déchets de haute activité à vie longue, c'est-à-dire leur destruction en déchets à vie courte par réaction nucléaire, est envisageable de façon optimisée en RNR. Des résultats expérimentaux ont déjà permis de vérifier que cette destruction était pratiquement totale après 2 ans en réacteur non spécialisé : 100 % des 12 at.% d'américium introduit dans une cible céramique-oxyde d'américium ont disparu.

Tableau 14.6 – Céramiques sélectionnées pour le stockage des déchets à vie longue

Radionucléide	Matrice	Taux d'incorporation du radionucléide (% massique)	Procédé d'élaboration
Iode (I)	iodoapatite (matrice composite) $Pb_{10}(VO_4)_{4,8}(PO_4)_{1,2}I_2$	7	frittage sous charge (580 °C – 25 MPa)
Césium (Cs)	hollandite $Ba_1Cs_{0,28}(Fe_{0,82}Al_{1,46})Ti_{5,72}O_{16}$	5	frittage naturel (1 250 °C)
Actinides (An)	britholite $Ca_{10-x}An_x(PO_4)_5(SiO_4)F_2$	10	frittage naturel (1 475 °C)
	monazite/brabantite $La_{1-3x}An_xCa_xTh_xPO_4$	10	frittage naturel (1 450 °C)
	PDT $Th_{4-x}An_x(PO_4)_2P_2O_7$	10	frittage naturel (1 250 °C)
	zirconolite $(Ca_{1-x}An_x^{3+})Zr(Ti_{2-x}Al_x)O_7$	10	frittage naturel (1 450 °C)

Figure 14.19 – Pastille pour la transmutation de AmO_2 dans MgO irradiée dans Phénix

Pour réaliser cette transmutation, il faut soit diluer les déchets dans le combustible (cas par exemple du neptunium) et donc adapter le procédé de fabrication, soit fabriquer des cibles de déchets. Ces cibles à irradier en réacteur dédié sont constituées des déchets (exemple oxyde d'américium) contenus dans une matrice inerte qui est généralement une céramique. Un exemple de ces matériaux est présenté sur la figure 14.19. Les pastilles cibles sont élaborées à partir de mélange de poudres AmO_2 + MgO par « mélange-broyage » avant pastillage et frittage. La tenue des matériaux sous irradiation doit être évaluée avant d'envisager un développement industriel. C'est ainsi que les microstructures à macro-masses (particules d'AmO_2 > 200 µm) semblent moins sensibles aux effets d'irradiation.

14.5.3 Réacteurs de fusion

Les réacteurs de fusions ne sont encore qu'au stade des machines d'étude du phénomène physique (par exemple le « Jet » en Grande-Bretagne, ou « Tore Supra » en France). Le réacteur international « ITER » en construction à Cadarache en France qui devrait diverger vers 2016, n'est qu'un prototype de démonstration de la rentabilité énergétique d'un réacteur de fusion. Le premier réacteur de puissance « DEMO » est envisagé vers 2050. Aujourd'hui, les matériaux utilisés sont par conséquent loin d'atteindre le niveau industriel. Toutefois, les niveaux de température atteints et les contraintes pour les matériaux des composants imposent déjà l'utilisation de céramiques. Le carbure de silicium, le carbure de bore et le graphite sont déjà employés. Des études pour ITER montrent l'intérêt d'utiliser les composites cercer ou cermet. Enfin, l'utilisation des céramiques comme les aluminates de Li pour les couvertures tritigènes reste une possibilité. Ce sont souvent les matériaux qui limitent l'application et, pour la future industrie de la fusion nucléaire, les céramiques qui seront certainement présentes, demeurent totalement à optimiser.

14.6 Conclusions

Les céramiques jouent donc un tout premier rôle dans l'industrie nucléaire. Les combustibles indispensables pour tous les réacteurs de fission sont presque exclusivement des oxydes d'actinides frittés. Des progrès sont attendus avec des combustibles en carbures ou nitrures d'actinides. Certes cette industrie peut être remise en cause suite aux risques qu'elle apporte. Mais les autres possibilités de production d'énergie pour le futur ne permettent pas de répondre aux besoins planétaires en se passant de cette source d'énergie. Il faut donc gérer de façon fiable le fonctionnement et la sûreté des réacteurs, avec des améliorations apportées par des matériaux qui souvent passent par les céramiques comme c'est déjà le cas avec les EPR en construction.

14.7 Bibliographie

« Atom for peace », Conférence Genève, 1956.

Bailly H., Ménessier D. et Prunier C., *The nuclear fuel of pressurized water reactors and fast reactors*, Lavoisier, Paris, 1999.

Clefs CEA, « Déchets radioactifs, des solutions en progrès continu », N ° 53, 2005.

Clefs CEA, « Systèmes nucléaires du futur, Génération IV », N ° 55, 2007.

Monographies CEA « E-den », CEA/DEN, Direction Scientifique, CEA Saclay, Gif-sur-Yvette, 2006 et 2008.

Index

D

E

F

O

P

R

S

T

www.ingramcontent.com/pod-product-compliance
Lightning Source LLC
Chambersburg PA
CBHW081124180926
51611CB00004B/42